EUCLIDIS

ELEMENTA

GRAECE ET LATINE.

COMMENTARIIS INSTRUCTA

EDIDERUNT

IOANNES GUILELMUS CAMERER

ET

CAROLUS FRIDERICUS HAUBER.

BEROLINI
SUMTIBUS G. REIMERI
MDCCCXXIV.

EUCLIDIS

ELEMENTORUM

LIBRI SEX PRIORES

GRAECE ET LATINE

COMMENTARIO E SCRIPTIS VETERUM AC RECENTIORUM MATHEMATICORUM ET PFLEIDERERI MAXIME ILLUSTRATI.

EDIDIT

IOANNES GUILELMUS CAMERER

GYMNASII STUTTGARDIANI RECTOR.

TOM. I. COMPLECTENS LIBR. I–III.

CUM X. TABULIS.

BEROLINI

SUMTIBUS G. REIMERI

MDCCCXXIV.

Quum unanimi fere omnium, qui res mathemathicas callent, iudicio Euclidis scripta solidissimum cognitionis geometricae fundamentum posuisse credantur, atque in his elementa potissimum rigorosis, quas exhibent, demonstrationibus maxime insignia sint et tironibus accuratioris in his rebus doctrinae cupidis nunquam satis commendari possint, factum tamen est, nescio quo fato, ut Euclidis operum atque in his etiam Elementorum textus graecus paucissimis adhuc editionibus publici iuris factus magno discipulorum numero vix parabilis esset. Itaque, quum amici nonnulli me hortarentur, ut librorum certe sex priorum, qui ad geometriam planam pertinent et maxime necessarii esse videbantur, novam editionem pararem, et quae ad eos illustrandos pertinent, ex praecipuis, qui in Euclidem commentati sunt, scriptoribus colligerem, timide quidem, at ob rei utilitatem haud invitus id negotium suscepi, et quomodo in eo versatus sim, paucis exponam.

Ante omnia, ut textus graecus, quantum fieri posset, emendatissime prodiret, curandum putavi. Hoc consilio tres, quae, si recte novi, solae exstant, integrorum Euclidis elementorum editiones graecae, Basileensem nempe apud Ioannem Hervagium 1533. opera Simonis Grynaei publici iuris factam, deinde Oxoniensem opera Davidis Gregorii 1703. cum versione latina in vulgus emissam, denique Parisiensem, quam cum versione latina ac gallica curavit F. Peyrardus 1814—1818., diligenter contuli, lectiones variantes, quarum magnam copiam Peyrardus potissimum editioni suae subiecit, expendi, atque eam, quae maxime apta videretur, selegi, nonnunquam etiam, at haud ita saepe, ubi nulla occurreret, quae rei conveniret, coniectando veriorem lectionem restituere conatus sum. Nulli tamen coniecturae in textu locum dedi, quam non ad marginem adnotarem, quo liberum maneret lectori de ea re iudicium. Caeterum, quamvis Peyrardus potissimum e codice nota 190. vel *a* ab ipso designato, quem e Vaticana bibliotheca Parisios delatum ipsi, etiam postquam redire ille ad dominum suum iussus erat, terere permissum fuit, et cui summum ille pretium tribuit, magnam lectionum variantium copiam collegerit, et subinde alios quoque codices manuscriptos excusserit, qui e bibliotheca gallica tum Imperiali tres et viginti numero ipsi commissi fuerant, quos autem plerumque fere omnes inter se consentire deprehendit, et longe minoris pretii esse iudicat, quam praecipuum illum codicem *a*, haud tamen operae pretium esse putavi, omnem istam farraginem in hanc editionem transferre. Quanquam enim habet ille codex *a* lectiones non contemnendas, tamen longe maxima pars istarum variantium nihil fere, quod ullius momenti sit ad doctrinam Euclideam, continet, sed meras vocum traiectiones v. c. *ἴση ἐστὶν* pro *ἐστιν ἴση*, *ἑκατέρα τῶν ἴσων γωνιῶν ἐστιν* pro ἔστιν ἑκατέρα τῶν ἴσων γωνιῶν; εὐθεῖα γραμμὴ ἦκται pro γραμμὴ ἦκται εὐθεῖα; ἤτοι pro ἤ, τοίνυν pro ἄρα, et alia huius generis leviora, quibus librum onerare et lectoris patientiam fatigare nolui. Quae enim huius generis lectionum discrimina in alia materia v. c. oratoria aut poëtica notari forte poterant, ea in mathematica curiosius expiscari otiosum fere videbatur. Quae autem levissimi etiam momenti ad rem melius intelligendam pertinere visa fuere, ea religiose semper ad marginem notavi. In seligendis autem lectionibus, quae textui insererentur, circa illa, quae diximus, levioris generis, Peyrardi plerumque lectionem retinuimus, nonnunquam tamen antiquiorem Oxoniensis et Basileensis lectionem revocavimus; in iis, quae paullo graviora videbantur, nostrum quidem judicium secuti sumus, ita tamen, ut eiusmodi in locis variam lectionem ad marginem semper indicaremus. Et habet sane in mathematicis ars critica proprias, nec in aliud scribendi genus transferendas regulas, aut potius liberius hic quam in reliquis fere materiis versari potest ac debet, quod nempe apud mathematicos res ipsa nonnunquam imperiose hanc illamve lectionem postulat aut repudiat, nec codicum misere saepe depravatorum auctoritatem magnopere desiderat.

Quod ad versionem latinam attinet, Peyrardus sibi eam legem scripserat, ut cum textu Graeco exactissime, et quantum fieri posset, etiam circa singularum vocum ordinem consentiret. Hanc autem regulam ita presse sequendam putavit, ut vel ubi diversa utriusque linguae natura id non permittere videretur, ipsum quoque linguae genium isti legi postponendum putaret. Ita v. c. pro articulo Graecorum, quem Latini non habent, plerumque v. *ipse, ipsa* etc. usus est. Et negari quidem nequit, usum istius pronominis permittere nonnunquam breviorem paululum enunciationem, quam si quadratum, rectangulum, angulum, rectam etc. ad quae illud refertur, expresse nominare velimus; attamen etiam illud certum est, non solum minus latine ista dici, verum etiam saepius minus distincte, quum ad plures sensu diversas voces idem pronomen referri aut pro iis poni queat. Quamvis igitur brevitati etiam nos id dederimus, ut nonnunquam, ubi nihil interesse videbatur, eadem ratione pronomine *ipse* etc. uteremur, plerumque tamen, quo distinctius intelligeretur, de quo sermo sit, rem ipsam suo nomine appellare, vel etiam in commentario articulum graecum retinere maluimus. Ex eadem ratione textum quidem graecum fideliter semper exprimere, at non ita anxie ordinem singularum vocum retinere voluimus, ut a latino sermone prorsus alienum esset, quod efferretur. Ita v. c. in prop. I. 41., cuius initium Peyrardus ita habet: si parallelogrammum quam triangulum basim habeat eandem etc. nos mutato ordine dicere maluimus: si parallelogrammum eandem basin habeat, quam triangulum. Atque ita saepius a Peyrardo discessimus, et rem aliis verbis, saepe iisdem, quae sunt in versione Gregorii, expressimus. Notavimus etiam, quanam propositione praecedente nitatur quodvis enunciatum, secuti in eo Gregorii, Rob. Simsoni et plerorumque geometrarum usum, quo tironum rebus maxime consulitur.

In commentario propositum nobis fuit, ut nihil, quod illustratione egere videretur, prorsus intactum relinqueremus, et potissimas observationes doctissimorum hominum colligeremus, ita tamen, ut ea tantum, quae proxime ad rem pertinerent, aut ex quavis propositione sequerentur, et maximum usum promitterent, exhiberemus, seiunctis, ne in nimiam molem liber excresceret, iis omnibus, quae minus necessaria viderentur v. c. diversis eiusdem propositionis demonstrationibus, nisi concinnitate aut alia virtute admodum se commendarent, aliisque quae longius a scopo abducerent. Qua in re fatemur difficile esse certum aliquem limitem ponere, nec dubitamus fore, quibus nimii, alios contra, quibus non satis copiosi fuisse videamur. Fontes autem, e quibus observationes adiectas hausimus, fuere praeter Procli in libr. I. Elementorum Commentarium Graece satis vitiose editum simul cum Euclide Basil. 1533., correctius autem Latine Patavii 1560. a Francisco Barocio; Isaaci Monachi Scholia in Euclid. Elem. Geom. sex priores libros Argentor. 1579.; Pappi Collect. Mathem. Bonon. 1660.; ex antiquioribus potissimum Savilii Praelectiones tresdecim in Principium Elementorum Euclidis Oxon. 1621.; Isaaci Barrov. Lectiones mathematicae habitae Contrabrigiae 1664. 1665. 1666. Lond. 1684. 1685.; Wallisii Opp. Mathem. maxime Vol. II. Oxon. 1693.; Saccherii Euclides ab omni naevo vindicatus Mediolani 1723. Usi sumus praeterea editonibus Euclidis probatissimis, et ex egregiis, quas nonnullae earum continent, observationibus eas selegimus, quae ad rem nostram facere viderentur. Inter illas potissimum nominandae sunt Euclidis Megarensis Geometric. Elem. Libri; Campani Galli transalpini in eosdem commentariorum libri; Theonis Alexandrini Bartholomaeo Zamberto Veneto interprete in tredecim priores commentariorum libri; Hypsiclis Alexandrini in duos posteriores, eodem Zamberto Veneto interprete commentariorum libri Paris. in officina Henr. Stephani 1516. fol.; eadem deinde typis repetita Basil. apud Hervag. 1537. fol.; Orontii Finei Delphinatis in sex priores libros geometricor. Elementor. Euclidis Megarensis Demonstrationes Paris. 1536. fol.; Euclide Megarense Philosopho, solo Introduttore delle scientie Mathematice, diligentemente reassettato et alla integrita ridotto per Nicola Tartalea Brisciano Vinegia 1543. fol.; Euclidis Megarensis Elementa Geometrica restituta auctore Francisco Flussate Candalla Paris. 1566. fol.; The Elements of Geometrie of the most ancient Philosopher Euclide of Megara translated into the Englishe tong by H. Billingsley Citizen of London at London 1570 fol.; Euclidis Elementor. Libr. XV. una cum Scholiis antiquis a Federico Commandino Urbinate nuper in Latinum conversi, commentariisque quibusdam illustrati Pisauri 1572. fol.; Euclide restituto da Vitale Giordano da Bitonto in Roma 1680. fol.; Euclidis Elementor. Libr. XV. perspicuis demonstrationibus, accuratisque scholiis illustrati auctore Christoph. Clavio Bamberg. Colon. 1591. fol.; Iacobi Peletarii in Euclid. Elem. Geometr. Demonstration. Libri sex Lugd. 1610. 4.; Euclidis Elementor. Libr. XV. breviter demonstrati opera Is. Barrov. Cantabrig.

1655. 8.; Euclides restitutus, sive prisca Geometriae Elementa brevius et facilius contexta ab Io. Alphonso Borellio Pisis 1658. 4.; Les quinze Livres des Elem. Geometr. d'Euclide traduits et comment. par D. Henrion. Paris. 1677. 8.; Euclidis Elementor. sex libri priores demonstrati ab Henr. Coëtsio. Lugd. Batavor. 1692. 12.; The English Euclide being the first six Elements of Geometry translated out of the Greek with Annotations and usefull Supplements by Edmund Scarburgh. Oxford. 1705. fol.; Andreae Tacquet. Elementa Euclidea Geometriae etc. plurimis Corollariis, Notis etc. illustrata a Guilielmo Whiston. Romae 1745. 8.; Euclidis Elementor. Libri priores sex item undecimus et duodecimus ex Versione Latina Federici Commandini, sublatis iis, quibus olim Libri hi a Theone aliisve vitiati sunt, et quibusdam Euclidis Demonstrationibus restitutis a Robert. Simson. Glasguae 1756. 4.; Elementi piani e solidi d'Euclide da Iacopo Maria Carlieri in Firenze 1769. 8.; Elementor. Euclidis Libri XV. ad Graeci contextus fidem recensiti etc. (a Georg. Frid. Boermann.) Lips. 1769. 8.; An Examination of the first six Books of Euclids Elements by William Austin Oxford. 1781. 8.; Elements of Geometry containing the first six Books of Euclid by Ioh. Playfair Edinburgh 1795. 8.; The Elements of Euclid. etc. by Robert Simson London 1804. 8. Praetereo alias nonnullas editiones ab Ambrosio Rhodio, Georg. Fournier. aliisque factas, pariter ac vernaculas, quae in omnium manibus versantur, a Lorenzio, Hauffioque curatas. Addi debet Matthias Auszug aus Rob. Simsons Latein. und Engl. Uebersetzung der ersten 6 Bücher und des 11. und 12. der Elemente des Euklides, Magdeb. 1799. 8. et, qui saepe Euclidem respiciunt, Thom. Simpson. in Élements of Geometry Lond. 1800. 8.; van Swinden Anfangsgründe der Meſskunde übers. von Gaab. Iena 1797. 8.; Gilbert die Geometrie nach le Gendre, Simpson, van Swinden, Gregorius a St. Vincentio und den Alten I. Th. 1798. 8.

Alios praeterea infra nominabimus, maxime, qui circa singularem aliquam ad Elementa pertinentem doctrinam laborarunt; vid. v. gr. Excursum de Theoremate Pythagoraeo, de Parallelarum Theoria etc.

Maximam autem commendationem editionem hanc habituram esse confido ab iis, quae opera et benevolentia viri de Mathesi dudum meritissimi atque mei olim praeceptoris maxime colendi Christoph. Frider. de Pfleiderer., Professoris Tubingensis, ei accessere ornamenta. Is nempe non solum consilio suo me adiuvare, supellectilem litterariam, quam potissimum in hoc studiorum genere possidet amplissimam et exquisitissimam, liberalissime mihi impertire eiusque usum concedere, verum etiam doctissimas dissertationes, quas in varios Euclidis libros conscripsit, nominatim Scholia in Libr. II. Elementor. Euclid. P. I. II. III. Tubing. 1797. 1798. 1799.; Expositio et Dilucidatio Libri V. Element. Euclid. P. I. Tubing. 1782., cui accedit Dissertatio inserta Promtuario Mathematico Hindenburgi Fascicul. 7. et 8. p. 257. sqq. et 440. sqq.; Scholia in Libr. VI. Element. Euclidis P. I. II. III. IV. Tub. 1800. 1801. 1802. 1805.; Dissertatio I. II. de Dimensione

Circuli Tubing. 1787. 1790., excerpendas et hic denuo cum hominibus doctis communicandas permisit; quin etiam continuationem Scholiorum in libr. VI. Elementorum, quam penitus elaboratam nondum typis exprimere potuit, mecum communicare, et eius quoque liberum usum concedere dignatus est, praeterea observationes etiam et varia passim in reliquos Euclidis libros notamina inspicienda nostrisque usibus adhibenda dedit, et omnem hunc laborem tanto studio adiuvit, ut, quidquid ex ea ad solidioris geometriae studiosos redundaturum esse speramus utilitatis, illi nobiscum huic potissimum viro acceptum referre debeant *). Gratus etiam fateor, multum me debere amicitiae viri in rebus mathematicis versatissimi, Carol. Frider. Hauber, Professoris Schönthaliensis, qui collectam a se historiam tentaminum circa theoriam parallelarum mecum communicare, eiusque usum concedere, et permittere etiam voluit, ut, quae ipse docuerat in Dissertatione publica Tubingae 1793. habita, „*Propositionum de rationibus inter se diversis demonstrationes*" hic denuo lectori offerrentur. His opibus instructo pauca erant, ubi meas qualescunque observationes addere possem, et id potius curandum videbatur, ne nimia copia lectori taedium crearetur. Ut vero omni, qua par est, diligentia opus typis exprimeretur, humanissime ac benevolentissime curandum suscepit vir doctissimus mihique amicissimus, G. A. Diesterweg, de

*) Ex quo haec scripseram, placide obiit v. Kal. Octobr. 1821. vir morum probitate pariter atque eximia eruditione insignis, cuius memoriam, qui eum norunt, omnes religiose colere nunquam desistent.

Mathesi, quam Bonnae publice profitetur, dudum meritissimus. Illud praeterea rogamus lectores, ut si qua forte utilis adhuc visa observatio nos effugerit, aut aliud quid minus perfectum esse videatur, atque huic operi et Euclidis manibus conveniat, id homini scholastico plurimis laboribus distento, qui non nisi subsecivas horas in hunc librum impendere poterat, aequi iudices ignoscere velint. In animo quidem fuit, reliquos etiam Elementorum libros, aut certe XI. ac XII. subiungere, at per mutatas muneris mei rationes, novis subinde accedentibus negotiis, facere id non licuit. Scripsi Stuttgardiae d. 5. Aug. 1820.

I. G. Camerer Gymnasii Professor.

Quum iam conscriptae essent hae qualescunque in sex primos elementorum libros observationes, in lucem prodiit Chrestomathia Geometrica edita a viro doctissimo, quem modo nominavimus, Haubero. In qua quum praeter alia propositiones 1—26. libri I. e Proclo, Savilio, Pfleidereri schedis mscptis iisdem, quibus et nos usi sumus, et ipsius Hauberi observationibus copiosissime et longe uberius, quam nostrae rationes patiebantur, illustratae sint, multa tamen etiam ex hoc libro doctissimo excerpere, et in nostrum usum convertere adhuc licuit.

De Euclide Geometra notitia historica

collecta potissimum e Proclo, Savilio, Fabricio, Scheibelio.

Euclidem Geometram haud raro, quod etiam primae operum eius editiones, quas supra iam notavimus, probant, eundem esse crediderunt, atque Euclidem illum Socraticum, Megaris natum, cuius vitam descripsit Laertius libro secundo, et iisdem fere verbis Suidas v. *Εὐκλείδης*. De Megarensi isto Euclide ita habet Diogenes Laertius L. II. Segm. 106. *Εὐκλείδης ἀπὸ Μεγάρων τῶν πρὸς Ἰσθμῷ, ἢ Γελῷος κατ᾽ ἐνίους. — Πρὸς τοῦτον φησὶν ὁ Ἑρμόδωρος ἀφίκεσθαι Πλάτωνα καὶ τοὺς λοιποὺς φιλοσόφους μετὰ τὴν τοῦ Σωκράτους τελευτὴν κ.τ.λ.* Ad eundem etiam pertinent illa Tauri philosophi apud Gellium Noct. Att. L. VI. c. 10. „Decreto, inquit, suo Athenienses caverant, ut, qui Megaris civis esset, si intulisse Athenas pedem prehensus esset, ut ea res ei homini capitalis esset. Tanto Athenienses, inquit, odio flagrabant finitimorum hominum Megarensium. Tum Euclides, qui indidem Megaris erat, cum advesperasceret, Athenas ad Socratem commeabat“ etc. Atque huius ipsius decreti meminisse videtur Thucydides Histor. L. I. c. 139. sqq. ubi inter potissimas causas belli Peloponnesiaci hanc quoque fuisse refert. Itaque praeter reliqua v. c. morum diversitatem ipsa temporum ratio vetat Euclidem Geometram pro eodem sumere cum Socratico illo aut Megarensi Euclide. Proclus enim lib. II. Commentar. in libr. I. Elementor. refert:

Εὐκλείδης ὁ τὰ στοιχεῖα συναγαγὼν νεώτερος μέν ἐστι τῶν περὶ Πλάτωνα, e quibus nominat maxime Eudoxum et Theaetetum, *πρεσβύτερος δὲ Ἐρατοσθένους καὶ Ἀρχιμήδους*, quin, ut rem exactius definiret, addit: *γέγονε δὲ οὗτος ὁ ἀνὴρ ἐπὶ τοῦ πρώτου Πτολεμαίου*, et notam illam historiam affert de Ptolomaeo compendiosiorem ad geometriam viam desiderante, quam haud dari regiam (*μὴ εἶναι βασιλικὴν ἀτραπὸν ἐπὶ γεωμετρίαν* — ut Savilius habet — nam in editione Procli graeca p. 20. verba truncata habent tantum *Πτολεμαῖος ἤρετό ποτε αὐτὸν, εἴ τίς ἐστι περὶ γεωμετρίαν*, in editione latina plenius p. 39. verba conservata sunt) Euclides responderit. Unde, quum ab initio belli Peloponnesiaci ad initium regni Ptolemaeorum in Aegypto plus quam centum anni effluxerint, nequit profecto noster Euclides idem esse cum Megarensi illo, qui noctu ad Socratem ventitare solebat. Hinc etiam patet, errorem aliquem inesse illi Valerii Maximi loco libr. VIII. c. 12. 1., ubi narrat, Platonem conductores sacrae arae (quam nempe quum cubicae figurae esset, Philopono referente Delii duplicare iussi erant) de modo et forma eius secum sermonem conferre conatos ad Euclidem Geometram ire iussisse. Quae relatio eo etiam nomine erroris convincitur, quod ipsum quidem Platonem de cubo duplicando laborasse constat, de Euclide autem nihil tale narratur. Atque ita quidem novimus, quis Euclides *non fuerit*, quis autem ille *fuerit*, qua patria ortus, haud liquet. Savilius ait, ex media certe Graecia natum existimo, qui tam presse, tam accurato verborum delectu scripserit, ut ab eius formulis phrasibusque nemo posterorum et in mathematicis excellentium virorum unquam vel latum unguem discessisse videatur. De aliorum opinionibus, qui vel Alexandrinum, vel Tyrium, vel Siculum e civitate Gela oriundum eum esse, at nullis probabilibus argumentis volunt, videatur Fabric. Biblioth. Graeca curante Harless. Vol. II. p. 44. et in Not. a. p. 46. Id autem ex Proclo L. II. p. 19. Edit. Graec. et p. 38. Edit. Latin. scimus, floruisse eum tempore Ptolemaei Lagi, quo regnante Alexandriae primus omnium celebrem illam scholam mathematicam aperuisse dicitur, e qua postea tot tantique nominis geometrae prodierunt. Moribus eum, Pappus in prooemio in libr. VII. Collect. Mathem. p. 251. ait, fuisse mitissimis, benignum erga omnes, praesertim eos, qui mathematicas disciplinas aliqua ex parte augere et amplificare possent, ut par est, non contentiosum (προςκρουστικὸν), sed accuratum, non arrogantem. Inter scripta, quae Euclidi tribuuntur, maximam famam obtinuerunt libri tredecim Elementorum, quibus plerumque subiuncti sunt duo, qui Hypsicli Alexandrino vulgo tribuuntur de quinque corporibus regularibus libri. Antequam de iis disserat, Proclus p. 19. Edit. Graec. aut apud Barocium l. II. c. 4. nominat eos, qui ante Euclidem vel generatim de Geometria bene meriti sunt, vel etiam scriptis elementis inclaruerunt, quos hic quoque referre liceat, nempe Thaletem, Ameristum Stesichori poëtae fratrem, Pythagoram, Anaxagoram Clazomenium, Oenopiden Chium, Hippocratem Chium, qui lunulae quadraturam invenerit, et primus elementa conscripserit, Theodorum Cyrenaeum, Platonem, et qui eodem fere tempore vixerit, Leodamantem Thasium, Architam Tarentinum, et Theaetetum Atheniensem. Leodamante porro iuniorem fuisse ait Neoclidem, huiusque discipulum Leonem, qui etiam elementa composuerit, et diligentior sit copia et usu eorum, quae docuerit, atque ad problemata determinationem quoque adiecerit. Leone paullo iuniorem fuisse Eudoxum Cnidium, Amiclam Heracleensem, Platonis amicum, qui theorematum generaliorum numerum auxerit, et praeter alia sectionum quoque (conicarum, ut videtur) doctrinam a Platone inchoatam, adhibita in ea quoque analysi, uberiorem reddiderit, Menaechmum, Eudoxi discipulum, pariter cum Platone versatum, eiusque fratrem Dinostratum, qui omnem geometriam ad maiorem perfectionis gradum evexerint. Theudium porro Magnesium elementa conscripsisse, et multas propositiones particulares magis universales reddidisse, Cyzicinum etiam Atheniensem eodem tempore viguisse, et hos quidem familiaritate coniunctos in Academia vixisse, et varia alterum alteri problemata proposuisse. Hermotimum deinde Colophonium, quae ab Eudoxo et Theaeteto prius edita fuerint, auxisse, et multa eorum, quae in elementis sint, (*τῶν στοιχείων πολλὰ*) invenisse, Philippum denique Metaeum (aut, ut est in Ed. Latin. Mendaeum) Platonis discipulum ab eo ad Mathesin adductum fuisse. Addit deinde, his non multo iuniorem esse Euclidem, qui elementa collegerit, et multa eorum in ordinem redegerit, quae ab Eudoxo, multa perfecerit, quae a Theaeteto reperta fuerint. Hinc vulgo Euclides Proclo aliisque ὁ στοιχειωτὴς audit. Haud pauca etiam eorum, quae ab antiquioribus geometris leviori calamo perstricta vel pinguius demonstrata fuerint, ab eo firmissimis et omni obiectione maioribus demonstrationibus fulcita fuisse. Atque hunc ipsum summum in demonstrando rigorem, lucidumque per omnia ordinem, ac prudentem eorum, quae ad rem facere videbantur, selectum semper in Euclide admirati sunt viri rerum mathematicarum peritissimi. Notum est, Newtonum, virum divinum, doluisse, quod Cartesii aliorumque, qui calculo tantum algebraico uti sueverunt, scriptis se totum dederit, antequam Euclidis doctrina satis innutritus fuisset. Et La Grangius, Peyrardo referente, dictitare solebat, geometriae studiosum, qui non ex Euclidis Elementis geometriam hauriat, perinde facere, ac qui graeca et latina ex recentiorum scriptis addiscere velit.

Disputatum autem est, an omnia, quae hodie Elementorum nomine habemus, sint ad Euclidem auctorem referenda. Nec vero illud quaeritur, an omnia, quae in Elementis reperiuntur, ab Euclide *primum* inventa sint. Hoc enim aliter se habere, et multa a geometris Euclidis aevo superioribus, a Thalete, Pythagora, Eudoxo, Theaeteto, aliisque, quos ex Proclo nominavimus, profecta esse, non est dubium. Ea, quae ab antiquioribus illis inventa erant, in perfectum ordinem redegisse, lacunas explevisse, solidas ubique demonstrationes adiecisse putandus est Euclides, atque ita satis magna ipsi restat gloria. Verum enim vero fuere, qui nec hanc laudem ei integram relinquere vellent; alii contra, Euclidis famae timentes, si qua in Elementis manca videantur, quidquid minus forte perfectum deprehendunt, ab alio, nescio quo, adiecta aut mutilata esse pronuntiant. Atque eos quidem iure ridet Savilius, qui propositiones Elementorum tribuunt Euclidi, demonstrationes Theoni, qui duobus fere seculis post Proclum vixit. Quasi vero, ait, ullus unquam artifex suas edi voluerit conclusiones, nullis adiectis probationibus, quod nec philosophorum quisquam, nec medicorum, nedum mathematicorum fecit unquam. Neque autem, eodem iudice, verior est Petri Rami sententia, qui (Scholia Mathematicorum Libr. I. p. 37.) tam propositiones quam demonstrationes Euclidi abiudicat, universa, quae Euclidi vulgo tribuuntur, elementa geometrica Theoni attribuens, contra commune omnis antiquitatis testimonium. Agnoscit tamen Ramus aliqua sive Hippocraticae, sive Euclideae geometriae vestigia in Theone. Decepti fuisse, qui ita iudicant, videntur titulo, quem nonnullae Elementorum editiones v. c. Basileensis prae se ferunt: *ἐκ τῶν Θέωνος συνουσιῶν*, ex Theonis Colloquiis, sive Congressibus. Observat autem Savilius, huius tituli in neutro eorum codicum, qui penes ipsum erant, ullum reperiri vestigium, nec a Gregorii aut Peyrardo quidquam de eo memoratur. Antiquissima autem Zamberti versio in fronte semper habet: ex Theone graeco commentatore, interprete Bartholomaeo Zamberto. Et ipse etiam Savilius refert, in uno suorum codicum ad oram marginis adscripta esse ad decimum tertium librum haec verba: *Εὐκλείδης ὁ τὰ στοιχεῖα συναθροίσας, ἦν ἐπὶ χρόνοις Ἀλεξάνδρου τοῦ Μακεδόνος. Θέων δὲ ὁ συντάξας αὐτὰ ἐπὶ Θεοδοσίου τοῦ βασιλέως*, ut itaque collectio elementorum Euclidi, ordinatio et dispositio Theoni tribui videatur. Addit autem: „magna certe Theonis laus, si inordinata et incomposita in ordinem redegit! Sed, ne huic incerto scholiastae fidem adiungamus, obstat, ut dixi, Procli et antiquiorum omnium auctoritas, obstat mirabilis et concinna propositionum series, ex quibus unam loco suo si eximas, tota corruat compages et structura necesse est.“ Rectius itaque Ioann. Buteo (de quadratura circuli libri duo, quibus adiectus est annotationum liber in errores Campani, Zamberti etc. Lugd. 1559. p. 209.) eas, quae in exemplaribus graecis sunt, demonstrationes Euclidis esse censet, non Theonis, ita tamen, ut nec ipse neget, aliquid subinde in demonstrationibus de suo additum fuisse a Theone. Nec multum ab eo discedunt Commandinus et Savilius. Commandinus quidem in prolegomenis in Elementa Euclidis verba illa: *ἐκ τῶν Θέωνος συνουσιῶν* ita intelligi posse putat, ut dicamus, Theonem conscripsisse quidem commentarios in Elementa, sed illos temporum iniuria periisse, quemadmodum et quae in eadem Pappus Alexandrinus scripserat, conservato tamen titulo, qui postea ipsi Euclidi negligenter adiectus sit. Postea autem in eam sententiam concedit, Euclidem quidem demonstrationibus suas propositiones stabilivisse, quod vel ex Procli testimonio ad I. 10. pateat, at Theonem excellentis ingenii virum Euclidis demonstrationes fusius pleniusque explicatas in lucem protulisse, quod apud Proclum observari possit. Esse igitur demonstrationes quidem Euclidis, at eo modo conscriptas, quo olim Theon Euclidem secutus eas suis discipulis explicaverit. Savilius autem non se moveri ait illo *συνουσιῶν* titulo in vulgatis, neque scholio illo manuscripto incerti auctoris in suo codice, magis vero auctoritate ipsius Theonis in Commentar. in Almagest. p. 50. (vide infra ad VI. 33.) Ex eo nempe loco apparere, novam Elementorum editionem (*ἔκδοσιν*) adornasse Theonem, in qua nonnulla ab ipso adiecta sint. Quae itaque ibi de sectoribus dicantur, una cum demonstratione a verbis inde: *λέγω ὅτι καὶ* usque ad finem, Theonis esse videri. Idemque iudicium ferendum se existimare de multis in decimo libro lemmatiis et fortasse propositionibus nonnullis. Alexandrum certe Aphrodiseum aliquot ante Theonem seculis eam, quae quinta est decimi in nostris libris, citare pro quarta p. 87. commentariorum in priora Aristotelis, ut necesse sit aliquam ex praecedentibus, quartam sine dubio, qua sine magno incommodo sane carere potuissemus, eius tempore ab Elementorum libro abfuisse, vel saltim cum tertia coaluisse. Et quidem ultimam decimi non dubitare se assumentum esse vel Theonis, vel alterius potius antiquioris alicuius (apud Alexandrum enim exstare iisdem prope verbis), sed non ita perspicaci ingenio; utpote alieno loco positam, nullam cum praecedentibus continuationem habentem, ut sit a doctissimo Petro Montaureo rectissime animadversum. Ex his omnibus se concludere, sibi videri, Theonis fuisse partes in Euclide paucissimis quidem in locis interpolando, explicando, augendo, ultra has nullas. Atque in eandem sententiam plurimi deinde, non quidem illi Euclidis obtrectatores, sed amici potius ac patroni lubentes abierunt, e quibus potissimum nominandus est Rob. Simson. ita tamen, ut ad Theonem non tam gloria inde, quam potius vituperium redundet, quod nempe, ut Rob. Simson. in praefatione suae Elementorum editionis ait, ille, aut quicunque editor fuerit graeci textus, quem nunc habemus, multo plura, ac Savilius aliique viri docti existiment, et quidem in peius mutaverit, addendo scilicet, demendo, aut sua miscendo, praesertim in libro quinto et undecimo, quos iste editor non leviter vitiaverit, e. g. substituendo breviorem at paralogisticam vice legitimae demonstrationis prop. V. 18., et ex hoc libro auferendo inter alia bonam Euclidis aut Eudoxi rationis compositae definitionem, cuius loco posuerit quintam sc. libri VI., qua neque Euclides, neque Archimedes, Apollonius aut ullus ante Theonem geometra usus fuerit, cuiusque apud illos nullum vestigium inveniatur. Plura praeterea alia in L. XI. depravata esse monet. Ab his igitur naevis praecipuos Elementorum libros vindicare se tentasse, tollendo falsa minimeque accurata, quae pro veris et genuinis accuratissimi geometrae scriptis supposuerint imperiti editores, et Euclidi restituendo, a Theone aliisve ab eo surrepta, quae per multa secula hactenus sepulta iacuerint. Quidquid sit, ne forte iniusti simus erga Theonem, ad quem forte non solum ista culpa pertinet, sufficiet dicere, textum graecum variis locis non ita ad nos pervenisse, ut ex manu accuratissimi geometrae eum profectum esse credendum sit, plurima quidem in eo perfectissimae demonstrationis exempla esse, at haud pauca tamen temporis iniuria, aut editorum male sedulorum vitio mutilata aut luxata videri, quibus quamvis caute et circumspecte medelam afferre oporteat. Quod ultimum scopum Elementorum attinet, Proclus L. II. c. 4. sub finem asserit, Euclidem utpote Platonicae scholae amicum figurarum, quas vocant, Platonicarum, vel quinque corporum regularium constitutionem potissimum in animo habuisse.

Caeterum Euclidi alia adhuc scripta tribuuntur, e quibus geometrici argumenti sunt ea, quorum Pappus meminit Collect. Mathem. l. VII. *Data* (*Δεδομένα*) nempe ac *Porismata* (*Πορίσματα*). Et *Data* quidem ad nostram aetatem pervenerunt. *Porismata* autem, quae temporis iniuria periere, post varia aliorum minus prospera conamina Rob. Simson. denique felicissime restituere inchoavit, atque edita illa sunt in Robert. Simson. Oper. reliqu. Glasguae 1776. 4. p. 315—594. Proclus ei tribuit l. II. c. 9. adhuc librum *de Divisionibus* (*Περὶ Διαιρέσεων*), quem eundem esse nonnulli putant, quem Mahometi Bagdedino adscriptum I. Dee ex arabico latinum fecit, et Feder. Commandinus Pisauris 1570. edidit, posteaque Gregorii quoque operibus Euclidis adiunxit. Savilius tamen an is liber Euclidis sit, dubitat. Praeterea illi adhuc a quibusdam *Introductio har-*

monica (*Εἰςαγωγὴ Ἁρμονικὴ*) et *Sectio Canonis* (*Κατατομὴ Κανόνος*), et *Phaenomena* (*Φαινόμενα*) vid. Papp. in Prooem. ad Libr. 6. Collect. Mathem. et Philopon. ad secundum Physicorum, porro *Optica* et *Catroptica* (*Ὀπτικὰ καὶ Κατοπτρικὰ*) vid. Procl. Lib. II. c. 5. et a nonnullis adhuc fragmentum *De Levi et Ponderoso* tribuuntur, quae omnia adhuc habentur, at haud ita magni pretii sunt. Denique Pappus adhuc memorat L. VII. *Locorum ad superficiem* (*Τόπων πρὸς ἐπιφάνειαν*) *libros duos*, qui periere pariter ac *Fallaciarum* liber (*Τὸ Σύγγραμμα Ψευδαρίων*), quem, Proclo referente, scripsisse, et in quo falsarum argumentationum fontes ac genera descripsisse videtur.

Sed redeamus ad Elementa. Horum plures exstant codices mscpti. Simon Grynaeus duobus se in iis edendis usum esse codicibus dicit, quorum alterum Lazarus Bayfius Venetiis, alterum Ioannes Ruellius amicis suis suppeditarit. Savilius pariter de duobus, qui penes ipsum sint, codicibus loquitur p. 11. At neuter suos codices accuratius descripsit. Gregorii nihil prorsus de codicibus mscptis, quorum lectionem tamen passim in margine citat, in praefatione habet. Peyrardum supra iam diximus, usum fuisse codicibus mscptis quam plurimis, e quibus summam laudem tribuit codici 190 vel *a* designato, qui tum e bibliotheca Vaticana Parisios delatus, postea rerum commutatione in Gallia facta, redire quidem Romam iussus est, ea tamen conditione, ut Peyrardo eum, dum suam editionem ad finem perduxisset, retinere liberum relinqueretur. Ad huius libri manuscripti, (quem exeunte seculo nono exaratum putat) fidem plerumque textum Peyrardus conformavit, aut certe in quo discrepet ille liber a sua editione sub finem cuiusque tomi indicavit, ita, ut quidem ipse ait, ut harum lectionum variantium ope possit quis, si velit, habere mscpti 190. exemplar huic plane congruum. Reliquos codices mscptos, quos viginti tres e bibliotheca tum Imperiali conferre ipsi licuit, e quibus autem 10. *Data* tantum continent, quum ad secula multo rerecentiora referri debere, et quam plurimum inter se convenire videret, initio quidem operis saepius, postea autem haud ita multum comparasse videtur, duos, codices nempe 2373. 2762. non inter eos refert, quos comparaverit. Praeter hos libros mscptos commemorantur plures alii in variis bibliothecis obvii apud Fabricium Biblioth. Graec. curante Harless. Vol. IV. p. 48. sqq.

Renatis litteris prima operum Euclidis notitia ab Arabibus ad nos transivit. Illi enim, rerum mathematicarum inprimis studiosi eius Elementa in arabicum sermonem plus semel, ut videtur, transtulerunt, et ex una harum arabicarum interpretationum denuo latine ea vertisse Campanus vulgo dicitur. Fuisse autem plures a se diversas arabicas editiones, quae saepius ab exemplaribus graecis magis minus discederent, inde maxime patet, quod hodieque plures una a se invicem diversae passim citentur. Ita v. gr. in Bibliotheca Bodleiana Euclidis Elementorum exstant libri XIII. priores arabicae per Isaac. Ibn Honein ex recensione Thebit Ibn Korae v. Fabric. Biblioth. Graec. Tom. IV. p. 51. Ibidem p. 51. in Bibl. Bodleiana citantur Euclidis Data arabice per Zin Eddin Abhari, et Elementor. libri XV. ex versione Adelardi de arabico, una cum commento magistri Campani, Novariensis. Et p. 52. in bibliotheca Collegii Universitat. Oxon.: Euclides de arte geometrica ex arabica lingua in latinam translatus per Adelardum Bathoniensem. Eadem pagina occurrit Euclides arabice per Shemseddin Mahommed Almuzi, ibidemque alii in Bibliotheca Leidensi et Escurialensi cf. ibid. p. 76. Notissima apud nos est ea, quae Arabi Nassireddino tribuitur, et Romae impressa fuit 1594. De hac editione videatur Kaestners Gesch. der Mathem. I. B. p. 367. sqq. et de Schnurrer. Biblioth. Arab. p. 458. sqq. Savilius p. 143. a Baptista Raimondo hanc editionem factam esse refert. Ex praefatione illius, quam habet de Schnurrer., patere videtur, non *Versionem* arabicam, sed *commentarium* versioni intextum esse Nassireddini opus. Caeterum plenius nomen huius Arabis aiunt esse Khevageh Nassireddin, Mohammed Ben Hassan, aut Ben Mohammed Al Tusi, i. e. ortum ex urbe Tus provinciae Chorasan, et floruisse seculo nostrae aerae decimo tertio. Cf. adhuc Clement. Biblioth. curieuse Tom. VIII. p. 158. Herbelot Biblioth. Orient. p. 46. et p. 665. Abulfed. Annal. Tom. V. p. 36. 37. Casiri. Bibl. Hisp. Arab. Escur. T. I. p. 187. et Kaestner. l. c. p. 373. Haec ipsa autem arabica versio cum ea, quam Campanum ex arabico fecisse vulgo dicunt, non consentit, saltim in pluribus locis, ut observat Peyrardus in Praefat. Tom. II. ubi versionem Campani prop. I. 7. et eiusdem propositionis versionem gallicam ex arabico Nassireddini factam exhibet. Pariter in prop. I. 2. Nassireddinus varios, qui obtinere possunt, casus separatim habet, Campanus cum graeco consentit. Eodem modo circa parallelas Nassireddinus, ut infra videbimus, in commentario propositioni adiuncto propriam sibi demonstrationem habet, Campanus eam tantum, quae in graecis exemplaribus habetur. In theorematis etiam Pythagoraei demonstratione additae sunt in Nassireddini editione aliae a situ quadratorum ex cathetis variato petitae, ut vel e figuris adiectis patet. Pariter etiam differunt inter se in doctrina de rationibus compositis Campanus, qui definitionem, quae vulgo est VI. 5. non habet, et Nassireddinus, qui habet aliquam a vulgari illa haud multum discedentem (vid. Pfleiderer. Schol. in VI. Elem. Euclid. P. IV. p. 15.) Caeterum, quae primum typis expressa fuit Elementorum Euclidis editio latina, opera Eberhardi Radtolti Venet. 1482. fol. cuius descriptionem dedit Kaestner. Lips. 1750. 4. continet eam, quam vulgo a Campano ex arabico factam esse dicunt, versionem latinam. Scheibelius tamen (Zwey mathem. Abhandl. Breslau 1807. p. 19.) refert, in suo exemplari editionis huius rarissimae, manu editioni, ut pateat, cooeva, in margine notatum esse „liber Elementorum translatus ab Adhelardo Rothhatemensi ex ydiomate arabico in latinum sub Commento Campani Novarensis, ut itaque Campanus *commentarium* tantum in *versionem* Adhelardi scripsisse videatur. Consentire cum hac opinione videntur ea, quae supra e Fabricii Bibliothec. Graec. de versionibus arabicis, vel ex arabico factis attulimus, ubi pariter de Abelardo illo sermo est. E graeco textu autem primum latine versa prodiere Euclidis opera, edita a Barth. Zamberto Venet. 1505. fol. (Libri XIV. Elementorum latinam interpretationem a Georg. Valla factam ad 1498. habet Scheibel. Einleit. zur mathem. Bücherkenntn. 1. St. p. 2.) Ab hoc inde tempore saepius, ut et supra diximus, et quidem junctim primum 1516., nonnunquam etiam separatim, prodiit utraque Elementorum versio, Campani (ita eam vocare liceat) et Zamberti, quae saepius haud leviter inter se differunt. Quam plurimas operum Euclidis et Elementorum potissimum editiones memorat Scheibel. l. c. I. St. p. 1. sqq. 5. St. p. 473. sqq. et p. 521. sqq. 9. St. p. 264. Insignem inter antiquiores locum habent editiones Feder. Commandini et Christoph. Clavii, quarum utraque etiam scholiis et commentariis illustrata ac saepius prelo repetita fuit, inter recentiores potissimum Rob. Simsonis editiones latina et anglica memorandae sunt. Reliquas omnes, quae nobis innotuerunt, aut apud alios memorantur, hic percensere longum et ab hoc loco alienum videtur. Praecipuas earum iam supra nominavimus. De reliquis praeter Scheibelium l. c. vide in Bossii Dissertat., qua contenta Elementorum enunciat et simul de variis editionibus post Fabricium nonnulla disserit Lips. 1737. 4. et potissimum ipsum Fabricium Biblioth. Graec. ed. Harles. Vol. IV. p. 53. sqq. In bibliothecis, ut ibidem memoratur, extat hebraica adeo Elementorum versio.

EUCLIDIS

ELEMENTORUM

LIBRI SEX PRIORES.

Ε Υ Κ Λ Ε Ι Δ Ο Υ

Σ Τ Ο Ι Χ Ε Ι Ω Ν

Β Ι Β Λ Ι Ο Ν Π Ρ Ω Τ Ο Ν.

Ὅ Ρ Ο Ι.

α΄. Σημεῖόν ἐστιν, οὗ μέρος οὐθέν.

DEFIN. I.

Omnis, quae a ratione suscipitur de aliqua re institutio, debet a definitione proficisci, ut intelligatur, quid sit id, de quo disputetur. Cic. *de Offic.* I. 2.

Primam L. I. definitionem dudum fuere, qui reprehenderent, quod quid punctum non sit, dicat potius, quam quid sit. Vid. Rami Schol. Mathem. L. VI. Francof. 1599. p. 141. et Savilii Praelectiones in Principium Elem. Euclidis Oxon. 1620. p. 51. Nec negaverim, esse in hac observatione aliquid veri. Atque ipse etiam Proclus fatetur Euclidem διὰ ἀποφάσεως i. e. *negative* explicare punctum, addens: καὶ γὰρ οἱ ἀποφατικοὶ λόγοι προσήκουσι ταῖς ἀρχαῖς. Vid. Procli Commentar. in Libr. I. Euclidis Basil. 1533. p. 26., in qua excusatione Savilius quoque acquiescit. Cf. etiam Edm. Scarburgh. the English Euclide Oxford 1705., qui p. 1. ita habet: The definition of a Point is plainly negative, and no otherwise informs us, what a Point is, than by telling us, what 'tis not. Yet in many things, that are in nature most simple, these kinds of negative Definitions are sufficiently instructive; though not to the Essence of the Thing defined, yet very well to the Use, that is to be made thereof. So here a Point is defined by a Negation of parts. Which Definition in respect of Magnitude, that was next to be con-

EUCLIDIS
ELEMENTORUM
LIBER PRIMUS.

DEFINITIONES.

1. Punctum est, cuius pars nulla.

sidered as divisible into parts, is instructive or preparatory to the right understanting of the Doctrine of Magnitudes, and lays down, what conception of a Point is hereafter used, or usefull in Geometry, namely *to have no parts.* Which is sufficient for the present to an Geometrician. In multis, ait, rebus simplicissimis eiusmodi definitiones negativas sufficere non quidem ad rem ipsam declarandam, attamen quo facilius usui, in quem adhibeantur, inservire possint. Ita hanc definitionem negativam puncti referri ad comparationem quantitatum, quae ex partibus compositae sint, praeparare itaque animum ad melius intelligendam doctrinam de quantitatibus, et docere, quo sensu, vel quem in usum Geometrae voce *punctum* utantur, nempe pro eo, quod non habeat partes. Quod quidem in praesentia sufficiat Geometrae.—Praeterea id quoque in Euclidis definitione vituperarunt nonnulli, quod non sit convertibilis, vel, ut aliis verbis rem enunciem, quod eadem definitio in alia plura, praeter punctum, quadret; unitatem nempe in numeris vel tempore consideratam pariter nullas partes habere. Quod etiam Proclus concedit, ac non solum punctum ait esse *ἀμερὲς*, sed tamen solum *ὡς πρὸς τὴν γεωμετρικὴν ὕλην*, unde Geometrae haec definitio sufficere possit. Vid. Procl. l. c. p. 26. et Savil. l. c. p. 53. Atque haec, quae inter unitatem ac punctum intercedit

β'. Γραμμὴ δὲ, μῆκος ἀπλατές.

analogia, caussa fuisse videtur, cur Proclo teste l. c. Pythagoraei punctum dicerent μονάδα προςλαβοῦσαν θέσιν, unitatem situm adsumentem. Cf. Savil. p. 60. sq. Playfair. Elements of Geometry containing the first six Books of Euclid. Edinburgh 1795. p. 347. pariter monet, haud convertibilem esse hanc definitionem, quod tamen ad naturam definitionis rite formatae pertineat; non enim ea omnia, in quibus nullae sint partes, vel quae non habeant magnitudinem, illico puncta esse. Ipse igitur definitionem hanc affert, punctum esse, quidquid positionem habeat, at non magnitudinem. Optime hac de re iudicare videtur Robertus Simsonus, qui in Anglica Elementorum versione London. 1804. p. 289. sqq. observat, definitiones 1. 2. 3. 5. 6. magis perspicuas fore, si a consideratione vel definitione corporis initio facto, ad superficiem, in qua nulla sit crassities, adeoque longitudo saltem ac latitudo considerandae veniant; a superficie ad lineam, omnis etiam latitudinis expertem, et a linea denique ad punctum descendas, quod quum nec longitudinem habeat, saltem ut terminus sive extremum lineae cogitari possit. Cf. etiam Clavii Elementa Euclidis Libr. XV. Colon. 1591. p. 1. et Borellii Euclides restitutus, Pisis 1658. p. 3. sq. Atque hac ratione evitari poterunt, quas ex Ramo, aliisque notavimus, obiectiones. Punctum nempe erit, ut in defin. 3. dicitur, πέρας τῆς γραμμῆς. Itaque definitio tertia supplet defectum primae. At hanc ipsam tertiam definitionem Savilius l. c. p 60. reprehendit, quod sit a posteriori; pariterque p. 64. similem lineae definitionem ex eadem ratione absurdam esse dicit. Recte ille quidem, si quis, haud ante explicata linea, punctum, aut, superficie haud explicata, lineam ita explicare velit. At, si Roberti Simsoni more a definitione corporis fiat initium, atque inde ad superficiem, a superficie ad lineam, a linea denique ad punctum descendas, i. e. ab eo, quod magis compositum est, ad simplicius, pariter id licebit, atque a simplicioribus ad magis composita ascendere. Hinc etiam plures Geometrae acutissimi, v. c. e nostratibus Kaestnerus, Karstenius, Lorenzius,

2. Linea autem longitudo non lata.

Matthias, aliique eundem, quem Rob. Simsonus, in his explicationibus ordinem secuti sunt. Caeterum notat Savilius, quod apud Platonem, Aristotelem, aliosque veteres *στιγμή* vocetur, id apud Euclidem ac Mathematicos esse *σημεῖον*. Denique patet, atramento aut alio quocunque modo perfectam puncti imaginem exhiberi nunquam posse.

D E F I N. I I.

Hanc quoque definitionem reprehendit Aristoteles Topic. VI., quod per negationem dividat genus. Recte tamen Savilius l. c. p. 64. monet, id saepius fieri, nec reprehendi posse, qui v. c. brutum definire velit *ζῶον ἄλογον*. Neque etiam, monente pariter Savilio, sola negatione constat haec definitio, ut superior puncti, quum genus habeat positivum, *longitudo*. Vel, ut Proclus ait p. 29. *Τὸ μὲν σημεῖον, ὡς πάντων ἀρχὴν τῶν μεγεθῶν διὰ μόνης τῆς ἀποφάσεως ἐδίδαξε· τὴν δὲ γραμμὴν τῇ μὲν καταφατικῶς, τῇ δὲ ἀποφατικῶς· ἐστὶ μὲν γὰρ μῆκος, καὶ τούτῳ τῆς τοῦ σημείου πλεονάζει ἀμερείας· ἀπλατὴς δὲ ὡς τῶν ἄλλων καθαρεύουσα διαστάσεων. πᾶν γὰρ δὴ τὸ ἀπλατὲς καὶ ἀβαθές ἐστιν.* Et vulgo etiam, ut Apollonius apud Proclum monet, lineae notionem habemus, quum itinerum longitudines metiri volumus. Tum enim neque de latitudine neque de altitudine vel profunditate viae quaeritur, sed de locorum tantum distantia. Notiones nempe puncti, lineae, superficiei non nisi abstractione, ut aiunt, formantur. Caeterum alii, eodem Proclo referente, lineam dixere esse *ῥύσιν σημείου*, fluxum puncti, alii *μέγεθος ὑφ' ἓν διάστατον*, quantitatem unicam habentem dimensionem, Savilio iudice, vere utique, sed ad naturam lineae explicandam non tam accommodate et Euclidea definitione minus perspicue. In definitione sexta, quae pariter pro complemento secundae haberi potest, ut defin. tertia pro complemento primae, *γραμμαὶ πέρατα τῆς ἐπιφανείας* esse dicuntur, et Rob. Simson. addit, dici etiam posse, lineam esse terminum communem duarum superficierum continue positarum, vel lineam dividere unam eandemque superficiem in duas partes continuas. Caeterum, ut Scarburgh. monet (the

γ'. Γραμμῆς δὲ πέρατα, σημεῖα.

δ'. Εὐθεῖα γραμμή ἐστιν, ἥτις ἐξ ἴσου τοῖς ἐφ ἑαυτῆς σημείοις κεῖται.

Engl. Euclide p. 3. sqq.) linea, quamvis fluxus puncti dicatur, haud tamen consistit e punctis iuxta se positis. Quum enim singula puncta omni careant magnitudine, decem etiam millia punctorum iuxta se positorum nullam efficere possunt longitudinem; puncta itaque punctis addita nunquam lineam efficiunt, nec ulla pars lineae est punctum, sed punctorum fluxus imaginem saltem lineae continuae exhibet. Cf. Peletar. in Euclid. Elem. Geom. Demonstr. Libr. VI. 1610. p. 3.

DEFIN. III.

De hac definitione supra ad defin. 1. dictum est, esse eam quasi complementum primae. Caeterum Proclus p. 28. et ex eo Savilius p. 66. monent, esse lineas, quarum terminos exhibere non possis, v. c. lineam ex una parte finitam, ex altera infinitam, i. e. cui ex hac parte nulli fines assignentur, vel etiam lineas in se ipsas redeuntes. „Sic nimirum solet Euclides, (verba sunt Savilii) quam recte docti viderint, posita semel definitione alicuius generis, sine ulla divisione transire ad definitionem alicuius ex praecipuis speciebus, quod reliquae fortasse proposito suo minus inservirent, aut elementari institutioni non essent accommodatae. Sic hoc loco, cum posita definitione lineae consequens esset, ut lineam divideret in finitam et infinitam, omissa infinita, finitam solummodo in hac tertia definitione attingit.“ Mihi quidem videtur Euclides, omissis, quae ad rem proxime non pertinerent, dicere voluisse: si qua linea finita est, termini eius puncta appellantur. Cf. Clavius ad h. l.

DEFIN. IV.

Primum de sensu verborum: ἥτις ἐξ ἴσου τοῖς ὑφ' ἑαυτῆς σημείοις κεῖται, disputatur. Proclus putat, Euclidem his verbis innuere, μόνην τὴν εὐθεῖαν ἴσον κατέχειν διάστημα τὸ

3. Lineae vero extrema, sunt puncta.

4. Recta linea est, quae ex aequo punctis in ea sitis ponitur.

(legendum τῷ) μεταξὺ τῶν ἐπ' αὐτῆς σημείων i. e. rectam tum ex aequo punctis in ipsa sumtis iacere, quando spatium, seu distantia inter duo eius puncta extrema aequale sit ipsi lineae. At recte monet Borellius, Euclid. restitut. p. 4., ignorari, quidnam ipsa distantia sit, neque id ab Euclide expositum esse. Clavius p. 2. lineam aequaliter inter sua puncta extendi dicit, in qua nullum punctum intermedium ab extremis sursum aut deorsum, vel huc atque illuc deflectendo subsultet, in qua denique nihil fluxuosum reperiatur. Verum etiam haec expositio obscura videtur Borellio l. c. quod omnia illa vocabula supponant, lineam rectam iam esse cognitam, illud enim esse flexuosum, quod non sit rectum. Klügelius (Mathem. Wörterbuch Th. III. p. 447.) Euclidis verba id sibi velle putat, rectam lineam eam esse, cuius singulae partes similem formam, eundem erga se situm, habeant, in qua explicatione notio *eiusdem situs* nonnullis fortasse obscura videbitur. Alii aliter Euclidis verba explicavere. Atque haec ipsa interpretationum diversitas satis indicat, non sine causa Savilium p. 77. dicere „hanc definitionem mihi liceat bona cum venia omnium interpretum tam veterum quam recentiorum non intelligere.“ Atque in eundem sensum Pfleidererus Thes. inaugur. Tub. 1782. ait: „Definitio lineae rectae Elem. Eucl. L. I. Def. 4. nullius est usus, ac re explicanda obscurior.“ Adeo, ut Savilius ait, rem maxime perspicuam perspicue definire aliquando difficile est. Quum nempe definitionis negotium in eo versetur, ut rem minus aut imperfecte cognitam per characteres eius distinctivos explicemus, notasque, quibus illa ab omnibus reliquis discerni possit, afferamus, patet res omnium simplicissimas, quamvis omnium oculis obversantes satisque notas, vix per characteres adhuc simpliciores exprimi atque explicari posse. Omnes novimus, quid sit atrum, quid album; at quis alteri id se explicare posse, sibi persuadebit? An linea recta huc referenda

έ. Ἐπιφάνεια δέ ἐστιν, ὃ μῆκος καὶ πλάτος μόνον ἔχει.

ς'. Ἐπιφανείας δὲ πέρατα, γραμμαί.

ζ'. Ἐπίπεδος ἐπιφάνειά ἐστιν, ἥτις ἐξ ἴσου ταῖς ἐφ᾿ ἑαυτῆς εὐθείαις κεῖται.

sit, equidem non dixerim. Illud tamen certum est, id ipsum, quod rectum sit, adeo simplex esse, ut difficile certe sit, notionibus simplicioribus id efferre. Unde etiam tam variae lineae rectae definitiones ortae esse videntur. Alii enim (atque ita fere etiam definitio nostra quarta est apud Campanum) dixere, lineam rectam eam esse, quae minima sit inter eosdem terminos, quod ipsum etiam Archimedes non quidem ut definitionem lineae rectae, at ut *λαμβανόμενον* ponit in Praefat. ad Libros de Sphaera et Cylindro; alii v. c., Proclo referente, Plato: cuius puncta extrema obumbrent media; alii: cuius omnes partes omnibus congruant; alii: quae una ratione inter duo puncta duci possit; alii aliter eius naturam explicare studuerunt. Maxime nobis arridet ea, quam Kraftius Geom. Sublim. p. 2. a F. C. Maiero sibi traditam exhibet, lineae rectae definitio, qua ea esse dicitur, quae circa utrumque extremum (vel etiam circa duo puncta quaecunque in ipsa sumta) tanquam polos circumvoluta situm suum non mutet, quo sensu etiam interpretari possis eam, quam Proclo referente veterum nonnulli dedere, definitionem: *ἥτις τῶν περάτων μενόντων καὶ αὐτὴ μένει.* Atque eodem fere sensu Austinus (An Examination of the first Books of Euclids Elements Oxford 1781. p. 2.) Euclidis definitionem intelligi debere contendit. Cf. etiam Playfair. Elem. of Geometry p. 1., 351., sq. cuius definitio eodem fere redit. Et Saccherius (Euclides ab omni naevo vindicatus Mediol. 1733. p. 71.) rectam lineam, quae ex aequo sua interiaceat puncta, ait necessario talem esse, ut circa duo illa immota extrema sua puncta non possit ipsa in alteram partem converti, v. c. a laeva parte in dextram. Ex hac definitione consequitur, per duo puncta non nisi unam rectam transire, adeoque duas rectas spatium non

5. Superficies autem est, quod longitudinem et latitudinem tantum habet.

6. Superficiei vero extrema, sunt lineae.

7. Plana superficies est, quae ex aequo rectis in ea sitis ponitur.

comprehendere, nec segmentum commune habere. Ex hac ipsa definitione etiam facile normae aut regulae, ad quam duci solent lineae rectae, examen institui poterit. Norma nempe circa se ipsam circumvoluta eidem lineae congruere debebit.

DEFIN. V.

Superficies, ut Proclus monet, dici etiam potest, terminus corporis, vel, ut Rob. Simson. addit, terminus communis duorum corporum continue positorum. Neque igitur pars corporis erit superficies, vel, ut aliter dicamus, superficies superficiei imposita nunquam corpus efficiet. Cf. dicta ad def. 2.

DEFIN. VI.

Hanc quoque definitionem ita efferre possumus: si qua superficies finita est, fines eius sunt lineae. Itaque lineae nunquam partem superficiei constituent, nec plures iuxta se positae lineae superficiem efficient.

DEFIN. VII.

In hac definitione verba ἐξ ἴσου parem atque in definitione quarta obscuritatem habent. Proclus quidem simili ratione haec verba explicat atque in definitione lineae rectae; superficiem nempe planam aequalem esse dicit intervallo suarum rectarum, quod Savilio iudice est non quidem obscurum per obscurius, sed planum et perspicuum per meras tenebras explicare. Clavius aliquanto clarius; ita ut mediae partes ab extremis sursum deorsumve subsultando non recedant, vel ita, ut superficies nihil habeat incisum angulis, nihil anfractibus, nihil eminens, nihil lacunosum. Eadem tamen, quae Borellius circa similem lineae rectae explicationem monuit, hic quoque valent. Neque reliquorum explicationes difficultatibus carent. Unde etiam alii alias superficiei planae definitiones dederunt, similes fere

η'. Ἐπίπεδος δὲ γωνία ἐστὶν ἡ ἐν ἐπιπέδῳ δύο γραμμῶν ἁπτομένων ἀλλήλων, καὶ μὴ ἐπ' εὐθείας κειμένων, πρὸς ἀλλήλας τῶν γραμμῶν κλίσις.

θ'. Ὅταν δὲ αἱ περιέχουσαι τὴν εἰρημένην 1) γωνίαν γραμμαὶ εὐθεῖαι ὦσιν, εὐθύγραμμος καλεῖται ἡ γωνία.

1) *εἰρημένην* habet Ed. Paris. ex Cod. 190. Reliquae editiones et Mss. omittunt hanc vocem, quam certe nemo desideraverit.

iis, quibus ad def. 4. rectam quoque lineam explicatam esse diximus. E quibus reliquis praeferenda videtur ea, quam Proclo teste iam e veteribus quidam exhibuerunt, superficiem planam eam esse, cuius omnibus partibus recta applicari possit (ἧς πᾶσι τοῖς μέρεσιν εὐθεῖα ἐφαρμόζει), vel, ut paullo distinctius habet Rob. Simson., in qua, sumtis utcunque duobus punctis, recta linea inter illa tota sita est in ista superficie. Id ipsum etiam Euclidis definitionem dicere, contendit Austinus l. c. p. 3. et Hero Nomin. Geometr. edit. a Conr. Dasypodio, in Editione Euclidis ab ipso curata, qui ἐξ ἴσου κεῖται interpretatur: παντοίως ἐφαρμόζει. Atque hanc determinationem in Elementis Euclidis, ac nominatim L. XI. Prop. 1. 2. 3. supponi, monent Simson. et Pfleidererus l. c. p. 2. Campanus habet: Superficies plana est ab una linea ad aliam brevissima extensio, in extremitates suas eas recipiens. Caeterum notandum adhuc est, quod etiam Proclus monet, apud Platonem et Aristotelem ἐπίπεδον saepius pro ἐπιφάνεια in genere sumi, Euclidi contra superficiem *planam saltem* voce ἐπίπεδον notari. Addimus denique, omnia, quae in Element. libr. I—IV. et deinde L. VI. dicuntur, ad delineationes saltem in *superficie plana* factas referri debere, etiam ubi haec restrictio non expresse adiiciatur.

DEFIN. VIII.

Rob. Simson. monet, auctori huius definitionis id consilium fuisse videri, ut angulum sensu generaliore sumtum explicaret, non eum saltem, qui a duabus rectis, verum etiam eum, qui, ut nonnulli volunt, a recta et curva, vel a duabus curvis effi-

8. Planus autem angulus est in plano duarum linearum sese tangentium, et non in directum positarum, alterius ad alteram inclinatio.

9. Quando vero lineae dictum angulum continentes rectae sunt, rectilineus appellatur angulus.

citur. (Hinc etiam in defin. 9. separatim de angulo rectilineo sermo est). At verba ἐπ' εὐθείας, quae satis perspicua sint, si de duabus rectis sermo sit, vix habere sensum, quum de recta et curva aut de duabus curvis adhibeantur. Videri igitur hanc definitionem pariter ac definitionem anguli segmenti, ut et ea, quae de angulo semicirculi et segmentorum angulis habeantur lib. III. Prop. 16. et 31. additamenta esse editoris minus periti. Et iam Vivianius vocem ἐπίπεδος expungendam, et omnia ad angulos rectilineos restringenda esse putaverat. Vid. infra Excurs. ad L. III. 16. Proclus autem ad h. l. multa de variis angulorum generibus disserit, qui vel a variis curvis, vel maxime a diversis circulis, vel etiam a recta et circulo contineantur. Sed ad elementa certe angulos non rectilineos haud pertinere iure pronunciat Playfair.

Caeterum ad hanc definitionem monendi fuerint tirones, magnitudinem anguli, quod et ipsa definitio innuit, non a magnitudine rectarum angulum comprehendentium (*crura* vocant), sed a mutua earum positione pendere. Punctum, in quo crura anguli concurrunt, *verticem* vocant.

DEFIN. IX.

De hac definitione ac praecedente iure sentit Pfleidererus (Thes. inaugur. Tub. 1784. p. 1. 2.) „Definitiones hae proprie tantum, *ad quid notio anguli spectet*, innuere, non notionem ipsam declarare censendae sunt: alias idem per idem, obscurum per aeque obscurum explicare iure reprehenderentur. Hinc etiam nullus earum deprehenditur usus ad propositiones de aequalitate, inaequalitate, et generatim ratione mutua ac magnitudine angulorum stabiliendas.“ Atque hoc sufficere videtur ad defendendum in hac re Euclidem contra accusationes recentiorum

ί. Ὅταν δὲ εὐθεῖα ἐπ' εὐθεῖαν σταθεῖσα τὰς ἐφεξῆς γωνίας ἴσας ἀλλήλαις ποιῇ, ὀρθὴ ἑκατέρα τῶν ἴσων γωνιῶν ἐστι· καὶ ἡ ἐφεστηκυῖα εὐθεῖα κάθετος καλεῖται ἐφ' ἣν ἐφίστηκεν.

ιά. Ἀμβλεῖα γωνία ἐστὶν, ἡ μείζων ὀρθῆς.

ιβ'. Ὀξεῖα δὲ, ἡ ἐλάσσων ὀρθῆς.

ιγ'. Ὅρος ἐστὶν, ὅ τινός ἐστι πέρας.

ιδ'. Σχῆμά ἐστι, τὸ ὑπό τινος ἤ τινων ὅρων περιεχόμενον.

ιέ. Κύκλος ἐστὶ σχῆμα ἐπίπεδον, ὑπὸ μιᾶς γραμμῆς περιεχόμενον, ἣ καλεῖται περιφέρεια· πρὸς ἥν, ἀφ' ἑνὸς σημείου τῶν ἐντὸς τοῦ σχήματος κειμένων, πᾶσαι αἱ προσπίπτουσαι εὐθεῖαι 2) ἴσαι ἀλλήλαις εἰσίν.

2) Ed. Paris. Cod. 190. vel *a*, et alii plures Codd. addunt: *πρὸς τὴν τοῦ κύκλου περιφέρειαν*, quae verba tamen, consentientibus etiam *de Lambre* et *Prony* in relatione ad Institut. Franc. facta, pro mero coque inutili glossemate habenda videntur, et recte in reliquis Edd. variisque Codicibus desunt.

quorundam v. c. Ohmii (Kritische Beleuchtung der Mathem. überhaupt, und der Euklid. Geom. insbesondere).

DEFIN. X. XI. XII.

Angulos deinceps positos *τὰς ἐφεξῆς γωνίας* Euclides appellat illos duos angulos, qui ab una linea in alteram incidente fiunt ex utraque parte lineae incidentis. Caeterum vox *κλίσις* in Defin. 8. monente Savilio ad angulum rectum et obtusum applicata sensu generaliore sumenda est.

DEFIN. XIII.

Distinguendum esse docet Savilius inter *ὅρον* terminum, et perimetrum sive ambitum figurae. In triangulo v. g. quodlibet latus per se sumtum *ὅρος* est, sed omnia latera simul sumta perimeter. Caeterum Savilius verba haec: *ὅρος ἐστὶν* etc. nullam ait habere definitionis faciem, sed vocabuli potius per

10. Quando autem recta super rectam insistens angulos deinceps aequales inter se facit, rectus est uterque aequalium angulorum: et insistens recta, perpendicularis vocatur ad eam, super quam insistit.

11. Obtusus angulus est, qui maior recto.

12. Acutus autem, qui minor recto.

13. Terminus est, quod alicuius est extremum.

14. Figura est, quod ab aliquo vel aliquibus terminis continetur.

15. Circulus est figura plana ab una linea contenta, quae vocatur circumferentia; ad quam ab uno puncto eorum, quae intra figuram posita sunt, cadentes omnes rectae aequales inter se sunt.

suum synonymum explicationem esse, consentiente Scarburghio, qui haec verba glossema esse putat margini primum adscriptum. Et sane, si desint, nemo ea desideraverit. Rob. Simson. hanc definitionem asterisco notavit.

DEFIN. XIV.

Notandum vocem σχῆμα *figura* ab Euclide non de figuris tantum planis, aut in superficie aliqua positis, sed, ut definitio haec innuit, de corporibus quoque adhiberi. Patet id e definitionibus quoque prismatum, pyramidum, conorum, aliorumque corporum, quae ad initium libri XI. habentur.

DEFIN. XV.

Facile patet, e mera rei alicuius definitione, quae tantum asserit, si quid in rerum natura sit ita comparatum, ut in definitione dictum erat, id hoc illove nomine designandum esse, (quas definitiones veteres logici *nominales* vocarunt) haud consequi, dari aut possibilem certe esse eiusmodi rem. Fieri enim potest, ut, re haud satis pensitata, ἀσύστατα quoque in definitione coniungantur, v. c. si quis circuli, quadrati, aut trianguli circulo non inscriptibilis definitionem dare velit. Reapse igitur esse tales figuras etc., quales in aliqua eius generis definitione describuntur, nisi res per se pateat, tum demum scire

ιϛ'. Κέντρον δὲ τοῦ κύκλου, τὸ σημεῖον καλεῖται.

ιζ'. Διάμετρος δὲ τοῦ κύκλου ἐστὶν εὐθεῖά τις διὰ τοῦ κέντρου ἠγμένη, καὶ περατουμένη ἐφ' ἑκάτερα τὰ μέρη ὑπὸ τῆς τοῦ κύκλου περιφερείας· ἥτις καὶ δίχα τέμνει τὸν κύκλον.

ιη'. Ἡμικύκλιον δέ ἐστι τὸ περιεχόμενον σχῆμα, ὑπό τε τῆς διαμέτρου, καὶ τῆς ἀπολαμβανομένης ὑπ' αὐτῆς τοῦ κύκλου περιφερείας.

poterimus, quum ostensum fuerit, qua ratione eius generis figurae fieri possint. Quod etiam ab Euclide plerumque factum esse videmus. Quodsi possibilitas rei per se pateat, tum etiam definitio ita strui poterit, ut rationem, qua res fieri possit, indicet. Eius generis definitiones logici *geneticas*, veteres etiam *reales*, recentiores *syntheticas* vocant. Euclidis circuli definitio quum nominalis tantum sit, possibilitas rei non inde derivari poterat, verum in postulatis sumebatur. Neque vero eapropter Euclides reprehendendus est, ut pluribus ostendit Scarburgh. ad h. l. Poterat vero etiam definitio exhiberi genetica vel synthetica ita fere: Quodsi recta quaecunque circa alterum punctum extremum in eodem plano gyretur, dum in pristinum situm redeat, spatium, quod illa recta percurrit, circulus et linea ab altero extremo rectae revolutae descripta circumferentia vocabitur, ubi facile patet, nihil in definitione sumi, quod non facile effici queat. Unde etiam consequitur, quodvis circumferentiae punctum a puncto illo, circa quod recta circumferebatur, aeque distare, atque illud punctum, quod centrum vocant, intra circulum situm esse. Ac fateor, me non videre, quo iure Scarburghius tam acerbe perstringat Borellium aliosque, qui genetica hac definitione uti maluerint. Caeterum rectae, quae ex centro ad punctum aliquod circumferentiae ducuntur, hodie plerumque apud geometras radii, apud Euclidem simpliciter rectae ex centro, *αἱ ἐκ τοῦ κέντρου*, libr. III. Def. 1. et Prop. 26. vocantur. Ubi de circulis describendis agitur, vox *διάστημα* adhibetur, quae minus

16. Hoc autem punctum centrum circuli vocatur.

17. Diameter vero circuli est recta quaedam per centrum ducta, et terminata ex utraque parte a circuli circumferentia; quae et bifariam secat circulum.

18. Semicirculus vero est figura contenta a diametro, et ea circuli circumferentia, quae a diametro intercipitur.

accurata videri potest, quum rectam lineam brevissimam esse inter duo puncta supponat, cuius rei in Elementis nulla occurrit mentio, et casus tantum singularis L. I. 20. demonstratur. Nonnunquam circuli nomine circumferentiam quoque vel peripheriam denotant. Rectius tamen illae nomine etiam distinguuntur. Pariter partes circumferentiae, quas vulgo, verosimiliter secundum Arabes (cf. Campani III. Def. 7.) arcus vocamus, Euclides semper peripherias vocat. Vid. Pfleiderer. in Hauberi Chrestom. Geometr. p. 284.

DEFIN. XVII. XVIII.

Verba: ἥτις καὶ δίχα τέμνει τὸν κύκλον, quae praevie tantum definitionis 18. gratia adiuncta esse censeri debent, haud esse partem definitionis, sed ex definitione consequi monet Rob. Simson. Et Scarburghius quidem glossema Elementis assutum esse putat. Quidquid sit, hanc definitionis consequentiam, tam quoad circumferentiam, quam quoad superficiem circuli demonstrari oportebat, quod Thaletem fecisse Proclus refert, superiore circuli parte inferiori superposita. Cf. infra Obs. ad III. Def. 1. Idem etiam probari posse e libri tertii propositionibus 31. 23. 24. monent Simson. et Pfleiderer. (Thes. inaugur. Tub. 1784. p. 4.), qui addit, ita demum a subreptionis vitio liberari sequentem definitionem 18. Pariter ostendi poterit, valere etiam conversam, nempe rectam, quae circulum bifariam dividat, per centrum transire, adeoque reliquas, quae circulum secent, nec per centrum transeant, rectas eum in inaequalia segmenta dividere, et vice versa. In Procli commen-

ιθ'. Τμῆμα κύκλου 1) ἐστὶ, τὸ περιεχόμενον σχῆμα ὑπό τε εὐθείας καὶ κύκλου περιφερείας [ἢ μείζονος ἢ ἐλάσσονος ἡμικυκλίου].

κ'. Σχήματα εὐθύγραμμά ἐστι, τὰ ὑπὸ εὐθειῶν περιεχόμενα.

κα'. Τρίπλευρα μὲν, τὰ ὑπὸ τριῶν.

κβ'. Τετράπλευρα δὲ, τὰ ὑπὸ τεσσάρων.

κγ'. Πολύπλευρα δὲ, τὰ ὑπὸ πλειόνων ἢ τεσσάρων εὐθειῶν περιεχόμενα.

κδ'. Τῶν δὲ τριπλεύρων σχημάτων, ἰσόπλευρον μὲν τρίγωνόν ἐστι, τὸ τὰς τρεῖς ἴσας ἔχον πλευράς.

κε'. Ἰσοσκελὲς δὲ, τὸ τὰς δύο μόνας ἴσας ἔχον πλευράς.

1) Definitionem hanc segmenti circuli habent quidem libri mss. et editiones Graecae omnes, unde nec nos eam delere voluimus. At, quum eadem ut L. III. Def. 6. recurrat, ex Buteonis, Savilii et Scarburghii sententia eam pro spuria habendam putamus. Semicirculi mentio in definitione antecedente facta huic additamento ortum dedisse videtur. Procli Commentarius eam non habet, nisi quod in Commentario ad definitionem praecedentem eiusmodi aliquid ab initio adiicitur. Verba sub finem addita, quae uncis inclusimus, eo magis suspecta sunt, quod non tantum in editionibus Basil. et Oxon. et Codice Peyrardi f, sed etiam L. III. Def. 6. desunt. Et L. III. Prop. 23. 24. 25. 33. 34. τμῆμα semicirculum quoque comprehendit. Baermannus hanc definitionem omisit; hinc eae, quae sequuntur, apud eum numero minore designantur. Rob. Simson. quoque asterisco eam notavit.

tario definitioni 18. additur; κέντρον δὲ τοῦ ἡμικυκλίου τὸ αὐτὸ, ὃ καὶ τοῦ κύκλου ἐστίν, semicirculi centrum idem est, quod et circuli. Ad quae verba iure monet Scarburghius, magis proprie dici posse, semicircumferentiae idem centrum esse, quod circuli. Semicirculo enim centrum proprie tribui nequit. Caeterum haec verba, quum in libris mss. Elementorum, ut et Savilius observat, haud legantur, spuria sine dubio esse, aut forte observationem saltem a Proclo factam continere Scarburghius putat.

19. Segmentum circuli est figura contenta recta et circuli circumferentia [vel maiore vel minore semicirculo].

20. Figurae rectilineae sunt, quae a rectis continentur.

21. Trilaterae quidem, quae a tribus.

22. Quadrilaterae autem, quae a quatuor.

23. Multilaterae vero, quae a pluribus quam quatuor rectis continentur.

24. Trilaterarum autem figurarum aequilaterum quidem triangulum est, quod tria aequalia habet latera.

25. Isosceles (aequicrurum) vero, quod duo solum aequalia habet latera.

DEFIN. XX. XXI. XXII. XXIII.

Addi potest, rectas, quae figuras istas continent, latera figurae vocari, et omnes simul ambitum vel perimetrum figurae constituere, spatium autem ab iis comprehensum aream appellari. Quae in figuris plurium quam trium laterum vertices duorum angulorum eidem lateri non adiacentium coniungunt, Diagonales vel Diametri figurae audiunt. Figurae, quae omnia latera aequalia, et omnes etiam angulos aequales habent, regulares, reliquae irregulares vocantur. Sin autem latera tantum sint aut considerentur ut aequalia, figura aequilatera; si anguli tantum, figura aequiangula audiet. Vid. Pfleiderer. in Hauberi Chrest. Geometr. p. 284. sq.

DEFIN. XXV.

Addi potest, in triangulo isosceli aequalia latera crura, reliquum basin vocari. In aliis etiam triangulis tertium latus, quando a reliquis distinguitur, basis vocatur. Generatim trianguli ac cuiusvis figurae rectilineae basis vocatur illud latus, super quo figura constituta concipitur. Vide Pfleiderer. in Hauberi Chrest. Geometr. p. 285.

κϛʹ. Σκαληνὸν δὲ, τὸ τὰς τρεῖς ἀνίσους ἔχον πλευράς.

κζʹ. Ἔτι τε, τῶν τριπλεύρων σχημάτων, ὀρθογώνιον μὲν τρίγωνόν ἐστι τὸ ἔχον ὀρθὴν γωνίαν.

κηʹ. Ἀμβλυγώνιον δὲ, τὸ ἔχον ἀμβλεῖαν γωνίαν.

κθʹ. Ὀξυγώνιον δὲ, τὸ τὰς τρεῖς ὀξείας ἔχον γωνίας.

λʹ. Τῶν δὲ τετραπλεύρων σχημάτων τετράγωνον μέν ἐστιν, ὃ ἰσόπλευρόν τέ ἐστι καὶ ὀρθογώνιον.

λαʹ. Ἑτερόμηκες δὲ, ὃ ὀρθογώνιον μὲν, οὐκ ἰσόπλευρον δέ.

λβʹ. Ῥόμβος δὲ, ὃ ἰσόπλευρον μὲν, οὐκ ὀρθογώνιον δέ.

λγʹ. Ῥομβοειδὲς δὲ, τὸ τὰς ἀπεναντίον πλευράς τε καὶ γωνίας ἴσας ἀλλήλαις ἔχον, ὃ οὔτε ἰσόπλευρόν ἐστιν, οὔτε ὀρθογώνιον.

DEFIN. XXVI.

Σκαληνὸν, quod Hesychius interpretatur: **σκολιὸν**, *tortuosum*, melius a **σκάζω**, *claudico*, derivatur, quod, ut Proclus ait p. 47. triangulum scalenum πανταχόθεν χωλεύει. Caeterum addi potest, in triangulo rectangulo latus recto angulo oppositum, Hypotenusam, reliqua autem latera, quae angulum rectum comprehendunt, Cathetos appellari.

DEFIN. XXX. XXXI. XXXII. XXXIII.

Has definitiones Pfleidererus observat l. c. Th. 2. quamvis superabundantes, vitiosas non esse. Superabundantes nempe sunt. Continent quippe plures notas, quam quae ad rem discernendam sufficiant. Ita v. c. satis erat dicere, quadratum esse figuram quadrilateram aequilateram, in qua unum saltem angulum rectum esse constet. Omnes enim rectos esse, facile inde probari poterat. Pariter de rhomboide monet Simson., satis fuisse dicere, esse figuram quadrilateram, quae habeat

26. Scalenum autem, quod tria inaequalia habet latera.

27. Insuper trilaterarum figurarum rectangulum quidem triangulum est, quod habet angulum rectum.

28. Obtusangulum autem, quod habet angulum obtusum.

29. Acutangulum vero, quod habet tres angulos acutos.

30. Quadrilaterarum autem figurarum quadratum quidem est, quod et aequilaterum est et rectangulum.

31. Oblongum autem, quod rectangulum quidem, non vero aequilaterum.

32. Rhombus vero, quod aequilaterum quidem, non vero rectangulum.

33. Rhomboïdes autem, quod et opposita latera et angulos aequalia inter se habet, quod neque aequilaterum est, nec rectangulum.

latera opposita aequalia, quod nempe angulorum oppositorum aequalitas inde sponte fluat, et vice versa. Nihil tamen falsi continent hae propositiones, quamvis plus ac necessarium erat, efferant. Denique liceat observare, in his et nonnullis praecedentibus definitionibus idem valere, quod de definitione circuli monuimus, possibilitatem rei ex sola definitione nequaquam inferri posse. Omnes etiam has figuras in eodem plano positas intelligi, diximus ad defin. 7. Proclus monet, τετράγωνον, quod proprie omnes figuras quadrilateras comprehendat, tamen de sola figura quadrilatera aequilatera et rectangula dici. Vocem ῥόμβος Proclus a verbo ῥομβέω, *in circulum torqueo*, derivat, quod sit quadratum quasi distortum, nisi forte verius ῥομβέω a ῥόμβος derivandum est. Est nempe ῥόμβος (rhombus solidus) proprie conus rectus duplex, ex utraque parte eiusdem basis, eadem utrimque altitudine constitutus, quem tanquam turbinem vel trochum in circulum

λδ'. Τὰ δὲ παρὰ ταῦτα τετράπλευρα τραπέζια καλείσθω.

λε'. Παράλληλοί εἰσιν εὐθεῖαι, αἵ τινες ἐν τῷ αὐτῷ ἐπιπέδῳ οὖσαι, καὶ ἐκβαλλόμεναι εἰς ἄπειρον ἐφ' ἑκάτερα τὰ μέρη, ἐπὶ μηδέτερα συμπίπτουσιν ἀλλήλαις.

agere possis. Tale deinde corpus si a plano per coni vertices transeunte secetur, existet in plano a turbine secto figura, quem rhombum (rhombum planum) vocant mathematici. Savilius contra a rhombo plano rhombum solidum denominationem accepisse putat. Oblongum, sive rectangulum, cuius unum latus est recta A, alterum ei contiguum recta B, hac nota: A×B designare solent, cuius rei ratio infra patebit.

DEFIN. XXXIV.

Figurarum, quas Euclides trapezia vocat, tres species facit Proclus. Vel enim duo saltem latera habent parallela, et rectas haec latera iungentes aequales — atque haec quidem Proclus trapezia aequicrura vocat — vel duo quidem latera parallela habent, at rectas ea iungentes inaequales, quae trapezia scalena vocat Proclus; vel nullum latus alteri parallelum habent, et tum Proclo trapezoïdea audiunt.

DEFIN. XXXV.

Circa hanc definitionem nonnulli recentiores Mathematici (v. c. Hauff., Hoffmann., Lüdicke., aliique) id potissimum desiderarunt, quod negative tantum expressa sit, vel concursum rectarum parallelarum neget. At recte contra monuit Müller. (ausführl. und evidente Theorie der Parallellinien, Nürnb. 1819. p. 22.) facile idem prorsus ita exprimi posse: rectae parallelae dicuntur, quae in eodem plano ita sitae sunt, ut quousque continuentur semper omnia unius puncta sint ex eadem parte alterius. Proclus ad hanc definitionem refert, Posidonium rectas parallelas dixisse eas esse, quae, quum in eodem sint plano, neque convergant, neque divergant, sed ita positae sint, ut omnes ex una earum in alteram demissae perpendiculares sint inter se aequales. Quae ipsa definitio aliis quoque placuit. Involvere tamen ea videtur, rectarum eam

34. Reliqua autem quadrilatera trapezia vocentur.

35. Parallelae rectae sunt, quae in eodem plano positae, et productae in infinitum ad utramque partem, in neutram sibi coincidunt.

naturam esse, ut situm habere possint, in quo perpendiculares ab una in alteram demissae aequales sint, quod ipsum ante demonstrari debere videtur, vel, ut aliter dicamus, involvit, lineam, e qua omnes in rectam aliquam demissae perpendiculares aequales sint, etiam ipsam rectam esse. Alii ita: si in duas in eodem plano sitas rectas alia recta incidat, quae angulum externum aequalem faciat interno ad easdem partes posito, duae istae rectae parallelae erunt, ubi probandum erit, rectas, quae ab una recta hac ratione secantur, etiam ab aliis, a quibus secantur, rectis eodem modo secari. Conf. Klügel. Mathem. Wörterbuch ad vocem: *Parallelen.*

Praeter 35., quas Euclides habet, definitiones, duas addendas putat Clavius (quas etiam Henrion. et Barrov. in sua Elementorum editione subiunxerunt) unam nempe 36. (quam iam Candalla habet) qua figuras quadrilateras, quarum bina opposita latera sunt inter se parallela, parallelogramma vocari doceatur, alteram 37. qua indicetur, quid sint parallelogrammorum complementa circa diametrum, de quibus prop. 43. 44. sermo est. Et definitionem parallelogrammorum quidem haud cum Scarburghio ad I. 33. et 34. pro superflua habere possumus. Quamvis enim parallelogrammum non sit nova figurae species, sed, ut infra videbimus, tantum figuras def. 30—33. explicatas comprehendat, iuvat tamen exponere, quid generali hoc nomine intelligi velimus, nec definitio innuit semper, novum aliquid, de quo ante plane non sermo fuerit, indicari. Parallelogrammorum complementa autem quid sint, melius intelligetur, postquam de rectis parallelis actum fuerit. Confer itaque dicta ad I. 43. Quin aliquot etiam Euclidearum definitionum, ut Savilius monet, exiguum usum esse fatendum est, *ut in magna domo multa supellex, quae non utitur*, ut loquitur ille cascus (Naevius), *emitur tamen.*

ΑΙΤΗΜΑΤΑ.

α΄. Ἠιτήσθω, ἀπὸ παντὸς σημείου ἐπὶ πᾶν σημεῖον εὐθεῖαν γραμμὴν ἀγαγεῖν.

β΄. Καὶ πεπερασμένην εὐθεῖαν ἐπ' εὐθείας κατὰ τὸ συνεχὲς ἐκβάλλειν.

γ΄. Καὶ παντὶ κέντρῳ καὶ διαστήματι κύκλον γράφεσθαι.

POSTULATA.

Postulata et Axiomata illud, ut Proclus l. III. p. 50. ait, commune habent, ut nulla egeant demonstratione, per se fidem faciant, et consequentium fiant principia. In eo vero ex Gemini sententia, quem postea fere omnes secuti sunt, differunt, quod postulata quidem aliquid efficere iubeant, quod habeat facilem et cuivis obviam constructionem, axiomata contra aliquid verum esse asserant, de quo nemo, qui verborum sensum probe intellexit, dubitare potest. Mathematici autem postulata pariter atque axiomata volunt esse quam paucissima, ne quid forte ut effectu facile immisceatur, quod quomodo fieri possit, non omnibus pateat, aut pro certo aliquid sumatur, quod dubium adhuc esse possit. Aut, ut Barrov. ait (*Lect. Mathem.* 1664. Lect. IV. p. 66.) „Axiomata praemittunt Mathematici paucissima; paucissime quidvis petunt, adsumunt aut praesupponunt. Est enim tenerrimae frontis et stomachi robustissimi, pudentissimum genus hominum et taedii patientissimum. Quemvis concoquere malunt laborem in dictis suis demonstrandis, quam assensum gratuitum emendicare, vel nimiam auditorum liberalitatem experiri. Proprii ratiocinii virtuti, non alienae facilitati, deberi volunt conclusionum suarum evidentiam et firmitatem. Per longas ambages morosius ac prolixius aliquas propositiones, alioquin facillimas, deducere satagunt, eo quod a multiplicando postulatorum et axiomatum numero vehementer abhorreant.“ Addit deinde Barrov. sine ratione Ramum (cum quo etiam recentiores nonnulli faciunt) Euclidem acriter reprehendisse,

POSTULATA.

1. Postuletur, ab omni puncto ad omne punctum rectam lineam ducere.

2. Et finitam rectam in directum continuo producere.

3. Et omni centro et intervallo circulum describere.

quod is plurimas propositiones susceperit demonstrandas, quas ex Rami sententia satius fuisset, ceu sua luce claras arripere, indemonstratas anticipare, in axiomatum censum referre: in quo omnes harum rerum intelligentes consentientes habebit Barrov.

Ad postulatum primum monet Scarburgh., mente tantum ductam concipi rectam ab uno puncto ad alterum, et generatim ea omnia, quae sive in postulatis, sive in problematibus fieri iubeant mathematici, imaginatione saltem ita effecta concipienda esse, neque manualem litterarum ductum, qui semper imperfectus sit, ad veritatem mathematicam intelligendam requiri, figuras tamen manu factas imaginationi succurrere, unde semper regulae et circini usum hactenus permissum sibi putarint geometrae.

Quodsi postulata eo sensu sumantur, quo, Proclo teste, Geminus ea sumenda putavit, manifestum est, quod et Proclus asserit, id, quod pro quarto postulato quidam habuere (Campano est postulatum tertium, quod nempe duo prima in unum contrahit), nempe omnes angulos rectos inter se aequales esse, pariter atque id, quod quintum esse voluerunt, nempe rectas, in quas incidens alia recta faciat angulos internos minores duobus rectis, si opus sit, productas concurrere, neutiquam ad postulata referri debere (cf. Muller ausführl. und evidente Theorie der Parallellinien Nürnb. 1819. p. 4. sqq.), nec magis illud, duas rectas spatium non comprehendere, huc pertinere. Quum tamen Proclus testetur, sua iam aetate plures has propositiones inter postulata retulisse, et codices etiam mss., quos Pey-

δ'. Καὶ πάσας 1) *τὰς ὀρθὰς γωνίας ἴσας ἀλλήλαις εἶναι.*

ε'. Καὶ ἐὰν εἰς δύο εὐθείας εὐθεῖά τις ἐμπίπτουσα τὰς ἐντὸς καὶ ἐπὶ τὰ αὐτὰ μέρη γωνίας δύο ὀρθῶν ἐλάσσονας ποιῇ, ἐκβαλλομένας 2) *τὰς δύο εὐθείας ἐπ' ἄπειρον συμπίπτειν ἀλλήλαις, ἐφ' ἃ μέρη εἰσὶν αἱ τῶν δύο ὀρθῶν ἐλάσσονες γωνίαι.*

ς'. Καὶ δύο εὐθείας 3) *χωρίον μὴ περιέχειν.*

1. *πᾶσαι αἱ ὀρθαὶ γωνίαι ἴσαι ἀλλήλαις εἰσί.* Ita in axiom. legunt edit. Basil. e Oxon.
2. *ἐκβαλλόμεναι αἱ δύο αὗται εὐθεῖαι ἐπ' ἄπειρον συμπεσοῦνται ἀλλήλαις.* Ita in axiom. legunt ed. Basil. et Oxon.
3. *δύο εὐθεῖαι χωρίον οὐ περιέχουσι.* Ita in axiom. habent codd. Peyrardi d. f. h. k. l. m. n. et editiones Basil. et Oxon. Caeterum, ut Peyrardus observat, in quibusdam codd. haec propositio tam in postulatis, quam in axiomatibus habetur.

rardus contulit, omnes postulatum quartum et quintum, nonnulli etiam sextum habeant (editiones tamen Basil. et Oxon. ea inter axiomata referunt); quum in primis ex Arabico aut Graeco factis versionibus Latinis Elementorum Campani (ut vulgo volunt), Zamberti, Commandini quinque postulata habeantur; quum in aliis etiam antiquis scriptoribus, qui Euclidis postulata retulere, v. g. Censorino, Martiano Capella, Boëthio pariter quinque illa postulata enumerentur (conf. *Zwey mathematische Abhandlungen von Scheibel, Breslau* 1807. p. 17. sqq.), necesse est, postulata ab illis alio sensu sumta fuisse. Ac reapse Proclus ait, hypotheses, postulata, axiomata alios alio sensu dixisse, et nominatim nonnullos omnia, quae ad Geometriam speciatim pertinerent, inter postulata, reliqua, quae omnibus disciplinis mathematicis communia essent (cf. Schwab. Commentat. in Euclid. Lib. I. §. 31.) inter axiomata retulisse, quo tamen axioma octavum non quadrat. Atque hi quidem decepti fuisse videntur titulo: *κοιναὶ ἔννοιαι*, quem ita interpretabantur, ut notiones pluribus

4. (Aliis: Axioma 10.) Et omnes angulos rectos aequales inter se esse.

5. (Aliis: Axioma 11.) Et si in duas rectas recta quaedam incidens, interiores et ad easdem partes angulos duobus rectis minores faciat, productas illas duas rectas in infinitum sibi coincidere, ad quas partes sunt anguli duobus rectis minores.

6. (Aliis: Axioma 12.) Et duas rectas spatium non continere.

mathematicis disciplinis communes intelligerent, quem sensum etiam Scheibel. l. c. tuetur. Wallisius etiam (Oper. Mathem. T. II. p. 667. sq.) cum hac opinione facit. Nos locum quidem, quem in msstis habent, mutare noluimus, at, consentientibus viris doctissimis, Barrov., Rob. Simson., aliisque plurimis, rectius ea axiomatibus, et ne his quidem omnia accenseri putamus. Nempe postulatum quartum, aut, ut alii volunt, axioma decimum, omnes angulos rectos aequales esse, demonstratione egere, nec pro axiomate, multo minus pro postulato sumi posse, dudum monuere viri docti, nominatim Pfleiderer. Thes. inaugur. Tub. 1784. Thes. 4. Demonstrationem propositionis satis facilem, uno nempe angulo recto alteri superposito, exhibet Proclus p. 53. (Cf. Schwab. in Euclid. lib. I. §. 35.). Unde consequitur, constantis esse magnitudinis angulum rectum, adeoque pro mensura reliquorum sumi posse. Vid. Pfleiderer. in Hauberi Chrestom. Geom. p. 306.

De postulato quinto, aliis axiomate undecimo, ad El. I. 29. et in Excursu ad eam propositionem fusius dicetur. Unum monemus Peletarium in Elem. Geom. satis perverse hoc axioma adeo inter definitiones referre voluisse; esse enim ait definitionem linearum non parallelarum. Postulatum 6. vel, ut aliis est, Axioma 12. quod nempe duae rectae spatium non comprehendant, ex notione lineae rectae a Maiero explicata consequi diximus ad definitionem quartam. Et recte

ΚΟΙΝΑΙ ΕΝΝΟΙΑΙ.

α΄. Τὰ τῷ αὐτῷ ἴσα, καὶ ἀλλήλοις ἐστὶν ἴσα.

β΄. Καὶ ἐὰν ἴσοις ἴσα προςτεθῇ, τὰ ὅλα ἐστὶν ἴσα.

γ΄. Καὶ ἐὰν ἀπὸ ἴσων ἴσα ἀφαιρεθῇ, τὰ καταλειπόμενά ἐστιν ἴσα.

Playfair. observat, hoc axioma supplere apud Euclidem defectum definitionis rectae, quae certe haud perspicua sit, nec usquam adhibeatur, quum hoc potius axiomate demonstrationes, quae huc pertineant, nitantur.

AXIOMATA.

Axiomata, quae et κοιναὶ ἔννοιαι, *communes notiones*, vocantur, quod, ut Savilius ait, omnium mentibus quasi insita et innata sit eorum notitia, nulla egere demonstratione diximus, vel ita perspicua esse debere, ut nemo, qui verborum sensum intellexerit, de veritate asserti dubitare possit. Neque tamen propterea, monente Barrowio Lect. Mathem. Lect. VII. p. 115. putandum est, ea simpliciter ἀναπόδεικτα esse, omninoque demonstrari non posse. „Sic enim, Barrov. addit, paucissima vel nulla cuiuslibet particularis scientiae pronunciata possent haberi vel appellari principia. Eo enim propendeo, ut existimem, praeter unicum illud omnis ratiocinii fundamentum: *contradictoriae propositiones nequeunt esse simul verae vel simul falsae*, nullum aliud dari simpliciter indemonstrabile axioma. Saltem particularium scientiarum principia nedum possunt, at etiam debent, si poscat discipulus, a magistro demonstrari. Tenetur enim, sua munia si probe exequi velit, et nomen suum implere, scientiae praemonstrator omnem a studioso rationabilem (ita cum barbaris loqui liceat) scrupulum eximere; ergo sua, quae adsumit, principia, si obscura sint, exemplis illustrare, si dubia,

NOTIONES COMMUNES, SEU AXIOMATA.

1. Quae eidem aequalia, et inter se sunt aequalia.

2. Et si aequalibus aequalia addantur, tota sunt aequalia.

3. Et si ab aequalibus aequalia auferantur, reliqua sunt aequalia.

confirmare debet (ut res fere et subiecta materia patietur) ex aliis notionibus et magis indubitatis principiis ad ipsa usque omnium prima principia, si opus sit, idque petet studiosus, discursum promovendo. Sin nulla compareant talia, veritatem axiomatum geometricorum ostendet per definitiones terminorum; ut si quis ambigat de eo, an totum sua parte sit maius; si nullum reperiatur in metaphysicis theorema vel axioma certius, evidentius, simplicius illo, per quod ostendatur, recurrendum est ad definitiones totius et partis, maioris ac minoris, e quibus recte positis haud difficile fuerit illud axioma demonstrare. Pariterque se res habet in reliquis." Quamvis igitur Euclidis axiomata, quae omnia defectui definitionum accuratarum, notionum simplicium aequalitatis, inaequalitatis, lineae rectae etc. supplendo destinatae esse censendae sunt (conf. Wolf. de methodo mathem. brevis commentatio Elem. Mathem. Tom. 1. p. 7.) eam evidentiam habere videantur, ut in iis acquiescere possimus, nec ulteriorem demonstrationem requiramus, reprehendendi tamen non sunt, qui subtilius omnia rimati ad simpliciora adhuc principia progredi tentarunt, quin probandi, si reapse simpliciora atque evidentiora sint principia, quibus suas demonstrationes superstruunt. Ita Proclus refert, Apollonium primum Euclidis axioma: *Quae eidem aequalia sunt, aequalia sunt inter se*, demonstrare conatum esse, sumto 1) ea, quae eundem locum occupent, inter se aequalia esse, 2) quae eundem locum occupent, et aliquid tertium, inter se eundem locum occupare. Haec ipsa tamen supposita Euclideis haud certiora, forte etiam

δ'. Καὶ ἐὰν ἀνίσοις ἴσα προςτεθῇ, τὰ ὅλα ἐστὶν ἄνισα.

ε'. Καὶ ἐὰν ἀπὸ ἀνίσων ἴσα ἀφαιρεθῇ, τὰ λοιπά ἐστιν ἄνισα.

obscuriora esse, nec in omnes omnis generis quantitates quadrare monuerunt Proclus et Savilius. Sano tamen sensu Apollonii enunciatum sumi, atque ita reliqua fere omnia Euclidis axiomata ex axiomate 8. derivari posse, iure existimat Austin. p. 5. et Hauber. Chrest. Geometr. p. 130. Generatim etiam certum est, axiomata, quae Euclides habet, alia ab aliis pendere, ita ut, sumto uno, legitima demonstratione inde deduci possit alterum, v. c. sextum e primo (cf. Schwab. Commentat. in prim. Elem. Euclidis librum §. 32. et alibi, et Pfleiderer. in Hauberi Chrestom. Geom. p. 289. sqq. Garz. allgemeine Grössenlehre Halle 1820. p. 13. sqq.) ac 7. prima axiomata aliquanto generalius ac brevius ita efferri posse: *Aequalia si aequales variationes subeant, aequalia erunt, quae inde nascentur. Aequalia autem si inaequales, aut inaequalia si aequales variationes subeant, inaequalia inde nascentur.* Distinctius autem et scopo Euclidis accommodatius erat, singulas, quae in censum veniunt, variationes nominatim ac a reliquis separatim recensere. Axiomati 5. addi poterat, ut Clavius monet, aliud ei simile axioma: *Si ab aequalibus auferantur inaequalia, reliqua sunt inaequalia.* Pari ratione axiomati 4. aliud simile addere nihil attinet. Facile enim patet, si quis dixerit: si aequalibus inaequalia addantur, tota esse inaequalia, idem illum dicere, quod in axiomate 4. enunciatur. Sextum etiam et septimum axioma generalius admittunt enunciatum in hunc fere modum: *Quorum aeque multipla aut aeque submultipla aequalia sunt, sunt inter se aequalia.* At Euclidis scopo sufficiebant dupla et dimidia. Ad axioma 8. monet Savilius, distinxisse Geometras inter ἐφαρμόζειν et ἐφαρμόζεσθαι. Illud nempe dici de superpositis, quae perfecte congruant, hoc de superpositis, quae quoque modo coaptentur, id quod ex demonstratione Lib. I. prop. 4. patere arbitratur. Ipse tamen fatetur,

4. Et si inaequalibus aequalia addantur, tota sunt inaequalia.

5. Et si ab inaequalibus aequalia auferantur, reliqua sunt inaequalia.

in Lib. I. prop. 8. id discrimen haud ita accurate observari, nisi forte incuria librariorum ἐφαρμοζομένης positum sit pro ἐφαρμοσάσης. Caeterum huius axiomatis ad sequentia applicationes supponunt, tanquam ex communi notione superficiei planae notum, planum ita posse plano applicari, ut secundum omnem suam extensionem cum illo coincidat. (Pfleiderer. in Hauberi Chrest. Geom. p. 293.) Conversam quoque huius axiomatis veram esse, ait Clavius, in quo tamen Savilio monente errat. Vera nempe est conversa, si de lineis rectis et angulis rectilineis sermo sit, at non de aliis quibuscunque quantitatibus, nisi forte etiam hic distinguere velis inter ἐφαρμόζειν et ἐφαρμόζεσθαι. Tum dicere possis: Quae inter se aequalia sunt, sibi quoquo modo coaptari possunt (ἐφαρμόζονται) at non semper perfecte congruunt (ἐφαρμόζουσι). Verum etiam ita propositio erit non perfecte conversa axiomatis 8. Rectas autem omnes inter se aequales etiam sibi mutuo congruere, idemque de angulis rectilineis valere, in sequentibus, praesertim 4. et 8. libri I. supponitur, et demonstrari etiam potest, dummodo postulatum 6. in nostra editione, nempe duas rectas spatium non includere pro axiomate sumas, atque ita demonstravit Savilius p. 152.

In axiom. 9. addi potest monente Savilio: *Totum aequale est omnibus suis partibus simul sumtis.* Apud Barrovium et Clavium (qui etiam nonnullis praecedentibus axiomatibus aliqua consectaria per se perspicua addit) post axioma 9. inseruntur duo alia huius sententiae:

10. a. *Duae rectae segmentum commune non habent.* Hoc axioma certe in l. XI. prop. 1. supponi videtur. Rob. Simson. quidem monet, ex l. I. prop. 11. illud derivari posse. At, si id quoque concedatur, de quo tamen ambigi posse videtur, idem tamen axioma, quod caeterum ex Maieri definitione

ϛ'. *Καὶ τὰ τοῦ αὐτοῦ διπλάσια, ἴσα ἀλλήλοις ἐστίν.*

ζ'. *Καὶ τὰ τοῦ αὐτοῦ ἡμίση, ἴσα ἀλλήλοις ἐστίν.*

η'. *Καὶ τὰ ἐφαρμόζοντα ἐπ' ἄλληλα, ἴσα ἀλλήλοις ἐστίν.*

θ'. *Καὶ τὸ ὅλον τοῦ μέρους μεῖζόν ἐστιν.*

lineae rectae consequi supra diximus, iam in accuratiore demonstratione l. I. prop. 1. supponitur (vid. Proclus p. 59. et Savil. ad prop. 1. p. 175.), pariterque in demonstratione I. 4. et I. 8. monente Pfleiderero Thes. inaugur. 1787. Thes. 4. unde rectius hoc assertum pro axiomate sumseris.

11. a. *Duae rectae in uno puncto concurrentes, si producantur ambae, necessario se mutuo in eo puncto secabunt.* Quo vix opus esse videtur. Nostra deinde postul. 4. 5. 6. vel axiom. 10. 11. 12. sunt apud Clavium 12. 13. 14. Alia quaedam axiomata Clavius, Henrion., Barrov., Baermann. aliique addidere, quibus tamen nos facile cariturος putem. At forte non inepte addi possunt ea, quae sequuntur:

Ax. 13. *Recta, cuius pars intra spatium limitibus undequaque circumscriptum i. e. intra figuram aliquam sita est (vel quae in plano figurae per punctum aliquod intra figuram ducitur) ex utraque parte producta figuram istam in duobus minimum punctis secabit.*

Ax. 14. *Duae figurae, in eodem plano descriptae, quarum una punctum aliquod intra alteram, aliud autem punctum extra eam situm habet, necessario se invicem secabunt.*

Ax. 15. *Si a puncto ex una parte rectae alicuius infinitae sito ad punctum ex altera parte situm ducatur recta aliqua, duae hae rectae necessario se in puncto aliquo secabunt.*

(Pfleiderer. in Hauberi Chrestom. Geom. p. 295. sq. et Lorenz. erster Cursus der reinen Mathem. Geometr. §.

6. Et quae eiusdem duplicia, aequalia inter se sunt.

7. Et quae eiusdem dimidia, aequalia inter se sunt.

8. Et quae congruunt inter se, aequalia inter se sunt.

9. Et totum parte maius est.

24. sqq.) Caeterum ut supra iam monuimus, fuerunt a Rami inde temporibus, qui plura alia, quae in sequentibus demonstrantur, adeo clara et facilia esse putarent, ut in axiomatum et postulatorum numerum referri possint. At methodus mathematica, ut Barrov. monet l. c. p. 66. strictissimam principiorum paucitatem affectat, vel potius efflictim deperit. Neque tamen negandum est, „multo plura esse, ut Savilius ait p. 156. (et iam ante eum Campanus monuit ad finem axiomatum) quibus passim et Euclides ipse et alii Geometrae inter demonstrandum utantur, quae tamen omnia a praemissis principiis, vel a logica naturali fere originem habent, qualia sunt: contradicentium perpetuo unum esse verum, aliud falsum, ex quo et illud oritur, duas magnitudines homogeneas, itemque angulos aut esse inter se aequales, aut inaequales, et, si inaequales, alteram esse maiorem, alteram minorem. Item principium illud logicum, illud esse falsum, ex quo per necessariam consequentiam falsum sequatur, quum ex veris nil nisi verum, ex quo pendet tota vis ἀπαγωγῆς, hoc est, demonstrationis per impossibile. Et eiusmodi quidem axiomatum et aliorum generum plura sunt exempla, quorum numerum inire difficile, quae inter demonstrandum non animadvertentibus etiam occurrunt, quae seorsim adnotare studiosis inter legendum commodum foret." Leges tamen rigorosae methodi an id permittant, dubitari possit, monente Pfleiderero in Hauberi Chrestom. Geometr. p. 288.

ΠΡΟΤΑΣΙΣ ά.

Ἐπὶ τῆς δοθείσης εὐθείας πεπερασμένης τρίγωνον ἰσόπλευρον συστήσασθαι.

Ἔκθεσις. Ἔστω ἡ δοθεῖσα εὐθεῖα [1]) πεπερασμένη ἡ *AB*.

Προςδιορισμός. Δεῖ δὴ ἐπὶ τῆς *AB* εὐθείας πεπερασμένης [2]) τρίγωνον ἰσόπλευρον συστήσασθαι.

1. εὐθεῖα omitt. edd. Basil. et Oxon.
2. πεπερασμένης omitt. edd. Bas. et Oxon.

PROPOSITIO I.

Observ. Problema continet haec propositio. Differunt autem problemata ac theoremata inter se eodem modo atque ex Gemini sententia postulata et axiomata. Caeterum Euclides utrumque communi nomine *πρότασις* comprehendit, et potest sane, quod et Savilius ex parte monet, facile unum genus in aliud converti. Sub finem tamen Euclides semper ea distinguit solemnibus verbis: *ὅπερ ἔδει ποιῆσαι*, vel *ὅπερ ἔδει δεῖξαι*. Problemata pariter ac theoremata plures partes habent. Et veteres quidem in illis, si omni numero absoluta sint, inesse dixerunt *πρότασιν*, *ἔκθεσιν*, *διορισμὸν*, *κατασκευὴν*, *ἀπόδειξιν*, *συμπέρασμα*. *Πρότασις* est ipsa propositio, quae in problemate datum et quaesitum, in theoremate pariter datum aut suppositum, et id, quod demonstrari oportet, complectitur. Ita nostrum problema postulat, super datam rectam terminatam triangulum aequilaterum constituere. *Ἔκθεσις* id, quod universaliter *datum* esse dictum erat, ad singulares schematum lineas applicat, et nonnunquam explanat v. c. hic: Sit data linea *AB*. *Διορισμὸς* simili ratione *quaesitum* in certo aliquo exemplo ad oculos ponit. *Κατασκευὴ* ea, quae facienda proponebantur, efficere docet, cui subiungunt nonnulli alterum *διορισμὸν*, quo enunciatur, ea, quae fieri debeant, in proposito exemplo facta esse. *Ἀπόδειξις* id demonstrat, ac *συμπέρασμα* inde concludit, quae in problemate fieri iussa erant, iam reapse facta esse. Et similiter fere res se habet in theo-

PROPOSITIO I. (Fig. 1.)

Super datam rectam terminatam triangulum aequilaterum constituere.

Expositio. Sit data recta terminata *AB*.

Determinatio. Oportet igitur super *AB* rectam terminatam triangulum aequilaterum constituere.

lematibus. Non tamen omnes hae partes expresse enunciantur. In pluribus Mss. etiam in hac propositione hae voces desunt. Quin VV. DD. de Lambre et Prony in Praefatione, Euclidi a Peyrardo edito praeposita, istas denominationes meras commentatoris nugas esse (une pédanterie de commentateur) pronuntiaverunt. Aliter tamen de ea re iudicat Savilius, qui has propositionis partes fusius explanat. Vide Hauberi Chrestom. Geom. p. 168. sqq. Nobis sufficiat eas semel exempli causa protulisse. Propositio, Demonstratio ac Conclusio nunquam deesse possunt. Cf. Savilius. Ad propositionis enunciatum quod attinet, *Datum* quid sit, alii aliter exposuere, ut videre est in iis, quae Procli Scholiis subiuncta sunt in Editione Basileensi 1533. Hic sufficiet intelligere rectam, quae reapse exhibita et ob oculos nobis posita est. Caeterum Euclides, quum in Elementis id tantum propositum sibi haberet, ut doceret tirones, qua ratione obtineri possit problematum propositorum solutio, contentus fuit, more didactico solutionem proponere, eiusque demonstrationem exhibere, i. e. *Synthesi* tantum usus est; at, qui primus problemata illa sibi proponebat, sive Euclides ille fuerit, sive alius quis, *Analysin* aliquam, sive methodum heuristicam adhibere necesse habebat. Et sane longum fuerit et saepe perdifficile, tirones nulla ante scientia mathematica imbutos semper ope Analyseos ad prima artis principia reducere (sed ad haec usque in Analysi recedendum foret, quoad nihil adhuc cognitum aut aliunde demonstratum sumere liceret): sufficere videtur docere, quid, et qua quid ratione effici possit: itaque Synthesis Euclidis

Κατασκευή. Κέντρῳ μὲν τῷ Α, διαστήματι δὲ τῷ ΑΒ, κύκλος γεγράφθω ὁ ΒΓΔ· καὶ πάλιν, κέντρῳ μὲν τῷ Β, διαστήματι δὲ τῷ ΒΑ, κύκλος γεγράφθω ὁ ΑΓΕ· καὶ ἀπὸ τοῦ Γ σημείου, καθ' ὃ τέμνουσιν ἀλλήλους οἱ κύκλοι, ἐπὶ τὰ Α, Β σημεῖα ἐπεζεύχθωσαν εὐθεῖαι αἱ ΓΑ, ΓΒ.

Ἀπόδειξις. Καὶ ἐπεὶ τὸ Α σημεῖον κέντρον ἐστὶ τοῦ ΒΓΔ κύκλου, ἴση ἐστὶν ἡ ΑΓ τῇ ΑΒ· πάλιν, ἐπεὶ τὸ Β σημεῖον κέντρον ἐστὶ τοῦ ΑΓΕ κύκλου, ἴση ἐστὶν ἡ ΒΓ τῇ ΒΑ. Ἐδείχθη δὲ καὶ ἡ ΓΑ τῇ ΑΒ ἴση· ἑκατέρα ἄρα τῶν ΓΑ, ΓΒ τῇ ΑΒ ἐστὶν ἴση. Τὰ δὲ τῷ αὐτῷ ἴσα, καὶ ἀλλήλοις ἐστὶν ἴσα· καὶ ἡ ΓΑ ἄρα τῇ ΓΒ ἴση ἐστίν· αἱ τρεῖς ἄρα αἱ ΓΑ, ΑΒ, ΒΓ ἴσαι ἀλλήλαις εἰσίν.

scopo sufficere putanda est. Conf. Scarburgh. p. 49. Vide tamen Analysin Pfleidereri in Hauberi Chrestom. Geom. p. 299.) At in ipsa tamen compositione nostri huius problematis atque eius demonstratione id forte quis desideraverit, quod Euclides non docuerit, circulos, quos describi iubet, se invicem secare, adeoque in potestate semper esse problematis solutionem. Van Swinden. (Anfangsgr. der Meſskunde. Jena 1797. p. 22.) id pro axiomate sumit. In usum vocatis iis axiomatibus, quae reliquis addi posse supra vidimus, hac ratione demonstrari id omnino poterit. Quum (Fig. 1.) circulus, quem *A* vocabimus, centro *A*, radio *AB* descriptus sit, patet, punctum *A* esse intra circulum *A*, punctum *B* autem in ipsa circumfererentia circuli *A* positum. Hinc, quae in recta *AB* ultra *B* producta sumuntur puncta, v. c. *E*, necessario extra circulum *A* sita erunt. Si enim neges, puncta ut *E* vel in circumferentia circuli *A*, vel intra circulum *A* sita sint, necesse est. Priore casu foret $AE = AB$, posteriore $AE < AB$. At, quum *E* in *AB* ultra *B* producta esse su-

Constructio. Centro quidem A, intervallo autem AB, circulus describatur $B\Gamma\Delta$ (Post. 3.); et rursus, centro quidem B, intervallo autem BA, circulus describatur $A\Gamma E$ (Post. 3.); et a puncto Γ, in quo sese secant circuli, ad puncta A, B adiungantur rectae ΓA, ΓB (Post. 1.).

Demonstratio. Et quoniam A punctum centrum est $B\Gamma\Delta$ circuli, aequalis est $A\Gamma$ rectae AB (Def. 15.); rursus, quoniam B punctum centrum est $A\Gamma E$ circuli, aequalis est $B\Gamma$ rectae BA (Def. 15.). Ostensa est autem et ΓA rectae AB aequalis; utraque igitur ipsarum ΓA, ΓB rectae AB aequalis est. Quae autem eidem aequalia, et inter se sunt aequalia (Ax. 1.); et ΓA igitur rectae ΓB est aequalis; tres igitur ΓA, AB, $B\Gamma$ aequales inter se sunt.

matur, erit etiam utroque casu $AE > AB$, quod est absurdum. Ergo puncta E in AB producta sumta erunt extra circulum A. Descriptus deinde alter circulus, quem B vocabimus, ex centro B, radio AB, ex una parte puncti B rectam AB secabit in puncto A, atque ex altera parte in puncto aliquo E sito in AB ultra B producta, i. e. extra circulum A. Quum igitur circuli B punctum aliquod A intra circulum A, aliud autem eiusdem circuli B punctum E extra circulum A situm sit, duo hi circuli necessario se invicem secabunt (Ax. 14.) in puncto aliquo Γ. Cf. Wolf. Elem. Geometr. §. 197. Caeterum quum non tantum figurae $A\Gamma B$, $A\Gamma E$, verum etiam $A\gamma B$, $A\gamma E$ sint limitibus undequaque circumscriptae, patet, duos hos circulos tam supra quam infra AB in punctis Γ et γ se invicem secare, adeoque duplicem dari problematis solutionem, dum tam triangulum $A\gamma B$, quam $A\Gamma B$ quaesiti trianguli locum habere possit. An forte plures adhuc solutiones locum habere possint, hic nondum definiri poterit, dum ostensum fuerit, circulos in pluribus quam duobus punctis se non secare. Cf.

Συμπέρασμα. Ἰσόπλευρον ἄρα ἐστὶ τὸ ΑΒΓ τρίγωνον, καὶ συνίσταται ἐπὶ τῆς δοθείσης εὐθείας πεπερασμένης τῆς ΑΒ. Ὅπερ ἔδει ποιῆσαι.

ΠΡΟΤΑΣΙΣ β'.

Πρὸς τῷ δοθέντι σημείῳ, τῇ δοθείσῃ εὐθείᾳ ἴσην εὐθεῖαν θέσθαι.

Ἔστω τὸ μὲν δοθὲν σημεῖον τὸ Α, ἡ δὲ δοθεῖσα εὐθεῖα ἡ ΒΓ· δεῖ δὴ πρὸς τῷ Α σημείῳ, τῇ δοθείσῃ εὐθείᾳ τῇ ΒΓ ἴσην εὐθεῖαν θέσθαι.

Ἐπεζεύχθω γὰρ ἀπὸ τοῦ Α σημείου ἐπὶ τὸ Β σημεῖον εὐθεῖα ἡ ΑΒ, καὶ συνεστάτω ἐπ' αὐτῆς τρίγωνον ἰσόπλευρον τὸ ΔΑΒ, καὶ ἐκβεβλήσθωσαν ἐπ' εὐθείας ταῖς ΔΑ, ΔΒ εὐθεῖαι αἱ ΑΕ, ΒΖ, καὶ κέντρῳ μὲν τῷ Β, διαστήματι δὲ τῷ ΒΓ, κύκλος γεγράφθω ὁ ΓΗΘ· καὶ πάλιν, κέντρῳ τῷ Δ, καὶ διαστήματι τῷ ΔΗ, κύκλος γεγράφθω ὁ ΗΚΛ.

infra Prop. VII. Cor. 2. Ramus monet, esse manifestam hysterologiam in Euclide, quod hoc speciale problema praemittat, nec statim generale illud, quod I. 22. habetur, tractet. Quasi vero eae, quae I. 22. praecedunt, propositiones, quae et ad stabiliendam I. 22. faciunt, hanc ipsam I. 1. non supponant, aut sine ea rite demonstrari possint! Caeterum, quod Proclo p. 59. referente, Zeno Sidonius monuit, in demonstratione tacite sumitur, rectas *ΑΓ*, *ΒΓ* ad punctum *Γ*, in quo conveniunt, segmentum commune non habere, unde apparet necessitas id pro axiomate sumendi. Cf. notata ad Defin. 4. et ad Ax. 10. a.

PROPOSITIO II.

Obs. Facile patet, varios esse huius problematis casus, prout punctum *A* vel in recta *BΓ* ipsa aut producta, aut extra eam situm sit, quos plenius enumerat Proclus. Quum

Conclusio. Aequilaterum igitur est $AB\Gamma$ triangulum (Def. 24.), et constitutum est super datam rectam terminatam AB. Quod oportebat facere.

PROPOSITIO II. (Fig. 2.)

Ad datum punctum, datae rectae aequalem rectam ponere.

Sit quidem datum punctum A, data autem recta $B\Gamma$; oportet igitur ad A punctum, datae rectae $B\Gamma$ aequalem rectam ponere.

Adiungatur ab A puncto ad B punctum recta AB (Post. 1.), et constituatur super eam triangulum aequilaterum ΔAB (Prop. 1.), et producantur in directum ipsis ΔA, ΔB rectae AE, BZ (Post. 2.), et centro quidem B, intervallo vero $B\Gamma$, circulus describatur $\Gamma H\Theta$ (Post. 3.); et rursus centro Δ, et intervallo ΔH circulus describatur $HK\Lambda$ (Post. 3.).

autem exposito casu, qui in nostra figura est, reliqui nihil habeant difficultatis, supersedere liceat eorum expositione. Forte autem miretur aliquis, et reapse mirati sunt tum veteres, quos Proclus ait simpliciorem problematis constructionem adfectasse, tum Ramus aliique, Euclidem his ambagibus uti, ut ad punctum datum A rectam aliquam ΔA ponat, datae rectae $B\Gamma$ aequalem. Poterat enim brevius dicere: Ducatur ex A recta quaecunque AE, ac descripto (Post. 3.) centro A, intervallo $B\Gamma$, circulo, abscindatur ΔA, quae proinde aequalis erit rectae $B\Gamma$. Poterat sine dubio Euclides ita rem omnem absolvere. At, ut Proclus ait, hoc nihil aliud foret, quam mera petitio principii. Nam qui petit, ut ad A describatur circulus intervallo $B\Gamma$, petit ut ad A ponatur linea rectae $B\Gamma$ aequalis, quod fuit demonstrandum nec petendum. Nec postulatum tertium ita intelligendum est, quasi liceret alibi centrum, alibi intervallum circuli accipere, ut ad Post. 3.

Ἐπεὶ οὖν τὸ Β σημεῖον κέντρον ἐστὶ τοῦ ΓΗΘ κύκλου, ἴση ἐστὶν ἡ ΒΓ τῇ ΒΗ. Πάλιν, ἐπεὶ τὸ Δ σημεῖον κέντρον ἐστὶ τοῦ ΗΚΛ κύκλου, ἴση ἐστὶν ἡ ΔΛ τῇ ΔΗ, ὧν ἡ ΔΑ τῇ ΔΒ ἴση ἐστίν· λοιπὴ ἄρα ἡ ΑΛ λοιπῇ τῇ ΒΗ ἐστὶν ἴση. Ἐδείχθη δὲ καὶ ἡ ΒΓ τῇ ΒΗ ἴση· ἑκατέρα ἄρα τῶν ΑΛ, ΒΓ τῇ ΒΗ ἐστὶν ἴση. Τὰ δὲ τῷ αὐτῷ ἴσα, καὶ ἀλλήλοις ἐστὶν ἴσα· καὶ ἡ ΑΛ ἄρα τῇ ΒΓ ἐστὶν ἴση.

Πρὸς ἄρα τῷ δοθέντι σημείῳ τῷ Α, τῇ δοθείσῃ εὐθείᾳ τῇ ΒΓ ἴση εὐθεῖα κεῖται ἡ ΑΛ. Ὅπερ ἔδει ποιῆσαι.

ΠΡΟΤΑΣΙΣ γʹ.

Δύο δοθεισῶν εὐθειῶν ἀνίσων, ἀπὸ τῆς μείζονος τῇ ἐλάσσονι ἴσην εὐθεῖαν ἀφελεῖν.

monet Savilius. Praeterea, hac constructione sumta, ad demonstrandam rectarum *ΑΛ*, *ΒΓ* aequalitatem, utraque dicenda erat aequalis esse intervallo, quo puncta extrema crurum circini, cuius ope circulus centro *Δ* descriptus fuit, inter se distabant. Hoc circini crurum intervallum quum in figura haud ob oculos positum sit, exactissimo geometrae sine dubio minus aptum visum fuit ad rem per se simplicissimam demonstrandam. Malebat ostendere, rectam *ΑΛ* pariter ac *ΒΓ* rectae *ΒΗ* ob oculos positae aequalem, adeoque duas *ΑΛ*, *ΒΓ* inter se esse aequales. Reapse etiam apertura circini, dum a puncto *Β* ad *Α* transfertur, variationibus obnoxia est haud detegendis, nisi descriptis, quos Euclides describere iubet, integris circulis. Nec instrumentorum fide niti debet demonstratio. Monenda haec duxi, quo certius sub initium statim operis tirones *ἀκρίβειαν* summi viri observent. His addo, quae Savilius de hac re habet p. 179. „Observent

Quoniam igitur punctum B centrum est circuli $\Gamma H\Theta$, aequalis est $B\Gamma$ rectae BH (Def. 15.). Rursus, quoniam punctum Δ centrum est circuli $HK\Lambda$, aequalis est $\Delta\Lambda$ rectae ΔH (Def. 15.), quarum ΔA rectae ΔB aequalis est; reliqua igitur $A\Lambda$ reliquae BH est aequalis (Ax. 3.). Ostensa est autem et $B\Gamma$ rectae BH aequalis; utraque igitur ipsarum $A\Lambda$, $B\Gamma$ rectae BH est aequalis. Quae autem eidem aequalia, et inter se sunt aequalia (Ax. 1.); et $A\Lambda$ igitur rectae $B\Gamma$ est aequalis.

Ad datum igitur punctum A, datae rectae $B\Gamma$ aequalis recta ponitur $A\Lambda$. Quod oportebat facere.

PROPOSITIO III. (Fig. 3.)

Duobus datis rectis inaequalibus, a maiore rectam minori aequalem auferre.

studiosi, si placet, differentiam magnam in hac parte inter problema et theorema. In problemate, ubi quasi manualis operatio requiritur (quamvis etiam ipsa Euclidis et geometrarum problemata a mechanica structura et fabrica abesse longissime, et non tam manus quam mentis opera absolvi ex Platonis sententia dixisset idem Savilius p. 162.), traiectio linearum ad alium atque alium situm et positionem admitti non potest: potest in theoremate, ubi nullum opus exigitur, per imaginationem traiici linea aut figura a suo loco et superponi alteri lineae vel figurae, ut in quarta propositione fit. Nam, quia in theoremate nihil aliud quaeritur, quam verum et falsum neque quicquam est falsum in illa traiectione, quae per solam imaginationem ad ostendendam conclusionis veritatem fit, et non quasi per fabricam manualem, aut ministerium aliquod problematicum, recepta est iure merito in theoremate traiectio illa imaginaria, quae in problemate esset vitiosissima."

Ἔστωσαν αἱ δοθεῖσαι δύο εὐθεῖαι ἄνισοι αἱ *ΑΒ*, *Γ*, ὧν μείζων ἔστω ἡ *ΑΒ*· δεῖ δὴ ἀπὸ τῆς μείζονος τῆς *ΑΒ* τῇ ἐλάσσονι τῇ *Γ* ἴσην εὐθεῖαν ἀφελεῖν.

Κείσθω [1]) πρὸς τῷ *Α* σημείῳ τῇ *Γ* εὐθείᾳ ἴση ἡ *ΑΔ*· καὶ κέντρῳ μὲν τῷ *Α*, διαστήματι δὲ τῷ *ΑΔ*, κύκλος γεγράφθω ὁ *ΔΕΖ*.

Καὶ ἐπεὶ τὸ *Α* σημεῖον κέντρον ἐστὶ τοῦ *ΔΕΖ* κύκλου, ἴση ἐστὶν ἡ *ΑΕ* τῇ *ΑΔ*· ἀλλὰ καὶ ἡ *Γ* τῇ *ΑΔ* ἐστὶν ἴση· Ἑκατέρα ἄρα τῶν *ΑΕ*, *Γ* τῇ *ΑΔ* ἐστὶν ἴση. ὥςτε καὶ ἡ *ΑΕ* τῇ *Γ* ἐστὶν ἴση.

Δύο ἄρα δοθεισῶν εὐθειῶν ἀνίσων τῶν *ΑΒ*, *Γ*, ἀπὸ τῆς μείζονος τῆς *ΑΒ* τῇ ἐλάσσονι τῇ *Γ* ἴση ἀφήρηται ἡ *ΑΕ*. Ὅπερ ἔδει ποιῆσαι.

ΠΡΟΤΑΣΙΣ δ'.

Ἐὰν δύο τρίγωνα τὰς δύο πλευρὰς ταῖς δυσὶ πλευραῖς ἴσας ἔχῃ, ἑκατέραν ἑκατέρᾳ, καὶ τὴν γωνίαν τῇ γωνίᾳ ἴσην ἔχῃ, τὴν ὑπὸ τῶν ἴσων εὐθειῶν περιεχομένην· καὶ τὴν βάσιν τῇ βάσει ἴσην ἕξει, καὶ τὸ τρίγωνον τῷ τριγώνῳ ἴσον ἔσται, καὶ αἱ λοιπαὶ γωνίαι ταῖς λοιπαῖς γωνίαις ἴσαι ἔσονται, ἑκατέρα ἑκατέρᾳ, ὑφ᾽ ἃς αἱ ἴσαι πλευραὶ ὑποτείνουσιν.

1) Peyrardus ex Cod. 190. vel a. addit γὰρ, quod edd. Basil. et Oxon. recte omittere videntur, nisi vocem γὰρ eo sensu sumere velis, quem etiam nonnunquam habet, ut significet *nempe*, *scilicet*. Cf. Prop. 9—12. huius libri cum I. 10., I. 11. Constructio problematis I. 2. tamen pariter ab initio habet γὰρ, pariterque II. 11. Haec talia utrum ponere an omittere velis, haud sane multum refert.

PROPOSITIO III.

Obs. Duo potissimum casus distingui possunt, prout duae rectae idem punctum extremum habeant, aut non. Reliquis

Sint datae duae rectae inaequales AB, Γ, quarum maior sit AB; oportet igitur a maiore AB rectam minori Γ aequalem auferre.

Ponatur ad punctum A rectae Γ aequalis $A\Delta$ (Prop. 2.); et centro quidem A, intervallo vero $A\Delta$, circulus describatur ΔEZ (Post. 3.).

Et quoniam A punctum centrum est circuli ΔEZ, aequalis est AE rectae $A\Delta$ (Def. 15.); sed et Γ eidem $A\Delta$ est aequalis; utraque igitur ipsarum AE, Γ rectae $A\Delta$ est aequalis; quare et AE est aequalis rectae Γ (Ax. 1.).

Duabus igitur datis rectis inaequalibus AB, Γ, a maiore AB minori Γ aequalis ablata est AE. Quod oportebat facere.

PROPOSITIO IV. (Fig. 4.)

Si duo triangula duo latera duobus lateribus aequalia habeant, utrumque utrique, et angulum angulo aequalem habeant, ab aequalibus rectis contentum; et basin basi aequalem habebunt, et triangulum triangulo aequale erit, et reliqui anguli reliquis angulis aequales erunt, alter alteri, quos aequalia latera subtendunt.

casibus similibus iis, quos ad Prop. 2. diximus, immorari nihil attinet.

PROPOSITIO IV.

Obs. Haec propositio prima est, in qua principium congruentiae sive Ax. 8., eiusque conversa, quatenus conversam habet, adhibetur. Non quidem defuere, qui hoc demonstrationis genus repudiarent, quod minus geometricum sit, et mechanici aliquid sapiat, triangulumque assumat cum motu et ad aliam

Ἔστω δύο τρίγωνα τὰ ΑΒΓ, ΔΕΖ, τὰς δύο πλευρὰς τὰς ΑΒ, ΑΓ ταῖς δυσὶ πλευραῖς ταῖς ΔΕ, ΔΖ ἴσας ἔχοντα, ἑκατέραν ἑκατέρᾳ, τὴν μὲν ΑΒ τῇ ΔΕ, τὴν δὲ ΑΓ τῇ ΔΖ, καὶ γωνίαν τὴν ὑπὸ ΒΑΓ γωνίᾳ τῇ ὑπὸ ΕΔΖ ἴσην· λέγω, ὅτι καὶ βάσις ἡ ΒΓ βάσει τῇ ΕΖ ἴση ἐστὶ, καὶ τὸ ΑΒΓ τρίγωνον τῷ ΔΕΖ τριγώνῳ ἴσον ἔσται, καὶ αἱ λοιπαὶ γωνίαι ταῖς λοιπαῖς γωνίαις ἴσαι ἔσονται, ἑκατέρα ἑκατέρᾳ, ὑφ' ἃς αἱ ἴσαι πλευραὶ ὑποτείνουσιν, ἡ μὲν ὑπὸ ΑΒΓ τῇ ὑπὸ ΔΕΖ, ἡ δὲ ὑπὸ ΑΓΒ τῇ ὑπὸ ΔΖΕ.

Ἐφαρμοζομένου γὰρ τοῦ ΑΒΓ τριγώνου ἐπὶ τὸ ΔΕΖ τρίγωνον, καὶ τιθεμένου τοῦ μὲν Α σημείου ἐπὶ τὸ Δ σημεῖον, τῆς δὲ ΑΒ εὐθείας ἐπὶ τὴν ΔΕ, ἐφαρμόσει καὶ τὸ Β σημεῖον ἐπὶ τὸ Ε, διὰ τὸ ἴσην

positionem translatum. Et iam Proclus ait p. 66. hanc ἐφαρμογὴν sensibili inniti notioni, τῆς αἰσθητῆς καὶ ἐναργοῦς ἔχεσθαι ὑπολήψεως. Pariter congruentiae illud principium reiecere Flussas Candalla, Peletarius, Thomas Simpson., qui superpositionem unius figurae super alteram mere mechanicam (a mechanical consideration) esse dicit (Elem. of Geometry. London 1800. p. 255.), aliique. At iure his dudum regessere Clavius, Savilius, Scarburgh., Playfair., aliique, non manu sed mente tantum fieri illas figurarum superpositiones, nec nisi a notione aequalitatis pendere. Cf. quae e Savilio ad Prop. 2. attulimus. Scite Wallisius ait (Oper. Mathem. T. II. p. 668.: „Si ita sint comparati circulus arcticus et antarticus, ut si centrum centro accommodari intelligatur, et planum plano, reliqua congruerent puncta; erunt illi (per ἐφαρμογὴν) aequales, utut alter alteri non admoveatur, sed toto coelo distent." Playfair. tamen iniustis his cavillationibus eo usque concedit, ut novum axioma sumi posse dicat, huius sententiae: Si duae sint rectae lineae, atque super una earum constituta sit figura quaecunque, super alteram semper constitui

Sint duo triangula $AB\Gamma$, ΔEZ, duo latera AB, $A\Gamma$ duobus lateribus ΔE, ΔZ aequalia habentia, utrumque utrique, nempe latus AB lateri ΔE, latus $A\Gamma$ vero lateri ΔZ, et angulum $BA\Gamma$ angulo $E\Delta Z$ aequalem; dico et basin $B\Gamma$ basi EZ aequalem esse, et triangulum $AB\Gamma$ triangulo ΔEZ aequale fore, et reliquos angulos reliquis angulis aequales fore, alterum alteri, quos aequalia latera subtendunt, angulum nempe $AB\Gamma$ angulo ΔEZ, angulum $A\Gamma B$ vero angulo ΔZE.

Congruente enim triangulo $AB\Gamma$ triangulo ΔEZ, et posito quidem puncto A super punctum Δ, AB vero recta super ΔE; congruet et punctum B ipsi E, quia est aequalis AB ipsi ΔE; congruente autem AB

posse figuram alteri aequalem, e quo deinde omnia derivari possint, quae vulgo per superpositionem demonstrentur. At dubito, an hac nimia erga obtrectatores liberalitate status controversiae multum mutatus sit. Alteram enim illam in axiomate sumtam priori aequalem figuram clamabunt illi, nihil aliud esse, quam pariter figurae in alium locum translationem. Rectius tamen ille ac Thom. Simpson., qui ne superpositione opus haberet, mavult propositionem hanc quartam inter Axiomata referre. In theorematibus itaque intacta maneat illa linearum et figurarum mente tantum concepta translatio, sine qua simplicissimarum propositionum vix tolerabilis dari posset demonstratio. Caeterum omnes huius propositionis partes diligentissime explicavit Savilius, cuius observationes legere possis etiam in Hauberi Chrest. geometr. p. 181. Huic propositioni sequens addi potest corollarium: Si duo triangula unum quidem angulum utrimque aequalem habeant, et e rectis etiam hunc angulum comprehendentibus una prioris trianguli aequalis sit uni posterioris, altera autem prioris trianguli maior sit altera posterioris, erunt etiam triangula ista inaequalia, et prius qui-

εἶναι τὴν ΑΒ τῇ ΔΕ· ἐφαρμοσάσης δὲ τῆς ΑΒ ἐπὶ τὴν ΔΕ, ἐφαρμόσει καὶ ἡ ΑΓ εὐθεῖα ἐπὶ τὴν ΔΖ, διὰ τὸ ἴσην εἶναι τὴν ὑπὸ ΒΑΓ γωνίαν τῇ ὑπὸ ΕΔΖ· ὥστε καὶ τὸ Γ σημεῖον ἐπὶ τὸ Ζ σημεῖον ἐφαρμόσει, διὰ τὸ ἴσην πάλιν εἶναι τὴν ΑΓ τῇ ΔΖ. Ἀλλὰ μὴν καὶ τὸ Β ἐπὶ τὸ Ε ἐφηρμόκει, ὥστε βάσις ἡ ΒΓ ἐπὶ βάσιν τὴν ΕΖ ἐφαρμόσει· εἰ γὰρ τοῦ μὲν Β ἐπὶ τὸ Ε ἐφαρμόσαντος, τοῦ δὲ Γ ἐπὶ τὸ Ζ, ἡ ΒΓ βάσις ἐπὶ τὴν ΕΖ οὐκ ἐφαρμόσει, δύο εὐθεῖαι χωρίον περιέξουσιν, ὅπερ ἐστὶν ἀδύνατον. Ἐφαρμόσει ἄρα ἡ ΒΓ βάσις ἐπὶ τὴν ΕΖ, καὶ ἴση αὐτῇ ἔσται· ὥστε καὶ ὅλον τὸ ΑΒΓ τρίγωνον ἐπὶ ολον τὸ ΔΕΖ τρίγωνον ἐφαρμόσει, καὶ ἴσον αὐτῷ ἔσται, καὶ αἱ λοιπαὶ γωνίαι ἐπὶ τὰς λοιπὰς γωνίας ἐφαρμόσουσι, καὶ ἴσαι αὐταῖς ἔσονται, ἡ μὲν ὑπὸ ΑΒΓ τῇ ὑπὸ ΔΕΖ, ἡ δὲ ὑπὸ ΑΓΒ τῇ ὑπὸ ΔΖΕ.

Ἐὰν ἄρα δύο τρίγωνα τὰς δύο πλευρὰς ταῖς δυσὶ πλευραῖς ἴσας ἔχῃ, ἑκατέραν ἑκατέρᾳ, καὶ τὴν γωνίαν τῇ γωνίᾳ ἴσην ἔχῃ, τὴν ὑπὸ τῶν ἴσων εὐθειῶν πε-

dem maius erit. Cf. Pfleiderer. in Haub. Chrest. p. 301. Et multo magis, si utrumque crus angulum illum comprehendens in uno triangulo maius sit, quam in altero, illud etiam triangulum maius erit, quam hoc. — Hac occasione de *Corollariis* universim notari potest, Euclidem ipsum paucissima, aut, ut Austin. putat p. 16., forte ne ullum quidem addidisse, quod nempe brevitati consuleret, nec nisi iis, quae maxime ad scopum suum facerent, immorari vellet. Commentatores autem, ut qui alium scopum haberent, plura subinde addiderunt, e quibus si potissima seligeremus, lectoribus haud ingratum fore putavimus. Graeci ea πορίσματα vocabant, quam vocem tamen diversa nonnunquam significatione adhibere solebant. Erat nempe Porisma, quod et Proclus innuit (τὸ πόρισμα λέγεται

ipsi ΔE, congruet et $A\Gamma$ recta ipsi ΔZ, quia aequalis est angulus $BA\Gamma$ ipsi $E\Delta Z$; quare et punctum Γ puncto Z congruet, quia aequalis rursus est $A\Gamma$ ipsi ΔZ. At etiam punctum B puncto E congruebat; quare basis $B\Gamma$ basi EZ congruet; si enim, puncto quidem B ipsi E congruente, puncto autem Γ ipsi Z, basis $B\Gamma$ ipsi EZ non congruat, duae rectae spatium continebunt, quod fieri nequit (Post. 6. vel Ax. 12.). Congruet igitur basis $B\Gamma$ basi EZ, et aequalis ei erit; quare et totum triangulum $AB\Gamma$ toti ΔEZ triangulo congruet, et aequale ei erit, et reliqui anguli reliquis angulis congruent, et aequales eis erunt, angulus nempe $AB\Gamma$ angulo ΔEZ, angulus autem $A\Gamma B$ angulo ΔZE.

Si igitur duo triangula duo latera duobus lateribus aequalia habeant, utrumque utrique, et angulum angulo aequalem habeant, ab aequalibus lateribus contentum; et basin basi aequalem habebunt, et triangu-

καὶ ἐπὶ προβλημάτων τινῶν οἷον τὰ Εὐκλείδει γεγραμμένα πορίσματα) singulare aliquod problematum genus, vel, ut Pappus in Collect. Mathem. Libr. VII. Praef. ait, mediae quasi naturae inter theoremata ac problemata, quod idem etiam Proclus asserit ad I. 15., atque porismata hoc sensu sumta tribus libris exposuerat Euclides, quos temporum iniuria deperditos restituere conatus est Rob. Simson. Alio autem sensu porisma in elementis sumitur, ubi plerumque significat propositiones, quae cum in ipso demonstrationis cursu se ultro offerrent, (ὅταν ἐκ τῶν ἀποδεδειγμένων ἄλλό τι συναφανῇ θεώρημα, μὴ προθεμένων ἡμῶν, Proclus ait p. 59.) absoluta demonstratione separatim enunciantur, unde etiam Proclo auctore l. c. porisma nomen accepit, ὥσπερ τι κέρδος ὂν τῆς ἐπιστημονικῆς δείξεως πάρεργον.

ριεχομένην· καὶ τὴν βάσιν τῇ βάσει ἴσην ἕξει, καὶ τὸ τρίγωνον τῷ τριγώνῳ ἴσον ἔσται, καὶ αἱ λοιπαὶ γωνίαι ταῖς λοιπαῖς γωνίαις ἴσαι ἔσονται, ἑκατέρα ἑκατέρᾳ, ὑφ' ἃς αἱ ἴσαι πλευραὶ ὑποτείνουσιν. Ὅπερ ἔδει δεῖξαι.

ΠΡΟΤΑΣΙΣ έ.

Τῶν ἰσοσκελῶν τριγώνων αἱ πρὸς τῇ βάσει γωνίαι ἴσαι ἀλλήλαις εἰσὶ, καὶ, προσεκβληθεισῶν τῶν ἴσων εὐθειῶν, αἱ ὑπὸ τὴν βάσιν γωνίαι ἴσαι ἀλλήλαις ἔσονται.

Ἔστω τρίγωνον ἰσοσκελὲς τὸ ΑΒΓ, ἴσην ἔχον τὴν ΑΒ πλευρὰν τῇ ΑΓ πλευρᾷ, καὶ προσεκβεβλήσθωσαν ἐπ' εὐθείας ταῖς ΑΒ, ΑΓ εὐθεῖαι αἱ ΒΔ, ΓΕ· λέγω, ὅτι ἡ μὲν ὑπὸ ΑΒΓ γωνία τῇ ὑπὸ ΑΓΒ ἴση ἐστὶν, ἡ δὲ ὑπὸ ΓΒΔ τῇ ὑπὸ ΒΓΕ.

Εἰλήφθω γὰρ ἐπὶ τῆς ΒΔ τυχὸν σημεῖον τὸ Ζ, καὶ ἀφῃρήσθω ἀπὸ τῆς μείζονος τῆς ΑΕ τῇ ἐλάσσονι τῇ ΑΖ ἴση ἡ ΑΗ, καὶ ἐπεζεύχθωσαν αἱ ΖΓ, ΗΒ εὐθεῖαι.

Ἐπεὶ οὖν ἴση ἐστὶν ἡ μὲν ΑΖ τῇ ΑΗ, ἡ δὲ ΑΒ τῇ ΑΓ, δύο δὴ αἱ ΖΑ, ΑΓ δυσὶ ταῖς ΗΑ, ΑΒ ἴσαι εἰσὶν, ἑκατέρα ἑκατέρᾳ, καὶ γωνίαν κοινὴν περιέχουσι τὴν ὑπὸ ΖΑΗ· βάσις ἄρα ἡ ΖΓ βάσει τῇ ΗΒ ἴση ἐστὶ, καὶ τὸ ΑΖΓ τρίγωνον τῷ ΑΗΒ τρι-

Cf. p. 80. Nos sensu paulo generaliore omnia, quae e demonstratione sponte sine longis demonstrationum ambagibus fluunt, Corollaria aut Consectaria dicere solemus, nonnunquam etiam generalius haec atque alia similia Observationes vocabimus.

PROPOSITIO V.

Obs. 1. Savilius observat, *ἰσοσκελῶν τριγώνων* non de pluribus triangulis aequicruris intelligendum esse, sed idem

lum triangulo aequale erit, et reliqui anguli reliquis angulis aequales erunt, uterque utrique, quos aequalia latera subtendunt. Quod oportebat ostendere.

PROPOSITIO V. (Fig. 5.)

Isoscelium triangulorum anguli ad basin aequales inter se sunt; et productis aequalibus rectis, anguli sub basi aequales inter se erunt.

Sit triangulum isosceles $AB\Gamma$, habens latus AB aequale lateri $A\Gamma$, et producantur rectae $B\Delta$, ΓE in directum rectis AB, $A\Gamma$ (Post. 2.); dico angulum $AB\Gamma$ angulo $A\Gamma B$ aequalem esse, $\Gamma B\Delta$ vero ipsi $B\Gamma E$.

Sumatur enim in $B\Delta$ quodlibet punctum Z, et auferatur a maiore AE minori AZ aequalis recta AH (Prop. 3.), et iungantur $Z\Gamma$, HB rectae.

Quoniam igitur AZ aequalis est rectae AH, AB vero rectae $A\Gamma$, duae igitur ZA, $A\Gamma$ duabus HA, AB aequales sunt, utraque utrique, et angulum communem continent ZAH; basis igitur $Z\Gamma$ basi HB aequalis est, et triangulum $AZ\Gamma$ triangulo AHB

esse ac ἑκάστου τριγώνων ἰσοσκελῶν. Aliam huius propositionis demonstrationem Proclo referente Pappus dedit in hunc fere modum: Quodsi hoc unum triangulum aequicrurum $AB\Gamma$ (Fig. 5.) bis positum, adeoque in $\alpha\beta\gamma$ repetitum animo concipiamus, erit non tantum $AB=\alpha\beta$, $A\Gamma=\alpha\gamma$; verum etiam, ob $\alpha\beta=\alpha\gamma$, habebimus quoque (Ax. 1.) $AB=\alpha\gamma$, $A\Gamma=\alpha\beta$. Poterit itaque triangulum $\alpha\beta\gamma$ triangulo $AB\Gamma$ superponi, ita, ut puncta A et

γώνῳ ἴσον ἔσται, καὶ αἱ λοιπαὶ γωνίαι ταῖς λοιπαῖς γωνίαις ἴσαι ἔσονται, ἑκατέρα ἑκατέρᾳ, ὑφ᾽ ἃς αἱ ἴσαι πλευραὶ ὑποτείνουσιν, ἡ μὲν ὑπὸ *ΑΓΖ* τῇ ὑπὸ *ΑΒΗ*, ἡ δὲ ὑπὸ *ΑΖΓ* τῇ ὑπὸ *ΑΗΒ*. Καὶ ἐπεὶ ὅλη ἡ *ΑΖ* ὅλῃ τῇ *ΑΗ* ἐστὶν ἴση, ὧν ἡ *ΑΒ* τῇ *ΑΓ* ἐστὶν ἴση, λοιπὴ ἄρα ἡ *ΒΖ* λοιπῇ τῇ *ΓΗ* ἐστὶν ἴση. Ἐδείχθη δὲ καὶ ἡ *ΖΓ* τῇ *ΗΒ* ἴση· δύο δὴ αἱ *ΒΖ*, *ΖΓ* δυσὶ ταῖς *ΓΗ*, *ΗΒ* ἴσαι εἰσὶν, ἑκατέρα ἑκατέρᾳ, καὶ γωνία ἡ ὑπὸ *ΒΖΓ* γωνίᾳ τῇ ὑπὸ *ΓΗΒ* ἴση, καὶ βάσις αὐτῶν κοινὴ ἡ *ΒΓ*· καὶ τὸ *ΒΖΓ* ἄρα τρίγωνον τῷ *ΓΗΒ* τριγώνῳ ἴσον ἔσται, καὶ αἱ λοιπαὶ γωνίαι ταῖς λοιπαῖς γωνίαις ἴσαι ἔσονται, ἑκατέρα ἑκατέρᾳ, ὑφ᾽ ἃς αἱ ἴσαι πλευραὶ ὑποτείνουσιν· ἴση ἄρα ἐστὶν ἡ μὲν ὑπὸ *ΖΒΓ* τῇ ὑπὸ *ΗΓΒ*, ἡ δὲ ὑπὸ *ΒΓΖ* τῇ ὑπὸ *ΓΒΗ*. Ἐπεὶ οὖν ὅλη ἡ ὑπὸ *ΑΒΗ* γωνία ὅλῃ τῇ ὑπὸ *ΑΓΖ* γωνίᾳ ἐδείχθη ἴση, ὧν ἡ ὑπὸ *ΓΒΗ* τῇ ὑπὸ *ΒΓΖ* ἴση, λοιπὴ ἄρα ἡ ὑπὸ *ΑΒΓ* λοιπῇ τῇ ὑπὸ *ΑΓΒ* ἐστὶν ἴση, καί εἰσι πρὸς τῇ βάσει τοῦ *ΑΒΓ* τριγώνου· ἐδείχθη δὲ καὶ ἡ ὑπὸ *ΖΒΓ* τῇ ὑπὸ *ΗΓΒ* ἴση, καί εἰσιν ὑπὸ τὴν βάσιν· τῶν ἄρα ἰσοσκελῶν, καὶ τὰ ἑξῆς.

α, anguli *ΒΑΓ*, *γαβ*; rectae *ΑΒ*, *αγ*; *ΑΓ*, *αβ*, adeoque puncta *Β*, *γ*; et *Γ*, *β* coincidant; aequalis igitur erit angulus *Β* angulo *γ*. At quum angulus *γ* idem prorsus sit, ac angulus *Γ* ex hypothesi, erunt (Ax. 1.) anguli *Β*, *Γ* aequales. Alii alias dedere demonstrationes, quae tamen omnes, quamvis simplices, Euclideae cedere videntur.

Coroll. Triangula aequilatera sunt etiam aequiangula.

Schol. A Thalete Milesio hoc theorema inventum esse Proclus refert.

Obs. 2. Scarburgh. p. 61. posteriorem huius propositionis partem, qua anguli sub basi aequales esse dicuntur, non

aequale erit, et reliqui anguli reliquis angulis aequales erunt, alter alteri, quos aequalia latera subtendunt, *ΑΓΖ* quidem angulo *ΑΒΗ*, *ΑΖΓ* vero angulo *ΑΗΒ* (Prop. 4.). Et quoniam tota *ΑΖ* toti *ΑΗ* est aequalis, quarum *ΑΒ* rectae *ΑΓ* est aequalis, reliqua igitur *ΒΖ* reliquae *ΓΗ* est aequalis (Ax. 3.). Ostensa est autem et *ΖΓ* rectae *ΗΒ* aequalis: duae igitur *ΒΖ*, *ΖΓ* duabus *ΓΗ*, *ΗΒ* aequales sunt, utraque utrique, et angulus *ΒΖΓ* angulo *ΓΗΒ* aequalis, et basis eorum communis *ΒΓ*; et *ΒΖΓ* igitur triangulum *ΓΗΒ* triangulo aequale erit, et reliqui anguli reliquis angulis aequales erunt, alter alteri, quos aequalia latera subtendunt (Prop. 4.); aequalis igitur est angulus *ΖΒΓ* angulo *ΗΓΒ*, angulus autem *ΒΓΖ* angulo *ΓΒΗ*. Quoniam igitur totus angulus *ΑΒΗ* toti angulo *ΑΓΖ* ostensus est aequalis, quorum *ΓΒΗ* angulo *ΒΓΖ* aequalis; reliquus igitur *ΑΒΓ* reliquo *ΑΓΒ* est aequalis (Ax. 3.), et est ad basin trianguli *ΑΒΓ*; ostensus est autem et angulus *ΖΒΓ* angulo *ΗΓΒ* aequalis, et sunt sub basi; isoscelium igitur triangulorum etc.

esse ab Euclide profectam putat, sed assutam ab aliquo, qui animadverterit, demonstrare Euclidem triangulorum istorum sub basi constitutorum aequalitatem. Neque enim unquam hac angulorum sub basi aequalitate uti Euclidem in sequentibus propositionibus. Cui quidem argumento opponere liceat, ad plenam certe Prop. 7. demonstrationem opus esse hac posteriore parte Propositionis 5., ut Rob. Simson. et Peyrard. in Praefatione p. XVIII. monent. Coëtsius (Euclid. Elem. Lugd. Bat. 1692. p. 46.) hanc propositionem ex I. 9. et I. 4. demonstrat. At, quum I. 9. pendeat etiam apud Coëtsium ab I. 8. haec a I. 7. et haec denique a I. 5., in circulum incidere videtur,

ΠΡΟΤΑΣΙΣ ϛ'.

Ἐὰν τριγώνου αἱ δύο γωνίαι ἴσαι ἀλλήλαις ὦσι, καὶ αἱ ὑπὸ τὰς ἴσας γωνίας ὑποτείνουσαι πλευραὶ ἴσαι ἀλλήλαις ἔσονται.

Ἔστω τρίγωνον τὸ ΑΒΓ, ἴσην ἔχον τὴν ὑπὸ ΑΒΓ γωνίαν τῇ ὑπὸ ΑΓΒ γωνίᾳ· λέγω, ὅτι καὶ πλευρὰ ἡ ΑΒ πλευρᾷ τῇ ΑΓ [1]) ἐστὶν ἴση.

Εἰ γὰρ ἄνισός ἐστιν ἡ ΑΒ τῇ ΑΓ, μία αὐτῶν μείζων ἐστίν. Ἔστω μείζων ἡ ΑΒ, καὶ ἀφῃρήσθω ἀπὸ τῆς μείζονος τῆς ΑΒ τῇ ἐλάσσονι τῇ ΑΓ ἴση ἡ ΔΒ, καὶ ἐπεζεύχθω ἡ ΔΓ.

1) Hic et in linea sequente edit. Oxon. primo loco ponit rectam ΑΓ, secundo rectam ΑΒ: et quamvis nihil prorsus intersit, quo ordine hae rectae aequales nominentur, veri tamen simile fuerit, Euclidem, qui primo nominasset angulum ΑΒΓ, primo etiam loco posuisse rectam hunc angulum subtendentem i. e. rectam ΑΓ. Cum Peyrardo tamen consent. Cod. a. et ed. Basil.

quamvis in Praefat. contrarium asserat, et excusare istam licentiam aliqui tentarint. Cf. Haubèr. Chrest. Geom. p. 204. Eadem demonstratione utitur Van Swinden. Anfangsgr. der Meſskunde, p. 37. et Angel. de Marchettis p. 15.

PROPOSITIO VI.

Obs. Propositio sexta conversa est quintae. Propositiones nempe primariae, earumque conversae ita ad se invicem se habent, ut suppositio prioris fiat conclusio posterioris, et vice versa, vel, si plures illa habeat suppositiones, una suppositionum illius fiat huius conclusio. Ita v. g. hic in Prop. 5. sumebatur, triangulum esse aequicrurum, et inde concludebatur aequalitas angulorum ad basin, in Prop. 6. contra sumitur haec ipsa angulorum aequalitas, et inde concluditur aequalitas laterum his angulis oppositorum. Quamvis enim Prop. 5. pariter ac 6. categorice expressae sint, facile tamen utraque etiam hypothetice exprimi potest. Vide Haub. Chrest. Geom. p. 196. sq.

PROPOSITIO VI. (Fig. 6.)

Si trianguli duo anguli aequales inter se sunt, et aequales angulos subtendentia latera aequalia inter se erunt.

Si triangulum $AB\Gamma$ aequalem habens angulum $AB\Gamma$ angulo $A\Gamma B$; dico et latus AB lateri $A\Gamma$ esse aequale.

Si enim inaequale est latus AB lateri $A\Gamma$, unum eorum maius est. Sit maius AB, et auferatur a maiore AB minori $A\Gamma$ aequalis ΔB (Prop. 3.), et iungatur $\Delta\Gamma$.

Plura adhuc conversionum (ἀντιστροφῆς) genera recensent Proclus et Savilius. Quum vero non, ut Peletarius vult p. 30., conversae propositionum in universum sint verae, nova illas semper demonstratione egere patet. Ea plerumque, atque in hac etiam Prop. 6., ita instituitur, ut doceatur, contrarium si quis asserere velit, absurdas consequentias elabi non posse. Hoc demonstrationis genus *indirectum* vel *apagogicum* vocare solent (ἀπαγωγὴ εἰς ἀδύνατον), quod, quamvis nonnulli subdubitare videantur, non minus certum est ac demonstratio directa; ex veris enim falsa iusta ratiocinatione consequi nunquam possunt. Nec sine causa dixere aliqui, esse apagogicam demonstrationem quoddam analyseos theoreticae genus. Cf. Klügel. (Wörterb. ad vocem *Analysis* P. I. p. 90.). Et Scarburgh. hanc deductionem ad absurdum *Analysin destructivam* vocat p. 62., quod nempe illa per certa ratiocinia falsam suppositionem, quae initio sumta erat, destruat. Cf. Borellius p. 1. et Hauber. Chrest. Geom. p. 210. sq. Conversas, etiam ubi locum habent, non omnes affert Euclides, sed eas saltem, quas in propositionibus sequentibus usui fore viderat; nos tamen, quantum fieri potest, reliquas etiam, quae alicuius momenti sunt, notabimus, quod iam a Clavio factum videmus. Neque tamen necesse est, conversam semper, nulla alia interposita, ordine

Ἐπεὶ οὖν ἴση ἐστὶν ἡ ΔΒ τῇ ΑΓ, κοινὴ δὲ ἡ ΒΓ, δύο δὴ αἱ ΔΒ, ΒΓ δυσὶ ταῖς ΑΓ, ΓΒ ἴσαι εἰσὶν, ἑκατέρα ἑκατέρᾳ, καὶ γωνία ἡ ὑπὸ ΔΒΓ γωνίᾳ τῇ ὑπὸ ΑΓΒ ἐστὶν ἴση· βάσις ἄρα ἡ ΔΓ βάσει τῇ ΑΒ ἴση ἐστὶ, καὶ τὸ ΔΒΓ τρίγωνον τῷ ΑΓΒ τριγώνῳ ἴσον ἔσται, τὸ ἔλασσον τῷ μείζονι, ὅπερ ἄτοπον· οὐκ ἄρα ἄνισός ἐστιν ἡ ΑΒ τῇ ΑΓ· ἴση ἄρα. Ἐὰν ἄρα τριγώνου καὶ τὰ ἑξῆς.

ΠΡΟΤΑΣΙΣ ζ.

Ἐπὶ τῆς αὐτῆς εὐθείας, δυσὶ ταῖς αὐταῖς εὐθείαις ἄλλαι δύο εὐθεῖαι ἴσαι ἑκατέρα ἑκατέρᾳ οὐ συσταθή-

excipere eam, cuius sit conversa. Sic v. g. lib. I. 8. et 26. conversae sunt Prop. 4. Saepe quippe ad demonstrandam conversam alias adhuc propositiones ante demonstrari necesse est. Caeterum, quum duae partes sint in conclusione Prop. 5., nempe 1.) in triangulo aequicruro angulos ad basin, 2) in eodem triangulo etiam angulos sub basi aequales esse, de utriusque conversione cogitari potest. Ac prioris quidem conversam exhibet Prop. 6. Euclidis. Posterior conversa ita habebit: Si trianguli ΑΒΓ (Fig. 7.), anguli ΓΒΔ, ΒΓΕ sub basi aequales fuerint, erunt etiam latera ΑΒ, ΑΓ aequalia. Sumantur enim ΒΖ=ΓΗ, ducanturque rectae ΒΗ, ΖΓ, eruntque in triangulis ΖΒΓ, ΗΓΒ rectae ΖΒ, ΓΗ aequales ex constructione, et quum recta ΒΓ communis sit utrique triangulo, et angulus ΓΒΔ (vel ΓΒΖ) ex hypothesi aequalis sit angulo ΒΓΕ (vel ΒΓΗ) erit ex Prop. 4. ΖΓ=ΒΗ, et angulus ΒΖΓ=ΒΗΓ, et triangulum ΒΖΓ=ΒΗΓ. Iam dico, rectas ΑΖ, ΑΗ esse aequales. Quodsi enim inaequales sint, erit alterutra v. c. ΖΑ maior. Sumatur ΖΘ=ΑΗ, ductaque ΘΓ, erunt in triangulis ΘΖΓ, ΒΗΑ, ex demonstratis ΖΓ=ΒΗ; ΖΘ=ΑΗ ex hypoth. et angulus ΘΖΓ=ΒΗΑ ex demonstrat. Hinc ex Prop. 4. erit triangulum ΖΘΓ=ΗΑΒ. Unde, ablatis

Quoniam igitur aequalis est AB ipsi $A\Gamma$, communis autem $B\Gamma$, duae igitur AB, $B\Gamma$ duabus $A\Gamma$, ΓB aequales sunt, utraque utrique, et angulus $AB\Gamma$ angulo $A\Gamma B$ est aequalis; basis igitur $A\Gamma$ basi AB aequalis est, et $AB\Gamma$ triangulum $A\Gamma B$ triangulo aequale erit (Prop. 4.), minus minori, quod est absurdum (Ax. 9.); non igitur inaequalis est recta AB rectae $A\Gamma$; ergo aequalis. Si igitur trianguli etc.

PROPOSITIO VII. (Fig. 8.)

Super eadem recta, duabus iisdem rectis aliae duae rectae aequales utraque utrique non constituentur, ad

aequalibus triangulis $BZ\Gamma$, $BH\Gamma$ erunt (Ax. 3.) reliqua, triangulum nempe $B\Gamma\Theta = AB\Gamma$ i. e. pars aequalis erit toti, quod fieri nequit (Ax. 9.). Aequales igitur sint AZ, AH necesse est. A quibus si auferantur BZ, ΓH, quae ex hypothesi aequales sunt, reliqua aequalia erunt (Ax. 3.), nempe recta $AB = A\Gamma$. Aliam directam demonstrationem habet Proclus, dum, ducta ZH, ostendit, angulos AZH, AHZ esse aequales, unde res ex I. 6. patet. Non ut conversam, sed ut primariam propositionem 6. demonstrat Coëtsius l. c. p. 50. et Van Swinden. l. c. p. 36. ex I. 9. et I. 26., ubi, quum hae propositiones non pendeant a I. 6., non idem monendum est, quod in propositione praecedente. Caeterum, quod monet Hauber. Chrest. Geom. p. 219. et Pfleiderer. ibid. p. 303. etiam Prop. 6. simili ratione, ac in Prop. 5. a nonnullis factum est, ex ipso principio congruentiae, si nempe idem triangulum bis positum sumatur, demonstrari potest.

Cor. Triangula aequiangula sunt etiam aequilatera.

PROPOSITIO VII.

Obs. Recte Savilius monet, propositionem hanc aliquanto obscurius expressam esse, unde paulo aliter Rob. Simsoni fere modo efferri poterit ita: Super eadem basi, atque ad easdem eius partes nequeunt duo triangula constitui, ita ut

σονται, πρὸς ἄλλῳ καὶ ἄλλῳ σημείῳ ἐπὶ τὰ αὐτὰ μέρη, τὰ αὐτὰ πέρατα ἔχουσαι ταῖς ἐξ ἀρχῆς εὐθείαις.

Εἰ γὰρ δυνατὸν, ἐπὶ τῆς αὐτῆς εὐθείας τῆς AB, δυσὶ ταῖς αὐταῖς εὐθείαις ταῖς $A\Gamma$, ΓB ἄλλαι δύο εὐθεῖαι αἱ $A\Delta$, ΔB ἴσαι ἑκατέρα ἑκατέρᾳ συνεστάτωσαν, πρὸς ἄλλῳ καὶ ἄλλῳ σημείῳ τῷ τε Γ καὶ Δ, ἐπὶ τὰ αὐτὰ μέρη τὰ Γ, Δ, τὰ αὐτὰ πέρατα ἔχουσαι τὰ A, B· ὥςτε ἴσην εἶναι τὴν μὲν ΓA τῇ ΔA, τὸ αὐτὸ πέρας ἔχουσαν αὐτῇ τὸ A, τὴν δὲ ΓB τῇ ΔB, τὸ αὐτὸ πέρας ἔχουσαν αὐτῇ τὸ B· καὶ ἐπεζεύχθω ἡ $\Gamma\Delta$ [1]).

1) Peyrard. addit: καὶ αἱ $B\Gamma$, $B\Delta$ ἐκβεβλήσθωσαν ἐπ' εὐθείας ἐπὶ τὰ E, Z. Duas etiam figuras describit, quas ad Commentarium dedimus, et in ipsa etiam demonstratione pro nonnullis litteris substituit alias. Nos autem sine codd. auctoritate nihil hic mutare voluimus. Caeterum vide Commentarium.

latera ad eosdem baseos terminos vergentia aequalia sint. Caeterum conferatur Hauber. in Chrest. Geom. p. 222. sqq. Si enim fieri potest, sint (Fig. 8. 9.) triangula $AB\Gamma$, $AB\Delta$ ita comparata, ut $A\Gamma = A\Delta$, et $B\Gamma = B\Delta$, eritque vel vertex neutrius trianguli intra reliquum triangulum, vel vertex alterius intra alterum triangulum, vel vertex unius in latere alterius ipso aut producto in loco ab altero vertice diverso. Praeter eum casum, quo vertex neutrius trianguli est intra reliquum triangulum, qui solus in Graecis, quos habemus, Euclidis codicibus demonstratus est, etiam reliquos casus demonstrandos esse iam Proclus innuit, et eius casus, quo vertex unius trianguli est intra alterum, demonstrationem dedit, quam pariter habent Campanus, Savilius, Clavius et Robertus Simson. In ea nempe (Fig. 9.) aequalitas angulorum $A\Delta\Gamma$, $A\Gamma\Delta$, atque exinde inaequalitas angulorum $Z\Delta\Gamma$, $E\Gamma\Delta$ infertur, qui tamen ex parte posteriore Prop. 5. aequales esse debebant. Hunc

aliud et aliud punctum ad easdem partes, ita ut eosdem terminos habeant, quos primae rectae.

Si enim fieri potest, super eadem recta AB duabus iisdem rectis $A\Gamma$, ΓB, aliae duae rectae $A\Delta$, ΔB aequales utraque utrique constituantur ad aliud et aliud punctum Γ et Δ, ad easdem partes Γ, Δ, et eosdem terminos habentes A, B; ita ut aequalis sit quidem ΓA ipsi ΔA, eundem terminum habens, quem illa, punctum A, ΓB vero ipsi ΔB, eundem terminum habens, quem illa, punctum B; et iungatur $\Gamma\Delta$.

tamen casum ab Euclide non omissum, nec Euclidem ipsum mutilatum, sed librariorum tantum culpa alteram figuram omissam esse asserit Peyrard. Tom. I. Praefat. p. XVIII. et, hac figura restituta, et rectis duabus productis, ne ulla quidem voce mutata, perfectam demonstrationem se restituisse ait. Iubet nempe (Fig. 10.) rectas $B\Gamma$, $B\Delta$ producere, ubi deinde demonstratio, paucis tantum litteris mutatis, ad utrumque casum applicari potest, nominatim itaque ad eum quoque, quo vertex Γ unius trianguli est intra alterum triangulum $A\Delta B$. Ita nempe procedit, postquam ostensus fuerat angulus $A\Gamma\Delta$ $=A\Delta\Gamma$: „Quare angulus $A\Delta\Gamma$ maior est angulo $\Delta\Gamma E$, multo igitur $\Gamma\Delta Z$ maior est ipso $\Delta\Gamma E$. Rursus, quoniam aequalis est ΓB ipsi ΔB, aequalis est angulus $\Gamma\Delta Z$ angulo $\Delta\Gamma E$, quod fieri nequit." Et haec quidem satis ingeniose. Utrum tamen Euclides ipse rem ita absolverit, dubitari poterit, quod, ut VV. DD. de Lambre et Prony monent p. XXXVII., vix credi potest, librarios non integram tantum figuram omisisse, sed lineas etiam, quas productas invenerint, non produxisse, et verba, quae in ipso textu eas produci iuberent, omisisse. Accedit, quod in versione Arabica, tam ea, ex qua Campanus transtulisse creditur, quam in Nassireddini typis impressa, et cuius quoad hunc locum versionem Gallicam, a Sedillot. Profess. Biblioth. Reg.

Ἐπεὶ οὖν ἴση ἐστὶν ἡ ΑΓ τῇ ΑΔ, ἴση ἐστὶ καὶ γωνία ἡ ὑπὸ ΑΓΔ τῇ ὑπὸ ΑΔΓ· μείζων ἄρα ἡ ὑπὸ ΑΔΓ τῆς ὑπὸ ΔΓΒ· πολλῷ ἄρα ἡ ὑπὸ ΓΔΒ μείζων ἐστὶ τῆς ὑπὸ ΔΓΒ. Πάλιν, ἐπεὶ ἴση ἐστὶν ἡ ΓΒ τῇ ΔΒ, ἴση ἐστὶ καὶ γωνία ἡ ὑπὸ ΓΔΒ γωνίᾳ τῇ ὑπὸ ΔΓΒ. Ἐδείχθη δὲ αὐτῆς καὶ πολλῷ μείζων, ὅπερ ἐστὶν ἀδύνατον. Οὐκ ἄρα ἐπὶ καὶ τὰ ἑξῆς.

ΠΡΟΤΑΣΙΣ η.

Ἐὰν δύο τρίγωνα τὰς δύο πλευρὰς ταῖς δυσὶ πλευραῖς ἴσας ἔχῃ, ἑκατέραν ἑκατέρᾳ, ἔχῃ δὲ καὶ τὴν βάσιν τῇ βάσει ἴσην· καὶ τὴν γωνίαν τῇ γωνίᾳ ἴσην ἕξει, τὴν ὑπὸ τῶν ἴσων εὐθειῶν περιεχομένην.

Ἔστω δύο τρίγωνα τὰ ΑΒΓ, ΔΕΖ, τὰς δύο πλευρὰς τὰς ΑΒ, ΑΓ ταῖς δυσὶ πλευραῖς ταῖς ΔΕ, ΔΖ ἴσας ἔχοντα, ἑκατέραν ἑκατέρᾳ, τὴν μὲν ΑΒ τῇ ΔΕ, τὴν δὲ ΑΓ τῇ ΔΖ· ἐχέτω δὲ καὶ βάσιν τὴν ΒΓ βάσει τῇ ΕΖ ἴσην· λέγω, ὅτι καὶ γωνία ἡ ὑπὸ ΒΑΓ γωνίᾳ τῇ ὑπὸ ΕΔΖ ἐστὶν ἴση.

Paris. factam, Peyrardus in Praefat. Tom. II. p. XLII. exhibet, quamvis caeterum non consentiant, casus secundus nominatim demonstratus est.

Is denique casus, quo quis sumere possit, verticem unius trianguli esse in latere aliquo alterius ipso vel producto facillimam habet demonstrationem ex eo, quod totum non aequale esse potest parti. Caeterum Pappus, et ex eo Savilius aliique observant, hanc propositionem, quod raro fiat, in propositionibus geometricis, negative efferri, nec esse nisi lemma ad I. 8. Atque huic ipsi usui, nempe ut prope lemmatibus inserviant aliis propositionibus, saepius inservire propositiones negative expressas, v. c. III. 23. coll. III. 24., observat Hauber. Chrest. p. 230.

Quoniam igitur aequalis est $\Delta\Gamma$ ipsi $A\Delta$, aequalis est et angulus $A\Gamma\Delta$ ipsi $A\Delta\Gamma$ (Prop. 5.); maior igitur $A\Delta\Gamma$ ipso $\Delta\Gamma B$; multo igitur $\Gamma\Delta B$ maior est ipso $\Delta\Gamma B$. Rursus, quoniam aequalis est ΓB ipsi ΔB, aequalis est et angulus $\Gamma\Delta B$ angulo $\Delta\Gamma B$. Ostensus est autem ipso et multo maior, quod fieri nequit. Non igitur super etc.

PROPOSITIO VIII. (Fig. 11.)

Si duo triangula duo latera duobus lateribus aequalia habeant, utrumque utrique, habeant autem et basin basi aequalem; et angulum angulo aequalem habebunt, ab aequalibus rectis contentum.

Sint duo triangula $AB\Gamma$, ΔEZ duo latera AB, $A\Gamma$ duobus lateribus ΔE, ΔZ aequalia habentia, utrumque utrique, AB quidem ipsi ΔE, $A\Gamma$ vero ipsi ΔZ; habeat autem et basin $B\Gamma$ basi EZ aequalem; dico et angulum $BA\Gamma$ angulo $E\Delta Z$ esse aequalem.

Cor. 1. Duo circuli e duobus punctis descripti, ex eadem parte rectae, quae centra eorum coniungit, non nisi in unico puncto se invicem secare possunt. — Savilius ex hoc corollario pro axiomate sumto vicissim propositionem hanc I. 7. derivavit.

Cor. 2. Non itaque nisi unum triangulum aequilaterum ex eadem parte rectae alicuius datae describi potest.

Haec duo corollaria sunt ex schedis Pfleidereri manuscriptis, e quibus saepius hausimus, et quae iam impressae etiam leguntur in Hauberi Chrest. p. 304.

PROPOSITIO VIII.

Obs. Est haec propositio una e conversis quartae. Caeterum non anguli tantum aequalibus lateribus comprehensi,

Ἐφαρμοζομένου γὰρ τοῦ ΑΒΓ τριγώνου ἐπὶ τὸ ΔΕΖ τρίγωνον, καὶ τιθεμένου τοῦ μὲν Β σημείου ἐπὶ τὸ Ε σημεῖον, τῆς δὲ ΒΓ εὐθείας ἐπὶ τὴν ΕΖ, ἐφαρμόσει καὶ τὸ Γ σημεῖον ἐπὶ τὸ Ζ, διὰ τὸ ἴσην εἶναι τὴν ΒΓ τῇ ΕΖ· ἐφαρμοσάσης δὴ τῆς ΒΓ ἐπὶ τὴν ΕΖ, ἐφαρμόσουσι καὶ αἱ ΒΑ, ΓΑ ἐπὶ τὰς ΕΔ, ΔΖ. Εἰ γὰρ βάσις μὲν ἡ ΒΓ ἐπὶ βάσιν τὴν ΕΖ ἐφαρμόσει, αἱ δὲ ΒΑ, ΑΓ πλευραὶ ἐπὶ τὰς ΕΔ, ΔΖ οὐκ ἐφαρμόζουσιν, ἀλλὰ παραλλάξουσιν, ὡς αἱ ΕΗ, ΗΖ, συσταθήσονται ἐπὶ τῆς αὐτῆς εὐθείας δυσὶ ταῖς αὐταῖς εὐθείαις ἄλλαι δύο εὐθεῖαι ἴσαι, ἑκατέρα ἑκατέρᾳ, πρὸς ἄλλῳ καὶ ἄλλῳ σημείῳ, ἐπὶ τὰ αὐτὰ μέρη, τὰ αὐτὰ πέρατα ἔχουσαι. Οὐ συνίστανται δέ· οὐκ ἄρα, ἐφαρμοζομένης τῆς ΒΓ βάσεως ἐπὶ τὴν ΕΖ βάσιν, οὐκ ἐφαρμόσουσι καὶ αἱ ΒΑ, ΑΓ πλευραὶ ἐπὶ τὰς ΕΔ, ΔΖ. Ἐφαρμόσουσιν ἄρα· ὥστε καὶ γωνία ἡ ὑπὸ ΒΑΓ ἐπὶ γωνίαν τὴν ὑπὸ ΕΔΖ ἐφαρμόσει, καὶ ἴση αὐτῇ ἔσται. Ἐὰν ἄρα δύο καὶ τὰ ἑξῆς.

ΠΡΟΤΑΣΙΣ θ'.

Τὴν δοθεῖσαν γωνίαν εὐθύγραμμον δίχα τεμεῖν,

sed reliqua etiam omnia, nominatim ipsa triangula utrimque erunt aequalia, quod vel ex congruentia, vel ex Prop. 4. patet. Euclides id brevitatis studio omisit, ut Savilius observat. Notandum tamen videtur, ne, si similis casus obvenerit, a Prop. 8. semper denuo ad quartam recurrendum vel aliter res expedienda sit. Aliam huius propositionis demonstrationem, ut Proclus refert, Philo Byzantinus dedit, quae eo redit, ut duo triangula, quorum aequalitas demonstranda est, ad diversas eiusdem basis partes constituantur, et vertices eorum recta iungantur, quae tum bina triangula aequicrura efficiet, quorum anguli ad basin

Congruente enim $AB\Gamma$ triangulo ipsi ΔEZ triangulo, et posito puncto B super punctum E, recta vero $B\Gamma$ super EZ, congruet et punctum Γ ipsi Z, quia aequalis est $B\Gamma$ ipsi EZ; congruente igitur $B\Gamma$ ipsi EZ, congruent et BA, ΓA ipsis $E\Delta$, ΔZ. Si enim basis quidem $B\Gamma$ basi EZ congruat, latera vero BA, $A\Gamma$ ipsis $E\Delta$, ΔZ non congruant, sed situm mutent ut EH, HZ, constituentur super eadem recta duabus rectis aliae duae rectae aequales, utraque utrique, ad aliud et aliud punctum, ad easdem partes, eosdem terminos habentes. Non autem constituuntur (Prop. 7.). Congruente igitur basi $B\Gamma$ basi EZ, non possunt non congruere etiam latera BA $A\Gamma$ lateribus $E\Delta$, ΔZ. Congruent igitur; quare et angulus $BA\Gamma$ angulo $E\Delta Z$ congruet, et aequalis ei erit. Si igitur duo etc.

PROPOSITIO IX. (Fig. 12.)

Datum angulum rectilineum bifariam secare.

aequales erunt, et qui vel ipsi, vel quorum aequalis summa aut differentia efficiet id, quod propositum erat. Eam ipsam demonstrationem habent etiam Borellius p. 25. sqq., Kaestnerus Anfangsgr. der Arithm. u. Geom. P. I. Prop. 4. Karsten. Mathes. Theor. Univers. §. 75. Thom. Simpson. Elem. of. Geom. B. I. Th. XIV. aliique. Epicrisin illius a Pfleiderero et Haubero factam vide in Hauberi Chrest. p. 303. et 233. sqq.

PROPOSITIO IX.

Obs. Proclus monet, demonstrandum etiam esse, verticem trianguli aequilateri intra datum angulum $BA\Gamma$ situm

Ἔστω ἡ δοθεῖσα γωνία εὐθύγραμμος, ἡ ὑπὸ $BA\Gamma$· δεῖ δὴ αὐτὴν δίχα τεμεῖν.

Εἰλήφθω [1] ἐπὶ τῆς AB τυχὸν σημεῖον τὸ Δ, καὶ ἀφῃρήσθω ἀπὸ τῆς $A\Gamma$ τῇ $A\Delta$ ἴση ἡ AE, καὶ ἐπεζεύχθω ἡ ΔE, καὶ συνεστάτω ἐπὶ τῆς ΔE τρίγωνον ἰσόπλευρον τὸ ΔEZ, καὶ ἐπεζεύχθω ἡ AZ· λέγω, ὅτι ἡ ὑπὸ $BA\Gamma$ γωνία δίχα τέτμηται ὑπὸ τῆς AZ εὐθείας.

Ἐπεὶ γὰρ ἴση ἐστὶν ἡ $A\Delta$ τῇ AE, κοινὴ δὲ ἡ AZ, δύο δὴ αἱ ΔA, AZ δυσὶ ταῖς EA, AZ ἴσαι εἰσὶν, ἑκατέρα ἑκατέρᾳ, καὶ βάσις ἡ ΔZ βάσει τῇ EZ ἴση ἐστίν· γωνία ἄρα ἡ ὑπὸ ΔAZ γωνίᾳ τῇ ὑπὸ EAZ ἴση ἐστίν.

Ἡ ἄρα δοθεῖσα γωνία εὐθύγραμμος ἡ ὑπὸ $BA\Gamma$, δίχα τέτμηται ὑπὸ τῆς AZ εὐθείας. Ὅπερ ἔδει ποιῆσαι.

ΠΡΟΤΑΣΙΣ ι.

Τὴν δοθεῖσαν εὐθεῖαν πεπερασμένην δίχα τεμεῖν.

Ἔστω ἡ δοθεῖσα εὐθεῖα πεπερασμένη ἡ AB· δεῖ δὴ τὴν AB εὐθεῖαν πεπερασμένην δίχα τεμεῖν.

1) Peyrard. ex cod. a. addit γὰρ, quod omittunt edd. Basil. et Oxon.

esse. Quod ita demonstrabitur. Quodsi (Fig. 13.) vertex trianguli aequilateri super ΔE constructi non sit intra angulum $BA\Gamma$, erit vel in uno crurum anguli, vel extra angulum. Sit, si fieri potest, punctum H in alterutro crurum v. c. in $A\Gamma$ vertex trianguli aequilateri super ΔE constituti, eritque angulus $E\Delta H = \Delta EH$ (Prop. 5.), adeoque angulus $B\Delta E > \Delta E\Gamma$. At, quum ex construct. sit $A\Delta = AE$, erit etiam $B\Delta E = \Delta E\Gamma$ (I. 5.), quod fieri nequit. Et similis erit demonstratio verticem trianguli nec in puncto aliquo Θ extra angulum $BA\Gamma$ esse posse.

Sit datus angulus rectilineus $BA\Gamma$; oportet ipsum bifariam secare.

Sumatur in AB quodlibet punctum Δ, et auferatur ab $A\Gamma$ ipsi $A\Delta$ aequalis AE, et iungatur ΔE, et constituatur super ΔE triangulum aequilaterum ΔEZ (Prop. 1.), et iungatur AZ; dico angulum $BA\Gamma$ bifariam secari a recta AZ.

Quoniam enim aequalis est $A\Delta$ ipsi AE, communis autem AZ, duae ΔA, AZ duabus EA, AZ aequales sunt, utraque utrique, et basis ΔZ basi EZ aequalis est; angulus igitur ΔAZ angulo EAZ aequalis est (Prop. 4.).

Datus igitur angulus rectilineus $BA\Gamma$ bifariam secatur a recta AZ. Quod oportebat facere.

PROPOSITIO X. (Fig. 14.)

Datam rectam terminatam bifariam secare.

Sit data recta terminata AB; oportet rectam terminatam AB bifariam secare.

Cor. Manifestum est, angulum ita bisectum denuo bisecari, adeoque angulum primo propositum in quatuor, octo, sedecim etc. partes aequales, nempe in omnes eas partes aequales dividi posse, quarum numerus exprimi potest numero 2 ad dignitatem quamcunque n evecto i. e. numero 2^n.

PROPOSITIO X.

Obs. Proclus refert, Apollonium Pergaeum datam rectam terminatam bisecare, ducta recta per puncta intersectionum duorum circulorum, qui e punctis datae rectae extremis, intervallo isti rectae aequali descripti sunt; quae ratio quoad rem ipsam haud multum differt ab Euclidea, quam tamen

Συνεστάτω ἐπ' αὐτῆς τρίγωνον ἰσόπλευρον τὸ $AB\Gamma$, καὶ τετμήσθω ἡ ὑπὸ $A\Gamma B$ γωνία δίχα τῇ $\Gamma\Delta$ εὐθείᾳ· λέγω, ὅτι ἡ AB εὐθεῖα δίχα τέτμηται κατὰ τὸ Δ σημεῖον.

Ἐπεὶ γὰρ ἴση ἐστὶν ἡ $A\Gamma$ τῇ ΓB, κοινὴ δὲ ἡ $\Gamma\Delta$, δύο δὴ αἱ $A\Gamma$, $\Gamma\Delta$ δυσὶ ταῖς $B\Gamma$, $\Gamma\Delta$ ἴσαι εἰσὶν, ἑκατέρα ἑκατέρᾳ, καὶ γωνία ἡ ὑπὸ $A\Gamma\Delta$ γωνίᾳ τῇ ὑπὸ $B\Gamma\Delta$ ἴση ἐστίν· βάσις ἄρα ἡ $A\Delta$ βάσει τῇ $B\Delta$ ἴση ἐστίν.

Ἡ ἄρα δοθεῖσα εὐθεῖα πεπερασμένη ἡ AB δίχα τέτμηται κατὰ τὸ Δ. Ὅπερ ἔδει ποιῆσαι.

ΠΡΟΤΑΣΙΣ ιά.

Τῇ δοθείσῃ εὐθείᾳ, ἀπὸ τοῦ πρὸς αὐτῇ δοθέντος σημείου, πρὸς ὀρθὰς γωνίας εὐθεῖαν γραμμὴν ἀγαγεῖν.

Ἔστω ἡ μὲν δοθεῖσα εὐθεῖα ἡ AB, τὸ δὲ δοθὲν σημεῖον ἐπ' αὐτῆς τὸ Γ· δεῖ δὴ ἀπὸ τοῦ Γ σημείου τῇ AB εὐθείᾳ πρὸς ὀρθὰς γωνίας εὐθεῖαν γραμμὴν ἀγαγεῖν.

longe praefert Proclus. Cf. Hauber. Chrest. p. 241. Patet etiam, rectam $\Gamma\Delta$ (Fig. 14.), quae ex constructione rectam AB bisecat, ei ad angulos rectos insistere. Caeterum idem de divisione rectae notandum est, quod in Cor. praecedentis de divisione anguli notavimus. Quod reliquum est, infra ad VI. 10., quin iam I. 34. Cor. 23. ostendetur, rectam in quotlibet partes aequales ope geometriae elementaris dividi posse, quod in angulo fieri nequit.

PROPOSITIO XI.

Obs. Pro eo casu huius propositionis, quo punctum, e quo perpendicularis ad rectam datam erigi debet, est extremum huius rectae, Proclus solutionem habet satis facilem, quae etiam est apud Clavium, pluresque aliae dantur, partim

Constituatur super ipsa triangulum aequilaterum $AB\Gamma$ (Prop. 1.), et secetur angulus $A\Gamma B$ bifariam a recta $\Gamma\Delta$ (Prop. 9.); dico rectam AB bifariam secari in puncto Δ.

Quoniam enim aequalis est $A\Gamma$ ipsi ΓB, communis autem $\Gamma\Delta$, duae $A\Gamma$, $\Gamma\Delta$ duabus $B\Gamma$, $\Gamma\Delta$ aequales sunt, utraque utrique, et angulus $A\Gamma\Delta$ angulo $B\Gamma\Delta$ aequalis est; basis igitur $A\Delta$ basi $B\Delta$ aequalis est (Prop. 4.).

Ergo data recta terminata AB bifariam secatur in puncto Δ. Quod oportebat facere.

PROPOSITIO XI. (Fig. 15.)

Datae rectae, a puncto in ea dato, ad rectos angulos rectam lineam ducere.

Sit quidem data recta AB, datum vero punctum in ea Γ; oportet a puncto Γ rectae AB ad rectos angulos rectam lineam ducere.

e propositionibus, quae subsequuntur, demum demonstrandae. Vid. infra I. 32. Cor. 11.

Cor. 1. Ex hac propositione Rob. Simson. monet, facile consequi, duas rectas segmentum commune non habere. Quodsi enim fieri posset, ut (Fig. 16) rectae $\Delta\Gamma\Theta$, $\Delta\Gamma E$ segmentum $\Delta\Gamma$ commune habere possent, erigatur (I. 11.) in Γ ad $\Delta\Gamma$ perpendicularis ΓZ, et ostendetur, ut in nostra propositione, tam $Z\Gamma\Delta = Z\Gamma E$, quam $Z\Gamma\Delta = Z\Gamma\Theta$, foret itaque $Z\Gamma E = Z\Gamma\Theta$ pars toti, q. e. a. (Ax. 9.) Notandum tamen, hoc ipsum corollarium potius axiomatis loco sumendum esse, quum iam in I. Prop. 1. tacite sumatur, unde illud ut Ax. 10. a supra posuimus.

Cor. 2. Datae rectae ΔE (Fig. 17.) ad datum in ea punctum Γ non nisi una recta ΓZ ad rectos angulos duci potest Sit enim, si fieri potest, praeter ΓZ etiam ΓH rectae ΔE ad

Εἰλήφθω ἐπὶ τῆς ΑΓ τυχὸν σημεῖον τὸ Δ, καὶ κείσθω τῇ ΓΔ ἴση ἡ ΓΕ, καὶ συνεστάτω ἐπὶ τῆς ΔΕ τρίγωνον ἰσόπλευρον τὸ ΖΔΕ, καὶ ἐπεζεύχθω ἡ ΖΓ· λέγω, ὅτι τῇ δοθείσῃ εὐθείᾳ τῇ ΑΒ, ἀπὸ τοῦ πρὸς αὐτῇ δοθέντος σημείου τοῦ Γ, πρὸς ὀρθὰς γωνίας εὐθεῖα γραμμὴ ἦκται ἡ ΖΓ.

Ἐπεὶ γὰρ ἴση ἐστὶν ἡ ΓΔ τῇ ΓΕ, κοινὴ δὲ ἡ ΓΖ, δύο δὴ αἱ ΔΓ, ΓΖ δυσὶ ταῖς ΕΓ, ΓΖ ἴσαι εἰσὶν, ἑκατέρα ἑκατέρᾳ, καὶ βάσις ἡ ΔΖ βάσει τῇ ΖΕ ἴση ἐστίν· γωνία ἄρα ἡ ὑπὸ ΔΓΖ γωνίᾳ τῇ ὑπὸ ΕΓΖ ἴση ἐστὶ, καί εἰσιν ἐφεξῆς. Ὅταν δὲ εὐθεῖα ἐπ᾽ εὐθεῖαν σταθεῖσα τὰς ἐφεξῆς γωνίας ἴσας ἀλλήλαις ποιῇ, ὀρθὴ ἑκατέρα τῶν ἴσων γωνιῶν ἐστιν· ὀρθὴ ἄρα ἐστὶν ἑκατέρα τῶν ὑπὸ ΔΓΖ, ΖΓΕ.

Τῇ ἄρα δοθείσῃ εὐθείᾳ τῇ ΑΒ, ἀπὸ τοῦ πρὸς αὐτῇ δοθέντος σημείου τοῦ Γ, πρὸς ὀρθὰς γωνίας εὐθεῖα γραμμὴ ἦκται ἡ ΖΓ. Ὅπερ ἔδει ποιῆσαι.

ΠΡΟΤΑΣΙΣ ιβ´.

Ἐπὶ τὴν δοθεῖσαν εὐθεῖαν ἄπειρον, ἀπὸ τοῦ δοθέντος σημείου, ὃ μή ἐστιν ἐπ᾽ αὐτῆς, κάθετον εὐθεῖαν γραμμὴν ἀγαγεῖν.

rectos angulos, eritque $\Delta\Gamma H = H\Gamma E$ (Def. 10.), adeoque $\Delta\Gamma H < Z\Gamma E$ (Ax. 9.), et multo magis $\Delta\Gamma Z < Z\Gamma E$. At quum etiam $Z\Gamma$ ad angulos rectos sit rectae ΔE (ex hypoth.), erit etiam $\Delta\Gamma Z = Z\Gamma E$ (Def. 10.), quod est absurdum.

PROPOSITIO XII.

Obs. Demonstrandum erat ante omnia circulum centro Γ, intervallo $\Gamma\Delta$, descriptum secare rectam AB in duobus punctis H et E. Quod ita fiet. Quum puncta Γ et Δ

Sumatur in $\Delta\Gamma$ quodlibet punctum Δ, et ponatur ipsi $\Gamma\Delta$ aequalis ΓE (Prop. 3.), et constituatur super ΔE triangulum aequilaterum $Z\Delta E$ (Prop. 1.) et iungatur $Z\Gamma$; dico datae rectae AB a dato in ea puncto Γ, ad rectos angulos rectam lineam ductam esse $Z\Gamma$.

Quoniam enim aequalis est $\Gamma\Delta$ ipsi ΓE, communis vero ΓZ, duae $\Delta\Gamma$, ΓZ duabus $E\Gamma$, ΓZ aequales sunt, utraque utrique, et basis ΔZ basi ZE aequalis est (Prop. 8.), et sunt deinceps. Quando autem recta in rectam insistens angulos deinceps aequales inter se facit, rectus uterque aequalium angulorum est (Def. 10.); rectus igitur est uterque ipsorum $\Delta\Gamma Z$, $Z\Gamma E$.

Ergo datae rectae AB a dato in ea puncto Γ, ad rectos angulos recta linea ducta est ΓZ. Quod oportebat facere.

PROPOSITIO XII. (Fig. 18. a.)

Super datam rectam infinitam, a dato puncto, quod non est in ea, perpendicularem rectam lineam ducere.

ex constructione sint e diversis rectae AB partibus, ducta $\Gamma\Delta$ secabit rectam AB in puncto aliquo K (Ax. 15.). Et quum punctum K in recta $\Gamma\Delta$, adeoque intra circulum centro Γ intervallo $\Gamma\Delta$ desciiptum positum sit, recta AKB, quae per hoc punctum K i. e. intra circulum transit, necessario secabit circulum in duobus minimum punctis H et E (Ax. 13.). At nec in pluribus quam duobus punctis rectam AB et circulum descriptum se invicem secare Proclus demonstrare tentat in hunc fere modum. Secet (Fig. 18. b. et

Ἔστω ἡ μὲν δοθεῖσα εὐθεῖα ἄπειρος ἡ ΑΒ, τὸ δὲ δοθὲν σημεῖον, ὃ μή ἐστιν ἐπ' αὐτῆς, τὸ Γ· δεῖ δὴ ἐπὶ τὴν δοθεῖσαν εὐθεῖαν ἄπειρον τὴν ΑΒ, ἀπὸ τοῦ δοθέντος σημείου τοῦ Γ, ὃ μή ἐστιν ἐπ' αὐτῆς, κάθετον εὐθεῖαν γραμμὴν ἀγαγεῖν.

Εἰλήφθω γὰρ ἐπὶ τὰ ἕτερα μέρη τῆς ΑΒ εὐθείας τυχὸν σημεῖον τὸ Δ, καὶ κέντρῳ μὲν τῷ Γ, διαστήματι δὲ τῷ ΓΔ, κύκλος γεγράφθω ὁ ΕΖΗ, καὶ τετμήσθω ἡ ΕΗ εὐθεῖα δίχα κατὰ τὸ Θ, καὶ ἐπεζεύχθωσαν αἱ ΓΗ, ΓΘ, ΓΕ εὐθεῖαι· λέγω, ὅτι ἐπὶ τὴν δοθεῖσαν εὐθεῖαν ἄπειρον τὴν ΑΒ, ἀπὸ τοῦ δοθέντος σημείου τοῦ Γ, ὃ μή ἐστιν ἐπ' αὐτῆς, κάθετος ἦκται ἡ ΓΘ.

Ἐπεὶ γὰρ ἴση ἐστὶν ἡ ΗΘ τῇ ΘΕ, κοινὴ δὲ ἡ ΘΓ, δύο δὴ αἱ ΘΗ, ΘΓ δυσὶ ταῖς ΕΘ, ΘΓ ἴσαι εἰσὶν, ἑκατέρα ἑκατέρᾳ, καὶ βάσις ἡ ΓΗ βάσει τῇ ΓΕ ἐστὶν ἴση· γωνία ἄρα ἡ ὑπὸ ΓΘΗ γωνίᾳ τῇ ὑπὸ ΕΘΓ ἐστὶν ἴση, καί εἰσιν ἐφεξῆς. Ὅταν δὲ εὐθεῖα ἐπ' εὐθεῖαν σταθεῖσα τὰς ἐφεξῆς γωνίας ἴσας ἀλλήλαις ποιῇ, ὀρθὴ ἑκατέρα τῶν ἴσων γωνιῶν ἐστιν· καὶ ἡ ἐφεστηκυῖα εὐθεῖα κάθετος καλεῖται ἐφ' ἣν ἐφέστηκεν.

18. c.) si fieri potest, circulus centro Γ radio ΓΔ descriptus rectam ΑΒ non tantum, ut in praecedente schemate, in punctis Η et Ε, sed praeterea in alio quodam puncto Λ sito v. c. inter Η et punctum Θ, quod rectam ΗΕ bisecat. Circulus itaque ut ex Λ ad punctum Ε transeat, rectam ΓΘ ipsam aut productam in puncto aliquo Μ secabit (Ax. 15.), et ob ΓΗ =ΓΕ, erit angulus ΓΗΛ=ΓΕΛ (I. 5.). Pariter autem, ob ΓΗ=ΓΛ, erit ΓΗΛ=ΓΛΗ, et ob ΓΕ=ΓΛ, erit ΓΕΛ=ΓΛΕ: itaque ΓΛΗ=ΓΛΕ, adeoque uterque rectus erit (Def. 10.). Ostensus est autem etiam ΓΘΛ rectus esse, itaque ΓΛΘ =ΓΘΛ

Sit quidem data recta infinita AB, datum vero punctum Γ, quod non est in ea; oportet super datam rectam infinitam AB, a dato puncto Γ, quod non est in ea, perpendicularem rectam lineam ducere.

Sumatur ad alteram partem AB rectae quodlibet punctum Δ, et centro quidem Γ, intervallo autem $\Gamma\Delta$, circulus describatur EZH (Post. 3.), et secetur EH recta bifariam in Θ (Prop. 10.), et iungantur ΓH, $\Gamma\Theta$, ΓE rectae (Post. 1.); dico super datam rectam infinitam AB, a dato puncto Γ, quod non est in ea, perpendicularem ductam esse $\Gamma\Theta$.

Quoniam enim aequalis est recta $H\Theta$ rectae ΘE, communis autem $\Theta\Gamma$, duae utique ΘH, $\Theta\Gamma$ duabus $E\Theta$, $\Theta\Gamma$ aequales sunt, utraque utrique, et basis ΓH basi ΓE est aequalis (Def. 15.); angulus igitur $\Gamma\Theta H$ angulo $E\Theta\Gamma$ est aequalis (Prop. 8.); et sunt deinceps. Quando autem recta in rectam insistens, angulos deinceps aequales inter se facit, rectus uterque aequalium angulorum est; et recta insistens perpendicularis appellatur ad eam, in quam insistit (Def. 10.).

(Ax. 10.); erit igitur $\Gamma\Lambda = \Gamma\Theta$ (I. 6.). At est etiam $\Gamma\Lambda = \Lambda M$ (Def. 15.), itaque $\Gamma M = \Gamma\Theta$, pars toti, quod est absurdum (Ax 9.). Recta igitur AB circulum in tertio aliquo puncto inter H et Θ posito secare nequit. Simili deinde ratione demonstrare conatur, rectam AB nec in puncto Θ rectam HE bisecante circulum secare posse, ac deinde, nec in quatuor punctis rectam AB et circulum se invicem secare etc. Quod quamvis satis ingeniosum sit, facilius tamen demonstratio procedet demum post I. 16. vel I. 17. Cf. Pfleiderer. in Hauberi Chrest. p. 307.

Ἐπὶ τὴν δοθεῖσαν ἄρα εὐθεῖαν ἄπειρον τὴν *AB*, ἀπὸ τοῦ δοθέντος σημείου τοῦ *Γ*, ὃ μή ἐστιν ἐπ' αὐτῆς, κάθετος ἦκται ἡ *ΓΘ*. Ὅπερ ἔδει ποιῆσαι.

ΠΡΟΤΑΣΙΣ ιγ'.

Ἐὰν εὐθεῖα ἐπ' εὐθεῖαν σταθεῖσα γωνίας ποιῇ· ἤτοι δύο ὀρθὰς, ἢ δυσὶν ὀρθαῖς ἴσας ποιήσει.

Εὐθεῖα γάρ τις ἡ *AB* ἐπ' εὐθεῖαν τὴν *ΓΔ* σταθεῖσα γωνίας ποιείτω τὰς ὑπὸ *ΓBA*, *ABΔ*· λέγω, ὅτι αἱ ὑπὸ *ΓBA*, *ABΔ* γωνίαι, ἤτοι δύο ὀρθαί εἰσιν, ἢ δυσὶν ὀρθαῖς ἴσαι.

Εἰ μὲν οὖν ἴση ἐστὶν ἡ ὑπὸ *ΓBA* τῇ ὑπὸ *ABΔ*, δύο ὀρθαί εἰσιν. Εἰ δὲ οὔ, ἤχθω ἀπὸ τοῦ *B* σημείου τῇ *ΓΔ* εὐθείᾳ πρὸς ὀρθὰς ἡ *BE*· αἱ ἄρα ὑπὸ *ΓBE*, *EBΔ* δύο ὀρθαί εἰσιν. Καὶ ἐπεὶ ἡ ὑπὸ *ΓBE* δυσὶ ταῖς ὑπὸ *ΓBA*, *ABE* ἴση ἐστὶ, κοινὴ προσκείσθω ἡ ὑπὸ *EBΔ*· αἱ ἄρα ὑπὸ *ΓBE*, *EBΔ* τρισὶ ταῖς ὑπὸ *ΓBA*, *ABE*, *EBΔ* ἴσαι εἰσιν. Πάλιν ἐπεὶ ἡ ὑπὸ *ΔBA* δυσὶ ταῖς ὑπὸ *ΔBE*, *EBA* ἴση ἐστὶ, κοινὴ προσκείσθω ἡ ὑπὸ *ABΓ*· αἱ ἄρα ὑπὸ *ΔBA*, *ABΓ* τρισὶ ταῖς ὑπὸ *ΔBE*, *EBA*, *ABΓ* ἴσαι εἰσίν. Ἐδείχθησαν δὲ καὶ αἱ ὑπὸ *ΓBE*, *EBΔ* τρισὶ ταῖς αὐταῖς ἴσαι· τὰ δὲ τῷ αὐτῷ ἴσα, καὶ ἀλλήλοις ἐστὶν ἴσα· καὶ αἱ ὑπὸ *ΓBE*, *EBΔ* ἄρα ταῖς ὑπὸ *ΔBA*, *ABΓ* ἴσαι

Schol. Huius problematis Oenopiden primum inventorem esse Proclus refert.

PROPOSITIO XIII.

Cor. 1. Hinc, si angulorum deinceps positorum unus rectus sit, alter pariter erit rectus; si unus acutus, alter obtusus, et contra.

Super datam igitur rectam infinitam AB a dato puncto Γ, quod non est in ea, perpendicularis ducta est $\Gamma\Theta$. Quod oportebat facere.

PROPOSITIO XIII. (Fig. 19.)

Si recta in rectam insistens angulos faciat, vel duos rectos, vel duobus rectis aequales faciet.

Recta enim quaedam AB in rectam $\Gamma\Delta$ insistens angulos faciat ΓBA, $AB\Delta$; dico ΓBA, $AB\Delta$ angulos vel duos rectos esse vel duobus rectis aequales.

Si quidem igitur aequalis est ΓBA ipsi $AB\Delta$ duo recti sunt (Def. 10.). Si vero non, ducatur a puncto B rectae $\Gamma\Delta$ ad rectos angulos recta BE (Prop. 11.); ergo ΓBE, $EB\Delta$ duo recti sunt. Et quoniam ΓBE duobus ΓBA, ABE aequalis est, communis addatur $EB\Delta$; ergo ΓBE, $EB\Delta$ tribus ΓBA, ABE, $EB\Delta$ aequales sunt (Ax. 2.). Rursus, quoniam ΔBA duobus ΔBE, EBA aequalis est, communis addatur $AB\Gamma$; ergo ΔBA, $AB\Gamma$ tribus ΔBE, EBA, $AB\Gamma$ aequales sunt (Ax. 2.). Ostensi sunt autem et ΓBE, $EB\Delta$ tribus eisdem aequales; quae autem eidem aequalia, et inter se sunt aequalia (Ax. 1.); ergo et ΓBE, $EB\Delta$ ipsis ΔBA, $AB\Gamma$ aequales sunt; sed ΓBE, $EB\Delta$

Cor. 2. Si plures rectae, quam una ad idem punctum eidem rectae ad easdem eius partes insistant, anguli omnes simul fient duobus rectis aequales.

Cor. 3. Quotcunque rectis se mutuo secantibus, anguli ad punctum sectionis quatuor rectis aequales erunt, et generalius: omnes anguli circa idem punctum constituti quatuor rectos efficient. Cf. Pfleiderer. l. c. p. 307.

εἰσίν· ἀλλὰ αἱ ὑπὸ ΓΒΕ, ΕΒΔ δύο ὀρθαί εἰσι, καὶ αἱ ὑπὸ ΔΒΑ, ΑΒΓ ἄρα δυσὶν ὀρθαῖς ἴσαι εἰσίν. Ἐὰν ἄρα καὶ τὰ ἑξῆς.

ΠΡΟΤΑΣΙΣ ιδʹ.

Ἐὰν πρός τινι εὐθείᾳ, καὶ τῷ πρὸς αὐτῇ σημείῳ, δύο εὐθεῖαι [1]), μὴ ἐπὶ τὰ αὐτὰ μέρη κείμεναι, τὰς ἐφεξῆς γωνίας δυσὶν ὀρθαῖς ἴσας ποιῶσιν, ἐπ᾽ εὐθείας ἔσονται ἀλλήλαις αἱ εὐθεῖαι.

Πρὸς γάρ τινι εὐθείᾳ τῇ ΑΒ, καὶ τῷ πρὸς αὐτῇ σημείῳ τῷ Β, δύο εὐθεῖαι αἱ ΒΓ, ΒΔ, μὴ ἐπὶ τὰ αὐτὰ μέρη κείμεναι, τὰς ἐφεξῆς γωνίας τὰς ὑπὸ ΑΒΓ, ΑΒΔ δυσὶ ὀρθαῖς ἴσας ποιείτωσαν· λέγω, ὅτι ἐπ᾽ εὐθείας ἐστὶ τῇ ΓΒ ἡ ΒΔ.

Εἰ γὰρ μή ἐστι τῇ ΒΓ ἐπ᾽ εὐθείας ἡ ΒΔ, ἔστω τῇ ΓΒ ἐπ᾽ εὐθείας ἡ ΒΕ.

Ἐπεὶ οὖν εὐθεῖα ἡ ΑΒ ἐπ᾽ εὐθεῖαν τὴν ΓΒΕ ἐφέστηκεν, αἱ ἄρα ὑπὸ ΑΒΓ, ΑΒΕ γωνίαι δυσὶν ὀρθαῖς ἴσαι εἰσίν· εἰσὶ δὲ καὶ αἱ ὑπὸ ΑΒΓ, ΑΒΔ δυσὶν ὀρθαῖς ἴσαι· αἱ ἄρα ὑπὸ ΓΒΑ, ΑΒΕ ταῖς ὑπὸ ΓΒΑ, ΑΒΔ ἴσαι εἰσίν. Κοινὴ ἀφῃρήσθω ἡ ὑπὸ ΓΒΑ· λοιπὴ ἄρα ἡ ὑπὸ ΑΒΕ λοιπῇ τῇ ὑπὸ ΑΒΔ ἐστὶν ἴση, ἡ ἐλάσσων τῇ μείζονι, ὅπερ ἐστὶν ἀδύνατον. Οὐκ ἄρα ἐπ᾽ εὐθείας ἐστὶν ἡ ΒΕ τῇ ΒΓ. Ὁμοίως δὴ δείξομεν, ὅτι οὐδὲ ἄλλη τις πλὴν τῆς ΒΔ· ἐπ᾽ εὐθείας ἄρα ἐστὶν ἡ ΓΒ τῇ ΒΔ. Ἐὰν ἄρα καὶ τὰ ἑξῆς.

1) Proclus legit: δύο εὐθεῖαι ἑξῆς.

PROPOSITIO XIV.

Obs. Est haec conversa praecedentis, pariterque paulo generalius conversa Cor. 2. praecedentis demonstrari poterit.

duo recti sunt; ergo et $\Delta B A$, $A B \Gamma$ duobus rectis aequales sunt. Si igitur etc.

PROPOSITIO XIV. (Fig. 20.)

Si ad aliquam rectam, et ad punctum in ea, duae rectae, non ad easdem partes positae, angulos deinceps duobus rectis aequales faciant, in directum erunt sibi invicem rectae.

Ad aliquam enim rectam AB, et ad punctum in ea B, duae rectae $B\Gamma$, $B\Delta$, non ad easdem partes positae, angulos deinceps $AB\Gamma$, $AB\Delta$ duobus rectis aequales faciant; dico in directum esse rectae ΓB rectam $B\Delta$.

Si enim non est rectae $B\Gamma$ in directum $B\Delta$, sit rectae ΓB in directum BE (Post. 2.).

Quoniam igitur recta AB super rectam ΓBE insistit, anguli $AB\Gamma$, ABE duobus rectis aequales sunt (Prop. 13.); sunt autem et $AB\Gamma$, $AB\Delta$ duobus rectis aequales; ergo ΓBA, ABE ipsis ΓBA, $AB\Delta$ aequales sunt. Communis auferatur ΓBA; reliquus igitur ABE reliquo $AB\Delta$ est aequalis (Ax. 3.), minor maiori, quod fieri nequit. Non igitur in directum est BE rectae $B\Gamma$. Similiter, autem ostendemus, neque esse aliam quandam praeter $B\Delta$; in directum igitur est ΓB rectae $B\Delta$. Si igitur etc.

Alia praecedentis conversa erit haec: Si duo anguli duobus rectis aequales sint, atque in vertice communi ita iungantur, ut unum crus unius cum uno crure alterius sit in directum, reliqua quoque angulorum crura in eandem rectam coincident, quod facile ostendetur.

ΠΡΟΤΑΣΙΣ ιε.

Ἐὰν δύο εὐθεῖαι τέμνωσιν ἀλλήλας, τὰς κατὰ κορυφὴν γωνίας ἴσας ἀλλήλαις ποιήσουσιν.

Δύο γὰρ εὐθεῖαι αἱ ΑΒ, ΓΔ τεμνέτωσαν ἀλλήλας κατὰ τὸ Ε σημεῖον· λέγω, ὅτι ἴση ἐστὶν ἡ μὲν ὑπὸ ΑΕΓ γωνία τῇ ὑπὸ ΔΕΒ, ἡ δὲ ὑπὸ ΓΕΒ τῇ ὑπὸ ΔΕΑ.

Ἐπεὶ γὰρ εὐθεῖα ἡ ΑΕ ἐπ' εὐθεῖαν τὴν ΓΔ ἐφέστηκε, γωνίας ποιοῦσα τὰς ὑπὸ ΓΕΑ, ΑΕΔ· αἱ ἄρα ὑπὸ ΓΕΑ, ΑΕΔ γωνίαι δυσὶν ὀρθαῖς ἴσαι εἰσίν. Πάλιν, ἐπεὶ εὐθεῖα ἡ ΔΕ ἐπ' εὐθεῖαν τὴν ΑΒ ἐφέστηκε, γωνίας ποιοῦσα τὰς ὑπὸ ΑΕΔ, ΔΕΒ· αἱ ἄρα ὑπὸ ΑΕΔ, ΔΕΒ γωνίαι δυσὶν ὀρθαῖς ἴσαι εἰσίν. Ἐδείχθησαν δὲ καὶ αἱ ὑπὸ ΓΕΑ, ΑΕΔ δυσὶν ὀρθαῖς ἴσαι· αἱ ἄρα ὑπὸ ΓΕΑ, ΑΕΔ ταῖς ὑπὸ ΑΕΔ, ΔΕΒ ἴσαι εἰσίν. Κοινὴ ἀφῃρήσθω ἡ ὑπὸ ΑΕΔ, λοιπὴ ἄρα ἡ ὑπὸ ΓΕΑ λοιπῇ τῇ ὑπὸ ΒΕΔ ἴση ἐστίν. Ὁμοίως δὴ δειχθήσεται, ὅτι καὶ αἱ ὑπὸ ΓΕΒ, ΔΕΑ ἴσαι εἰσίν. Ἐὰν ἄρα δύο καὶ τὰ ἑξῆς. 1)

1) *Πόρισμα.* Ἐκ δὴ τούτου φανερὸν, ὅτι καὶ ὅσαι δήποτ' οὖν εὐθεῖαι τέμνωσιν ἀλλήλας, τὰς πρὸς τῇ τομῇ γωνίας τέτρασιν ὀρθαῖς ἴσας ποιήσουσιν. Hoc Corollarium addunt edd. Oxon. et Cod. Peyrardi m. In margine vel inter lineas illud habent Codd. d. e. f. et, ut Peyrardus in Praefat. dicit, etiam Coila, ita tamen, ut non prae se ferat signum, quo in hoc manuscripto ea, quae ad marginem sunt, ad textum pertinere indicantur. Idem tamen in lect. variant. id in Cod. a. deesse asserit. Pariter edit. Basil. ex alio, ut dicit, exemplari illud in margine addit. Quum tamen etiam in Codd. h. i. k. n. desit, nec omnino huc, sed ad I. 13. (ubi apud nos Cor. 3. est) pertineat, textui inserere noluimus. Caeterum Proclus etiam ad hanc propositionem simile fere corollarium habet, eo tantum ab hoc diversum, quod ei de duabus tantum rectis sermo est.

PROPOSITIO XV.

Schol. Thaletem hanc Prop. primum invenisse, Euclidem

PROPOSITIO XV. (Fig. 21.)

Si duae rectae sese secent, angulos ad verticem aequales inter se facient.

Duae enim rectae AB, $\Gamma\Delta$ sese secent in puncto E; dico aequalem esse angulum quidem $AE\Gamma$ angulo ΔEB, angulum autem ΓEB angulo $AE\Delta$.

Quoniam enim recta AE in rectam $\Gamma\Delta$ insistit angulos faciens ΓEA, $AE\Delta$; anguli ΓEA, $AE\Delta$ duobus rectis aequales sunt (Prop. 13.). Rursus, quoniam recta ΔE in rectam AB insistit, angulos faciens $AE\Delta$, ΔEB; anguli $AE\Delta$, ΔEB duobus rectis aequales sunt (Prop. 13.). Ostensi sunt autem et ΓEA, $AE\Delta$ duobus rectis aequales; ergo anguli ΓEA, $AE\Delta$ angulis $AE\Delta$, ΔEB aequales sunt. Communis auferatur $AE\Delta$, reliquus igitur ΓEA reliquo $BE\Delta$ aequalis est (Ax. 3.). Similiter autem ostendemus et angulos ΓEB, ΔEA esse aequales. Si igitur duo etc.

autem primum demonstratione dignam habuisse, Proclus refert.

Obs. Prop. 15. duae sunt conversae. Alteram Proclus habet huius sententiae: Si (Fig. 21.) ad punctum E rectae alicuius AB duae rectae $E\Delta$, ΓE ducantur non ad easdem partes, ac faciant angulos ad verticem aequales $E\Delta$ et ΓE in directum erunt. Nam, quum $AE\Delta+\Delta EB=2$ rectis (I. 13.) et $\Delta EB=AE\Gamma$ ex hypoth. erunt etiam $AE\Delta+AE\Gamma=2$ rectis, adeoque $E\Delta$ et ΓE in directum sitae erunt (I. 14.). Alteram conversam exhibet Peletarius huius sententiae: Si quatuor rectae AE, ΓE, BE, ΔE ex uno puncto E exeuntes binos angulos oppositos inter se aequales fecerint, erunt quaelibet duae lineae adversae in directum sibi oppositae. Nempe omnes quatuor anguli circa punctum E duobus

ΠΡΟΤΑΣΙΣ ιϛ'.

Παντὸς τριγώνου μιᾶς τῶν πλευρῶν προςεκβληθείσης, ἡ ἐκτὸς γωνία ἑκατέρας τῶν ἐντὸς καὶ ἀπεναντίον γωνιῶν μείζων ἐστίν.

Ἔστω τρίγωνον τὸ ΑΒΓ, καὶ προςεκβεβλήσθω αὐτοῦ μία πλευρὰ ἡ ΒΓ ἐπὶ τὸ Δ· λέγω, ὅτι ἡ ἐκτὸς γωνία, ἡ ὑπὸ ΑΓΔ, μείζων ἐστὶν ἑκατέρας τῶν ἐντὸς καὶ ἀπεναντίον, τῶν ὑπὸ ΓΒΑ, ΒΑΓ γωνιῶν.

Τετμήσθω ἡ ΑΓ δίχα κατὰ τὸ Ε, καὶ ἐπιζευχθεῖσα ἡ ΒΕ ἐκβεβλήσθω ἐπ' εὐθείας ἐπὶ τὸ Ζ, καὶ κείσθω τῇ ΒΕ ἴση ἡ ΕΖ, καὶ ἐπεζεύχθω ἡ ΖΓ, καὶ διήχθω ἡ ΑΓ ἐπὶ τὸ Η.

Ἐπεὶ οὖν ἴση ἐστὶν ἡ μὲν ΑΕ τῇ ΕΓ, ἡ δὲ ΒΕ τῇ ΕΖ, δύο δὴ αἱ ΑΕ, ΕΒ δυσὶ ταῖς ΓΕ, ΕΖ ἴσαι εἰσὶν, ἑκατέρα ἑκατέρᾳ, καὶ γωνία ἡ ὑπὸ ΑΕΒ γωνίᾳ τῇ ὑπὸ ΖΕΓ ἴση ἐστὶ, κατὰ κορυφὴν γάρ· βάσις ἄρα ἡ ΑΒ βάσει τῇ ΖΓ ἴση ἐστὶ, καὶ τὸ ΑΒΕ τρίγωνον τῷ ΖΕΓ τριγώνῳ ἐστὶν ἴσον, καὶ αἱ λοιπαὶ γωνίαι ταῖς λοιπαῖς γωνίαις ἴσαι εἰσὶν, ἑκατέρα ἑκατέρᾳ, ὑφ' ἃς αἱ ἴσαι πλευραὶ ὑποτείνουσιν· ἴση ἄρα ἐστὶν ἡ ὑπὸ ΒΑΕ τῇ ὑπὸ ΕΓΖ. Μείζων δέ ἐστιν

rectis aequales sunt (Prop. 13. Cor. 3.). Atqui ex hypoth. tam $AE\Delta = BE\Gamma$, quam $AE\Gamma = BE\Delta$, unde $AE\Delta + AE\Gamma = BE\Gamma + BE\Delta = 2$ rectis, adeoque ΔE et ΓE in directum erunt (I. 14.). Pariter, quum $AE\Gamma + BE\Gamma = \Delta E\Gamma + BE\Gamma = 2$ rectis, AB et BE in directum erunt.

PROPOSITIO XVI.

Obs. Ramus, ut solet, hysterologiae accusat Euclidem, quod hanc propositionem, quae facile consequatur ex I. 32., separatim demonstret. At demonstratio I. 32. in Euclidis systemate ex I. 27., huius vero ex I. 16. dependet, neque igitur,

PROPOSITIO XVI. (Fig. 22.)

Omnis trianguli uno laterum producto, exterior angulus utroque interiorum et oppositorum angulorum maior est.

Sit triangulum *ΑΒΓ*, et producatur ipsius unum latus *ΒΓ* ad *Δ*; dico angulum exteriorem *ΑΓΔ* maiorem esse utroque interiorum et oppositorum angulorum *ΓΒΑ*, *ΒΑΓ*.

Secetur *ΑΓ* bifariam in *Ε* (Prop. 10.), et iuncta *ΒΕ* producatur in directum ad *Ζ*, et ponatur rectae *ΒΕ* aequalis *ΕΖ* (Prop. 3.), et iungantur *ΖΓ*, et producatur *ΑΓ* ad *Η*.

Quoniam igitur aequalis est *ΑΕ* rectae *ΕΓ*, *ΒΕ* vero ipsi *ΕΖ*, duae *ΑΕ*, *ΕΒ* duabus *ΓΕ*, *ΕΖ* aequales sunt, utraque utrique, et angulus *ΑΕΒ* angulo *ΖΕΓ* aequalis est, ad verticem enim est (Prop. 15.); basis igitur *ΑΒ* basi *ΖΓ* aequalis est, et triangulum *ΑΒΕ* triangulo *ΖΕΓ* aequalé est, et reliqui anguli reliquis angulis aequales sunt, uterque utrique, quos aequalia latera subtendunt (Prop. 4.); aequalis igitur est *ΒΑΕ* ipsi *ΕΓΖ*. Maior autem est angulus *ΕΓΔ*

circulum in demonstrando si evitare volebat, denuo I. 16. ex I. 32. deducere poterat. Laudandus potius est Euclides, qui pedetentim ad magis ardua progressus facilioribus difficiliora tam apte superstruere norat.

Cor. (Procli). Ex uno puncto extra aliquam rectam posito ad eam haud plures quam duae rectae aequales duci possunt, ut ex I. 5. et I. 16. facile consequitur, vel aliter: Circulus rectam in pluribus quam duobus punctis secare nequit. Cf. III. 2. Cor. 1. Praeterea Proclus monet, etiam I. 27. non nisi consectarium esse huius I. 16.

ἡ ὑπὸ ΕΓΔ τῆς ὑπὸ ΕΓΖ· μείζων ἄρα ἡ ὑπὸ ΑΓΔ τῆς ὑπὸ ΒΑΕ. Ὁμοίως δὲ, τῆς ΒΓ τετμημένης δίχα, δειχθήσεται καὶ ἡ ὑπὸ ΒΓΗ, τουτέστιν ἡ ὑπὸ ΑΓΔ, μείζων καὶ τῆς ὑπὸ ΑΒΓ. Παντὸς ἄρα καὶ τὰ ἑξῆς.

ΠΡΟΤΑΣΙΣ ιζ.

Παντὸς τριγώνου αἱ δύο γωνίαι δύο ὀρθῶν ἐλάσσονές εἰσι, πάντῃ μεταλαμβανόμεναι.

Ἔστω τρίγωνον τὸ ΑΒΓ· λέγω, ὅτι τοῦ ΑΒΓ τριγώνου αἱ δύο γωνίαι δύο ὀρθῶν ἐλάσσονές εἰσι πάντῃ μεταλαμβανόμεναι.

Ἐκβεβλήσθω γὰρ ἡ ΒΓ ἐπὶ τὸ Δ.

Καὶ ἐπεὶ τριγώνου τοῦ ΑΒΓ ἐκτός ἐστι γωνία ἡ ὑπὸ ΑΓΔ, μείζων ἐστὶ τῆς ἐντὸς καὶ ἀπεναντίον, τῆς ὑπὸ ΑΒΓ. Κοινὴ προσκείσθω ἡ ὑπὸ ΑΓΒ· αἱ ἄρα ὑπὸ ΑΓΔ, ΑΓΒ τῶν ὑπὸ ΑΒΓ, ΒΓΑ μείζονές εἰσιν. Ἀλλ' αἱ ὑπὸ ΑΓΔ, ΑΓΒ δυσὶ ὀρθαῖς ἴσαι εἰσίν· αἱ ἄρα ὑπὸ ΑΒΓ, ΒΓΑ δύο ὀρθῶν ἐλάσσονές εἰσιν. Ὁμοίως δὲ δείξομεν, ὅτι καὶ αἱ ὑπὸ ΒΑΓ, ΑΓΒ δύο ὀρθῶν ἐλάσσονές εἰσι, καὶ ἔτι αἱ ὑπὸ ΓΑΒ, ΑΒΓ. Παντὸς ἄρα καὶ τὰ ἑξῆς.

PROPOSITIO XVII.

Obs. Aliam adhuc huius propositionis demonstrationem habet Proclus, in qua recta *ΒΓ* non producitur, at ab *Α* ad punctum quodcunque rectae *ΒΓ* recta ducitur.

Cor. 1. In omni triangulo, cuius unus angulus rectus est aut obtusus, reliqui acuti sunt. Cf. Clavius. Hinc patet ratio, cur Def. 27. 28. 29. ita, ut factum est, expressae fuerint. Cf. Pfleiderer. in Hauberi Chrestom. Geom. p. 309.

Cor. 2. Omnes anguli trianguli aequilateri, et duo an-

angulo $E\Gamma Z$ (Ax. 9.); maior est igitur $A\Gamma\Delta$ ipso BAE. Similiter autem, $B\Gamma$ secta bifariam, ostendetur et $B\Gamma H$, hoc est $A\Gamma\Delta$ (Prop. 15.), maior et ipso $AB\Gamma$. Omnis igitur etc.

PROPOSITIO XVII. (Fig. 23.)

Omnis trianguli duo anguli duobus rectis minores sunt, quomodocunque sumpti.

Sit triangulum $AB\Gamma$; dico trianguli $AB\Gamma$ duos angulos quomodocunque sumptos duobus rectis minores esse.

Producatur enim $B\Gamma$ ad Δ (Post. 2.).

Et quoniam trianguli $AB\Gamma$ exterior est angulus $A\Gamma\Delta$, maior est interiore et opposito $AB\Gamma$ (Prop. 16.). Communis addatur $A\Gamma B$; ergo $A\Gamma\Delta$, $A\Gamma B$ angulis $AB\Gamma$, $B\Gamma A$ maiores sunt (Ax. 4.). Sed $A\Gamma\Delta$, $A\Gamma B$ duobus rectis aequales sunt (Prop. 13.); ergo $AB\Gamma$, $B\Gamma A$ duobus rectis minores sunt. Similiter autem ostendemus et $BA\Gamma$, $A\Gamma B$ duobus rectis minores esse, et adhuc ipsos ΓAB, $AB\Gamma$. Omnis igitur etc.

guli ad basin trianguli aequicruri sunt acuti, anguli externi autem, qui iis adiacent, obtusi. Cf. Clavius.

Cor. 3. In triangulo, in quo duo anguli inaequales sunt, minor eorum est acutus.

Cor. 4. (Procli). A puncto quocunque extra rectam posito non nisi unum perpendiculum ad eam demitti potest.

Cor. 5. Si e puncto aliquo rectae, quae oblique instet alteri rectae, adeoque ex altera sui parte cum ea acutum, ex

ΠΡΟΤΑΣΙΣ ιη΄.

Παντὸς τριγώνου ἡ μείζων πλευρὰ τὴν μείζονα γωνίαν ὑποτείνει.

Ἔστω γὰρ τρίγωνον τὸ ΑΒΓ, μείζονα ἔχον τὴν ΑΓ πλευρὰν τῆς ΑΒ· λέγω, ὅτι καὶ γωνία ἡ ὑπὸ ΑΒΓ μείζων ἐστὶ τῆς ὑπὸ ΒΓΑ.

Ἐπεὶ γὰρ μείζων ἐστὶν ἡ ΑΓ τῆς ΑΒ, κείσθω τῇ ΑΒ ἴση ἡ ΑΔ, καὶ ἐπεζεύχθω ἡ ΒΔ.

Καὶ ἐπεὶ τριγώνου τοῦ ΒΓΔ ἐκτός ἐστι γωνία ἡ ὑπὸ ΑΔΒ, μείζων ἐστὶ τῆς ἐντὸς καὶ ἀπεναντίον, τῆς ὑπὸ ΔΓΒ· ἴση δὲ ἡ ὑπὸ ΑΔΒ τῇ ὑπὸ ΑΒΔ, ἐπεὶ καὶ πλευρὰ ἡ ΑΒ τῇ ΑΔ ἐστὶν ἴση· μείζων ἄρα καὶ ἡ ὑπὸ ΑΒΔ τῆς ὑπὸ ΑΓΒ· πολλῷ ἄρα ἡ ὑπὸ ΑΒΓ μείζων ἐστὶ τῆς ὑπὸ ΑΓΒ. Παντὸς ἄρα τριγώνου καὶ τὰ ἑξῆς.

ΠΡΟΤΑΣΙΣ ιθ΄.

Παντὸς τριγώνου ὑπὸ τὴν μείζονα γωνίαν ἡ μείζων πλευρὰ ὑποτείνει.

altera obtusum angulum efficiat, ad hanc alteram demittatur perpendiculum, cadet id ad partes anguli acuti. Cf. Pfleiderer. l. c.

Cor. 6. Quod e vertice trianguli in basin demittitur perpendiculum, incidet in ipsam basin, aut in terminum eius extremum, aut in basin productam, prout angulorum ad basin vel uterque acutus, vel alter rectus, vel denique alter obtusus erit. Cf. Pfleiderer. l. c.

PROPOSITIO XVIII.

Obs. Aliam e Porphyrio demonstrationem addit Proclus, in qua (Fig. 25.) sumta *ΓΔ*=*AB*, producitur *BA* ultra *B* ad punctum aliquod *E*, ita ut *BE* aequalis fiat rectae *AΔ*, ac deinde iungitur *EΓ*, ubi facile patet, esse *AEΓ*=*AΓE* (I. 5.),

PROPOSITIO XVIII. (Fig. 24.)

Omnis trianguli maius latus maiorem angulum subtendit.

Sit enim triangulum *ΑΒΓ*, maius habens latus *ΑΓ* latere *ΑΒ*; dico et angulum *ΑΒΓ* maiorem esse angulo *ΒΓΑ*.

Quoniam enim recta *ΑΓ* maior est recta *ΑΒ*, ponatur rectae *ΑΒ* aequalis *ΑΔ* (Prop. 3.), et iungatur *ΒΔ*. Et quoniam trianguli *ΒΓΔ* exterior est angulus *ΑΔΒ*, maior est interiore et opposito *ΔΓΒ* (Prop. 16.). Aequalis autem angulus *ΑΔΒ* angulo *ΑΒΔ*, quia et latus *ΑΒ* lateri *ΑΔ* est aequale; maior igitur et *ΑΒΔ* ipso *ΑΓΒ*; multo igitur *ΑΒΓ* maior est ipso *ΑΓΒ*. Omnis igitur trianguli etc.

PROPOSITIO XIX. (Fig. 26.)

Omnis trianguli maiorem angulum maius latus subtendit.

adeoque *ΑΒΓ* [> *ΑΕΓ* (I. 16.)] > *ΑΓΕ* > *ΑΓΒ*. Caeterum notetur huius et 19. cum 5. et 6. Analogia, quam etiam Proclus innuit.

Cor. 1. In triangulo scaleno omnes etiam anguli inaequales erunt, maiores nempe, qui maioribus lateribus opponuntur; et in quovis triangulo non aequilatero ii, qui minoribus lateribus opponuntur anguli, acuti erunt. Cf. Clavius et Pfleiderer. l. c. p. 310.

Cor. 2. Trianguli aequicruri angulus ad verticem maior aut minor erit quolibet angulo ad basin, prout basis maior aut minor est quovis crure. Cf. Pfleiderer. l. c.

Cor. 3. In quovis triangulo perpendiculum demissum e vertice opposito in latus, quod non minus est utrovis reliquo,

Ἔστω τρίγωνον τὸ ΑΒΓ μείζονα ἔχον τὴν ὑπὸ ΑΒΓ γωνίαν τῆς ὑπὸ ΒΓΑ· λέγω, ὅτι καὶ πλευρὰ ἡ ΑΓ πλευρᾶς τῆς ΑΒ μείζων ἐστίν.

Εἰ γὰρ μὴ, ἤτοι ἴση ἐστὶν ἡ ΑΓ τῇ ΑΒ, ἢ ἐλάσσων· ἴση μενοῦν οὐκ ἔστιν ἡ ΑΓ τῇ ΑΒ· ἴση γὰρ ἂν ἦν καὶ γωνία ἡ ὑπὸ ΑΒΓ τῇ ὑπὸ ΑΓΒ· οὐκ ἔστι δέ· οὐκ ἄρα ἴση ἐστὶν ἡ ΑΓ τῇ ΑΒ. Οὐδὲ μὴν ἐλάσσων ἐστὶν ἡ ΑΓ τῇ ΑΒ· ἐλάσσων γὰρ ἂν ἦν καὶ γωνία ἡ ὑπὸ ΑΒΓ τῆς ὑπὸ ΑΓΒ. Οὐκ ἔστι δέ· οὐκ ἄρα ἐλάσσων ἐστὶν ἡ ΑΓ τῆς ΑΒ. Ἐδείχθη δὲ, ὅτι οὐδὲ ἴση ἐστίν· μείζων ἄρα ἐστὶν ἡ ΑΓ τῆς ΑΒ. Παντὸς ἄρα καὶ τὰ ἑξῆς.

ΠΡΟΤΑΣΙΣ κ'.

Παντὸς τριγώνου αἱ δύο πλευραὶ τῆς λοιπῆς μείζονές εἰσι, πάντῃ μεταλαμβανόμεναι.

intra triangulum cadit. Tum nempe anguli ad basin acuti erunt (Cor. 1.), unde ex Cor. 6. praecedentis res consequitur. Cf. Pfleiderer. l. c.

PROPOSITIO XIX.

Obs. Aliam directam, at operosiorem huius propositionis, quae conversa est praecedentis, demonstrationem habet Proclus, quam etiam Clavius affert, deductam ex praemisso lemmate, quo docetur: Si in triangulo angulus bisecetur, et recta bisecans secet basin in partes inaequales, latera etiam angulum ad verticem comprehendentia inaequalia fore, et maius quidem id, quod maiori basis segmento adiacet. Quod ipsum lemma etiam converti potest. Cf. Clavius. Campano nostra 18. est 19., et contra, unde et alias habet demonstrationes.

Cor. 1. In triangulo, cuius omnes anguli sunt inaequales, latera etiam sunt inaequalia, maius nempe, quod maiori

Sit triangulum $AB\Gamma$, maiorem habens angulum $AB\Gamma$ angulo $B\Gamma A$; dico et latus $A\Gamma$ latere AB maius esse.

Si enim non; vel aequalis est $A\Gamma$ rectae AB, vel minor; aequalis quidem non est $A\Gamma$ rectae AB, aequalis enim esset et angulus $AB\Gamma$ angulo $A\Gamma B$ (Prop. 5.). Non est autem; non igitur aequalis est $A\Gamma$ rectae AB. Neque tamen minor est $A\Gamma$ recta AB; minor enim esset et angulus $AB\Gamma$ angulo $A\Gamma B$ (Prop. 18.); non est autem; non igitur minor est $A\Gamma$ recta AB. Ostensum est autem neque aequalem esse; maior igitur est $A\Gamma$ recta AB. Omnis igitur etc.

PROPOSITIO XX. (Fig. 27.)

Omnis trianguli duo latera reliquo maiora sunt, quomodocunque sumpta.

angulo opponitur. Cf. Pfleiderer l. c. qui etiam reliqua corollaria habet.

Cor. 2. Trianguli aequicruri basis maior aut minor erit quovis crure, prout angulus ad verticem maior aut minor est quolibet angulo ad basin.

Cor. 3. In triangulo rectangulo aut obstusangulo latus angulo recto aut obtuso oppositum maius est quovis reliquo.

Cor. 4. Si e puncto aliquo ad rectam ducantur duae rectae, quarum sit una ad eam perpendicularis, ea erit minor altera. Vel: Omnium rectarum, quae e puncto aliquo in rectam extra id punctum transeuntem duci possunt, minima est ea, quae isti rectae est perpendicularis, quae ipsa etiam distantia, minima nempe, istius puncti a linea dicitur. Cf. Clavius.

Cor. 5. Si e puncto aliquo ad rectam ducantur perpendicularis et ex eadem perpendiculi parte duae aliae rectae,

Ἔστω γὰρ τρίγωνον τὸ ΑΒΓ· λέγω, ὅτι τοῦ ΑΒΓ τριγώνου αἱ δύο πλευραὶ τῆς λοιπῆς μείζονές εἰσι, πάντῃ μεταλαμβανόμεναι, αἱ μὲν ΒΑ, ΑΓ τῆς ΒΓ, αἱ δὲ ΑΒ, ΒΓ τῆς ΑΓ, αἱ δὲ ΒΓ, ΓΑ τῆς ΑΒ.

Διήχθω γὰρ ἡ ΒΑ ἐπὶ τὸ Δ σημεῖον, καὶ κείσθω τῇ ΓΑ ἴση ἡ ΑΔ, καὶ ἐπεζεύχθω ἡ ΔΓ.

Ἐπεὶ οὖν ἴση ἐστὶν ἡ ΔΑ τῇ ΑΓ, ἴση ἐστὶ καὶ γωνία ἡ ὑπὸ ΑΔΓ τῇ ὑπὸ ΑΓΔ 1)· μείζων ἄρα ἡ ὑπὸ ΒΓΔ τῆς

1) ἀλλ' ἡ ὑπὸ ΒΓΔ γωνία τῆς ὑπὸ ΑΓΔ μείζων ἐστίν. Haec verba, quae hic habent edd. Basil. et Oxon. consentiente Cod. a. omittit Peyrard. Nec sane sunt necessaria.

harum quae perpendiculo propior est, minor est altera: et e diversis perpendiculi partibus duae tantum aequales rectae duci possunt.

PROPOSITIO XX.

Obs. Proclus refert, Epicuraeos Geometras irrisisse, et hanc propositionem asinis quoque notam esse dixisse, qui recta pergant, ubi foenum sit. Quod ludibrium quam ineptum sit, ubi non de eo agatur, quid sensibus videatur (κατὰ τὴν αἴσθησιν), sed de scientia philosophica, quam ἐπιστημονικὸν λόγον vocat Proclus, omnes vident. Nec axiomatum numerus, ut monet Rob. Simson., sine necessitate augendus est. Plures adhuc alias huius propositionis demonstrationes affert Proclus, e quibus e schola Philonis et Porphyrii hanc satis simplicem: In triangulo quocunque ΑΒΓ (Fig. 28.) si bisecetur angulus ΒΑΓ recta ΑΔ, quae basin secet in Δ, erit angulus ΒΔΑ > ΔΑΓ (I. 16.). At ΔΑΓ = ΔΑΒ ex constr. Itaque ΒΔΑ > ΔΑΒ, quare ΒΑ > ΒΔ (I. 19.). Eodem modo monstratur, esse ΑΓ > ΔΓ, quare ΒΑ + ΑΓ > ΒΔ + ΔΓ i. e. > ΒΓ. Alii, ut Ambrosius Rhodius, e definitione rectae Archimedea immediate hoc assertum deducunt, quod non Ramo solum, sed etiam Tacqueto, Coëtsio, aliisque simplicissimum visum fuit. At an Euclidis adsensum obtinere potuisset, du-

Sit enim triangulum $AB\Gamma$; dico $AB\Gamma$ trianguli duo latera reliquo maiora esse, quomodocunque sumpta; nempe BA, $A\Gamma$ latere $B\Gamma$, et AB, $B\Gamma$ latere $A\Gamma$, et $B\Gamma$, ΓA latere AB.

Producatur enim BA ad punctum Δ, et ponatur rectae ΓA aequalis $A\Delta$ (Prop. 3.), et iungatur $\Delta\Gamma$.

Quoniam igitur aequalis est ΔA rectae $A\Gamma$, aequalis est et angulus $A\Delta\Gamma$ angulo $A\Gamma\Delta$ (Prop. 5.), ma-

bitandum omnino videtur. Et ipsi Archimedi proprie id non definitio est, sed λαμβανόμενόν τι, ut ad Def. 4. diximus.

Cor. 1. Trianguli aequicruri unumquodque aequalium crurum maius est dimidia basi. Cf. Pfleiderer. l. c. p. 312.

Cor. 2. In triangulo non aequicruro differentia duorum inaequalium laterum minor est tertio latere. Nempe quum (Fig. 27.) $BA+A\Gamma>B\Gamma$, erit demta utrimque recta $A\Gamma$, $BA>B\Gamma-A\Gamma$, vel $B\Gamma-A\Gamma<BA$, atque ita pariter circa reliqua latera.

Cor. 3. In quovis triangulo summa omnium laterum simul sumptorum maior est, quam duplum cuiuscunque lateris. Nam, quum $BA+A\Gamma>B\Gamma$, erit, utrimque addito $B\Gamma$, $BA+A\Gamma+B\Gamma>2B\Gamma$.

Cor. 4. In quovis triangulo omnia latera simul sumpta minora sunt duplo duorum quorumcunque laterum. Quum enim $B\Gamma<BA+A\Gamma$ erit, utrimque additis $BA+A\Gamma$, $B\Gamma+BA+A\Gamma<2BA+2A\Gamma$. Haec tria proxime praecedentia corollaria sunt e Borellio. Cf. Pfleiderer. l. c.

Cor. 5. In quavis figura rectilinea quodvis latus est minus summa reliquorum. Cf. Pfleiderer. l. c. Verbi causa in Figura quadrilatera $AB\Gamma\Delta$ (Fig. 29.) ducta diametro $B\Gamma$, erit $A\Gamma+B\Gamma>AB$. At $\Gamma\Delta+B\Delta>B\Gamma$, unde eo magis $A\Gamma+\Gamma\Delta+B\Delta>AB$, atque eodem modo in figuris, quae plura latera habent, etiam, si angulos habent introrsum vergentes, res demonstrabitur. Conversam huius propositionis, nempe, si rectae quotcunque v. c. n datae sint, quarum quaevis minor

ὑπὸ ΑΔΓ· καὶ ἐπεὶ τρίγωνόν ἐστι τὸ ΔΓΒ, μείζονα ἔχον τὴν ὑπὸ ΒΓΔ γωνίαν τῆς ὑπὸ ΒΔΓ, ὑπὸ δὲ τὴν μείζονα γωνίαν ἡ μείζων πλευρὰ ὑποτείνει, ἡ ΔΒ ἄρα τῆς ΒΓ ἐστὶ μείζων. Ἴση δὲ ἡ ΔΒ ταῖς ΑΒ, ΑΓ [1]· μείζονες ἄρα αἱ ΒΑ, ΑΓ τῆς ΒΓ. Ὁμοίως δὴ δείξομεν, ὅτι καὶ αἱ μὲν ΑΒ, ΒΓ τῆς ΓΑ μείζονές εἰσιν· αἱ δὲ ΒΓ, ΓΑ τῆς ΑΒ. Παντὸς ἄρα καὶ τὰ ἑξῆς.

ΠΡΟΤΑΣΙΣ κά.

Ἐὰν τριγώνου ἐπὶ μιᾶς τῶν πλευρῶν ἀπὸ τῶν περάτων [2] δύο εὐθεῖαι ἐντὸς συσταθῶσιν, αἱ συσταθεῖσαι τῶν λοιπῶν τοῦ τριγώνου δύο πλευρῶν ἐλάσσονες μὲν ἔσονται, μείζονα δὲ γωνίαν περιέξουσιν.

Τριγώνου γὰρ τοῦ ΑΒΓ ἐπὶ μιᾶς τῶν πλευρῶν τῆς ΒΓ, ἀπὸ τῶν περάτων τῶν Β, Γ, δύο εὐθεῖαι

1) Peyrard. habet lectionem Cod. a: ἴση δὲ ἡ ΔΑ τῇ ΑΓ; nos praetulimus lectionem edd. Basil. et Oxon. ut consequentibus magis aptam.

2) Proclus habet: ἀπὸ τῶν περάτων ἀρξάμεναι.

est summa reliquarum, construi inde posse figuram tot laterum (n), quot rectae datae sunt, demonstrat Develey Elem. de Géom. Livr. II. Ch. II. §. 41.

Cor. 6. Pari ratione ostenditur, quamvis ab uno puncto ad alterum ductam rectam minorem esse quavis in eodem plano inter haec puncta ducta linea fracta i. e. composita e pluribus rectis sub angulis quibuscunque inter se iunctis. Cf. Pfleiderer. l. c.

Cor. 7. In quavis figura rectilinea summa omnium laterum maior est duplo uniuscuiusque lateris figurae. Sit enim hoc latus A, summa omnium laterum $=\Sigma$, erit summa reliquorum laterum $=\Sigma-A$, et ex Cor. 5. $\Sigma-A>A$, unde, si A utrimque addatur, $\Sigma>2\,A$, vel $\frac{\Sigma}{2}>A$. Cf. Pfleiderer. l. c.

ior igitur est $B\Gamma\Delta$ angulo $A\Delta\Gamma$ (Ax. 9.); et quoniam triangulum est $\Delta\Gamma B$, maiorem habens angulum $B\Gamma\Delta$ angulo $B\Delta\Gamma$, maiorem autem angulum maius latus subtendit; ΔB igitur recta $B\Gamma$ maior est (Prop. 19.); aequalis autem ΔB rectis AB, $A\Gamma$; maiores igitur BA, $A\Gamma$ recta $B\Gamma$. Similiter autem ostendemus et AB, $B\Gamma$ recta ΓA maiores esse; et $B\Gamma$, ΓA recta AB. Omnis igitur etc.

PROPOSITIO XXI. (Fig. 30.)

Si a terminis unius lateris trianguli duae rectae intus constituantur, hae reliquis duobus trianguli lateribus minores quidem erunt, maiorem vero angulum continebunt.

Trianguli enim $AB\Gamma$ super uno latere $B\Gamma$, a terminis B, Γ, duae rectae intus constituantur $B\Delta$,

Cor. 8. In quavis figura rectilinea summa omnium laterum minor est duplo summae omnium laterum praeter unum. Sit hoc unum latus A, et summa omnium laterum, ut in praecedente Cor. $=\Sigma$, eritque $\Sigma-A>A$, unde, si utrimque addatur $\Sigma-A$, erit $2(\Sigma-A)>\Sigma$, vel $\Sigma<2(\Sigma-A)$, vel $\frac{\Sigma}{2}<\Sigma-A$.

PROPOSITIO XXI.

Obs. Addi potest, valere etiam propositionem, si punctum, quod hic intra triangulum positum sumebatur, sit in alterutro trianguli latere v. c. si punctum Δ (Fig. 30.) cum puncto E coincidat. Aliam adhuc demonstrationem habet Coëtsius (Euclid. Elem. VI. libr. prior. Lugd. Batav. 1692. p. 82.), quae tamen non generaliter valet. Ostendere nempe vult, esse tam $AB>B\Delta$, quam $A\Gamma>\Gamma\Delta$, quod neutiquam necesse est. Probe autem notandum est, ut vera sit propo-

ἐντὸς συνεστάτωσαν αἱ ΒΔ, ΔΓ· λέγω, ὅτι αἱ ΒΔ, ΔΓ πλευραὶ τῶν λοιπῶν τοῦ τριγώνου δύο πλευρῶν τῶν ΒΑ, ΑΓ ἐλάσσονες μέν εἰσι, μείζονα δὲ γωνίαν περιέχουσι, τὴν ὑπὸ ΒΔΓ τῆς ὑπὸ ΒΑΓ.

Διήχθω γὰρ ἡ ΒΔ ἐπὶ τὸ Ε.

Καὶ ἐπεὶ παντὸς τριγώνου αἱ δύο πλευραὶ τῆς λοιπῆς μείζονές εἰσι, τοῦ ΑΒΕ ἄρα τριγώνου αἱ δύο πλευραὶ αἱ ΑΒ, ΑΕ τῆς ΒΕ μείζονές εἰσιν· κοινὴ προςκείσθω ἡ ΕΓ· αἱ ἄρα ΒΑ, ΑΓ τῶν ΒΕ, ΕΓ μείζονές εἰσιν. Πάλιν, ἐπεὶ τοῦ ΓΕΔ τριγώνου αἱ δύο πλευραὶ αἱ ΓΕ, ΕΔ τῆς ΓΔ μείζονές εἰσι, κοινὴ προςκείσθω ἡ ΔΒ· αἱ ΓΕ, ΕΒ ἄρα τῶν ΓΔ, ΔΒ μείζονές εἰσίν. Ἀλλὰ τῶν ΒΕ, ΕΓ μείζονες ἐδείχθησαν αἱ ΒΑ, ΑΓ· πολλῷ ἄρα αἱ ΒΑ, ΑΓ τῶν ΒΔ, ΔΓ μείζονές εἰσιν.

sitio, a *terminis extremis* basis ducendas esse rectas intra triangulum constituendas. Proclus enim demonstrat, hac conditione omissa, multa esse triangula, quibus alia inscribi possint, quorum duo latera simul sumpta maiora sint lateribus trianguli ambientis, aut etiam, quae angulum comprehendant minorem eo, quem latera trianguli ambientis comprehendunt. Cf. Isaaci Monachi Scholia in Euclid. Elem. libr. VI. prior. Argentor. 1589. Sit nempe (Fig. 31.) triangulum *ΑΒΓ*, cuius angulus *ΑΒΓ* vel rectus sit, vel obtusus. Ducatur ad punctum baseos quodcunque *Δ* recta *ΑΔ*, eritque in triangulo *ΑΒΔ* recta $ΑΔ > ΑΒ$ (Prop. 19. Cor. 3.). Sumatur $ΔΕ = ΑΒ$, rectaque *ΑΕ* bisecetur in puncto *Ζ* (Prop. 10), iungaturque *ΖΓ*, eritque $ΑΖ + ΖΓ > ΑΓ$ (Prop. 20.) i. e. $ΖΕ + ΖΓ > ΑΓ$, ideoque, additis utrimque aequalibus *ΔΕ*, *ΑΒ*, erit $ΖΕ + ΔΕ + ΖΓ > ΑΓ + ΑΒ$ i. e. $ΖΔ + ΖΓ > ΑΓ + ΑΒ$. Quin Pappus (Collect. Mathem. III. 3.) ut Rob. Simson. monet, demonstrat, latera trianguli alteri inclusi non solum maiora esse posse lateribus trianguli ambientis, sed quamvis etiam ad ea

$\Delta\Gamma$; dico $B\Delta$, $\Delta\Gamma$ latera reliquis trianguli duobus lateribus BA, $A\Gamma$ minora quidem esse, maiorem vero angulum continere, angulum nempe $B\Delta\Gamma$ angulo $BA\Gamma$.

Producatur enim $B\Delta$ ad E.

Et quoniam omnis trianguli duo latera reliquo maiora sunt (Prop. 20.), trianguli ABE duo latera AB, AE latere BE maiora sunt. Communis addatur $E\Gamma$; ergo BA, $A\Gamma$ rectis BE, $E\Gamma$ maiores sunt (Ax. 4.). Rursus, quoniam $\Gamma E\Delta$ trianguli duo latera ΓE, $E\Delta$ latere $\Gamma\Delta$ maiora sunt (Prop. 20.); communis addatur ΔB; ergo ΓE, EB rectis $\Gamma\Delta$, ΔB maiores sunt (Ax. 4.). Sed ipsis BE, $E\Gamma$ maiores ostensae sunt BA, $A\Gamma$; multo igitur BA, $A\Gamma$ rectis $B\Delta$, $\Delta\Gamma$ maiores sunt.

rationem habere, dummodo minor sit dupla. Unde Clairaltio in Praef. ad Geometr. Paris. 1741. non adeo superflua videri debebat Euclidis demonstratio. Pariter, quod ad angulum attinet, ita Proclus pergit. Sit (Fig. 32.) triangulum $AB\Gamma$ (Proclus quidem dicit triangulum aequicrurum, ut nempe $AB=A\Gamma$, quod tamen haud necessarium esse videtur), cuius maximum latus $B\Gamma$, a quo abscindatur $B\Delta=BA$, et in ducta $A\Delta$ sumatur punctum quodcunque E, et iungatur $E\Gamma$. Erit itaque angulus $BA\Delta=B\Delta A$ (I. 5.). At $B\Delta A>\Delta E\Gamma$ (I. 16.). Itaque et $BA\Delta>\Delta E\Gamma$, et multo magis $BA\Gamma>\Delta E\Gamma$. Unde patet, et quoad angulum necessariam esse illam conditionem, ut a punctis *extremis* baseos ductae sint rectae ad punctum intra triangulum.

Cor. 1. In figura quadrilatera $AB\Gamma\Delta$ (Fig. 33.) in qua unus angulus Δ introrsum vergit (ita nempe constructus, ut rectae eum comprehendentes, si producantur, intra figuram cadant) summa laterum $B\Delta+\Gamma\Delta$ hunc angulum comprehendentium minor est summa reliquorum laterum $BA+A\Gamma$, quod,

Πάλιν, ἐπεὶ παντὸς τριγώνου ἡ ἐκτὸς γωνία της ἐντὸς καὶ ἀπεναντίον μείζων ἐστίν· τοῦ ΓΔΕ ἄρα τριγώνου ἡ ἐκτὸς γωνία ἡ ὑπὸ ΒΔΓ μείζων ἐστὶ τῆς ὑπὸ ΓΕΔ. Διὰ τὰ αὐτὰ ἄρα 1) *καὶ τοῦ ΑΒΕ τριγώνου ἡ ἐκτὸς γωνία ἡ ὑπὸ ΓΕΒ μείζων ἐστὶ τῆς ὑπὸ ΒΑΓ. Ἀλλὰ τῆς ὑπὸ ΓΕΒ μείζων ἐδείχθη ἡ ὑπὸ ΒΔΓ· πολλῷ ἄρα ἡ ὑπὸ ΒΔΓ μείζων ἐστὶ τῆς ὑπὸ ΒΑΓ. Ἐὰν ἄρα καὶ τὰ ἑξῆς.*

ΠΡΟΤΑΣΙΣ κβ'.

Ἐκ τριῶν εὐθειῶν, αἵ εἰσιν ἴσαι τρισὶ ταῖς δοθείσαις εὐθείαις, τρίγωνον συστήσασθαι· δεῖ δὴ τὰς δύο τῆς λοιπῆς μείζονας εἶναι, πάντῃ μεταλαμβανομένας 2).

1) *Διὰ τὰ αὐτὰ ἄρα.* Ita cum edd. Basil. et Oxon. posuimus. Peyrard. secutus Cod. a. habet: *διὰ ταῦτα τοίνυν.*

2) Peyrard. addit e Cod. a: *διὰ τὸ καὶ παντὸς τριγώνου τὰς δύο πλευρὰς τῆς λοιπῆς μείζονας εἶναι, πάντῃ μεταλαμβανομένας.* Nos haec verba cum edd. Basil. et Oxon. omisimus, quod glossam sapere viderentur, et alibi quoque, ubi problemata occurrunt, quae determinatione aliqua vel limitatione opus habent, in ipso problematis enunciato huius limitationis ratio reddi haud solet v. c. in VI. 28.

ducta recta *ΒΓ*, statim apparet. Eius generis figuram Proclus ad I. Def. 24. satis insulse *τρίγωνον τετράπλευρον*, triangulum quadrilaterum, nominat, angulum nempe ad *Δ* haud pro vero angulo reputans. Rectius, ut ibidem refert, Zenodorus *κοιλογώνιον (σχῆμα)* vocabat.

Cor. 2. Quadrilaterum aequilaterum angulum introrsum vergentem habere nequit, summa potius rectarum, quae angulum introrsum vergentem comprehendunt, minor est summa duorum reliquorum quadrilateri laterum.

Cor. 3. Si super *ΒΓ* (Fig. 34.) alia figura rectilinea quaecunque, quae non habeat angulos introrsum vergentes, intra triangulum *ΑΒΓ* constituta sit, v. c. quadrilatera figura

Rursus, quoniam omnis trianguli exterior angulus interiore et opposito maior est (Prop. 16.), $\Gamma\Delta E$ trianguli exterior angulus $B\Delta\Gamma$ maior est angulo $\Gamma E\Delta$. Eadem ex ratione et ABE trianguli exterior angulus ΓEB maior est angulo $BA\Gamma$. Sed angulo ΓEB maior ostensus est $B\Delta\Gamma$; multo igitur $B\Delta\Gamma$ maior est angulo $BA\Gamma$. Si igitur etc.

PROPOSITIO XXII. (Fig. 35.)

Ex tribus rectis, quae sunt aequales tribus datis rectis, triangulum constituere; oportet autem duas reliqua maiores esse, utcunque sumptas.

$B\Delta E\Gamma$, summa laterum $AB+A\Gamma$ semper maior erit summa laterum istius figurae $B\Delta+\Delta E+E\Gamma$. Ducta enim AE, producatur $B\Delta$, dum rectae AE occurrat in Z, tum iungantur $Z\Gamma$, $\Delta\Gamma$, eritque ex nostra propositione, $Z\Delta+Z\Gamma>\Delta E+E\Gamma$, unde, addita utrimque ΔB, erit $\Delta B+Z\Delta+Z\Gamma$ i. e. $ZB+Z\Gamma$ $>B\Delta+\Delta E+E\Gamma$. At ex nostra propositione $AB+A\Gamma>ZB+Z\Gamma$, unde tanto magis $AB+A\Gamma>B\Delta+\Delta E+E\Gamma$. Et similis erit demonstratio in figuris plurium laterum.

Cor. 4. Pariter, si super eadem basi, ad easdem eius partes, duae figurae rectilineae, quae angulos introrsum vergentes non habeant, constituantur una intra alteram, perimeter exterioris maior est perimetro interioris. Idemque valet, si utriusque perimetrum intelligas, demta utrimque basi communi, quin etiam, si interior atque exterior figura unum alterumve latus praeter basin commune habeant. Haec corollaria sunt ex schedis Pfleidereri. Vid. Hauberi Chrest. p. 133. sqq.

PROPOSITIO XXII.

Obs. 1. Ostendendum erat, quod et Proclus facere tentavit, circulos centro H, intervallo $H\Theta=\Gamma$, et centro Z, intervallo $Z\Delta=A$ descriptos, si problematis conditiones serven-

Ἔστωσαν αἱ δοθεῖσαι τρεῖς εὐθεῖαι αἱ A, B, Γ, ὧν αἱ δύο τῆς λοιπῆς μείζονες ἔστωσαν, πάντῃ μεταλαμβανόμεναι, αἱ μὲν A, B τῆς Γ, αἱ δὲ A, Γ τῆς B, καὶ ἔτι αἱ B, Γ τῆς A· δεῖ δὴ ἐκ τῶν ἴσων ταῖς A, B, Γ τρίγωνον συστήσασθαι·

Ἐκκείσθω τις εὐθεῖα ἡ ΔE, πεπερασμένη μὲν κατὰ τὸ Δ, ἄπειρος δὲ κατὰ τὸ E· καὶ κείσθω τῇ μὲν A ἴση ἡ ΔZ, τῇ δὲ B ἴση ἡ ZH, τῇ δὲ Γ ἴση ἡ $H\Theta$· καὶ κέντρῳ μὲν τῷ Z, διαστήματι δὲ τῷ $Z\Delta$, κύκλος γεγράφθω ὁ $\Delta K\Lambda$· καὶ πάλιν, κέντρῳ μὲν τῷ H, διαστήματι δὲ τῷ $H\Theta$, κύκλος γεγράφθω ὁ $K\Lambda\Theta$, καὶ ἐπεζεύχθωσαν αἱ KZ, KH· λέγω, ὅτι ἐκ τριῶν εὐθειῶν, τῶν ἴσων ταῖς A, B, Γ, τρίγωνον συνίσταται τὸ KZH.

Ἐπεὶ οὖν τὸ Z σημεῖον κέντρον ἐστὶ τοῦ $\Delta K\Lambda$ κύκλου, ἴση ἐστὶν ἡ $Z\Delta$ τῇ ZK· ἀλλὰ ἡ $Z\Delta$ τῇ A ἐστὶν ἴση· καὶ ἡ KZ ἄρα τῇ A ἐστὶν ἴση. Πάλιν, ἐπεὶ τὸ H σημεῖον κέντρον ἐστὶ τοῦ $\Lambda K\Theta$ κύκλου, ἴση ἐστὶν ἡ $H\Theta$ τῇ HK· ἀλλὰ ἡ $H\Theta$ τῇ Γ ἐστὶν ἴση· καὶ ἡ KH ἄρα τῇ Γ ἐστὶν ἴση. Ἔστι δὲ καὶ

tur, se invicem secare. Quod ita fere demonstrari poterit. Si isti circuli se invicem non secent, vel circulus centro H descriptus (circulum H vocabimus) complectetur totum circulum centro Z descriptum, quem circulum Z vocabimus; vel circulus Z complectetur circulum H; vel uterque extra alterum positus erit. Casu primo ΘH aequalis aut maior esse deberet, quam $HZ+Z\Delta$ i. e. $\Gamma \geqq B+A$, contra hypothesin. Secundo casu foret $Z\Delta \geqq HZ+H\Theta$ i. e. $A \geqq B+\Gamma$, pariter contra hypothesin. Tertio foret $HZ \geqq H\Theta+Z\Delta$ i. e. $B \geqq \Gamma+A$, pariter

Sint datae tres rectae A, B, Γ, quarum duae reliqua maiores sint, utcunque sumptae, nempe A, B maiores, quam Γ; A, Γ autem maiores, quam B; denique B, Γ maiores, quam A; oportet igitur ex rectis aequalibus ipsis A, B, Γ triangulum consituere.

Exponatur aliqua recta ΔE, terminata quidem ad Δ, infinita vero versus E; et ponatur rectae A aequalis ΔZ, rectae vero B aequalis ZH, et rectae Γ aequalis $H\Theta$ (Prop. 3.); et centro quidem Z, intervallo vero $Z\Delta$, circulus describatur $\Delta K\Lambda$ (Post. 3.); et rursus, centro quidem H, intervallo vero $H\Theta$, circulus describatur $K\Lambda\Theta$ (Post. 3.) et iungantur KZ, KH; dico ex tribus rectis, aequalibus ipsis A, B, Γ, triangulum constitutum esse KZH.

Quoniam igitur Z punctum centrum est $\Delta K\Lambda$ circuli, aequalis est $Z\Delta$ ipsi ZK (Def. 15.); sed $Z\Delta$ ipsi A est aequalis; et KZ igitur ipsi A est aequalis (Ax. 1.). Rursus, quoniam punctum H centrum est circuli $\Lambda K\Theta$, aequalis est $H\Theta$ ipsi HK (Def. 15.); sed $H\Theta$ ipsi Γ est aequalis; et KH igitur ipsi Γ est aequalis (Ax. 1.). Est autem et ZH ipsi B ae-

contra hypothesin. Itaque circuli se invicem secabunt, et quidem, ut facile patet, tam supra rectam HZ in puncto aliquo K, quam infra illam in puncto aliquo Λ, unde duo triangula HKZ, $H\Lambda Z$, quae vero positione tantum differunt, hac ratione construi poterunt, nec vero plura, ut patet ex I. Cor. 7.

Obs. 2. Quum Proclus Euclidis verba proferat, quae paullo differunt ab iis, quae nunc in textu Graeco leguntur, Commandinus inde concludit, Euclidis demonstrationes aliquibus in locis a Theone immutatas fuisse. Id autem ex levi ista variatione, quam permittere sibi omnino poterat Proclus, qui sensum Euclidis, non minutissima quaevis vocabula, spectaret, haud sequi videtur.

ἡ ΖΗ τῇ Β ἴση· αἱ τρεῖς ἄρα εὐθεῖαι αἱ ΚΖ, ΖΗ, ΗΚ, τρισὶ ταῖς Α, Β, Γ ἴσαι εἰσίν.

Ἐκ τριῶν ἄρα εὐθειῶν τῶν ΚΖ, ΖΗ, ΗΚ, αἵ εἰσιν ἴσαι τρισὶ ταῖς δοθείσαις εὐθείαις ταῖς Α, Β, Γ, τρίγωνον συνίσταται τὸ ΚΖΗ. Ὅπερ ἔδει ποιῆσαι.

ΠΡΟΤΑΣΙΣ κγʹ.

Πρὸς τῇ δοθείσῃ εὐθείᾳ, καὶ τῷ πρὸς αὐτῇ σημείῳ, τῇ δοθείσῃ γωνίᾳ εὐθυγράμμῳ ἴσην γωνίαν εὐθύγραμμον συστήσασθαι.

Ἔστω ἡ μὲν δοθεῖσα εὐθεῖα ἡ ΑΒ, τὸ δὲ πρὸς αὐτῇ σημεῖον τὸ Α, ἡ δὲ δοθεῖσα γωνία εὐθύγραμμος ἡ ὑπὸ ΔΓΕ· δεῖ δὴ πρὸς τῇ δοθείσῃ εὐθείᾳ τῇ ΑΒ, καὶ τῷ πρὸς αὐτῇ σημείῳ τῷ Α, τῇ δοθείσῃ γωνίᾳ εὐθυγράμμῳ τῇ ὑπὸ ΔΓΕ ἴσην γωνίαν εὐθύγραμμον συστήσασθαι.

Εἰλήφθω ἐφ' ἑκατέρας τῶν ΓΔ, ΓΕ τυχόντα σημεῖα τὰ Δ, Ε, καὶ ἐπεζεύχθω ἡ ΔΕ· καὶ ἐκ τριῶν εὐθειῶν, αἵ εἰσιν ἴσαι τρισὶ ταῖς ΓΔ, ΔΕ, ΓΕ, τρίγωνον συνεστάτω τὸ ΑΖΗ, ὥστε ἴσην εἶναι τὴν μὲν ΓΔ τῇ ΑΖ, τὴν δὲ ΓΕ τῇ ΑΗ, καὶ ἔτι τὴν ΔΕ τῇ ΖΗ.

Ἐπεὶ οὖν δύο αἱ ΔΓ, ΓΕ δυσὶ ταῖς ΖΑ, ΑΗ ἴσαι εἰσὶν, ἑκατέρα ἑκατέρᾳ, καὶ βάσις ἡ ΔΕ, βάσει τῇ ΖΗ ἴση· γωνία ἄρα ἡ ὑπὸ ΔΓΕ γωνίᾳ τῇ ὑπὸ ΖΑΗ ἐστὶν ἴση.

Πρὸς ἄρα τῇ δοθείσῃ εὐθείᾳ τῇ ΑΒ, καὶ τῷ πρὸς αὐτῇ σημείῳ τῷ Α, τῇ δοθείσῃ γωνίᾳ εὐθυ-

Cor. Triangulum aequicrurum, cuius latus et basis aequent duas rectas datas, similiter construi poterit, dummodo recta, cui latus aequale fieri debet, maior sit dimidia basi (I. 20. Cor. 1.). Cf. Pfleiderer. l. c. p. 315.

qualis; tres igitur rectae KZ, ZH, HK tribus A, B, Γ aequales sunt.

Ex tribus igitur rectis KZ, ZH, HK, quae sunt aequales datis rectis A, B, Γ, triangulum constitutum est KZH. Quod oportebat facere.

PROPOSITIO XXIII. (Fig. 36.)

Ad datam rectam, et ad punctum in ea, dato angulo rectilineo angulum rectilineum aequalem constituere.

Sit quidem data recta AB, in ea vero punctum A, et datus angulus rectilineus $\Delta\Gamma E$; oportet igitur ad datam rectam AB, et ad punctum in ea A, dato angulo rectilineo $\Delta\Gamma E$ aequalem angulum rectilineum constituere.

Sumantur in utraque ipsarum $\Gamma\Delta$, ΓE quaelibet puncta Δ, E, et iungatur ΔE; et ex tribus rectis, quae sunt aequales tribus $\Gamma\Delta$, ΔE, ΓE, triangulum constituatur AZH (Prop. 22.), ita ut aequalis sit $\Gamma\Delta$ quidem rectae AZ, recta vero ΓE rectae AH, et denique ΔE rectae ZH.

Quoniam igitur duae $\Delta\Gamma$, ΓE duabus ZA, AH aequales sunt, utraque utrique, et basis ΔE basi ZH aequalis, angulus $\Delta\Gamma E$ angulo ZAH est aequalis (Prop. 8.).

Ad datam igitur rectam AB, et ad punctum in ea A, dato angulo rectilineo $\Delta\Gamma E$, aequalis angulus

PROPOSITIO XXIII.

Paullo simplicior fit constructio, si sumatur $\Gamma\Delta=\Gamma E$, adeoque $AZ=AH$. Caeterum hoc problema ab Oenopide inventum esse, Proclus refert. Pari ratione datis duobus lateri-

γράμμῳ τῇ ὑπὸ ΔΓΕ ἴσῃ γωνίᾳ εὐθύγραμμος συνίσταται ἡ ὑπὸ ΖΔΗ. Ὅπερ ἔδει ποιῆσαι.

ΠΡΟΤΑΣΙΣ κδ'.

Ἐὰν δύο τρίγωνα τὰς δύο πλευρὰς ταῖς δυσὶ πλευραῖς ἴσας ἔχῃ, ἑκατέραν ἑκατέρᾳ, τὴν δὲ γωνίαν τῆς γωνίας μείζονα ἔχῃ τὴν ὑπὸ τῶν ἴσων εὐθειῶν περιεχομένην· καὶ τὴν βάσιν τῆς βάσεως μείζονα ἕξει.

Ἔστω δύο τρίγωνα τὰ ΑΒΓ, ΔΕΖ, τὰς δύο πλευρὰς τὰς ΑΒ, ΑΓ ταῖς δυσὶ πλευραῖς ταῖς ΔΕ, ΔΖ ἴσας ἔχοντα, ἑκατέραν ἑκατέρᾳ, τὴν μὲν ΑΒ τῇ ΔΕ, τὴν δὲ ΑΓ τῇ ΔΖ, γωνία δὲ ἡ ὑπὸ ΒΑΓ γωνίας τῆς ὑπὸ ΕΔΖ μείζων ἔστω· λέγω, ὅτι καὶ βάσις ἡ ΒΓ βάσεως τῆς ΕΖ μείζων ἐστίν.

Ἐπεὶ γὰρ μείζων ἐστὶν ἡ ὑπὸ ΒΑΓ γωνία τῆς ὑπὸ ΕΔΖ γωνίας, συνεστάτω πρὸς τῇ ΔΕ εὐθείᾳ,

bus trianguli et angulo, quem comprehendunt, aliud ei aequale triangulum constituetur.

PROPOSITIO XXIV.

Praeter eum casum, qui in textu Graeco habetur, duos adhuc alios esse, Proclus monet, eosque habent etiam Campapanus, Commandinus, Clavius, Orontius Finneus, Billingsley aliique. Nempe punctum *H* non tantum, ut est in Graecis exemplaribus, supra *EZ*, verum etiam (Fig. 38. a.) in ipsam *EZ*, vel infra eam (Fig. 38. b.) cadere potest. At etiam his casibus facilis est demonstratio. Cadat enim (Fig. 38. a.) punctum *H* in rectam *EZ*, eritque, ob angulum $E\Delta H > E\Delta Z$, necessario punctum *H* in recta *EZ* ultra *Z* producta, i. e. erit *EH* vel $B\Gamma > EZ$. Sin autem punctum *H* (Fig. 38. b.) cadet infra rectam *EZ*, erit triangulum $EZ\Delta$ intra triangulum $EH\Delta$, adeoque $\Delta Z + EZ < \Delta H + EH$ (I. 21.) adeoque, quum ex hyp.

rectilineus constitutus est $Z\Delta H$. Quod oportebat facere.

PROPOSITIO XXIV. (Fig. 37.)

Si duo triangula duo latera duobus lateribus aequalia habeant, utrumque utrique, angulum autem angulo maiorem habeant, qui ab aequalibus lateribus continetur; et basin basi maiorem habebunt.

Sint duo triangula $AB\Gamma$, ΔEZ, duo latera AB, $A\Gamma$ duobus lateribus ΔE, ΔZ aequalia habentia, utrumque utrique, latus nempe AB lateri ΔE, latus vero $A\Gamma$ lateri ΔZ, angulus autem $BA\Gamma$ angulo $E\Delta Z$ maior sit; dico et basin $B\Gamma$ basi EZ maiorem esse.

Quoniam enim maior est $BA\Gamma$ angulus $E\Delta Z$ angulo, constituatur ad ΔE rectam, et ad punctum in

sit $\Delta Z = A\Gamma$ i. e. ex constr. $= \Delta H$, erit $EZ < EH$ (Ax. 5.). Caeterum potest etiam res brevius absolvi eo fere modo, quo Rob. Simson. utitur, quem exactioris demonstrationis causa paulo tantum immutatum sistimus. Sit nempe (Fig. 39.) $BA = \Delta E$, $A\Gamma = \Delta Z$, et angulus $BA\Gamma = E\Delta Z$, et ad BA, eam rectarum BA, $A\Gamma$, quae non maior est altera, constituatur angulus $BA\Lambda = E\Delta Z$ (I. 23.), et fiat $A\Lambda = \Delta Z$, et iungantur $B\Lambda$, $\Lambda\Gamma$, eritque (I. 4.) $B\Lambda = EZ$. Quum igitur angulus $BA\Lambda = E\Delta Z$ sit ex hypoth. minor angulo $BA\Gamma$, recta $A\Lambda$ intra angulum $BA\Gamma$ cadet, adeoque recta $A\Lambda$, si opus sit, producta, secabit rectam $B\Gamma$. Secet eam in M, eritque $AM\Gamma > AB\Gamma$ (I. 16.). At ob $AB \overset{=}{<} A\Gamma$ ex hypoth. erit $AB\Gamma \overset{=}{>} A\Gamma B$ (I. 5. et I. 19.) unde semper $AM\Gamma > A\Gamma B$, adeoque $AM < A\Gamma$ (I. 19.) adeoque, quum $A\Lambda = A\Gamma$, punctum Λ infra $B\Gamma$ cadet. Et quum $A\Lambda = A\Gamma$, erit $A\Lambda\Gamma = A\Gamma\Lambda$ (I. 5.), adeoque $B\Lambda\Gamma > B\Gamma\Lambda$ et $B\Gamma$

καὶ τῷ πρὸς αὐτῇ σημείῳ τῷ Δ, τῇ ὑπὸ ΒΑΓ γωνίᾳ ἴση ἡ ὑπὸ ΕΔΗ· καὶ κείσθω ὁποτέρᾳ τῶν ΑΓ, ΔΖ ἴση ἡ ΔΗ, καὶ ἐπεζεύχθωσαν αἱ ΕΗ, ΖΗ.

Ἐπεὶ οὖν ἴση ἐστὶν ἡ μὲν ΑΒ τῇ ΔΕ, ἡ δὲ ΑΓ τῇ ΔΗ, δύο δὴ αἱ ΒΑ, ΑΓ δυσὶ ταῖς ΕΔ, ΔΗ ἴσαι εἰσὶν, ἑκατέρα ἑκατέρᾳ, καὶ γωνία ἡ ὑπὸ ΒΑΓ γωνίᾳ τῇ ὑπὸ ΕΔΗ ἴση ἐστίν· βάσις ἄρα ἡ ΒΓ βάσει τῇ ΕΗ ἐστὶν ἴση. Πάλιν, ἐπεὶ ἴση ἐστὶν ἡ ΔΖ τῇ ΔΗ, ἴση ἐστὶ καὶ ἡ ὑπὸ ΔΖΗ γωνία τῇ ὑπὸ ΔΗΖ· μείζων ἄρα ἡ ὑπὸ ΔΖΗ, τῆς ὑπὸ ΕΗΖ, πολλῷ ἄρα μείζων ἐστὶν ἡ ὑπὸ ΕΖΗ τῆς ὑπὸ ΕΗΖ. Καὶ ἐπεὶ τρίγωνόν ἐστι τὸ ΕΖΗ, μείζονα ἔχον τὴν ὑπὸ ΕΖΗ γωνίαν τῆς ὑπὸ ΕΗΖ· ὑπὸ δὲ τὴν μείζονα γωνίαν ἡ μείζων πλευρὰ ὑποτείνει· μείζων ἄρα καὶ πλευρὰ ἡ ΕΗ τῆς ΕΖ. Ἴση δὲ ἡ ΕΗ τῇ ΒΓ· μείζων ἄρα καὶ ἡ ΒΓ τῆς ΕΖ. Ἐὰν ἄρα δύο καὶ τὰ ἑξῆς.

ΠΡΟΤΑΣΙΣ. κέ.

Ἐὰν δύο τρίγωνα τὰς δύο πλευρὰς ταῖς δυσὶ πλευραῖς ἴσας ἔχῃ, ἑκατέραν ἑκατέρᾳ, τὴν δὲ βάσιν τῆς βασεως μείζονα ἔχῃ· καὶ τὴν γωνίαν τῆς γωνίας μείζονα ἕξει, τὴν ὑπὸ τῶν ἴσων εὐθειῶν περιεχομένην.

$>$ *ΒΑ* (I. 19.) i. e. *ΒΓ* $>$ *ΕΖ*. Atque hac Pfleidereri demonstratione (vid. Hauberi Chrestom. p. 315. sqq.) satisfactum est iis, quae in Rob. Simsoni demonstratione adhuc desideraverat Thomas Simpson. (Elem. of Geometry London 1800. p. 262.), ostenso, punctum *Δ* necessario infra *ΒΓ* cadere. Caeterum, ut Proclus observat, conditiones problematis non definiunt, utrum et quo casu triangula *ΑΒΓ*, *ΔΕΖ* inter se

ea Δ, $BA\Gamma$ angulo aequalis $E\Delta H$ (Prop. 23.); et ponatur alterutri ipsarum $A\Gamma$, ΔZ aequalis ΔH (Prop. 3.), et iungantur EH, ZH.

Quoniam igitur aequalis est AB quidem rectae ΔE, $A\Gamma$ vero rectae ΔH, duae BA, $A\Gamma$ duabus $E\Delta$, ΔH aequales sunt, utraque utrique, et angulus $BA\Gamma$ angulo $E\Delta H$ aequalis est; basis igitur $B\Gamma$ basi EH est aequalis (Prop. 4.). Rursus, quoniam aequalis est ΔZ rectae ΔH, aequalis est et angulus ΔZH angulo ΔHZ (Prop. 5.); maior igitur ΔZH angulo EHZ; multo igitur maior est EZH angulo EHZ. Et quoniam triangulum est EZH, maiorem habens angulum EZH angulo EHZ; maiorem autem angulum maius latus subtendit (Prop. 19.); maius igitur et latus EH latere EZ. Aequale autem EH lateri $B\Gamma$; maius igitur et $B\Gamma$ latere EZ. Si igitur duo etc.

PROPOSITIO XXV. (Fig. 40.)

Si duo triangula duo latera duobus lateribus aequalia habeant, utrumque utrique, basin autem basi maiorem habeant; et angulum angulo maiorem habebunt, qui ab aequalibus rectis continetur.

aequalia, aut utrum maius sit altero, quod demum ope I. 38. determinari potest. Alias adhuc observationes et consectaria Pfleidereri vid. l. c.

PROPOSITIO XXV.'

Obs. Alias huius propositionis, quae conversa est prioris, demonstrationes, easque directas, at prolixiores, ex Menelao et Herone affert Proclus, quas etiam videre est apud Clavium, in quibus autem varii casus, qui locum habere possunt, notari

Ἔστω δύο τρίγωνα τὰ ΑΒΓ, ΔΕΖ, τὰς δύο πλευρὰς τὰς ΑΒ, ΑΓ ταῖς δυσὶ πλευραῖς ταῖς ΔΕ, ΔΖ ἴσας ἔχοντα, ἑκατέραν ἑκατέρᾳ, τὴν μὲν ΑΒ τῇ ΔΕ, τὴν δὲ ΑΓ τῇ ΔΖ· βάσις δὲ ἡ ΒΓ βάσεως τῆς ΕΖ μείζων ἔστω· λέγω, ὅτι καὶ γωνία ἡ ὑπὸ ΒΑΓ γωνίας τῆς ὑπὸ ΕΔΖ μείζων ἐστίν.

Εἰ γὰρ μή, ἤτοι ἴση ἐστὶν αὐτῇ, ἢ ἐλάσσων· ἴση μενοῦν οὐκ ἔστιν ἡ ὑπὸ ΒΑΓ τῇ ὑπὸ ΕΔΖ, ἴση γὰρ ἂν ἦν καὶ ἡ βάσις ἡ ΒΓ βάσει τῇ ΕΖ· οὐκ ἔστι δέ. οὐκ ἄρα ἴση ἐστὶ γωνία ἡ ὑπὸ ΒΑΓ τῇ ὑπὸ ΕΔΖ. Οὐδὲ μὴν ἐλάσσων ἐστὶν ἡ ὑπὸ ΒΑΓ τῆς ὑπὸ ΕΔΖ· ἐλάσσων γὰρ ἂν ἦν καὶ βάσις ἡ ΒΓ βάσεως τῆς ΕΖ· οὐκ ἔστι δέ· οὐκ ἄρα ἐλάσσων ἐστὶν ἡ ὑπὸ ΒΑΓ γωνία τῆς ὑπὸ ΕΔΖ. Ἐδείχθη δέ, ὅτι οὐδ' ἴση· μείζων ἄρα ἐστὶν ἡ ὑπὸ ΒΑΓ τῆς ὑπὸ ΕΔΖ. Ἐὰν ἄρα δύο καὶ τὰ ἑξῆς.

ΠΡΟΤΑΣΙΣ κς'.

Ἐὰν δύο τρίγωνα τὰς δύο γωνίας ταῖς δυσὶ γωνίαις ἴσας ἔχῃ, ἑκατέραν ἑκατέρᾳ, καὶ μίαν πλευρὰν μιᾷ

debebant, observante Haubero Chrestom. p. 270. sqq. Cf. Pfleidereri observationes et consectaria ibid. p. 319. sq.

PROPOSITIO XXVI.

Obs. 1. Prima huius propositionis pars, quum nempe unum latus cum angulis ei adiacentibus unius trianguli aequale est uni lateri atque angulis adiacentibus in altero triangulo facile per superpositionem directe demonstratur: Ob analogiam autem casus posterioris sine dubio Euclides similiter ac partem posteriorem demonstrare maluit. Caeterum Thaleti hoc theorema tribuere Eudemum in historiis geometricis, Proclus refert. Latus autem si in uno triangulo id sumatur, quod uni aequalium angulorum oppositum est, in altero triangulo pariter illud

Sint duo triangula $AB\Gamma$, ΔEZ, duo latera AB $A\Gamma$ duobus lateribus ΔE, ΔZ aequalia habentia, utrumque utrique, AB quidem lateri ΔE, $A\Gamma$ vero lateri ΔZ, basis autem $B\Gamma$ basi EZ maior sit; dico et angulum $BA\Gamma$ angulo $E\Delta Z$ maiorem esse.

Si enim non, vel aequalis est ei, vel minor; aequalis autem non est $BA\Gamma$ ipsi $E\Delta Z$, aequa is enim esset et basis $B\Gamma$ basi EZ (Prop. 4.); non est autem; non igitur aequalis est angulus $BA\Gamma$ ipsi $E\Delta Z$. At neque minor est $BA\Gamma$ ipso $E\Delta Z$, minor enim esset et basis $B\Gamma$ basi EZ '(Prop. 24.); non est autem; non igitur minor est $BA\Gamma$ angulus ipso $E\Delta Z$. Ostensum est autem neque aequalem esse; maior igitur est $BA\Gamma$ ipso $E\Delta Z$. Si igitur duo etc.

PROPOSITIO XXVI. (Fig. 41.)

Si duo triangula duos angulos duobus angulis aequales habeant, utrumque utrique, et unum latus uni lateri

sumendum erit, et contra. Caeterum etiam hic valet, quod in Prop. 8. diximus, triangula etiam ipsa esse aequalia.

Obs. 2. Quatuor hactenus casibus duo triangula inter se aequalia esse vidimus, nempe

1) si unum latus et duo anguli adiacentes,

2) si unum latus, et unus angulus ei lateri adiacens, atque angulus ei oppositus in utroque angulo sint aequalia. Atque haec quidem in nostra propositione.

3) Si duo latera cum angulo, quem comprehendunt, aequalia sint utrimque (I. 4.)

4) Si omnia tria latera utrimque aequalia sint (I. 8.). Restat adhuc casus 5., quo duo triangula inter se aequalia esse *possunt*, nempe, si duo latera cum angulo uni eorum opposito

ἴσην, ἤτοι τὴν πρὸς ταῖς ἴσαις γωνίαις, ἢ τὴν ὑποτείνουσαν ὑπὸ μίαν τῶν ἴσων γωνιῶν· καὶ τὰς λοιπὰς πλευρὰς ταῖς λοιπαῖς πλευραῖς ἴσας ἕξει, ἑκατέραν ἑκατέρᾳ, καὶ τὴν λοιπὴν γωνίαν τῇ λοιπῇ γωνίᾳ.

Ἔστω δύο τρίγωνα τὰ ΑΒΓ, ΔΕΖ, τὰς δύο γωνίας τὰς ὑπὸ ΑΒΓ, ΒΓΑ δυσὶ ταῖς ὑπὸ ΔΕΖ, ΕΖΔ ἴσας ἔχοντα, ἑκατέραν ἑκατέρᾳ, τὴν μὲν ὑπὸ ΑΒΓ τῇ ὑπὸ ΔΕΖ τὴν δὲ ὑπὸ ΒΓΑ τῇ ὑπὸ ΕΖΔ· ἐχέτω δὲ καὶ μίαν πλευρὰν μιᾷ πλευρᾷ ἴσην· πρότερον, τὴν πρὸς ταῖς ἴσαις γωνίαις τὴν ΒΓ τῇ ΕΖ· λέγω, οτι καὶ τὰς λοιπὰς πλευρὰς ταῖς λοιπαῖς πλευραῖς ἴσας ἕξει, ἑκατέραν ἑκατέρᾳ, τὴν μὲν ΑΒ τῇ ΔΕ, τὴν δὲ ΑΓ τῇ ΔΖ, καὶ τὴν λοιπὴν γωνίαν τῇ λοιπῇ γωνίᾳ, τὴν ὑπὸ ΒΑΓ τῇ ὑπὸ ΕΔΖ.

Εἰ γὰρ ἄνισός ἐστιν ἡ ΑΒ τῇ ΔΕ, μία αὐτῶν μείζων ἐστίν. Ἔστω μείζων ἡ ΑΒ, καὶ κείσθω τῇ ΔΕ ἴση ἡ ΒΗ, καὶ ἐπεζεύχθω ἡ ΗΓ.

Ἐπεὶ οὖν ἴση ἐστὶν ἡ μὲν ΒΗ τῇ ΔΕ, ἡ δὲ ΒΓ τῇ ΕΖ, δύο δὴ αἱ ΒΗ, ΒΓ δυσὶ ταῖς ΔΕ, ΕΖ ἴσαι εἰσὶν, ἑκατέρα ἑκατέρᾳ, καὶ γωνία ἡ ὑπὸ ΗΒΓ γωνίᾳ τῇ ὑπὸ ΔΕΖ ἴση ἐστί· βάσις ἄρα ἡ ΗΓ βάσει τῇ ΔΖ ἴση ἐστὶ, καὶ τὸ ΗΒΓ τρίγωνον τῷ ΔΕΖ τριγώνῳ ἴσον ἐστὶ, καὶ αἱ λοιπαὶ γωνίαι ταῖς λοιπαῖς

utrimque aequalia sint. Hoc tamen casu, si nulla alia determinatio accedat, aequalitatem triangulorum *generatim* asserere non licebit, quod etiam Proclus observat p. 91. Sit enim (Fig. 42.) triangulum aequicrurum *ΑΒΓ*, et producatur basis *ΒΓ* ad punctum aliquod *Δ*, ducaturque *ΑΔ*. Iam duo triangula *ΑΓΔ*, *ΑΒΔ* habent latus quidem *ΑΔ* commune, deinde *ΑΓ* = *ΑΒ* ex hypoth. et angulum etiam *Δ* communem, qui lateribus *ΑΓ*, *ΑΒ* opponitur, et manifestum tamen est, triangula ipsa non esse aequalia, quum unum *ΑΒΔ* sit tantum pars alterius *ΑΓΔ*. Aequalia tamen inter se esse duo triangula demonstrabitur.

aequale, vel quod est ad aequales angulos, vel quod subtendit unum aequalium angulorum; et reliqua latera reliquis lateribus aequalia habebunt, utrumque utrique, et reliquum angulum reliquo angulo.

Sint duo triangula *ΑΒΓ*, *ΔΕΖ*, duos angulos *ΑΒΓ*, *ΒΓΑ* duobus *ΔΕΖ*, *ΕΖΔ* aequales habentia, utrumque utrique, *ΑΒΓ* quidem angulo *ΔΕΖ*, *ΒΓΑ* vero angulo *ΕΖΔ*, habeant autem et unum latus uni lateri aequale; primum, quod est ad aequales angulos, latus *ΒΓ* lateri *ΕΖ*; dico et reliqua latera reliquis lateribus aequalia habitura esse, utrumque utrique, *ΑΒ* quidem lateri *ΔΕ*, *ΑΓ* vero lateri *ΔΖ*, et reliquum angulum reliquo angulo, *ΒΑΓ* angulo *ΕΔΖ*.

Si enim inaequalis est *ΑΒ* rectae *ΔΕ*, una earum maior est. Sit maior *ΑΒ*, et ponatur rectae *ΔΕ* aequalis *ΒΗ*, et iungatur *ΗΓ*.

Quoniam igitur aequalis est *ΒΗ* quidem rectae *ΔΕ*, *ΒΓ* vero rectae *ΕΖ*, duae *ΒΗ*, *ΒΓ* duabus *ΔΕ*, *ΕΖ* aequales sunt, utraque utrique, et angulus *ΗΒΓ* angulo *ΔΕΖ* aequalis est; basis igitur *ΗΓ* basi *ΔΖ* aequalis est, et *ΗΒΓ* triangulum *ΔΕΖ* triangulo aequale est, et reliqui anguli reliquis angulis aequales

Si utrimque unum angulum uni aequalem habeant, circa alios autem angulos latera aequalia, reliquorum vero angulorum utrumque simul minorem aut non minorem recto; et ostendetur angulos etiam aequales esse, circa quos aequalia sunt latera, et tertium latus tertio lateri fore aequale. Sit nempe (Fig. 45.) angulus $Α=Δ$, et $ΑΒ=ΔΕ$, $ΒΓ=ΕΖ$, et 1) anguli *Γ*, *Ζ* acuti; eritque $ΑΒΓ=ΔΕΖ$, et $ΑΓ=ΔΖ$, et duo triangula aequalia. Si enim non sit angulus $ΑΒΓ=ΔΕΖ$, erit alteruter maior altero. Sit, si fieri potest, *ΑΒΓ* maior angulo *ΔΕΖ*, et fiat $ΑΒΗ=ΔΕΖ$, eritque in triangulis *ΑΒΗ*, *ΔΕΖ*, $ΑΒ=ΔΕ$

γωνίαις ἴσαι ἔσονται, ὑφ' ἃς αἱ ἴσαι πλευραὶ ὑποτείνουσιν· ἴση ἄρα ἡ ὑπὸ ΗΓΒ γωνία τῇ ὑπὸ ΔΖΕ. Ἀλλὰ ἡ ὑπὸ ΔΖΕ τῇ ὑπὸ ΒΓΑ ὑπόκειται ἴση· καὶ ἡ ὑπὸ ΒΓΗ ἄρα τῇ ὑπὸ ΒΓΑ ἴση ἐστὶν, ἡ ἐλάσσων τῇ μείζονι, ὅπερ ἀδύνατον. Οὐκ ἄρα ἄνισός ἐστιν ἡ ΑΒ τῇ ΔΕ· ἴση ἄρα. Ἔστι δὲ καὶ ἡ ΒΓ τῇ ΕΖ ἴση, δύο δὴ αἱ ΑΒ, ΒΓ δυσὶ ταῖς ΔΕ, ΕΖ ἴσαι εἰσὶν, ἑκατέρα ἑκατέρᾳ, καὶ γωνία ἡ ὑπὸ ΑΒΓ γωνίᾳ τῇ ὑπὸ ΔΕΖ ἐστὶν ἴση· βάσις ἄρα ἡ ΑΓ βάσει τῇ ΔΖ ἴση ἐστὶ, καὶ λοιπὴ γωνία ἡ ὑπὸ ΒΑΓ τῇ λοιπῇ γωνίᾳ τῇ ὑπὸ ΕΔΖ ἴση ἐστίν.

Ἀλλὰ δὴ πάλιν, ἔστωσαν αἱ ὑπὸ τὰς ἴσας γωνίας πλευραὶ ὑποτείνουσαι ἴσαι, ὡς ἡ ΑΒ τῇ ΔΕ· λέγω πάλιν, ὅτι καὶ αἱ λοιπαὶ πλευραὶ ταῖς λοιπαῖς πλευραῖς ἴσαι ἔσονται, ἡ μὲν ΑΓ τῇ ΔΖ, ἡ δὲ ΒΓ τῇ ΕΖ, καὶ ἔτι ἡ λοιπὴ γωνία ἡ ὑπὸ ΒΑΓ τῇ λοιπῇ γωνίᾳ τῇ ὑπὸ ΕΔΖ ἴση ἐστίν.

(hypoth.), angulus $A=\Delta$ pariter ex hypoth. et $ABH=\Delta EZ$ (hypoth.): itaque $AHB=\Delta ZE$ (I. 25.), et $BH=EZ$ i. e. ex hypoth. $=B\Gamma$. Quum autem ex hypoth. sit angulus Z acutus, acutus erit AHB, unde $BH\Gamma$ obtusus (I. 14.). At $B\Gamma H$ triangulum, ut ostendimus, aequicrurum est, unde $BH\Gamma$ etiam acutus erit (I. 17. Cor. 2.) q. e. a. Sint autem 2. anguli Γ, Z non minores recto, atque ostendetur ut ante, esse triangulum $BH\Gamma$ aequicrurum, adeoque angulum Γ acutum vel minorem recto (I. 17. Cor. 2.), quem tamen non minorem esse recto posuimus, q. e. a. Caeterum, si angulus A et Δ rectus vel obtusus sit, necessario acutus erit angulus Γ et Z (I. 17.), unde tum nova circa hos angulos determinatione non opus est. Pariter, si sit $AB<B\Gamma$, adeoque $\Delta E<EZ$, erit angulorum Γ et Z uterque acutus (I. 18. Cor. 1.), unde etiam tum res nova demonstratione haud eget. Quum vero demonstratum fuerit, esse angulum $AB\Gamma=\Delta EZ$, erunt tum ex I. 4. etiam ipsa triangula,

erunt, quos aequalia latera subtendunt (Prop. 4.); aequalis igitur $H\Gamma B$ angulus angulo ΔZE. Sed ΔZE angulo $B\Gamma A$ ponitur aequalis; igitur et $B\Gamma H$ angulo $B\Gamma A$ aequalis est, minor maiori, quod fieri nequit. Non igitur inaequalis est AB rectae ΔE; aequalis igitur est. Est autem et $B\Gamma$ rectae EZ aequalis, duae igitur AB, $B\Gamma$ duabus ΔE, EZ aequales sunt, utraque utrique, et angulus $AB\Gamma$ angulo ΔEZ est aequalis; basis igitur $A\Gamma$ basi ΔZ aequalis est, et reliquus angulus $BA\Gamma$ reliquo angulo $E\Delta Z$ aequalis est (Prop. 4.).

Sed et rursus, sint latera aequales angulos subtendentia aequalia, ut AB lateri ΔE; dico rursus et reliqua latera reliquis lateribus aequalia futura esse, $A\Gamma$ quidem lateri ΔZ, $B\Gamma$ vero lateri EZ, et adhuc reliquum angulum $BA\Gamma$ reliquo angulo $E\Delta Z$ aequalem esse.

et omnes eorum partes inter se aequalia. Cf. Pfleiderer. l. c. p. 321. sq. Hic ex Clavio vel Tacqueto vel Whistono (Andr. Tacquet. Elem. Euclid. Geometriae illustrata a Guil. Whiston. Romae 1745. p. 23.) addi possunt sequentia corollaria, quorum pars iam ad praecedentes propositiones pertinet, at ob nexum cum reliquis hic adiicitur. Cf. Pfleiderer. l. c. p. 323.

Cor. 1. In triangulo aequicruro recta angulum ad verticem bisecans ad basin perpendicularis est, et basin aeque ac triangulum bisecat (I. 4.).

Cor. 2. In triangulo aequicruro recta, quae e vertice ducta basin bisecat, bisecat etiam angulum ad verticem, et triangulum, et perpendicularis est ad basin (I. 8.). Cf. dicta ad I. 10.

Cor. 3. In triangulo aequicruro recta, quae a vertice perpendicularis ducitur ad basin, basin vel angulum ad verticem et triangulum bisecat (I. 5. et I. 26.).

Εἰ γὰρ ἄνισός ἐστιν ἡ ΒΓ τῇ ΕΖ, μία αὐτῶν μείζων ἐστίν. Ἔστω μείζων, εἰ δυνατὸν, ἡ ΒΓ τῆς ΕΖ, καὶ κείσθω τῇ ΕΖ ἴση ἡ ΒΘ, καὶ ἐπεζεύχθω ἡ ΑΘ.

Καὶ ἐπεὶ ἴση ἐστὶν ἡ μὲν ΒΘ τῇ ΕΖ, ἡ δὲ ΑΒ τῇ ΔΕ, δύο δὴ αἱ ΑΒ, ΒΘ δυσὶ ταῖς ΔΕ, ΕΖ ἴσαι εἰσὶν, ἑκατέρα ἑκατέρᾳ, καὶ γωνίας ἴσας περιέχουσι· βάσις ἄρα ἡ ΑΘ βάσει τῇ ΔΖ ἴση ἐστὶ, καὶ τὸ ΑΒΘ τρίγωνον τῷ ΔΕΖ τριγώνῳ ἴσον ἐστὶ, καὶ αἱ λοιπαὶ γωνίαι ταῖς λοιπαῖς γωνίαις ἴσαι ἔσονται, ὑφ' ἃς αἱ ἴσαι πλευραὶ ὑποτείνουσιν· ἴση ἄρα ἐστὶν ἡ ὑπὸ ΒΘΑ γωνία τῇ ὑπὸ ΕΖΔ. Ἀλλὰ ἡ ὑπὸ ΕΖΔ τῇ ὑπὸ ΒΓΑ ἐστὶν ἴση· καὶ ἡ ὑπὸ ΒΘΑ ἄρα τῇ ὑπὸ ΒΓΑ ἐστὶν ἴση· τριγώνου δὴ τοῦ ΑΘΓ ἡ ἐκτὸς γωνία ἡ ὑπὸ ΒΘΑ ἴση ἐστὶ τῇ ἐντὸς καὶ ἀπεναντίον τῇ ὑπὸ ΒΓΑ, ὅπερ ἀδύνατον. Οὐκ ἄρα ἄνισός ἐστιν ἡ ΒΓ τῇ ΕΖ, ἴση ἄρα. Ἔστι δὲ καὶ ἡ ΑΒ τῇ ΔΕ ἴση· δύο δὴ αἱ ΑΒ, ΒΓ δυσὶ ταῖς ΔΕ, ΕΖ ἴσαι εἰσὶν, ἑκατέρα ἑκατέρᾳ, καὶ γωνίας ἴσας περιέχουσι· βάσις ἄρα ἡ ΑΓ βάσει τῇ ΔΖ ἴση ἐστὶ, καὶ τὸ ΑΒΓ τρίγωνον τῷ ΔΕΖ τριγώνῳ ἴσον, καὶ λοιπὴ γωνία ἡ ὑπὸ ΒΑΓ τῇ λοιπῇ γωνίᾳ τῇ ὑπὸ ΕΔΖ ἴση. Ἐὰν ἄρα δύο καὶ τὰ ἑξῆς.

Cor. 4. Quod e media basi ad eam erigitur perpendiculum in triangulo aequicruro, transit per trianguli verticem, et angulum ad verticem bisecat. Quodsi enim non per verticem transeat, ducatur per verticem alia recta ad mediam basin, erit etiam haec ad basin perpendicularis in eodem puncto, quo prius illud perpendiculum, quod fieri nequit (I. 11. Cor. 2.).

Cor. 5. Rectae a quovis talis perpendiculi puncto ad puncta baseos extrema ductae efficiunt triangulum aequicrurum (I. 4.).

Si enim inaequalis est $B\Gamma$ rectae EZ una earum maior est. Sit maior, si fieri potest, $B\Gamma$ recta EZ, et ponatur rectae EZ aequalis $B\Theta$, et iungatur $\Delta\Theta$.

Et quoniam aequalis est $B\Theta$ quidem rectae EZ, AB vero rectae ΔE, duae AB, $B\Theta$ duabus ΔE, EZ aequales sunt, utraque utrique, et angulos aequales continent; basis igitur $A\Theta$ basi ΔZ aequalis est, et triangulum $AB\Theta$ triangulo ΔEZ aequale est, et reliqui anguli reliquis angulis aequales erunt, quos aequalia latera subtendunt (Prop. 4.); aequalis igitur est angulus $B\Theta A$ angulo $EZ\Delta$. Sed $EZ\Delta$ angulo $B\Gamma A$ est aequalis; et $B\Theta A$ igitur angulo $B\Gamma A$ est aequalis; trianguli igitur $A\Theta\Gamma$ exterior angulus $B\Theta A$ aequalis est interiori et opposito $B\Gamma A$, quod fieri nequit (Prop. 16.). Non igitur inaequalis est $B\Gamma$ rectae EZ; aequalis igitur. Est autem et AB ipsi ΔE aequalis; duae igitur AB, $B\Gamma$ duabus ΔE, EZ aequales sunt, utraque utrique, et angulos aequales continent; basis igitur $A\Gamma$ basi ΔZ aequalis est, et triangulum $AB\Gamma$ triangulo ΔEZ aequale, et reliquus angulus $BA\Gamma$ reliquo angulo $E\Delta Z$ aequalis (Prop. 4.). Si igitur duo etc.

Cor. 6. Quae contra a puncto extra illud perpendiculum sito ad extrema basis ducuntur rectae, inaequales sunt, vel triangulum scalenum efficiunt. Nam quae a tali puncto ad mediam basin ducitur recta, illi oblique insistit (I. 11. Cor. 2.) vel ad alteram sui partem acutum, ad alterum obtusum angulum efficit, unde latera his angulis opposita inaequalia erunt (I. 24.). Itaque vertices omnium triangulorum aequicrurorum, super eadem basi constitutorum, sunt in perpendiculo e media basi erecto, vel illud perpendiculum est locus geometricus, in

ΠΡΟΤΑΣΙΣ κζ.

Ἐὰν εἰς δύο εὐθείας εὐθεῖα ἐμπίπτουσα τὰς ἐναλλὰξ γωνίας ἴσας ἀλλήλαις ποιῇ, παράλληλοι ἔσονται ἀλλήλαις αἱ εὐθεῖαι.

Εἰς γὰρ δύο εὐθείας τὰς ΑΒ, ΓΔ εὐθεῖα ἐμπίπτουσα ἡ ΕΖ, τὰς ἐναλλὰξ γωνίας τὰς ὑπὸ ΑΕΖ, ΕΖΔ ἴσας ἀλλήλαις ποιείτω· λέγω, ὅτι παράλληλός ἐστιν ἡ ΑΒ τῇ ΓΔ.

Εἰ γὰρ μή, ἐκβαλλόμεναι αἱ ΑΒ, ΓΔ συμπεσοῦνται, ἤτοι ἐπὶ τὰ ΒΔ μέρη, ἢ ἐπὶ τὰ ΑΓ. Ἐκβεβλήσθωσαν, καὶ συμπιπτέτωσαν ἐπὶ τὰ ΒΔ μέρη κατὰ τὸ Η.

Τριγώνου δὴ τοῦ ΕΗΖ ἡ ἐκτὸς γωνία ἡ ὑπὸ ΑΕΖ ἴση ἐστὶ τῇ ἐντὸς καὶ ἀπεναντίον τῇ ὑπὸ ΕΖΗ [1], *ὅπερ ἐστὶν ἀδύνατον· οὐκ ἄρα αἱ ΑΒ, ΓΔ ἐκβαλλόμεναι συμπεσοῦνται ἐπὶ τὰ ΒΔ μέρη. Ὁμοίως*

1) *Μείζων ἐστὶ τῆς ἐντὸς καὶ ἀπεναντίον γωνίας τῆς ὑπὸ ΕΖΗ· ἀλλὰ καὶ ἴση.* Ita edd. Basil. et Oxon. Peyrard. e Cod. a, cum quo consentit exemplar a Basil. ad marginem citatum, habet breviorem lectionem, quam in textu dedimus.

quo siti sunt vertices omnium triangulorum aequicrurium, quae super hac basi constitui possunt.

Cor. 7. Si recta angulum trianguli alicuius bisecans opposita basi est perpendicularis, triangulum illud erit aequicrurium (I. 26.).

Hanc primam huius libri partem antequam relinquamus, monendi videntur lectores, quam plurimas adhuc ad eas, quas hactenus tractavimus, propositiones pertinentes observationes utilissimas reperiri in Append. 2. eius, quam saepius citavimus, Chrestom. Geom. Hauberi, quas attente perlegere neminem harum rerum studiosum poenitebit.

PROPOSITIO XXVII.

Obs. Anguli alterni (*αἱ ἐναλλὰξ γωνίαι*) in hac proposi-

PROPOSITIO XXVII. (Fig. 44.)

Si in duas rectas recta incidens alternos angulos aequales inter se faciat, parallela erunt inter se rectae.

In duas enim rectas *AB*, *ΓΔ* recta incidens *EZ*, alternos angulos *AEZ*, *EZΔ* aequales inter se faciat; dico parallelam esse *AB* rectae *ΓΔ*.

Si enim non, productae *AB*, *ΓΔ*, convenient vel ad *BΔ* partes, vel ad *AΓ*; producantur, et conveniant ad *BΔ* partes in *H*.

Trianguli igitur *EHZ* exterior angulus *AEZ* aequalis est interiori et opposito *EZH*, quod fieri nequit (Prop. 16.); non igitur *AB*, *ΓΔ* productae convenient ad *BΔ* partes. Similiter autem ostendetur

tione primum occurrunt. Sunt autem illi anguli, qui, si recta aliqua duas rectas secet, e diversis rectae secantis partibus, alter ad unam duarum, quae ab ea secantur, alter ad alteram constituuntur. Et quidem anguli alterni interni vocantur, si uterque est ad partem interiorem duarum rectarum, quae ab alia secantur, ut hic anguli *AEZ*, *ΔZE*, vel *BEZ*, *ΓZE*, et de his solis apud Euclidem sermo est. Sin autem, reliquis conditionibus manentibus, sit uterque ad partem externam rectarum, quae secantur, tum anguli alterni externi audiunt v. c. *AEΛ*, *MZΔ*, vel *ΛEB*, *ΓZM*. Caeterum etiam si anguli alterni externi fuerint aequales, aut (Prop. 28.) duo externi ad easdem partes secantis aequales fuerint duobus rectis, consequetur parallelismus rectarum, quae ita secantur, quod post Proclum notat Isaac. Monachus in Schol. ad Euclid. libr. VI. priores. Proclus adhuc observat, supponere Euclidem rectas in eodem plano positas. Cf. dicta ad Defin. 7.

Cor. 1. Si in figura quadrilatera *ABΓΔ* (Fig. 45.) latera

δὴ δειχθήσεται, ὅτι οὐδὲ ἐπὶ τὰ ΑΓ· αἱ δὲ ἐπὶ μηδέτερα τὰ μέρη συμπίπτουσαι, παράλληλοί εἰσι· παράλληλος ἄρα ἐστὶν ἡ ΑΒ τῇ ΓΔ. Ἐὰν ἄρα εἰς δύο καὶ τὰ ἑξῆς.

ΠΡΟΤΑΣΙΣ κή.

Ἐὰν εἰς δύο εὐθείας εὐθεῖα ἐμπίπτουσα τὴν ἐκτὸς γωνίαν τῇ ἐντὸς καὶ ἀπεναντίον καὶ ἐπὶ τὰ αὐτὰ μέρη ἴσην ποιῇ, ἢ τὰς ἐντὸς καὶ ἐπὶ τὰ αὐτὰ μέρη δυσὶν ὀρθαῖς ἴσας ποιῇ· παράλληλοι ἔσονται ἀλλήλαις αἱ εὐθεῖαι.

Εἰς γὰρ δύο εὐθείας τὰς ΑΒ, ΓΔ εὐθεῖα ἐμπίπτουσα ἡ ΕΖ τὴν ἐκτὸς γωνίαν τὴν ὑπὸ ΕΗΒ τῇ ἐντὸς καὶ ἀπεναντίον καὶ ἐπὶ τὰ αὐτὰ μέρη [1]) γωνίᾳ τῇ ὑπὸ ΗΘΔ ἴσην ποιείτω, ἢ τὰς ἐντὸς καὶ ἐπὶ τὰ αὐτὰ μέρη τὰς ὑπὸ ΒΗΘ, ΗΘΔ δυσὶν ὀρθαῖς ἴσας· λέγω, ὅτι παράλληλός ἐστιν ἡ ΑΒ τῇ ΓΔ.

Ἐπεὶ γὰρ ἴση ἐστὶν ἡ ὑπὸ ΕΗΒ τῇ ὑπὸ ΗΘΔ, ἀλλὰ ἡ ὑπὸ ΕΗΒ τῇ ὑπὸ ΑΗΘ ἐστὶν ἴση, καὶ ἡ ὑπὸ ΑΗΘ ἄρα τῇ ὑπὸ ΗΘΔ ἐστὶν ἴση· καί εἰσιν ἐναλλάξ· παράλληλος ἄρα ἐστὶν ἡ ΑΒ τῇ ΓΔ.

Πάλιν, ἐπεὶ αἱ ὑπὸ ΒΗΘ, ΗΘΔ δυσὶν ὀρθαῖς ἴσαι εἰσὶν, εἰσὶ δὲ καὶ αἱ ὑπὸ ΑΗΘ, ΒΗΘ δυσὶν

1) Verba καὶ ἐπὶ τὰ αὐτὰ μέρη, quae Peyrard. secutus Codicem a expunxerat, et quae in edit. quoque Basil. desunt, ex edit. Oxon. restituimus. Eadem verba in ipso enunciato propos. sequentis desunt in cod. a, ubi tamen etiam Peyrard. ea retinuit.

opposita aequalia sint, nempe $AB=\Gamma\Delta$, $A\Gamma=B\Delta$, erunt eadem etiam parallela ex I. 8. et I. 27.

Cor. 2. Pariter, si $AB=\Gamma\Delta$, et $\Gamma BA=B\Gamma\Delta$, erit, ob $B\Gamma$ communem, ex I. 4. etiam $A\Gamma=B\Delta$, et tam AB, $\Gamma\Delta$, quam $A\Gamma$, $B\Delta$ parallelae (I. 27.).

neque ad $A\Gamma$; quae autem in neutras partes conveniunt, parallelae sunt (Def. 35.); parallela igitur est AB rectae $\Gamma\Delta$. Si igitur in duas etc.

PROPOSITIO XXVIII. (Fig. 46.)

Si in duas rectas recta incidens exteriorem angulum interiori et opposito et ad easdem partes aequalem faciat, vel interiores et ad easdem partes duobus rectis aequales faciat; parallelae erunt inter se rectae.

In duas enim rectas AB, $\Gamma\Delta$ recta incidens EZ exteriorem angulum EHB interiori et opposito et ad easdem partes posito angulo $H\Theta\Delta$ aequalem faciat, vel interiores et ad easdem partes ipsos $BH\Theta$, $H\Theta\Delta$ duobus rectis aequales; dico parallelam esse AB rectae $\Gamma\Delta$.

Quoniam enim aequalis est EHB angulo $H\Theta\Delta$, sed EHB angulo $AH\Theta$ est aequalis (Prop. 15.), et $AH\Theta$ igitur ipsi $H\Theta\Delta$ est aequalis (Ax. 1.); et sunt alterni; parallela igitur est AB ipsi $\Gamma\Delta$ (Prop. 27.).

Rursus, quoniam anguli $BH\Theta$, $H\Theta\Delta$ duobus rectis aequales sunt, sunt autem anguli $AH\Theta$, $BH\Theta$

Cor. 3. Denique, si $AB\Gamma = B\Gamma\Delta$, et $A\Gamma B = \Gamma B\Delta$, erit ex I. 26. $AB = \Gamma\Delta$, et $A\Gamma = B\Delta$, et tam AB, $\Gamma\Delta$, quam $A\Gamma$, $B\Delta$ parallelae (I. 27.).

PROPOSITIO XXVIII.

Obs. Duae conditiones, e quibus hic rectas parallelas esse concluditur, reducuntur ad conditionem propositionis praecedentis. Generatim nempe tres hae conditiones, ut facile patet, ita a se invicem pendent, ut nulla earum sine re-

ὀρθαῖς ἴσαι· αἱ ἄρα ὑπὸ ΑΗΘ, ΒΗΘ ταῖς ὑπὸ ΒΗΘ, ΗΘΔ ἴσαι εἰσίν. Κοινὴ ἀφῃρήσθω ἡ ὑπὸ ΒΗΘ, λοιπὴ ἄρα ἡ ὑπὸ ΑΗΘ λοιπῇ τῇ ὑπὸ ΗΘΔ ἐστὶν ἴση· καί εἰσιν ἐναλλάξ· παράλληλος ἄρα ἐστὶν ἡ ΑΒ τῇ ΓΔ. Ἐὰν ἄρα εἰς δύο καὶ τὰ ἑξῆς.

ΠΡΟΤΑΣΙΣ κθ'.

Ἡ εἰς τὰς παραλλήλους εὐθείας εὐθεῖα ἐμπίπτουσα τάς τε ἐναλλὰξ γωνίας ἴσας ἀλλήλαις ποιεῖ, καὶ τὴν ἐκτὸς τῇ ἐντὸς καὶ ἀπεναντίον, καὶ ἐπὶ τὰ αὐτὰ μέρη ἴσην, καὶ τὰς ἐντὸς καὶ ἐπὶ τὰ αὐτὰ μέρη δυσὶν ὀρθαῖς ἴσας.

Εἰς γὰρ παραλλήλους εὐθείας τὰς ΑΒ, ΓΔ εὐθεῖα ἐμπιπτέτω ἡ ΕΖ· λέγω, ὅτι τάς τε ἐναλλὰξ γωνίας τὰς ὑπὸ ΑΗΘ, ΗΘΔ ἴσας ποιεῖ, καὶ τὴν ἐκτὸς γωνίαν τὴν ὑπὸ ΕΗΒ τῇ ἐντὸς καὶ ἀπεναντίον καὶ ἐπὶ τὰ αὐτὰ μέρη τῇ ὑπὸ ΗΘΔ ἴσην, καὶ τὰς ἐντὸς καὶ ἐπὶ τὰ αὐτὰ μέρη τὰς ὑπὸ ΒΗΘ, ΗΘΔ δυσὶν ὀρθαῖς ἴσας.

liquis locum habere possit. Caeterum poterat etiam Prop. 28. immediate demonstrari, similiter ac Prop. 27.

PROPOSITIO XXIX.

Obs. In hac propositione, quae conversa est duarum praecedentium, primum adhibetur notum illud axioma undecimum, vel, ut alii volunt, postulatum quintum. Quod quidem, quamvis verissimum, haud tamen aeque perspicuum esse ac reliqua Euclidis axiomata, ita ut omnibus, quibus innotescat, statim, etiam sine ulla illustratione, assensum quasi extorqueat, plerique omnes fatentur. Iam Proclus circa postulatum illud quintum monet: „esse potius theorema multis dubiis obnoxium, unde et Ptolemaeus illud libro singulari demonstrare tentaverit, et pluribus definitionibus ac theo-

duobus rectis aequales; ergo $AH\Theta$, $BH\Theta$ ipsis $BH\Theta$, $H\Theta\Delta$ aequales sunt (Ax. 1.). Communis auferatur $BH\Theta$; reliquus igitur $AH\Theta$ reliquo $H\Theta\Delta$ est aequalis (Ax. 3.); et sunt alterni; parallela igitur est AB rectae $\Gamma\Delta$ (Prop. 27.). Si igitur in duas etc.

PROPOSITIO XXIX. (Fig. 46.)

In parallelas rectas recta incidens, et alternos angulos aequales inter se facit, et exteriorem interiori et opposito et ad easdem partes aequalem, et interiores et ad easdem partes duobus rectis aequales.

In parallelas enim rectas AB, $\Gamma\Delta$ recta incidat EZ; dico eam alternos angulos $AH\Theta$, $H\Theta\Delta$ aequales facere, et exteriorem angulum EHB interiori et opposito et ad easdem partes $H\Theta\Delta$ aequalem, et interiores ad easdem partes $BH\Theta$, $H\Theta\Delta$ duobus rectis aequales.

rematibus ad eius demonstrationem opus esse, et propositionem conversam (I. 17.) Euclidem demonstravisse. Forte quosdam eo deceptos hanc propositionem postulatis annumerare, quod, si anguli fiant duobus rectis minores, rectarum erga se inclinatio et concursus per se patere videatur. At recte contra hos Geminum monere, peritissimos geometriae magistros praecipere, probabiles opiniones abesse debere ab huius scientiae ratiociniis. Et Aristotelem dicere, aeque absurdum esse, ab oratore demonstrationem petere, et a geometra persuaderi sibi pati. Et Symmiam apud Platonem ita habere: qui e verisimilibus demonstrationem petunt, eos vanos ingenio esse scio. Atque rectas, si anguli sint duobus rectis minores, erga se invicem inclinari, verum quidem esse ac necessarium. Lineas autem magis magisque ad se inclina-

Εἰ γὰρ ἄνισός ἐστιν ἡ ὑπὸ ΑΗΘ τῇ ὑπὸ ΗΘΔ, μία αὐτῶν μείζων ἐστίν. Ἔστω μείζων ἡ ὑπὸ ΑΗΘ τῆς ὑπὸ ΗΘΔ [1]. Κοινὴ προσκείσθω ἡ ὑπὸ ΒΗΘ· αἱ ἄρα ὑπὸ ΑΗΘ, ΒΗΘ τῶν ὑπὸ ΒΗΘ, ΗΘΔ μείζονές εἰσιν. Ἀλλὰ αἱ ὑπὸ ΑΗΘ, ΒΗΘ δυσὶν ὀρθαῖς ἴσαι εἰσίν· αἱ ἄρα ὑπὸ ΒΗΘ, ΗΘΔ δύο ὀρθῶν ἐλάσσονές εἰσιν. Αἱ δὲ ἀπ' ἐλασσόνων ἢ δύο ὀρθῶν ἐκβαλλόμεναι εἰς ἄπειρον συμπίπτουσιν· αἱ ἄρα ΑΒ, ΓΔ ἐκβαλλόμεναι εἰς ἄπειρον συμπεσοῦνται· οὐ συμπίπτουσι δὲ, διὰ τὸ παραλλήλους αὐτὰς ὑποκεῖσθαι· οὐκ ἄρα ἄνισός ἐστιν ἡ ὑπὸ ΑΗΘ τῇ ὑπὸ ΗΘΔ· ἴση ἄρα.

1) Edd. Basil. et Oxon. habent: ἔστω μείζων ἡ ὑπὸ ΑΗΘ. Καὶ ἐπεὶ μείζων ἐστὶν ἡ ὑπὸ ΑΗΘ. Nos cum Peyrardo secuti sumus lectionem breviorem cod. a.

tas, si producantur, alicubi concurrere, verum quidem esse, at non necessarium, nisi quis rationibus demonstret, in rectis id verum esse. Esse enim quasdam lineas in infinitum quidem propius ad se accedentes, nec tamen concurrentes; id, quamvis incredibile videatur, verum tamen esse, et in aliis lineis ita observatum. Unde dubium oriri, nonne et in rectis verum esse possit, quod verum sit in aliis lineis. Quod antequam per demonstrationes refutatum sit, menti molestiae quid afferre. Quum praeterea dubia, quae circa concursum earum rectarum prolata sint, satis sint speciosa, praestare sane, ista saltem probabilia, nec rationibus innixa, his libris excludere. Patere itaque, demonstrationem quaeri oportere." Similes aliorum querelas hic omitto. Nec tamen defuere, qui Euclidem haud absurde defendi posse, aut eius praecepta modo aliqua illustratione opus habere putarent, e quibus eminet Wallisius (Opp. Mathem. T. II. p. 668. sqq.), de quo infra in Excursu ad hunc locum. Quidquid sit, orta sunt quam plurima tentamina hanc quasi lacunam explendi, de quorum

Si enim inaequalis est $\Delta H\Theta$ angulo $H\Theta\Delta$, unus eorum maior est; sit maior $\Delta H\Theta$ angulo $H\Theta\Delta$. Communis addatur $BH\Theta$; ergo $\Delta H\Theta$, $BH\Theta$ angulis $BH\Theta$, $H\Theta\Delta$ maiores sunt. Sed $\Delta H\Theta$, $BH\Theta$ duobus rectis aequales sunt (Prop. 13.); et igitur $BH\Theta$, $H\Theta\Delta$ duobus minores rectis sunt. Rectae autem a minoribus quam duobus rectis productae in infinitum concurrunt (Post. 5. vel Ax. 11.). Ipsae igitur ΔB, $\Gamma\Delta$ productae in infinitum concurrent; non autem concurrunt, quia parallelae ponuntur; non igitur inaequalis est $\Delta H\Theta$ angulo $H\Theta\Delta$; aequalis igitur.

praecipuis ad finem huius libri disseremus. Hic sufficiat monere, omnes, quae nostram hanc praecedunt, propositiones et pariter I. 31., sine illo axiomate demonstrari, et nonnullas etiam alias e sequentibus, at quam plurimam reliquarum partem inde derivari, unde, quam late res pateat, facile perspicitur.

Cor. 1. Quodsi in figura parallelogramma unus angulus rectus sit, erunt omnes recti. Aliter ita: Si recta secans duas parallelas perpendicularis sit ad unam earum, erit etiam ad alteram perpendicularis. (E Pfleidereri schedis, unde et multa in sequentibus, vel ubi non semper expresse monuerimus, desumta sunt.)

Cor. 2. In omni parallelogrammo anguli eidem lateri adiacentes simul sumti aequales sunt duobus rectis.

Cor. 3. Recta ΔB (Fig. 47.) quae unam duarum parallelarum $B\Gamma$, ΔE, cum quibus in eodem plano est, secat, etiam alteram secat. Ducatur enim ex puncto quocunque Z rectae ΔE recta ZB, eritque (I. 29.) $EZB + ZB\Gamma = 2$ rectis, hinc $EZB + ZB\Delta < 2$ rectis, adeoque $B\Delta$, ΔE concurrent (Ax. 11. vel Post. 5.).

Cor. 4. (Peletarii) Si duae rectae, quae duas parallelas secant, ad unum inter ipsas punctum coierint, duosque

Ἀλλὰ ἡ ὑπὸ ΑΗΘ τῇ ὑπὸ ΕΗΒ ἐστὶν ἴση· καὶ ἡ ὑπὸ ΕΗΒ ἄρα τῇ ὑπὸ ΗΘΔ ἐστὶν ἴση.

Κοινὴ προσκείσθω ἡ ὑπὸ ΒΗΘ· αἱ ἄρα ὑπὸ ΕΗΒ, ΒΗΘ ταῖς ὑπὸ ΒΗΘ, ΗΘΔ ἴσαι εἰσίν. Ἀλλὰ αἱ ὑπὸ ΕΗΒ, ΒΗΘ δυσὶν ὀρθαῖς ἴσαι εἰσί· καὶ αἱ ὑπὸ ΒΗΘ, ΗΘΔ ἄρα δυσὶν ὀρθαῖς ἴσαι εἰσίν. Ἡ ἄρα εἰς τὰς παραλλήλους καὶ τὰ ἑξῆς.

ΠΡΟΤΑΣΙΣ λ'.

Αἱ τῇ αὐτῇ εὐθείᾳ παράλληλοι καὶ ἀλλήλαις εἰσὶ παράλληλοι.

Ἔστω ἑκατέρα τῶν ΑΒ, ΓΔ τῇ ΕΖ παράλληλος· λέγω, ὅτι καὶ ἡ ΑΒ τῇ ΓΔ ἐστὶ παράλληλος.

Ἐμπιπτέτω γὰρ εἰς αὐτὰς εὐθεῖα ἡ ΗΚ.

Καὶ ἐπεὶ εἰς παραλλήλους εὐθείας τὰς ΑΒ, ΕΖ εὐθεῖα ἐμπέπτωκεν ἡ ΗΚ, ἴση ἄρα ἡ ὑπὸ ΑΗΘ τῇ ὑπὸ ΗΘΖ. Πάλιν, ἐπεὶ εἰς τὰς παραλλήλους εὐθείας τὰς ΕΖ, ΓΔ εὐθεῖα ἐμπέπτωκεν ἡ ΗΚ, ἴση ἐστὶν ἡ ὑπὸ ΗΘΖ τῇ ὑπὸ ΗΚΔ. Ἐδείχθη δὲ καὶ ἡ ὑπὸ ΑΗΚ τῇ ὑπὸ ΗΘΖ ἴση. Καὶ ἡ ὑπὸ ΑΗΚ

angulos alternos aequales fecerint, aut angulum externum aequalem interno opposito ad easdem partes, aut duos internos ex alterutra parte aequales: erunt istae duae rectae in directum, vel in unam lineam coincident. Haec propositio, quae est conversa I. Prop. 29. sumto contrario facile apagogice demonstratur.

Cor. 5. Si e duabus rectis *ΑΒ*, *ΒΓ* (Fig. 48.), quae in puncto *Β* conveniunt, una quidem *ΑΒ* alii *αδ*, altera autem *ΒΓ* alii *γε* parallelae sint, sint autem *αδ*, *γε* in eodem plano, in quo et *ΑΒ*, *ΒΓ* sunt, convenient etiam *αδ*, *γε* sub angulo aequali angulo *ΑΒΓ*. Quum enim *ΒΓ*, *γε* parallelae sint, recta *ΑΒ*, quae ex hyp. unam earum *ΒΓ* secat, secabit etiam

Sed $AH\Theta$ angulo EHB est aequalis (Prop. 15.); et EHB igitur angulo $H\Theta\Delta$ est aequalis.

Communis addatur $BH\Theta$; ergo EHB, $BH\Theta$ angulis $BH\Theta$, $H\Theta\Delta$ aequales sunt. Sed EHB, $BH\Theta$ duobus rectis aequales sunt (Prop. 13.); et $BH\Theta$, $H\Theta\Delta$ igitur duobus rectis aequales sunt. Ergo in parallelas etc.

PROPOSITIO XXX. (Fig. 49.)

Quae eidem rectae parallelae sunt, et inter se sunt parallelae.

Sit utraque rectarum AB, $\Gamma\Delta$ rectae EZ parallela; dico et AB rectae $\Gamma\Delta$ esse parallelam.

Incidat enim in ipsas recta HK.

Et quoniam in parallelas rectas AB, EZ recta incidit HK, aequalis est $AH\Theta$ angulo $H\Theta Z$ (Prop. 29.). Rursus quoniam in parallelas rectas EZ, $\Gamma\Delta$ recta incidit HK, aequalis est $H\Theta Z$ angulo $HK\Delta$ (Prop. 28.). Ostensus est autem et AHK angulo $H\Theta Z$ aequalis; AHK igitur angulo $HK\Delta$ est aequa-

alteram $\gamma\varepsilon$ in puncto aliquo ζ (I. 29. Cor. 3.), eritque $B\zeta\gamma = AB\Gamma$ (I. 29.). Pariter, quum AB, $\alpha\delta$ parallelae sint, recta $\gamma\varepsilon$, quae, ut ostendimus, rectam AB secat, secabit etiam $\alpha\delta$ in puncto aliquo β (I. 29. Cor. 3.), eritque angulus $\alpha\beta\gamma = B\zeta\gamma = AB\Gamma$ (I. 29.). Eodem modo ostenditur, $\alpha\beta$ et $B\Gamma$ productas se invicem secare, unde patet, dari figuras parallelogrammas (Def. 36.). Praeterea ex hoc Cor. et I. 27. Cor. 1. manifestum est, quadratum, rectangulum, rhombum et rhomboiden esse parallelogramma (Def. 30—33.).

PROPOSITIO XXX.

Obs. Proclus notat, rem eodem modo demonstrari posse,

ἄρα τῇ ὑπὸ ΗΚΔ ἐστὶν ἴση· καί εἰσιν ἐναλλάξ. Παράλληλος ἄρα ἐστὶν ἡ ΑΒ τῇ ΓΔ. Αἱ ἄρα τῇ αὐτῇ εὐθείᾳ καὶ τὰ ἑξῆς.

ΠΡΟΤΑΣΙΣ λά.

Διὰ τοῦ δοθέντος σημείου[1], *τῇ δοθείσῃ εὐθείᾳ παράλληλον εὐθεῖαν γραμμὴν ἀγαγεῖν.*

Ἔστω τὸ μὲν δοθὲν σημεῖον τὸ Α, ἡ δὲ δοθεῖσα εὐθεῖα ἡ ΒΓ· δεῖ δὴ, διὰ τοῦ Α σημείου, τῇ ΒΓ εὐθείᾳ παράλληλον εὐθεῖαν γραμμὴν ἀγαγεῖν.

Εἰλήφθω ἐπὶ τῆς ΒΓ τυχὸν σημεῖον τὸ Δ, καὶ ἐπεζεύχθω ἡ ΑΔ· καὶ συνεστάτω πρὸς τῇ ΔΑ εὐθείᾳ, καὶ τῷ πρὸς αὐτῇ σημείῳ τῷ Α, τῇ ὑπὸ ΑΔΓ γωνίᾳ ἴση ἡ ὑπὸ ΔΑΕ· καὶ ἐκβεβλήσθω ἐπ' εὐθείας τῆς ΕΑ εὐθεῖα ἡ ΑΖ.

Καὶ ἐπεὶ εἰς δύο εὐθείας τὰς ΒΓ, ΕΖ εὐθεῖα ἐμπίπτουσα ἡ ΑΔ τὰς ἐναλλὰξ γωνίας τὰς ὑπὸ ΕΑΔ, ΑΔΓ ἴσας ἀλλήλαις πεποίηκε, παράλληλος ἄρα ἐστὶν ἡ ΕΖ τῇ ΒΓ.

Διὰ τοῦ δοθέντος ἄρα σημείου τοῦ Α, τῇ δοθείσῃ εὐθείᾳ τῇ ΒΓ παράλληλος εὐθεῖα γραμμὴ ἦκται ἡ ΕΑΖ· ὅπερ ἔδει ποιῆσαι.

1) Cod. a. addit: ὃ μή ἐστιν ἐπὶ αὐτῆς.

quamvis recta *EZ*, quae duabus reliquis parallela ponitur, haud intermedia inter illas, sed extra utramque posita fuerit.

PROPOSITIO XXXI.

Obs. 1. Punctum datum ita situm esse debet, ut recta data etiam producta non cum eo conveniat, quod notant Proclus et Clavius.

Obs. 2. Alia ratio problema hoc solvendi patet ex I. 27. Cor. 1., ubi, si (Fig. 45.) per *A* ducenda sit parallela

lis; et sunt alterni. Parallela igitur est *ΑΒ* ipsi *ΓΔ* (Prop. 27.). Quae igitur eidem rectae etc.

PROPOSITIO XXXI. (Fig. 50.)

Per datum punctum, datae rectae parallelam rectam lineam ducere.

Sit quidem datum punctum *Α*, data vero recta *ΒΓ*; oportet igitur, per *Α* punctum, rectae *ΒΓ* parallelam rectam lineam ducere.

Sumatur in *ΒΓ* quodlibet punctum *Δ*, et iungatur *ΑΔ*; et constituatur ad *ΔΑ* rectam, et ad punctum in ea *Α*, angulo *ΑΔΓ* aequalis angulus *ΔΑΕ* (Prop. 23.), et producatur in directum ipsi *ΕΑ* recta *ΑΖ*.

Et quoniam in duas rectas *ΒΓ*, *ΕΖ* recta incidens *ΑΔ* alternos angulos *ΕΑΔ*, *ΑΔΓ* aequales inter se facit, parallela est *ΕΖ* rectae *ΒΓ* (Prop. 27.).

Per datum igitur punctum A, datae rectae *ΒΓ* parallela recta linea ducta est *ΕΑΖ*. Quod oportebat facere.

rectae [a]*ΓΔ*, sumto in *ΓΔ* puncto quocunque *Γ*, descriptisque ex *Α*, *Γ*, radio eodem quocunque circulis, posterior rectam *ΓΔ* secabit in puncto aliquo *Δ*, e quo deinde circulis radio *ΑΓ* descriptus intersecabit circulum ex *Α* descriptum in puncto *Β*, ita ut ducta recta *ΑΒ* parallela sit rectae *ΓΔ*.

Cor. Non plures una recta per idem punctum eidem rectae parallelae duci possunt. Ducantur enim, si fieri potest, duae uni eidemque rectae parallelae; erunt itaque (I. 30.) et ipsae inter se parallelae, quod, cum se in puncto aliquo secent, fieri nequit (Def. 35.).

ΠΡΟΤΑΣΙΣ λβ'.

Παντὸς τριγώνου μιᾶς τῶν πλευρῶν προςεκβληθείσης, ἡ ἐκτὸς γωνία δυσὶ ταῖς ἐντὸς καὶ ἀπεναντίον ἴση ἐστί· καὶ αἱ ἐντὸς τοῦ τριγώνου τρεῖς γωνίαι δυσὶν ὀρθαῖς ἴσαι εἰσίν.

PROPOSITIO XXXII.

Obs. Proclus refert, Eudemum Peripateticum ad Pythagoraeos huius theorematis inventionem referre. Alias etiam demonstrationes exhibet Proclus, quibus primum propositionis pars posterior adstruitur, et exinde pars prior derivatur. Demonstrationem immediatam, non adhibita parallelarum theoria, exhibere tentavit Thibaut., de qua infra in Exc. I. Est autem haec propositio consequentiarum longe fertilissima, quarum praecipuae ex Proclo, Clavio, Tacqueto, Pfleiderero maxime, aliisque desumtae hae fere fuerint.

Cor. 1. Conversa quoque valet. Nempe, si (Fig. 51.) angulus aliquis exterior *ΑΓΔ* ad triangulum aliquod aequalis sit duobus trianguli angulis internis oppositis *ΒΑΓ*, *ΑΒΓ* simul sumptis, erit recta *ΓΔ* rectae *ΒΓ* in directum. Erunt enim anguli *ΑΓΒ*+*ΑΓΔ* aequales tribus angulis trianguli *ΑΒΓ* i. e. ex hac propos. duobus rectis, unde *ΒΓ*, *ΓΔ* in directum erunt (I. 14.).

Cor. 2. Omnia triangula eandem angulorum summam habent.

Cor. 3. Quodsi duo anguli unius trianguli singuli aut simul sumti aequales sint duobus angulis alterius trianguli singulis aut simul sumtis, tertius etiam angulus prioris trianguli aequalis est tertio angulo posterioris trianguli: et contra, si duo triangula unum angulum aequalem habeant, aequalis etiam erit reliquorum summa.

Cor. 4. Si in triangulo aliquo dati sint duo anguli singulatim, aut simul sumti, datus est etiam tertius: et, si unus datus est, data est reliquorum summa.

Cor. 5. Prout unus angulus trianguli rectus, aut obtusus, aut acutus fuerit, summa reliquorum aequalis, aut mi-

PROPOSITIO XXXII.

Omnis trianguli uno latere producto, exterior angulus duobus interioribus et oppositis aequalis est; et interiores trianguli tres anguli duobus rectis aequales sunt.

nor, aut maior recto erit, et vice versa. Et unusquisque trianguli alicuius angulus rectus, aut obtusus, aut acutus erit, prout duo reliqui simul ipsi aequales, aut minores, aut maiores eo fuerint, et vice versa.

Cor. 6. Trianguli aequicruri dato uno angulo dantur etiam reliqui. Quum enim (I. 5.) anguli ad basin aequales sint, erit, dato uno angulorum ad basin, alter ei aequalis, et tertius ad verticem angulus datus erit (Cor. 4.), si vero primum datus fuerit angulus ad verticem, data erit reliquorum summa (Cor. 4.), unde, quum sint aequales (I. 5.) pariter singuli dati erunt.

Cor. 7. Prout angulus ad verticem trianguli aequicruri fuerit rectus, aut obtusus, aut acutus, quisque reliquorum vel aequalis erit dimidio recto, vel minor, vel maior dimidio recto.

Cor. 8. In quovis triangulo aequicruro utervis angulus ad basin erit dimidius anguli externi ad verticem.

Cor. 9. Trianguli aequilateri quisque angulus efficit tertiam partem duorum rectorum, vel duas tertias recti.

Cor. 10. Si in triangulo aequilatero ex vertice demittatur perpendiculum ab basin, duo orientur triangula rectangula, quorum anguli, praeter rectum, alter tertiam partem recti, alter duas tertias recti efficit. Hinc patet ratio, angulum rectum in tres partes aequales, et deinde bisecando (I. 9.) in sex, duodecim etc. partes aequales dividendi.

Cor. 11. Si in triangulo aequicruro $AB\Gamma$ (Fig 52.) alterum crus AB ultra verticem producatur, usquedum $A\Delta$ fiat $=AB$, et iungatur $\Delta\Gamma$, erit angulus $\Delta\Gamma B$ rectus. Omnes enim anguli trianguli $B\Gamma\Delta=2$ rectis, at, ob $AB\Gamma=A\Gamma B$,

Ἔστω τρίγωνον τὸ ΑΒΓ, καὶ προσεκβεβλήσθω αὐτοῦ μία πλευρὰ ἡ ΒΓ ἐπὶ τὸ Δ· λέγω, ὅτι ἡ ἐκτὸς γωνία ἡ ὑπὸ ΑΓΔ ἴση ἐστὶ ταῖς δυσὶ ταῖς ἐντὸς καὶ ἀπεναντίον ταῖς ὑπὸ ΓΑΒ, ΑΒΓ· καὶ αἱ ἐντὸς τοῦ τριγώνου τρεῖς γωνίαι, αἱ ὑπὸ ΑΒΓ, ΒΓΑ, ΓΑΒ δυσὶν ὀρθαῖς ἴσαι εἰσίν.

Ἤχθω γάρ, διὰ τοῦ Γ σημείου, τῇ ΑΒ εὐθείᾳ παράλληλος ἡ ΓΕ.

et *ΑΔΓ*=*ΑΓΔ* (I. 5.), erit *ΑΓΒ*+*ΑΓΔ* i. e. *ΔΓΒ* haec summa dimidia, adeoque aequalis recto. Hinc facile patet ratio, ad rectam *ΒΓ* in puncto ipsius *Γ* extremo perpendicularem erigendi, descripto nempe super *ΒΓ* triangulo aequilatero *ΑΒΓ*, factaque *ΑΔ*=*ΑΒ*, et ducta *ΔΓ*.

Cor. 12. In quavis figura rectilinea (Fig. 53.) cuius anguli omnes extra figuram vergunt (angles saillans), ut itaque versus partes interiores figurae concavi sint, omnes anguli simul efficiunt bis tot rectos angulos, demtis quatuor, quot figura habet latera vel angulos, vel, si figura habeat n latera, omnes anguli simul efficient (2n—4) angulos rectos, vel (n —2)×2R, si R rectum denotat. Nempe in omni tali figura v. c. *ΑΒΓΔΕΖ* ab uno angulo quocunque *Α* ad reliquos angulos omnes, exceptis duobus ipsi proximis, duci possunt rectae diversae a lateribus figurae, quae figuram in totidem triangula divident: itaque, si figura habet n angulos, provenient n—2 triangula, et, quum summa angulorum cuiusque trianguli sit =2R erit summa omnium istorum angulorum =(n—2)×2R. Ita v. c. in quovis quadrangulo summa angulorum erit =4R; in quovis pentagono =6R; in quovis hexagono =8R etc. Est haec propositio iam apud Proclum. Conversam quoque, nempe, si anguli quotcunque, quorum numerus =n, dati sint, sitque eorum summa =(n—2)×2R, construi posse figuram rectilineam n laterum, cuius anguli aequales sint datis istis angulis, demonstrat Develey, Elem. de Géom. Append. ad Livr. II. §. 45.

Sit triangulum *ΑΒΓ*, et producatur ipsius unum latus *ΒΓ* in *Δ*; dico exteriorem angulum *ΑΓΔ* aequalem esse duobus interioribus et oppositis *ΓΑΒ*, *ΑΒΓ*, et interiores trianguli tres angulos *ΑΒΓ*, *ΒΓΑ*, *ΓΑΒ* duobus rectis aequales esse.

Ducatur enim, per *Γ* punctum, rectae *ΑΒ* parallela *ΓΕ* (Prop. 31.).

Cor. 13. Quodsi igitur in quadrangulo tres anguli recti fuerint, vel saltem summam trium rectorum effecerint, etiam quartus rectus erit, et contra: si unus rectus sit, summa trium reliquorum simul tres rectos efficiet: et, si in quadrangulo duo anguli simul duos rectos faciant, facient etiam reliqui duo simul duos rectos.

Cor. 14. Quodsi vero (Fig. 54.) nonnulli figurae anguli introrsum vergant (angles rentrans), ita tamen, ut nullum figurae latus plura duobus e reliquis lateribus secent, etiam talis figura resolvi poterit in tot triangula, demtis duobus, quot figura latera habet, e. g. si figura n latera habeat, in n—2 triangula, et summa angulorum horum triangulorum pariter efficiet $(n-2)\times 2R$. At observandum est, horum triangulorum summam intrare angulos illos gibbos s. introrsum vergentes, siquidem angulos eos dicere velis. Sensu enim magis solito angulus vocatur inclinatio duarum rectarum ex ea parte, qua minor est duobus rectis. Quidquid sit, si angulos hos gibbos numerare velis, erit adhuc summa angulorum internorum figurae, $=(n-2)\times 2R$. Quodsi figura habeat N angulos gibbos A, B, C etc. adeoque praeter eos n—N angulos consueto sensu sumtos, vel concavos, quisque angulorum gibborum habebit alium ipsi contiguum, extrorsum vergentem, solito sensu sumtum, A v. c. habebit angulum contiguum a, B angulum b, etc. ita ut $A=4R-a$, $B=4R-b$ etc. adeoque $A+B+C$ ..... (quorum numerus N) $=4N.R-(a+b+c$ ....). Iam, si summa angulorum concavorum figurae ae-

Καὶ ἐπεὶ παράλληλός ἐστιν ἡ ΑΒ τῇ ΓΕ, καὶ εἰς αὐτὰς ἐμπέπτωκεν ἡ ΑΓ, αἱ ἐναλλὰξ γωνίαι αἱ ὑπὸ ΒΑΓ, ΑΓΕ ἴσαι ἀλλήλαις εἰσίν. Πάλιν, ἐπεὶ παράλληλός ἐστιν ἡ ΑΒ τῇ ΓΕ, καὶ εἰς αὐτὰς ἐμπέπτωκεν εὐθεῖα ἡ ΒΔ· ἡ ἐκτὸς γωνία ἡ ὑπὸ ΕΓΔ ἴση ἐστὶ τῇ ἐντὸς καὶ ἀπεναντίον τῇ ὑπὸ ΑΒΓ. Ἐδείχθη δὲ καὶ ἡ ὑπὸ ΑΓΕ τῇ ὑπὸ ΒΑΓ ἴση· ὅλη ἄρα ἡ ὑπὸ ΑΓΔ ἐκτὸς γωνία ἴση ἐστὶ δυσὶ ταῖς ἐντὸς καὶ ἀπεναντίον ταῖς ὑπὸ ΒΑΓ, ΑΒΓ.

qualis sit angulo S, erit $S+A+B+C \ldots\ldots = (n-2)\times 2R$, adeoque $S+4N.R-(a+b+c \ldots\ldots) = 2nR-4R$, vel $S-(a+b+c \ldots\ldots) = 2nR-(N+1)4R$, i. e. summa angulorum concavorum figurae superabit summam angulorum gibbis contiguorum, duobus rectis tot vicibus sumtis, quot figura latera habet, demtis quatuor rectis una vice plus sumtis, quam anguli gibbi adsunt. Hinc consequitur, si fuerit $n=2(N+1)$ fore $S=a+b+c \ldots$ ut, si figura aliqua quatuor latera habuerit, adeoque $n=4$ fuerit, et unus in ea angulus gibbus sit, (plures enim tum gibbi esse nequeunt) erit $S=a$, quod etiam ex figura facile patet. Quodsi unum latus plura duobus e reliquis intersecet, figura implicatior vix dicere permittit, qui anguli interni aut externi vocari debeant, neque res tanti est, ut ei iam immorari liceat.

Cor. 15. Si in figura rectilinea, quae angulos gibbos non habet (Fig. 55.) singula latera figurae producantur ordinatim versus easdem partes, omnes anguli externi aequales erunt quatuor rectis, quicunque sit numerus laterum figurae. Nam quilibet externus cum ipsi contiguo interno aequalis est duobus rectis. Omnes igitur externi cum omnibus internis bis tot rectis aequales sunt, quot figura latera habet. At interni soli (Cor. 12.) bis tot rectis, quot figura latera habet, demtis quatuor rectis. Ergo anguli externi simul aequantur quatuor rectis. (Est etiam haec propositio Procli.)

Et quoniam parallela est AB rectae ΓE, et in ipsas incidit $A\Gamma$, alterni anguli $BA\Gamma$, $A\Gamma E$ aequales inter se sunt (Prop. 29). Rursus, quoniam parallela est AB rectae ΓE, et in ipsas incidit recta $B\Delta$, exterior angulus $E\Gamma\Delta$ aequalis est interiori et opposito $AB\Gamma$ (Prop. 29.). Ostensus autem est et $A\Gamma E$ angulo $BA\Gamma$ aequalis; totus igitur $A\Gamma\Delta$ exterior angulus aequalis est duobus interioribus et oppositis $BA\Gamma$, $AB\Gamma$.

Cor. 16. Si figurae rectilineae angulos gibbos habent (Fig. 56.), hi quidem proprie loquendo non habent angulum externum simili ratione, ac in reliquis, formatum. Unum enim latus anguli gibbi productum intra figuram cadit. Quodsi vero ad analogiam reliquorum eos angulos, quos unum latus productum cum latere sibi contiguo facit, improprie pro angulis externis sumere velis, erit excessus angulorum externorum proprie dictorum super hos externos improprie dictos aequalis duobus rectis. Quodsi enim omnes litterae idem significent, ac in Cor. 14., sit summa angulorum proprie dictorum externorum, qui ad (n—N) angulos concavos formantur, = angulo Σ, eritque $\Sigma = (n-N).2R-S = n.2R-N.2R-S$. Deinde, si anguli illi improprie dicti externi, qui ad angulos gibbos proveniunt uno latere producto, vocentur α, β, γ . . . erunt $\alpha+\beta+\gamma \ldots = A+B+C \ldots - 2N.R$, adeoque $\Sigma - (\alpha+\beta+\gamma \ldots) = n.2R-S-(A+B+C \ldots)$. At ex Cor. 14. $S+A+B+C \ldots = (n-2).2R = n.2R-4R$, hinc $\Sigma - (\alpha+\beta+\gamma \ldots) = 4R$. Etiam hic figuras tantum consideramus, in quibus nullum latus pluribus quam duobus e reliquis occurrit.

Cor. 17. Si figura aliqua rectilinea (Fig. 57.) ita comparata sit, ut duo quaecunque latera, quae unum latus inter se interpositum habent, extra figuram ab ea lateris interpositi parte, e qua non est figura rectilinea, concurrant, anguli, quos haec latera efficiunt, simul sumti bis tot rectos efficiunt,

Κοινὴ προςκείσθω ἡ ὑπὸ ΑΓΒ· αἱ ἄρα ὑπὸ ΑΓΔ, ΑΓΒ τρισὶ ταῖς ὑπὸ ΔΒΓ, ΒΓΔ, ΓΔΒ ἴσαι εἰσίν. Ἀλλ' αἱ ὑπὸ ΑΒΔ, ΑΓΒ δυσὶν ὀρθαῖς ἴσαι εἰσί· καὶ αἱ ὑπὸ ΑΓΒ, ΓΒΑ, ΓΑΒ ἄρα δυσὶν ὀρθαῖς ἴσαι εἰσίν. Παντὸς ἄρα τριγώνου καὶ τὰ ἑξῆς.

ΠΡΟΤΑΣΙΣ λγ'.

Αἱ τὰς ἴσας τε καὶ παραλλήλους ἐπὶ τὰ αὐτὰ μέρη ἐπιζευγνύουσαι εὐθεῖαι, καὶ αὐταὶ ἴσαι τε καὶ παράλληλοί εἰσιν.

Ἔστωσαν ἴσαι τε καὶ παράλληλοι αἱ ΑΒ, ΓΔ, καὶ ἐπιζευγνύτωσαν αὐτὰς ἐπὶ τὰ αὐτὰ μέρη εὐθεῖαι αἱ ΑΓ, ΒΔ· λέγω, ὅτι καὶ αἱ ΑΓ, ΒΔ ἴσαι τε καὶ παράλληλοί εἰσιν.

Ἐπεζεύχθω γὰρ ἡ ΒΓ.

quot figura habet latera, demtis octo rectis, v. c. in pentagono duos, in hexagono quatuor, in figura n laterum 2nR—8R. Formantur enim n triangula, quorum anguli efficiunt 2nR, a quibus si subtrahantur anguli figurae externi bis sumti, erunt anguli illi nunc demum formati simul =2nR —8R. In triangulis et quadrilateris occursus ille ita, ut diximus, locum habere nequit. De pentagono rem primum demonstravit Campanus. Idem adhuc valet, etiamsi duo latera, quae unum inter se interpositum habent, parallela sint.

Cor. 18. In figuris rectilineis, quarum omnes anguli aequales sunt, e numero laterum vel angulorum facile quantitas uniuscuiusque anguli determinatur. Quum enim ex Cor. 12. omnes anguli simul in figura, quae n latera habet, sint (n—2).2R, erit unusquisque angulorum $=\frac{(n-2).2R}{n}=2R-\frac{4R}{n}$.

Cor. 19. Quum omnes anguli circa aliquod punctum constituti simul efficiant quatuor rectos (I. 15. Cor. 3.) spatium circa aliquod punctum figuris aequiangulis eundem om-

Communis addatur *ΑΓΒ*; ergo *ΑΓΔ*, *ΑΓΒ* tribus *ΑΒΓ*, *ΒΓΑ*, *ΓΑΒ* aequales sunt. Sed *ΑΓΔ*, *ΑΓΒ* duobus rectis aequales sunt (Prop. 13.); et *ΑΓΒ*, *ΓΒΑ*, *ΓΑΒ* igitur duobus rectis aequales sunt. Omnis igitur trianguli etc.

PROPOSITIO XXXIII. (Fig. 58.)

Quae et aequales et parallelas ad easdem partes coniungunt rectae, et ipsae aequales et parallelae sunt.

Sint et aequales et parallelae *ΑΒ*, *ΓΔ*, et coniungant ipsas ad easdem partes rectae *ΑΓ*, *ΒΔ*; dico et *ΑΓ*, *ΒΔ* et aequales et parallelas esse.

Iungatur enim *ΒΓ*.

nibus angulum ad hoc punctum comprehendentibus tum saltem expleri poterit, si unus istorum angulorum pars aliquota quatuor rectorum fuerit, vel, si numerus n laterum talis figurae ita sit comparatus, ut $4R : \frac{(n-2).2R}{n}$, vel $\frac{2n}{n-2}$ sit numerus integer. Id vero non fiet, nisi sit vel n=3 (ubi sex anguli trianguli aequianguli i. e. aequilateri spatium explebunt), vel n=4 (ubi quatuor anguli quadrilateri aequianguli i. e. rectanguli idem efficient) vel n=6 (ubi tres anguli hexagoni aequianguli rem praestabunt). Pythagoricum hoc theorema esse ad I. 15. Cor. observat Proclus.

PROPOSITIO XXXIII.

Obs. Hac ratione pariter ac in I. 29. Cor. 5. oriuntur parallelogramma, et quidem hic ea addita conditione, ut unum parallelogrammi latus, cui aequale est alterum ipsi oppositum, magnitudine datum esse possit.

Cor. 1. Recta, cuius duo puncta ab alia recta aeque distant, i. e. e cuius duobus punctis in alteram demissa per-

Καὶ ἐπεὶ παράλληλός ἐστιν ἡ ΑΒ τῇ ΓΔ, καὶ εἰς αὐτὰς ἐμπέπτωκεν ἡ ΒΓ, αἱ ἐναλλὰξ γωνίαι αἱ ὑπὸ ΑΒΓ, ΒΓΔ ἴσαι ἀλλήλαις εἰσίν. Καὶ ἐπεὶ ἴση ἐστὶν ἡ ΑΒ τῇ ΓΔ, κοινὴ δὲ ἡ ΒΓ, δύο δὴ αἱ ΑΒ, ΒΓ, δυσὶ ταῖς ΓΔ, ΒΓ ἴσαι εἰσί· καὶ γωνία ἡ ὑπὸ ΑΒΓ γωνίᾳ τῇ ὑπὸ ΒΓΔ ἴση ἐστίν. Βάσις ἄρα ἡ ΑΓ βάσει τῇ ΒΔ ἐστὶν ἴση, καὶ τὸ ΑΒΓ τρίγωνον τῷ ΒΓΔ τριγώνῳ ἴσον ἐστὶ, καὶ αἱ λοιπαὶ γωνίαι ταῖς λοιπαῖς γωνίαις ἴσαι ἔσονται, ἑκατέρα ἑκατέρᾳ, ὑφ' ἃς αἱ ἴσαι πλευραὶ ὑποτείνουσιν· ἴση ἄρα ἡ ὑπὸ ΑΓΒ γωνία τῇ ὑπὸ ΓΒΔ. Καὶ ἐπεὶ εἰς δύο εὐθείας τὰς ΑΓ, ΒΔ εὐθεῖα ἐμπίπτουσα ἡ ΒΓ τὰς ἐναλλὰξ γωνίας τὰς ὑπὸ ΑΓΒ, ΓΒΔ ἴσας ἀλλήλαις πεποίηκε· παράλληλος ἄρα ἐστὶν ἡ ΑΓ τῇ ΒΔ. Ἐδείχθη δὲ αὐτῇ καὶ ἴση. Αἱ ἄρα τὰς ἴσας καὶ τὰ ἑξῆς.

ΠΡΟΤΑΣΙΣ λδ΄.

Τῶν παραλληλογράμμων χωρίων αἱ ἀπεναντίον πλευραί τε καὶ γωνίαι ἴσαι ἀλλήλαις εἰσὶ, καὶ ἡ διάμετρος αὐτὰ δίχα τέμνει.

pendicula aequalia sunt, huic alteri parallela est. Hinc nova constat ratio per datum punctum rectam alteri datae parallelam ducendi.

Cor. 2. Quodsi vero duo puncta *Α*, *Β* (Fig. 59.) rectae alicuius ab alia recta *ΓΔ* inaequaliter distent, ita nempe, ut perpendiculorum ex iis in alteram rectam demissorum unum v. c. *ΒΔ* maius sit altero *ΑΓ*, rectae *ΑΒ*, *ΓΔ* productae concurrent. Sumta enim *ΔΕ*=*ΑΓ*, erit ducta *ΑΕ* parallela rectae *ΓΔ*, hinc *ΑΒ* ei parallela esse nequit (I. 31. Cor.).

PROPOSITIO XXXIV.

Obs. Circa hanc propositionem multa adhuc, quae vel ex ea ipsa, vel ex natura parallelogrammorum consequuntur,

Et quoniam parallela est AB rectae $\Gamma\varDelta$, et in ipsas incidit $B\Gamma$, alterni anguli $AB\Gamma$, $B\Gamma\varDelta$ aequales inter se sunt (Prop. 29.). Et quoniam aequalis est AB rectae $\Gamma\varDelta$, communis autem $B\Gamma$; duae igitur AB, $B\Gamma$ duabus $\Gamma\varDelta$, $B\Gamma$ aequales sunt, et angulus $AB\Gamma$ angulo $B\Gamma\varDelta$ aequalis. Basis igitur $A\Gamma$ basi $B\varDelta$ est aequalis, et triangulum $AB\Gamma$ triangulo $B\Gamma\varDelta$ aequale est, et reliqui anguli reliquis angulis aequales erunt, uterque utrique, quos aequalia latera subtendunt (Prop. 4.); aequalis est igitur angulus $A\Gamma B$ angulo $\Gamma B\varDelta$. Et quoniam in duas rectas $A\Gamma$, $B\varDelta$ recta incidens $B\Gamma$, alternos angulos $A\Gamma B$, $\Gamma B\varDelta$ aequales inter se facit, parallela est $A\Gamma$ rectae $B\varDelta$ (Prop. 27.). Ostensa est autem ipsi et aequalis; quae igitur aequalis etc.

PROPOSITIO XXXIV. (Fig. 58.)

Parallelogrammorum spatiorum et opposita latera et anguli aequalia inter se sunt, et diameter ea bifariam secat.

observari possunt, quae e Proclo, Thom. Simpson., Clavio, Pfleidereri schedis huc conferemus. Et in ipsa quidem theorematis enunciatione notari potest, diametrum spatia parallelogramma non tantum bifariam, sed praecise in triangula perfecte congruentia dividere, ut etiam e demonstratione patet.

Cor. 1. Duae parallelogrammi diametri $B\Gamma$, $A\varDelta$ (Fig. 60.) se invicem in puncto E bifariam secant ex I. 26. ob $AB = \varDelta\Gamma$ (I. 34.) $BAE = E\varDelta\Gamma$ (I. 29.) $ABE = E\Gamma\varDelta$ (I. 29.). Simul patet, esse triangula opposita ABE, $\varDelta E\Gamma$, pariterque $AE\Gamma$, $\varDelta EB$ aequalia.

Cor. 2. Si per punctum E in media diametro positum (Fig. 61.) ducatur recta quaecunque $Z\Theta$, dividit illa parallelogrammum in duo quadrilatera inter se congruentia $BZ\varDelta\Theta$,

Ἔστω παραλληλόγραμμον χωρίον τὸ *ΑΓΔΒ*, διάμετρος δὲ αὐτοῦ ἡ *ΒΓ*· λέγω, ὅτι τοῦ *ΑΓΔΒ* παραλληλογράμμου αἱ ἀπεναντίον πλευραί τε καὶ γωνίαι ἴσαι ἀλλήλαις εἰσὶ, καὶ ἡ *ΒΓ* διάμετρος αὐτὸ δίχα τέμνει.

Ἐπεὶ γὰρ παράλληλός ἐστιν ἡ *ΑΒ* τῇ *ΓΔ*, καὶ εἰς αὐτὰς ἐμπέπτωκεν εὐθεῖα ἡ *ΒΓ*, αἱ ἐναλλὰξ γω-

ΓΘΖΑ, ob aequalia triangula *ΑΒΔ*, *ΔΓΑ*, pariterque aequalia *ΑΕΖ*, *ΔΕΘ*. Punctum *E* centrum figurae vocare solent.

Cor. 3. Rectae *AB*, quae alteri *ΓΔ* parallela est, omnia puncta aequaliter ab hac distant, vel omnia perpendicula a recta aliqua in aliam ipsi parallelam demissa sunt inter se aequalia.

Cor. 4. Si e pluribus punctis rectae alicuius plura aequalia perpendicula in eodem plano erigantur, una eademque recta, priori parallela, omnia perpendiculorum extrema iungit.

Cor. 5. Quadrilaterum, cuius bini oppositi anguli aequales sunt, est parallelogrammum. Quum enim omnes quadrilateri cuiuscunque anguli aequales sint quatuor rectis (I. 32. Cor. 12.) et bini oppositi aequales esse ponantur, anguli eidem lateri cuicunque adiacentes dimidium omnium angulorum quadranguli i. e. duos rectos efficient, adeoque duo quaevis latera opposita aequalia erunt. Nominatim itaque quodvis quadrangulum, cuius omnes anguli recti sunt, est parallelogrammum. Pariter, si duo quaevis opposita latera aequalia sint, figuram parallelogrammam esse, iam I. 27. Cor. 1. vidimus. Cf. Isaac. Monachus l. c.

Cor. 6. Non sufficit ad constituendam figuram parallelogrammam, ut duo quidem quadrilateri latera opposita parallela, reliqua duo autem aequalia sint, id quod ostendit Proclus ope trianguli aequicruri, a cuius cruribus si utrimque ex vertice partes aequales abscindantur, et puncta harum par-

Sit parallelogrammum spatium $A\Gamma\Delta B$, diameter autem ipsius $B\Gamma$; dico $A\Gamma\Delta B$ parallelogrammi opposita et latera et angulos aequalia inter se esse, et $B\Gamma$ diametrum illud bifariam secare.

Quoniam enim parallela est AB rectae $\Gamma\Delta$, et in ipsas incidit recta $B\Gamma$, alterni anguli $AB\Gamma$, $B\Gamma\Delta$,

tium extrema recta iungantur, existet figura quadrilatera, in qua duo quidem latera opposita parallela, reliqua autem opposita latera aequalia sunt, quae tamen manifesto non est parallelogramma.

Cor. 7. Pariter non sufficit ad probandum, figuram aliquam esse parallelogrammum, si ostendatur, diametrum dividere quadrilaterum in triangula perfecte congruentia, nisi ea simul ita posita sint, ut latera aequalia sibi invicem opponantur. Minus igitur accuratum est, quod Isaac. Monachus de hac re habet.

Cor. 8. At, si duae diametri $B\Gamma$, $A\Delta$ altera alteram bifariam secet (Fig. 60.), tum quadrilaterum $AB\Gamma\Delta$ parallelogrammum erit. Erunt enim ex I. 4. anguli BAE, $\Gamma\Delta E$ aequales, adeoque AB rectae $\Gamma\Delta$ parallela, pariterque ob $EA\Gamma = E\Delta B$, erit AB parallela rectae $B\Delta$.

Cor. 9. Dato uno parallelogrammi angulo dantur omnes.

Cor. 10. Nominatim, si unus rectus fuerit, recti erunt etiam reliqui; si unus obliquus, etiam reliqui obliqui erunt. Unde parallelogramma rectangula vel obliquangula.

Cor. 11. Quodvis quadrangulum aequiangulum est parallelogrammum rectangulnm.

Cor. 12. Datis duobus parallelogrammi lateribus adiacentibus dantur etiam reliqua.

Cor. 13. Si duo latera adiacentia parallelogrammi aequalia sint, omnia latera erunt aequalia; si duo adiacentia inaequalia, reliqua etiam erunt inter se inaequalia. Hinc parallelogramma aequilatera et scalena.

νίαι αἱ ὑπὸ ΑΒΓ, ΒΓΔ ἴσαι ἀλλήλαις εἰσίν. Πάλιν, ἐπεὶ παράλληλός ἐστιν ἡ ΑΓ τῇ ΒΔ, καὶ εἰς αὐτὰς ἐμπέπτωκεν ἡ ΒΓ, αἱ ἐναλλὰξ γωνίαι αἱ ὑπὸ ΑΓΒ,·

Cor. 14. Quodvis quadrangulum aequilaterum est parallelogrammum aequilaterum.

Cor. 15. Aequilatera parallelogramma esse possunt vel rectangula (quadratum) vel obliquangula (rhombus), pariter scalena parallelogramma erunt vel rectangula (oblongum vel rectangulum proprie dictum) vel obliquangula (rhomboides). Cf. Def. 30—33.

Cor. 16. Describentur haec facile ex I. 31. dato in aequilateris uno latere et angulo adiacente, in scalenis duobus lateribus contiguis cum angulo ab iis intercepto.

Cor. 17. Parallelogrammi rectanguli diametri sunt aequales, obtusanguli inaequales, ita ut illa maior sit, quae maiori angulo opponitur.

Cor. 18. Vicissim, si parallelogrammi duae diametri aequales sint, erit illud rectangulum; sin inaequales, erit obtusangulum, ita ut maior angulus maiori diametro opponatur.

Cor. 19. In parallelogrammo aequilatero quaevis diameter bifariam secat angulos, per quos transit; in scaleno autem angulos inaequaliter dividit, ita quidem, ut maior angulus minori parallelogrammi lateri adiaceat, minor maiori, et vicissim.

Cor. 20. In parallelogrammo aequilatero duae diametri sibi invicem ad angulos rectos insistunt, in scaleno obtusos angulos efficiunt, quorum acutus minori, obtusus maiori parallelogrammi lateri obvertitur, et vicissim. Priore casu parallelogrammum in quatuor triangula congruentia dividitur, posteriore tantum duo triangula sibi opposita congruunt.

Cor. 21. Duo parallelogramma, in quibus duo latera contigua unius cum angulo, quem comprehendunt, aequalia sunt duobus lateribus alterius cum angulo, quem comprehendunt, aequalia sunt. Nominatim itaque, si latus unius quadrati aequale sit lateri alterius, aequalia erunt, pariterque in

aequales inter se sunt (Prop. 29.). Rursus, quoniam parallela est $A\Gamma$ rectae $B\Delta$, et in ipsas incidit $B\Gamma$, alterni anguli $A\Gamma B$, $\Gamma B\Delta$ aequales inter se sunt

reliquis. Contra vero, si unum quidem latus cum angulo adiacente utrimque aequale sit, alterum autem latus in uno parallelogrammo maius ac in altero, erit etiam prius parallelogrammum maius altero.

Cor. 22. Vicissim: latera duorum aequalium quadratorum sunt aequalia: aequalia rectangula, quae eandem basin habent, eandem etiam habent altitudinem (perpendiculum e latere opposito in basin demissum); aequales et aequianguli rhombi aequalia habent latera; si in aequalibus et aequiangulis rhomboïdibus unum prioris latus aequale sit uni posterioris, erit etiam alterum prioris latus aequale alteri posterioris.

Cor. 23. Si in uno anguli alicuius crure AB (Fig. 62.) sint partes quotcunque ΔE, EZ etc. aequales, et per puncta earum extrema ducantur rectae inter se parallelae, quae alteri cruri $A\Gamma$ in punctis H, I, K occurrunt, erunt partes HI, IK etc. pariter aequales. Ducatur enim per I recta $I\Lambda$ rectae ΔZ parallela (I. 31.) quae rectam ΔH in Θ, rectam ZK in Λ secet (I. 29. Cor. 3.), eritque ob $I\Theta = \Delta E$ (I. 34.) et $I\Lambda = EZ$ (I. 34.), quum ex hypoth. sit $\Delta E = EZ$, etiam $I\Theta = I\Lambda$, adeoque, quum praeterea angulus $H\Theta I = I\Lambda K$ (I. 29.), et $\Theta IH = \Lambda IK$ (I. 15.), $HI = IK$. Idem valet, si inde a puncto A partes aequales abscindantur (Fig. 63.). Hinc facile est rectam datam in partes quotcunque aequales dividere. Contra vero, si ΔE, EZ etc. pariterque HI, IK etc. aequales sint, sintque duae rectarum ΔH, EI, ZK etc. inter se parallelae, parallelae erunt etiam reliquae; vel, si partes e puncto A sumptae AE, EZ etc. aequales sint, pariterque AI, IK etc. erunt etiam ductae EI, ZK parallelae, quod facile patet, si contrarium sumatur.

Cor. 24. Si latera quadrilateri cuiuscunque $AB\Gamma\Delta$ (Fig. 64.) bisecentur in E, Z, Θ, H, et iungantur EZ, $Z\Theta$, ΘH, HE, erunt in figura $EZ\Theta H$ bina quaevis opposita latera pa-

ΓΒΔ ἴσαι ἀλλήλαις εἰσίν. Δύο δὴ τρίγωνά ἐστι τὰ ΑΒΓ, ΒΓΔ τὰς δύο γωνίας τὰς ὑπὸ ΑΒΓ, ΒΓΑ δυσὶ ταῖς ὑπὸ ΒΓΔ, ΓΒΔ ἴσας ἔχοντα, ἑκατέραν ἑκατέρᾳ, καὶ μίαν πλευρὰν μιᾷ πλευρᾷ ἴσην, τὴν πρὸς ταῖς ἴσαις γωνίαις, κοινὴν αὐτῶν τὴν ΒΓ· καὶ τὰς λοιπὰς ἄρα πλευρὰς ταῖς λοιπαῖς ἴσας ἕξει, ἑκατέραν ἑκατέρᾳ, καὶ τὴν λοιπὴν γωνίαν τῇ λοιπῇ γωνίᾳ· ἴση ἄρα ἡ μὲν ΑΒ πλευρὰ τῇ ΓΔ, ἡ δὲ ΑΓ τῇ ΒΔ, καὶ ἡ ὑπὸ ΒΑΓ γωνία τῇ ὑπὸ ΒΔΓ. Καὶ ἐπεὶ ἴση ἐστὶν ἡ μὲν ὑπὸ ΑΒΓ γωνία τῇ ὑπὸ ΒΓΔ, ἡ δὲ ὑπὸ ΓΒΔ τῇ ὑπὸ ΑΓΒ· ὅλη ἄρα ἡ ὑπὸ ΑΒΔ ὅλῃ τῇ ὑπὸ ΑΓΔ ἐστὶν ἴση· ἐδείχθη δὲ καὶ ἡ ὑπὸ ΒΑΓ τῇ ὑπὸ ΓΔΒ ἴση.

rallela. Nam ex praec. Cor. tam *EH*, quam *ZΘ* parallela est rectae *BΓ*, adeoque *EH*, *ZΘ* (I. 29. Cor. 3.) inter se parallelae erunt, eodemque modo ostendetur, *EZ*, *HΘ* parallelas esse; est itaque *EZΘH* parallelogrammum. Habet hoc theorema Thom. Simpson. Elem. of Geom. Lond. 1800. p. 27.

Cor. 25. Caeterum esse, praeter parallelogramma vulgo dicta, multas adhuc figuras, quarum latera opposita parallela sint, Proclus et post eum Clavius monent. Latera opposita nempe sunt, quae ex utraque sui parte parem laterum numerum in figura habent. Nempe in figura quacunque aequiangula, quae parem numerum laterum habent (aequilatera etiam esse, quod Proclus et Clavius volunt, nihil attinet) latera opposita erunt parallela. Quodsi enim numerus laterum sit =2 n, erit numerus laterum ex utravis parte laterum oppositorum *AΘ*, *ΔE* (Fig. 65.) =n—1. Ducta deinde *AΔ*, habebit figura ex altera rectae *AΔ* parte v. c. dextra n latera, *recta AΔ pariter cum reliquis computata*, ex altera (sinistra parte) *recta AΔ pariter cum reliquis computata*, (n+2) latera, itaque omnes anguli figurae a dextra parte efficiunt ex I. 32. Cor. 12. (n—2).2R, vel 2nR—4R: omnes autem anguli figurae a

(Prop. 29.). Duo igitur triangula sunt $AB\Gamma$, $B\Gamma\Delta$, duos angulos $AB\Gamma$, $B\Gamma A$ duobus angulis $B\Gamma\Delta$, $\Gamma B\Delta$ aequales habentia, utrumque utrique, et unum latus uni lateri aequale, quod est ad aequales angulos, commune utrique $B\Gamma$; et reliqua igitur reliquis lateribus aequalia habebunt, utrumque utrique, et reliquum angulum reliquo angulo (Prop. 26.); aequale igitur est AB quidem latus lateri $\Gamma\Delta$, $A\Gamma$ vero lateri $B\Delta$, et angulus $BA\Gamma$ angulo $B\Delta\Gamma$. Et quoniam aequalis est quidem angulus $AB\Gamma$ angulo $B\Gamma\Delta$, et $\Gamma B\Delta$ angulo $A\Gamma B$; totus igitur $AB\Delta$ toti $A\Gamma\Delta$ est aequalis (Ax. 2.); ostensus est autem et $BA\Gamma$ angulo $\Gamma\Delta B$ aequalis.

sinistra parte rectae $A\Delta = n.2R = 2nR$. At figura a sinistra parte habet, praeter duos angulos rectae $A\Delta$ adiacentes, n angulos ad figuram aequiangulam primitus datam pertinentes, quorum quisque ex I. 32. Cor. 18. $= \frac{(2n-2).2R}{2n} = \frac{(2n-2)R}{n} = 2R - \frac{2R}{n}$. Itaque figura a sinistra parte, praeter duos illos rectae adiacentes, habebit $2nR-2R$. At vidimus, continere eam, si omnes anguli in calculum veniant, $2nR$. Duo itaque illi rectae $A\Delta$ adiacentes erunt aequales duobus rectis, adeoque rectae $A\Theta$, ΔE erunt parallelae (I. 29.).

Appendicis loco addi possunt de Trapeziis, sive figuris quadrilateris, in quibus duo saltem latera opposita parallela, reliqua duo non parallela sunt (ita nempe Proclus definit trapezia) sequentia:

1) Anguli adiacentes uni laterum non parallelorum simul sumpti duobus rectis aequales sunt (I. 29.).

2) Anguli oppositi semper inaequales sunt. Sit enim (Fig. 66.) trapezium $AB\Gamma\Delta$, et ducatur ΔE rectae $A\Gamma$ parallela,

Τῶν ἄρα παραλληλογράμμων χωρίων αἱ ἀπεναντίον πλευραί τε καὶ γωνίαι ἴσαι ἀλλήλαις εἰσίν.

Λέγω δὲ, ὅτι καὶ ἡ διάμετρος αὐτὰ δίχα τέμνει. Ἐπεὶ γὰρ ἴση ἐστὶν ἡ ΑΒ τῇ ΓΔ, κοινὴ δὲ ἡ ΒΓ, δύο δὴ αἱ ΑΒ, ΒΓ δυσὶ ταῖς ΔΓ, ΓΒ ἴσαι εἰσὶν, ἑκατέρα ἑκατέρᾳ, καὶ γωνία ἡ ὑπὸ ΑΒΓ γωνίᾳ τῇ ὑπὸ ΒΓΔ ἴση ἐστί· καὶ βάσις ἄρα ἡ ΑΓ βάσει τῇ ΒΔ ἴση ἐστί· καὶ τὸ ΑΒΓ ἄρα τρίγωνον τῷ ΒΔΓ τριγώνῳ ἴσον ἐστίν.

Ἡ ἄρα ΒΓ διάμετρος δίχα τέμνει τὸ ΑΓΔΒ παραλληλόγραμμον. Ὅπερ ἔδει δεῖξαι.

ΠΡΟΤΑΣΙΣ λέ.

Τὰ παραλληλόγραμμα, τὰ ἐπὶ τῆς αὐτῆς βάσεως ὄντα καὶ ἐν ταῖς αὐταῖς παραλλήλοις, ἴσα ἀλλήλοις ἐστίν.

eritque (I. 34.) angulus $E=\Gamma$, at $AB\Delta>E$ (I. 16.) adeoque $AB\Delta>\Gamma$.

3) Latera opposita parallela AB, $\Gamma\Delta$ sunt inaequalia. In constructione nempe antecedente erit $AE=\Gamma\Delta$ (I. 34.). At $AB<AE$, adeoque $AB<\Gamma\Delta$.

4) E triangulis, in quae diagonales trapezium (Fig. 67. 68.) dispescunt, duo illa, quorum bases sunt latera parallela, aequiangula sunt (I. 29.) reliqua duo in trapeziis tantum aequicruris (i. e. quorum ea latera aequalia sunt, quae non sunt parallela, et quae etiam, ut ducta per terminum unius recta alteri parallela facile patet, aequaliter inclinata sunt ad unumquodvis reliquorum laterum) inter se congruunt (I. 26.).

5) Neutra diagonalis bifariam secat alteram, sed utriusque diagonalis pars maior adiacet maiori duarum parallelarum, minor minori: in trapezio aequicruro tamen integrae diagonales pariterque partes unicuique parallelarum adiacentes aequales sunt.

Ergo parallelogrammorum spatiorum opposita et latera et anguli aequalia inter se sunt.

Dico et diametrum ipsa bifariam secare. Quoniam enim aequalis est AB rectae $\Gamma\Delta$, communis autem $B\Gamma$, duae igitur AB, $B\Gamma$ duabus $\Delta\Gamma$, ΓB aequales sunt, utraque utrique, et angulus $AB\Gamma$ angulo $B\Gamma\Delta$ aequalis est; et basis igitur $A\Gamma$ basi $B\Delta$ aequalis est (Prop. 4.); et igitur triangulum $AB\Gamma$ triangulo $B\Delta\Gamma$ aequale est.

Ergo $B\Gamma$ diameter bifariam secat $A\Gamma\Delta B$ parallelogrammum. Quod oportebat ostendere.

PROPOSITIO XXXV. (Fig. 70.)

Parallelogramma, super eadem basi constituta et in eisdem parallelis, aequalia inter se sunt.

6) Si in trapezio aliquo (Fig. 69.) una diagonalis $A\Delta$ bisecetur in puncto H, et per H recta ΘHI ducatur parallela lateribus trapezii parallelis inter se, bisecabit illa reliqua trapezii latera pariter ac alteram diagonalem. Ducatur enim HK parallela τῇ $B\Delta$, eruntque triangula AHK, $H\Delta I$ aequalia (I. 26.) ob $AH=H\Delta$ ex hyp., ang. $HAK=\Delta HI$ (I. 29.) et $AHK=H\Delta I$ (I. 29.) hinc $AK=HI$ et $KH=I\Delta$: at etiam $KH=BI$ (I. 34.) itaque $I\Delta=BI$. Eadem ratione ostenditur, ducta HA parallela τῇ $A\Gamma$ esse $A\Theta=\Theta\Gamma$. Denique ob $I\Delta=BI$, erit etiam (I. 34. Cor. 23.) $BZ=\Gamma Z$.

7) Iisdem manentibus, erit $\Theta Z=\frac{AB}{2}$, et $ZI=\frac{\Gamma\Delta}{2}$. Nam ob $AK=HI$ (nr. 6.) $=KB$ (I. 34.), et $BZ=\Gamma Z$ (nr. 6.) erit ducta KZ parallela rectae $A\Theta$ (I. 34. Cor. 23.), adeoque $\Theta Z=AK=\frac{AB}{2}$. Similiter, quum sit $\Gamma A=A\Delta$ (I. 34. Cor. 23.) et

Ἔστω παραλληλόγραμμα τὰ $AB\Gamma\Delta$, $EB\Gamma Z$ ἐπὶ τῆς αὐτῆς βάσεως ὄντα τῆς $B\Gamma$ καὶ ἐν ταῖς αὐταῖς παραλλήλοις ταῖς AZ, $B\Gamma$· λέγω, ὅτι ἴσον ἐστὶ τὸ $AB\Gamma\Delta$ τῷ $EB\Gamma Z$.

Ἐπεὶ γὰρ παραλληλόγραμμόν ἐστι τὸ $AB\Gamma\Delta$, ἴση ἐστὶν ἡ $A\Delta$ τῇ $B\Gamma$. Διὰ τὰ αὐτὰ δὲ καὶ ἡ EZ τῇ $B\Gamma$ ἐστὶν ἴση· ὥστε καὶ ἡ $A\Delta$ τῇ EZ ἐστὶν ἴση· καὶ κοινὴ ἡ ΔE· ὅλη ἄρα ἡ AE ὅλῃ τῇ ΔZ ἐστὶν ἴση. Ἔστι δὲ καὶ ἡ AB τῇ $\Delta\Gamma$ ἴση· δύο δὴ αἱ EA, AB δυσὶ ταῖς $Z\Delta$, $\Delta\Gamma$ ἴσαι εἰσὶν, ἑκατέρα ἑκατέρᾳ, καὶ γωνία ἡ ὑπὸ $Z\Delta\Gamma$ γωνίᾳ τῇ ὑπὸ EAB ἐστὶν ἴση, ἡ ἐκτὸς τῇ ἐντός· βάσις ἄρα ἡ EB βάσει τῇ $Z\Gamma$ ἴση ἐστὶ, καὶ τὸ EAB τρίγωνον τῷ $\Delta\Gamma Z$ τριγώνῳ ἴσον

$BZ = \Gamma\Delta$, erit ducta $Z\Delta$ parallela rectae $B\Delta$, adeoque $ZI = A\Delta = \frac{\Gamma\Delta}{2}$.

8) Iisdem manentibus erit linea ΘI aequalis dimidiae summae rectarum AB, $\Gamma\Delta$ et ZH aequalis dimidio excessui τῆς $\Gamma\Delta$ super AB. Est enim ex praeced. $\Theta Z = AK = KB = \frac{AB}{2}$, pariterque $ZI = \Gamma A = A\Delta = \frac{\Gamma\Delta}{2}$, adeoque $\Theta I = \frac{AB + \Gamma\Delta}{2}$. Et, quum etiam $HI = \frac{AB}{2}$, erit $ZH = \frac{\Gamma\Delta - AB}{2}$.

PROPOSITIO XXXV.

Obs. 1. Debebant quidem, si omnia exacte persequi velis, tres casus distingui, prout vel puncta Δ, E coincidunt; vel recta EZ tota, (ut est in nostra Fig. 70.) extra $A\Delta$ cadit, vel punctum E inter A èt Δ situm est. Et in versione Campani omnes hi casus enumerantur, pariterque eos habent Proclus, Commandinus, Clavius, aliique. Quum autem levi tantum mutatione eadem demonstratio in omnes quadret, non opus visum fuit, ut reliquos casus adderemus. Rob. Simson.

Sint parallelogramma $AB\Gamma\Delta$, $EB\Gamma Z$ super eadem basi $B\Gamma$ constituta et in eisdem parallelis AZ, $B\Gamma$; dico aequale esse parallelogrammum $AB\Gamma\Delta$ parallelogrammo $EB\Gamma Z$.

Quoniam enim parallelogrammum est $AB\Gamma\Delta$, aequalis est $A\Delta$ rectae $B\Gamma$ (Prop. 34.). Ex eadem ratione et EZ rectae $B\Gamma$ est aequalis (Prop. 34.). Quare et $A\Delta$ rectae EZ est aequalis (Ax. 1.); et communis ΔE; tota igitur AE toti ΔZ est aequalis (Ax. 2.). Est autem et AB rectae $\Delta\Gamma$ aequalis (Prop. 34.); duae igitur EA, AB duabus $Z\Delta$, $\Delta\Gamma$ aequales sunt, utraque utrique, et angulus $Z\Delta\Gamma$ angulo EAB est aequalis (Prop. 29.), exterior interiori; basis igitur EB

in sua editione demonstrationem paulo immutavit, ut eadem prorsus fieret pro duobus postremis casibus. Paulo aliter adhuc ex I. 26. vel etiam ex I. 8. deduci poterat demonstratio. Caeterum in iisdem parallelis esse idem dicit, ac, quod alii dicunt, eandem altitudinem habere, quum altitudo parallelarum nihil aliud sit, quam distantia basis a parallela ipsi opposita. Cf. VI. Def. 4. Proclus addit, hoc aliaque ipsi similia theoremata appellari posse τοπικὰ, quod nempe recta $A\Delta$ utrimque quantumlibet producta locus (τόπος) est, in quem recta EZ semper incidere debet. Quodsi $A\Delta$ ita locum rectae EZ vocare velis, erit ille τόπος διεξοδικὸς, ut itaque pateat, etiam locum lineae in linea, non tantum in superficie, ut Pappus ait in Praefat. ad libr. VII. Collect. Mathem. esse posse τόπον διεξοδικὸν i. e. locum subinde ulterius quasi procedentem. Et quidem erit is locus ad rectam, locus planus (τόπος ἐπίπεδος). Idem valet de iis, quae proxime sequuntur, propositionibus 36. 37. 38. 41. Conf. Apollonii loca plana I. 3. et Isaac. Monach. in Schol. ad h. l.

Cor. 1. Speciatim quodvis parallelogrammum aequale est rectangulo super eadem basi in iisdem parallelis constituto.

ἔσται. Κοινὸν ἀφῃρήσθω τὸ ΔΗΕ· λοιπὸν ἄρα τὸ ΑΒΗΔ τραπέζιον λοιπῷ τῷ ΕΗΓΖ τραπεζίῳ ἐστὶν ἴσον. Κοινὸν προσκείσθω τὸ ΗΒΓ τρίγωνον· ὅλον ἄρα τὸ ΑΒΓΔ παραλληλόγραμμον ὅλῳ τῷ ΕΒΓΖ παραλληλογράμμῳ ἴσον ἐστίν. Τὰ ἄρα παραλληλόγραμμα καὶ τὰ ἑξῆς.

ΠΡΟΤΑΣΙΣ λϛ΄.

Τὰ παραλληλόγραμμα, τὰ ἐπὶ τῶν ἴσων βάσεων ὄντα καὶ ἐν ταῖς αὐταῖς παραλλήλοις, ἴσα ἀλλήλοις ἐστίν.

Ἔστω παραλληλόγραμμα τὰ ΑΒΓΔ, ΕΖΗΘ ἐπὶ ἴσων βάσεων ὄντα τῶν ΒΓ, ΖΗ, καὶ ἐν ταῖς αὐταῖς παραλλήλοις ταῖς ΑΘ, ΒΗ· λέγω, ὅτι ἴσον ἐστὶ τὸ ΑΒΓΔ παραλληλόγραμμον τῷ ΕΖΗΘ.

Ἐπεζεύχθωσαν γὰρ αἱ ΒΕ, ΓΘ.

Καὶ ἐπεὶ ἴση ἐστὶν ἡ ΒΓ τῇ ΖΗ, ἀλλὰ ἡ ΖΗ τῇ ΕΘ ἐστὶν ἴση· καὶ ἡ ΒΓ ἄρα τῇ ΕΘ ἐστὶν ἴση. Εἴσι δὲ καὶ παράλληλοι καὶ ἐπιζευγνύουσιν αὐτὰς αἱ ΒΕ, ΓΘ, αἱ δὲ τὰς ἴσας τε καὶ παραλλήλους ἐπὶ τὰ αὐτὰ μέρη ἐπιζευγνύουσαι ἴσαι τε καὶ παράλληλοί εἰσι· καὶ αἱ ΕΒ, ΓΘ ἄρα ἴσαι τέ εἰσι καὶ παράλλη-

Cor. 2. Quodsi vero caeteris manentibus, basis unius parallelogrammi maior sit, basi alterius, erit etiam prius parallelogrammum maius, quam hoc posterius. Et quam multiplex est basis unius talium parallelogrammorum basis alterius, tam multiplex est etiam illud parallelogrammum huius.

Cor. 3. Quae hic de parallelogrammis demonstrata sunt, valent eodem modo de duobus trapeziis, quorum unum latera inter se parallela in iisdem parallelis constituta atque eiusdem magnitudinis habet ac alterum.

basi $Z\Gamma$ aequalis est, et EAB triangulum ipsi $\Delta\Gamma Z$ triangulo aequale erit (Prop. 4.). Commune auferatur ΔHE; reliquum igitur $ABH\Delta$ trapezium reliquo $EH\Gamma Z$ trapezio est aequale (Ax. 3.). Commune addatur $HB\Gamma$ triangulum; totum igitur $AB\Gamma\Delta$ parallelogrammum toti $EB\Gamma Z$ parallelogrammo aequale est (Ax. 2.). Ergo parallelogramma etc.

PROPOSITIO XXXVI. (Fig. 71.)

Parallelogramma, super aequalibus basibus constituta et in eisdem parallelis, aequalia inter se sunt.

Sint parallelogramma $AB\Gamma\Delta$, $EZH\Theta$ super aequalibus basibus constituta $B\Gamma$, ZH, et in eisdem parallelis $A\Theta$, BH; dico aequale esse parallelogrammum $AB\Gamma\Delta$ parallelogrammo $EZH\Theta$.

Iungantur enim BE, $\Gamma\Theta$.

Et quoniam aequalis est $B\Gamma$ rectae ZH, et ZH rectae $E\Theta$ est aequalis (Prop. 34.); et $B\Gamma$ igitur rectae $E\Theta$ est aequalis (Ax. 1.). Sunt autem et parallelae, et iungunt ipsas rectae BE, $\Gamma\Theta$, quae autem aequales et parallelas ad easdem partes coniungunt, aequales et parallelae sunt (Prop. 33.); et EB, $\Gamma\Theta$

Obs. 2. Caeterum, ut Clavius monet, ac facile demonstrari potest, conversa quoque locum habet: nempe parallelogramma aequalia super basibus aequalibus ad easdem partes constituta sunt in iisdem parallelis. Et alia adhuc conversa valet: Si duo parallelogramma aequalia in iisdem parallelis ita constituta sint, ut bases ex una parte in eodem puncto terminentur, sintque bases ad easdem partes huius puncti positae, etiam ex altera parte in eodem puncto terminabuntur, adeoque congruent. Similiter converti potest etiam Cor. 3.

λοι. Παραλληλόγραμμον ἄρα ἐστὶ τὸ ΕΒΓΘ, καί ἐστιν ἴσον τῷ ΑΒΓΔ· βάσιν τε γὰρ αὐτῷ τὴν αὐτὴν ἔχει τὴν ΒΓ, καὶ ἐν ταῖς αὐταῖς παραλλήλοις ἐστὶν αὐτῷ, ταῖς ΒΓ, ΑΘ. Διὰ τὰ αὐτὰ δὴ καὶ τὸ ΕΖΗΘ τῷ αὐτῷ τῷ ΕΒΓΘ ἐστὶν ἴσον· ὥςτε καὶ τὸ ΑΒΓΔ παραλληλόγραμμον τῷ ΕΖΗΘ ἐστὶν ἴσον. Τὰ ἄρα παραλληλόγραμμα καὶ τὰ ἑξῆς.

ΠΡΟΤΑΣΙΣ λϛ.

Τὰ τρίγωνα, τὰ ἐπὶ τῆς αὐτῆς βάσεως ὄντα καὶ ἐν ταῖς αὐταῖς παραλλήλοις, ἴσα ἀλλήλοις ἐστίν.

Ἔστω τρίγωνα τὰ ΑΒΓ, ΔΒΓ, ἐπὶ τῆς αὐτῆς βάσεως ὄντα τῆς ΒΓ καὶ ἐν ταῖς αὐταῖς παραλλήλοις ταῖς ΑΔ, ΒΓ· λέγω, ὅτι ἴσον ἐστὶ τὸ ΑΒΓ τρίγωνον τῷ ΔΒΓ τριγώνῳ.

Ἐκβεβλήσθω ἡ ΑΔ ἐφ᾽ ἑκάτερα τὰ μέρη ἐπὶ τὰ Ε, Ζ, καὶ διὰ μὲν τοῦ Β τῇ ΓΑ παράλληλος ἤχθω ἡ ΒΕ, διὰ δὲ τοῦ Γ τῇ ΒΔ παράλληλος ἤχθω ἡ ΓΖ.

Παραλληλόγραμμον ἄρα ἐστὶν ἑκάτερον τῶν ΕΒΓΑ, ΔΒΓΖ· καί εἰσιν ἴσα· ἐπί τε γὰρ τῆς αὐτῆς βάσεώς εἰσι τῆς ΒΓ καὶ ἐν ταῖς αὐταῖς παραλλήλοις ταῖς ΒΓ, ΕΖ· καί ἐστι τοῦ μὲν ΕΒΓΑ παραλληλογράμμου ἥμισυ τὸ ΑΒΓ τρίγωνον, ἡ γὰρ ΑΒ διάμετρος αὐτὸ δίχα τέμνει· τοῦ δὲ ΔΒΓΖ παραλληλογράμμου ἥμισυ τὸ ΔΒΓ τρίγωνον, ἡ γὰρ ΔΓ διάμετρος αὐτὸ

PROPOSITIO XXXVI.

Obs. Parallelogramma nempe intelliguntur, quae, si bases in eadem recta vel ipsa, vel producta, vel partim in ipsa basi, partim in basi producta, constituantur, latera his basibus opposita et parallela pariter habeant in eadem recta posita.

igitur et aequales sunt et parallelae. Parallelogrammum igitur est $EB\Gamma\Theta$, et est aequale parallelogrammo $AB\Gamma\Delta$ (Prop. 35.); basin enim eandem habet $B\Gamma$ quam ipsum, et in eisdem parallelis est $B\Gamma$, $A\Theta$. Ex eadem ratione, et $EZH\Theta$ eidem $EB\Gamma\Theta$ est aequale; quare et parallelogrammum $AB\Gamma\Delta$ parallelogrammo $EZH\Theta$ est aequale (Ax. 1.). Ergo parallelogramma etc.

PROPOSITIO XXXVII. (Fig. 72.)

Triangula super eadem basi constituta et in eisdem parallelis, aequalia inter se sunt.

Sint triangula $AB\Gamma$, $\Delta B\Gamma$ super eadem basi constituta $B\Gamma$ et in eisdem parallelis $A\Delta$, $B\Gamma$; dico aequale esse $AB\Gamma$ triangulum $\Delta B\Gamma$ triangulo.

Producatur $A\Delta$ ex utraque parte in E, Z, et per B quidem rectae ΓA parallela ducatur BE (Prop. 31.), per Γ vero rectae $B\Delta$ parallela ducatur ΓZ (Prop. 31.).

Parallelogrammum igitur est utrumque ipsorum $EB\Gamma A$, $\Delta B\Gamma Z$; et aequalia sunt (Prop. 35.); nam super eadem basi sunt $B\Gamma$ et in eisdem parallelis $B\Gamma$, EZ; et est parallelogrammi quidem $EB\Gamma A$ dimidium triangulum $AB\Gamma$; nam AB diameter ipsum bifariam secat (Prop. 34.); parallelogrammi autem $\Delta B\Gamma Z$ dimidium triangulum $\Delta B\Gamma$, nam $\Delta\Gamma$ diameter ipsum

Caeterum patet, similes et plures etiam ac in praecedente Prop. casus distingui posse, et generatim ea omnia, quae ad praecedentem propositionem notata sunt, corollaria et conversas etiam hic valere, unde non opus videtur, ea nominatim afferre. Parallelogramma haec quamvis inter se aequalia perimetros

δίχα τέμνει· τὰ δὲ τῶν ἴσων ἡμίση ἴσα ἀλλήλοις ἐστίν· ἴσον ἄρα ἐστὶ τὸ ΑΒΓ τρίγωνον τῷ ΔΒΓ τριγώνῳ. Τὰ ἄρα τρίγωνα καὶ τὰ ἑξῆς.

ΠΡΟΤΑΣΙΣ λή.

Τὰ τρίγωνα, τὰ ἐπὶ τῶν ἴσων βάσεων ὄντα καὶ ἐν ταῖς αὐταῖς παραλλήλοις, ἴσα ἀλλήλοις ἐστίν.

Ἔστω τρίγωνα τὰ ΑΒΓ, ΔΕΖ ἐπὶ ἴσων βάσεων ὄντα τῶν ΒΓ, ΕΖ, καὶ ἐν ταῖς αὐταῖς παραλλήλοις ταῖς ΒΖ, ΑΔ· λέγω, ὅτι ἴσον ἐστὶ τὸ ΑΒΓ τρίγωνον τῷ ΔΕΖ τριγώνῳ.

Ἐκβεβλήσθω γὰρ ἡ ΑΔ ἐφ' ἑκάτερα τὰ μέρη ἐπὶ τὰ Η, Θ, καὶ διὰ μὲν τοῦ Β τῇ ΓΑ παράλληλος ἤχθω ἡ ΒΗ, διὰ δὲ τοῦ Ζ τῇ ΔΕ παράλληλος ἤχθω ἡ ΖΘ.

Παραλληλόγραμμον ἄρα ἐστὶν ἑκάτερον τῶν ΗΒΓΑ, ΔΕΖΘ· καὶ ἴσον τὸ ΗΒΓΑ τῷ ΔΕΖΘ, ἐπί τε γὰρ ἴσων βάσεών εἰσι τῶν ΒΓ, ΕΖ, καὶ ἐν ταῖς αὐταῖς παραλλήλοις ταῖς ΒΖ, ΗΘ· καί ἐστι τοῦ μὲν ΗΒΓΑ

tamen diversissimas habere possunt, quod idem etiam valet de figuris, de quibus in Prop. 35. 37. 38. sermo est. Ad Prop. 37. Proclus, cuius textus hic mancus est, idem observat.

PROPOSITIO XXXVIII.

Obs. Casus iidem distingui possunt in hac et praecedente propositione ac in Prop. 35. et 36. et corollaria etiam similia et similes conversae locum habent.

Cor. 1. (Ex Peletario) Si basis trianguli bifariam secatur recta a vertice ducta, ipsum etiam triangulum eadem recta bifariam secabitur. Et universim duo triangula super aequalibus basibus in recta eadem vel producta constituta, quae eundem verticem habent, sunt aequalia: et triangulorum aeque

bifariam secat (Prop. 34.); aequalium autem dimidia aequalia inter se sunt (Ax. 7.); aequale igitur est triangulum $AB\Gamma$ triangulo $\Delta B\Gamma$. Ergo triangula etc.

PROPOSITIO XXXVIII. (Fig. 73)

Triangula super aequalibus basibus constituta et in eisdem parallelis, aequalia inter se sunt.

Sint triangula $AB\Gamma$, ΔEZ super aequalibus basibus constituta $B\Gamma$, EZ, et in eisdem parallelis BZ, $A\Delta$; dico aequale esse triangulum $AB\Gamma$ triangulo ΔEZ.

Producatur enim $A\Delta$ ex utraque parte in H, Θ, et per B quidem rectae ΓA parallela ducatur BH (Prop. 31.), per Z vero rectae ΔE parallela ducatur $Z\Theta$ (Prop. 31.).

Parallelogrammum igitur est utrumque ipsorum $HB\Gamma A$, $\Delta EZ\Theta$; et aequale $HB\Gamma A$ parallelogrammo $\Delta EZ\Theta$ (Prop. 36.); in aequalibus enim et basibus sunt $B\Gamma$, EZ, et in eisdem parallelis BZ, $H\Theta$; est

altorum quam multiplex est basis unius trianguli basis alterius, tam multiplex erit prius triangulum trianguli posterioris.

Cor. 2. Per punctum Δ in latere trianguli $AB\Gamma$ (Fig. 74.) datum, at non in medio $B\Gamma$ situm, si bisecandum sit triangulum, bisecetur $B\Gamma$ in E (I. 10.) et iungatur AE, tum ducta $A\Delta$, et per E ei parallela EZ (I. 31.) ducatur ΔZ, eritque (Cor. praeced.) $AE\Gamma$ dimidia pars $\triangle AB\Gamma$: at, quum $AEZ = \Delta EZ$ (I. 37.), erit etiam (I. Ax. 2.) triangulum $Z\Delta\Gamma = AE\Gamma =$ dimidio triangulo $AB\Gamma$ (Peletarius).

Cor. 3. Duae diametri quodvis parallelogrammum dividunt in quatuor triangula aequalia.

Cor. 4. Summa aut differentia duorum parallelogrammorum (aut triangulorum) in iisdem parallelis constitutorum

παραλληλογράμμου ἥμισυ τὸ ΑΒΓ τρίγωνον, ἡ γαρ ΑΒ διάμετρος αὐτὸ δίχα τέμνει· τοῦ δὲ ΔΕΖΘ παραλληλογράμμου ἥμισυ τὸ ΖΕΔ τρίγωνον, ἡ γὰρ ΔΖ διάμετρος αὐτὸ δίχα τέμνει. Τὰ δὲ τῶν ἴσων ἡμίση ἴσα ἀλλήλοις ἐστίν· ἴσον ἄρα ἐστὶ τὸ ΑΒΓ τρίγωνον τῷ ΔΕΖ τριγώνῳ. Τὰ ἄρα τρίγωνα καὶ τὰ ἑξῆς.

ΠΡΟΤΑΣΙΣ λθ'.

Τὰ ἴσα τρίγωνα, τὰ ἐπὶ τῆς αὐτῆς βάσεως ὄντα καὶ ἐπὶ τὰ αὐτὰ μέρη, ἐν ταῖς αὐταῖς παραλλήλοις ἐστίν.

Ἔστω ἴσα τρίγωνα τὰ ΑΒΓ, ΔΒΓ, ἐπὶ τῆς αὐτῆς βάσεως ὄντα τῆς ΒΓ, καὶ ἐπὶ τὰ αὐτὰ μέρη· λέγω, ὅτι καὶ ἐν ταῖς αὐταῖς παραλλήλοις ἐστίν. Ἐπεζεύχθω γὰρ ἡ ΑΔ· λέγω, ὅτι παράλληλός ἐστιν ἡ ΑΔ τῇ ΒΓ.

Εἰ γὰρ μή, ἤχθω διὰ τοῦ Α σημείου τῇ ΒΓ εὐθεῖα παράλληλος ἡ ΑΕ, καὶ ἐπεζεύχθω ἡ ΕΓ.

Ἴσον ἄρα ἐστὶ τὸ ΑΒΓ τρίγωνον τῷ ΕΒΓ τριγώνῳ· ἐπί τε γὰρ τῆς αὐτῆς βάσεώς ἐστιν αὐτῷ τῆς ΒΓ καὶ ἐν ταῖς αὐταῖς παραλλήλοις ταῖς ΒΓ, ΑΕ. Ἀλλὰ τὸ ΑΒΓ τρίγωνον τῷ ΔΒΓ ἐστὶν ἴσον· καὶ τὸ ΔΒΓ ἄρα τρίγωνον τῷ ΕΒΓ ἴσον ἐστὶν, τὸ μεῖζον τῷ ἐλάσσονι, ὅπερ ἐστὶν ἀδύνατον· οὐκ ἄρα πα-

aequalis est parallelogrammo (aut triangulo) in iisdem parallelis constituto, cuius basis aequalis est summae aut differentiae basium illorum parallelogrammorum (aut triangulorum).

PROPOSITIO XXXIX.

Cor. 1. (e Campano) Recta *ΔE* (Fig. 77.) secans bifariam in *Δ*, *E* latera *AB*, *AΓ* trianguli *ABΓ* erit reliquo lateri *BΓ*

autem parallelogrammi $HB\Gamma\Delta$ dimidium triangulum $AB\Gamma$ (Prop. 34.), AB enim diameter ipsum bifariam secat; parallelogrammi vero $\Delta EZ\Theta$ dimidium triangulum $ZE\Delta$ (Prop. 34.), nam ΔZ diameter ipsum bifariam secat. Aequalium autem dimidia aequalia inter se sunt (Ax. 7.); aequale igitur est triangulum $AB\Gamma$ triangulo ΔEZ. Ergo triangula etc.

PROPOSITIO XXXIX. (Fig. 75.)

Aequalia triangula, super eadem basi constituta et ad easdem partes, in iisdem parallelis sunt.

Sint aequalia triangula $AB\Gamma$, $\Delta B\Gamma$, super eadem basi $B\Gamma$ et ad easdem partes; dico et in eisdem parallelis esse. Iungatur enim $A\Delta$; dico parallelam esse $A\Delta$ rectae $B\Gamma$.

Si enim non, ducatur per A punctum rectae $B\Gamma$ parallela AE (Prop. 31.); et iungatur $E\Gamma$.

Aequale igitur est triangulum $AB\Gamma$ triangulo $EB\Gamma$ (Prop. 37.); super eadem enim basi est $B\Gamma$ super qua ipsum $BE\Gamma$, et in eisdem parallelis $B\Gamma$, AE; sed triangulum $AB\Gamma$ triangulo $\Delta B\Gamma$ est aequale; ergo et triangulum $\Delta B\Gamma$ triangulo $EB\Gamma$ aequale est (Ax. 1.), maius minori, quod fieri nequit (Ax. 9.). Non igitur

parallela. Est enim $\triangle A\Delta E = \triangle \Delta EB$ (I. 38. Cor. 1.) et eodem modo $\triangle A\Delta E = \triangle \Delta E\Gamma$, unde $\triangle \Delta EB = \triangle \Delta E\Gamma$ (I. Ax. 1.) adeoque ΔE parallela rectae $B\Gamma$ (I. 39.) Cf. I. 34. Cor. 23.

Cor. 2. (E Clavio) Omne quadrilaterum $AB\Gamma\Delta$ (Fig. 60.) quod ab utraque diametro bifariam dividitur, parallelogrammum est. Quum enim sit (hyp.) $\triangle B\Delta\Gamma =$ dimidio quadrilatero $AB\Gamma\Delta$, pariterque etiam $\triangle A\Delta\Gamma =$ eidem dimidio quadrilatero

ράλληλός ἐστιν ἡ ΑΕ τῇ ΒΓ. Ὁμοίως δὴ δείξομεν, ὅτι οὐδὲ ἄλλη τις πλὴν τῆς ΑΔ· ἡ ΑΔ ἄρα τῇ ΒΓ ἐστὶ παράλληλος. Τὰ ἄρα ἴσα καὶ τὰ ἑξῆς.

ΠΡΟΤΑΣΙΣ μ΄.

Τὰ ἴσα τρίγωνα, τὰ ἐπὶ τῶν ἴσων βάσεων ὄντα καὶ ἐπὶ τὰ αὐτὰ μέρη, ἐν ταῖς αὐταῖς παραλλήλοις ἐστίν.

ΑΒΓΔ, erit △ΒΔΓ=△ΑΔΓ, adeoque (I. 39.) ΑΒ rectae ΔΓ parallela. Eodemque modo ostenditur esse rectas ΑΓ, ΒΔ parallelas.

Cor. 3. Quadrilaterum, quod ab utraque diametro ita dividitur in quatuor triangula, ut bina quaecunque ad verticem opposita inter se aequalia sint, est parallelogrammum. Redit enim res ad praeced. Cor. 2.

Cor. 4. Quadrilaterum, quod ab utraque diametro in quatuor triangula aequalia dividitur, est parallelogrammum. Pariter redit ad Cor. 2.

PROPOSITIO XL.

Obs. 1. Notandum est, quod Baermannus monet, bases intelligi in eadem recta positas. Bases autem contiguas esse, ut in figura, nihil attinet.

Obs. 2. Alia conversa propositionum 37. 38. similis ei, quam ad 35. 36. notavimus, locum habet, nempe triangula aequalia in iisdem parallelis constituta etiam eandem vel aequalem basin habent.

Obs. 3. In parallelogrammis quoque idem valet, nempe parallelogramma aequalia, super basibus aequalibus et in eadem recta constitutis, ad easdem basium partes posita in iisdem parallelis erunt, vel, ut alii efferunt, eandem altitudinem habebunt; et vice versa, si caeteris manentibus, eandem altitudinem habeant, vel in iisdem parallelis constituta sint, eandem vel aequalem

parallela est AE rectae $B\Gamma$. Similiter autem ostendemus neque aliam quampiam esse praeter $A\Delta$; $A\Delta$ igitur rectae $B\Gamma$ est parallela. Ergo aequalia etc.

PROPOSITIO XL. (Fig. 76.)

Aequalia triangula, super aequalibus basibus constituta et ad easdem partes, in iisdem parallelis sunt.

basin habebunt. Eaedem conversae denique etiam de iis trapeziis valent, de quibus in I. 35. Cor. 3. diximus.

PROPOSITIO XLI.

Obs. 1. Facile patet, 1) idem valere, si, caeteris manentibus, triangulum et parallelogrammum non *eandem*, at aequalem basin habeant. Conf. Peletarius. 2) Si parallelogrammum et triangulum in iisdem parallelis fuerit, sit autem basis trianguli dupla basis parallelogrammi, utramque figuram fore aequalem.

Obs. 2. Proclus notat, converti posse propositionem duplici ratione. Nempe a) si parallelogrammum duplum fuerit trianguli, habeant autem eandem vel aequalem basin super eadem recta constitutam, et sit utraque figura ad easdem huius rectae partes; erunt duae figurae in iisdem parallelis. b) Si parallelogrammum duplum fuerit trianguli, sit autem utraque figura in iisdem parallelis, erunt etiam vel in eadem vel in aequali basi. Et simili ratione convertetur Prop. 2., quam modo attulimus.

Cor. 1. (E Proclo) Si triangulum et trapezium super eadem (vel aequali) basi, et in iisdem parallelis fuerint, maior autem linea parallela sit basis trianguli: erit trapezium minus duplo trianguli. Si vero minor linea trapezii sit basis trianguli: erit trapezium maius duplo trianguli. Quod facile patet, constructo super eadem basi et in iisdem parallelis parallelogrammo.

Ἔστω ἴσα τρίγωνα τὰ ΑΒΓ, ΔΓΕ, ἐπὶ ἴσων βάσεων ὄντα τῶν ΒΓ, ΓΕ καὶ ἐπὶ τὰ αὐτὰ μέρη· λέγω, ὅτι καὶ ἐν ταῖς αὐταῖς παραλλήλοις ἐστίν. Ἐπεζεύχθω γὰρ ἡ ΑΔ· λέγω, ὅτι παράλληλός ἐστιν ἡ ΑΔ τῇ ΒΕ.

Εἰ γὰρ μή, ἤχθω διὰ τοῦ Α τῇ ΒΕ παράλληλος ἡ ΑΖ, καὶ ἐπεζεύχθω ἡ ΕΖ.

Ἴσον ἄρα ἐστὶ τὸ ΑΒΓ τρίγωνον τῷ ΖΓΕ τριγώνῳ· ἐπί τε γὰρ ἴσων βάσεών εἰσι τῶν ΒΓ, ΓΕ καὶ ἐν ταῖς αὐταῖς παραλλήλοις ταῖς ΒΕ, ΑΖ. Ἀλλὰ τὸ ΑΒΓ τρίγωνον ἴσον ἐστὶ τῷ ΔΓΕ τριγώνῳ· καὶ τὸ ΔΓΕ τρίγωνον ἄρα ἴσον ἐστὶ τῷ ΖΓΕ τριγώνῳ, τὸ μεῖζον τῷ ἐλάσσονι, ὅπερ ἐστὶν ἀδύνατον· οὐκ ἄρα παράλληλός ἐστιν ἡ ΑΖ τῇ ΒΕ. Ὁμοίως δὴ δείξομεν, ὅτι οὐδὲ ἄλλη τις πλὴν τῆς ΑΔ· ἡ ΑΔ ἄρα τῇ ΒΕ ἐστὶ παράλληλος. Τὰ ἄρα ἴσα καὶ τὰ ἑξῆς.

ΠΡΟΤΑΣΙΣ μά.

Ἐὰν παραλληλόγραμμον τριγώνῳ βάσιν τε ἔχῃ τὴν αὐτὴν καὶ ἐν ταῖς αὐταῖς παραλλήλοις ᾖ, διπλάσιόν ἐστι τὸ παραλληλόγραμμον τοῦ τριγώνου.

Cor. 2. (E Proclo) Trapezium *ΑΒΓΔ* (Fig. 79.) habens duo latera *ΑΓ*, *ΒΔ* parallela, duplum est trianguli *ΑΒΕ*, quod basin habet *ΑΒ* unum latus trapezii coniungens duas parallelas, verticem vero punctum *Ε* medium lateris oppositi. Producatur enim unum latus trianguli *ΑΕ*, donec conveniat cum recta *ΒΔ* producta in *Ζ*, eritque, ob parallelas *ΑΓ*, *ΒΖ*, ang. *ΑΓΕ* $=$ *ΖΔΕ* (I. 29.) et quum praeterea sit ang. *ΑΕΓ* $=$ *ΔΕΖ* (I. 15.) et ex hypoth. *ΓΕ* $=$ *ΕΔ*; erit (I. 26.) triangulum *ΑΓΕ* $=$ *ΖΕΔ* et *ΑΕ* $=$ *ΖΕ*, adeoque triangulum *ΖΕΒ* $=$ *ΓΕΑ* $+$ *ΒΕΔ*. At, ob *ΑΕ* $=$ *ΖΕ*, est etiam (I. 38. Cor. 1.) triang. *ΖΕΒ* $=$ *ΑΕΒ*. Itaque triangulum *ΑΕΒ* $=$ *ΓΕΑ* $+$ *ΒΕΔ* i. e. triangulum *ΑΕΒ* est pars dimidia trapezii *ΑΒΓΔ*, vel trapezium duplum trianguli.

Sint aequalia triangula $AB\Gamma$, $\Delta\Gamma E$, super aequalibus basibus constituta $B\Gamma$, ΓE et ad easdem partes; dico et in iisdem parallelis esse. Iungatur enim $A\Delta$; dico parallelam esse $A\Delta$ rectae BE.

Si enim non, ducatur per A rectae BE parallela AZ (Prop. 31.), et iungatur EZ.

Aequale igitur est triangulum $AB\Gamma$ triangulo $Z\Gamma E$ (Prop. 38.); in aequalibus enim basibus sunt $B\Gamma$, ΓE et in eisdem parallelis BE, AZ. Sed triangulum $AB\Gamma$ aequale est triangulo $\Delta\Gamma E$; et triangulum $\Delta\Gamma E$ igitur aequale est triangulo $Z\Gamma E$ (Ax. 1.), maius minori, quod fieri nequit (Ax. 9.); non igitur parallela est AZ rectae BE. Similiter autem ostendemus neque aliam quampiam esse praeter $A\Delta$; $A\Delta$ igitur rectae BE est parallela. Ergo aequalia etc.

PROPOSITIO XLI. (Fig. 78.)

Si parallelogrammum eandem habeat basin quam triangulum, et in eisdem parallelis sit, duplum est parallelogrammum trianguli.

Cor. 3. Si, iisdem manentibus ut in Cor. praecedente, ducta Fig. 80. per punctum E recta HZ τῇ AB parallela, compleatur parallelogrammum $ABHZ$, erit hoc parallelogrammum, aequale trapezio $AB\Gamma\Delta$. Et, quum ducta per E recta $E\Theta$ parallela τῇ $A\Gamma$, sit $E\Theta = AH$ (I. 34.); at ex Append. ad I. 34. 8. $E\Theta = \frac{A\Gamma + B\Delta}{2}$, erit trapezium $AB\Gamma\Delta$, cuius latera $A\Gamma$ $B\Delta$ parallela sunt, aequale parallelogrammo $ABHZ$ inter easdem parallelas posito, cuius utrumque reliquum latus AH vel BZ aequale est dimidiae summae eorum trapezii laterum, quae inter se parallela sunt, vel erit aequale parallelogrammo, quod eandem cum trapezio altitudinem habet, basin autem aequa-

Παραλληλόγραμμον γὰρ τὸ ΑΒΓΔ τριγώνῳ τῷ ΕΒΓ βάσιν τε ἐχέτω τὴν αὐτὴν τὴν ΒΓ, καὶ ἐν ταῖς αὐταῖς παραλλήλοις ἔστω ταῖς ΒΓ, ΑΕ· λέγω, ὅτι διπλάσιόν ἐστι τὸ ΑΒΓΔ παραλληλόγραμμον τοῦ ΕΒΓ τριγώνου.

Ἐπεζεύχθω γὰρ ἡ ΑΓ.

Ἴσον δή ἐστι τὸ ΑΒΓ τρίγωνον τῷ ΕΒΓ τριγώνῳ· ἐπί τε γὰρ τῆς αὐτῆς βάσεώς ἐστιν αὐτῷ τῆς ΒΓ καὶ ἐν ταῖς αὐταῖς παραλλήλοις ταῖς ΒΓ, ΑΕ. Ἀλλὰ τὸ ΑΒΓΔ παραλληλόγραμμον διπλάσιόν ἐστι τοῦ ΑΒΓ τριγώνου· ἡ γὰρ ΑΓ διάμετρος αὐτὸ δίχα τέμνει· ὥςτε τὸ ΑΒΓΔ παραλληλόγραμμον καὶ τοῦ ΕΒΓ τριγώνου ἐστὶ διπλάσιον. Ἐὰν ἄρα παραλληλόγραμμον καὶ τὰ ἑξῆς.

lem dimidiae summae parallelorum trapezii laterum. Cf. Thom. Simpson. Elem. of Geom. Book II. Theor. IV.

Cor. 4. Quodsi fuerint duo triangula rectangula ΑΒΓ, αβγ (Fig. 80. a.), in quibus praeter angulos rectos Γ, γ aequales etiam sint anguli ΒΑΓ, βαγ, adeoque (I. 32. Cor. 5.) etiam angulus ΑΒΓ=αβγ, erit (si latera in triangulis aequiangulis opposita angulis aequalibus latera homologa appellemus) rectangulum, cuius unum latus est hypothenusa unius trianguli, alterum autem alteruter cathetus alterius trianguli, aequale rectangulo, cuius unum latus est hypothenusa alterius trianguli, alterum autem cathetus homologus prioris trianguli v. c. rectang. ΑΒ×βγ= rectang. αβ×ΒΓ. Posita enim recta αγ super ΑΒ in ΑΕ, et ang. βαγ super ΒΑΓ, ob aequalitatem horum angulorum erit αβ in ΑΓ ita, ut v. c. punctum β iaceat in Δ, sitque ΑΔ=αβ, unde ducta ΕΔ, erit (I. 4.) triangulum ΑΔΕ=αβγ et angulus ΑΕΔ rectus. Compleatur iam rectangulum ΑΓΒΘ, ducaturque ΔΖ parallela rectae ΒΓ i. e. (I. 29.) ad rectos angulos rectae ΑΔ, eritque ΑΔΖΘ

Parallelogrammum enim $AB\Gamma\Delta$ eandem habeat basin $B\Gamma$, quam triangulum $EB\Gamma$, et in eisdem parallelis $B\Gamma$, AE sit; dico parallelogrammum $AB\Gamma\Delta$ duplum esse trianguli $EB\Gamma$.

Iungatur enim $A\Gamma$.

Aequale igitur est triangulum $AB\Gamma$ triangulo $EB\Gamma$ (Prop. 37.); nam super eadem basi est $B\Gamma$ super qua et $EB\Gamma$, et in eisdem parallelis $B\Gamma$, AE. Sed $AB\Gamma\Delta$ parallelogrammum duplum est trianguli $AB\Gamma$, nam $A\Gamma$ diameter ipsum bifariam secat (Prop. 34.); quare $AB\Gamma\Delta$ parallelogrammum et trianguli $EB\Gamma$ duplum est. Si igitur parallelogrammum etc.

rectangulum $A\Delta \times \Delta Z$, vel, ob $A\Delta = \alpha\beta$ (Demonstr.) et $\Delta Z = B\Gamma$ (I. 34.) erit $A\Delta Z\Theta$ rectangulum $\alpha\beta \times B\Gamma$. Per punctum Δ deinde ducta recta $H\Delta I$ parallela rectae AB, compleatur rectangulum $AHIB$, ductis nempe per A et B rectis AH, BI rectae AB ad rectos angulos, unde erit $AH = BI = \Delta E$ (I. 34.) $= \beta\gamma$ (I. 4.), et rectangulum $AHIB$ erit rectangulum $AB \times \Delta E$ vel $AB \times \beta\gamma$. Quodsi iam ducatur recta $B\Delta$, erit triangulum $A\Delta B$ dimidium rectanguli $A\Delta Z\Theta$ i. e. rectg. $\alpha\beta \times B\Gamma$ (I. 43.). Idem vero triangulum $A\Delta B$ est quoque (I. 43.) dimidium rectanguli $AHIB$ i. e. rectg. $AB \times \beta\gamma$: itaque rectangulum $AB \times \beta\gamma = \alpha\beta \times B\Gamma$ (I. Ax. 6.). Ita hanc propositionem, quae vulgo demum e doctrina triangulorum similium libr. VI. derivatur, at ante iam utilis esse potest, non in auxilium vocata doctrina de rationibus et proportionibus demonstrat Gruson. Abhandl. der Berlin. Acad. der Wissensch. für 1814–1815. pag. 45. 46. (Neue höchswichtige und unerwartete Vereinfachung der Euklid. Geometrie §§. 9. 10.)

ΠΡΟΤΑΣΙΣ μβ'.

Τῷ δοθέντι τριγώνῳ ἴσον παραλληλόγραμμον συστήσασθαι ἐν τῇ δοθείσῃ γωνίᾳ εὐθυγράμμῳ.

Ἔστω τὸ μὲν δοθὲν τρίγωνον τὸ ΑΒΓ, ἡ δὲ δοθεῖσα γωνία εὐθύγραμμος ἡ Δ· δεῖ δὴ τῷ ΑΒΓ τριγώνῳ ἴσον παραλληλόγραμμον συστήσασθαι ἐν ἴσῃ τῇ Δ γωνίᾳ εὐθυγράμμῳ.

Τετμήσθω ἡ ΒΓ δίχα κατὰ τὸ Ε, καὶ ἐπεζεύχθω ἡ ΑΕ, καὶ συνεστάτω πρὸς τῇ ΕΓ εὐθείᾳ καὶ τῷ πρὸς αὐτῇ σημείῳ τῷ Ε τῇ Δ γωνίᾳ ἴση ἡ ὑπὸ ΓΕΖ, καὶ διὰ μὲν τοῦ Α τῇ ΕΓ παράλληλος ἤχθω ἡ ΑΗ, διὰ δὲ τοῦ Γ τῇ ΕΖ παράλληλος ἤχθω ἡ ΓΗ· παραλληλόγραμμον ἄρα ἐστὶ τὸ ΖΕΓΗ.

Καὶ ἐπεὶ ἴση ἐστὶν ἡ ΒΕ τῇ ΕΓ, ἴσον ἐστὶ καὶ τὸ ΑΒΕ τρίγωνον τῷ ΑΕΓ τριγώνῳ· ἐπί τε γὰρ ἴσων βάσεών εἰσι τῶν ΒΕ, ΕΓ καὶ ἐν ταῖς αὐταῖς παραλλήλοις ταῖς ΒΓ, ΑΗ· διπλάσιον ἄρα ἐστὶ τὸ ΑΒΓ τρίγωνον τοῦ ΑΕΓ τριγώνου. Ἔστι δὲ καὶ τὸ ΖΕΓΗ παραλληλόγραμμον διπλάσιον τοῦ ΑΕΓ τριγώνου· βάσιν τε γὰρ αὐτῷ τὴν αὐτὴν ἔχει καὶ ἐν

Cor. 5. Quodsi in Cor. praecedente fuerit $\alpha\beta = B\Gamma$, erit $AB \times \beta\gamma = \alpha\beta\,q = B\Gamma\,q$ (I. 34. Cor. 21.) Nominatim itaque, si (Fig. 80. b.) in triangulo $AB\Gamma$ ad Γ rectangulo demittatur ex Γ ad AB perpendicularis $\Gamma\Delta$, erit rectangulum inter hypotenusam AB et segmentum $B\Delta$ aequale quadrato ex $B\Gamma$. Nam triangula $AB\Gamma$, $\Gamma B\Delta$, ob angulum rectum $\Delta = \Gamma$, et angulum B communem erunt aequiangula, adeoque $AB \times B\Delta = B\Gamma \times B\Gamma = B\Gamma\,q$. Eodemque modo, quum etiam triangula rectangula $AB\Gamma$, $A\Gamma\Delta$ sint aequiangula, erit $B\Delta \times \Delta A = \Delta\Gamma\,q$. Has quoque propositiones, quas vulgo ex V. 8. et 17. deducunt, hac ratione demonstrat Gruson *l. c.* §. 16. Quodsi Theor. I, 47. non ut in Cor. sq. hinc, sed independenter ab

PROPOSITIO XLII. (Fig. 81.)

Dato triangulo aequale parallelogrammum constituere in dato angulo rectilineo.

Sit quidem datum triangulum *ΑΒΓ*, datus vero angulus rectilineus *Δ*; oportet igitur triangulo *ΑΒΓ* aequale parallelogrammum constituere in angulo rectilineo ipsi *Δ* aequale.

Secetur *ΒΓ* bifariam in *Ε* (Prop. 10.), et iungatur *ΑΕ*, et constituatur ad *ΕΓ* rectam et ad punctum in ea *Ε* angulus *ΓΕΖ* ipsi *Δ* aequalis (Prop. 23.), et per *Α* quidem rectae *ΕΓ* parallela ducatur *ΑΗ* (Prop. 31.); per *Γ* vero rectae *ΕΖ* parallela ducatur *ΓΗ* (Prop. 31.); parallelogrammum igitur est *ΖΕΓΗ*.

Et quoniam aequalis est *ΒΕ* rectae *ΕΓ*, aequale est et triangulum *ΑΒΕ* triangulo *ΑΕΓ* (Prop. 38.); nam super aequalibus basibus *ΒΕ*, *ΕΓ* sunt, et in eisdem parallelis *ΒΓ*, *ΑΗ*; duplum igitur est triangulum *ΑΒΓ* trianguli *ΑΕΓ*. Est autem et parallelogrammum *ΖΕΓΗ* duplum trianguli *ΑΕΓ* (Prop. 41.); basin enim eandem habet quam *ΑΕΓ*, et in eisdem

hac propositione demonstretur, poterit vicissim hoc Cor. ex I. 47. derivari.

Cor. 6. Quodsi in eadem figura super *ΑΒ* constituatur quadratum *ΑΒΔΕ*, et perpendicularis *ΓΑ* producatur, dum cum recta *ΔΕ* conveniat in *Ζ*, erit *ΒΑΔΖ* rectangulum *ΑΒ* $\times$ *ΒΑ*, et *ΑΑΖΕ* rectangulum *ΒΑ* $\times$ *ΑΑ*, unde, quum duo haec rectangula simul sumpta efficiant quadratum ex *ΑΒ*, statim prodit celebre illud theorema Pythagoraeum, quod infra I. 47. habebitur. Cf. Gruson. l. c. p. 50.]

Cor. 7. Porro, si comparentur triangula rectangula aequiangula *ΑΓΒ*, *ΑΑΓ*, erit rectangulum *ΑΒ* $\times$ *ΓΑ* $=$ *ΑΓ* $\times$ *ΓΒ*,

ταῖς αὐταῖς ἐστιν αὐτῷ παραλλήλοις· ἴσον ἄρα ἐστὶ τὸ ΖΕΓΗ παραλληλόγραμμον τῷ ΑΒΓ τριγώνῳ, καὶ ἔχει τὴν ὑπὸ ΓΕΖ γωνίαν ἴσην τῇ δοθείσῃ τῇ Δ.

Τῷ ἄρα δοθέντι τριγώνῳ τῷ ΑΒΓ ἴσον παραλληλόγραμμον συνέσταται τὸ ΖΕΓΗ, ἐν γωνίᾳ τῇ ὑπὸ ΓΕΖ, ἥτις ἐστὶν ἴση τῇ Δ. Ὅπερ ἔδει ποιῆσαι.

ΠΡΟΤΑΣΙΣ μγʹ.

Παντὸς παραλληλογράμμου τῶν περὶ τὴν διάμετρον παραλληλογράμμων τὰ παραπληρώματα ἴσα ἀλλήλοις ἐστίν.

nempe rectangulum sub hypotenusa et perpendiculari *ΓΔ* aequale rectangulo sub cathetis.

PROPOSITIO XLII.

Obs. Problema conversum, quod Peletarius habet: dato parallelogrammo aequale triangulum constituere in angulo dato, nihil difficultatis habet.

PROPOSITIO XLIII.

Obs. In quovis parallelogrammo per punctum quodcunque diametri duci possunt (I. 31.) duae rectae, quarum una uni, adeoque etiam (I. 30.) alteri duorum laterum oppositorum parallelogrammi, altera autem reliquis duobus parallelogrammi lateribus parallela sit, quo facto nova duo parallelogramma existent, per quorum angulos oppositos diameter transit, et alia duo, per quae illa non transit. Haec duo posteriore loco nominata Complementa dicuntur duorum illorum, quae antea diximus.

Cor. 1. Patet, quatuor haec parallelogramma aequiangula esse cum primario parallelogrammo *ΑΒΓΔ* (I. 29.). Praeterea, prout in hoc duo latera adiacentia aequalia aut inaequalia fuerint, erunt etiam in iis, quae circa diametrum sunt, parallelogrammis latera aequalia vel inaequalia. Nempe si sit

est parallelis, in quibus triangulum $AE\Gamma$; aequale igitur est $ZE\Gamma H$ parallelogrammum triangulo $AB\Gamma$, et habet ΓEZ angulum aequalem dato Δ.

Dato igitur triangulo $AB\Gamma$ aequale parallelogrammum constitutum est $ZE\Gamma H$ in angulo ΓEZ, qui est aequalis angulo Δ. Quod oportebat facere.

PROPOSITIO XLIII. (Fig. 82.)

In omni parallelogrammo complementa eorum, quae circa diametrum sunt, parallelogrammorum inter se sunt aequalia.

$A\Delta >=< \left(\begin{matrix}AB\\ \Delta\Gamma\end{matrix}\right.$, erit etiam (I. 5. et I. 18) $A\Gamma\Delta >=<$ $\Gamma A\Delta$, adeoque, quum $AK\Theta = A\Gamma\Delta$, etiam $AK\Theta >=< \left(\begin{matrix}\Gamma A\Delta,\\ KA\Theta\end{matrix}\right.$ ac proinde $A\Theta >=< \left(\begin{matrix}K\Theta\\ AE\end{matrix}\right.$ (I. 6. et I. 19.). Eademque ratione ostenditur, fore iisdem casibus etiam $KZ >=< KH$.

Cor. 2. Nominatim itaque, si $AB\Gamma\Delta$ fuerit quadratum, etiam ea, quae circa diametrum sunt, parallelogramma $AEK\Theta$, $KH\Gamma Z$ quadrata erunt.

Cor. 3. Complementa eorum, quae circa diametrum sunt, parallelogrammorum semper quidem aequiangula sunt inter se et cum parallelogrammo primario, duo autem latera unius aequalia erunt duobus lateribus alterius tum tantum, si parallelogrammum primarium fuerit aequilaterum, vel etiam, si punctum K, per quod ductae sunt duae rectae lateribus parallelogrammi parallelae, sumtum fuerit in media diametro: reliquis casibus latera unius complementi non erunt aequalia lateribus alterius.

Cor. 4. Quodsi fuerint duo triangula rectangula (Fig. 82. a.) $A\Delta\Gamma$, $\alpha\delta\gamma$, in quibus praeter angulos rectos Δ, δ aequales etiam sint anguli $\Gamma A\Delta$, $\gamma\alpha\delta$ adeoque (I. 32. Cor. 3.) etiam anguli $A\Gamma\Delta$, $\alpha\gamma\delta$, erit, si latera homologa nominemus eodem sensu ac in I. 41. Cor. 4, rectangulum, cuius unum

Ἔστω παραλληλόγραμμον τὸ ΑΒΓΔ, διάμετρος δὲ αὐτοῦ ἡ ΑΓ, περὶ δὲ τὴν ΑΓ παραλληλόγραμμα μὲν ἔστω τὰ ΕΘ, ΖΗ, τὰ δὲ λεγόμενα παραπληρώματα τὰ ΒΚ, ΚΔ· λέγω, ὅτι ἴσον ἐστὶ τὸ ΒΚ παραπλήρωμα τῷ ΚΔ παραπληρώματι.

Ἐπεὶ γὰρ παραλληλόγραμμόν ἐστι τὸ ΑΒΓΔ, διάμετρος δὲ αὐτοῦ ἡ ΑΓ, ἴσον ἐστὶ τὸ ΑΒΓ τρίγωνον τῷ ΑΓΔ τριγώνῳ. Πάλιν, ἐπεὶ παραλληλόγραμμόν ἐστι τὸ ΕΚΘΑ, διάμετρος δὲ αὐτοῦ ἐστιν ἡ ΑΚ, ἴσον ἄρα ἐστὶ τὸ ΑΕΚ τρίγωνον τῷ ΑΘΚ τριγώνῳ. Διὰ τὰ αὐτὰ δὴ καὶ τὸ ΚΖΓ τρίγωνον τῷ ΚΗΓ τριγώνῳ ἐστὶν ἴσον. Ἐπεὶ οὖν τὸ μὲν ΑΕΚ τρίγωνον τῷ ΑΘΚ τριγώνῳ ἐστὶν ἴσον, τὸ δὲ ΚΖΓ τῷ ΚΗΓ, τὸ ΑΕΚ τρίγωνον μετὰ τοῦ ΚΗΓ ἐστὶν ἴσον τῷ ΑΘΚ τριγώνῳ μετὰ τοῦ ΚΖΓ τριγώνου· ἔστι δὲ καὶ ὅλον τὸ ΑΒΓ τρίγωνον ὅλῳ τῷ ΑΔΓ ἴσον· λοιπὸν ἄρα τὸ ΒΚ παραπλήρωμα λοιπῷ τῷ ΚΔ παραπληρώματί ἐστιν ἴσον. Παντὸς ἄρα παραλληλογράμμου καὶ τὰ ἑξῆς.

latus est cathetus unius, alterum autem cathetus non homologus alterius trianguli, aequale rectangulo, cuius unum latus est reliquus cathetus prioris, alterum reliquus cathetus posterioris trianguli, nempe rectang. *ΑΔ*×*γδ* = rectangulo *ΓΔ*×*αδ*. Ponatur enim *αγ* super *ΑΓ* in *ΑΚ*, et angulus *γαδ* super angulo *ΓΑΔ*, erit, ob aequalitatem horum angulorum *αδ* in *ΑΔ*, ita, ut v. gr. punctum *δ* iaceat in *Θ*, unde, ducta *ΚΘ*, erit (I. 4.) triangulum *ΑΘΚ* = *αδγ*, et angulus *ΑΘΚ* rectus, adeoque (I. 28.) recta *ΘΚ* parallela rectae *ΓΔ*. Compleatur rectangulum *ΑΒΓΔ*, et producatur *ΘΚ*, dum conveniat cum recta *ΒΓ* in *Η*, ducaturque per *Κ* recta *ΕΚΖ* parallela rectae *ΑΔ*, eritque, ob *ΑΒ* = *ΓΔ* (I. 34.), rectangulum *ΑΘΒΗ* = rectangulo *ΑΒ*×*ΑΘ* = *ΔΓ*×*ΑΘ* = *ΔΓ*×*αδ*, et rectangulum *ΑΕΖΔ* =

Sit parallelogrammum $AB\Gamma\Delta$, diameter autem ipsius $A\Gamma$, et circa $\Delta\Gamma$ parallelogramma quidem sint $E\Theta$, ZH, quae vero dicuntur complementa, BK, $K\Delta$; dico aequale esse complementum BK complemento $K\Delta$.

Quoniam enim parallelogrammum est $AB\Gamma\Delta$, diameter autem ipsius $A\Gamma$, aequale est triangulum $AB\Gamma$ triangulo $A\Gamma\Delta$ (Prop. 34.). Rursus quoniam parallelogrammum est $EK\Theta A$, diameter autem ipsius est AK, aequale est triangulum AEK triangulo $A\Theta K$ (Prop. 34.). Ex eadem ratione et triangulum $KZ\Gamma$ triangulo $KH\Gamma$ est aequale (Prop. 34.). Quoniam igitur triangulum quidem AEK triangulo $A\Theta K$ est aequale; $KZ\Gamma$ vero triangulo $KH\Gamma$, triangulum AEK cum triangulo $KH\Gamma$ est aequale triangulo $A\Theta K$ cum triangulo $KZ\Gamma$ (Ax. 2.); est autem et totum triangulum $AB\Gamma$ toti $A\Delta\Gamma$ aequale. Reliquum igitur BK complementum reliquo $K\Delta$ complemento est aequale (Ax. 3.). Omnis igitur parallelogrammi etc.

rectangulo $A\Delta \times \Delta Z = A\Delta \times \Theta K = A\Delta \times \gamma\delta$. At ex I. 43. est rectang. $BEKH = K\Theta Z\Delta$, hinc, addito communi $AEK\Theta$, erit $A\Theta BH =$ rectangulo $AEZ\Delta$, i. e. $\Delta\Gamma \times \alpha\delta = A\Delta \times \gamma\delta$. Propositio haec, de qua eadem observanda sunt, quae de I. 41. Cor. 4. cum quo arcte cohaeret, hac ratione demonstrata fuit a Gruson. l. c. §. 9.

Cor. 5. Quodsi in Cor. praecedente cathetus unius trianguli v. c. $A\Delta$ aequalis fuerit catheto non homologo alterius $\gamma\delta$, erit $\Delta\gamma \times \alpha\delta = \gamma\delta^{q} = A\Delta^{q}$. Nominatim itaque, si (Fig 80. b.) in triangulo $AB\Gamma$ ad Γ rectangulo ex Γ demittatur ad AB perpendicularis $\Gamma\Lambda$, erit rectangulum segmentorum $A\Lambda$, $B\Lambda$ aequale quadrato ex $\Gamma\Lambda$. Nempe, quum sit triangulum $AB\Gamma$ aequiangulum triangulo $\Gamma B\Lambda$, ut vidimus in I. 41. Cor.

ΠΡΟΤΑΣΙΣ μδ'.

Παρὰ τὴν δοθεῖσαν εὐθεῖαν, τῷ δοθέντι τριγώνῳ ἴσον παραλληλόγραμμον παραβαλεῖν, ἐν τῇ δοθείσῃ γωνίᾳ εὐθυγράμμῳ.

Ἔστω ἡ μὲν δοθεῖσα εὐθεῖα ἡ ΑΒ, τὸ δὲ δοθὲν τρίγωνον τὸ Γ, ἡ δὲ δοθεῖσα γωνία εὐθύγραμμος ἡ Δ· δεῖ δὴ παρὰ τὴν δοθεῖσαν εὐθεῖαν τὴν ΑΒ, τῷ δοθέντι τριγώνῳ τῷ Γ ἴσον παραλληλόγραμμον παραβαλεῖν, ἐν ἴσῃ τῇ Δ γωνίᾳ.

Συνεστάτω τῷ Γ τριγώνῳ ἴσον παραλληλόγραμμον τὸ ΒΕΖΗ, ἐν γωνίᾳ τῇ ὑπὸ ΕΒΗ, ἥ ἐστιν ἴση τῇ Δ· καὶ κείσθω ὥςτε ἐπ' εὐθείας εἶναι τὴν ΒΕ τῇ ΒΑ, καὶ διήχθω ἡ ΖΗ ἐπὶ τὸ Θ, καὶ διὰ τοῦ Α ὁποτέρᾳ τῶν ΒΗ, ΕΖ παράλληλος ἤχθω ἡ ΑΘ, καὶ ἐπεζεύχθω ἡ ΘΒ. Καὶ ἐπεὶ εἰς παραλλήλους τὰς ΑΘ, ΕΖ εὐθεῖα ἐνέπεσεν ἡ ΘΖ, αἱ ὑπὸ ΑΘΖ, ΘΖΕ ἄρα γωνίαι δυσὶν ὀρθαῖς εἰσιν ἴσαι· αἱ ἄρα ὑπὸ ΒΘΗ, ΗΖΕ δύο ὀρθῶν ἐλάσσονές εἰσιν· αἱ δὲ ἀπὸ ἐλασσόνων ἢ δύο ὀρθῶν εἰς ἄπειρον ἐκβαλλόμεναι

5., erit nominatim angulus $Δ=$ angulo $BΓΔ$, adeoque, quum in triangulis $ΑΔΓ$, $ΓΔΒ$ sint praeterea etiam anguli ad $Δ$ recti (hyp.), erunt etiam haec triangula aequiangula (I. 32. Cor. 5.) adeoque ex Cor. 4. $ΑΔ \times ΔΒ = ΓΔ^2$. Cf. Gruson. l. c. §. 16.

Cor. 6. Alia ratione si comparentur triangula rectangula aequiangula $ΑΔΓ, ΓΔΒ$, erit rectangulum $ΑΓ \times ΓΔ = ΒΓ \times ΑΔ$.

Cor. 7. Proclo, cuius commentarius ad hanc propositionem ab initio mancus est, observante, etiam, si non ex uno, sed e duobus punctis diametri ducantur rectae lateribus parallelogrammi parallelae (Fig. 83. 84.) spatia, quae ex utraque parte diametri supersunt, demtis istis circa diametrum parallelogrammis (sive illa se invicem non contingant, sive partem

PROPOSITIO XLIV. (Fig. 85.)

Ad datam rectam, dato triangulo aequale parallelogrammum applicare in dato angulo rectilineo.

Sit quidem data recta AB, datum vero triangulum Γ, et datus angulus rectilineus Δ; oportet igitur ad datam rectam AB, dato triangulo Γ aequale parallelogrammum applicare in angulo aequali ipsi Δ.

Constituatur parallelogrammum $BEZH$ aequale triangulo Γ, in angulo EBH qui est aequalis, angulo Δ (Prop. 42.); et ponatur in directum BE rectae BA, et producatur ZH ad Θ, et per A alterutri ipsarum BH, EZ parallela ducatur $A\Theta$ (Prop. 31.), et iungatur ΘB. Et quoniam in parallelas $A\Theta$, EZ recta incidit ΘZ, anguli $A\Theta Z$, ΘZE duobus rectis sunt aequales (Prop. 29.); ergo $B\Theta H$, HZE duobus rectis minores sunt; rectae autem a minoribus quam duobus rectis in infinitum productae concurrunt (Post. 5. vel

aliquam communem habeant) inter se aequalia erunt, quod eodem modo demonstratur. Addi poterat idem verum fore, si vel plura duobus parallelogramma circa diametrum constituantur. Conversum quoque huius theorematis, quod Peletarius habet, facile probari potest. Nempe, si parallelogrammum divisum fuerit in quatuor parallelogramma, ita, ut ex illis duo adversa aequalia sint, consistent reliqua duo circa diametrum.

PROPOSITIO XLIV.

Obs. 1. Proclus monet, hanc parallelogrammi dato triangulo aequalis ad datam rectam applicationem (παραβολὴν) prima quasi stamina continere doctrinae de Parabola, Hyper-

συμπίπτουσιν· αἱ ΘΒ, ΖΕ ἄρα ἐκβαλλόμεναι συμπεσοῦνται. Ἐκβεβλήσθωσαν καὶ συμπιπτέτωσαν κατὰ τὸ Κ, καὶ διὰ τοῦ Κ σημείου ὁποτέρᾳ τῶν ΕΑ, ΖΘ παράλληλος ἤχθω ἡ ΚΛ, καὶ ἐκβεβλήσθωσαν αἱ ΘΑ, ΗΒ ἐπὶ τὰ Λ, Μ σημεῖα.

Παραλληλόγραμμον ἄρα ἐστὶ τὸ ΘΛΚΖ, διάμετρος δὲ αὐτοῦ ἡ ΘΚ, περὶ δὲ τὴν ΘΚ παραλληλόγραμμα μὲν τὰ ΛΗ, ΜΕ, τὰ δὲ λεγόμενα παραπληρώματα τὰ ΛΒ, ΒΖ· ἴσον ἄρα ἐστὶ τὸ ΛΒ τῷ ΒΖ. Ἀλλὰ καὶ 1) τὸ ΒΖ τῷ Γ τριγώνῳ ἐστὶν ἴσον· καὶ τὸ ΛΒ ἄρα τῷ Γ ἐστὶν ἴσον. Καὶ ἐπεὶ ἴση ἐστὶν ἡ ὑπὸ ΗΒΕ γωνία τῇ ὑπὸ ΑΒΜ, ἀλλὰ ἡ ὑπὸ ΗΒΕ τῇ Δ ἐστὶν ἴση· καὶ ἡ ὑπὸ ΑΒΜ ἄρα τῇ Δ γωνίᾳ ἐστὶν ἴση.

Παρὰ τὴν δοθεῖσαν ἄρα εὐθεῖαν τὴν ΑΒ, τῷ δοθέντι τριγώνῳ τῷ Γ ἴσον παραλληλόγραμμον παραβέβληται τὸ ΛΒ, ἐν γωνίᾳ τῇ ὑπὸ ΑΒΜ, ἥ ἐστιν ἴση τῇ Δ. Ὅπερ ἔδει ποιῆσαι.

ΠΡΟΤΑΣΙΣ μέ.

Τῷ δοθέντι εὐθυγράμμῳ, ἴσον παραλληλόγραμμον συστήσασθαι, ἐν τῇ δοθείσῃ γωνίᾳ εὐθυγράμμῳ.

1) *Καὶ* legunt Edd. Basil. et Ox.; omittit Paris. cum Cod. a.

bola et Ellipsi, et esse antiquum Pythagoraeorum Musae inventum.

Obs. 2. Caeterum alia ratione problema ita adhuc construi potest. Facto, ut ante (Fig. 96.), parallelogrammo *ΒΕΖΗ* aequali triangulo *Γ* in angulo *ΕΒΗ=Δ*, ponatur *ΒΕ* in directum rectae *ΒΑ*. Ducatur deinde recta *ΑΗ*, cui per *Ε* parallela ducatur *ΕΜ*, quae cum producta *ΗΒ* conveniet in *Μ*

Ax. 11.); ΘB, ZE igitur productae concurrent. Producantur et concurrant in K, et per K punctum alterutri ipsarum EA, $Z\Theta$ parallela ducatur $K\Lambda$ (Prop. 31.), et producantur ΘA, HB ad Λ, M puncta.

Parallelogrammum igitur est $\Theta\Lambda KZ$, diameter autem ipsius ΘK, et circa ΘK parallelogramma quidem AH, ME; quae vero dicuntur complementa ΛB, BZ; aequale igitur est ΛB ipsi BZ (Prop. 43.); sed et BZ triangulo Γ est aequale; et ΛB igitur triangulo Γ est aequale. Et quoniam aequalis est angulus HBE angulo ABM, sed HBE angulo Δ est aequalis; et ABM igitur angulo Δ est aequalis.

Ad datam igitur rectam AB, dato triangulo Γ aequale parallelogrammum applicatum est ΛB, in angulo ABM, qui est aequalis angulo Δ. Quod oportebat facere.

PROPOSITIO XLV. (Fig. 87.)

Dato rectilineo, aequale parallelogrammum constituere, in dato angulo rectilineo.

I. 29. Cor. 3.), et per M ducatur recta MA parallela rectae AB, pariterque per A recta AA parallela rectae BM, cum qua MA conveniet in puncto aliquo A (I. 29. Cor. 5.) eritque parallelogrammum $ABAM = BEZH$. Ducantur enim rectae EH, AM, eritque ob parellelas AH, EM, triangulum $AEH = AMH$ (I. 37.) adeoque, demto communi ABH, erit $HBE = ABM$ (I. Ax. 3.). At HBE est pars dimidia parallelogrammi $BEZH$ (I. 34.), pariterque A M pars dimidia parallelogrammi $ABAM$. Itaque $ABAM = BEZH$ (I. Ax. 6.). Similis erit constructio, si recta BE in ipsa BA ponatur.

Ἔστω τὸ μὲν δοθὲν εὐθύγραμμον τὸ ΑΒΓΔ, ἡ δὲ δοθεῖσα γωνία εὐθύγραμμος ἡ Ε· δεῖ δὴ τῷ ΑΒΓΔ εὐθυγράμμῳ ἴσον παραλληλόγραμμον συστήσασθαι, ἐν τῇ δοθείσῃ γωνίᾳ τῇ Ε.

Ἐπεζεύχθω γὰρ ἡ ΔΒ, καὶ συνεστάτω τῷ ΑΒΔ τριγώνῳ ἴσον παραλληλόγραμμον τὸ ΖΘ, ἐν τῇ ὑπὸ ΘΚΖ γωνίᾳ, ἥ ἴση ἐστὶ τῇ Ε· καὶ παραβεβλήσθω παρὰ τὴν ΘΗ εὐθεῖαν τῷ ΔΒΓ τριγώνῳ ἴσον παραλληλόγραμμον τὸ ΗΜ, ἐν τῇ ὑπὸ ΗΘΜ γωνίᾳ, ἥ ἐστιν ἴση τῇ Ε.

Καὶ ἐπεὶ ἡ Ε γωνία ἑκατέρᾳ τῶν ὑπὸ ΘΚΖ, ΗΘΜ ἐστὶν ἴση· καὶ ἡ ὑπὸ ΘΚΖ ἄρα τῇ ὑπὸ ΗΘΜ ἐστὶν ἴση. Κοινὴ προςκείσθω ἡ ὑπὸ ΚΘΗ· αἱ ἄρα ὑπὸ ΖΚΘ, ΚΘΗ ταῖς ὑπὸ ΚΘΗ, ΗΘΜ ἴσαι εἰσίν. Ἀλλ' αἱ ὑπὸ ΖΚΘ, ΚΘΗ δυσὶν ὀρθαῖς ἴσαι εἰσίν· καὶ αἱ ὑπὸ ΚΘΗ, ΗΘΜ ἄρα δυσὶν ὀρθαῖς ἴσαι εἰσίν. Πρὸς δή τινι εὐθείᾳ τῇ ΗΘ, καὶ τῷ πρὸς αὐτῇ σημείῳ τῷ Θ, δύο εὐθεῖαι αἱ ΘΚ, ΘΜ, μὴ ἐπὶ τὰ αὐτὰ μέρη κείμεναι, τὰς ἐφεξῆς γωνίας δυσὶν ὀρθαῖς ἴσας ποιοῦσιν· ἐπ' εὐθείας ἄρα ἐστὶν ἡ ΚΘ τῇ ΘΜ. Καὶ ἐπεὶ εἰς παραλλήλους τὰς ΚΜ, ΖΗ εὐθεῖα ἐνέπεσεν ἡ ΘΗ, αἱ ἐναλλὰξ γωνίαι αἱ ὑπὸ ΜΘΗ, ΘΗΖ ἴσαι ἀλλήλαις εἰσίν. Κοινὴ προς-

Obs. 3. Simile est Peletarii problema conversum: ad datam rectam dato parallelogrammo constituere aequale triangulum in angulo dato.

PROPOSITIO XLV.

Obs. Iure monet Rob. Simson., rectarum *KM*, *ZΛ* parallelismum ex ipsa constructione immediate consequi, postquam ostensum fuerit, *ZH*, *HΛ* pariter ac *KΘ*, *ΘM* in directum esse, nec opus esse, eum inde deducere, quod *KZ*,

Sit quidem datum rectilineum $AB\Gamma\Delta$, datus vero angulus rectilineus E; oportet igitur rectilineo $AB\Gamma\Delta$ aequale parallelogrammum constituere, in dato angulo E.

Iungatur enim ΔB, et constituatur triangulo $AB\Delta$ aequale parallelogrammum $Z\Theta$ (Prop. 42.) in angulo ΘKZ, qui aequalis est angulo E; et applicetur ad ΘH rectam parallelogrammum HM aequale triangulo $\Delta B\Gamma$, in angulo $H\Theta M$, qui est aequalis angulo E (Prop. 44.).

Et quoniam E angulus utrique ipsorum ΘKZ, $H\Theta M$ est aequalis; et ΘKZ igitur angulo $H\Theta M$ est aequalis (Ax. 1.). Communis addatur $K\Theta H$; ergo $ZK\Theta$, $K\Theta H$, ipsis $K\Theta H$, $H\Theta M$ aequales sunt (Ax. 2.). Sed $ZK\Theta$, $K\Theta H$ duobus rectis aequales sunt (Prop. 29.); et $K\Theta H$, $H\Theta M$ igitur duobus rectis aequales sunt (Ax. 1.). Ad aliquam igitur rectam $H\Theta$, et ad punctum in ea Θ, duae rectae ΘK, ΘM, non ad easdem partes positae, angulos deinceps duobus rectis aequales faciunt; in directum igitur est $K\Theta$ rectae ΘM (Prop. 14.). Et quonim in parallelas KM, ZH recta incidit ΘH, anguli alterni $M\Theta H$, ΘHZ aequales inter se sunt (Prop. 29.). Commu-

$M\Delta$ sint aequales et parallelae i. e. ex I. 33. Caeterum Pfleiderer. iure pariter monet, applicationem huius problematis ad VI. 25. exigere, ut parallelogrammum non solum datum angulum habeat, *sed etiam ad datam rectam applicetur*, pariter ac in I. 44. iussum fuerat. Nova autem hac conditione addita problema simili reductione absolvetur ac I. 44. ut Commandinus et Rob. Simson. observant in Cor. ad hanc propositionem. Aliter figuram rectilineam quamcunque v. c. $AB\Gamma\Delta E$ (Fig. 88.) primum quidem in triangulum ipsi aequale, deinde

κείσθω ἡ ὑπὸ ΘΗΛ· αἱ ἄρα ὑπὸ ΜΘΗ, ΘΗΛ ταῖς ὑπὸ ΘΗΖ, ΘΗΛ ἴσαι εἰσίν. Ἀλλ' αἱ ὑπὸ ΜΘΗ, ΘΗΛ δυσὶν ὀρθαῖς ἴσαι εἰσί· καὶ αἱ ὑπὸ ΘΗΖ, ΘΗΛ ἄρα δυσὶν ὀρθαῖς ἴσαι εἰσίν· ἐπ' εὐθείας ἄρα ἐστὶν ἡ ΖΗ τῇ ΗΛ. Καὶ ἐπεὶ ἡ ΚΖ τῇ ΘΗ ἴση τε καὶ παράλληλός ἐστιν, ἀλλὰ καὶ ἡ ΘΗ τῇ ΜΛ· καὶ ἡ ΚΖ ἄρα τῇ ΜΛ ἴση τε καὶ παράλληλός ἐστι· καὶ ἐπιζευγνύουσιν αὐτὰς εὐθεῖαι αἱ ΚΜ, ΖΛ, καὶ αἱ ΚΜ, ΖΛ ἴσαι τε καὶ παράλληλοί εἰσι· παραλληλόγραμμον ἄρα ἐστὶ τὸ ΚΖΛΜ. Καὶ ἐπεὶ ἴσον ἐστὶ τὸ μὲν ΑΒΔ τρίγωνον τῷ ΖΘ παραλληλογράμμῳ, τὸ δὲ ΔΒΓ τῷ ΗΜ· ὅλον ἄρα τὸ ΑΒΓΔ εὐθύγραμμον ὅλῳ τῷ ΚΖΛΜ παραλληλογράμμῳ ἐστὶν ἴσον.

Τῷ ἄρα δοθέντι εὐθυγράμμῳ τῷ ΑΒΓΔ ἴσον παραλληλόγραμμον συνίσταται τὸ ΚΖΛΜ, ἐν γωνίᾳ τῇ ὑπὸ ΖΚΜ, ἥ ἐστιν ἴση τῇ δοθείσῃ τῇ Ε. Ὅπερ ἔδει ποιῆσαι.

ΠΡΟΤΑΣΙΣ μϛ'.

Ἀπὸ τῆς δοθείσης εὐθείας τετράγωνον ἀναγράψαι.

Ἔστω ἡ δοθεῖσα εὐθεῖα ἡ ΑΒ· δεῖ δὴ ἀπὸ τῆς ΑΒ εὐθείας τετράγωνον ἀναγράψαι.

hoc triangulum ope I. 44. in parallelogrammum, quod datum angulum ac datum latus habeat, convertere docent in hunc fere modum. Ducantur ex aliquo angulo figurae *B* diagonales *BΔ*, *BE* etc. Ducta deinde recta *ΓZ* parallela rectae *BΔ* producatur, donec (I. 29. Cor. 3.) cum producta *EΔ* conveniat in *Z*, eritque, ducta *BZ*, triangulum *BΓΔ*=*BZΔ* (I. 37.), adeoque figura *BAΓΔE* iam transformata est in aliam ipsi aequalem *BAΓZ*, cuius laterum numerus unitate minor est numero laterum, quae figura primaria habebat. Pariter deinde nova hac figura transformata in aliam, quae laterum numerum

nis addatur $\Theta H \Lambda$; ergo $M\Theta H$, $\Theta H \Lambda$ angulis ΘHZ, $\Theta H \Lambda$ aequales sunt (Ax. 2.). Sed $M\Theta H$, $\Theta H\Lambda$ duobus rectis aequales sunt (Prop. 29.); et ΘHZ, $\Theta H\Lambda$ igitur duobus rectis aequales sunt (Ax. 1.); in directum igitur est ZH rectae $H\Lambda$ (Prop. 14.). Et quoniam KZ rectae ΘH aequalis et parallela est, sed ΘH rectae $M\Lambda$; et KZ igitur rectae $M\Lambda$ aequalis et parallela est (Ax. 1. et Prop. 30.); et iungunt ipsas rectae KM, $Z\Lambda$, itaque et KM, $Z\Lambda$ aequales et parallelae sunt (Prop. 33.); parallelogrammum igitur est $KZ\Lambda M$. Et quoniam aequale est quidem $AB\Delta$ triangulum parallelogrammo $Z\Theta$; $\Delta B\Gamma$ vero parallelogrammo HM; totum igitur $AB\Gamma\Delta$ rectilineum toti $KZ\Lambda M$ parallelogrammo est aequale.

Ergo dato rectilineo $AB\Gamma\Delta$ aequale parallelogrammum constitutum est $KZ\Lambda M$ in angulo ZKM, qui est aequalis dato E. Quod oportebat facere.

PROPOSITIO XLVI. (Fig. 89.)

Ex data recta quadratum describere.

Sit data recta AB; oportet igitur ex AB recta quadratum describere.

denuo unitate minorem habeat, et re ulterius continuata, perveniet tandem ad triangulum datae figurae aequale. Ita in nostra figura ducta $Z\Theta$ parallela rectae BE conveniet (I. 29. Cor. 3.) cum producta AB in puncto aliquo Θ, eritque, ducta ΘE, triangulum $BE\Theta = BEZ$ (I. 37.) adeoque figura $ABEZ =$ triangulo $A\Theta E$, unde res deducta est ad I. 44. Haec paucis tantum attingere visum est. Qui plura cupit, adeat Klügel. (Mathem. Wörterb. sub voce: Figuren und ihre Verwandl. Th. II. p. 214. sqq.) et eos, qui ab eo citantur, auctores. Caeterum haec figurarum transformatio in parallelogramma et

Ἤχθω τῇ ΑΒ εὐθείᾳ, ἀπὸ τοῦ πρὸς αὐτῇ σημείου τοῦ Α, πρὸς ὀρθὰς ἡ ΑΓ· καὶ κείσθω τῇ ΑΒ ἴση ἡ ΑΔ· καὶ διὰ μὲν τοῦ Δ σημείου τῇ ΑΒ παράλληλος ἤχθω ἡ ΔΕ· διὰ δὲ τοῦ Β σημείου τῇ ΑΔ παράλληλος ἤχθω ἡ ΒΕ.

Παραλληλόγραμμον ἄρα ἐστὶ τὸ ΑΔΕΒ· ἴση ἄρα ἐστὶν ἡ μὲν ΑΒ τῇ ΔΕ, ἡ δὲ ΑΔ τῇ ΒΕ. Ἀλλὰ καὶ 1) ἡ ΑΒ τῇ ΑΔ ἐστὶν ἴση· αἱ τέσσαρες ἄρα αἱ ΒΑ, ΑΔ, ΔΕ, ΕΒ ἴσαι ἀλλήλαις εἰσίν· ἰσόπλευρον ἄρα ἐστὶ τὸ ΑΔΕΒ παραλληλόγραμμον. Λέγω δὲ ὅτι καὶ ὀρθογώνιον. Ἐπεὶ γὰρ εἰς παραλλήλους τὰς ΑΒ, ΔΕ εὐθεῖα ἐνέπεσεν ἡ ΑΔ· αἱ ἄρα ὑπὸ ΒΑΔ, ΑΔΕ γωνίαι δυσὶν ὀρθαῖς ἴσαι εἰσίν. Ὀρθὴ δὲ ἡ ὑπὸ ΒΑΔ· ὀρθὴ ἄρα καὶ ἡ ὑπὸ ΑΔΕ. Τῶν δὲ παραλληλογράμμων χωρίων αἱ ἀπεναντίον πλευραί τε καὶ γωνίαι ἴσαι ἀλλήλαις εἰσίν· ὀρθὴ ἄρα καὶ ἑκατέρα τῶν ἀπεναντίον τῶν ὑπὸ ΑΒΕ, ΒΕΔ γωνιῶν· ὀρθογώνιον ἄρα ἐστὶ τὸ ΑΔΕΒ. Ἐδείχθη δὲ καὶ ἰσόπλευρον· τετράγωνον ἄρα ἐστὶ, καί ἐστιν ἀπὸ τῆς ΑΒ εὐθείας ἀναγεγραμμένον. Ὅπερ ἔδει ποιῆσαι.

1) Vocem καὶ habent edit. Basil. et Oxon., omittit Paris. cum Cod. a.

nominatim in rectangula potissimum dimetiendis figuris inservit. Quum enim ad dimetiendas figuras quadrata adhibere soleant, haec autem rectangulis tantum applicari possint, non autem figuris, quarum anguli sunt obliqui, patet, ita demum eandem quadratorum mensuram dimetiendae figurae cuicunque adhiberi posse. Eodem etiam pertinet, quod Peletarius et Clavius habent, problema: datis duabus figuris rectilineis inaequalibus, excessum maioris super minorem exhibere, quod infra v. c. VI. 28. ut notum supponitur.

Ducatur rectae AB, a puncto in ea A, recta $A\Gamma$ ad rectos anglosu (Prop. 11.) et ponatur rectae AB aequalis $A\Delta$ (Prop. 3.); et per punctum quidem Δ rectae AB parallela ducatur ΔE (Prop. 31.); per punctum vero B ipsi $A\Delta$ parallela ducatur BE (Prop. 31.).

Parallelogrammum igitur est $A\Delta EB$; aequalis igitur est AB quidem rectae ΔE, $A\Delta$ vero rectae BE (Prop. 44.). Sed et AB rectae $A\Delta$ est aequalis; quatuor igitur BA, $A\Delta$, ΔE, EB aequales inter se sunt; aequilaterum igitur est $A\Delta EB$ parallelogrammum. Dico etiam esse rectangulum. Quoniam enim in parallelas AB, ΔE recta incidit $A\Delta$; ergo anguli $BA\Delta$, $A\Delta E$ duobus rectis aequales sunt (Prop. 29.). Rectus autem est $BA\Delta$; rectus igitur et $A\Delta E$. Parallelogrammorum autem spatiorum opposita latera et anguli aequalia inter se sunt (Prop. 44.); rectus igitur et uterque oppositorum ABE, $BE\Delta$ angulorum; rectangulum igitur est $A\Delta EB$. Ostensum autem est et aequilaterum; quadratum igitur est (Def. 30.), et est ex AB recta descriptum. Quod oportebat facere.

PROPOSITIO XLVI.

Cor. Facile demonstrari potest, quod Proclus observat, si latera duorum quadratorum sint aequalia, ipsa etiam quadrata esse aequalia, et contra, si quadrata sint aequalia, latera etiam eorum esse aequalia (I. 34. Cor. 21. 22.). Atque id ipsum sumitur in demonstratione I. 48. Contra, si duorum laterum alterum altero maius est, erit etiam quadratum prioris maius quadrato posterioris et vice versa.

Obs. Austin. monet, si rectangulum definiatur esse parallelogrammum, cuius omnes anguli recti sint, et quadratum esse rectangulum, cuius omnia latera sint aequalia, propositione 46. I. non admodum opus esse post I. 42. I. 44. et 45. Et

ΠΡΟΤΑΣΙΣ μζ.

Ἐν τοῖς ὀρθογωνίοις τριγώνοις, τὸ ἀπὸ τῆς τὴν ὀρθὴν γωνίαν ὑποτεινούσης πλευρᾶς τετράγωνον, ἴσον ἐστὶ τοῖς ἀπὸ τῶν τὴν ὀρθὴν γωνίαν περιεχουσῶν πλευρῶν τετραγώνοις.

Ἔστω τρίγωνον ὀρθογώνιον τὸ ΑΒΓ, ὀρθὴν ἔχον τὴν ὑπὸ ΒΑΓ γωνίαν· λέγω, ὅτι τὸ ἀπὸ τῆς ΒΓ τετράγωνον ἴσον ἐστὶ τοῖς ἀπὸ τῶν ΒΑ, ΑΓ τετραγώνοις.

Ἀναγεγράφθω γὰρ ἀπὸ μὲν τῆς ΒΓ τετράγωνον τὸ ΒΔΕΓ· ἀπὸ δὲ τῶν ΒΑ, ΑΓ τὰ ΗΒ, ΘΓ· καὶ διὰ τοῦ Α ὁποτέρᾳ τῶν ΒΔ, ΓΕ παράλληλος ἤχθω ἡ ΑΛ· καὶ ἐπιζεύχθωσαν αἱ ΑΔ, ΖΓ.

Καὶ ἐπεὶ ὀρθή ἐστιν ἑκατέρα τῶν ὑπὸ ΒΑΓ, ΒΑΗ γωνιῶν· πρὸς δή τινι εὐθείᾳ τῇ ΒΑ, καὶ τῷ πρὸς αὐτῇ σημείῳ τῷ Α, δύο εὐθεῖαι αἱ ΑΓ, ΑΗ, μὴ

potuisse eam abesse, nemo negaverit; ob multiplicem tamen usum sine dubio adiecta fuit.

PROPOSITIO XLVII.

Obs. Hoc quoque theorema Pythagorae esse dicunt, qui eo invento solemne boum sacrificium fecerit (βουθητεῖν λέγουσι Proclus ait), unde Pythagoricum vulgo nominatur. Quae circa hanc rem de Pythagora narrant, diligenter collegit Scherz. (Dissert. de Theor. Pythagor. Argent. 1743.) et ex eo Müller. (System. Zusammenstell. er wichtigern bisher bekannten Beweise des Pythagor. Lehrsatzes mit einer ausführlichen Theorie der Zahlendreiecke. Nürnb. 1819.) et huc fere redeunt. Plutarchus in Dialog.: ὅτι οὐδὲ ζῆν ἔστιν ἡδέως κατ᾽ Ἐπίκουρον, Sect. II. p. 100. T. XIV. Edit. Hutt. ita habet: Καὶ Πυθαγόρας ἐπὶ τῷ διαγράμματι βοῦν ἔθυσεν, ὥς φησιν Ἀπολλόδοτος (Wyttenbach. suspicatur: Ἀπολλόδωρος)

Ἡνίκα Πυθαγόρης τὸ περικλεὲς εὕρετο γράμμα
Κεῖνο, ἐφ᾽ ᾧ λαμπρὴν ἤγετο βουθυσίην.

PROPOSITIO XLVII. (Fig. 90.)

In rectangulis triangulis, quadratum ex latere rectum angulum subtendente aequale est quadratis ex lateribus rectum angulum continentibus.

Sit triangulum rectangulum *ABΓ*, rectum habens angulum *BAΓ*; dico quadratum ex *BΓ* aequale esse quadratis ex *BA*, *AΓ*.

Describatur enim ex *BΓ* quidem quadratum *BΔEΓ*; ex *BA*, *AΓ* vero quadrata *HB*, *ΘΓ* (Prop. 46.); et per *A* alterutri ipsarum *BΔ*, *ΓE* parallela ducatur *AΛ* (Prop. 31.); et iungantur *AΔ*, *ZΓ*.

Et quoniam rectus est uterque angulorum *BAΓ*, *BAH* (Def. 30.), ad aliquam igitur rectam *BA*, et ad punctum in ea *A*, duae rectae *AΓ*, *AH*, non ad

εἴτε περὶ τῆς ὑποτεινούσης, ὡς ἴσον δύναται — Dicunt nempe Geometrae: ἡ γραμμὴ δύναται τὸ χωρίον, ut exprimant quadratum lineae aequale esse spatio — ταῖς περιεχούσαις τὴν ὀρθὴν, εἴτε πρόβλημα περὶ τοῦ χωρίου τῆς παραβολῆς. Hic itaque Plutarchus dubius est, an ob hanc propositionem I. 47. an ob aliam aliquam, quae, ut nonnulli locum hunc explicant, ad theoriam parabolae pertinet, rectius autem secundum alios pro I. 44. sumenda fuerit, sacrificium fecerit Pythagoras. Alio loco συμποσιακῶν προβλημάτων libr. VIII. cap. IV. p. 349. T. XI. Edit. Hutt. Plutarchus ait: Ἔστι γὰρ ἐν τοῖς γεωμετρικωτάτοις θεωρήμασι, μᾶλλον δὲ προβλήμασι, τὸ, δυεῖν εἰδῶν δοθέντων ἄλλο τρίτον παραβάλλειν, τῷ μὲν ἴσον, τῷ δὲ ὅμοιον· ἐφ᾽ ᾧ καί φασιν ἐξευρεθέντι θῦσαι τὸν Πυθαγόραν· πολὺ γάρ ἀμέλει γλαφυρότερον τοῦτο καὶ μουσικώτερον τοῦ θεωρήματος, ὃ τὴν ὑποτείνουσαν ἀπέδειξε ταῖς περὶ τὴν ὀρθὴν ἴσον δυναμένην. Hic itaque propositionem VI. 25. eam fuisse perhibet, ob quam inventam sacra fecerit Pythagoras, quae omnia confirmare videntur, haud satis certam esse famam, ob quodnam inventum

ἐπὶ τὰ αὐτὰ μέρη κείμεναι, τὰς ἐφεξῆς γωνίας δυσὶν ὀρθαῖς ἴσας ποιοῦσιν· ἐπ' εὐθείας ἄρα ἐστὶν ἡ ΓΑ τῇ ΑΗ. Διὰ τὰ αὐτὰ δὴ καὶ ἡ ΒΑ τῇ ΑΘ ἐστὶν ἐπ' εὐθείας. Καὶ ἐπεὶ ἴση ἐστὶν ἡ ὑπὸ ΔΒΓ γωνία τῇ ὑπὸ ΖΒΑ, ὀρθὴ γὰρ ἑκατέρα, κοινὴ προςκείσθω ἡ ὑπὸ ΑΒΓ· ὅλη ἄρα ἡ ὑπὸ ΔΒΑ ὅλῃ τῇ ὑπὸ ΖΒΓ ἐστὶν ἴση. Καὶ ἐπεὶ ἴση ἐστὶν ἡ μὲν ΔΒ τῇ ΒΓ, ἡ δὲ ΖΒ τῇ ΒΑ· δύο δὴ [1]) αἱ ΔΒ, ΒΑ δυσὶ ταῖς ΓΒ,

1) Verba: καὶ ἐπεὶ ἴση ἐστὶν ἡ μὲν ΔΒ τῇ ΒΓ, ἡ δὲ ΖΒ τῇ ΒΑ, omittunt edit. Bas. et Oxon. et habent tantum: καὶ ἐπεὶ δύο αἱ ΔΒ, ΒΑ etc. Editio autem Paris. ea ex Cod. a. recte addere videtur.

illud Pythagorae sacrificium factum sit, nisi forte illud ob plura inventa plus semel repetitum esse, dicere velis. Diogenes Laertius in vita Pythagorae VIII. segm. 12. ita habet: Φησὶ δὲ Ἀπολλόδωρος ὁ λογιστικὸς ἑκατόμβην θῦσαι αὐτὸν εὑρόντα, ὅτι τοῦ τριγώνου ἡ ὑποτείνουσα πλευρὰ ἴσον δύναται ταῖς περιεχούσαις, καί ἐστιν ἐπίγραμμα οὕτως ἔχον·

Ἡνίκα Πυθαγόρης τὸ περικλεὲς εὕρετο γράμμα
Κεῖν' ἐφ' ὅτῳ κλεινὴν ἤγαγε βουθυσίην.

Eadem fere refert Athenaeus Deipnosoph. L. X. p. 165. Ed. Ald. 1514. vel p. 418. Ed. Dalechamp. Lugd. 1712. In vita autem Thaletis l. I. Diogenes Laert. ait: Παρά τε Αἰγυπτίων γεωμετρεῖν μαθόντα (Thaletem sc.) φησὶ Παμφίλη, πρῶτον καταγράψαι ἐπὶ ἡμικυκλίου τὸ τρίγωνον ὀρθογώνιον, καὶ θῦσαι βοῦν· οἱ δὲ Πυθαγόραν φασίν, ὧν ἐστιν Ἀπολλόδωρος ὁ λογιστικός. Diogenes igitur Laertius priore loco Prop. I. 47. ad Pythagoram inventorem perspicue refert, ita tamen, ut etiam ipse Apollodori auctoritate potissimum niti videatur, cuius Epigramma tamen de sacrificio quidem Pythagorae refert, at qua occasione id factum sit, haud satis clare exponit. Porphyrius seu Malchus in vita Pythagorae c. 36. refert: Ἐβουθύτησε δέ ποτε σταίτινον, ὥς φασι, βοῦν, οἱ ἀκριβέστεροι,

easdem partes positae, angulos deinceps duobus rectis aequales faciunt; in directum igitur est ΓA rectae AH (Prop. 14.). Ex eadem ratione et BA rectae $A\Theta$ est indirectum. Et quoniam aequalis est $\Delta B\Gamma$ angulus angulo ZBA (Ax. 1.), rectus enim uterque, communis addatur $AB\Gamma$; totus igitur ΔBA toti $ZB\Gamma$ est aequalis (Ax. 2.). Et quoniam aequalis est quidem ΔB rectae $B\Gamma$, ZB vero rectae BA; duae utique

ἐξευρὼν τοῦ ὀρθογωνίου τὴν ὑποτείνουσαν ἴσον δυναμένην ταῖς περιεχούσαις. Hic itaque, quamvis de sacrificii genere subdubitare videatur, inventum tamen I. 47. clare ad Pythagoram refert. Caeterum hi testes omnes recentiores sunt, nec ad certam aliquam veterum auctoritatem lectorem remittunt. Haud certiora sunt, quae Romani scriptores habent. Apud Cicero-ronem de Natura Deorum l. III. c. 36. legitur: „Pythagoras, cum in Geometria quiddam novi invenisset, Musis bovem immolasse dicitur, sed id quidem non credo, quoniam ille ne Apollini quidem Delio hostiam immolare voluit, ne aram sanguine adspergeret.“ Vitruvius Architect. l. IX. c. II. inventum Pythagoricum plenius quam reliqui describit his verbis: „Item Pythagoras normam sine artificis fabricationibus inventam ostendit, et quam magno labore fabri normam facientes vix ad verum perducere possunt. Id rationibus et methodis emendatum ex eius praeceptis explicatur. Namque si sumantur regulae tres, e quibus una sit pedes tres, altera quatuor, tertia pedes quinque haeque regulae inter se compositae tangant alia aliam suis cacuminibus extremis, schema habentes trigoni, deformabunt normam emendatam. Ad eas autem regularum singularum longitudines si singula quadrata paribus lateribus describantur, quod erit pedum trium latus, areae habebit pedes novem, quod erit quatuor, sexdecim; quod quinque, erit viginti quinque. Ita quantum areae pedum numerum duo quadrata ex tribus pedibus longitudinis laterum et quatuor efficiunt, aeque

BZ ἴσαι εἰσὶν, ἑκατέρα ἑκατέρᾳ, καὶ γωνία ἡ ὑπὸ ΔΒΑ γωνίᾳ τῇ ὑπὸ ΖΒΓ ἴση· βάσις ἄρα ἡ ΑΔ βάσει τῇ ΖΓ ἴση, καὶ τὸ ΑΒΔ τρίγωνον τῷ ΖΒΓ τριγώνῳ ἐστὶν ἴσον. Καί ἐστι τοῦ μὲν ΑΒΔ τριγώνου διπλάσιον τὸ ΒΛ παραλληλόγραμμον, βάσιν τε γὰρ τὴν αὐτὴν ἔχουσι τὴν ΒΔ καὶ ἐν ταῖς αὐταῖς εἰσι παραλλήλοις ταῖς ΒΔ, ΑΛ· τοῦ δὲ ΖΒΓ τριγώνου διπλάσιον τὸ ΒΗ τετράγωνον, βάσιν τε γὰρ πάλιν τὴν αὐτὴν ἔχουσι τὴν ΖΒ καὶ ἐν ταῖς αὐταῖς εἰσι παραλλήλοις ταῖς ΖΒ, ΗΓ· τὰ δὲ τῶν ἴσων διπλάσια ἴσα ἀλλήλοις ἐστίν· ἴσον ἄρα ἐστὶ καὶ τὸ ΒΛ παραλληλόγραμμον τῷ ΗΒ τετραγώνῳ. Ὁμοίως δὲ, ἐπιζευγνυμένων τῶν ΑΕ, ΒΚ, δειχθήσεται καὶ τὸ ΓΛ παραλληλόγραμμον ἴσον τῷ ΘΓ τετραγώνῳ· ὅλον ἄρα τὸ ΒΔΕΓ τετράγωνον δυοὶ τοῖς ΗΒ, ΘΓ τετραγώνοις ἴσον ἐστίν. Καί ἐστι τὸ μὲν ΒΔΕΓ τετράγωνον ἀπὸ τῆς ΒΓ ἀναγραφὲν, τὰ δὲ ΗΒ, ΘΓ ἀπὸ τῶν ΒΑ,

tantum numerum reddit unum ex quinque descriptum. Id Pythagoras cum invenisset, non dubitans a Musis se in ea inventione monitum, maximas gratias agens, hostias dicitur iis immolavisse."

E quibus omnibus constare videtur, haud quidem testimoniis ad summam antiquitatem pertinentibus, at fama certe satis constante ad Pythagoram inventum propositionis I. 47. referri, de sacrificio autem, quod fecisse ob id ipsum vel ob aliud inventum Musis dicitur, utrum hecatombe, an minor fuerit victimarum numerus, quin etiam an omnino fuerit sacrificium cruentum, quod Pythagoraeorum disciplina respuere nonnullis visa est, an itaque forte bovem saltem e farina confectum immolaverit, quod alias etiam a Pythagoraeis factum legimus, nihil certi habere veteres. Caeterum, quod veteres *theorema Pythagoricum*, id media aetate *magistrum mathe-*

ΔB, BA duabus ΓB, BZ aequales sunt, utraque utrique, et angulus ΔBA angulo $ZB\Gamma$ aequalis; basis igitur (Prop. 4.) $A\Delta$ basi $Z\Gamma$ aequalis, et triangulum $AB\Delta$ triangulo $ZB\Gamma$ est aequale. Et est quidem ipsius trianguli $AB\Delta$ duplum BA parallelogrammum (Prop. 41.), basin enim eandem habent $B\Delta$ et in eisdem sunt parallelis $B\Delta$, $A\Lambda$; ipsius vero trianguli $ZB\Gamma$ duplum quadratum BH (Prop. 41.), et enim rursus basin eandem habent et in eisdem sunt parallelis ZB, $H\Gamma$; aequalium autem dupla aequalia inter se sunt (Ax. 6.); aequale igitur est et parallelogrammum $B\Lambda$ quadrato HB. Similiter autem iunctis AE, BK ostendetur et parallelogrammum $\Gamma\Lambda$ aequale quadrato $\Theta\Gamma$. Totum igitur $B\Delta E\Gamma$ quadratum duobus HB, $\Theta\Gamma$ quadratis aequale est, et est quidem $B\Delta E\Gamma$ quadratum ex $B\Gamma$ descriptum, quadrata vero HB, $\Theta\Gamma$ ex BA, $A\Gamma$; ergo quadratum ex $B\Gamma$ latere aequale

seos vocare solebant. De variis eius demonstrationibus vide Excursum II. et supra I. 41. Cor. 6.

Cor. 1. Quadratum super diametro alicuius quadrati duplum est huius quadrati.

Cor. 2. In quovis triangulo rectangulo quadratum unius catheti aequale est excessui, quo quadratum hypotenusae superat quadratum alterius catheti.

Cor. 3. Si e vertice trianguli rectanguli in hypotenusam demittatur perpendiculum, quadrata segmentorum hypotenusae eandem habebunt differentiam, quam quadrata cathetorum.

Cor. 4. Si e puncto quocunque Γ rectae AB (Fig. 91. 92.) erigatur ad eam perpendicularis $\Gamma\Delta$, et e punctis huius rectae quibuscunque E, Z ducantur ad AB rectae EA, EB, pariterque ZA, ZB etc. Quadrata earum, quae ex uno puncto E ductae sunt, eandem inter se differentiam habebunt, ac qua-

ΑΓ· τὸ ἄρα ἀπὸ τῆς ΒΓ πλευρᾶς τετράγωνον ἴσον ἐστὶ τοῖς ἀπὸ τῶν ΒΑ, ΑΓ πλευρῶν τετραγώνοις. Ἐν ἄρα τοῖς ὀρθογωνίοις καὶ τὰ ἑξῆς.

ΠΡΟΤΑΣΙΣ μή.

Ἐὰν τριγώνου τὸ ἀπὸ μιᾶς τῶν πλευρῶν τετράγωνον ἴσον ῇ τοῖς ἀπὸ τῶν λοιπῶν τοῦ τριγώνου δύο πλευρῶν τετραγώνοις· ἡ περιεχομένη γωνία ὑπὸ τῶν λοιπῶν τοῦ τριγώνου δύο πλευρῶν ὀρθή ἐστιν.

Τριγώνου γὰρ τοῦ ΑΒΓ τὸ ἀπὸ μιᾶς τῆς ΒΓ πλευρᾶς τετράγωνον ἴσον ἔστω τοῖς ἀπὸ τῶν ΒΑ, ΑΓ πλευρῶν τετραγώνοις· λέγω, ὅτι ὀρθή ἐστιν ἡ ὑπὸ ΒΑΓ γωνία.

Ἤχθω γὰρ ἀπὸ τοῦ Α σημείου τῇ ΑΓ εὐθείᾳ πρὸς ὀρθὰς ἡ ΑΔ, καὶ κείσθω τῇ ΒΑ ἴση ἡ ΑΔ, καὶ ἐπεζεύχθω ἡ ΔΓ.

drata earum, quae e quovis alio puncto rectae $\Delta\Gamma$ ad A et B duci possunt, i. e. erit EBq$-EA$q$=ZB$q$-ZA$q$=\Gamma B$q$-\Gamma A$q. Cf. Pappi Collect. Mathem. l. VII. Prop. 120. Apollonii loca plana l. II. Prop. 1. et Thom. Simpson. Elem. of Geom. Book II. Theor. IX.

Cor. 5. In triangulo aequicruro $AB\Gamma$ (Fig. 93. 94.) si ex uno aliquo angulorum ad basin in latus oppositum demittatur perpendiculum $A\Delta$, erit summa quadratorum omnium trianguli laterum$=\Gamma\Delta$q$+2\Delta A$q$+3B\Delta$q. Est enim $B\Gamma$q$=\Gamma\Delta$q$+B\Delta$q, et $A\Gamma$q$=AB$q$=\Delta A$q$+B\Delta$q. Itaque $B\Gamma$q$+A\Gamma$q$+AB$q$=\Gamma\Delta$q$+2\Delta A$q$+3B\Delta$q. Est haec propositio Gregorii a St. Vincent. I. 23. 24.

Cor. 6. Si duo triangula rectangula habeant summam quadratorum cathetorum aequalem, aequales etiam erunt hypotenusae, et vice versa.

Cor. 7. Facile etiam patet ratio describendi quadrati, quod aequale sit summae duorum, trium, quatuor et generatim n

est quadratis ex BA, $A\Gamma$ lateribus; ergo in rectangulis etc.

PROPOSITIO XLVIII. (Fig. 95.)

Si quadratum ex uno laterum trianguli aequale est quadratis ex reliquis duobus trianguli lateribus; angulus a reliquis duobus trianguli lateribus contentus rectus est.

Sit enim quadratum ex uno latere $B\Gamma$ trianguli $AB\Gamma$ aequale quadratis ex lateribus BA, $A\Gamma$; dico angulum $BA\Gamma$ rectum esse.

Ducatur enim ab A puncto rectae $A\Gamma$ ad rectos $A\Delta$ (Prop. 11.), et ponatur rectae BA aequalis $A\Delta$, et iungatur $\Delta\Gamma$.

aliorum quadratorum, quorum latera data sunt, dum nempe duo primum latera data sub angulo recto iunguntur, ductaeque hypotenusae ad terminum eius extremum tertium pariter sub angulo recto iungitur, et nova hypotenusa ducitur, atque ita pergitur, dum adhuc data latera supersunt.

Cor. 8. Pariter, datis duabus lineis inaequalibus, patet ratio inveniendi id, quo plus potest maior, quam minor, vel ut aliter dicamus, datur ratio inveniendi quadratum, quod aequale sit differentiae duorum datorum quadratorum. Erigatur nempe ad punctum extremum lineae datae minoris perpendiculum, et ex altero eiusdem minoris lineae termino describatur circulus radio, qui aequalis sit lineae datae maiori, abscindet ille e perpendiculo lineam, cuius quadratum aequale est excessui quadrati lineae maioris super quadratum lineae minoris.

PROPOSITIO XLVIII.

Obs. 1. Propositionis huius, quae conversa est praece-

Καὶ ἐπεὶ ἴση ἐστὶν ἡ ΔΑ τῇ ΑΒ, ἴσον ἐστὶ καὶ τὸ ἀπὸ τῆς ΔΑ τετράγωνον τῷ ἀπὸ τῆς ΑΒ τετραγώνῳ. Κοινὸν προςκείσθω τὸ ἀπὸ τῆς ΑΓ τετράγωνον· τὰ ἄρα ἀπὸ τῶν ΔΑ, ΑΓ τετράγωνα ἴσα ἐστὶ τοῖς ἀπὸ τῶν ΒΑ, ΑΓ τετραγώνοις. Ἀλλὰ τοῖς μὲν ἀπὸ τῶν ΔΑ, ΑΓ ἴσον ἐστὶ τὸ ἀπὸ τῆς ΔΓ, ὀρθὴ γάρ ἐστιν ἡ ὑπὸ ΔΑΓ γωνία· τοῖς δὲ ἀπὸ τῶν ΒΑ, ΑΓ ἴσον ἐστὶ τὸ ἀπὸ τῆς ΒΓ, ὑπόκειται γάρ· τὸ ἄρα ἀπὸ τῆς ΔΓ τετράγωνον ἴσον ἐστὶ τῷ ἀπὸ τῆς ΒΓ τετραγώνῳ· ὥςτε καὶ πλευρὰ ἡ ΔΓ τῇ ΒΓ ἐστὶν ἴση· καὶ ἐπεὶ ἴση ἐστὶν ἡ ΑΔ τῇ ΑΒ, κοινὴ δὲ ἡ ΑΓ, δύο δὴ αἱ ΔΑ, ΑΓ δυσὶ ταῖς ΒΑ, ΑΓ ἴσαι εἰσὶ, καὶ βάσις ἡ ΔΓ βάσει τῇ ΒΓ ἴση· γωνία ἄρα ἡ ὑπὸ ΔΑΓ γωνίᾳ τῇ ὑπὸ ΒΑΓ ἴση. Ὀρθὴ δὲ ἡ

dentis, aliam demonstrationem habet Proclus, dum nempe ostendit, si angulus *ΒΑΓ* non foret rectus, ex eadem rectae *ΑΓ* parte, ex qua est *Β*, construi posse aliud triangulum rectangulum, cuius singula latera aequalia forent lateribus trianguli *ΑΒΓ*, quod vero fieri nequit ex I. 7. Alium modum hanc propositionem demonstrandi vide infra II. 13. Obs. 5.

Obs. 2. Quum, ut ad I. 45. diximus, ad dimetiendas figuras quascunque, adeoque etiam ad dimetienda quadrata alia quadrata mensurae loco adhibere soleant, v. c. quadratum, cuius singula latera pedem longa sunt, et quod propterea pedem quadratum appellant, invenietur, ut facile demonstrari potest, area quadrati cuiuscunque, si exploretur, quoties latus eius quadrati, quod pro mensura sumitur, contineatur in latere quadrati propositi. Is enim numerus in se ipsum ductus indicabit numerum quadratorum pro mensura sumtorum, qui in proposito quadrato continetur. V. c. si latus quadrati alicuius sit septem pedum, continebit illud septies septem, i. e.

Et quoniam aequalis est $\varDelta A$ rectae AB, aequale est etiam quadratum ex $\varDelta A$ quadrato ex AB. Commune addatur quadratum ex $A\Gamma$; quadrata igitur ex $\varDelta A$, $A\Gamma$ aequalia sunt quadratis ex BA, $A\Gamma$ (Ax. 2.). Sed quadratis ex $\varDelta A$, $A\Gamma$ aequale est quadratum ex $\varDelta\Gamma$ (Prop. 47.), rectus enim est angulus $\varDelta A\Gamma$; quadratis vero ex BA, $A\Gamma$ aequale est quadratum ex $B\Gamma$, id enim sumitur; quadratum igitur ex $\varDelta\Gamma$ aequale est quadrato ex $B\Gamma$; quare et latus $\varDelta\Gamma$ lateri $B\Gamma$ est aequale; et quoniam aequalis est $A\varDelta$ rectae AB, communis autem $A\Gamma$, duae utique $\varDelta A$, $A\Gamma$ duabus BA, $A\Gamma$ aequales sunt, et basis $\varDelta\Gamma$ basi $B\Gamma$ est aequalis; angulus igitur (Prop. 8.) $\varDelta A\Gamma$ angulo

quadraginta novem pedes quadratos. Hinc etiam factum est, ut numeri in se ipsos ducti numeri quadrati vocarentur. Iam veteres et Pythagoraei maxime multi in eo fuerunt, ut numeros tres integros eius indolis invenirent, ut summa quadratorum duorum aequalis esset quadrato tertii numeri. Ita nempe ex nostra propositione latera trianguli, quorum hi numeri longitudinem metiuntur, efficient triangulum rectangulum. Tales numeri sunt verbi causa 3. 4. 5. Est enim $3.3+4.4=5.5$. Generatim autem inveniendis numeris eius generis variae excogitatae sunt regulae, quarum aliquas ita, ut hodie solent, expressas hic subiungemus. Unam Proclus ad Pythagoram refert, quae huc redit. Sumatur pro uno catheto numerus impar quicunque $(2n+1)$, pro altero catheto numerus, qui prodit, si a prioris numeri quadrato unitatem demas, et, quod reliquum est, bifariam dividas $\left(\frac{4n^2+4n+1-1}{2}\right.$ vel $\left.2n^2+2n\right)$, et pro hypotenusa denique numerus, qui prodit, si numeri

ὑπὸ ΔΑΓ· ὀρθὴ ἄρα καὶ ἡ ὑπὸ ΒΑΓ. Ἐὰν ἄρα τριγώνου καὶ τὰ ἑξῆς.

primo sumti quadrato unitatem addas, et quod prodit bifariam dividas $(\frac{4n^2+4n+1+1}{2}=2n^2+2n+1)$. Alia regula, quam ad Platonem refert Proclus, a numero pari initium facit. Sumatur numerus par quicunque (2n) pro uno catheto et pro altero quadratum dimidii eius numeri unitate mulctatum (n^2-1), pro hypotenusa autem quadratum dimidii numeri unitate auctum (n^2+1). Alia regula ita habet: Suman-

ΒΑΓ est aequalis. Rectus autem *ΔΑΓ*; rectus igitur et *ΒΑΓ*. Si igitur trianguli etc.

tur duo numeri inaequales quicunque (a, b) et sumatur pro uno catheto differentia quadratorum eorum (b^2-a^2), pro altero duplum eius, quod prodit uno in alterum ducto (2ab), denique pro hypotenusa summa quadratorum numerorum istorum (b^2+a^2). Aliam regulam generaliorem habet Euclides in Lemm. 1. ante X. 30. Quae omnia hic verbo indicasse sufficiat. Conf. etiam Excurs. II. ad I. 47.

ΕΥΚΛΕΙΔΟΥ

ΣΤΟΙΧΕΙΩΝ

ΒΙΒΛΙΟΝ ΔΕΥΤΕΡΟΝ.

ὍΡΟΙ.

α΄. Πᾶν παραλληλόγραμμον ὀρθογώνιον περιέχεσθαι λέγεται ὑπὸ δύο τῶν τὴν ὀρθὴν γωνίαν περιεχουσῶν εὐθειῶν.

β΄. Παντὸς δὲ παραλληλογράμμου χωρίου τῶν περὶ τὴν διάμετρον αὐτοῦ παραλληλογράμμων ἓν ὁποιονοῦν σὺν τοῖς δυσὶ παραπληρώμασι γνώμων καλείσθω.

DEFIN. I.

Quum, ut ad I. 45. diximus, ad exprimendam aream figurarum adhibere soleant quadrata, nominatim ad inveniendam aream parallelogrammorum rectangulorum (quae brevius rectangula nominabimus): quaerendum erit, quoties id quadratum, quod mensurae loco sumitur, ipsum aut aliqua eius pars in basi rectanguli poni possit, i. e. quoties latus huius quadrati ipsum aut eius pars in basi rectanguli contineatur, et deinde quoties series eiusmodi quadratorum ipsa aut eius pars determinata in rectangulo una super alteram poni possit, i. e. quoties idem latus quadrati ipsum aut eius pars determinata in altitudine rectanguli contineatur, qui duo numeri in se ducti ostendet numerum eiusmodi quadratorum aut partium quadrati in rectangulo contentorum. Hinc etiam factum est, ut eadem, quam pro signo multiplicationis adhibere solent, nota, nempe × utantur etiam ad designan-

EUCLIDIS
ELEMENTORUM
LIBER SECUNDUS.

DEFINITIONES.

1. Omne parallelogrammum rectangulum contineri dicitur sub duabus rectum angulum continentibus rectis.

2. In omni parallelogrammo unumquodque eorum, quae circa diametrum sunt, parallelogrammorum cum duobus complementis gnomon vocetur.

dum rectangulum, quod sub duabus rectis continetur. Ita v. g. rectangulum, quod sub rectis A, B continetur, indicatur per $A \times B$, ut iam ad I. Def. 30. diximus. Aliter etiam parallelogramma litteris, quibus puncta extrema diametri notantur, designare solent. Praeterea monet Scarburgh., Geometras dicere, rectam *posse* aliquam figuram, quum quadratum rectae aequale sit ei figurae (ut ad I. 47. diximus) et pariter duas rectas *posse* aliquam figuram, quum rectangulum sub istis rectis aequale sit figurae.

DEFIN. II.

Gnomon primum dictus est pro indice horologii solaris, deinde etiam ob figurae similitudinem, pro norma vel duabus regulis sub angulo recto iunctis, denique pariter ob figurae similitudinem, uti hic, de ea parallelogrammi parte, quae, demto uno eorum, quae circa diametrum sunt, parallelogram-

ΠΡΟΤΑΣΙΣ α΄.

Ἐὰν ὦσι δύο εὐθεῖαι, τμηθῇ δὲ ἡ ἑτέρα αὐτῶν εἰς ὅσα δηποτοῦν τμήματα· τὸ περιεχόμενον ὀρθογώνιον ὑπὸ τῶν δύο εὐθειῶν ἴσον ἐστὶ τοῖς τε ὑπὸ τῆς ἀτμήτου καὶ ἑκάστου τῶν τμημάτων περιεχομένοις ὀρθογωνίοις.

Ἔστωσαν δύο εὐθεῖαι αἱ Α, ΒΓ, καὶ τετμήσθω ἡ ΒΓ ὡς ἔτυχε κατὰ τὰ Δ, Ε σημεῖα· λέγω, ὅτι τὸ ὑπὸ τῶν Α, ΒΓ περιεχόμενον ὀρθογώνιον ἴσον ἐστὶ τῷ τε ὑπὸ τῶν Α, ΒΔ περιεχομένῳ ὀρθογωνίῳ, καὶ τῷ ὑπὸ τῶν Α, ΔΕ, καὶ ἔτι τῷ ὑπὸ τῶν Α, ΕΓ.

Ἤχθω γὰρ ἀπὸ τοῦ Β τῇ ΒΓ πρὸς ὀρθὰς ἡ ΒΖ, καὶ κείσθω τῇ Α ἴση ἡ ΒΗ, καὶ διὰ μὲν τοῦ Η τῇ ΒΓ παράλληλος ἤχθω ἡ ΗΘ, διὰ δὲ τῶν Δ, Ε, Γ τῇ ΒΗ παράλληλοι ἤχθωσαν αἱ ΔΚ, ΕΛ, ΓΘ.

Ἴσον δέ ἐστι τὸ ΒΘ τοῖς ΒΚ, ΔΛ, ΕΘ. Καί ἐστι τὸ μὲν ΒΘ τὸ ὑπὸ τῶν Α, ΒΓ, περιέχεται μὲν γὰρ ὑπὸ τῶν ΗΒ, ΒΓ, ἴση δὲ ἡ ΒΗ τῇ Α· τὸ δὲ

mum superest. Caeterum, quamvis verum sit, plerasque libri secundi propositiones Arithmeticae, Algebrae et Geometriae communes esse (unde etiam apud Barlaamum monachum, Graecum Arithmeticum, decem primae huius libri propositiones arithmetice demonstratae leguntur, quas etiam videre est in Elem. of Geom. of Euclide by Billingsley London 1570, similesque etiam ad Arithmeticam vel Algebram harum propositionum applicationes habent Clavius ad IX. 14. Element., Tacquet. in sua Elem. editione, et Christ. Sturm. in des unvergleichlichen Archimedis Kunstbüchern, Nürnb. 1670. p. 47. sq.) et, quatenus ad Algebram aut Arithmeticam pertinent, algebraice vel arithmetice facillime demonstrari posse, nec ad eam rem, uti Clavius, Tacquetus, aliique putasse videntur (Cf. die Geometrie nach le Gendre u. s. w. von Gilbert

PROPOSITIO I. (Fig. 135.)

Si sint duae rectae, secta fuerit autem altera ipsarum in quotcunque segmenta; rectangulum contentum sub duabus rectis aequale est eis rectangulis, quae sub linea non secta et unoquoque segmentorum continentur.

Sint duae rectae A, $B\Gamma$, et secta sit $B\Gamma$ utcunque in Δ, E punctis; dico rectangulum contentum sub A, $B\Gamma$ aequale esse rectangulo sub A, $B\Delta$ contento, et rectangulo sub A, ΔE, et rectangulo sub A, $E\Gamma$ contento.

Ducatur enim a B rectae $B\Gamma$ ad rectos BZ (I. 11.), et ponatur rectae A aequalis BH (I. 3.), et per H quidem rectae $B\Gamma$ parallela ducatur $H\Theta$ (I. 31.); per Δ, E, Γ vero rectae BH parallelae ducantur ΔK, $E\Lambda$, $\Gamma\Theta$ (I. 31.).

Aequale igitur est $B\Theta$ rectangulis BK, $\Delta\Lambda$, $E\Theta$; et est quidem $B\Theta$ rectangulum sub A, $B\Gamma$, conti-

p. 280.). Geometriae ope nos indigere, et quamvis etiam illud negari haud possit, numerum eiusmodi propositionum admodum, si cui volupe sit, augeri posse, id tamen neutiquam eo valere debet, ut omnes huius generis propositiones tanquam minus necessarias e Geometria excludamus. Sunt enim aliquae earum et fere omnes eae, quae hoc libro continentur, per se insignis per omnem Geometriam utilitatis, et reliquis propositionibus quam plurimis brevius demonstrandis et veterum Geometrarum libris intelligendis inserviunt, unde dolendum est, eas a plurimis recentiorum mathematicorum libris praetermitti.

PROPOSITIO I.

Obs. Est haec propositio casus specialis eius, quam habuimus I. 38. Cor. 4.

ΒΚ τὸ ὑπὸ τῶν Α, ΒΔ, περιέχεται μὲν γὰρ ὑπὸ τῶν ΗΒ, ΒΔ, ἴση δὲ ἡ ΒΗ τῇ Α· τὸ δὲ ΔΛ τὸ ὑπὸ τῶν Α, ΔΕ, ἴση γὰρ ἡ ΔΚ, τοῦτ' ἔστιν ἡ ΒΗ, τῇ Α· καὶ ἔτι ὁμοίως τὸ ΕΘ τὸ ὑπὸ τῶν Α, ΕΓ· τὸ ἄρα ὑπὸ τῶν Α, ΒΓ ἴσον ἐστὶ τῷ τε ὑπὸ Α, ΒΔ, καὶ τῷ ὑπὸ Α, ΔΕ, καὶ ἔτι τῷ ὑπὸ Α, ΕΓ. Ἐὰν ἄρα ὦσι καὶ τὰ ἑξῆς.

ΠΡΟΤΑΣΙΣ β΄.

Ἐὰν εὐθεῖα γραμμὴ τμηθῇ ὡς ἔτυχε, τὰ ὑπὸ τῆς ὅλης καὶ ἑκατέρου τῶν τμημάτων περιεχόμενα ὀρθογώνια ἴσα ἐστὶ τῷ ἀπὸ τῆς ὅλης τετραγώνῳ.

Εὐθεῖα γὰρ ἡ ΑΒ τετμήσθω ὡς ἔτυχε κατὰ τὸ Γ σημεῖον· λέγω, ὅτι τὸ ὑπὸ τῶν ΑΒ, ΒΓ περιεχόμενον ὀρθογώνιον, μετὰ τοῦ ὑπὸ τῶν ΒΑ, ΑΓ περιεχομένου ὀρθογωνίου, ἴσον ἐστὶ τῷ ἀπὸ τῆς ΑΒ τετραγώνῳ.

Cor. 1. (Quod est apud Commandinum, Clavium, Boermannum, Pfleiderer. in Scholiis ad librum II. Element. Euclidis Tubingae 1797. 98. 99. §. 2., e quibus fere omnia, benevole permittente eorum auctore, vel ipsis auctoris verbis vel brevius aliquantum depromta sunt, quae ad hunc librum notavimus.) Si fuerint duae rectae lineae, quae secentur in partes quotcunque, rectangulum duabus illis rectis contentum aequale erit rectangulis simul, quae unaquaque parte unius ad unamquamque partem alterius applicata continentur.

Cor. 2. Si basis *ΗΘ* sit multiplex quaecunque rectae *ΗΚ* v. c. $=$m$\times$*ΗΚ*, m notante numerum integrum, parallelogrammum rectangulum sub *ΒΗ* et *ΗΘ* aequemultiplex est rectanguli sub *ΒΗ* et *ΗΚ*, i. e. erit $BH\times H\Theta = \text{m}.\ BH\times HK$,

netur enim sub HB, $B\Gamma$, aequalis autem BH rectae A; BK vero rectangulum sub A, $B\Delta$, continetur enim sub HB, $B\Delta$, aequalis autem BH rectae A; $\Delta\Lambda$ vero rectangulum sub A, ΔE, aequalis enim ΔK, hoc est (I. 34.) BH, rectae A; et similiter etiam rectangulum $E\Theta$ sub A, $E\Gamma$; ergo rectangulum sub A, $B\Gamma$ aequale est rectangulo sub A, $B\Delta$, et rectangulo sub A, ΔE, et rectangulo sub A, $E\Gamma$. Si igitur sint etc.

PROPOSITIO II. (Fig. 136.)

Si recta linea secetur utcunque, rectangula sub tota et utroque segmentorum contenta aequalia sunt quadrato totius.

Recta enim AB secetur utcunque in Γ puncto; dico rectangulum sub AB, $B\Gamma$ contentum, cum rectangulo sub BA, $A\Gamma$ contento, aequale esse quadrato rectae AB.

quod vel ex ipsa II. Prop. 1. vel inde patet, quod I. Prop. 35. Cor. 2. etiam locum habet in I. 38., uti ad eam propositionem diximus. Cf. Pfleiderer. §. 3.

Cor. 3. Quodsi eodem modo altitudo BH sit multiplex quaecunque alterius rectae HZ, v. c. $= n \times IIZ$, rursus n denotante numerum integrum, erit rectangulum sub BH, $H\Theta$ $= m . n . HK \times HZ$. Cf. Pfleiderer. §. 4.

Cor. 4. Quodsi porro fuerit $HK = HZ$, adeoque $HK \times HZ = HK$q, erit rectangulum $BH \times H\Theta = m . n . HK$q. Cf. Pfleiderer. §. 5.

Cor. 5. Denique, si m=n erit $BH \times H\Theta = m^2 . HK$q, Cf. Pfleiderer. §. 6.

Ἀναγεγράφθω γὰρ ἀπὸ τῆς ΑΒ τετράγωνον τὸ ΑΔΕΒ, καὶ ἤχθω διὰ τοῦ Γ ὁποτέρᾳ τῶν ΑΔ, ΒΕ παράλληλος ἡ ΓΖ.

Ἴσον δή ἐστι τὸ ΑΕ τοῖς ΑΖ, ΓΕ· καί ἐστι τὸ μὲν ΑΕ τὸ ἀπὸ τῆς ΑΒ τετράγωνον· τὸ δὲ ΑΖ τὸ ὑπὸ τῶν ΒΑ, ΑΓ περιεχόμενον ὀρθογώνιον· περιέχεται μὲν γὰρ ὑπὸ τῶν ΔΑ, ΑΓ, ἴση δὲ ἡ ΑΔ τῇ ΑΒ· τὸ δὲ ΓΕ τὸ ὑπὸ ΑΒ, ΒΓ, ἴση γὰρ ἡ ΒΕ τῇ ΑΒ· τὸ ἄρα ὑπὸ τῶν ΒΑ, ΑΓ, μετὰ τοῦ ὑπὸ τῶν ΑΒ, ΒΓ, ἴσον ἐστὶ τῷ ἀπὸ τῆς ΑΒ τετραγώνῳ. Ἐὰν ἄρα εὐθεῖα καὶ τὰ ἑξῆς.

ΠΡΟΤΑΣΙΣ γ΄.

Ἐὰν εὐθεῖα γραμμὴ τμηθῇ ὡς ἔτυχε, τὸ ὑπὸ τῆς ὅλης καὶ ἑνὸς τῶν τμημάτων περιεχόμενον ὀρθογώνιον ἴσον ἐστὶ τῷ τε ὑπὸ τῶν τμημάτων περιεχομένῳ ὀρθογωνίῳ καὶ τῷ ἀπὸ τοῦ προειρημένου τμήματος τετραγώνῳ.

PROPOSITIO II.

Obs. Haec propositio sistit praecedentis casum specialem, quo scilicet recta proposita in duas tantum partes secatur, eademque alterum sit latus rectangulorum ad totam et ad ipsius segmenta applicatorum. Quod etiam altera, quam exponunt, demonstratione innuunt Campanus, Peletarius; vel sola, quam tradunt, Scheubelius, Tacquet., Barrov. Applicationem propositi iam exhibet 1. 47. Cf. Pfleiderer. §. 7.

Cor. 1. Si bifariam secetur ΔΕ in Ζ, erit, ob rectang. ΔΓ=ΖΒ (I. 35.), rectang. ΔΒ=2ΔΓ=2ΕΔ×ΔΖ. Cf. Pfleiderer. §. 8.

Cor. 2. Pariter, si recta ΔΕ secetur in quotcunque partes, rectangula sub tota et sub singulis eius segmentis simul aequalia sunt quadrato totius ΔΕ. Cf. Clavius, Scheubelius,

Describatur enim ex AB quadratum $A\Delta EB$ (I. 46.), et ducatur per Γ alterutri ipsarum $A\Delta$, BE parallela ΓZ (I. 31.).

Aequale itaque est AE rectangulis AZ, ΓE; et est quidem quadratum AE ex AB, AZ vero rectangulum sub BA, $A\Gamma$ contentum, continetur etenim sub ΔA, $A\Gamma$, aequalis autem $A\Delta$ rectae AB (I. Def. 30.); ΓE vero rectangulum sub AB, $B\Gamma$, aequalis enim BE rectae AB; rectangulum igitur sub BA, $A\Gamma$, cum rectangulo sub AB, $B\Gamma$, aequale est quadrato ex AB. Si igitur recta etc

PROPOSITIO III. (Fig. 137.)

Si recta linea secetur utcunque, rectangulum sub tota et uno segmentorum contentum aequale est rectangulo sub segmentis contento, et quadrato ex praedicto segmento.

alii. Quidam ipsam Prop. 2. ita enunciant, Campanus, Peletarius, alii. Cf. Pfleiderer. §. 9.

Cor. 3. Si recta secetur in partes quotcunque, quadratum totius aequale est rectangulis simul, quae sub singulis partibus ad singulas applicatis continentur. Cf. Commandinus, Clavius, Pfleiderer. §. 10.

PROPOSITIO III.

Obs. 1. Haec quoque propositio specialem exhibet II. Prop. 1. casum, quo nempe proposita recta in duas tantum partes secatur, parallelogrammorumque rectangulorum, ad totam et ad eius segmenta applicatorum, latus alterum est unum horum segmentorum. Eodem redeunt altera demonstratio

Εὐθεῖα γὰρ ἡ ΑΒ τετμήσθω ὡς ἔτυχε κατὰ τὸ Γ· λέγω, ὅτι τὸ ὑπὸ τῶν ΑΒ, ΒΓ περιεχόμενον ὀρθογώνιον ἴσον ἐστὶ τῷ ὑπὸ τῶν ΑΓ, ΓΒ περιεχομένῳ ὀρθογωνίῳ, μετὰ τοῦ ἀπὸ τῆς ΒΓ τετραγώνου. Ἀναγεγράφθω γὰρ ἀπὸ τῆς ΓΒ τετράγωνον τὸ ΓΔΕΒ, καὶ διήχθω ἡ ΕΔ ἐπὶ τὸ Ζ, καὶ διὰ τοῦ Α ὁποτέρᾳ τῶν ΓΔ, ΒΕ παράλληλος ἤχθω ἡ ΑΖ. Ἴσον δή ἐστι τὸ ΑΕ τοῖς ΑΔ, ΓΕ· καί ἐστι τὸ μὲν ΑΕ τὸ ὑπὸ τῶν ΑΒ, ΒΓ περιεχόμενον ὀρθογώνιον, περιέχεται μὲν γὰρ ὑπὸ τῶν ΑΒ, ΒΕ, ἴση δὲ ἡ ΒΕ τῇ ΒΓ· τὸ δὲ ΑΔ τὸ ὑπὸ τῶν ΑΓ, ΓΒ ἴση γὰρ ἡ ΔΓ τῇ ΓΒ· τὸ δὲ ΔΒ τὸ ἀπὸ τῆς ΓΒ τετράγωνον· τὸ ἄρα ὑπὸ τῶν ΑΒ, ΒΓ περιεχόμενον ὀρθογώνιον ἴσον ἐστὶ τῷ ὑπὸ τῶν ΑΓ, ΓΒ περιεχομένῳ ὀρθογωνίῳ μετὰ τοῦ ἀπὸ τῆς ΓΒ τετραγώνου. Ἐὰν ἄρα εὐθεῖα καὶ τὰ ἑξῆς.

ΠΡΟΤΑΣΙΣ δ'.

Ἐὰν εὐθεῖα γραμμὴ τμηθῇ ὡς ἔτυχε, τὸ ἀπὸ τῆς ὅλης τετράγωνον ἴσον ἐστὶ τοῖς τε ἀπὸ τῶν τμημάτων τετραγώνοις, καὶ τῷ δὶς ὑπὸ τῶν τμημάτων περιεχομένῳ ὀρθογωνίῳ.

Campani, Peletarii, Clavii; prior Scheubelii; sola Tacqueti, Barrovii. Cf. Pfleiderer. §. 11.

Obs. 2. Caeterum propositiones 2. 3. quamvis prima iam comprehensae, nominatim sine dubio enunciatae fuerunt, ut immediate essent ad usus occurrentes paratae, nec, quod Austin., qui in ea re Ramum (Schol. Mathem. Francof. 1599. l. X. p. 89.) praecessorem habet, asserit (Examinat. of the first six Books of Euclids Elements Oxf. 1783. p 36.) vitiosae quadrati ab rectangulo distinctioni aut, quod Ramus ait, in-

Recta enim AB secetur utcunque in Γ; dico rectangulum sub AB, $B\Gamma$ contentum aequale esse rectangulo sub $A\Gamma$, ΓB contento, cum quadrato ex $B\Gamma$.

Describatur enim ex ΓB quadratum $\Gamma\Delta EB$ (I. 46.), et producatur $E\Delta$ in Z, et per A alterutri ipsarum $\Gamma\Delta$, BE parallela ducatur AZ (I. 31.).

Aequale igitur est rectangulum AE ipsis $A\Delta$, ΓE; et est quidem rectangulum AE sub AB, $B\Gamma$ contentum, continetur etenim sub AB, BE, aequalis autem BE rectae $B\Gamma$ (I. Def. 30.); $A\Delta$ vero rectangulum sub $A\Gamma$, ΓB, aequalis enim $\Delta\Gamma$ rectae ΓB; ΔB autem est quadratum ex ΓB; rectangulum igitur sub AB, $B\Gamma$ contentum aequale est rectangulo sub $A\Gamma$, ΓB contento, cum quadrato ex ΓB. Si igitur recta etc.

PROPOSITIO IV. (Fig. 138.)

Si recta linea secetur utcunque, quadratum totius aequale est quadratis segmentorum et rectangulo bis sub segmentis contento.

scitiae logicae originem debent. Vid. I. Def. 30. I. 31. II. 1. Cf. Pfleiderer. §. 12.

PROPOSITIO IV.

Obs. 1. Ex aliis huius propositionis demonstrationibus sequens maxime notari meretur, quam habent Campanus, Peletarius, Clavius, Tacquet., Barrov., Scheubel., in qua tertia bis repetitur. Nempe ABq$=AZ+\Gamma E$ (II. 2.) et tam $AZ=$

Εὐθεῖα γὰρ γραμμὴ ἡ ΑΒ τετμήσθω ὡς ἔτυχε κατὰ τὸ Γ· λέγω, ὅτι τὸ ἀπὸ τῆς ΑΒ τετράγωνον ἴσον ἐστὶ τοῖς τε ἀπὸ τῶν ΑΓ, ΓΒ τετραγώνοις καὶ τῷ δὶς ὑπὸ τῶν ΑΓ, ΓΒ περιεχομένῳ ὀρθογωνίῳ.

Ἀναγεγράφθω γὰρ ἀπὸ τῆς ΑΒ τετράγωνον τὸ ΑΔΕΒ, καὶ ἐπεζεύχθω ἡ ΒΔ, καὶ διὰ μὲν τοῦ Γ ὁποτέρᾳ τῶν ΑΔ, ΕΒ παράλληλος ἤχθω ἡ ΓΗΖ, διὰ δὲ τοῦ Η ὁποτέρᾳ τῶν ΑΒ, ΔΕ παράλληλος ἤχθω ἡ ΘΚ.

Καὶ ἐπεὶ παράλληλός ἐστιν ἡ ΓΖ τῇ ΑΔ, καὶ εἰς αὐτὰς ἐμπέπτωκεν ἡ ΒΔ, ἡ ἐκτὸς γωνία ἡ ὑπὸ ΓΗΒ ἴση ἐστὶ τῇ ἐντὸς καὶ ἀπεναντίον τῇ ὑπὸ ΑΔΒ. Ἀλλ' ἡ ὑπὸ ΑΔΒ τῇ ὑπὸ ΑΒΔ ἐστὶν ἴση, ἐπεὶ καὶ πλευρὰ ἡ ΒΑ τῇ ΑΔ ἐστὶν ἴση· καὶ ἡ ὑπὸ ΓΗΒ ἄρα γωνία τῇ ὑπὸ ΗΒΓ ἐστὶν ἴση· ὥστε καὶ πλευρὰ ἡ ΒΓ πλευρᾷ τῇ ΓΗ ἐστὶν ἴση. Ἀλλὰ ἡ μὲν ΓΒ τῇ ΗΚ ἐστὶν ἴση, ἡ δὲ ΓΗ τῇ ΒΚ· καὶ ἡ ΗΚ ἄρα τῇ ΚΒ ἐστὶν ἴση· ἰσόπλευρον ἄρα ἐστὶ τὸ ΓΗΚΒ. Λέγω δὴ ὅτι καὶ ὀρθογώνιον. Ἐπεὶ γὰρ παράλληλός ἐστιν ἡ ΓΗ τῇ ΒΚ, καὶ εἰς αὐτὰς ἐνέπεσεν ἡ ΓΒ· αἱ ἄρα ὑπὸ ΚΒΓ, ΒΓΗ γωνίαι δυσὶν ὀρθαῖς εἰσιν ἴσαι. Ὀρθὴ δὲ ἡ ὑπὸ ΚΒΓ· ὀρθὴ ἄρα καὶ ἡ ὑπὸ ΒΓΗ. Ὥστε καὶ αἱ ἀπεναντίον, αἱ ὑπὸ ΓΗΚ, ΗΚΒ ὀρθαί εἰσιν· ὀρθογώνιον ἄρα ἐστὶ τὸ ΓΗΚΒ. Ἐδείχθη δὲ καὶ ἰσόπλευρον· τετράγωνον ἄρα ἐστὶ, καί ἐστιν ἀπὸ τῆς ΓΒ. Διὰ τὰ αὐτὰ δὴ καὶ τὸ ΘΖ τετράγωνόν ἐστι, καί ἐστιν ἀπὸ τῆς ΘΗ, τοῦτ' ἔστιν ἀπὸ τῆς ΑΓ· τὰ ἄρα ΘΖ, ΓΚ τετράγωνα ἀπὸ τῶν ΑΓ,

ΑΓ×ΓΒ+ΑΓq (II. 3.) quam ΓΕ=ΑΓ×ΓΒ+ΓΒq (II. 3.); unde ΑΒq=ΑΓq+2ΑΓ×ΓΒ+ΓΒq. Cf. Pfleiderer. §. 17.

Obs. 2. Corollarium apud Euclidem huic propositioni

Recta enim linea AB secetur utcunque in Γ; dico quadratum ex AB aequale esse quadratis ex $A\Gamma$, ΓB et rectangulo bis sub $A\Gamma$, ΓB contento.

Describatur enim ex AB quadratum $A\Delta EB$ (I. 46.), et iungatur $B\Delta$, et per Γ quidem alterutri ipsarum $A\Delta$, EB parallela ducatur ΓHZ (I. 31.); per H vero alterutri ipsarum AB, ΔE parallela ducatur ΘK (I. 31.).

Et quoniam parallela est ΓZ rectae $A\Delta$, et in ipsas incidit $B\Delta$ exterior angulus ΓHB aequalis est interiori et opposito $A\Delta B$ (I. 29.). Sed $A\Delta B$ angulo $AB\Delta$ est aequalis (I. 5.), quoniam et latus BA lateri $A\Delta$ est aequale; et angulus ΓHB igitur angulo $HB\Gamma$ est aequalis (I. Ax. 1.); quare et latus $B\Gamma$ lateri ΓH est aequale (I. 6.). Sed ΓB quidem rectae HK est aequalis (I. 34.), ΓH vero rectae BK (I. 34.) et HK igitur ipsi KB est aequalis (I. Ax. 1.); aequilaterum igitur est ΓHKB. Dico etiam et rectangulum. Quoniam enim parellela est ΓH rectae BK, et in ipsas incidit ΓB; anguli igitur $KB\Gamma$, $B\Gamma H$ duobus rectis sunt aequales (I. 29.). Rectus autem est $KB\Gamma$; rectus igitur et $B\Gamma H$. Quare et oppositi ΓHK, HKB recti sunt (I. 34.); rectangulum igitur est ΓHKB. Ostensum autem est et aequilaterum; quadratum igitur est (I. Def. 30.), et est ex ΓB. Ex eadem ratione et ΘZ quadratum est, et est ex ΘH, hoc est ex $A\Gamma$ (I. 34.); ipsa igitur

adiunctum ex interpolatione ortum putat Austin. p. 37. Illud tamen ob frequentem in demonstrationibus sequentibus applicationem (in sequente statim adhibetur) ab ipso elementorum

ΓΒ εἰσίν. Καὶ ἐπεὶ ἴσον ἐστὶ τὸ ΑΗ τῷ ΗΕ, καί ἐστι τὸ ΑΗ τὸ ὑπὸ τῶν ΑΓ, ΓΒ, ἴση γὰρ ἡ ΗΓ τῇ ΓΒ· καὶ τὸ ΗΕ ἄρα ἴσον ἐστὶ τῷ ὑπὸ τῶν ΑΓ, ΓΒ· τὰ ἄρα ΑΗ, ΗΖ ἴσα ἐστὶ τῷ δὶς ὑπὸ τῶν ΑΓ, ΓΒ. Ἔστι δὲ καὶ τὰ ΘΖ, ΓΚ τετράγωνα ἀπὸ τῶν ΑΓ, ΓΒ· τὰ ἄρα τέσσαρα τὰ ΘΖ, ΓΚ, ΑΗ, ΗΕ ἴσα ἐστὶ τοῖς τε ἀπὸ τῶν ΑΓ, ΓΒ τετραγώνοις καὶ τῷ δὶς ὑπὸ τῶν ΑΓ, ΓΒ περιεχομένῳ ὀρθογωνίῳ. Ἀλλὰ τὰ τέσσαρα ΘΖ, ΓΚ, ΑΗ, ΗΕ ὅλον ἐστὶ τὸ ΑΔΕΒ, ὅ ἐστι τὸ ἀπὸ τῆς ΑΒ τετράγωνον· τὸ ἄρα ἀπὸ τῆς ΑΒ τετράγωνον ἴσον ἐστὶ τοῖς τε ἀπὸ τῶν ΑΓ, ΓΒ τετραγώνοις καὶ τῷ δὶς ὑπὸ τῶν ΑΓ, ΓΒ περιεχομένῳ ὀρθογωνίῳ. Ἐὰν ἄρα εὐθεῖα καὶ τὰ ἑξῆς.

ΚΑΙ ΑΛΛΩΣ [1]).

Λέγω, ὅτι τὸ ἀπὸ τῆς ΑΒ τετράγωνον ἴσον ἐστὶ τοῖς τε ἀπὸ τῶν ΑΓ, ΓΒ τετραγώνοις καὶ τῷ δὶς ὑπὸ τῶν ΑΓ, ΓΒ περιεχομένῳ ὀρθογωνίῳ.

1) Editio Basil. et Oxon. pariter ac Parisiensis habent hanc alteram demonstrationem, quam *ἄλλως* vel *ἑτέρα δεῖξις* inscribunt. Eadem etiam adiecta est in versionibus Zamberti, Orontii, Finei, Commandini, Boermanni, aliorumque, eamque solam, priore omissa, habent Clavius et Barrov. Peyrardus observat, hanc alteram demonstrationem exaratam esse (in codice a, ut videtur) in charta paginae contigua. Caeterum, quum a priore eo tantum discrepet, quod aequalitatem angulorum *ΓΗΒ*, *ΗΒΓ* inde infert, quia trianguli aequilateri et ad *Α* rectanguli *ΒΑΔ* angulus ad basin semissis est recti (I. 32. et I. 5.) ideoque trianguli ad *Γ* rectanguli *ΒΓΗ*, tertius angulus *ΓΗΒ* pariter semissis est recti, in quo ad analogiam II. 9. et 10. composita est, jure eam pro spuria habere videtur Pleidererus l. c. Diss. I. p. 6. §. 16. Ne quid tamen deesse videatur, noluimus eam loco suo movere.

auctore notatum fuisse censeri potest, iudice Pfleiderer. §. 18. qui addit, haud generatim, quod Austin. asserat, corollaria et

ΘZ, ΓK quadrata ex $A\Gamma$, ΓB sunt. Et quoniam aequale est AH rectangulo HE, et est rectangulum AH sub $A\Gamma$, ΓB, aequalis enim $H\Gamma$ rectae ΓB; et HE igitur aequale rectangulo sub $A\Gamma$, ΓB; rectangula igitur AH, HE aequalia sunt rectangulo sub $A\Gamma$, ΓB bis sumto. Sunt autem et ΘZ, ΓK quadrata ex $A\Gamma$, ΓB; ergo quatuor ΘZ, ΓK, AH, HE aequalia sunt quadratis ex $A\Gamma$, ΓB et rectangulo bis contento sub $A\Gamma$, ΓB. Sed quatuor ΘZ, ΓK, AH, HE totum sunt $A\Delta EB$, quod est quadratum ex AB; ergo quadratum ex AB aequale est quadratis ex $A\Gamma$, ΓB et rectangulo bis contento sub $A\Gamma$, ΓB. Si igitur recta etc.

ET ALITER.

Dico quadratum ex AB aequale esse quadratis ex $A\Gamma$, ΓB et rectangulo contento bis sub $A\Gamma$, ΓB.

duplices propositionum demonstrationes connecti in elementis. Caeterum Clavius addit, omnia parallelogramma circa diametrum quadrati, etiam extra quadratum productam, quamvis non habeant cum quadrato angulum aliquem communem, quadrata esse, dummodo latera eorum lateribus quadrati sint parallela. Praeter illud corollarium addi possunt sequentia.

Cor. 2. Si AB in Γ bifariam secetur, rectangulum $A\Gamma \times \Gamma B$ transibit in quadratum dimidiae lineae AB. Erit itaque $ABq = 4A\Gamma q$, vel quadratum cuiuscunque rectae aequale est quadrato eius dimidiae quater sumto (Clavius, Barrov., Baermannus), vel etiam bis rectangulo sub quadrati latere, et lateris dimidio et vice versa. Cf. Whiston. apud Tacquet. Pfleiderer. §. 13.

Cor. 3. Summa quadratorum duarum rectarum $A\Gamma$, ΓB

Ἐπὶ γὰρ τῆς αὐτῆς καταγραφῆς, ἐπεὶ ἴση ἐστὶν ἡ ΒΑ τῇ ΑΔ, ἴση ἐστὶ καὶ γωνία ἡ ὑπὸ ΑΒΔ τῇ ὑπὸ ΑΔΒ· καὶ ἐπεὶ παντὸς τριγώνου αἱ τρεῖς γωνίαι δυσὶν ὀρθαῖς ἴσαι εἰσὶ, τοῦ ΑΒΔ ἄρα τριγώνου αἱ τρεῖς γωνίαι, αἱ ὑπὸ ΑΒΔ, ΑΔΒ, ΒΑΔ, δυσὶν ὀρθαῖς ἴσαι εἰσίν. Ὀρθὴ δὲ ἡ ὑπὸ ΒΑΔ, λοιπαὶ ἄρα αἱ ὑπὸ ΑΒΔ, ΑΔΒ μιᾷ ὀρθῇ ἴσαι εἰσί· καί εἰσιν ἴσαι· ἑκατέρα ἄρα τῶν ὑπὸ ΑΒΔ, ΑΔΒ ἡμίσειά ἐστιν ὀρθῆς. Ὀρθὴ δὲ ἡ ὑπὸ ΒΓΗ, ἴση γάρ ἐστι τῇ ἐντὸς καὶ ἀπεναντίον τῇ πρὸς τῷ Α· λοιπὴ ἄρα ἡ ὑπὸ ΓΗΒ ἡμίσειά ἐστιν ὀρθῆς· ἴση ἄρα ἡ ὑπὸ ΓΗΒ γωνία τῇ ὑπὸ ΓΒΗ· ὥστε καὶ πλευρὰ ἡ ΒΓ τῇ ΓΗ ἐστὶν ἴση. Ἀλλ' ἡ μὲν ΓΒ τῇ ΗΚ ἐστὶν ἴση, ἡ δὲ ΓΗ τῇ ΒΚ· ἰσόπλευρον ἄρα ἐστὶ τὸ ΓΚ. Ἔχει δὲ καὶ ὀρθὴν τὴν ὑπὸ ΓΒΚ γωνίαν· τετράγωνον ἄρα ἐστὶ τὸ ΓΚ, καί ἐστιν ἀπὸ τῆς ΓΒ. Διὰ τὰ αὐτὰ δὴ καὶ τὸ ΘΖ τετράγωνόν ἐστι, καί ἐστιν ἴσον τῷ ἀπὸ τῆς ΑΓ· τὰ ἄρα ΓΚ, ΘΖ τετράγωνά ἐστι, καί ἐστιν ἴσα τοῖς ἀπὸ τῶν ΑΓ, ΓΒ. Καὶ ἐπεὶ ἴσον ἐστὶ τὸ ΑΗ τῷ ΗΕ, καί ἐστι τὸ ΑΗ τὸ ὑπὸ τῶν ΑΓ, ΓΒ, ἴση ἐστὶ γὰρ ἡ ΓΗ τῇ ΓΒ, καὶ τὸ ΕΗ ἄρα ἴσον ἐστὶ τῷ ὑπὸ τῶν ΑΓ, ΓΒ· τὰ ἄρα ΑΗ, ΗΕ ἴσα ἐστὶ τῷ δὶς ὑπὸ τῶν ΑΓ, ΓΒ. Ἔστι δὲ καὶ τὰ ΓΚ, ΘΖ ἴσα τοῖς ἀπὸ τῶν ΑΓ, ΓΒ. τὰ ἄρα ΓΚ, ΘΖ, ΑΗ, ΗΕ ἴσα ἐστὶ τοῖς τε ἀπὸ τῶν ΑΓ, ΓΒ καὶ τῷ δὶς ὑπὸ τῶν ΑΓ, ΓΒ. Ἀλλὰ

semper minor est quadrato summae earundem rectarum, duplo rectangulo sub ipsis comprehenso. Cf. Pfleiderer. §. 19.

Cor. 4. Quum etiam sit ABq$=Z\Theta+AK+ZK=A\Gamma$q$+AB\times B\Gamma+A\Gamma\times B\Gamma=A\Gamma$q$+(AB+A\Gamma)\times B\Gamma$ (II.1.) erit itaque quadratum totius AB, utcunque in Γ divisae, aequale quadrato unius partis $A\Gamma$, et rectangulo simul, quod sub altero

Quoniam enim in eadem figura aequalis est BA rectae $A\Delta$, aequalis est et angulus $AB\Delta$ angulo $A\Delta B$ (I. 5.); et quoniam omnis trianguli tres anguli duobus rectis aequales sunt (I. 32.), ergo tria guli $AB\Delta$ tres anguli $AB\Delta$, $A\Delta B$, $BA\Delta$ duobus rectis aequales sunt. Rectus autem $BA\Delta$; reliqui igitur $AB\Delta$, $A\Delta B$ uni recto aequales sunt; et sunt aequales (I. 5.); uterque igitur ipsorum $AB\Delta$, $A\Delta B$ dimidius est recti. Rectus est autem $B\Gamma H$, aequalis enim est interiori et opposito angulo ad Δ; reliquus igitur ΓHB dimidius est recti (I. 32.); aequalis igitur est ΓHB angulus ipsi ΓBH; quare et latus $B\Gamma$ ipsi ΓH est aequale (I. 6.). Sed ΓB quidem rectae HK est aequalis, ΓH vero rectae BK (I. 34.); aequilaterum igitur est ΓK. Habet autem et rectum angulum ΓBK; quadratum igitur est ΓK (I. 29. et I. Def. 30.), et est ex ΓB. Ex eadem ratione et ΘZ quadratum est, et est aequale quadrato ex $A\Gamma$; ergo ΓK, ΘZ quadrata sunt, et sunt aequalia quadratis ex $A\Gamma$, ΓB. Et quoniam rectangulum AH aequale est rectangulo HE (I. 43.), et est rectangulum AH sub $A\Gamma$, ΓB, aequalis est enim ΓH rectae ΓB; erit et EH aequale rectangulo sub $A\Gamma$, ΓB; ergo AH, HE aequalia sunt ei, quod bis continetur sub $A\Gamma$, ΓB. Sunt autem et ΓK, ΘZ aequalia quadratis ex $A\Gamma$, ΓB; ergo ΓK, ΘZ, AH, HE aequalia sunt quadratis ex $A\Gamma$, ΓB et

segmento ΓB et sub totius AB ac prioris $A\Gamma$ aggregato continetur, vel (notante Peletario): si duae rectae inaequales fuerint, quadratum maioris AB simul aequale est quadrato minoris $A\Gamma$, et rectangulo sub ipsarum summa ($AB+A\Gamma$) ac differentia ($\Gamma B=AB-A\Gamma$); vel duorum quadratorum inaequalium differentia aequalis est rectangulo sub summa et differentia

τὰ ΓΚ, ΘΖ καὶ τὰ ΑΗ, ΗΕ ὅλον ἐστὶ τὸ ΑΕ, ὅ ἐστιν ἀπὸ τῆς ΑΒ τετράγωνον· τὸ ἄρα ἀπὸ τῆς ΑΒ τετράγωνον ἴσον ἐστὶ τοῖς τε ἀπὸ τῶν ΑΓ, ΓΒ τετραγώνοις καὶ τῷ δὶς ὑπὸ τῶν ΑΓ, ΓΒ περιεχομένῳ ὀρθογωνίῳ. Ὅπερ ἔδει δεῖξαι.

ΠΟΡΙΣΜΑ.

Ἐκ δὴ τούτων φανερόν ἐστιν, ὅτι ἐν τοῖς τετραγώνοις χωρίοις τὰ περὶ τὴν διάμετρον παραλληλόγραμμα τετράγωνά ἐστιν.

ΠΡΟΤΑΣΙΣ έ.

Ἐὰν εὐθεῖα γραμμὴ τμηθῇ εἰς ἴσα καὶ ἄνισα· τὸ ὑπὸ τῶν ἀνίσων τῆς ὅλης τμημάτων περιεχόμενον ὀρθογώνιον μετὰ τοῦ ἀπὸ τῆς μεταξὺ τῶν τομῶν τετραγώνου ἴσον ἐστὶ τῷ ἀπὸ τῆς ἡμισείας τετραγώνῳ.

laterum ipsorum. Cf. Pfleiderer. §§. 20. 21. Immediate hoc corollarium demonstrat, et vicissim ex eo Propositioes IV—VIII. deducit Angelus de Marchettis Euclid. reform. Liburni 1709. Cf. Pfleiderer. §. 22.

Cor. 5. Haec propositio, ut Scheubelius indicat, valet etiam de pluribus segmentis. Nempe, recta *AB* divisa in quotlibet segmenta, erit quadratum rectae *AB* aequale summae quadratorum omnium segmentorum, additis duplis rectangulis inter duo quaecunque segmenta comprehensis. Cf. Pfleiderer. §. 24.

PROPOSITIO V.

Obs. 1. Quum sit $A\Delta \times \Delta B + \Gamma\Delta\, q = \Gamma B\, q$, vel $A\Delta \times \Delta B = \Gamma B\, q - \Gamma\Delta\, q$, sit autem $A\Delta = A\Gamma + \Gamma\Delta = B\Gamma + \Gamma\Delta$ et $AB = B\Gamma - \Gamma\Delta$ etiam ex hac propositione idem consequitur, quod II. 4. Cor. 4 habuimus. Hinc vicissim Prop. 5. ex Prop. 4. Cor. 4. enun-

rectangulo bis contento sub $A\Gamma$, ΓB. Sed ΓK, ΘZ et AH, HE sunt totum AE, quod est quadratum ex AB; ergo quadratum ex AB aequale est quadratis ex $A\Gamma$, ΓB et rectangulo bis sub $A\Gamma$, ΓB contento. Quod oportebat ostendere.

COROLLARIUM.

Ex his evidens est, in quadratis spatiis, parallelogramma circa diametrum quadrata esse.

PROPOSITIO V. (Fig. 139.)

Si recta linea secetur in aequalia et inaequalia, rectangulum sub inaequalibus totius segmentis contentum cum quadrato rectae inter puncta sectionum aequale est quadrato ex dimidia.

ciatis consequitur. Cf. Pfleiderer. §§. 26. 27. Gilbert. l. c. Aliam porro huius propositionis demonstrationem ope II. 4. et II. 3. I. 36. et II. 1. habent Maurolycus, Tacquet., Barrov. Cf. Pfleiderer. §. 28. et aliam adhuc ope II. 1., vel etiam II. 4. Cor. 5. et II. 3. Gregor. a St. Vincent. (Opus Geometr. quadratur. circuli et sectionum Coni Antverp. 1647. p. 37.) Cf. Pfleiderer. §§. 42—44.

Obs. 2. Si $A\Delta$ consideretur ut recta secta utcunque in Γ, ob $\Gamma B = A\Gamma$, et $\Delta B = \Gamma B - \Gamma\Delta = A\Gamma - \Gamma\Delta$, l. II. Prop. 5. etiam ita enuntiari poterit: Si recta linea secetur utcunque rectangulum sub tota et sub differentia partium, una cum quadrato partis minoris, aequale est quadrato partis maioris. (Marin. Ghetaldi de resolutione et compositione mathemat. libr. V. Romae 1630. p. 2. sq.) Cf. Pfleiderer. §. 29.

Cor. 1. Si recta AB in aequalia $A\Gamma$, ΓB, et inaequalia $A\Delta$, ΔB secetur, rectangulum sub segmentis inaequalibus minus est qua-

Εὐθεῖα γάρ τις ἡ ΑΒ τετμήσθω εἰς μὲν ἴσα κατὰ τὸ Γ· εἰς δὲ ἄνισα κατὰ τὸ Δ· λέγω, ὅτι τὸ ὑπὸ τῶν ΑΔ, ΔΒ περιεχόμενον ὀρθογώνιον μετὰ τοῦ ἀπὸ τῆς ΓΔ τετραγώνου ἴσον ἐστὶ τῷ ἀπὸ τῆς ΓΒ τετραγώνῳ.

Ἀναγεγράφθω γὰρ ἀπὸ τῆς ΓΒ τετράγωνον τὸ ΓΕΖΒ, καὶ ἐπεζεύχθω ἡ ΒΕ· καὶ διὰ μὲν τοῦ Δ ὁποτέρᾳ τῶν ΓΕ, ΒΖ παράλληλος ἤχθω ἡ ΔΗ, διὰ δὲ τοῦ Θ ὁποτέρᾳ τῶν ΑΒ, ΕΖ παράλληλος ἤχθω ΚΜ, καὶ πάλιν διὰ τοῦ Α ὁποτέρᾳ τῶν ΓΛ, ΒΜ παράλληλος ἤχθω ἡ ΑΚ.

drato dimidiae rectae (Whiston. II. 5. Cor. 1. in Tacquet. Elem. Euclid. Geom. Rom. 1745.), vel, ut Pappus rem exprimit (Lem. XIII. ad libr. Apollonii de sectione rationis et spatii Oxon. 1796. p. XLIX.) rectangulum $A\Gamma \times \Gamma B$ (id ipsum enim est quadratum dimidiae $B\Gamma$) maius est quovis alio, segmentis quibuslibet aliis eiusdem rectae contento. Cf. de Maxim. et Minim. geom. divinatio in quint. Conicor. Apollonii auct. Vincent. Viviani. Florent. 1659. p. 103. sq. Thom. Simpson. Essai sur les Max. et Min. Theor. I. Elem. de Géom. Paris. 1755. p. 173. sq. Cf. Pfleiderer. §. 33.

Cor. 2. Quum tam quadrati ex $B\Gamma$, quam rectanguli $A\Delta \times \Delta B$ perimeter sit $=2AB$, Prop. 5. simul evincitur, parallelogrammum rectangulorum isoperimetrorum maximum esse quadratum (Thom. Simpson. l. c. p. 174. l'Huilier de relatione mutua capacitatis et terminorum figurae Varsov. 1782. p. 28. Pfleiderer. §. 34. Gilbert. l. c. p. 281.)

Cor. 3. Et, cum ob altitudinem maiorem (I. 19.) parallelogrammum rectangulum maius sit quocunque parallelogrammo obliquangulo isoperimetro super eadem basi; isoperimetrorum parallelogrammorum quorumlibet maximum erit quadratum (De locis solidis secunda divinatio geometr. in 5. libros Aristaei, auct. Vinc. Viviani Florent. 1701. p. 57 sq. l'Huilier l. c p. 6. Pfleiderer. §. 35.).

Recta enim aliqua AB secta sit in aequalia quidem ad Γ, in inaequalia vero ad Δ; dico rectangulum sub $A\Delta$, ΔB contentum cum quadrato ex $\Gamma\Delta$ aequale esse quadrato ex ΓB.

Describatur enim ex ΓB quadratum ΓEZB (I. 46.), et iungatur BE; et per Δ quidem alterutri ipsarum ΓE, BZ parallela ducatur ΔH (I. 31.), per Θ vero alterutri ipsarum AB, EZ parallela ducatur KM (I. 31.), et rursus per A alterutri ipsarum $\Gamma\Lambda$, BM parallela ducatur AK (I. 31.).

Cor. 4. Ac quidem, cum sit $\Gamma\Delta = A\Delta - A\Gamma = A\Delta - B\Gamma = B\Gamma - B\Delta$, excessus, quo parallelogrammum rectangulum aequalium laterum $A\Gamma$, ΓB superat rectangulum quorumvis segmentorum inaequalium $A\Delta$, ΔB eiusdem rectae AB (Cor. 1.); seu, quo quadratum superat quodcunque rectangulum isoperimetrum non aequilaterum (Cor. 2.), aequalis est quadrato, cuius latus $\Gamma\Delta$ est differentia laterum singulorum quadrati et rectanguli h. e. excessus longitudinis rectanguli super latus quadrati, vel lateris quadrati super latitudinem rectanguli. Et, quum si (Fig. 140.) ex puncto A abscindatur $AI = B\Delta$, sit recta ΔI in Γ bifariam secta, adeoque $\Gamma\Delta = \frac{A\Delta - B\Delta}{2}$, erit etiam $B\Gamma q - A\Delta \times \Delta B = \Gamma\Delta q$ i. e. = quadrato, cuius latus est semidifferentia laterum contiguorum rectanguli. Cf. l'Huilier l. c. Pfleiderer. §. 36.)

Cor. 5. Secetur AB (Fig. 41. a et b) in alia inaequalia $A\Pi$, $B\Pi$ in puncto Π remotiore a puncto bisectionis, quam est Δ, ita ut sit $\Gamma\Pi > \Gamma\Delta$: erit $A\Pi \times \Pi B + \Gamma\Pi q = B\Gamma q = A\Delta \times \Delta B + \Gamma\Delta q$ (II. 5.). At $\Gamma\Pi q > \Gamma\Delta q$ (I. Cor. 46.), itaque rectangulum $A\Pi \times \Pi B < A\Delta \times \Delta B$, quod est Pappi l. c. Lemm. XIV. Idem tradunt Barrov., Viviani (l. c. Cor. 1.) Whiston., Baermann., Pfleiderer. §§. 37. 38.

Καὶ ἐπεὶ ἴσον ἐστὶ τὸ ΓΘ παραπλήρωμα τῷ ΘΖ παραπληρώματι, κοινὸν προςκείσθω τὸ ΔΜ· ὅλον ἄρα τὸ ΓΜ ὅλῳ τῷ ΔΖ ἴσον ἐστίν. Ἀλλὰ τὸ ΓΜ τῷ ΑΛ ἴσον ἐστὶν, ἐπεὶ καὶ ἡ ΑΓ τῇ ΓΒ ἐστὶν ἴση· καὶ τὸ ΑΛ ἄρα τῷ ΔΖ ἴσον ἐστίν. Κοινὸν προςκείσθω τὸ ΓΘ· ὅλον ἄρα τὸ ΑΘ τῷ ΝΞΟ γνώμονι [1]) ἴσον ἐστίν. Ἀλλὰ τὸ μὲν ΑΘ τὸ ὑπὸ τῶν ΑΔ, ΔΒ ἐστὶν, ἴση γὰρ ἡ ΔΘ τῇ ΔΒ· καὶ ὁ ΝΞΟ ἄρα γνώμων ἴσος ἐστὶ τῷ ὑπὸ ΑΔ, ΔΒ. Κοινὸν προςκείσθω τὸ ΛΗ, ὅ ἐστιν ἴσον τῷ ἀπὸ τῆς ΓΔ· ὁ ἄρα ΝΞΟ γνώμων καὶ τὸ ΛΗ ἴσα ἐστὶ τῷ ὑπὸ τῶν ΑΔ, ΔΒ περιεχομένῳ ὀρθογωνίῳ καὶ τῷ ἀπὸ τῆς ΓΔ τετραγώνῳ. Ἀλλὰ ὁ ΝΞΟ γνώμων καὶ τὸ ΛΗ ὅλον

1) Ita edd. Paris. ex cod. a. Editiones Basil. et Oxon. habent: ὅλον ἄρα τὸ ΑΘ τῷ ΔΖ καὶ ΑΛ ἴσον ἐστὶ, et infra post ἴση γὰρ ἡ ΔΘ τῇ ΔΒ addunt: τὸ δὲ ΖΔ, ΔΛ ἐστὶν ὁ ΝΞΟ γνώμων, quod eodem redit.

Cor. 6. Et quum etiam perimeter rectanguli $A\Pi \times \Pi B$ maneat $=2AB$, patet, isoperimetrorum parallelogrammorum rectangulorum non aequilaterorum illud maius esse, cuius latera contigua, seu longitudo et latitudo minus a se invicem differant. Cf. Pfleiderer. §. 40.

Cor. 7. Quum, abscissa $AP=B\Pi$, sit $P\Pi$ differentia segmentorum $A\Pi$, $B\Pi$, semidifferentia $\Gamma\Pi=\Gamma P$, adeoque etiam recta $P\Pi$ secta sit in aequalia in Γ, et inaequalia in Δ, erit $\Gamma\Pi^q=P\Delta \times \Delta\Pi+\Gamma\Delta^q$ (II. 5.). Hinc (Cor. 5.) $A\Pi \times \Pi B+P\Delta \times \Delta\Pi+\Gamma\Delta^q=A\Delta \times \Delta B+\Gamma\Delta^q$ i. e. $A\Pi \times \Pi B+P\Delta \times \Delta\Pi=A\Delta \times \Delta B$. At Fig. 141. a.) $P\Delta=P\Gamma+\Gamma\Delta=\frac{A\Pi-\Pi B}{2}+\frac{A\Delta-B\Delta}{2}$ et (Fig. 141. b) $P\Delta=P\Gamma-\Gamma\Delta=\frac{A\Pi-\Pi B}{2}-\left(\frac{A\Delta-B\Delta}{2}\right)$ pariterque (Fig. 141. a) $\Delta\Pi=\Gamma\Pi-\Gamma\Delta=\frac{A\Pi-\Pi B}{2}-\left(\frac{A\Delta-B\Delta}{2}\right)$

Et quoniam aequale est complementum $\Gamma\Theta$ complemento ΘZ (I. 43.), commune addatur ΔM; totum igitur ΓM toti ΔZ aequale est. Sed ΓM ipsi $A\Lambda$ aequale est, quia et $A\Gamma$ ipsi ΓB est aequalis (I. 36.); et $A\Lambda$ igitur ipsi ΔZ aequale est. Commune addatur $\Gamma\Theta$; totum igitur $A\Theta$ ipsi $N\Xi O$ gnomoni aequale est. Sed $A\Theta$ quidem est rectangulum sub $A\Delta$, ΔB, aequalis enim $\Delta\Theta$ ipsi ΔB, et $N\Xi O$ igitur gnomon aequalis est rectangulo sub $A\Delta$, ΔB. Commune addatur ΛH, quod est aequale quadrato ex $\Gamma\Delta$ (II. Cor. 4.); ergo $N\Xi O$ gnomon et ΛH aequalia sunt rectangulo sub $A\Delta$, ΔB contento et quadrato ex $\Gamma\Delta$. Sed $N\Xi O$ gnomon et ΛH sunt totum qua-

et (Fig. 141. b) $\Delta\Pi = \Gamma P + \Gamma\Pi = \Pi + \Delta = \frac{A\Pi - \Pi B}{2} + \frac{A\Delta + B\Delta}{2}$.

Semper itaque spatium, quo rectangulum sub segmentis $A\Delta$, $B\Delta$, in quae recta AB dividitur puncto Δ propiore puncto bisectionis Γ, excedit rectangulum sub segmentis $A\Pi$, $B\Pi$, in quae eadem recta AB dividitur puncto Π remotiore a puncto bisectionis (Cor. 6.), seu, quo rectangulum $A\Delta \times \Delta B$, cuius latera minus inter se differunt, excedit alterum isoperimetrum $A\Pi \times \Pi B$, cuius laterum differentia maior est, aequatur rectangulo $P\Delta \times \Delta\Pi$ sub summa ac differentia semidifferentiarum laterum contiguorum utriusque rectanguli. Cf. Pfleiderer. §. 41.

Cor. 8. Et quum (II. 4. Cor. 3.) quadratum summae duarum rectarum semper maius sit summa quadratorum earum, ita ut differentia aequalis sit duplo rectangulo inter istas rectas comprehenso, fiet haec differentia tanto minor i. e. summa quadratorum duarum rectarum eo propius accedet ad quadratum summae earum, adeoque eo $\binom{\text{minor}}{\text{maior}}$ fiet, quo $\binom{\text{maius}}{\text{minus}}$ est rectangulum inter istas rectas comprehensum. Itaque summa

ἐστὶ τὸ ΓΕΖΒ τετράγωνον, ὅ ἐστιν ἀπὸ τῆς ΓΒ· τὸ ἄρα ὑπὸ τῶν ΑΔ, ΔΒ περιεχόμενον ὀρθογώνιον μετὰ τοῦ ἀπὸ τῆς ΓΔ τετραγώνου ἴσον ἐστὶ τῷ ἀπὸ τῆς ΓΒ τετραγώνῳ. Ἐὰν ἄρα εὐθεῖα καὶ τὰ ἑξῆς.

ΠΡΟΤΑΣΙΣ ϛ΄.

Ἐὰν εὐθεῖα γραμμὴ τμηθῇ δίχα, προςτεθῇ δέ τις αὐτῇ εὐθεῖα ἐπ' εὐθείας· τὸ ὑπὸ τῆς ὅλης σὺν τῇ προςκειμένῃ καὶ τῆς προςκειμένης περιεχόμενον ὀρθογώνιον μετὰ τοῦ ἀπὸ τῆς ἡμισείας τετραγώνου ἴσον ἐστὶ τῷ ἀπὸ τῆς συγκειμένης ἔκ τε τῆς ἡμισείας καὶ τῆς προςκειμένης ὡς ἀπὸ μιᾶς ἀναγραφέντι τετραγώνῳ.

duorum quadratorum eandem datam laterum summam habentium minima erit, si latera ipsorum fuerint mutuo aequalia (Cor. 1.) Whiston l. c. p. 51. De eadem hac propositione, quae est Euclidis Lemm. post X. 42. adhuc infra ad II. 9. Cor. 1. sermo erit. Cf. Gilbert l. c. p. 281.

Cor. 9. Si duae rectae aequales ita dividantur in partes inaequales, ut rectangulum sub partibus unius aequale sit rectangulo sub partibus alterius, erunt unius partes partibus alterius respective aequales, maior maiori, et minor minori. Cf. Whiston. et Gilbert. l. c.

Cor. 10. Quum non tantum, ut Cor. 5. vidimus, sit $Γ\varDelta = \frac{A\varDelta - B\varDelta}{2}$, verum etiam $BΓ = \frac{A\varDelta + B\varDelta}{2}$; II. 5. etiam ita exprimi potest: $\left(\frac{A\varDelta + B\varDelta}{2}\right)^q = A\varDelta \times \varDelta B + \left(\frac{A\varDelta - B\varDelta}{2}\right)^q$ i. e. quadratum semisummae duarum inaequalium rectarum aequale est rectangulo sub ipsis his rectis, una cum quadrato simidifferentiae earum; vel: excessus quadrati semisummae duarum inaequalium rectarum super quadratum semidifferentiae earum aequalis est rectangulo sub ipsis his rectis. Cf. Pfleiderer.

dratum ΓEZB, quod est quadratum ex ΓB; rectangulum igitur sub $A\Delta$; ΔB contentum cum quadrato ex $\Gamma\Delta$ aequale est quadrato ex ΓB. Si igitur recta etc.

PROPOSITIO VI. (Fig. 142.)

Si recta linea secetur bifariam, adiiciatur autem aliqua ipsi recta in directum; rectangulum sub tota cum adiecta, et sub adiecta contentum cum quadrato ex dimidia aequale est quadrato compositae ex dimidia et adiecta tanquam una linea.

§§. 31. 32. Simul patet, ut hoc obiter dicamus, duarum rectarum inaequalium $A\Delta$, $B\Delta$ maiorem $A\Delta$ aequalem esse $A\Gamma + \Gamma\Delta$ vel $B\Gamma + \Gamma\Delta$ i. e. semisummae earum simul cum semidifferentia, minorem $B\Delta$ contra $B\Gamma - \Gamma\Delta$ h. e. excessui semisummae super semidifferentiam. Cf. Pfleiderer. §. 30.

PROPOSITIO VI.

Obs. Alias propositionis huius demonstrationes habent Angelus de Marchettis, Clavius, Barov. et Tacquet. e II. 4. Cor. 4. vel e II. 4. et II. 3. vel e II. 5. vel e II. 1. et II. 2. petitas. Cf. Pfleiderer. §§. 46. 48. 49. 57. 58. Ea maxime, qua, Clavio referente, Mauritius Brescius, regius mathem. disciplin. in Academ. Parisiensi professor, utebatur, simplicitate sua se commendat. Ita nimirum ille: Sumatur (Tab. VI. fig. 143.) $AI = B\Delta$, erit $BI = A\Delta$ (I. Ax. 2), adeoque $IB \times B\Delta = A\Delta \times \Delta B$, et ob $\Gamma A = \Gamma B$, etiam $I\Gamma = \Gamma\Delta$, unde (II. 5.) $IB \times B\Delta + B\Gamma q = \Gamma\Delta q$, adeoque $A\Delta \times \Delta B + B\Gamma q = \Gamma\Delta q$. Cf. Pfleiderer. §. 49. Caeterum, si recta $A\Delta$ ut in puncto Γ utcunque secta spectetur, ob $\Gamma B = A\Gamma$, et $B\Delta = \Gamma\Delta - \Gamma B = \Gamma\Delta - A\Gamma$, pariter emergit propositio, quam ad II. 5. Obs. 2. vidimus: Si

Εὐθεῖα γάρ τις ἡ ΑΒ τετμήσθω δίχα κατὰ τὸ Γ σημεῖον, προςκείσθω δέ τις αὐτῇ εὐθεῖα ἐπ' εὐθείας ἡ ΒΔ· λέγω, ὅτι τὸ ὑπὸ τῶν ΑΔ, ΔΒ περιεχόμενον ὀρθογώνιον μετὰ τοῦ ἀπὸ τῆς ΓΒ τετραγώνου ἴσον ἐστὶ τῷ ἀπὸ τῆς ΓΔ τετραγώνῳ.

Ἀναγεγράφθω γὰρ ἀπὸ τῆς ΓΔ τετράγωνον τὸ ΓΕΖΔ, καὶ ἐπεζεύχθω ἡ ΔΕ, καὶ διὰ μὲν τοῦ Β σημείου ὁποτέρᾳ τῶν ΓΕ, ΔΖ παράλληλος ἤχθω ἡ ΒΗ· διὰ δὲ τοῦ Θ σημείου ὁποτέρᾳ τῶν ΑΔ, ΕΖ παράλληλος ἤχθω ἡ ΚΜ· καὶ ἔτι διὰ τοῦ Α ὁποτέρᾳ τῶν ΓΛ, ΔΜ παράλληλος ἤχθω ἡ ΑΚ.

Ἐπεὶ οὖν ἴση ἐστὶν ἡ ΑΓ τῇ ΓΒ, ἴσον ἐστὶ καὶ τὸ ΑΛ τῷ ΓΘ. Ἀλλὰ καὶ τὸ ΓΘ τῷ ΘΖ ἴσον ἐστί· καὶ τὸ ΛΑ ἄρα τῷ ΘΖ ἐστὶν ἴσον. Κοινὸν προςκείσθω τὸ ΓΜ· ὅλον ἄρα τὸ ΑΜ τῷ ΝΞΟ γνώμονί ἐστιν ἴσον. Ἀλλὰ τὸ ΑΜ ἐστὶ τὸ ὑπὸ τῶν ΑΔ, ΔΒ, ἴση γάρ ἐστιν ἡ ΔΜ τῇ ΔΒ· καὶ ὁ ΝΞΟ ἄρα γνώμων ἴσος ἐστὶ τῷ ὑπὸ τῶν ΑΔ, ΔΒ περιε-

recta linea secetur utcunque, rectangulum sub tota et sub differentia partium, una cum quadrato partis minoris aequale est quadrato partis maioris. Cf. Ghetaldus, Herigonius in cursu Mathem. T. I. Paris. 1644. p. 78. sqq. Pfleiderer. §. 50.

Cor. 1. Quum sit $A\Delta = \Gamma\Delta + A\Gamma = \Gamma\Delta + B\Gamma$, $B\Delta = \Gamma\Delta - B\Gamma$, etiam ex hac propositione idem prodit, quod ad II. 5. Obs. 1. et II. 4. Cor. 4. dictum fuit, nempe $\Gamma\Delta q - \Gamma B q = (\Gamma\Delta + \Gamma B) \times (\Gamma\Delta - \Gamma B)$. Cf. Pfleiderer. §. 51.

Cor. 2. Quum sit differentia rectarum $A\Delta$, $\Gamma\Delta = A\Gamma$ vel $B\Gamma$, pariterque differentia rectarum $\Gamma\Delta$, $B\Delta = B\Gamma$, vel, ut aliter idem dicamus, quum rectae $A\Delta$, $\Gamma\Delta$, $B\Delta$ sint continue arithmetice proportionales, II. Prop. 6., haec quoque continetur (ut Isaacus Monachus: Schol. in Euclid. Elem. geom. sex priores libros Argentor. 1579. in Schol. ad II. 6, quod et apud Commandinum (fol. 31. b.) exstat, pariterque

Recta enim aliqua AB secetur bifariam ad punctum Γ, adiiciatur autem ipsi aliqua recta $B\Delta$ in directum; dico rectangulum sub $A\Delta$, ΔB contentum cum quadrato ex ΓB aequale esse quadrato ex $\Gamma\Delta$.

Describatur enim ex $\Gamma\Delta$ quadratum $\Gamma EZ\Delta$ (I. 46.), et iungatur ΔE, et per punctum quidem B alterutri ipsarum ΓE, ΔZ parallela ducatur BH (I. 31.); per Θ vero punctum alterutri ipsarum $A\Delta$, EZ parallela ducatur KM (I. 31.); et adhuc per A alterutri ipsarum $\Gamma\Lambda$, ΔM parallela ducatur AK (I. 31.).

Quoniam igitur aequalis est $A\Gamma$ rectae ΓB, aequale est et $A\Lambda$ ipsi $\Gamma\Theta$ (I. 36.). Sed $\Gamma\Theta$ ipsi ΘZ aequale est (I. 43.); et $A\Lambda$ igitur ipsi ΘZ est aequale. Commune addatur ΓM; totum igitur AM ipsi $N\Xi O$ gnomoni est aequale. Sed AM est rectangulum sub $A\Delta$, ΔB, aequalis enim est ΔM ipsi ΔB (II. Cor. 4.); et igitur gnomon $N\Xi O$ aequalis est rectangulo sub

Clavius et alii observant): Si tres rectae sint continue arithmetice proportionales, quadratum mediae aequale est rectangulo sub extremis, cum quadrato differentiae utriusve extremarum ac mediae. Quod idem etiam ex II. 5. consequitur, in qua (vid. Fig. ad II. 5.) $A\Delta$, $B\Gamma = \Gamma A$, et $B\Delta$ pariter sunt continue arithmetice proportionales. Cf. Pfleiderer. §§. 52. 53.

Cor. 3. Quum sit $\Gamma\Delta = \frac{A\Delta + A\Gamma}{2} = \frac{A\Delta + B\Delta}{2}$, et $\Gamma B = \frac{A\Delta - B\Delta}{2}$, etiam ex hac propositione idem consequetur, quod II. 5. Cor. 10. nempe esse $A\Delta \times \Delta B + \left(\frac{A\Delta - B\Delta}{2}\right)^q = \left(\frac{A\Delta + B\Delta}{2}\right)^q$, quae propositio terminis tantum differt ab ea, quam Cor. praecedente habuimus. Cf. Pfleiderer. §. 55. 56.

χομένῳ ὀρθογωνίῳ. Κοινὸν προςκείσθω τὸ ΛΗ, ὅ ἐστιν ἴσον τῷ ἀπὸ τῆς ΓΒ τετραγώνῳ· τὸ ἄρα ὑπὸ τῶν ΑΔ, ΔΒ περιεχόμενον ὀρθογώνιον μετὰ τοῦ ἀπὸ τῆς ΓΒ τετραγώνου ἴσον ἐστὶ τῷ ΞΟ γνώμονι καὶ τῷ ΛΗ. Ἀλλὰ ὁ ΝΞΟ γνώμων καὶ τὸ ΛΗ ὅλον ἐστὶ τὸ ΓΕΖΔ τετράγωνον, ὅ ἐστιν ἀπὸ τῆς ΓΔ· τὸ ἄρα ὑπὸ τῶν ΑΔ, ΔΒ περιεχόμενον ὀρθογώνιον μετὰ τοῦ ἀπὸ τῆς ΓΒ τετραγώνου ἴσον ἐστὶ τῷ ἀπὸ τῆς ΓΔ τετραγώνῳ. Ἐὰν ἄρα εὐθεῖα καὶ τὰ ἑξῆς.

ΠΡΟΤΑΣΙΣ ζ.

Ἐὰν εὐθεῖα γραμμὴ τμηθῇ ὡς ἔτυχε, τὸ ἀπὸ τῆς ὅλης καὶ τὸ ἀφ᾽ ἑνὸς τῶν τμημάτων, τὰ συναμφότερα τετράγωνα, ἴσα ἐστὶ τῷ τε δὶς ὑπὸ τῆς ὅλης καὶ τοῦ εἰρημένου τμήματος περιεχομένῳ ὀρθογωνίῳ καὶ τῷ ἀπὸ τοῦ λοιποῦ τμήματος τετραγώνῳ.

Cor. 4. Caeterum facile patet nexus propositionum 5. et 6. l. II., quae eo tantum differunt, quod in Prop. 5. punctum $\varDelta$ in ipsa AB, in Prop. 6. autem in ea producta sumitur, unde etiam uno enunciato comprehendi possunt. Cf. Pfleideref. §. 59.

Cor. 5. Si punctum $\varPi$ sumatur (Fig. 144.) remotius a $\varGamma$, quam $\varDelta$, in rectangulis $A\varPi \times \varPi B$, $A\varDelta \times \varDelta B$ duo latera contigua eandem inter se differentiam $= AB$ habebunt, eritque $A\varPi \times \varPi B > A\varDelta \times \varDelta B$, sumtoque $AP = B\varPi$, erit $A\varDelta \times \varDelta B + P\varDelta \times \varDelta\varPi = A\varPi \times \varPi B$, quod simili ratione ostenditur et evolvitur ac II. 5. Cor. 7. (Pfleiderer. §. 166.) cf. II. 10. Cor. 1.

Cor. 6. Conversae propositionum 5. et 6., quae sunt Pappi in librum III. conicor. Apollonii Lemmata 9. 11. 10. (Collect. Mathem. fol. 274. b. sqq.) vel 8. 7. 9. Apollonii conicor. libr. octo opera Edm. Halleyi Oxon. 1710. P. I. p. 155. pariter valent. Nempe 1) si (Fig. 140.) punctum $\varDelta$ in

$A\Delta$, ΔB contento. Commune addatur ΛH, quod est aequale quadrato ex ΓB; rectangulum igitur sub $A\Delta$, ΔB contentum cum quadrato ex ΓB aequale est gnomoni $N\Xi O$ et ipsi ΛH. Sed gnomon $N\Xi O$ et ΛH sunt totum quadratum $\Gamma EZ\Delta$, quod quidem fit ex $\Gamma\Delta$; ergo rectangulum sub $A\Delta$, ΔB contentum cum quadrato ex ΓB aequale est quadrato ex $\Gamma\Delta$. Si igitur recta etc.

PROPOSITIO VII. (Fig. 145.)

Si recta linea secetur utcunque, quadrata totius et unius e segmentis simul sumta aequalia sunt rectangulo bis sub tota et dicto segmento contento, et quadrato reliqui segmenti.

recta AB situm sit, sumtumque sit aliud punctum inter A et Δ, sitque a) $A\Delta \times \Delta B + \Gamma\Delta\,\text{q} = \Gamma A\,\text{q}$, erit $A\Gamma = \Gamma B$. Nam, quum ex hypoth. sit $\Gamma A\,\text{q} = A\Delta \times \Delta B + \Gamma\Delta\,\text{q}$, erit $\Gamma A\,\text{q} > \Gamma\Delta\,\text{q}$, adeoque (I. Cor. 46.) $\Gamma A > \Gamma\Delta$. Unde ex ΓA abscindi poterit (I. 3.) $\Gamma I = \Gamma\Delta$, eritque (II. 6.) $\Delta A \times AI + I\Gamma\,\text{q} = \Gamma A\,\text{q}$, vel $\Delta A \times AI + \Gamma\Delta\,\text{q} = \Gamma A\,\text{q} = A\Delta \times \Delta B + \Gamma\Delta\,\text{q}$, adeoque $\Delta A \times AI = A\Delta \times \Delta B$, et ob altitudinem communem $A\Delta$ (I. Conv. 36.) $AI = \Delta B$, adeoque ob $\Gamma I = \Gamma\Delta$ (hyp.) $AI + \Gamma I = \Delta B + \Gamma\Delta$ i. e. $A\Gamma = \Gamma B$. Pariter, si sit b) $A\Delta \times \Delta B + \Gamma\Delta\,\text{q} = \Gamma B\,\text{q}$, quo casu sumere non licet, esse $A\Gamma > \Gamma\Delta$, erit $\Gamma B\,\text{q} = \Gamma\Delta\,\text{q} + (\Gamma B + \Gamma\Delta) \times \Delta B$ (II. 4. Cor. 4.) adeoque $A\Delta \times \Delta B + \Gamma\Delta\,\text{q} = \Gamma\Delta\,\text{q} + (\Gamma B + \Gamma\Delta \times \Delta B$, vel $A\Delta \times \Delta B = (\Gamma B + \Gamma\Delta) \times \Delta B$, adeoque ob altitudinem communem ΔB (I. Conv. 36.) $A\Delta = \Gamma B + \Gamma\Delta$, vel, demta communi $\Gamma\Delta$, erit $A\Gamma = \Gamma B$. Eadem ratione, si 2) (Fig. 143.) punctum Δ in recta AB producta situm sit, sitque a) $A\Delta \times \Delta B + \Gamma A\,\text{q} = \Gamma\Delta\,\text{q}$, erit $\Gamma A < \Gamma\Delta$, unde, sumta ex parte puncti A, $\Gamma I = \Gamma\Delta$, erit A in ipsa

Εὐθεῖα γάρ τις ἡ ΑΒ τετμήσθω ὡς ἔτυχε κατὰ τὸ Γ σημεῖον· λέγω, ὅτι τὰ ἀπὸ τῶν ΑΒ, ΒΓ τετράγωνα ἴσα ἐστὶ τῷ τε δὶς ὑπὸ τῶν ΑΒ, ΒΓ περιεχομένῳ ὀρθογωνίῳ καὶ τῷ ἀπὸ τῆς ΓΑ τετραγώνῳ.

Ἀναγεγράφθω γὰρ ἀπὸ τῆς ΑΒ τετράγωνον τὸ ΑΔΕΒ· καὶ καταγεγράφθω τὸ σχῆμα.

Ἐπεὶ οὖν ἴσον ἐστὶ τὸ ΑΗ τῷ ΗΕ, κοινὸν προσκείσθω τὸ ΓΖ· ὅλον ἄρα τὸ ΑΖ ὅλῳ τῷ ΓΕ ἴσον ἐστί· τὰ ἄρα ΑΖ, ΓΕ διπλάσιά ἐστι τοῦ ΑΖ. Ἀλλὰ τὰ ΑΖ, ΓΕ ὁ ΚΛΜ ἐστὶ γνώμων καὶ τὸ ΓΖ τετράγωνον· ὁ ΚΛΜ ἄρα γνώμων καὶ τὸ ΓΖ διπλάσιά ἐστι τοῦ ΑΖ. Ἔστι δὲ τοῦ ΑΖ διπλάσιον καὶ τὸ δὶς ὑπὸ τῶν ΑΒ, ΒΓ, ἴση γὰρ ἡ ΒΖ τῇ

recta ΓI, adeoque ex II. 5. $\Delta A \times AI + IA\,q = \Gamma I\,q = \Gamma\Delta\,q = \Delta A \times \Delta B + \Gamma A\,q$, unde $\Delta A \times AI = \Delta A \times \Delta B$, et ob altitudinem communem ΔA (I. Conv. 36.) $AI = \Delta B$, adeoque $\Gamma I - AI = \Gamma\Delta - \Delta B$ i. e. $A\Gamma = \Gamma B$. Pariter, si b) sit $A\Delta \times \Delta B + \Gamma B\,q = \Gamma\Delta\,q$, quo casu sumere non licet, esse $\Gamma A < \Gamma\Delta$, erit $\Gamma\Delta\,q = \Gamma B\,q + (\Gamma\Delta + \Gamma B) \times \Delta B$ (II. 4. Cor. 4.), adeoque $A\Delta \times \Delta B + \Gamma B\,q = \Gamma B\,q + (\Gamma\Delta + \Gamma B) \times \Delta B$, vel $A\Delta \times \Delta B = (\Gamma\Delta + \Delta B) \times \Delta B$, vel, ob altitudinem ΔB communem, $A\Delta = \Gamma\Delta + \Delta B$ (I. Conv. 36.), vel, demta communi $\Gamma\Delta$, $A\Gamma = \Gamma B$. Cf. Pfleiderer. l. c. §. 60. et §. 191. Conf. quae infra II. ad 10. Obs. 8. dicentur.

PROPOSITIO VII.

Obs. Huius propositionis haud inelegans est sequens demonstratio, quam Peletarius Euclideae subiungit, ope figurae, in qua omnes propositionis particulae apparent. Eandem demonstrationem etiam tradunt Fournier. (Euclid. Elem. Libri VI. Paris. 1654. Coëtsius (Euclid. Elem. L. VI. Amst. 1705.) Whiston. Pfleiderer §. 81. Caeteris nempe, ut in Euclidea constructione factis, describatur (Fig. 146.) super

Recta enim aliqua AB secta sit utcunque in puncto Γ; dico quadrata ex AB, $B\Gamma$ aequalia esse rectangulo bis sub AB, $B\Gamma$ contento et quadrato ex ΓA.

Describatur enim ex AB quadratum $A\Delta EB$ (I. 46.); et construatur figura.

Quoniam igitur aequale est $A\Pi$ ipsi HE (I. 43.), commune addatur ΓZ; totum igitur AZ toti ΓE aequale est (Ax. 2.); ergo AZ, ΓE dupla sunt ipsius AZ. Sed AZ, ΓE sunt gnomon $K\Lambda M$ et quadratum ΓZ; $K\Lambda M$ igitur gnomon et ΓZ dupla sunt ipsius AZ. Est autem ipsius AZ duplum et rectangulum bis contentum sub AB, $B\Gamma$, aequalis enim

EN quadratum $EN O\Pi$ (I. 46.). Erunt itaque $AB\,q + B\Gamma\,q = AE + E\Pi = AZ + Z\Pi + N\Theta$. Sed ob $AH = HE$ (I. 43.) et $BH = E\Pi$, est $AZ = Z\Pi$: ergo $AB\,q + B\Gamma\,q = 2AZ + N\Theta = 2$ rectang. $AB \times B\Gamma + A\Gamma\,q$. Aliam adhuc demonstrationem habent Scheubelius, Clavius, Tacquet., Barrov., Viviani. (de locis solidis L. II. Prop. 65. p. 29. sq.) Pfleiderer §. 82. ex II. propositionibus 3. et 4. deductam. Ex Obs. 1. ad II. 5. nostram propositionem infert Angelus de Marchettis, Pfleiderer §. 83. Caeterum haec propositio aliter adhuc efferri poterit. Nempe, quum sit $A\Gamma\,q + 2AB \times B\Gamma = AB\,q + B\Gamma\,q$, vel $A\Gamma\,q = AB\,q + B\Gamma\,q - 2AB \times B\Gamma$, et $A\Gamma = AB - B\Gamma$, erit $(AB - B\Gamma)\,q = AB\,q + B\Gamma\,q - 2AB \times B\Gamma$ i. e. quadratum differentiae duarum rectarum inaequalium aequale est summae quadratorum ipsorum, demto duplo rectangulo sub ipsis contento. Cf. Pfleiderer. §. 86. et qui ab ipso citantur, Barrov. Whiston., Baermann. alique. Vel, si recta AB producatur, donec sit $BX = B\Gamma$, erit recta AX in duas partes inaequales AB, BX secta, quarum differentia partium $= AB - BX = AB - B\Gamma$, adeoque, si recta linea in duas partes inaequales secetur; quadratum differentiae partium aequale est quadratis

ΒΓ· ὁ ἄρα ΚΛΜ γνώμων καὶ τὸ ΓΖ τετράγωνον ἴσον ἐστὶ τῷ δὶς ὑπὸ τῶν ΑΒ, ΒΓ. Κοινὸν προςκείσθω τὸ ΘΝ, ὅ ἐστιν ἀπὸ τῆς ΑΓ τετράγωνον· ὁ ἄρα ΚΛΜ γνώμων καὶ τὰ ΓΖ, ΘΝ τετράγωνα ἴσα ἐστὶ τῷ τε δὶς ὑπὸ τῶν ΑΒ, ΒΓ περιεχομένῳ ὀρθογωνίῳ καὶ τῷ ἀπὸ τῆς ΑΓ τετραγώνῳ. Ἀλλὰ ὁ ΚΛΜ γνώμων καὶ τὰ ΓΖ, ΘΝ τετράγωνα ὅλον ἐστὶ τὸ ΑΔΕΒ καὶ τὸ ΓΖ, ἅ ἐστιν ἀπὸ τῶν ΑΒ, ΒΓ τετράγωνα· τὰ ἄρα ἀπὸ τῶν ΑΒ, ΒΓ τετράγωνα ἴσα ἐστὶ, τῷ δὶς ὑπὸ τῶν ΑΒ, ΒΓ περιεχομένῳ ὀρθογωνίῳ μετὰ τοῦ ἀπὸ τῆς ΑΓ τετραγώνου. Ἐὰν ἄρα εὐθεῖα καὶ τὰ ἑξῆς.

ΠΡΟΤΑΣΙΣ η.

Ἐὰν εὐθεῖα γραμμὴ τμηθῇ ὡς ἔτυχε, τὸ τετράκις ὑπὸ τῆς ὅλης καὶ ἑνὸς τῶν τμημάτων περιεχόμενον ὀρθογώνιον μετὰ τοῦ ἀπὸ τοῦ λοιποῦ τμήματος τετραγώνου ἴσον ἐστὶ τῷ τε ἀπὸ τῆς ὅλης καὶ τοῦ εἰρημένου τμήματος ὡς ἀπὸ μιᾶς ἀναγραφέντι τετραγώνῳ.

partium, demto duplo sub partibus rectangulo: vel quadrata partium simul aequalia sunt quadrato differentiae partium, una cum duplo sub partibus rectangulo. Cf. Pfleiderer. §§. 87 88.

Cor. Hinc deducitur: recta aliqua in partes inaequales divisa, quadrata partium simul maiora sunt rectangulo, quod bis sub iisdem continetur, vel generalius: summa quadratorum duarum inaequalium rectarum maior est duplo rectangulo sub ipsis, illa quippe hanc excedit quadrato differentiae duarum rectarum. Cf. Pfleiderer. l. c. §§. 84. 85.

PROPOSITIO VIII.

Obs. Varias alias huius propositionis demonstrationes

$B Z$ ipsi $B\Gamma$ (II. 4. Cor.); ergo gnomon $K\Lambda M$ et quadratum ΓZ aequalia sunt rectangulo bis contento sub AB, $B\Gamma$. Commune addatur ΘN, quod est quadratum ex $A\Gamma$; ergo gnomon $K\Lambda M$ et quadrata ΓZ, ΘN aequalia sunt rectangulo bis sub AB, $B\Gamma$ contento et quadrato ex $A\Gamma$. Sed gnomon $K\Lambda M$ et quadrata ΓZ, ΘN sunt totum $A\Delta EB$ et ΓZ, quae sunt quadrata ex AB, $B\Gamma$; ergo quadrata ex AB, $B\Gamma$ aequalia sunt rectangulo bis sub AB, $B\Gamma$ contento cum quadrato ex $A\Gamma$. Si igitur recta etc.

PROPOSITIO VIII. (Fig. 147.)

Si recta linea secetur utcunque, rectangulum quater sub tota et uno segmentorum contentum cum quadrato ex reliquo segmento aequale est quadrato ex tota et dicto segmento tanquam ex una linea descripto.

exhibent Pfleiderer. §§. 91—97. 105. et, qui ab eo citantur, Claud. Richardus, Peletarius, Clavius, Tacquet., Barrov., Angel. de Marchettis et Coëtsius, e quibus eam, quam Clavius, Tacquet. et Barrov. habent (vid. Pfleiderer. §. 95.) simplicitate sua se maxime commendantem hic subiungere liceat. Ita nempe illi: est

$A\Delta q = AB q + B\Delta q + 2 AB \times B\Delta$ (II. 4.)

$= AB q + B\Gamma q + 2 AB \times B\Gamma$ (ob $B\Delta = B\Gamma$) ex construct.

Sed $AB q + B\Gamma q = 2 AB \times B\Gamma + A\Gamma q$ (II. 7.), ergo

$A\Delta q = 4 AB \times B\Gamma + A\Gamma q$.

Caeterum aliter adhuc efferri potest propositio. Nempe 1) ob $B\Delta = B\Gamma$ dici poterit: Si recta aliqua AB secetur utcunque in Γ, eique adiiciatur alia recta $B\Delta$ uni segmentorum $B\Gamma$ ae-

Εὐθεῖα γάρ τις ἡ *AB* τετμήσθω ὡς ἔτυχε κατὰ τὸ *Γ* σημεῖον· λέγω ὅτι τὸ τετράκις ὑπὸ τῶν *AB*, *BΓ* περιεχόμενον ὀρθογώνιον, μετὰ τοῦ ἀπὸ τῆς *AΓ* τετραγώνου, ἴσον ἐστὶ τῷ ἀπὸ τῆς *AB*, *BΓ* ὡς ἀπὸ μιᾶς ἀναγραφέντι τετραγώνῳ.

Ἐκβεβλήσθω γὰρ ἐπ' εὐθείας τῇ *AB* εὐθεῖα ἡ *BΔ*, καὶ κείσθω ἴση τῇ *ΓB* ἡ *BΔ*, καὶ ἀναγεγράφθω ἀπὸ τῆς *AΔ* τετράγωνον τὸ *AEZΔ*, καὶ καταγεγράφθω διπλοῦν τὸ σχῆμα.

Ἐπεὶ οὖν ἴση ἐστὶν ἡ *BΓ* τῇ *BΔ*, ἀλλὰ ἡ μὲν *ΓB* τῇ *HK* ἐστὶν ἴση, ἡ δὲ *BΔ* τῇ *KN*, καὶ ἡ *HK* ἄρα τῇ *KN* ἐστὶν ἴση. Διὰ τὰ αὐτὰ δὴ καὶ ἡ *ΠP* τῇ *PO* ἐστὶν ἴση. Καὶ ἐπεὶ ἴση ἐστὶν ἡ μὲν *ΓB* τῇ *BΔ*, ἡ δὲ *HK* τῇ *KN*· ἴσον ἄρα ἐστὶ [1]) τὸ μὲν *ΓK* τῷ *BN*, τὸ δὲ *HP* τῷ *KO*. Ἀλλὰ τὸ *ΓK* τῷ *PN* ἐστὶν ἴσον, παραπληρώματα γὰρ τοῦ *ΓO* παραλληλογράμμου· καὶ τὸ *BN* ἄρα τῷ *HP* ἴσον ἐστί· τὰ τέσσαρα ἄρα τὰ *ΓK*, *KΔ*, *HP*, *PN* ἴσα ἀλλήλοις ἐστί· τὰ τέσσαρα ἄρα τετραπλάσιά ἐστι τοῦ *ΓK*. Πάλιν ἐπεὶ ἴση ἐστὶν ἡ *ΓB* τῇ *BΔ*, ἀλλὰ ἡ μὲν *BΔ* τῇ *BK*, τουτ' ἔστι τῇ *ΓH* ἐστὶν ἴση, ἡ δὲ *ΓB* τῇ

1) Cod. a habet: ἐστὶ καὶ τὸ *ΓK*, edd. Oxon. et Basil. omisso καὶ habent ἐστὶ τὸ μὲν *ΓK*, Peyraidus utrumque καὶ et μὲν recipit.

qualis, quadratum totius lineae compositae aequale est rectangulo quater comprehenso sub data et adiecta, una cum quadrato alterius segmenti. Atque ita propositionem hanc efferunt Clavius, Peletarius, Campanus, Pfleiderer. §. 98. 2) Vel, eum in puncto *B* bifariam secetur recta *ΓΔ*, cui in directum adiicitur *ΓA*, observante Clavio, consequitur propositionis enunciatum: Si recta *ΓΔ* bifariam secetur in *B*, et illi recta quaecunque *ΓA* in directum adiiciatur; quadratum totius *AΔ*

Recta enim aliqua AB secta sit utcunque in puncto Γ; dico et rectangulum quater sub AB, $B\Gamma$ contentum cum quadrato ex $A\Gamma$ aequale esse quadrato ex ipsa AB, $B\Gamma$ tanquam ex una linea descripto.

Producatur enim in directum ipsi AB recta $B\Delta$, et ipsi ΓB ponatur aequalis $B\Delta$, et describatur ex $A\Delta$ quadratum $AEZ\Delta$ (I. 46.), et construatur dupla figura.

Quoniam igitur aequalis est $B\Gamma$ rectae $B\Delta$, sed ΓB quidem ipsi HK est aequalis (I. 34.), et $B\Delta$ ipsi KN (I. 34.); et HK igitur ipsi KN est aequalis. Ex eadem ratione et ΠP ipsi PO est aequalis. Et quoniam aequalis est ΓB quidem ipsi $B\Delta$, et HK ipsi KN; aequale igitur est (I. 36.) rectangulum quidem ΓK rectangulo BN, et rectangulum HP rectangulo KO. Sed ΓK ipsi PN est aequale (I. 43.), complementa enim sunt parallelogrammi ΓO, et BN igitur ipsi HP aequale est; quatuor igitur ΓK, $K\Delta$, HP, PN aequalia inter se sunt; quatuor igitur quadrupla sunt ipsius ΓK. Rursus, quoniam aequalis

compositae ex data $\Gamma\Delta$ et adiecta ΓA aequale est quadruplo rectangulo sub dimidio datae $\Gamma\Delta$, et sub AB composita ex eadem dimidia $B\Gamma$ et adiecta ΓA, una cum quadrato adiectae ΓA. Vide Tacquet., Pfleiderer. §. 99. 5) Vel: recta $\Gamma\Delta$ bifariam in B secta, et in ea producta sumto quocunque puncto A (pariter atque in hypothesi II. Prop. 6.) differentia quadratorum rectarum $A\Delta$, $A\Gamma$, puncto arbitrario A, et extremis Γ, Δ rectae propositae $\Gamma\Delta$ terminatarum, aequatur quadruplo rectangulo sub rectis BA et $B\Gamma$ seu $B\Delta$, quae hinc puncto bisectionis B, inde puncto arbitrario A, et alteri rectae propositae $\Gamma\Delta$ extremo Γ vel Δ interiacent. Cf. Pfleiderer §. 100.

ΗΚ, τοῦτ' ἔστι τῇ ΗΠ ἐστὶν ἴση· καὶ ἡ ΓΗ ἄρα τῇ ΗΠ ἴση ἐστίν. Καὶ ἐπεὶ ἴση ἐστὶν ἡ μὲν ΓΗ τῇ ΗΠ, ἡ δὲ ΠΡ τῇ ΡΟ· ἴσον ἐστὶ καὶ τὸ μὲν ΑΗ τῷ ΜΠ, τὸ δὲ ΠΛ τῷ ΡΖ. Ἀλλὰ τὸ ΜΠ τῷ ΠΛ ἐστὶν ἴσον· παραπληρώματα γὰρ τοῦ ΜΛ παραλληλογράμμου· καὶ τὸ ΑΗ ἄρα τῷ ΡΖ ἴσον ἐστί· τὰ τέσσαρα ἄρα τὰ ΑΗ, ΜΠ, ΠΛ, ΡΖ ἴσα ἀλλήλοις ἐστί· τὰ τέσσαρα ἄρα τοῦ ΑΗ τετραπλάσιά ἐστιν. Ἐδείχθη δὲ καὶ τὰ τέσσαρα τὰ ΓΚ, ΚΔ, ΗΡ, ΡΝ τοῦ ΓΚ τετραπλάσια· τὰ ἄρα ὀκτὼ ἃ περιέχει τὸν ΣΤΥ γνώμονα τετραπλάσιά ἐστι τοῦ ΑΚ. Καὶ ἐπεὶ τὸ ΑΚ τὸ ὑπὸ τῶν ΑΒ, ΒΔ ἐστὶν, ἴση γὰρ ἡ ΚΒ τῇ ΒΔ· τὸ ἄρα τετράκις ὑπὸ τῶν ΑΒ, ΒΔ τετραπλάσιόν ἐστι τοῦ ΑΚ. Ἐδείχθη δὲ τοῦ ΑΚ τετραπλάσιος καὶ ὁ ΣΤΥ γνώμων· τὸ ἄρα τετράκις ὑπὸ τῶν ΑΒ, ΒΔ ἴσον ἐστὶ τῷ ΣΤΥ γνώμονι. Κοινὸν προσκείσθω τὸ ΞΘ, ὅ ἐστιν ἴσον τῷ ἀπὸ τῆς ΑΓ τετραγώνῳ· τὸ ἄρα τετράκις ὑπὸ τῶν ΑΒ, ΒΔ περιεχόμενον ὀρθογώνιον μετὰ τοῦ ἀπὸ τῆς ΑΓ τετραγώνου ἴσον ἐστὶ τῷ ΣΤΥ γνώμονι καὶ τῷ ΞΘ. Ἀλλὰ ὁ ΣΤΥ γνώμων καὶ τὸ ΞΘ ὅλον ἐστὶ τὸ ΑΕΖΔ τετράγωνον, ὅ ἐστιν ἀπὸ τῆς ΑΔ· τὸ ἄρα τετράκις ὑπὸ τῶν ΑΒ, ΒΔ μετὰ τοῦ ἀπὸ τῆς ΑΓ ἴσον ἐστὶ τῷ ἀπὸ τῆς ΑΔ τετραγώνῳ [1]) τοῦτ'

1) Cod. a et ex eo ed. Paris. addunt: *ἴση δὲ ἡ ΒΔ τῇ ΒΓ· τὸ ἄρα τετράκις ὑπὸ τῶν ΑΒ, ΒΓ περιεχόμενον ὀρθογώνιον μετὰ τοῦ ἀπὸ (τῆς) ΑΓ τετραγώνου ἴσον ἐστὶ τῷ ἀπὸ (τῆς) ΑΔ*, quod ut superfluum omisimus, consentientibus etiam de Lambre et Prony in relatione ad Institut. Franc. facta.

4) Quodsi recta *ΑΔ* tanquam in puncto *B* utcunque secta consideretur: ob *ΒΓ=ΒΔ*, sistit *ΑΓ=ΑΒ−ΒΔ* differentiam partium *ΑΒ*, *ΒΔ*, et emergit propositio: Si recta in partes inaequales utcunque secatur; quadratum totius, demto quadrato

est ΓB ipsi $B\Delta$, sed $B\Delta$ quidem ipsi BK (II. 4. Cor.), hoc est (I. 34.), ipsi ΓH est aequalis, ΓB vero ipsi HK (I. 34.), hoc est, ipsi $H\Pi$ (I. 34.) est aequalis; et ΓH igitur ipsi $H\Pi$ aequalis est. Et quoniam aequalis est ΓH quidem ipsi $H\Pi$, et ΠP ipsi PO; aequale est rectangulum quidem AH rectangulo $M\Pi$, et rectangulum ΠA rectangulo PZ. Sed $M\Pi$ ipsi ΠA est aequale (I. 43.); complementa enim sunt parallelogrammi MA, et AH igitur ipsi PZ aequale est; quatuor igitur AH, $M\Pi$, ΠA, PZ aequalia inter se sunt; quatuor igitur ipsius AH quadrupla sunt. Ostensa sunt autem et quatuor ΓK, KA, ΠP, PN ipsius ΓK quadrupla; ergo octo quae continet gnomon $\Sigma T \Upsilon$ quadrupla sunt ipsius AK. Et quoniam AK est rectangulum sub AB, $B\Delta$, aequalis enim est KB ipsi $B\Delta$ (II. 4. Cor.); erit contentum quater sub AB, $B\Delta$ quadruplum ipsius AK. Ostensus est autem et gnomon $\Sigma T \Upsilon$ ipsius AK quadruplus. Quod igitur quater continetur sub AB, $B\Delta$ aequale est gnomoni $\Sigma T \Upsilon$. Commune addatur $\Xi\Theta$, quod aequale est quadrato ex $A\Gamma$; rectangulum igitur quater sub AB, $B\Delta$ contentum cum quadrato ex $A\Gamma$ aequale est gnomoni $\Sigma T \Upsilon$ et quadrato $\Xi\Theta$. Sed gnomon $\Sigma T \Upsilon$ et $\Xi\Theta$ sunt totum $AEZ\Delta$, quod est quadratum ex

differentiae partium, aequale est quadruplo sub partibus rectangulo; seu quadruplum rectangulum sub partibus, cum quadrato differentiae partium, aequale est totius lineae quadrato. Cf. Ghetaldus, Herigonus, Pfleiderer. §. 101. 5) Porro $A\Delta$, $A\Gamma$ sunt rectae inaequales, quarum differentia est $\Gamma\Delta$, semidifferentia $B\Gamma$ seu $B\Delta$, et minor earum erit semisummae imminutae semidifferentia aequalis maior autem semisummae auctae semidifferentia (II. 5. Cor. 10.). Propositio itaque eo

ἐστι τῷ ἀπὸ τῆς AB καὶ $B\Gamma$ ὡς ἀπὸ μιᾶς ἀναγραφέντι τετραγώνῳ. Ἐὰν ἄρα εὐθεῖα καὶ τὰ ἑξῆς.

ΠΡΟΤΑΣΙΣ θ'.

Ἐὰν εὐθεῖα γραμμὴ τμηθῇ εἰς ἴσα καὶ ἄνισα, τὰ ἀπὸ τῶν ἀνίσων τῆς ὅλης τμημάτων τετράγωνα διπλάσιά ἐστι τοῦ τε ἀπὸ τῆς ἡμισείας καὶ τοῦ ἀπὸ τῆς μεταξὺ τῶν τομῶν τετραγώνου.

redit: Differentia quadratorum duarum inaequalium rectarum aequalis est rectangulo sub ipsarum semisumma ac semidifferentia quater sumta. Cf. Pfleiderer §. 102. 6) Vel, quum $A\Delta = AB + \begin{cases} B\Delta \\ B\Gamma \end{cases}$ sistat summam, $A\Gamma = AB - B\Gamma$ differentiam duarum inaequalium rectarum: excessus quadrati summae duarum rectarum super quadratum differentiae ipsarum aequalis est quadruplo rectangulo sub rectis. Cf. Pfleiderer. §. 103.

PROPOSITIO IX.

Obs. 1. Plures adhuc alias huius propositionis demonstrationes habent Claud. Richardus, Coëtsius, Clavius, Barrov., Angelus de Marchettis, Commandinus, Ghetaldus, Gilbert., Pfleiderer. (Scholia in libr. II. Elem. Euclid. Pars II. p. 1. sqq. §§. 109—114.) Poterit etiam haec propositio aliter efferri. Nempe 1) dum $A\Delta$ consideratur tanquam in puncto Γ in partes utcunque inaequales divisa; erunt, quum sit $B\Delta = B\Gamma - \Gamma\Delta = A\Gamma - \Gamma\Delta$, quadratum totius $A\Delta$, una cum quadrato differentiae partium $B\Delta^q$ vel $(A\Gamma - \Gamma\Delta)$, dupla quadratorum partium $A\Gamma$, $\Gamma\Delta$ quod observant Ghetaldus, et Pfleiderer. l. c. §. 116. 2) vel, quum sit $A\Delta = A\Gamma + \Gamma\Delta$, erit $(A\Gamma + \Gamma\Delta)^q + (A\Gamma - \Gamma\Delta)^q = 2A\Gamma^q + 2\Gamma\Delta^q$ i. e. aggregatum quadratorum ex summa et differentia duarum inaequalium rectarum aequatur duplo quadratorum ex ipsis (Boermannus, Gil-

$A\varDelta$; rectangulum igitur quater sub AB, $B\varDelta$ contentum cum quadrato ex $A\Gamma$ aequale est quadrato ex $A\varDelta$, hoc est, quadrato ex ipsa AB et $B\Gamma$ tanquam ex una linea descripto. Si igitur recta etc.

PROPOSITIO IX. (Fig. 148.)

Si recta linea secetur in aequalia et inaequalia, quadrata segmentorum inaequalium dupla sunt quadrati ex dimidia et quadrati ex recta inter puncta sectionum.

bert., Pfleiderer. §. 115.) quod etiam ex II. 4. et II. 7. inter se iunctis sponte fluit. Hinc, ut hoc obiter notemus, sequitur $A\Gamma q + \Gamma\varDelta q = \frac{(A\Gamma + \Gamma\varDelta)q + (A\Gamma - \Gamma\varDelta)q}{2}$ h. e. summa quadratorum duarum inaequalium rectarum aequalis est dimidiae summae duorum quadratorum, quorum latera sunt ipsarum aggregatum et differentia. Cf. Pfleiderer. §. 117.

Cor. 1. Quum $A\Gamma = \Gamma B$ (hyp.), adeoque $A\Gamma q + \Gamma B q = 2A\Gamma q$, at ex nostra propositione $A\varDelta q + \varDelta B q = 2A\Gamma q + 2\Gamma\varDelta q$; patet, esse $A\Gamma q + \Gamma B q < A\varDelta q + \varDelta B q$, vel duorum quadratorum eandem datam laterum summam habentium aggregatum esse omnium minimum, quando ipsorum latera mutuo aequalia sint. Cf. l'Huilier de relatione mutua p. 55. Pfleiderer. §. 118. Et quidem erit $(A\varDelta q + \varDelta B q) - (A\Gamma q + \Gamma B q) = 2\Gamma\varDelta q$ i. e. recta AB in Γ in aequalia, in $\varDelta$ autem in inaequalia segmenta divisa, summa duorum quadratorum ab aequalibus rectae segmentis descriptorum a summa duorum quadratorum ab inaequalibus eiusdem rectae segmentis factorum deficit duplo quadrato rectae inter puncta sectionum interceptae i. e. (cf. II. 5. Cor. 4.) duplo quadrato semidifferentiae segmentorum inaequalium. Cf. Pfleiderer. §. 120.

Cor. 2. Aliter itaque res se habet in his quadratis, ac in rectangulis eandem laterum contiguorum summam habentibus. In his nempe vidimus (II. 5. Cor. 4.) rectangulum

Εὐθεῖα γάρ τις ἡ ΑΒ τετμήσθω εἰς μὲν ἴσα κατὰ τὸ Γ, εἰς δὲ ἄνισα κατὰ τὸ Δ· λέγω ὅτι τὰ ἀπὸ τῶν ΑΔ, ΔΒ τετράγωνα διπλάσιά ἐστι τῶν ἀπὸ τῶν ΑΓ, ΓΔ τετραγώνων.

Ἤχθω γὰρ ἀπὸ τοῦ Γ τῇ ΑΒ πρὸς ὀρθὰς ἡ ΓΕ, καὶ κείσθω ἴση ἑκατέρᾳ τῶν ΑΓ, ΓΒ, καὶ ἐπεζεύχθωσαν αἱ ΑΕ, ΕΒ, καὶ διὰ μὲν τοῦ Δ τῇ ΕΓ παράλληλος ἤχθω ἡ ΔΖ, διὰ δὲ τοῦ Ζ τῇ ΑΒ παράλληλος ἤχθω ἡ ΖΗ, καὶ ἐπεζεύχθω ἡ ΑΖ.

Καὶ ἐπεὶ ἴση ἐστὶν ἡ ΑΓ τῇ ΓΕ, ἴση ἐστὶ καὶ ἡ ὑπὸ ΕΑΓ γωνία τῇ ὑπὸ ΑΕΓ. Καὶ ἐπεὶ ὀρθή ἐστιν ἡ πρὸς τῷ Γ, λοιπαὶ ἄρα αἱ ὑπὸ ΕΑΓ, ΑΕΓ μιᾷ ὀρθῇ ἴσαι εἰσὶ, καί εἰσιν ἴσαι· ἡμίσεια ἄρα ὀρθῆς ἐστιν ἑκατέρα τῶν ὑπὸ ΓΕΑ, ΓΑΕ. Διὰ τὰ αὐτὰ δὴ καὶ ἑκατέρα τῶν ὑπὸ ΓΕΒ, ΕΒΓ ἡμίσειά

laterum aequalium $A\Gamma \times B\Gamma$ i. e. $A\Gamma q$ superare quadratum inaequalium laterum $A\Delta \times \Delta B$ quadrato lateris $\Gamma\Delta$, vel esse $\left.\begin{matrix} A\Gamma \times B\Gamma \\ A\Gamma q \end{matrix}\right) - A\Delta \times \Delta B = \Gamma\Delta q$, adeoque horum *maximum* esse $A\Gamma \times B\Gamma$ vel $A\Gamma q$, quum contra $A\Gamma q + B\Gamma q$ *minima summa* sit quadratorum, quorum latera eandem summam AB habent. Et, quum in istis rectangulis differentia $\left(\begin{matrix} A\Gamma \times B\Gamma \\ A\Gamma q \end{matrix}\right. - A\Delta \times B\Delta = \Gamma\Delta q$ esset, iam est respondens differentia $(A\Delta q + B\Delta q) - (A\Gamma q + B\Gamma q) = 2\Gamma\Delta q =$ duplo prioris. Cf. Pfleiderer. §§. 119. 121. Nempe, quum summa quadratorum $A\Delta$, $B\Delta$, quorum summa laterum $= AB$, sit $= ABq - 2A\Delta \times B\Delta$ (II. 4.), erit ista summa eo minor, quo maior est rectangulum $A\Delta \times BD$, minima itaque, si hoc rectangulum maximum fuerit e. si sit $A\Delta = B\Delta$. Cf. Pfleiderer. §. 122.

Cor. 3. Quodsi AB secetur (Fig. 149) in alia inaequalia $A\Pi$, $B\Pi$ in puncto Π remotiore quam Δ a puncto bisectionis Γ: erit summa $A\Pi q + B\Pi q > A\Delta q + B\Delta q$, quum huius

Recta enim aliqua AB secta sit in aequalia quidem ad Γ, in inaequalia vero ad Δ; dico quadrata ex $A\Delta$, ΔB dupla esse quadratorum ex $A\Gamma$, $\Gamma\Delta$.

Ducatur enim a Γ ipsi AB ad rectas ΓE (I. 11.), et ponatur aequalis alterutri ipsarum $A\Gamma$, ΓB, et iungantur AE, EB, et per Δ quidem ipsi $E\Gamma$ parallela ducatur ΔZ (I. 31.), per Z vero ipsi AB parallela ducatur ZH (I. 31.), et iungatur AZ.

Et quoniam aequalis est $A\Gamma$ rectae ΓE, aequalis est et angulus $EA\Gamma$ angulo $AE\Gamma$ (I. 5.) Et quoniam rectus est ad Γ; reliqui igitur $EA\Gamma$, $AE\Gamma$ uni recto aequales sunt (I. 32.), et sunt aequales (I. 6.); dimidius igitur recti est uterque ΓEA, ΓAE. Ex eadem ratione et uterque ΓEB, $EB\Gamma$ dimidius est recti;

summae excessus super $2A\Gamma q$ sit $=2\Gamma\Delta q$, illius $2\Gamma\Pi q$, sitque $2\Gamma\Pi q > 2\Gamma\Delta q$ (Lemma ante X. 43. Barrov., Gilbert, aliique. Pfleiderer. §. 123.). Et quidem $(A\Pi q + B\Pi q) - A\Delta q + B\Delta q) = 2\Gamma\Pi q - 2(\Gamma\Pi q - \Gamma\Delta q) = 2(\Gamma\Pi + \Gamma\Delta) \times \Gamma\Pi - \Gamma\Delta)$ (II. 5. Obs. 1.), hoc est, facto $AP = B\Pi$, erit $(A\Pi q + B\Pi q) - (A\Delta q + B\Delta q) = 2P\Delta \times \Delta\Pi$, quod est duplum rectangulum sub summa et differentia semidifferentiarum $A\Pi$, ΠB, et $A\Delta$, $B\Delta$. Cf. II. 5. Cor. 7. Pfleiderer. §. 125.

Cor. 4. Ex his, collatis iis, quae II. 5. Cor. 2. et 6. observata sunt, coniunctis cum I. 47. consequitur, inter parallelogramma rectangula isoperimetra, quadrati aream maximam, diagonales minimas esse; caeterorum areas eo minores, diagonales eo maiores esse, quo magis latera ipsorum contigua invicem differant: pariterque inter triangula rectangula, quorum latera circa angulum rectum eandem summam conficiunt, aequicruri aream maximam, hypotenusam minimam esse; caeterorum scalenorum aream eo minorem, hypotenusam eo ma-

ἐστιν ὀρθῆς· ὅλη ἄρα ἡ ὑπὸ AEB ὀρθή ἐστιν. Καὶ ἐπεὶ ἡ ὑπὸ HEZ ἡμίσειά ἐστιν ὀρθῆς, ὀρθὴ δὲ ἡ ὑπὸ EHZ, ἴση γάρ ἐστι τῇ ἐντὸς καὶ ἀπεναντίον τῇ ὑπὸ $E\Gamma B$· λοιπὴ ἄρα ἡ ὑπὸ EZH ἡμίσειά ἐστιν ὀρθῆς· ἴση ἄρα ἐστὶν ἡ ὑπὸ HEZ γωνία τῇ ὑπὸ EZH· ὥςτε καὶ πλευρὰ ἡ EH πλευρᾷ τῇ HZ ἐστὶν ἴση. Πάλιν ἐπεὶ ἡ πρὸς τῷ B γωνία ἡμίσειά ἐστιν ὀρθῆς, ὀρθὴ δὲ ἡ ὑπὸ $Z\Delta B$, ἴση γάρ ἐστι πάλιν τῇ ἐντὸς καὶ ἀπεναντίον τῇ ὑπὸ $E\Gamma B$· λοιπὴ ἄρα ἡ ὑπὸ ΔZB ἡμίσειά ἐστιν ὀρθῆς· ἴση ἄρα ἡ πρὸς τῷ B γωνία τῇ ὑπὸ ΔZB· ὥςτε καὶ πλευρὰ ἡ $Z\Delta$ πλευρᾷ τῇ ΔB ἐστὶν ἴση. Καὶ ἐπεὶ ἴση ἐστὶν ἡ $A\Gamma$ τῇ ΓE, ἴσον ἐστὶ καὶ τὸ ἀπὸ τῆς $A\Gamma$ τῷ ἀπὸ τῆς ΓE· τὰ ἄρα ἀπὸ τῶν $A\Gamma$, ΓE τετράγωνα διπλάσιά ἐστι τοῦ ἀπὸ τῆς $A\Gamma$. Τοῖς δὲ ἀπὸ τῶν $A\Gamma$, ΓE ἴσον ἐστὶ τὸ ἀπὸ τῆς AE τετράγωνον, ὀρθὴ γὰρ ἡ ὑπὸ $A\Gamma E$ γωνία· τὸ ἄρα ἀπὸ τῆς AE διπλάσιόν ἐστι τοῦ ἀπὸ τῆς $A\Gamma$. Πάλιν ἐπεὶ ἴση ἐστὶν ἡ EH τῇ HZ, ἴσον ἐστὶ καὶ τὸ ἀπὸ τῆς HE τῷ ἀπὸ τῆς HZ· τὰ ἄρα ἀπὸ τῶν EH, HZ τετράγωνα διπλάσιά

iorem esse, quo magis catheti eorum invicem differant. Cf. Pfleiderer. l. c. §. 125.

Obs. 2. Quum recta AB (Fig. 150.) bifariam in Γ secta, et ad Γ constituto perpendiculo $\Gamma E = A\Gamma = B\Gamma$, iunctisque rectis AE, BE, fiat, ut in demonstratione II. 9. ostensum fuit, angulus AEB rectus, et, quae ex quibuslibet rectae ΓB punctis, Δ, Π rectae ΓE parallelae i. e. I. 29. ad $B\Gamma$ perpendiculares aguntur, vel ex punctis quibusvis Z, Σ rectae BE normales in $B\Gamma$ demittuntur, fiant rectae AB segmentis ΔB, ΠB aequales, ideoque sint $A\Delta + \Delta Z = A\Pi + \Pi\Sigma = A\Gamma + \Gamma E = AB$: completis parallelogrammis rectangulis $A\Gamma E T$, $A\Delta Z \Upsilon$, $A\Pi\Sigma\Phi$, triangulisque rectangulis $A\Gamma E$, $A\Delta Z$,

totus igitur AEB rectus est. Et quoniam HEZ dimidius est recti, rectus autem EHZ, aequalis enim est interiori et opposito $E\Gamma B$ (I. 29.); reliquus igitur EZH dimidius est recti (I. 32.); aequalis igitur est angulus HEZ angulo EZH; quare et latus EH lateri HZ est aequale (I. 6.). Rursus quoniam angulus ad B dimidius est recti, rectus autem $Z\Delta B$, aequalis enim est rursus interiori et opposito $E\Gamma B$ (I. 29.); reliquus igitur ΔZB dimidius est recti (I. 32.); aequalis igitur angulus ad B angulo ΔZB; quare et latus $Z\Delta$ lateri ΔB est aequale (I. 6.). Et quoniam aequalis est $A\Gamma$ rectae ΓE, aequale est et quadratum ex $A\Gamma$ quadrato ex ΓE; ergo quadrata ex $A\Gamma$, ΓE dupla sunt quadrati ex $A\Gamma$. Quadratis autem ex $A\Gamma$, ΓE aequale est quadratum ex AE (I. 47.), rectus enim est angulus $A\Gamma E$; quadratum igitur ex AE duplum est quadrati ex $A\Gamma$. Rursus quoniam aequalis est EH rectae HZ, aequale est etiam quadratum ex EH quadrato ex HZ; ergo quadrata ex EH, HZ dupla sunt quadrati ex HZ. Quadratis autem ex EH,

$A\Pi\Sigma$, quae Cor. 4. de diagonalibus rectangulorum et hypotenusis triangulorum traduntur, etiam liquent ex I. 19. Cor. 4. et 5. Cf. Pfleiderer. l. c. §. 126.

Obs. 3. Esse rectam $\Delta Z = \Delta B$, $\Sigma\Pi = \Pi B$ etc. inde pendet, quod angulus ABE ostensus fuit esse semirectus. Quacunque igitur ratione ducatur BE ad AB ita, ut angulus ABE fiat semirectus, idem valebit non solum de rectis $\Pi\Sigma$, ΔZ, sed etiam producta BE, de rectis $X\Psi$, $A\Omega$, nempe erit $X\Psi = XB$, $A\Omega = AB$. Et, quum, ut facile patet, nonnisi ea puncta, quae in recta $B\Omega$, nempe basi trianguli aequilateri $AB\Omega$ posita sunt, ita comparata sint, ut demissa ex iis ad AB perpendicula intercipiant inter se et punctum B segmenta

ἐστὶ τοῦ ἀπὸ τῆς HZ τετραγώνου. Τοῖς δὲ ἀπὸ τῶν EH, HZ τετραγώνοις ἴσον ἐστὶ τὸ ἀπὸ τῆς EZ τετράγωνον· τὸ ἄρα ἀπὸ τῆς EZ διπλάσιόν ἐστι τοῦ ἀπὸ τῆς HZ. Ἀλλὰ τὸ ἀπὸ τῆς HZ ἴσον ἐστὶ τῷ ἀπὸ τῆς $\Gamma\Delta$· τὸ ἄρα ἀπὸ τῆς EZ διπλάσιόν ἐστι τοῦ ἀπὸ τῆς $\Gamma\Delta$. Ἔστι δὲ καὶ τὸ ἀπὸ τῆς EA διπλάσιον τοῦ ἀπὸ τῆς $A\Gamma$· τὰ ἄρα ἀπὸ τῶν AE, EZ τετράγωνα διπλάσιά ἐστι τῶν ἀπὸ τῶν $A\Gamma$, $\Gamma\Delta$ τετραγώνων. Τοῖς δὲ ἀπὸ τῶν AE, EZ ἴσον ἐστὶ τὸ ἀπὸ τῆς AZ τετράγωνον, ὀρθὴ γάρ ἐστιν ἡ ὑπὸ AEZ γωνία· τὸ ἄρα ὑπὸ τῆς AZ τετάγωνον διπλάσιόν ἐστι τῶν ἀπὸ τῶν $A\Gamma$, $\Gamma\Delta$. Τῷ δὲ ἀπὸ τῆς AZ ἴσα τὰ ἀπὸ τῶν $A\Delta$, ΔZ, ὀρθὴ γὰρ ἡ πρὸς τῷ Δ γωνία· τὰ ἄρα ἀπὸ τῶν $A\Delta$, ΔZ διπλάσιά ἐστι τῶν ἀπὸ τῶν $A\Gamma$, $\Gamma\Delta$ τετραγώνων. Ἴση δὲ ἡ ΔZ τῇ ΔB· τὰ ἄρα ἀπὸ τῶν $A\Delta$, ΔB τετράγωνα διπλάσιά ἐστι τῶν ἀπὸ τῶν $A\Gamma$, $\Gamma\Delta$ τετραγώνων. Ἐὰν ἄρα εὐθεῖα καὶ τὰ ἑξῆς.

ipsis his perpendiculis aequalia, recta $B\Omega$ locus erit, quem in rectangulis isoperimetris circa communem angulum A constitutis attingunt ipsorum anguli, communi angulo A oppositi, vel quem in triangulis rectangulis $AX\Psi$, $A\Gamma E$, $A\Delta Z$ etc., quorum bina latera circa angulum rectum simul aequant rectam AB, vertices horum triangulorum contingunt. Et facile patet, idem adhuc valere (Fig. 151.), etiam si parallelogramma non rectangula at aequiangula sint, et in triangulis angulus, quem inter se aequalem habent, non sit rectus, dum deinde recta BE ita ducatur, ut angulum $AB\eta$ isti communi angulo aequalem bisecet. Viviani de locis solidis lib. III. Prop. 8. p. 57. Pfleiderer l. c. §§. 127—134. Et quae de diagonalibus et hypotenusis dicta sunt Obs. 2., valent etiam in parallelogrammis et triangulis obliquangulis, quum etiam ubi de iis quaestio est, angulus AEB maneat rectus, adeoque 1. 19.

HZ aequale est quadratum ex EZ (I. 47.), ergo quadratum ex EZ duplum est quadrati ex HZ. Sed aequale est quadratum HZ quadrato ex $\Gamma\Delta$; quadratum igitur ex EZ duplum est quadrati ex $\Gamma\Delta$. Est autem quadratum ex $E\Delta$ duplum quadrati ex $\Delta\Gamma$ (I. 47.); ergo quadrata ex ΔE, EZ dupla sunt quadratorum ex $\Delta\Gamma$, $\Gamma\Delta$; ipsis vero ex ΔE, EZ aequale est quadratum ex EZ (I. 47.), rectus enim est ΔEZ angulus; ergo ΔZ quadratum duplum est quadratorum ex $\Delta\Gamma$, $\Gamma\Delta$. Quadrato vero ex ΔZ aequalia sunt quadrata ex $\Delta\Delta$, ΔZ (I. 47.), rectus enim est angulus ad Δ; quadrata igitur ex $\Delta\Delta$, ΔZ dupla sunt quadratorum ex $\Delta\Gamma$, $\Gamma\Delta$. Aequalis autem ΔZ rectae ΔB; ergo quadrata ex $\Delta\Delta$, ΔB dupla sunt quadratorum ex $\Delta\Gamma$, $\Gamma\Delta$. Si igitur recta etc.

Cor. 4. et 5. etiam hic applicari queat. Quae vero de areis parallelogrammorum et triangulorum rectangulorum Cor. 4 dicta sunt, demum ope VI. 25. ad obliquangula extendi, vel immediate per VI. 27. de illis inferri possunt. Cf. Pfleiderer. l. c. §. 135.

Obs. 4. Per praecedentia facile determinatur ac solvitur problema: construere triangulum rectangulum, cuius datur hypotenusa et summa cathetorum, vel: describere parallelogrammum rectangulum, cuius datur diagonalis et summa duorum laterum contiguorum, vel generalius: sub dato angulo quocunque describere triangulum, vel parallelogrammum, cuius latera circa hunc angulum simul sunt datae rectae aequalia, et cuius basis vel diagonalis opposita angulo dato est datae rectae aequalis. Cf. Pfleiderer. l. c. §§. 136—146. et qui plerique ab eo citantur Ghetaldus p. 337. Thom. Simpson.

ΠΡΟΤΑΣΙΣ ι.

Ἐὰν εὐθεῖα γραμμὴ τμηθῇ δίχα, προςτεθῇ δέ τις αὐτῇ εὐθεῖα ἐπ' εὐθείας· τὸ ἀπὸ τῆς ὅλης σὺν τῇ προςκειμένῃ καὶ τὸ ἀπὸ τῆς προςκειμένης, τὰ συναμφότερα τετράγωνα, διπλάσιά ἐστι τοῦ τε ἀπὸ τῆς ἡμισείας καὶ τοῦ ἀπὸ τῆς συγκειμένης ἔκ τε τῆς ἡμισείας καὶ τῆς προςκειμένης ὡς ἀπὸ μιᾶς ἀναγραφέντος τετραγώνου.

Εὐθεῖα γάρ τις ἡ ΑΒ τετμήσθω δίχα κατὰ τὸ Γ, προςκείσθω δέ τις αὐτῇ εὐθεῖα ἐπ' εὐθείας ἡ ΒΔ· λέγω ὅτι τὰ ἀπὸ τῶν ΑΔ, ΔΒ τετράγωνα διπλάσιά ἐστι τῶν ἀπὸ τῶν ΑΓ, ΓΔ τετραγώνων.

Ἤχθω γὰρ ἀπὸ τοῦ Γ σημείου τῇ ΑΒ πρὸς ὀρθὰς ἡ ΓΕ, καὶ κείσθω ἴση ἑκατέρᾳ τῶν ΑΓ, ΓΒ, καὶ ἐπεζεύχθωσαν αἱ ΕΑ, ΕΒ· καὶ διὰ μὲν τοῦ Ε τῇ ΑΔ παράλληλος ἤχθω ἡ ΕΖ· διὰ δὲ τοῦ Δ τῇ ΓΕ [1]) παράλληλος ἤχθω ἡ ΖΔ. Καὶ ἐπεὶ εἰς παραλλήλους εὐθείας τὰς ΕΓ, ΖΔ εὐθεῖά τις ἐνέπεσεν ἡ ΕΖ, αἱ ὑπὸ ΓΕΖ, ΕΖΔ ἄρα δυσὶν ὀρθαῖς ἴσαι εἰσίν· αἱ ἄρα ὑπὸ ΖΕΒ, ΕΖΔ δύο ὀρθῶν ἐλασ-

1) Edit. Paris. cum Codice a addit: πάλιν.

Treatise of Algebra Lond. 1745. p. 287. sq. Schwab. Euklids Data p. 174. sqq. Schulz Taschenbuch II. Heft. Berlin 1783. p. 400. sq. Billy Diophant. geometra Paris 1660. p. 53. sq. Van Swinden Anfangsgr. der Meſskunst 1797. p. 485. sq. Meier Hirsch Samml. geom. Aufg. I. Th. 1805. p. 107. sq. l'Huilier Elémens d'Analyse Géometr. et d'Analyse Algébrique Paris. 1809. p. 212. sq.

Cor. 5. Ex II. 5. et II. 9. coniunctis sequitur, recta *AB* bifariam in *Γ*, et in inaequalia in *Δ* utcunque secta, quadrata inaequalium partium simul aequari quadrato ex totius

PROPOSITIO X. (Fig. 152.)

Si recta linea secetur bifariam, adiiciatur autem aliqua ipsi recta in directum, quadratum compositae ex tota cum adiecta et quadratum ex adiecta simul sumpta dupla sunt quadrati ex dimidia et quadrati compositae ex dimidia et adiecta tanquam una linea.

Recta enim aliqua AB secta sit bifariam in Γ; adiiciatur autem aliqua ei recta in directum $B\Delta$; dico quadrata ex $A\Delta$, ΔB dupla esse quadratorum ex $A\Gamma$, $\Gamma\Delta$.

Ducatur enim a puncto Γ rectae AB ad rectos ΓE (I. 11.), et ponatur aequalis alterutri ipsorum $A\Gamma$, ΓB, et iungantur EA, EB; et per E quidem ipsi $A\Delta$ parallela ducatur EZ (I. 31.) per Δ vero ipsi ΓE parallela ducatur $Z\Delta$ (I. 31.). Et quoniam in parallelas rectas $E\Gamma$, $Z\Delta$ recta aliqua incidit EZ, anguli ΓEZ, $EZ\Delta$ duobus rectis aequales sunt (I. 29.); ergo ZEB, $EZ\Delta$ duobus rectis minores sunt. Rectae

dimidio, una cum triplo quadrato ex interposito segmento et cum rectangulo earundem partium inaequalium.

Est enim $A\Gamma q = \Gamma\Delta q + A\Delta \times \Delta B$ (II. 5.)

hinc $2A\Gamma q + 2\Gamma\Delta q = A\Gamma q + 3\Gamma\Delta q + A\Delta \times \Delta B$

adeoque (II. 9.) $A\Delta q + \Delta B q = A\Gamma q + 3\Gamma\Delta q + A\Delta \times \Delta B$. Viviani de locis solidis L. II. Prop. 68. p. 46. Pfleiderer. §. 147.

PROPOSITIO X.

Obs. 1. Huius etiam propositionis plures alias demonstrationes habent iidem, quos ad Prop. IX. citavimus, auctores; v. Pfleiderer. §§. 151—160. et nominatim eam aliqui simili ratione ex II. 9. deducunt, ac II. 6. ex II. 5. deduci posse

σονές εἰσιν· αἱ δὲ ἀπὸ ἐλασσόνων ἢ δύο ὀρθῶν ἐκβαλλόμεναι συμπίπτουσιν· αἱ ἄρα ΕΒ, ΖΔ ἐκβαλλόμεναι ἐπὶ τὰ ΒΔ μέρη συμπεσοῦνται. Ἐκβεβλήσθωσαν, καὶ συμπεπτέτωσαν κατὰ τὸ Η, καὶ ἐπεζεύχθω ἡ ΑΗ.

Καὶ ἐπεὶ ἴση ἐστὶν ἡ ΑΓ τῇ ΓΕ, ἴση ἐστὶ καὶ γωνία ἡ ὑπὸ ΑΕΓ τῇ ὑπὸ ΕΑΓ, καὶ ὀρθὴ ἡ πρὸς τὸ Γ· ἡμίσεια ἄρα ὀρθῆς ἐστιν ἑκατέρα τῶν ὑπὸ ΕΑΓ, ΑΕΓ. Διὰ τὰ αὐτὰ δὴ καὶ ἑκατέρα τῶν ὑπὸ ΓΕΒ, ΕΒΓ ἡμίσειά ἐστιν ὀρθῆς· ὀρθὴ ἄρα ἐστὶν

vidimus. Potest etiam illa eodem modo aliter efferri ac II. Prop. 9. iisdem verbis, ac ad eam Obs. 1. nr. 1. 2. monitum fuit. Et priorem quidem modum „si recta linea secta fuerit in partes inaequales, quadratum totius, una cum quadrato excessus, quo maius segmentum excedit minus, duplum erit quadratorum ab ipsis segmentis descriptorum" iam indicavit Isaac. Monachus in Schol. ad II. 10.

Cor. 1. Recta AB bifariam in Γ secta, et adiuncta ei quacunque $B\Delta$: ipsa AB differentia est rectarum $A\Delta$, $B\Delta$; $\Gamma\Delta$ autem earum semisumma, vel quod eodem redit (cf. II. 6. Cor. 2.) erunt $A\Delta$, $\Gamma\Delta$, $B\Delta$ tres continue arithmetice proportionales. Atque his observationibus nituntur aliae propositionis X. (pariter ac Prop. IX.) enunciationes. Cf. Pfleiderer. l. c. §§. 182. 183. Nempe: Duarum inaequalium rectarum quadrata simul dupla sunt quadratorum ex ipsarum semisumma et semidifferentia vel si tres rectae sint continue arithmetice proportionales, quadrata extremorum simul aequantur duplo aggregato ex quadrato mediae, ac differentiae utriusvis extremarum et mediae composito. Sumta deinde (Fig. 153.) $\Gamma\Pi > \Gamma\Delta$, manente eadem differentia AB, ambae $A\Pi$, $B\Pi$ crescunt eodem, quo $\Gamma\Pi$, incremento, eritque $A\Pi q + B\Pi q > A\Delta q + B\Delta q$ pariter ac (coll. II. 6. Cor. 5.) $A\Pi \times \Pi B > A\Delta \times \Delta B$. Sumatur $\Gamma P = \Gamma\Pi$, unde $\Gamma P q = \Gamma\Delta q + P\Delta \times \Delta\Pi$ (II. 5.), eritque $A\Pi q + B\Pi q = 2\Gamma\Pi q + 2\Gamma B q$ (II. 10) =

autem a minoribus quam duobus rectis productae conveniunt (Post. 5. vel Ax. 11.); ergo EB, $Z\Delta$ productae ad partes $B\Delta$ convenient. Producantur, et conveniant in H, et iungatur AH.

Et quoniam aequalis est $A\Gamma$ rectae ΓE, aequalis est et angulus $AE\Gamma$ angulo $EA\Gamma$ (I. 6.); atque rectus est ad Γ; dimidius igitur recti est uterque ipsorum $EA\Gamma$, $AE\Gamma$ (I. 32.). Ex eadem ratione et uterque ipsorum ΓEB, $EB\Gamma$ dimidius est recti; rectus igitur

$$=2\Gamma\Delta\,q+2\Gamma B\,q+2P\Delta\times\Delta\Pi \text{ (II. 6.)}$$
$$= A\Delta\,q+B\Delta\,q+2P\Delta\times\Delta\Pi \text{ (II. 10.)}$$

Contra (cf. II. 6. Cor. 5.) est $A\Pi\times\Pi B-A\Delta\times\Delta B=P\Delta\times\Delta\Pi$.

Est autem $P\Delta=P\Gamma+\Gamma\Delta=\Gamma\Pi+\Gamma\Delta=\frac{A\Pi+B\Pi}{2}+\frac{A\Delta\times B\Delta}{2}$

$$\Delta\Pi=\Gamma\Pi-\Gamma\Delta=\frac{A\Pi+B\Pi}{2}-\frac{A\Delta+B\Delta}{2}.$$

Dum igitur aeque differunt $A\Pi$ et $B\Pi$, $A\Delta$ et $B\Delta$: rectangulum sub prioribus, quorum summa est maior, excedit rectangulum sub posterioribus rectangulo sub summa et sub differentia semisummarum laterum $A\Pi$ et $B\Pi$, $A\Delta$ et $B\Delta$; duplo autem hoc rectangulo summa quadratorum ex prioribus summam quadratorum ex posterioribus excedit. Cf. Pfleiderer. l. c. §. 166.

Cor. 2. Hinc inter parallelogramma rectangula, quorum latera contigua aeque invicem differunt, eius, cuius perimeter maior est, area et diagonales sunt maiores: pariterque inter triangula rectangula, quorum latera circa angulum rectum aeque invicem differunt, illius area et hypotenusa maiores sunt, cuius summa cathetorum est maior. Cf. Pfleiderer. §. 167.

Obs. 2. Recta AB (Fig. 154. 155.) bifariam secta in puncto Γ, et per hoc ducta sub angulo quocunque $\Gamma E=\Gamma B=\Gamma A$; tum ultra punctum B versus β, δ continuatis rectis EB, AB: quae his rectis $B\delta$, $B\beta$ terminantur, rectae ΓE parallelas quascunque ΔZ, $\Pi\Sigma$ esse segmentis adiacentibus $B\Delta$, $B\Pi$ rectae

ἡ ὑπὸ *ΑΕΒ*. Καὶ ἐπεὶ ἡμίσεια ὀρθῆς ἐστιν ἡ ὑπὸ *ΕΒΓ*, ἡμίσεια ἄρα ὀρθῆς καὶ ἡ ὑπὸ *ΔΒΗ*. Ἔστι δὲ καὶ ἡ ὑπὸ *ΒΔΗ* ὀρθὴ, ἴση γάρ ἐστι τῇ ὑπὸ *ΔΓΕ*, ἐναλλὰξ γάρ· λοιπὴ ἄρα ἡ ὑπὸ *ΔΗΒ* ἡμίσειά ἐστιν ὀρθῆς· ἡ ἄρα ὑπὸ [1]) *ΔΗΒ* τῇ ὑπὸ *ΔΒΗ* ἐστὶν ἴση, ὥστε καὶ πλευρὰ ἡ *ΒΔ* πλευρᾷ τῇ *ΔΗ* ἐστὶν ἴση. Πάλιν, ἐπεὶ ἡ ὑπὸ *ΕΗΖ* ἡμί-

1) Verba: ἡμίσειά ἐστιν ὀρθῆς· ἡ ἄρα ὑπὸ omitt. Ed. Paris. et Cod. a. Nos ex edd. Oxon. et Basil. ad analogiam sequentium et demonstrationis II. 9. restituimus.

Βδ aequales, proinde *ΑΖ—ΔΖ=ΑΣ—ΠΣ=ΑΒ*, simili ratione, qua in demonstratione II. 10. per I. 6. generatim infertur: quia angulus *ΓΕΒ=ΓΒΕ* (I. 5.) $\binom{ΔΖΒ}{ΠΣΒ}$ = *ΓΕΒ* (I. 29.) et *βΒδ= ΓΒΕ* (I. 15.). Contra, quae hinc rectae *Βδ*, inde puncto quocunque extra rectam *Ββ*, ad easdem cum ipsa partes rectae *Βδ* sito, terminantur rectae, ipsi *ΓΕ* parallelae, segmento adiacenti rectae *Βδ* aequales non sunt, nec proinde differentia earum et rectarum ad idem punctum ex *Α* ductarum rectae *ΑΒ* aequalis est. Porro etiam ultra *Α*, *Ε* puncta versus *ε*, *γ* productis *ΒΑ*, *ΒΕ* rectis: quae a punctis *Χ* ipsius *Αε* eidem *ΓΕ* parallelae aguntur *ΧΨ* ad occursum usque rectae *Βγ*, ob angulos *ΒΨΧ =ΒΕΓ* (I. 29.), ideoque *=ΨΒΧ* (I. 5.) sunt segmentis adiacentibus *ΒΧ* rectae *Βε* aequales (I. 6.), proinde *ΧΨ—ΧΑ= ΒΧ—ΧΑ=ΑΒ*: idque pariter exclusive. Cf. Pfleiderer. l. c. §. 168.

Obs. 3. Per punctum B ducta rectae *ΓΕ* parallela *Βζ* ad partes rectae *Δδ*, ad quas est *Ββ*: ob angulos *βΒζ=ΒΕΓ* (I. 29.) *βΒδ=ΓΒΕ* (I. 15.) bifariam angulum *ζΒδ* secat recta *ΕΒβ*. Vicissim, si recta *Ββ* bifariam secat angulum *ζΒδ*, quem recta *Βζ* utcunque per *Β* ducta cum continuata *ΑΒ* comprehendit: quaelibet cruri eius *Βζ* parallela ab altero crure *Βδ* abscindit segmentum ipsius parallelae segmento rectis *Ββ*, *Βδ* interiacenti aequale, et quae per punctum bisectionis *Γ* rectae

est *AEB*. Et quoniam dimidius recti est *EBΓ*, dimidius igitur recti est et *ΔBH* (I. 15.). Est autem et *BΔH* rectus; aequalis enim est ipsi *ΔΓE* alterno (I. 29.). Reliquus igitur *ΔHB* dimidius recti est (I. 32.): angulus itaque *ΔHB* angulo *ΔBH* est aequalis; quare et latus *BΔ* lateri *ΔH* est aequale (I. 6.). Rursus, quoniam *EHZ* dimidius est recti, rectus autem

AB, parallela cruri *Bζ* ducitur *ΓE* ad occursum usque continuatae *βB* in *E*, pariter fit $=ΓB=ΓA$. Ob angulos enim *ΔZB*, *ΠΣB*, *BEΓ* singulos $=ζBβ$ (I. 29.) ideoque $=δBβ$ (constr.) $=ΓBE$ (I. 15.) sunt (I. 6.) $BΔ=ΔZ$, $BΠ=ΠΣ$, $BΓ=ΓE$. Unde caetera quoque Obs. 2. proposita tum subsistunt. Cf. Pfleiderer. l. c. §. 169.

Obs. 4. Eandem *βBγ*, sive iuxta Obs. 2. sive iuxta Obs. 3. ducatur, bifariam dividere angulum *ABη*, quem producta *ζB* cum data *AB* comprehendit, vel ex I. 29. I. 5. vel ex I. 15. consequitur. Quare, dum aequales utrimque sint anguli *ABη*, haec *βBγ* in directum iacet cum recta *BΩ* supra Obs. 3. ad II. 9. determinata. Per rectae igitur magnitudine ac positione datae *AB* alterum extremum *B* ducta quacunque recta *Bζ*: quae angulum *ζBδ*, hac *Bζ* et continuata *AB* comprehensum bifariam secat recta utrimque continuata *βBγ*, quatenus hinc ultra *B* versus *β*, inde ultra *Ω*, ubi rectae *AΩ* ipsi *Bζ* per *A* parallela occurrit, versus *γ* extenditur (de eius parte *BΩ* vide Obs. 3. ad II. 9.). Locus est, ad quem sunt 1) vertices *Z*, *Σ*, *Ψ* communi *A* oppositi, parallelogrammorum *ABZΥ*, *AΠΣΦ*, *AXΨα*; quae, ducta per alterum recta *AB* extremum A rectae *Bζ* parallela *AΩ*, pariterque ultra *A* continuata *BA*, in angulis *ΦAX* etc. angulo *ζBA* aequalibus (I. 29.) fieri possunt, sic, ut contigua ipsorum latera invicem differant data *AB*: 2) vertices tertii *Z*, *Σ*, *Ψ* triangulorum *AZΔ*, *AΣΠ*, *AΨX*, circa communem verticem *A* constitutorum, quorum anguli ad secundos vertices *Δ*, *Π*, *X* rectae *AB* in directum iacentes, sunt dato *ABζ* aequales (I. 29.) et

σειά ἐστιν ὀρθῆς, ὀρθὴ δὲ ἡ πρὸς τῷ Z, ἴση γάρ ἐστι τῇ ἀπεναντίον τῇ πρὸς τῷ Γ· λοιπὴ ἄρα ἡ ὑπὸ ZEH ἡμίσειά ἐστιν ὀρθῆς· ἴση ἄρα ἡ ὑπὸ EHZ γωνία τῇ ὑπὸ ZEH· ὥςτε καὶ πλευρὰ ἡ HZ πλευρᾷ τῇ ZE ἐστὶν ἴση. Καὶ ἐπεὶ ἴση ἐστὶν ἡ EΓ τῇ ΓΔ, ἴσον ἐστὶ καὶ τὸ ἀπὸ τῆς EΓ τετράγωνον τῷ ἀπὸ τῆς ΓΔ τετραγώνῳ· τὰ ἄρα ἀπὸ τῶν EΓ, ΓΔ τε-

quorum crura circa hos angulos data AB invicem differunt. Cf. Pfleiderer. l. c. §§. 170. 171.

Obs. 5. Ambos locos (Obs. 3. ad II. 9. et Obs. 4. ad II. 10.) una propositione sic licet complecti: Si a puncto ad rectam positione datam ducatur recta in dato angulo; dataque sit summa vel differentia rectae huius et segmenti dato puncto adiacentis, quod ea ex recta positione data abscindit, tangit punctum rectam positione datam. Cf. Pfleiderer. §. 172.

Obs. 6. Bifariam in Γ secta AB, et per B ducta rectae $B\zeta$ parallela ΓE ad occursum usque rectae $\beta B\gamma$ angulum $\zeta B\delta$ bifariam secantis, in E: fit $\Gamma E = \Gamma B = \Gamma A$ (Obs. 3.) ideoque angulus AEB rectus (I. 6. et I. 32.) et hinc $A\Sigma > AZ$ (I. 19. Cor. 5.) dum $\Gamma\Pi > \Gamma\Delta$ proinde (II. 10. Cor. 1.) $A\Sigma + A\Pi > AZ + A\Delta$. Parallelogrammum vero $A\Pi\Sigma\Phi > A\Delta Z\Upsilon$, et triangulum $A\Sigma\Pi > AZ\Delta$ per I. Ax. 9. Generatim igitur inter parallelogramma aequiangula, quorum latera contigua aeque invicem differunt, eius, cuius perimeter maior est, area et diagonales homologae, seu quae vertices angulorum respective aequalium iungunt, maiores sunt: pariterque inter triangula, quorum unus angulus aequalis, et quorum crura (latera circa hos angulos aequales) aeque invicem differunt, illius area et basis maiores sunt, cuius summa crurum est maior. Cf. Pfleiderer. §. 173.

Obs. 7. Basin seu tertium latus AZ cuiuslibet trianguli non aequicruri $AZ\Delta$ maiorem esse differentia AB crurum eius $A\Delta$, ΔB; proinde et diagonalem utramque parallelogrammi cuiusvis non aequilateri esse differentia laterum eius conti-

est qui ad Z, aequalis enim est opposito qui ad Γ (I. 29.); reliquus igitur ZEH dimidius est recti (I. 32.); aequalis igitur EHZ angulus ipsi ZEH; quare et latus HZ lateri ZE est aequale (I. 6.). Et quoniam aequalis est $E\Gamma$ rectae $\Gamma\Delta$, aequale est et quadratum ex $E\Gamma$ quadrato ex $\Gamma\Delta$. Ergo quadrata ex $E\Gamma$, $\Gamma\Delta$ dupla sunt quadrati ex $\Gamma\Delta$. Quadratis au-

guorum maiorem, reducitur ad I. 19. Cor. 3.: quod trianguli obtusanguli latus oppositum angulo obtuso sit utroque eius reliquo latere maius; cum a maiore crure $A\Delta$ abscissa $\Delta B = \Delta Z$, trianguli aequicrui $BZ\Delta$ angulus $ZB\Delta$ ab basin sit acutus I. 5. I. 17. et igitur deinceps positus $AB\zeta$ obtusus (I. 13.). Cf. Pfleiderer. §. 174.

Obs. 8. Per praecedentia facile solvitur problema: sub dato angulo quocunque describere triangulum, vel parallelogrammum, cuius latera circa hunc angulum differant recta data, et cuius basis, vel diagonalis opposita angulo dato sit alii rectae datae, maiori quam differentia data, aequalis. Vid. Pfleiderer. §§. 175—181. Ghetaldus, Thom. Simpson., van Swinden., l'Huilier. l. c. p. 218.

Cor. 3. Ex II. 6. et II. 10. coniunctis sequitur: Si recta AB bifariam secta fuerit in Γ, eique addita in directum quaedam $B\Delta$, quadratum ex $A\Delta$, data et addita cum quadrato additae $B\Delta$ aequale est quadrato ex $\Gamma\Delta$ dimidio datae et addita, cum tribus quadratis ex $A\Gamma$, eodem datae dimidio, et cum rectangulo $A\Delta \times \Delta B$ sub data cum addita in additam.

Est enim $\Gamma\Delta q = \Gamma B q + A\Delta \times \Delta B = A\Gamma q + A\Delta \times \Delta B$ (II. 6.)

itaque $2\Gamma\Delta q + A\Gamma q = \Gamma\Delta q + 3A\Gamma q + A\Delta \times \Delta B$

i.e. (II. 10.) $A\Delta q + B\Delta q = \Gamma\Delta q + 3A\Gamma q + A\Delta \times \Delta B$.

Cf. Pfleiderer. §. 161.

Cor. 4. Nexus propositionum II. 9. et II. 10. idem est, ac propositionum II. 5. et II. 6., unde etiam hae duae propositiones uno eodemque enunciato comprehendi possunt. Cf. Cor. 1. Nempe punctum Δ, quod in II. Prop. 9. in ipsa

τράγωνα διπλάσιά ἐστι τοῦ ἀπὸ τῆς ΓΑ τετραγώνου. Τοῖς δὲ ἀπὸ τῶν ΕΓ, ΓΑ ἴσον ἐστὶ τὸ ἀπὸ τῆς ΑΕ· τὸ ἄρα ἀπὸ τῆς ΕΑ τετράγωνον διπλάσιόν ἐστι τοῦ ἀπὸ τῆς ΑΓ τετραγώνου. Πάλιν, ἐπεὶ ἴση ἐστὶν ἡ ΖΗ τῇ ΖΕ, ἴσον ἐστὶ καὶ τὸ ἀπὸ τῆς ΗΖ τετράγωνον τῷ ἀπὸ τῆς ΖΕ τετραγώνῳ· τὰ ἄρα ἀπὸ τῶν ΗΖ, ΖΕ διπλάσιά ἐστι τοῦ ἀπὸ τῆς ΕΖ. Τοῖς

AB sumtum fuit, in II. Prop. 10. in AB producta sumitur. Cf. Pfleiderer. §. 184.

Obs. 9. Recta AB (Fig. 156.) in inaequalia utcunque in puncto Δ divisa, a maiori segmento $A\Delta$ abscindatur $\Delta\Lambda=$ minori ΔB, et residua $A\Lambda$ bifariam in Γ secetur, erit $A\Delta q+\Delta\Lambda q=2A\Gamma q+2\Gamma\Delta q$ (II. 10.), adeoque ob $\Delta\Lambda=\Delta B$, $A\Delta q+\Delta B q=2A\Gamma q+2\Gamma\Delta q$ pariter ac in figura altera (Fig. 157.), in qua AB in Γ bisecta, atque in ea ipsa punctum quodcunque Δ sumtum fuit, ubi ex (II. 9.) erit $A\Delta q+\Delta B q=2A\Gamma q+2\Gamma\Delta q$, quamvis priore figura recta AB in puncto Γ haud bifariam secetur. $A\Gamma$ priore figura $=\frac{A\Lambda}{2}=\frac{A\Delta-\Delta\Lambda}{2}=\frac{A\Delta-\Delta B}{2}$ (constr.) sistit semidifferentiam segmentorum inaequalium $A\Delta$, ΔB, quam in figura posteriore exhibet $\Gamma\Delta$ (II. 5. Cor. 4.): et $\Gamma\Delta$ priore figura $=\Gamma\Lambda+\Delta\Lambda=\frac{A\Lambda}{2}+\frac{B\Lambda}{2}=\frac{AB}{2}$ sistit segmentorum $A\Delta$, ΔB semisummam, quae in figura posteriore est $A\Gamma$. Quare assertum $A\Delta q+\Delta B q=2A\Gamma q+2\Gamma\Delta$ figura priore quoque con orme etiam est communi propositionum 9. et 10. enunciato, quod Cor. 1. dedimus. Pariter rectae AB (Fig. 158.) in directum adiiciatur quaecunque $B\Delta$, et denuo rectae $A\Delta$ recta $\Delta\Lambda=B\Delta$, ac bifariam in Γ secetur tota $A\Lambda$. Erit $A\Delta q+\Delta\Lambda q=2A\Gamma q+2\Gamma\Delta q$ (II. 9.), ideoque, ob $\Delta\Lambda=\Delta B$, etiam $A\Delta q+\Delta B q=2A\Gamma q+2\Gamma\Delta q$, pariter ac (II. 10.) in figura posteriore (Fig. 159.), in qua, AB in Γ bifariam divisa, atque in ea producta punctum quodcunque Δ sumtum

tem ex $E\Gamma$, ΓA aequale est quadratum ex AE (I. 47.); ergo quadratum ex EA duplum est quadrati ex $A\Gamma$. Rursus, quoniam aequalis est ZH rectae ZE, aequale est et quadratum ex HZ quadrato ex ZE. Quadrata igitur ex HZ, ZE dupla sunt quadrati ex EZ. Quadratis autem ex HZ, ZE aequale est quadratum ex EH (I. 47.). Quadratum igitur ex EH

fuit, quamvis rursus casu prioris figurae AB in puncto Γ non bifariam secetur. Permutatis etiam $A\Gamma$, $\Gamma\Delta$ utrumque $A\Delta q + B\Delta q = 2A\Gamma q + 2\Gamma\Delta q$ utraque figura exhibitum continetur proposito Cor. 1.: quippe $A\Gamma$ priore figura $= \frac{A\Delta}{2} = \frac{A\Delta + \Delta A}{2} = \frac{A\Delta + \Delta B}{2}$ (constr.) sistit semisummam rectarum $B\Delta$, $A\Delta$ adjectae scilicet, et compositae ex data AB et adiecta, quam in fig. posteriore exhibet $\Gamma\Delta$ (II. 6. Cor. 3.) et $\Gamma\Delta$ priore figura $= \frac{A\Delta - \Delta A}{2}$ (II. 5. Cor. 4.) $= \frac{A\Delta - B\Delta}{2}$ sistit rectarum $A\Delta$, $B\Delta$ semidifferentiam, quae in fig. posteriore est $A\Gamma$. Cf. Pfleiderer. l. c. §§. 185. 186.

Obs. 10. Conversae quoque Prop. 9. 10. valent. Nempe, rectam AB (Fig. 157. 159.) bifariam secat punctum Γ sic in ea situm, ut duplum aggregatum quadratorum ex rectis ΓB vel ΓA et $\Gamma\Delta$ factorum, quorum una ΓB vel ΓA inter ipsum punctum Γ atque alterum rectae AB extremum, altera $\Gamma\Delta$ inter idem punctum Γ atque punctum Δ alibi in recta AB ipsa vel producta sumtum interiacent, aequale sit quadratis rectarum $A\Delta$, $B\Delta$, quae hinc puncto Δ, inde extremis A, B rectae AB terminantur: *dum*, uti in ipsis propositionibus 9. 10. *recta $\Gamma\Delta$ est rectis ΓB, ΓA minor, quando punctum Δ iacet in ipsa AB; sed $\Gamma\Delta$ maior quam ΓB, ΓA, si punctum Δ est in producta AB.* Sit enim 1) $A\Delta q + B\Delta q = 2\Gamma B q + 2\Gamma\Delta q$, puncto Δ iacente ad eas puncti Γ partes, ad quas est punctum B: quo casu per se est $\Gamma\Delta < \Gamma B$, dum punctum Δ est in ipsa AB

δὲ ἀπὸ τῶν ΗΖ, ΖΕ ἴσον ἐστὶ τὸ ἀπὸ τῆς ΕΗ τετράγωνον· τὸ ἄρα ἀπὸ τῆς ΕΗ διπλάσιόν ἐστι τοῦ ἀπὸ τῆς ΕΖ. Ἴση δὲ ΕΖ τῇ ΓΔ· τὸ ἄρα ἀπὸ τῆς ΕΗ τετράγωνον διπλάσιόν ἐστι τοῦ ἀπὸ τῆς ΓΔ. Ἐδείχθη δὲ καὶ τὸ ἀπὸ τῆς ΕΑ διπλάσιον τοῦ ἀπὸ τῆς ΑΓ· τὰ ἄρα ἀπὸ τῶν ΑΕ, ΕΗ τετράγωνα διπλάσιά ἐστι τῶν ἀπὸ τῶν ΑΓ, ΓΔ τετραγώνων. Τοῖς δὲ ἀπὸ τῶν ΑΕ, ΕΗ τετραγώνοις ἴσον ἐστὶ τὸ ἀπὸ τῆς ΑΗ τετράγωνον· τὸ ἄρα ἀπὸ τῆς ΑΗ διπλάσιόν ἐστι τῶν ἀπὸ τῶν ΑΓ, ΓΔ. Τῷ δὲ ἀπὸ τῆς ΑΗ ἴσα ἐστὶ τὰ ἀπὸ τῶν ΑΔ, ΔΗ· τὰ ἄρα ἀπὸ τῶν ΑΔ, ΔΗ τετράγωνα διπλάσιά ἐστι τῶν ἀπὸ τῶν ΑΓ, ΓΔ τετραγώνων. Ἴση δὲ ἡ ΔΗ τῇ ΔΒ· τὰ ἄρα ἀπὸ τῶν ΑΔ, ΔΒ τετράγωνα διπλάσιά ἐστι τῶν ἀπὸ τῶν ΑΓ, ΓΔ τετραγώνων. Ἐὰν ἄρα εὐθεῖα καὶ τὰ ἑξῆς.

ΠΡΟΤΑΣΙΣ ια.

Τὴν δοθεῖσαν εὐθεῖαν τεμεῖν, ὥστε τὸ ὑπὸ τῆς ὅλης καὶ τοῦ ἑτέρου τῶν τμημάτων περιεχόμενον ὀρθογώνιον ἴσον εἶναι τῷ ἀπὸ τοῦ λοιποῦ τμήματος τετραγώνῳ.

fig. priore, sed $ΓΔ > ΓB$, quando punctum $Δ$ sumitur in producta AB fig. poster. Ob $ΓB\,q + ΓΔ\,q = ΔB\,q + 2ΓB \times ΓΔ$ (II. 7.) erit $AΔ\,q + BΔ\,q = 2(ΓB\,q + ΓΔ\,q)$ (hyp.) $= ΓB\,q + ΓΔ\,q + ΔB\,q + 2ΓB \times ΓΔ$, adeoque $AΔ\,q = ΓB\,q + ΓΔ\,q + 2ΓB \times ΓΔ = (ΓB + ΓΔ)\,q$ (II. 4.) adeoque $AΔ = ΓB + ΓΔ$ (I. 46. Cor.) et, demta communi $ΓB$, $AΓ = ΓB$. 2) Sit $AΔ\,q + BΔ\,q = 2ΓA\,q + 2ΓΔ\,q$, punctis $Δ$ et A iacentibus ad partes oppositas puncti $Γ$: sitque $ΓΔ < ΓA$, quando punctum $Δ$ in ipsa AB iacet (Fig. prior.); sed $ΓΔ > ΓA$, si $Δ$ est in producta AB (Fig. poster.). Ob $AΔ\,q =$

duplum est quadrati ex EZ. Aequalis autem EZ rectae $\Gamma\Delta$; ergo quadratum ex EH duplum est quadrati ex $\Gamma\Delta$. Demonstratum est autem et quadratum ex EA duplum quadrati ex $A\Gamma$; ergo quadrata ex AE, EH dupla sunt quadratorum ex $A\Gamma$, $\Gamma\Delta$. Quadratis autem ex AE, EH aequale est quadratum ex AH (I. 47.); quadratum igitur ex AH duplum est ipsorum $A\Gamma$, $\Gamma\Delta$. Quadrato autem ex AH aequalia sunt quadrata ex $A\Delta$, ΔH; quadrata igitur ex $A\Delta$, ΔH dupla sunt quadratorum ex $A\Gamma$, $\Gamma\Delta$. Aequalis autem est ΔH rectae ΔB; ergo quadrata ex $A\Delta$, ΔB dupla sunt quadratorum ex $A\Gamma$, $\Gamma\Delta$. Si igitur recta etc.

PROPOSITIO XI. (Fig. 160.)

Datam rectam secare, ita ut rectangulum contentum sub tota et altero segmentorum aequale sit quadrato ex reliquo segmento.

$A\Gamma q + \Gamma\Delta q + 2\Gamma A \times \Gamma\Delta$ (II. 4.) erit $\Gamma A q + \Gamma\Delta q + 2\Gamma A \times A\Delta + B\Delta q = A\Delta q + B\Delta q = 2(\Gamma A q + \Gamma\Delta q)$ (hyp.) adeoque $2\Gamma A \times A\Delta + B\Delta q = \Gamma A q + \Gamma\Delta q$ vel $B\Delta q = \Gamma A q + \Gamma\Delta q - 2\Gamma A \times A\Delta$. Hinc fig. priore ubi $\Gamma\Delta < \Gamma A$ (hyp.) $B\Delta q = (\Gamma A - \Gamma\Delta) q$ (II. 7. Obs.) et $B\Delta = \Gamma A - \Gamma\Delta$, et addita communi $\Gamma\Delta$, $A\Gamma = B\Gamma$, Et fig. posteriore, ubi $\Gamma\Delta > \Gamma A$ (hyp.) $B\Delta q = (\Gamma\Delta - \Gamma A) q$ (II. 7. Obs.) et $B\Delta = \Gamma\Delta - \Gamma A$, et addita communi ΓA, $\Gamma A + B\Delta = \Gamma\Delta$, et demta communi $B\Delta$, $A\Gamma = B\Gamma$. Cf. Pfleiderer. §. 187. Caeterum collatis iis, quae II. 6. Cor. 6. de simi-

Ἔστω ἡ δοθεῖσα εὐθεῖα ἡ AB· δεῖ δὲ τὴν AB τεμεῖν, ὥστε τὸ ὑπὸ τῆς ὅλης καὶ τοῦ ἑτέρου τῶν τμημάτων περιεχόμενον ὀρθογώνιον ἴσον εἶναι τῷ ἀπὸ τοῦ λοιποῦ τμήματος τετραγώνῳ.

Ἀναγεγράφθω γὰρ ἀπὸ τῆς AB τετράγωνον τὸ $AB\Delta\Gamma$, καὶ τετμήσθω ἡ $A\Gamma$ δίχα κατὰ τὸ E σημεῖον, καὶ ὑπεζεύχθω ἡ BE, καὶ διήχθω ἡ ΓA ἐπὶ τὸ Z, καὶ κείσθω τῇ BE ἴση ἡ EZ, καὶ ἀναγεγράφθω ἀπὸ τῆς AZ τετράγωνον τὸ $Z\Theta$, καὶ διήχθω ἡ $H\Theta$ ἐπὶ τὸ K· λέγω ὅτι ἡ AB τέτμηται κατὰ τὸ Θ, ὥστε τὸ ὑπὸ τῶν AB, $B\Theta$ περιεχόμενον ὀρθογώνιον ἴσον εἶναι [1]) τῷ ἀπὸ τῆς $A\Theta$ τετραγώνῳ.

Ἐπεὶ γὰρ εὐθεῖα ἡ $A\Gamma$ τέτμηται δίχα κατὰ τὸ E, πρόσκειται δὲ αὐτῇ ἡ AZ· τὸ ἄρα ὑπὸ τῶν ΓZ, ZA περιεχόμενον ὀρθογώνιον μετὰ τοῦ ἀπὸ τῆς AE τετραγώνου ἴσον ἐστὶ τῷ ἀπὸ τῆς EZ τετραγώνῳ. Ἴση δὲ ἡ EZ τῇ EB· τὸ ἄρα ὑπὸ τῶν ΓZ, ZA περιεχόμενον ὀρθογώνιον μετὰ τοῦ ἀπὸ τῆς AE τετρα-

1) Peyrard. cum Cod. a. ponit ἴσον ποιεῖν. Nos ex ed. Oxon restituimus lectionem εἶναι, ut in Protasi et Ecthesi legitur. Ed. Basil habet: ὥστε — ἴσον ἐστί.

libus propositionum II. 5. et II. 6. conversis dicta sunt, observari potest, determinationem, quae hic in enunciato Obs. 10. adiecta fuit, ibi haud allatam fuisse. Neque ea etiam in particulari conditionum expositione erat necessaria: si quis tamen generali propositione utramque conversam indeterminata differentiae quadratorum ex $\Gamma\Delta$ et ΔA vel ΔB mentione complecti velit, eadem determinatione opus erit. Nempe etiam in figura prior., quam Observ. 9. habuimus, est $A\Delta \times \Delta B = \Gamma\Delta q - \Gamma A q$, neque tamen $A\Gamma = \Gamma B$. Cf. Pfleiderer. §. 192.

PROPOSITIO XI.

Obs. 1. Huic problemati sequens praemitti potest ana-

Sit data recta AB; oportet igitur ipsam AB secare, ita ut rectangulum contentum sub tota et altero segmentorum aequale sit quadrato ex reliquo segmento.

Describatur ex AB quadratum $AB\Delta\Gamma$ (I. 46.), et secetur $A\Gamma$ bifariam in puncto E (I. 10.), et iungatur BE, et producatur ΓA in Z, et ponatur rectae BE aequalis EZ (I. 3.), et describatur ex AZ quadratum $Z\Theta$, et producatur $H\Theta$ ad K; dico AB sectam esse in Θ, ita ut rectangulum sub AB, $B\Theta$ contentum aequale sit quadrato ex $A\Theta$.

Quoniam enim recta $A\Gamma$ secatur bifariam in E; adiicitur autem ei recta AZ; rectangulum sub ΓZ, ZA contentum cum quadrato ex AE aequale est quadrato ex EZ (II. 6.). Aequalis autem EZ rectae EB; ergo rectangulum sub ΓZ, ZA contentum cum quadrato ex AE aequale est quadrato ex EB. Sed qua-

lysis. Quum quadratum dimidiae AB sit quadrans quadrati totius AB (II. 4. Cor. 2.), rectangulum autem sub dimidia ac tota AB sit quadrati ipsius AB semissis (II. 1. Cor. 2.): sectio rectae datae AB nostra propositione imperata in inaequalia fieri, ac segmentum, cuius quadratum rectangulo sub tota AB et sub altero segmento aequetur, duorum inaequalium maius esse debet. Facta supponatur sectio desiderata in Θ. Tum super maiori segmento $A\Theta$ descripto quadrato $A\Theta HZ$, et ad minus segmentum $B\Theta$ applicato rectangulo $B\Theta K\Delta$, cuius alterum latus $B\Delta = AB$, requiritur, ut sit $A\Theta HZ = B\Theta K\Delta$. Cum neutrum horum spatiorum, nec nisi rectanguli $B\Theta\Delta K$ alterum latus $B\Delta = AB$ detur; ansa hinc non suppetit problema immediate solvendi. Eam vero suppeditat rectarum ΔK, ZA ad occursum usque in puncto Γ continuatio: qua facta, ut sit $A\Theta HZ = B\Theta K\Delta$, addito utrimque rectangulo $A\Theta K\Gamma$, debet

γώνου ἴσον ἐστὶ τῷ ἀπὸ τῆς ΕΒ τετραγώνῳ. Ἀλλὰ τῷ ἀπὸ τῆς ΕΒ ἴσα ἐστὶ τὰ ἀπὸ τῶν ΒΑ, ΑΕ, ὀρθὴ γὰρ ἡ πρὸς τῷ Α γωνία· τὸ ἄρα ὑπὸ τῶν ΓΖ, ΖΑ μετὰ τοῦ ἀπὸ τῆς ΑΕ ἴσον ἐστὶ τοῖς ἀπὸ τῶν ΒΑ, ΑΕ. Κοινὸν ἀφῃρήσθω τὸ ἀπὸ τῆς ΑΕ· λοιπὸν ἄρα τὸ ὑπὸ τῶν ΓΖ, ΖΑ περιεχόμενον ὀρθογώνιον ἴσον ἐστὶ τῷ ἀπὸ τῆς ΑΒ τετραγώνῳ. Καί ἐστι τὸ μὲν ὑπὸ τῶν ΓΖ, ΖΑ τὸ ΖΚ, ἴση γὰρ ἡ ΑΖ τῇ ΖΗ· τὸ δὲ ἀπὸ τῆς ΑΒ τὸ ΑΔ· τὸ ἄρα ΖΚ ἴσον ἐστὶ τῷ ΑΔ. Κοινὸν ἀφῃρήσθω τὸ ΑΚ· λοιπὸν ἄρα τὸ ΖΘ τῷ ΘΔ ἴσον ἐστίν. Καί ἐστι τὸ μὲν ΘΔ τὸ ὑπὸ τῶν ΑΒ, ΒΘ, ἴση γὰρ ἡ ΑΒ τῇ ΒΔ· τὸ δὲ ΖΘ τὸ ἀπὸ τῆς ΑΘ [1])· τὸ ἄρα ὑπὸ τῶν ΑΒ, ΒΘ περιεχόμενον ὀρθογώνιον ἴσον ἐστὶ τῷ ἀπὸ τῆς ΘΑ τετραγώνῳ.

1) Hanc lectionem ex edd. Oxon. et Basil. restituimus. Peyrardus et Cod. a. omittunt verba *ἴση γὰρ ἡ ΑΒ τῇ ΒΔ.*

esse rectangulum *ΗΖΚΓ* = quadrato *ΑΒΔΓ* rectae datae AB. Cum rectanguli *ΗΖΚΓ* latus *ΗΖ* sit = *ΑΖ* (constr.); rectangulum *ΗΖΚΓ* idem est cum rectangulo sub *ΓΖ* et *ΑΖ*. Itaque problematis solutio huc redit: ut rectae *ΓΑ* positione ac magnitudine datae (quippe quae datae rectae AB perpendicularis est et aequalis) in directum adiiciatur *ΑΖ* talis, ut rectangulum sub adiecta *ΑΖ* et sub composita *ΓΖ* ex data *ΓΑ* et adiecta *ΑΖ* aequale sit quadrato rectae datae AB. Atqui bifariam in puncto *E* divisa *ΓΑ*, est *ΕΖ* q = *ΓΖ*$\times$*ΖΑ* + *ΕΑ* q (II. 6.). Quare, ut sit *ΓΖ*$\times$*ΖΑ* = AB q, debet esse EZ q = AB q + EA q. Sed ob angulum EAB rectum (constr.) est EB q = AB q + EA q. (I. 47.). Proinde oportet sit *ΕΖ* q = EB q, et hinc EZ = EB (I. 46. Cor.). Constructio problematis, quod et Clavius notat, non requirit, nisi ut datae rectae AB in altero eius extremo A perpendicularis excitetur ΑΓ ipsi AB aequalis, eaque bifariam in E secetur, seu ut tantum semissi ipsius AB aequalis AE ad angulos rectos

drato ex EB aequalia sunt quadrata ex BA, AE (I. 47.), rectus enim est angulus ad A; rectangulum igitur sub ΓZ, ZA cum quadrato ex AE aequale est quadratis ex BA, AE. Commune auferatur quadratum ex AE; reliquum igitur rectangulum sub ΓZ, ZA contentum aequale est quadrato ex AB. Et est rectangulum quidem sub ΓZ, ZA ipsum ZK, aequalis enim est AZ rectae ZH, quadratum vero ex AB ipsum $A\Delta$; rectangulum igitur ZK aequale est quadrato $A\Delta$. Commune auferatur AK; reliquum igitur $Z\Theta$ ipsi $\Theta\Delta$ aequale est. Et est quidem $\Theta\Delta$ rectangulum sub AB, $B\Theta$ contentum; recta enim AB aequalis est rectae $B\Delta$, et $Z\Theta$ est quadratum ex $A\Theta$; rectangulum igitur sub AB, $B\Theta$ contentum aequale est quadrato ex ΘA.

datae AB in angulo A constituatur, tum recta EA continuetur, donec sit EZ= rectae EB iungenti puncta data E, B, denique a data AB abscindatur $A\Theta$ aequalis rectae per hactenus facta datae AZ. Quae quidem semper erit data AB minor cum sit EB, itaque EZ seu EA+AZ<EA+AB (I. 20.): eademque maior dimidia AB seu EA, cum sit EB seu EA+AZ>AB (I. 19.) seu 2EA. Demonstratio etiam absque reliquo figurae apparatu sic peragi potest:

$EZ\,q = EB\,q = AB\,q + EA\,q$ (constr. et I. 47.)

Atqui $EZ\,q = AZ\,q + EA\,q + 2EA \times AZ$ (II. 4.).

Igitur $AZ\,q + EA\,q + 2EA \times AZ = AB\,q + EA\,q$

vel $AZ\,q + 2EA \times AZ = AB\,q$

h. e. $A\Theta\,q + BA \times A\Theta = AB\,q$ ob $AZ = A\Theta$; $AB = 2EA$ (constr.)

$= AB \times B\Theta + BA \times A\Theta$ (II. 2.)

ergo $A\Theta\,q = AB \times B\Theta$. Cf. Pfleiderer. §§. 62. 63.

Obs. 2. Propositio haec aliis verbis docet rectangulum $B\Delta K\Theta$ construere, cuius latus maius $B\Delta$ est datae rectae AB

Ἡ ἄρα δοθεῖσα εὐθεῖα ἡ *ΑΒ* τέτμηται κατὰ τὸ Θ, ὥστε τὸ ὑπὸ τῶν *ΑΒ*, *ΒΘ* περιεχόμενον ὀρθογώνιον ἴσον εἶναι 1) τῷ ἀπὸ τῆς *ΘΑ* τετραγώνῳ· Ὅπερ ἔδει ποιῆσαι.

1) Verbum εἶναι pro ποιεῖν, quod Peyrard. habet, pariter ex edd. Oxon. et Basil. restituimus.

aequale, et cuius area aequalis est quadrato differentiae *ΑΘ* laterum contiguorum AB, BΘ rectanguli. Cf. Pfleiderer. §. 64.

Obs. 3. Quum rectanguli *ΗΖΚΓ* latus *ΗΖ* sit =*ΖΑ* (constr.): est *ΓΖ*−*ΗΖ*=*ΓΑ*=AB. Praeter aream *ΗΖΚG*= AB q (Obs. 1.) datur itaque differentia laterum eius contiguorum =AB. Problema igitur propositione 11. II. enunciatum per analysin Obs. 1. reducitur ad hoc; ut construatur parallelogrammum rectangulum, cuius differentia laterum contiguorum sit datae rectae AB aequalis, et cuius area aequalis sit quadrato eiusdem rectae datae AB. Quod porro per bisectionem differentiae datae *ΓΑ* laterum *ΓΖ* et ZA rectanguli describendi reducitur (II. 5. Cor. 10.) ad determinationem semisummae EZ eorundem laterum, quae absolvitur ope propositionis (II. 6. et I. 47.) Cf. Pfleiderer. §. 65.

Obs. 4. Eodem modo solvitur problema generalius: construere rectangulum (Fig. 161.) cuius differentia laterum contiguorum sit datae rectae *ΑΓ*, area autem quadrato alius cuiuscunque rectae datae *I* aequalis. Sumto enim *ΓΖ* esse latus maius rectanguli construendi: cum latus minus ab eo differre debeat longitudine *ΑΓ*: oportet illud sit =AZ. Rursus igitur eo redigitur problema, ut datae rectae *Γ*A in directum adiiciatur AZ talis, ut rectangulum sub adiecta AZ et sub composita *ΓΖ* ex data *Γ*A et adiecta AZ aequale sit quadrato rectae datae *I*. Quod bifariam in *E* secando datam laterum quaesitorum rectanguli differentiam *ΑΓ* denuo ad illorum semisummam *EZ* (II. 5. Cor. 10.) investigandam deducitur. Atqui *EZ*q=*ΓΖ*×ZA+*E*A q (II. 6.). Ut igitur sit rectangulum *ΓΖ* ×ZA=*I*q, debet esse *EZ*=*I*q+*E*Aq, proinde (I. 48.) *EZ*

Ergo data recta AB secta est in Θ, ita ut rectangulum sub AB, $B\Theta$ contentum aequale sit quadrato ex ΘA. Quod oportebat facere.

aequalis esse debet hypotenusae trianguli rectanguli, cuius latera circa angulum rectum sint, unum quidem datae rectae I, alterum datae EA aequalia. Hinc sequens enascitur constructio; datae laterum trianguli differentiae $A\Gamma$, bifariam in puncto E divisae perpendicularis in altero eius extremo A constituatur AB= datae rectae I; tum centro E intervallo EB describatur circulus; qui ob EB>EA (I. 19.) ideoque et $>E\Gamma$ rectam ΓA utrimque productam secabit. Sint puncta Z, Δ hae sectiones. Erit rectangulum sub ΓZ et $Z A$ vel sub ΔA et $\Gamma\Delta$, quod requiritur. Nempe 1) tam $\Gamma Z - Z A$, quam $\Delta A - \Gamma\Delta = A\Gamma$. 2) Rectangulus $\Gamma Z \times Z A + E Aq= E Z$q, et rectang. $\Delta A \times \Delta\Gamma + E\Gamma$q$=$ $E\Delta$q (II. 6.). Quare, cum sint $E\Gamma = EA$, et $EZ = E\Delta = EB$ (constr.) fit tam rectang. $\Gamma Z \times Z A + E A$q, quam $\Delta A \times \Delta\Gamma +$ $E A$q$=EB$q$=$AB q$+EA$q (I. 47.) et hinc tam rectang. $\Gamma Z \times$ ZA, quam rectang. $\Delta A \times \Delta\Gamma =$AB q$=I$q. Caeterum, ut facile patet, latera duorum rectangulorum situ solo, non magnitudine differunt. Eandem problematis, enunciato tantum a praecedente diversi: „ad datam rectam lineam dato quadrato aequale rectangulum applicare, excedens quadrato" constructionem tradit Rob. Simson. (Euclid. Element. Glasguae 1756. in nota ad 28. et 29. VI. sq. p. 381. sq.). Cf. Halley in scholio ad Prop. VIII. 18. Conic. Apollonii P. II. p. 153. Pfleiderer. l. c. §. 66. cf. infra ad VI. 29. Obs. 5. Quodsi in figura 160. data esse sumatur recta $A\Theta$, at invenienda demum recta AB, ita ut $A\Theta$q$=AB \times B\Theta$ (quod problema conversum erit problematis II. 11.), facile patet, etiam hoc problema esse idem, ad quod etiam II. 11. redire vidimus, nempe ut rectae datae $A\Theta$ adiiciatur alia ΘB in directum, ita ut rectangulum sub adiecta ΘB et sub AB composita ex data et adiecta aequale sit datae $A\Theta$ quadrato, vel ut describatur re-

ΠΡΟΤΑΣΙΣ ιβ'.

Ἐν τοῖς ἀμβλυγωνίοις τριγώνοις τὸ ἀπὸ τῆς τὴν ἀμβλεῖαν γωνίαν ὑποτεινούσης πλευρᾶς τετράγωνον μεῖζόν ἐστι τῶν ἀπὸ τῶν τὴν ἀμβλεῖαν γωνίαν περιεχουσῶν πλευρῶν τετραγώνων, τῷ περιεχομένῳ δὶς ὑπό τε μιᾶς τῶν περὶ τὴν ἀμβλεῖαν γωνίαν ἐφ' ἣν ἐκβληθεῖσαν ἡ κάθετος πίπτει, καὶ τῆς ἀπολαμβανομένης ἐκτὸς ὑπὸ τῆς καθέτου πρὸς τῇ ἀμβλείᾳ γωνίᾳ.

ctangulum *BΘΔK*, cuius laterum *BΔ*, *BΘ* differentia sit data *ΔΘ*, et cuius area aequalis sit eiusdem rectae *ΔΘ* quadrato. Solvetur itaque problema eodem modo ac II. 11. Cf. Pfleiderer. l. c. §§. 67. 68.

Obs. 6. Iubeatur nunc (quod est alterum problematis II. 11. conversum) datae *BΘ* (Fig. 162.) alia *ΘA* in directum ita adiici, ut rectangulum sub data *BΘ* et sub composita *BA* ex data et adiecta sit quadrato adiectae *ΘA* aequale; seu iubeatur rectangulum construi, cuius latus minus sit datae rectae *BΘ* aequale, et cuius area aequalis sit quadrato differentiae *AΘ* laterum *BA*, *BΘ* rectanguli. Facta supponatur continuatio desiderata rectae datae *BΘ* ad punctum *A* usque. Cum sit rectang. $AB \times B\Theta = B\Theta q +$ rectang. $A\Theta \times \Theta B$ (II. 3.) $> B\Theta q$, ut possit esse $A\Theta q =$ rectang. $AB \times B\Theta$; debet esse $A\Theta q > B\Theta q$, $A\Theta > B\Theta$. Construatur super *AΘ* quadratum *AΘZH*, et super *AB* rectangulum *ABNΠ*, cuius latus $B\Pi = B\Theta$. Recta *NΠ*, quae ex opposito basis *AB* rectangulum *ABΠN* terminat, latera *AZ*, *ΘH*, utpote ipsi *AΘ* aequalia, ac proinde maiora quam $B\Pi = B\Theta$ in punctis *N* et *O* ita secabit, ut sint $AN = \Theta O = B\Pi$ (I. 34.) $= B\Theta$ (constr.); adeoque $ZN = HO = A\Theta \times B\Theta$, atque ut rectangulum *NZHO* sit rectang. sub *ΘA* et *HO*. Porro, ut sit $A\Theta q =$ rectang. $AB \times B\Theta$ h. e. constr. $A\Theta ZH = AB\Pi N$, ablato communi spatio *AΘON*, debet esse $NZHO = B\Theta O\Pi$ h. e. rectang. $\Theta H \times HO = B\Theta q = \Theta O q$ (constr. et demonstr.). Etiam hoc problema itaque eodem redit, quo

PROPOSITIO XII. (Fig. 163.)

In triangulis obtusangulis quadratum lateris obtusum angulum subtendenti· maius est quam quadrata ex lateribus obtusum angulum continentibus, rectangulo bis contento sub uno laterum circa obtusum angulum in quod productum perpendicularis cadit, et recta intercepta extra a perpendiculari ad angulum obtusum.

II. 11., nempe ut datae ΘO in directum adiiciatur alia OH, ita ut rectangulum sub adiecta OH, et sub ΘH composita ex data et adiecta aequale sit datae ΘO quadrato, vel ut describatur rectangulum $NZHO$, cuius laterum NO, OH differentia ΘO sit data $B\Theta$, et cuius area aequalis sit eiusdem rectae $B\Theta$ quadrato. Unde etiam hic sequitur similis constructio. Cf. Pfleiderer. l. c. §. 69. et §. 90.

PROPOSITIO XII.

Obs. 1. Austin p. 39. sq. tres ultimas libri secundi propositiones partem constituere ait ab caeteris seiunctam, pariter ac tres ultimas primi libri, sed non aeque ac has in elementis necessariam; nec omnino, praesertim quod ad II. 12. et II. 13. attineat, valde utilem: ideoque eas successorum Euclidis imprudenti gloriosove elementa suis theoriis augendi studio tribuendas esse censet. Contra quae Pfleiderer. l. c. Pars III. §. 193. quoad II. 12. et II. 13. monet, praeter nexum argumenti harum propositionum cum I. 47. pronamque ipsarum ex hac et II. 4. II. 7. consequentiam, et ad plures applicationes insignem usum (quarum exempla et ipse subiungit) re ipsa XII. propositionis 17. demonstrationem priorem supponere, et Datorum propositiones 64. et 65. (in textu graeco Claudii Hardy Paris. 1625. et Dav. Gregorii) vel 74. 75. in versionibus Rob. Simson. et Schwab. illis niti.

Ἔστω ἀμβλυγώνιον τρίγωνον τὸ ΑΒΓ ἀμβλεῖαν ἔχον τὴν ὑπὸ ΒΑΓ γωνίαν, καὶ ἤχθω ἀπὸ τοῦ Β σημείου ἐπὶ τὴν ΓΑ ἐκβληθεῖσαν κάθετος ἡ ΒΔ· λέγω ὅτι τὸ ἀπὸ τῆς ΒΓ τετράγωνον μεῖζόν ἐστι τῶν ἀπὸ τῶν ΒΑ, ΑΓ τετραγώνων, τῷ δὶς ὑπὸ τῶν ΓΑ, ΑΔ περιεχομένῳ ὀρθογωνίῳ.

Ἐπεὶ γὰρ εὐθεῖα ἡ ΓΔ τέτμηται ὡς ἔτυχε κατὰ τὸ Α σημεῖον· τὸ ἄρα ἀπὸ τῆς ΓΔ ἴσον ἐστὶ τοῖς ἀπὸ τῶν ΓΑ, ΑΔ τετραγώνοις καὶ τῷ δὶς ὑπὸ τῶν ΓΑ, ΑΔ περιεχομένῳ ὀρθογωνίῳ. Κοινὸν προσκείσθω τὸ ἀπὸ τῆς ΔΒ· τὰ ἄρα ἀπὸ τῶν ΓΔ, ΔΒ ἴσα ἐστὶ τοῖς τε ἀπὸ τῶν ΓΑ, ΑΔ, ΔΒ τετραγώνοις καὶ τῷ δὶς ὑπὸ τῶν ΓΑ, ΑΔ περιεχομένῳ ὀρθογωνίῳ. Ἀλλὰ τοῖς μὲν ἀπὸ τῶν ΓΔ, ΔΒ ἴσον ἐστὶ τὸ ἀπὸ τῆς ΓΒ, ὀρθὴ γὰρ ἡ πρὸς τῷ Δ γωνία· τοῖς δὲ ἀπὸ

Obs. 2. Perpendiculum $B\Delta$ cadere, ut in enunciato propositionis sumitur ad partes anguli $BA\Delta$, qui deinceps est angulo obtuso $BA\Gamma$, patet ex I. 17. Cor. 5. Cf. Pfleiderer. l. c. §. 194.

Obs. 3. Caeterum quodcunque laterum angulum obtusum comprehendentium producatur, ut in illud perpendiculum ex opposito trianguli vertice demittatur, sive illud (Fig. 164.) BA, sive ΓA fuerit, rectangulum inter illud latus, et rectam interceptam extra ad perpendiculum usque, utrimque eiusdem magnitudinis erit, nempe $\Gamma A \times A\Delta = BA \times AE$, quod vel ex ipsa propositione II. 12. patet (Gilbert. l. c. p. 192.) Pfleiderer. §. 198. vel ex I. 41. Cor. 4. consequitur, vel immediate sic adstruetur. Est $B\Delta q + \Gamma\Delta q = BEq + \Gamma Eq$, quia utraque summa $= B\Gamma q$ (I. 47.).

Proinde ob $\Gamma\Delta q = \Gamma Aq + A\Delta q + 2\Gamma A \times A\Delta$ (II. 4.)

et $BEq = BAq + AEq + 2BA \times AE$ (II. 4.)

est $B\Delta q + \Gamma Aq + A\Delta q + 2\Gamma A \times A\Delta$

$= \Gamma Eq + BAq + AEq + 2BA \times AE$.

Sit triangulum obtus·angulum $AB\Gamma$ habens angulum $BA\Gamma$ obtusum, et ducatur a B puncto ad ΓA productam perpendicularis $B\Delta$ (I. 12.); dico quadratum ex $B\Gamma$ maius esse quam quadrata ex BA, $A\Gamma$, rectangulo bis sub ΓA, $A\Delta$ contento.

Quoniam enim recta $\Gamma\Delta$ secatur utcunque in puncto A; quadratum ex $\Gamma\Delta$ aequale est quadratis ex ΓA, $A\Delta$, et rectangulo bis sub ΓA, $A\Delta$ contento (II. 4.). Commune addatur quadratum ex ΔB; quadrata igitur ex $\Gamma\Delta$, ΔB aequalia sunt quadratis ex ΓA, $A\Delta$, ΔB et rectangulo bis sub ΓA, ΔA contento. Sed quadratis ex $\Gamma\Delta$, ΔB aequale est; quadratum ex ΓB (I. 47.), rectus enim est ad Δ angulus; quadratis vero ex $A\Delta$, ΔB aequale est quadratum ex AB (I. 47.);

Atqui $B\Delta q + A\Delta q = BAq$, et $\Gamma Eq + AEq = \Gamma Aq$ (I. 47.) demtis igitur utrimque aequalibus, manet $2\Gamma A \times A\Delta = 2BA \times AE$, et $\Gamma A \times A\Delta = BA \times AE$. Cf. Pfleiderer. l. c. §. 199.

Obs. 4. Alii alias propositionis II. 12. demonstrationes dederunt, quo pertinet Coëtsius; vid. Pfleiderer. §§. 195. 196. Ea, quam Gregorius a St. Vincentio habet (Pfleiderer. l. c. §. 200. Gilbert. p. 296.) praemissa ea propositione, quam Obs. 3. habuimus, quam vero ille a propositionibus 31. 35. 36. libri III. repetit, rem eodem fere modo, eademque delineatione demonstrat, quae apud Euclidem in I. 47. adhibetur, nisi quod duo latera opposita quadratorum circa angulum obtusum producuntur, usquedum conveniant cum perpendiculo ex opposito trianguli vertice in ea demisso, et sane concinna est atque elegans. Simplicitate tamen superari videtur ab ea, quam dedit Ambrosius Rhodius Euclid. Elem. libri XIII. ed. 1661. p. 51. sq. et quam etiam habent Claud. Richardus Guarinus (Euclides adauctus et methodicus Aug. Taurin. 1671. p. 60. sq.) Euclidis Elementa Lond. 1678. p. 95. sq. et Coët-

τῶν ΑΔ, ΑΒ ἴσον τὸ ἀπὸ τῆς ΑΒ· τὸ ἄρα ἀπὸ τῆς ΓΒ τετράγωνον ἴσον ἐστὶ τοῖς τε ἀπὸ τῶν ΓΑ, ΑΒ τετραγώνοις καὶ τῷ δὶς ὑπὸ τῶν ΓΑ, ΑΔ περιεχομένῳ ὀρθογωνίῳ· ὥστε τὸ ἀπὸ τῆς ΓΒ τετράγωνον τῶν ἀπὸ τῶν ΓΑ, ΑΒ τετραγώνων μεῖζόν ἐστι, τῷ δὶς ὑπὸ τῶν ΓΑ, ΑΔ περιεχομένῳ ὀρθογωνίῳ. Ἐν ἄρα τοῖς ἀμβλυγωνίοις καὶ τὰ ἑξῆς.

ΠΡΟΤΑΣΙΣ ιγ΄.

Ἐν τοῖς ὀξυγωνίοις τριγώνοις τὸ ἀπὸ τῆς τὴν ὀξεῖαν γωνίαν ὑποτεινούσης πλευρᾶς τετράγωνον ἐλατ-

sius, quae huc redit. In trianguli ad A obtusanguli (Fig. 165.) $BA\Gamma$ latus alterutrum ΓA ex vertice opposito B demisso perpendiculo $B\Delta$, quod (Obs. 2.) in latus ΓA productum ad partes anguli $BA\Theta$ deinceps positi obtuso $BA\Gamma$ cadit), tum rectarum $B\Delta$, $\Gamma\Delta$ descriptis quadratis $B\Theta$, ΓH, atque hoc eodem modo, quo in Prop. II. 4. diviso, est $B\Gamma q = B\Delta q + \Gamma\Delta q$ (I. 47.) $= B\Delta q + MZ + AN + \Gamma A + AH = B\Delta q + \Gamma A q + A\Delta q + 2\Gamma A \times A\Delta$ (II. 4.).
Atqui $B\Delta q + A\Delta q = BA q$ (I. 47.)
itaque $B\Gamma q = BA q + A\Gamma q + 2\Gamma A \times A\Delta$. Cf. Pfleiderer. §. 197.

PROPOSITIO XIII.

Obs. 1. Propositio haec valet non tantum de triangulis acutangulis i. e. Def. I. 29. de iis, quae tres angulos acutos habent, sed de omnibus omnis generis triangulis. Quod dudum observarunt Isaacus Monachus in scholio ad hanc propositionem, Campanus, Commandinus, Peletarius, Clavius, Whiston., Robert. Simson., Austin., Pfleiderer. l. c. aliique. Nempe a) non tantum in triangulis rectangulis, et obtusangulis, quorum itaque duo reliqui anguli ad basin sunt acuti (I. 17. Cor. 1.), si e vertice anguli recti vel obtusi in oppositam basin demittatur perpendiculum, eadem prorsus demon-

ergo quadratum ex ΓB aequale est quadratis ex ΓA, AB et rectangulo bis sub ΓA, $A\Delta$ contento; quare quadratum ex ΓB maius est quam quadrata ex ΓA, AB rectangulo bis sub ΓA, $A\Delta$ contento. In obtusangulis igitur etc.

PROPOSITIO XIII. (Fig. 166.)

In triangulis acutangulis quadratum lateris acutum angulum subtendentis minus est quam quadrata ex late-

stratio obtinebit, quae est apud Euclidem: verum b) quod pariter dudum monuerunt viri docti, propositio haec etiam tum locum habet, si unus angulorum ad basin rectus vel obtusus fuerit. Nempe priore casu (Fig. 167. a.) in triangulo $AB\Gamma$ ad Γ rectangulo perpendiculum ex A ad $B\Gamma$ demissum cum ipso latere $A\Gamma$: adeoque punctum Δ cum puncto Γ coincidit, et propositio II. 13., ex qua esse dicitur $A\Gamma q = AB q + B\Gamma q - 2\Gamma B \times B\Delta$ in hanc transit: $A\Gamma q = AB q + B\Gamma q - 2\Gamma B q$, vel ut aliter dicamus in hanc: $A\Gamma q = AB q - \Gamma B q$ quod quidem patet ex I. 47. Cor. 2. Cf. Pfleiderer. §. 204. Posteriore casu (Fig. 167. b.) in triangulo $AB\Gamma$, quod angulum $A\Gamma B$ obtusum habet, perpendiculum ex A in basin $B\Gamma$ demissum cadit (I. 17. Cor. 5.) ad partes anguli acuti $A\Gamma\Delta$, qui obtuso $A\Gamma B$ deinceps est, eritque $AB q = A\Delta q + B\Delta q$ (I. 47.), adeoque $AB q + B\Gamma q = A\Delta q + B\Delta q + B\Gamma q$. At $B\Delta q + B\Gamma q = \Gamma\Delta q + 2\Delta B \times B\Gamma$ (II. 7.). Itaque $AB q + B\Gamma q = A\Delta q + \Gamma\Delta q + 2\Delta B \times B\Gamma = A\Gamma q + 2\Delta B \times B\Gamma$ (I. 47.). Whiston. Demonstr. 2. Austin. p. 38. Gilbert. p. 288. sq. Idem etiam adplicatis ad hunc casum reliquis reliquorum casuum demonstrationibus consequitur. Cf. Pfleiderer. §§. 205–207.

Obs. 2. Ex iis, quae Obs. 1. dicta sunt, patet, arctioribus, quam res iubet, limitibus enunciatum propositionis

τόν ἐστι τῶν ἀπὸ τῶν τὴν ὀξεῖαν γωνίαν περιεχουσῶν πλευρῶν τετραγώνων, τῷ περιεχομένῳ δὶς ὑπό τε μιᾶς τῶν περὶ τὴν ὀξεῖαν γωνίαν ἐφ' ἣν ἡ κάθετος πίπτει, καὶ τῆς ἀπολαμβανομένης ἐντὸς ὑπὸ τῆς καθέτου πρὸς τῇ ὀξείᾳ γωνίᾳ.

Ἔστω ὀξυγώνιον τρίγωνον τὸ ΑΒΓ ὀξεῖαν ἔχον τὴν πρὸς τῷ Β γωνίαν, καὶ ἤχθω ἀπὸ τοῦ Α σημείου ἐπὶ τὴν ΒΓ κάθετος ἡ ΑΔ· λέγω ὅτι τὸ ἀπὸ τῆς ΑΓ τετράγωνον ἔλαττόν ἐστι τῶν ἀπὸ τῶν ΓΒ, ΒΑ τετραγώνων, τῷ δὶς ὑπὸ τῶν ΓΒ, ΒΔ περιεχομένῳ ὀρθογωνίῳ.

II. 13. apud Euclidem circumscriptum esse. Simul patet ex duobus postremo loco positis casibus, rectam inter alterum basis terminum, et perpendiculum interceptum nequaquam semper *ἐντος* intercipi, saltim si hanc vocem ad ipsum triangulum, de quo sermo est, referre velis. Suspicio itaque nascitur, non genuinum esse textum graecum propositionis II. 13., qualem nunc quidem habemus. Nec medelam illi affert, quem summis laudibus Peyrardus extollit, Codex 190., ab ipso signo a notatus. Quin vetustissimum iam esse erratum, quamvis ad ipsum elementorum auctorem haud referendum esse videatur, inde patet, quod iam Isaacus Monachus id notaverit, qui rem ita interpretatur l. c. ut statuat, hoc loco Euclidem *omnia* triangula, secus ac in Def. I. 29. appellare oxygonia, quia omnia habeant angulos acutos, etsi non omnes, tamen ad minimum duos, quae tamen sententia Pfleiderero l. c. §. 210 iure parum probabilis videtur. Suspicionem textus hoc loco corrupti, eodem monente, etiam illud auget, quod in expositione eius verba: *ἔστω ὀξυγώνιον τρίγωνον τὸ ΑΒΓ ὀξεῖαν ἔχον τὴν πρὸς τὸ Β γωνίαν* notante Austin. p. 37. mera fere sunt tautologia, vel potius absonam prae se ferunt determinationem (a quo tamen vitio ea liberare forte possis, si ita interpretari velis: sit triangulum acutangulum, ita nempe, ut *nominatim* angulus *B* sit acutus). Praeterea autem, ut Pflei-

teribus acutum angulum continentibus rectangulo bis contento sub uno laterum circa angulum acutum in quod perpendicularis cadit, et recta intus intercepta a perpendiculari ad angulum acutum.

Sit triangulum acutangulum $AB\Gamma$, habens angulum ad B acutum, et ducatur ab A puncto ad $B\Gamma$ perpendicularis $A\Delta$ (I. 12.); dico quadratum ex $A\Gamma$ minus esse quam quadrata ex ΓB, BA, rectangulo bis sub ΓB, $B\Delta$ contento.

derer. l. c. monet, accedit, quod in propositionis 65. (75.) datorum enunciato generatim sumitur: Ἐὰν τρίγωνον ὀξεῖαν ἔχῃ γωνίαν δεδομένην. Expositio quidem eius adiunctam rursus habet ad triangulum acutangulum restrictionem. Sed eadem, quin magis adhuc otiosa laborat vocis ὀξεῖαν adiectione (nisi etiam hic interpretando mitigare velimus), qua propositionis II. 13. expositio, unde contra ipsius propositi tenorem translata videri potest (quamvis etiam hic codex a nullam medelam afferat). Scopus enim, quo propositiones 64. 65. (74. 75.) *datorum* tendunt, haud permittit, ut posterior ad triangula acutangula restringatur. Is quippe, ut problematibus, quibus inserviunt (cuiusmodi est in Apollonii locor. plan. vers. German. p. 439. 443.) propositiones illae reipsa sufficiant, arctior constitui nequit, quam ut trianguli cuiuslibet dato angulo obliquo, rationem trianguli ad differentiam quadrati lateris angulo dato oppositi et summae quadratorum laterum eundem angulum comprehendentium dari ostendant. Hoc autem posito, Prop. II. 13. Elementorum, qua *datorum* 65. (75.) nititur, pariter ad omnis generis triangula pertinere debet. Praeterea etiam aliae propositionis II. 13. applicationes, quarum in excursu ad II. 13. adhuc nonnullas habebimus, universum eius, omnes in Obs 1. memoratos casus complectentem, ambitum requirunt. Cf. Pfleiderer. §§. 212. 213. Quae cum ita sint,

Ἐπεὶ γὰρ εὐθεῖα ἡ ΓΒ τέτμηται ὡς ἔτυχε κατὰ τὸ Δ· τὰ ἄρα ἀπὸ τῶν ΓΒ, ΒΔ τετράγωνα ἴσα ἐστὶ τῷ τε δὶς ὑπὸ τῶν ΓΒ, ΒΔ περιεχομένῳ ὀρθογωνίῳ καὶ τῷ ἀπὸ τῆς ΔΓ τετραγώνῳ. Κοινὸν προςκείσθω τὸ ἀπὸ τῆς ΔΑ τετράγωνον· τὰ ἄρα ἀπὸ τῶν ΓΒ, ΒΔ, ΔΑ τετράγωνα ἴσα ἐστὶ τῷ τε δὶς ὑπὸ τῶν ΓΒ, ΒΔ περιεχομένῳ ὀρθογωνίῳ καὶ τοῖς ἀπὸ τῶν ΑΔ, ΔΓ τετραγώνοις. Ἀλλὰ τοῖς μὲν ἀπὸ τῶν ΒΔ, ΔΑ ἴσον ἐστὶ τὸ ἀπὸ τῆς ΑΒ, ὀρθὴ γὰρ ἡ πρὸς τῷ Δ γωνία· τοῖς δὲ ἀπὸ τῶν ΑΔ, ΔΓ ἴσον

variis modis viri docti propositionem hanc II. 13. generatim enunciare ac demonstrare studuerunt. Et alii quidem omissa tantum trianguli *acutanguli* mentione, reliqui propositionis 13. enunciati atque expositionis versionem ita concinnarunt, ut eo, qui Obs. 1. a. indicatur respectu in triangula rectangula et obtusangula quadrent, quo pertinent Peletarius p. 105. sq. De Chales. Cursus Mathem. Tom. I. Lugd. 1674. p. 23. Ximenes (I sei primi Elementi della geometria piana. In Venezia 1752. p. 126.). Lorenz (Euklids Elemente 3te Ausg. Halle 1809. p. 40.). Alii etiam vocem ἔντος expungendam et expressionem: ἐφ' ἣν ἡ κάθετος πίπτει latius sumendam, neque ad casum intra lateris huius terminos restringendam putaverunt, ita ut etiam casum Obs. 1. b. indicatum propositio haec complecteretur. Hac ratione Tacquet. p. 67. sq. rem exprimit, qui tamen vulgarem tantum demonstrationem exhibet. Clavius, Commandinus, Rob. Simson., Austin. rem, uti Obs. 1. b. diximus, aut aliter demonstrant. Cf. Pfleiderer. §§. 211. 214., qui idem §. 216. indicat, sufficere posse, si verba tantum τοῖς ὀξυγωνίοις, ὀξυγώνιον expungantur, dummodo demonstrationis initium (additis, quae uncis inclusa sistuntur) ad figuram textus et figuram posteriorem ad Obs. 1. a. exhibitam ita referatur: Ἐπὶ γὰρ (ἤτοι) εὐθεῖα ἡ ΓΒ τέτμηται ὡς ἔτυχε κατὰ τὸ Δ (ἡ εὐθεῖα ἡ ΔΒ κατὰ τὸ Γ), et verba ἐφ' ἣν ἡ κάθετος πίπτει, τῆς ἀπολαμβανομένης ἔντος πρὸς τῇ ὀξείᾳ γωνίᾳ, iisque opposita

Quoniam enim recta ΓB secta est utcunque in Δ; quadrata ex ΓB, $B\Delta$ aequalia sunt rectangulo bis sub ΓB, $B\Delta$ contento et quadrato ex $\Delta\Gamma$ (II. 7.). Commune addatur quadratum ex $A\Delta$; ergo quadrata ex ΓB, $B\Delta$, ΔA aequalia sunt rectangulo bis sub ΓB, $B\Delta$ contento et quadratis ex $A\Delta$, $\Delta\Gamma$. Sed ipsis quidem ex $B\Delta$, ΔA aequale est quadratum ex AB (I. 47.), rectus enim est ad Δ angulus; quadratis vero ex $A\Delta$, $\Delta\Gamma$ aequale est quadratum ex $A\Gamma$; quadrata igitur ex ΓB, $B\Delta$ aequalia sunt quadrato ex $A\Gamma$, et

propositionis 12.: *ἐφ' ἣν ἐκβληθεῖσαν ἡ κάθετος πίπτει, τῆς ἀπολαμβανομένης ἐντὸς πρὸς τῇ ἀμβλείᾳ γωνίᾳ*, situm perpendiculi ac segmenti per illud abscissi diversum relate ad *angulum ipsiusque verticem, non ad triangulum* indicare censeantur.

Obs. 3. Caeterum etiam hic pariter ac II. 12. Obs. 3. de triangulis obtusangulis dictum fuit, notari potest, in quodcunque laterum angulum acutum comprehendentium ex opposito vertice demittatur perpendiculum (Fig. 168. 169.) sive illud AB sive $B\Gamma$ fuerit, fore semper rectangulum inter illud latus et rectam ab angulo acuto B inde usque ad demissum perpendiculum interceptum utrimque eiusdem magnitudinis, nempe $\Gamma B \times B\Delta = AB \times BE$, quod pariter vel ex ipsa propositione 13. ita ut Obs. 2. diximus, amplificata patet, vel ex I. 41. Cor. 4. consequitur, vel similiter ac in II. 12. ita adstruetur: Est $A\Delta q + \Delta\Gamma q = \Gamma E q + AE q$, quia utraque summa $= A\Gamma q$ (I. 47.) Proinde ob $\Gamma\Delta q = B\Gamma q + B\Delta q - 2\Gamma B \times B\Delta$, et $AE q = AB q + BE q - 2AB \times BE$ (II. 7.)

erit $A\Delta q + B\Gamma q + B\Delta q - 2\Gamma B \times B\Delta$

$= \Gamma E q + AB q + BE q - 2AB \times BE$.

Atqui $A\Delta q + B\Delta q = AB q$, et $\Gamma E q + BE q = B\Gamma q$, itaque

$2\Gamma B \times B\Delta = 2AB \times BE$ et $\Gamma B \times B\Delta = AB \times BE$. Cf. Pfleiderer. §. 199.

Obs. 4. Similes etiam huic propositioni demonstrandae rationes adhiberi possunt, et reapse adhibitae fuerunt, ac in

ἐστὶ τὸ ἀπὸ τῆς ΑΓ· τὰ ἄρα ἀπὸ τῶν ΓΒ, ΒΔ ἴσα ἐστὶ τῷ τε ἀπὸ τῆς ΑΓ· καὶ τῷ δὶς ὑπὸ τῶν ΓΒ, ΒΔ· ὥςτε μόνον τὸ ἀπὸ τῆς ΑΓ ἔλαττόν ἐστι τῶν ἀπὸ τῶν ΓΒ, ΑΒ τετραγώνων, τῷ δὶς ὑπὸ τῶν ΓΒ, ΒΔ περιεχομένῳ ὀρθογωνίῳ. Ἐν ἄρα τοῖς ὀξυγωνίοις καὶ τὰ ἑξῆς.

ΠΡΟΤΑΣΙΣ ιδ'.

Τῷ δοθέντι εὐθυγράμμῳ ἴσον τετράγωνον συστήσασθαι.

Ἔστω τὸ δοθὲν εὐθύγραμμον τὸ Α· δεῖ δὴ τῷ Α εὐθυγράμμῳ ἴσον τετράγωνον συστήσασθαι.

II. 12. Obs. 4. vidimus, e quibus pariter eam, quam praeter alios Ambrosius Rhodius dedit, simplicitate sua maxime commendabilem huc referemus. Nempe (Fig. 170.) in trianguli ad *B* acutanguli *ΑΒΓ* latus *ΒΓ*, quod non minus sit utroque reliquo, demisso perpendiculo *ΑΔ* (quod tum necessario intra triangulum *ΑΒΓ* cadet (I. 18. Cor. 3.) tum rectarum *ΑΔ*, *ΒΓ* descriptis quadratis, atque hoc rursus, ut in Prop. 4. diviso, denique super recta *ZH*=*ΒΔ* (I. 31.) constructo quadrato *ZO*, quod igitur =*ΒΔ*q=*BM* (II. 4. Dem.) erit *ΑΒ*q=*ΑΔ*q+*ΒΔ*q (I. 47.) =*ΔI*+*ZO*. *ΒΓ*q=*NH*+*ΓΛ*+*ΛH*, itaque *ΑΒ*q+*ΒΓ*q=*NH*+*ΔI*+*ΓΛ*+*ΛH*+*ZO*=*NH*+*ΔI*+2.*ΓΛ*, quia *ΛH*=*ΓM* (I. 34.) et *ZO*=*ΛΔ* (Dem.). Sed *ΑΓ*q=*NH*+*ΔI* (I. 47.) ob *NH*=*ΔΓ*q (II. 4. Dem.), ergo *ΑΒ*q+*ΒΓ*q =*ΑΓ*q+2*ΓΛ*
=*ΑΓ*q+2. rectang. *ΓΒ*×*ΒΔ*, ob *ΒΛ*=*ΒΔ* (II. 4. Dem.). Cf. Pfleiderer §. 197.

Obs. 5. Conversae quoque propositionum II. 12. et II. 13. valent, pariter ac I. 48. conversa propositionis II. 47. demonstrata fuit. Quin haec ipsa I. 48. etiam hoc loco iunctim cum reliquis inferri poterit. Nempe 1) si in triangulo aliquo quadratum unius lateris aequale fuerit summae quadratorum duorum reliquorum laterum, angulus illi primum nominato lateri

rectangulo bis sub ΓB, $B\Delta$ contento; quare solum quadratum ex $A\Gamma$ minus est quam quadrata ex ΓB, BA, rectangulo bis sub ΓB, $B\Delta$ contento. Ergo in acutangulis etc.

PROPOSITIO XIV. (Fig. 171.)

Dato rectilineo aequale quadratum constituere.

Sit datum rectilineum A; oportet igitur ipsi A rectilineo aequale quadratum constituere.

oppositus rectus erit. Nam si obtusus fuerit, quadratum lateris illi oppositi maius (II. 12.) si acutus fuerit, quadratum eiusdem lateris minus (II. 13.) foret summa quadratorum duorum reliquorum laterum. 2) Si quadratum lateris alicuius maius fuerit summa quadratorum duorum reliquorum laterum, angulus ei oppositus obtusus erit. Nequit enim rectus (I. 47.) aut acutus (II. 13.) esse. Denique 3) si quadratum lateris alicuius minus fuerit summa quadratorum duorum reliquorum laterum, angulus ei oppositus acutus erit. Nequit enim rectus (I. 47.) aut obtusus (II. 12.) esse. Caeterum duo casus ultimo loco allati poterant etiam simili ratione demonstrari ac in propositione I. 48. factum est ab Euclide, quas demonstrationes dedit Clavius, et quod ultimum casum attinet, iam indicavit Isaacus Monachus Schol. ad II. 13. Cf. Pfleiderer. l. c. §§. 217. 218.

Obs. 6. Triangulum scalenum igitur erit rectangulum — obtusangulum — acutangulum, prout quadratum maximi eius lateris quadratis simul reliquorum duorum laterum est aequale — aut maius — aut minus: ultimo scilicet casu maximus trianguli angulus (I. 18.) acutus erit, tantoque magis caeteri. Et triangulum aequicrurum, cuius basis utroque crurum maior est (quodsi enim singula crura basi maiora sunt, non potest

Συνιστάτω γὰρ τῷ *A* εὐθυγράμμῳ ἴσον παραλληλόγραμμον ὀρθογώνιον τὸ *BΔ*· εἰ μὲν οὖν ἴση ἐστὶν ἡ *BE* τῇ *EΔ*, γεγονὸς ἂν εἴη τὸ ἐπιταχθέν. Συνίσταται γὰρ τῷ *A* εὐθυγράμμῳ ἴσον τετράγωνον τὸ *BΔ*· εἰ δὲ οὔ, μία τῶν *BE*, *EΔ* μείζων ἐστίν. Ἔστω μείζων ἡ *BE* [1]), καὶ ἐκβεβλήσθω ἐπὶ τὸ *Z*,

1) Iure hic Rob. Simson observat, legendum esse saltem: εἰ δὲ οὔ, ἐκβεβλήσθω ἡ *BE* ἐπὶ τὸ *Z*, quum nihil prorsus intersit, utrum maior an minor rectarum *BE*, *EΔ* producatur. Nolumus tamen sine Mss. consensu aliquid mutare.

non esse acutangulum per I. 5., I. 17., I. 18., erit rectangulum — obtusangulum — acutangulum, prout quadratum basis duplo quadrato unius cruris est aequale — aut eo maius — aut minus. Sic comparando invicem quadrata laterum trianguli, cuius speciei sit ratione habita angulorum, erui potest: quod comparatio ipsorum laterum non praestat, nisi vel omnia aequalia sint, vel duo aequalia ac singula maiora tertio. Cf. Pfleiderer. l. c. §. 219. Alias adhuc observationes et adplicationes Prop. II. 12. II. 13. vid. in excursu ad finem huius libri.

PROPOSITIO XIV.

Obs. 1. Huic quoque problemati, pariter ac Prop. II. 11. praemitti potest Analysis. Nempe alterutro dati parallelogrammi rectanguli non aequilateri *BΓΔE* latere *BE* producto, donec $EZ = E\Delta$, ideoque rectangulum $B\Delta = BE \times EZ$; cum recta *BZ* puncto *E* secetur in inaequalia (hyp.); applicandae propositionis II. 5. gratia, quae de rectangulo segmentorum inaequalium datae rectae praecipit, eandem *BZ* secare etiam oportet in aequalia: quo facto in puncto *H*, est rectang. $BE \times EZ + EH\text{q} = HZ\text{q}$. Quum igitur invenienda sit ex conditione problematis recta aliqua *A*, cuius quadratum sit $= BE \times EZ$; debet esse $A\text{q} + EH\text{q} = HZ\text{q}$, vel $A\text{q} = HZ\text{q} - EH\text{q}$. Invenietur autem recta *A* (ex I. 47. Cor. 10.), si rectae *HE* in punto *E* ad rectos angulos constituatur recta *EΘ*, vel,

Constituatur ipsi A rectilineo aequale parallelogrammum rectangulum $B\Delta$ (I. 45.) Si igitur aequalis est BE rectae $E\Delta$, factum erit propositum; constitutum est enim ipsi A rectilineo aequale quadratum $B\Delta$ (I. Def. 30.); si autem non, una ipsarum BE, $E\Delta$ maior est. Sit maior BE, et producatur ad Z,

quod eodem redit (I. 13. Cor. 1.) si recta ΔE producatur, atque ab ea abscindatur ope circuli centro H, radio HZ descripti, segmentum $E\Theta$, eique aequalis ponatur recta A. Cf. Pfleiderer. §. 70.

Obs. 2. Pariter (Fig. 172.) proposito cuicunque parallelogrammo obliquangulo $BEIK$, utpote aequali rectangulo $BE\Delta\Gamma$ super eadem basi et inter easdem parallelas BE, ΓI (I. 35.) aequale quadratum efficietur, lateri cuilibet BE parallelogrammi in directum adiiciendo rectam EZ aequalem distantiae $E\Delta$ lateris huius BE ab opposito KI, et reliqua peragendo ut in constructione problematis XIV. Cf. Pfleiderer. §. 71.

Obs. 3. Quum sit $E\Theta < H\Theta$ (I. 19.) seu (constr.) $< HZ$: fit $4E\Theta < 4HZ$ seu $< 2BZ$ seu $< 2(BE + E\Delta)$, tantoque magis $< 2(BE + EI)$, ob $E\Delta < EI$ (I. 19.): h. e. perimeter quadrati ab EH minor est perimetro rectanguli $BE\Delta\Gamma$; tantoque magis minor perimetro parallelogrammi obliquanguli $BEK\Gamma$. Aequalem igitur aream quadratum sub minore perimetro quam parallelogrammum rectangulum non aequilaterum, vel parallelogrammum obliquangulum comprehendit, quod et ex II. 5. Cor. 2. facile deducitur. Cf. Pfleiderer. §§. 72. 73.

Obs. 4. Quodsi vicissim recta data BZ ita proponitur secanda, ut rectangulum sub segmentis eius aequale sit quadrato rectae datae A, seu si parallelogrammum rectangulum construi iubeatur aequale quadrato rectae datae A, et cuius summa laterum contiguorum sit datae recta BZ aequalis, proinde perimeter $= 2BZ$; ut, quod requiritur, fieri possit, recta data non maior esse debet semisse

καὶ κείσθω τῇ $E\Delta$ ἴση ἡ EZ, καὶ τετμήσθω ἡ BZ δίχα κατὰ τὸ H, καὶ κέντρῳ μὲν τῷ H, διαστήματι δὲ ἑνὶ τῶν HB, HZ ἡμικύκλιον γεγράφθω τὸ $B\Theta Z$, καὶ ἐκβεβλήσθω ἡ ΔE ἐπὶ τὸ Θ, καὶ ἐπεζεύχθω ἡ $H\Theta$.

Ἐπεὶ οὖν εὐθεῖα ἡ BZ τέτμηται εἰς μὲν ἴσα κατὰ τὸ H, εἰς δὲ ἄνισα κατὰ τὸ E· τὸ ἄρα ὑπὸ τῶν BE, EZ περιεχόμενον ὀρθογώνιον μετὰ τοῦ

HZ rectae secandae, seu datae laterum contiguorum rectanguli describendi summae BZ: quia rectangulo sub segmentis aequalibus BH, HZ, seu quadrato semissis rectae secandae BZ, maius spatium segmentis datae BZ, seu parallelogrammo rectangulo, cuius perimeter $=2BZ$, comprehendi nequit (II. 5. Cor. 1.). Tum vero, si $\Lambda = 1/2BZ$, rectam BZ bifariam in H secando, factum erit, quod iubetur: erit enim rectangul. $BH \times HZ = HZq = \Lambda q$ (I. 46. Cor.) cum sit $HZ = \Lambda$ (hyp.). Sed si $\Lambda < HZ$, ideoque $\Lambda q < HZq$ (I. 46. Cor.) seu $<$ rect. $BH \times HZ$; ponatur in puncto E facta rectae BZ sectio, qua obtineatur $\Lambda q =$ rectang. $BE \times EZ$. Cum sit rectang. $BE \times EZ + HEq = HZq$ (II. 5.): debebit esse $\Lambda q + HEq = HZq$, proinde (I. 47.) distantia HE puncti sectionis E quaesiti ab puncto bisectionis H rectae datae BZ seu (II. 5. Cor. 4.) semidifferentia laterum BE, EZ rectanguli construendi, aequabitur lateri circa angulum rectum trianguli rectanguli, cuius hypotenusa datae HZ atque alterum latus circa angulum rectum datae Λ est aequale. Cf. Pfleiderer. §. 74. Efficietur autem illud (Fig. 173. 174.), rectae datae BZ, bifariam in puncto H sectae, in eodem puncto H constituendo normalem $H\Sigma =$ datae rectae Λ: tum vel 1) (Fig. 173.) perpendiculum ΣO, ad rectam $H\Sigma$ in puncto Σ ductum, seu per punctum Σ actam rectae BZ parallelam ΠO, circulo centro H, intervallo HZ descripto, in puncto Θ secando; quo facto erit $H\Sigma\Theta$ triangulum rectangulum, cuius hypotenusa $H\Theta = HZ$, atque cathetus $H\Sigma = \Lambda$: denique ab

et ponatur ipsi $E\Delta$ aequalis EZ (I. 3.), et secetur BZ bifariam in H (I. 10.), et centro quidem H, intervallo vero una ipsarum HB, HZ semicirculus describatur $B\Theta Z$, et producatur ΔE in Θ, et iungatur $H\Theta$.

Quoniam igitur BZ secta est in aequalia quidem in H, in inaequalia vero in E; ergo rectangulum sub BE, EZ contentum cum quadrato ex HE aequale

recta BZ abscindendo $HE = \Sigma\Theta$ per rectam ΘE ex puncto Θ ad BZ demissam perpendicularem (I. 34.). Vel 2) (Fig. 174.) centro Σ intervallo $\Sigma P = HZ$ describendo circulum, qui datam BZ in puncto E secet; quo immediate fit HE cathetus trianguli ΣHE, cuius hypothenusa $\Sigma E = HZ$, atque alter cathetus $\Sigma H = \Delta$. Priore casu, ob $H\Sigma = \Delta < HZ$ vel HT (supp. et constr.) punctum Σ cadit intra circulum centro H, intervallo HZ, seu circa diametrum BZ descriptum, ideoque $\Pi\Theta$ rectae BZ parallela circulum hunc in duobus punctis Θ, Π ad easdem rectae BZ partes secat; ex quibus in hanc BZ demissa perpendicula, seu ductae rectae $H\Sigma$ parallelae ΘE, $\Pi\Omega$ datam rectam BZ in punctis E, Ω ita secant, ut sint rectangula $BE \times EZ = B\Omega \times \Omega Z = \Delta\,q$. Nempe tam $BE \times EZ + HE\,q = HZ\,q$, quam $B\Omega \times \Omega Z + H\Omega\,q = HB\,q$ (II. 5.). Unde porro, ob $HZ\,q = H\Theta\,q = HE\,q + E\Theta\,q$, et $HB\,q = H\Pi\,q = H\Omega\,q + \Pi\Omega\,q$ (constr. et I. 47.) sequitur: $BE \times EZ + HE\,q = HE\,q + E\Theta\,q$, et $B\Omega \times \Omega Z + H\Omega\,q = H\Omega\,q + \Pi\Omega\,q$ et hinc $BE \times EZ = E\Theta\,q$, $B\Omega \times \Omega Z = \Pi\Omega\,q$. Cum itaque sit $\Theta E = \Pi\Omega = H\Sigma$ (I. 34.) $= \Delta$; fiunt rectangula $BE \times EZ$, $B\Omega \times \Omega Z = \Delta\,q$. Altero casu (Fig. 174.) ob $\Sigma H = \Delta < HZ$ seu ΣP (supp. et constr.), punctum H rectae BZ iacet intra circulum centro Σ intervallo ΣP descriptum; quem igitur in duobus punctis E, Ω secat haec recta BZ, idque, ob $HE < \Sigma E$ seu HZ, $H\Omega < \Sigma\Omega$ sive HB (I. 19. et constr.) sic, uti puncta E, Ω interpuncta H, Z; et H, B cadant. Atque ita rursus eodem modo, quo ante probatur, esse $BE \times EZ = B\Omega \times \Omega Z = \Delta\,q$. Caeterum $HE =$

ἀπὸ τῆς *HE* τετραγώνου ἴσον ἐστὶ τῷ ἀπὸ τῆς *HZ* τετραγώνῳ. Ἴση δὲ ἡ *HZ* τῇ *HΘ*· τὸ ἄρα ὑπὸ τῶν *BE*, *EZ* μετὰ τοῦ ἀπὸ τῆς *HE* ἴσον ἐστὶ τῷ ἀπὸ τῆς *HΘ*. Τῷ δὲ ἀπὸ τῆς *HΘ* ἴσα ἐστὶ τὰ ἀπὸ τῶν *ΘE*, *EH* τετράγωνα· τὸ ἄρα ὑπὸ τῶν *BE*, *EZ* μετὰ τοῦ ἀπὸ τῆς *HE* ἴσον ἐστὶ τοῖς ἀπὸ τῶν *ΘE*, *EH*. Κοινὸν ἀφῃρήσθω τὸ ἀπὸ τῆς *HE* τετράγωνον· λοι-

HΩ in triangulis rectangulis *HEΘ*, *HΩΠ* (Fig. 173.) *ΠEΣ*, *ΩHΣ* (Fig. 174.) quorum hypotenusae et catheti alteri aequales sunt, atque $HB=HZ$ (constr.): quare etiam sunt tam $HB+HE=HZ+HΩ$, quam $HB-HΩ=HZ-HE$ h. e. tam $BE=ZΩ$, quam $BΩ=ZE$, itaque rectangula $BE\times EZ$, $BΩ\times ΩZ$ situ tantum, non longitudine laterum differunt. Posteriorem constructionem solvendo problemati aequipollenti: applicare datum quadratum ad rectam datam, difficiens quadrato; seu ad datam rectam lineam dato quadrato aequale rectangulum applicare, deficiens quadrato, adhibent Halley (Schol. in Con. Apollon. P. II. p. 153. Robert. Simson. p. 380 sq. Cf. infra ad VI. 28. Prior constructio haud necessario requirit, ut normalis $=A$ rectae *BZ* in puncto bisectionis *H* constituatur, ideoque applicatu saepe commodior est altera quamvis concinniore, dum problema seorsim spectatur. Cf. Pfleiderer. §. 75. Prior constructio, pariterque solutio problematis ipsius Prop. XIV. exhibent theorema: quadratum perpendicularis, a quolibet circumferentiae circuli puncto in diametrum ductae, aequatur rectangulo sub segmentis diametri, quae ab ipsa perpendiculari fiunt. Quod Herigonus p. 76. propositioni II. 5. statim subiungit, et deinde ad propositiones 6—10. ipsas, easdemve aliter enunciatas, alio modo demonstrandas adhibet. Cf. Pfleiderer. §. 76.

Obs. 5. Cum, ducta per verticem *I* (Fig. 175. 176.) trianguli *IBE*, *IKE* parallela lateri ipsius *BE*, *KE*, atque huic in altero extremo erecta, et ad occursum parallelae illius continuata normali *EA*, *EB*; tum vel perpendiculo *EA*, vel

est quadrato ex HZ (II. 5.). Aequalis autem HZ rectae $H\Theta$ (I. Def. 15.); rectangulum igitur sub BE, EZ contentum cum quadrato ex HE aequale est quadrato ex $H\Theta$. Quadrato autem ex $H\Theta$ aequalia sunt quadrata ex ΘE, EH (I. 47.); rectangulum igitur sub BE, EZ cum quadrato ex HE aequale est quadratis ex ΘE, EH. Commune auferatur quadratum

latere KE in puncto $\varDelta$ bifariam secto, triangulum aequale sit parallelogrammo rectangulo $B\Gamma\varDelta E$ (I. 41. sq.) quodsi hoc aequilaterum non est; construetur quadratum aequale triangulo proposito, vel (Fig. 175.) latus BE continuando, donec sit $EZ = E\varDelta = 1/2 E\varDelta$; vel (Fig. 176.) perpendiculum BE producendo, donec sit $EZ = E\varDelta = 1/2 KE$, et tum (utraque Fig.) latus EH quadrati rectangulo $BE \times EZ$ aequalis iuxta Obs. 1. determinando (Campanus, Clavius). Cf. Pfleiderer. §. 77.

Obs. 6. Hinc iam etiam patet, qua ratione solvi possit problema: propositae figurae rectilineae aequale quadratum efficere. Nempe 1) triangulum rectilineo dato aequale construendo methodis variis, quibus id iuxta I. 37. fieri potest: tum huic triangulo aequale quadratum describendo iuxta Obs. 4. 2) vel singulis triangulis, in quae figura proposita per diagonales dividitur, aequalia quadrata iuxta Obs. 4. determinando; tum per I. 47. iteratamque, si figura multilatera est, eius applicationem, quadratum datis illis quadratis simul aequale construendo. Atque hanc posteriorem methodum indicant Campanus, Clavius, Peletarius, Tacquet. et priore expeditiorem esse iudicant. Cf. Pfleiderer. §. 78.

Obs. 7. Austin. p. 39. sq. propositionem II. 14. nusquam in primis sex elementorum libris citari, et planam esse per VI. 13. et VI. 17. praeterea ab obiecto libri II. secedere, et in expositione constructionis vitio ab Rob. Simson. notato (vid. quae ad textum prop. huius notavimus) laborare observat, ideoque interpolatam censet. Quibus Pfleiderer. §. 79. subiungit: suspectam quoque pari iure ac X. 117. (vid. Sa-

πὸν ἄρα τὸ ὑπὸ τῶν ΒΕ, ΕΖ περιεχόμενον ὀρθογώνιον ἴσον ἐστὶ τῷ ἀπὸ τῆς ΕΘ τετραγώνῳ. Ἀλλὰ τὸ ὑπὸ τῶν ΒΕ, ΕΖ τὸ ὑπὸ τῶν ΒΕ, ΕΔ ἐστὶν, ἴση γὰρ ΖΕ τῇ ΕΔ· τὸ ἄρα ΒΔ παραλληλόγραμμον ἴσον ἐστὶ τῷ ἀπὸ τῆς ΘΕ τετραγώνῳ. Ἴσον δὲ τὸ ΒΔ τῷ Α εὐθυγράμμῳ· τὸ Α ἄρα εὐθύγραμμον ἴσον ἐστὶ τῷ ἀπὸ τῆς ΕΘ ἀναγραφομένῳ τετραγώνῳ.

Τῷ ἄρα δοθέντι εὐθυγράμμῳ τῷ Α ἴσον τετράγωνον συνίσταται, τὸ ἀπὸ τῆς ΕΘ ἀναγραφησόμενον. Ὅπερ ἔδει ποιῆσαι.

vilii Praelect. Oxon. 1621. p. 13.) reddere posset locus, quo ponitur, tum ad calcem libri II. tum seiunctim ab Prop. 11., cuius ad Prop 6. similis ratio est, ac 14. ad quintam: nisi alia turbati propositionum ordinis exempla exstarent in elementis, v. gr. III. 25. III. 31. VI. 23. VI. 25. VI. 31. VI. 32. Pariter rationes duae posteriores Austini contra plures elementorum propositiones sine dubio genuinas valiturae esset; ipsemetque priorem earum instantia trium ultimarum libri I. propositionum (quas nempe pariter ab argumento reliquarum libr. I. contentarum recedere, at prorsus necessarias esse dicit) infringit. Propositio 14. argumentum propositionibus I. 42. 44. 45. coeptum complere censeri potest; pariter ac propositiones II. 12. 13. id quod in I. 47. sq. fuit inchoatum. Porro, quod ad reliquas duas Austini animadversiones attinet, problematis I. 44. ideoque etiam sequentis I. 45. (quae, exclusa elementis propositione II. 14. nullibi in illis ante VI. 25. supponuntur) solutio non modo aeque plana est per VI. 14. VI. 12. ac problematis II. 14. per VI. 17. VI. 13., sed magis etiam expedita ea, quae in I. 44. traditur. Problema VI. 30. expresse solvitur, quamvis eius effectio ex

ex HE; reliquum igitur rectangulum sub BE, EZ contentum aequale est quadrato ex $E\Theta$. Sed rectangulum sub BE, EZ est rectangulum sub BE, $E\Delta$, aequalis enim est EZ rectae $E\Delta$; ergo $B\Delta$ parallelogrammum aequale est quadrato ex ΘE. Aequale autem est $B\Delta$ rectilineo A; rectilineum igitur A aequale est quadrato ex $E\Theta$ descripto.

Ergo dato rectilineo A aequale quadratum ex ΘE descriptum constituitur. Quod oportebat facere.

propositionibus II. 11. VI. 17. aeque ultro consequatur, ac propositio VI. 14. per eandem VI. 17. ad VI. 13. reducitur: quod et in primis quinque libri XIII. propositionibus supponitur; ipsaque propositionis VI. 30. solutione altera, ac prioris demonstratione docetur. Propositionum 28. 29. 32. 33. libri X. constructiones, concinnitatis demonstrationum gratia, immediate per VI. 13. VI. 12. in duabus prioribus et per II. 14. I. 45. in posterioribus peragi iubentur. Caeterum problema II. 14. sub generaliori VI. 25. tanquam casus particularis comprehenditur: pariter atque eius conversum Obs. 3. sub problemate VI. 28., quod enunciatio eius ex Halleyo et Rob. Simson, ad finem Obs. 3, allata, et Lemma praemissum propositioni X. 18. indicant. Eodemque modo ad VI. 29. se habet problema ad Obs. 5. II. 11., cuius casum specialem sistit II. 11. prouti etiam ex problematis VI. 30. solutione priori adparet. Denique observat Pfleiderer. l. c. §. 80. Claudium Richardum (Euclid. Elementor. libr. XIII. Antwerp. 1645.) incongrue prorsus demonstrationes propositionum II. 11. II. 14. in apagogicas transformare.

ΕΥΚΛΕΙΔΟΥ
ΣΤΟΙΧΕΙΩΝ
ΒΙΒΛΙΟΝ ΤΡΙΤΟΝ.

ὍΡΟΙ.

α. Ἴσοι κύκλοι εἰσὶν, ὧν αἱ διάμετροι ἴσαι εἰσίν· ἢ ὧν αἱ ἐκ τῶν κέντρων ἴσαι εἰσίν.

DEFIN. I.

Ea, quae hic enunciantur, non pro definitione habenda, aut certe, si quo sensu definitionis loco haberi possint, antequam applicentur, demonstranda esse, passim monuerunt viri docti. Et Tartalea quidem (Euclide tradotto fol. 37. a.) suppositum per se satis manifestum, seu postulatum potius quam definitionem esse pronunciat: Borelli (Euclid restit. p. 63.) Angel. de Marchettis (Euclid. reform. p. 10.) König (Elem. d'Euclide p. 98.) Playfair (Elem. of Geom. p. 374.) ex definitionum serie plane hanc propositionem expungunt, atque inter axiomata simpliciter, vel adiuncta qualicunque declaratione aut demonstratione referunt: alii v. c. Billingsley (The Elem. of Euclide fol. 10. b.) Giordano da Bitonto (Euclide restituto Rom. 1680. p. 101.) Candalla (Euclid. Elem. fol. 19. b.) Clavius ad h. l. inter definitiones quidem retinent, at e generatione circuli veritatem enunciati aliquatenus demonstrare tentant: Rob. Simson. (Elem. of Eucl. 2. Ed. p. 95.) omnino hanc definitionem non esse, sed theorema iudicat, in quo consentientem habet Pfleiderer. (Thes. inaug. 1782. Th. 3.) qui Thes. inaug. 1789. Th. 1—3) rem ita accuratius diiudicandam cen-

EUCLIDIS

ELEMENTORUM

LIBER TERTIUS.

DEFINITIONES.

1. Aequales circuli sunt, quorum diametri sunt aequales, vel quorum quae ex centris aequales sunt.

set, demonstrandum quidem esse, circulorum areas et peripherias aequales esse, quorum radii aut diametri aequales sint, quod etiam facile fieri possit, re ad Ax. 8. libri I. demonstratione directa vel indirecta, priore simili ei, quae in I. 4. posteriore analoga iis, quae in III. 5. III. 6. adhibentur, reducta, erronee itaque hanc propositionem ut theorema omissam esse in elementis, eam ipsam autem iam demonstratam in nostra definitione, certe antequam ipsa applicetur, supponi, ac tum definitionem breviorem tantum denominationem, loco expressionis: *circuli, quorum diametri, vel quorum, quae ex centris, aequales sunt*, suppeditare, (quo sensu etiam circuli aequales sumantur III. 26—29. et VI. 33.) atque ita demum absque vitio subreptionis demonstrationibus alias metuendo adhiberi posse. Atque est quidem haec demonstratio facillima. Nempe, si fig. 204. circulum centro Γ radio ΓA, et centro Z radio $Z\Delta$ descriptorum diametri AB, ΔE, adeoque etiam semidiametri $A\Gamma$, ΔZ aequales fuerint, applicato centro unius Γ super centrum alterius Z, recta ΓA ponatur super recta $Z\Delta$, puncta quoque A, Δ, pariterque B, E coincident (Obs. ad I. 8. Ax.). Iam, si sumatur punctum quodcunque H in

β'. Εὐθεῖα κύκλου ἐφάπτεσθαι λέγεται, ἥτις ἁπτομένη τοῦ κύκλου καὶ ἐκβαλλομένη οὐ τέμνει τὸν κύκλον [1]).

γ'. Κύκλοι ἐφάπτεσθαι ἀλλήλων λέγονται, οἵτινες ἁπτόμενοι ἀλλήλων οὐ τέμνουσιν ἀλλήλους.

1) Cod. a. et ex eo Peyrard. addunt: ἐπὶ μηδέτερα μέρη, quod quum nec necessarium, nec satis aptum, et in definitione quoque 3. non additum sit, nec in edit. Oxoniensi aut Basil. legatur, omisimus. Recipienda tamen haec verba putant De Lambre et Piony.

peripheria unius circuli, ducaturque recta ΓH, et fiat (I. 23.) angulus $EZ\Theta = B\Gamma H$, hi quoque anguli aequales, et rectae aequales ΓH, $Z\Theta$ coincident (Obs. ad I. 8. Ax.), adeoque puncta H, Θ coincident. Omnia igitur puncta utriusque peripheriae, adeoque totae peripheriae, et areae circulorum congruunt, ac proinde (I. 8. Ax.) aequales sunt. Cf. Pfleiderer. de dimens. circul. P. II. Tub. 1790. p. 4. Aliter ita; si positis iisdem ac ante, circulisque sibi eodem modo aptatis, sumere velis, punctum H non congruere cum puncto Θ in peripheria, cadet igitur vel extra vel intra circulum, centro Z radio $Z\varDelta = \Gamma\varDelta$ descriptum, adeoque erit vel $\Gamma H > Z\Theta$, vel $\Gamma H < Z\Theta$, quod utrumque fieri nequit, quum etiam ponatur $\Gamma H = Z\Theta$. Cf. Pfleiderer. l. c. Caeterum Campanus in ipsa definitione addit: maiores circuli sunt, quorum diametri sunt maiores, minores, quorum diametri minores. Quod ipsum definitioni etiam subiungunt Clavius, Orontius Trineus, Billingsley, Borellius. Atque id quidem simili ratione probari poterit. Ex conversa quoque huius propositionis valet: nempe circuli aequales diametros quoque et semidiametros invicem habent aequales; et prout quis circulus maior, minor sit altero, illius etiam diameter maior, minor erit diametro huius, quod facile per indirectum demonstrabitur, et notatum est a Borellio, et, quoad circulos aequales, a Giordano da Bitonto.

2. Recta circulum contingere dicitur, quae tangens circulum et producta circulum non secat.

3. Circuli contingere sese dicuntur, qui se tangentes sese non secant.

DEFIN. II.

Robert. Simson. ad definitiones libri quarti notat, quod iam hic observari meretur, Euclidem non promiscue uti vocibus ἅπτεσθαι et ἐφάπτεσθαι. Nempe, quando punctum aliquod positum est in recta, aut alia quavis linea, tum punctum illud apud geometras graecos ἅπτεσθαι tangere dicitur eam lineam: et quando recta, aut circulus circulo quoque modo occurrit, alter alterum ἅπτεσθαι dicitur. Quando vero recta et circulus occurrit circulo ita, ut ipsum non secet, dicitur ἐφάπτεσθαι, contingere circulum. Paucis tantum locis, nempe in Defin. IV. 5. et in III. 18. et III. 19. in textu graeco verbum simplex mutandum esse in compositum monet Rob. Simson. Quod ipsum etiam fieri debet in expositione propositionum III. 11. III. 12. Et reapse in Prop. III. 11. III. 12. et III. 18. Codex a Peyrardi habet verbum compositum, quo ipso confirmatur Simsonis observatio. Caeterum recta circulum, quod praemittendum erat, in puncto aliquo *secare* dicitur, si recta et circulus illud quidem punctum commune habeant, at puncta rectae, quae huic puncto communi adiacent, ex una parte puncti istius communis intra — ex altera extra circulum posita sint. Et recta circulum *contingere* dicitur, quae circulo in aliquo puncto occurrens eum *in hoc puncto* non secet: *nusquam* enim secare, demum III. 18. coll. III. 16. probatur.

DEFIN. III.

Similiter iis, quae sub finem definitionis praecedentis diximus, addi potest: a) Si duo circuli punctum aliquod commune habeant, ea vero puncta unius circuli, quae isti puncto communi proxima sunt, ex una puncti communis parte extra

δ'. Ἐν κύκλῳ ἴσον ἀπέχειν ἀπὸ τοῦ κέντρου εὐθεῖαι λέγονται, ὅταν αἱ ἀπὸ τοῦ κέντρου ἐπ' αὐτὰς κάθετοι ἀγόμεναι ἴσαι ὦσιν.

ε'. Μεῖζον δὲ ἀπέχειν λέγεται, ἐφ' ἣν ἡ μείζων κάθετος πίπτει.

ς'. Τμῆμα κύκλου ἐστὶ τὸ περιεχόμενον σχῆμα ὑπό τε εὐθείας καὶ κύκλου περιφερείας.

ζ'. Τμήματος δὲ γωνία ἐστὶν ἡ περιεχομένη ὑπό τε εὐθείας καὶ κύκλου περιφερείας.

η'. Ἐν τμήματι δὲ γωνία ἐστὶν, ὅταν ἐπὶ τῆς περιφερείας τοῦ τμήματος ληφθῇ τι σημεῖον καὶ ἀπ' αὐτοῦ ἐπὶ τὰ πέρατα τῆς εὐθείας ἥτις ἐστὶ βάσις τοῦ τμήματος ἐπεζευχθῶσιν εὐθεῖαι, ἡ περιεχομένη γωνία ὑπὸ τῶν ἐπιζευχθεισῶν εὐθειῶν.

θ'. Ὅταν δὲ αἱ περιέχουσαι τὴν γωνίαν εὐθεῖαι ἀπολαμβάνωσί τινα περιφέρειαν, ἐπ' ἐκείνης λέγεται βεβηκέναι ἡ γωνία.

alterum circulum, ex altera vero eius parte intra alterum circulum posita sint: tum duo isti circuli in puncto hoc communi se invicem secare dicuntur. b) Et duo circuli se in puncto aliquo contingere dicuntur, si punctum illud commune habeant, neque *in eo* se secent i. e. si ea puncta unius circuli, quae ex utraque parte isti puncto proxima sunt, vel ex utraque parte extra alterum circulum, vel ex utraque parte intra alterum circulum posita sint: (*nusquam* enim secare, quod hic Euclides sumit, probandum demum erit). c) Et quidem duo circuli *extra* se in puncto aliquo contingere dicuntur, si illud quidem punctum commune habent, ea vero puncta *utriusvis* circuli, quae illi puncto proxima sunt, ex utraque parte posita sint *extra* alterum circulum. d) Duo contra circuli *intra* se in puncto aliquo contingere dicuntur, si illud punctum commune habeant, ea vero puncta unius circuli, quae isti puncto proxima sunt, ex utraque parte po-

4. In circulo aequaliter distare a centro rectae dicuntur, quando perpendiculares ex centro ad ipsas ductae aequales sunt.

5. Magis autem distare dicitur ea in quam maior perpendicularis incidit.

6. Segmentum circuli est figura contenta recta et circuli circumferentia.

7. Angulus autem segmenti est, qui continetur recta et circuli circumferentia.

8. Angulus autem in segmento est, quando in circumferentia segmenti sumitur aliquod punctum, et ab ipso ad terminos rectae, quae est basis segmenti, coniunguntur rectae, angulus ab iunctis rectis contentus.

9. Quando autem rectae angulum continentes abscindunt aliquam circumferentiam, illi dicitur insistere angulus.

sita sint *intra* alterum circulum (adeoque ea puncta alterius circuli, quae isti puncto proxima sunt, ex utraque parte posita sint *extra* alterum circulum). Cf. Apollonii de Taction. quae supersunt. Gothae 1795. p. 34. 35.

DEFIN. IV.

Quas hic et in sequentibus Euclides rectas in circulo vocat, alii etiam rectas circulo inscriptas, vel chordas circuli appellare solent.

DEFIN. VI.

Conferantur, quae diximus ad Def. I. 19.

DEFIN. VII.

Hanc definitionem pariter ac propositionum III. 16. et III. 31. additamenta ad angulos semicirculi et segmentorum

ί. Τομεὺς δὲ κύκλου ἐστὶν, ὅταν πρὸς τῷ κέντρῳ τοῦ κύκλου συσταθῇ γωνία, τὸ περιεχόμενον σχῆμα ὑπό τε τῶν τὴν γωνίαν περιεχουσῶν εὐθειῶν καὶ τῆς ἀπολαμβανομένης ὑπ' αὐτῶν περιφερείας.

ιά. Ὅμοια τμήματα κύκλου ἐστὶ τὰ δεχόμενα γωνίας ἴσας· ἢ ἐν οἷς αἱ γωνίαι ἴσαι ἀλλήλαις εἰσίν.

ΠΡΟΤΑΣΙΣ ά.

Τοῦ δοθέντος κύκλου τὸ κέντρον εὑρεῖν.

Ἔστω ὁ δοθεὶς κύκλος ὁ ΑΒΓ· δεῖ δὴ τοῦ ΑΒΓ κύκλου τὸ κέντρον εὑρεῖν.

Διήχθω τις εἰς αὐτὸν ὡς ἔτυχεν εὐθεῖα ἡ ΑΒ, καὶ τετμήσθω δίχα κατὰ τὸ Δ σημεῖον, καὶ ἀπὸ τοῦ Δ τῇ ΑΒ πρὸς ὀρθὰς ἤχθω ἡ ΓΔ, καὶ διήχθω ἐπὶ τὸ Ε, καὶ τετμήσθω ἡ ΓΕ δίχα κατὰ τὸ Ζ· λέγω ὅτι τὸ Ζ κέντρον ἐστὶ τοῦ ΑΒΓ κύκλου.

Μὴ γάρ, ἀλλ' εἰ δυνατὸν ἔστω τὸ Η, καὶ ἐπεζεύχθωσαν αἱ ΗΑ, ΗΔ, ΗΒ. Καὶ ἐπεὶ ἴση ἐστὶν

spectantia, adulterina esse, non temere quem suspicari, iam Vieta pronunciavit (Opp. p. 386.) Pfleiderer. Thes. inaug. Tub. 1783. Th. 7. Et expungi omnino poterant ex Elementis, quod etiam fecit Playfair (Elem. of Geom. contain. the first 6. Books of Euclid. 1795. p. 374.), nisi variae, quibus ortum dedere, disputationes historicam eorum notitiam necessariam redderent. Plura vide in excursu ad finem huius libri.

DEFIN. XI.

Haec definitio demum post III. 21. plenius intelligetur, ubi ostensum fuerit, angulos in eodem circuli segmento esse inter se aequales.

PROPOSITIO I.

Obs. Rob. Simson. ad hanc propositionem monet, esse, qui contra demonstrationes apagogicas, seu indirectas nimis

10. Sector circuli est, quando ad centrum circuli positus est angulus, figura contenta rectis angulum continentibus et circumferentia ab ipsis intercepta.

11. Similia segmenta circuli sunt, quae capiunt aequales angulos; vel in quibus anguli aequales inter se sunt.

PROPOSITIO I. (Fig. 205.)

Dati circuli centrum invenire.

Sit datus circulus $AB\Gamma$; oportet igitur $AB\Gamma$ circuli centrum invenire.

Ducatur in ipso utcunque recta aliqua AB, et secetur bifariam in puncto Δ (I. 10.), et a Δ rectae AB ad rectos ducatur $\Gamma\Delta$ (I. 11.), et producatur in E, et secetur ΓE bifariam in Z (I. 10.); dico Z centrum esse circuli $AB\Gamma$.

Non enim, sed, si fieri potest, sit H, et iungantur HA, $H\Delta$, HB. Et quoniam aequalis est $A\Delta$

severe, et quidem imperite disputent (Ramum potissimum innuere videtur), non animadvertentes, quaedam nulla alia ratione demonstrari posse. Cuius rei exemplum esse putat hanc propositionem, cuius directa demonstratio afferri nequeat. Nempe praeter circuli definitionem nullum esse principium de circulo, ex quo demonstrationem directam sive indirectam conficere liceat. Ex hac itaque definitione et propositionibus ante demonstratis necesse esse demonstrationem derivare. Quum igitur non liceat assumere, punctum in constructione inventum esse centrum (hoc quippe demonstrandum demum esse) manifestum esse, punctum aliud tanquam centrum assumendum esse, et, si ex hoc assumto absurdum aliquod sequatur, tum assumtum utcunque punctum non esse centrum: Atque ita patere necessitatem demonstrationis indirectae. At, quamvis in eo Rob. Simsoni faciles consentiamus, nihil in

ἡ ΑΔ τῇ ΔΒ, κοινὴ δὲ ἡ ΔΗ, δύο δὴ αἱ ΑΔ, ΔΗ δυσὶ ταῖς ΗΔ, ΔΒ ἴσαι εἰσὶν, ἑκατέρα ἑκατέρᾳ, καὶ βάσις ἡ ΗΑ βάσει τῇ ΗΒ ἐστὶν ἴση, ἐκ κέντρου γὰρ τοῦ Η· γωνία ἄρα ἡ ὑπὸ ΑΔΗ γωνίᾳ τῇ ὑπὸ ΗΔΒ ἴση ἐστίν. Ὅταν δὲ εὐθεῖα ἐπ' εὐθεῖαν σταθεῖσα τὰς ἐφεξῆς γωνίας ἴσας ἀλλήλαις ποιῇ, ὀρθὴ ἑκατέρα τῶν ἴσων γωνιῶν ἐστιν· ὀρθὴ ἄρα ἐστὶν ἡ ὑπὸ ΗΔΒ. Ἔστι δὲ καὶ ἡ ὑπὸ ΖΔΒ ὀρθή· ἴση ἄρα ἡ ὑπὸ ΖΔΒ τῇ ὑπὸ ΗΔΒ, ἡ μείζων τῇ ἐλάττονι, ὅπερ ἐστὶν ἀδύνατον. Οὐκ ἄρα τὸ Η κέντρον ἐστὶ τοῦ ΑΒΓ κύκλου. Ὁμοίως δὴ δείξομεν, ὅτι οὐδὲ ἄλλό τι πλὴν τοῦ Ζ.

Τὸ Ζ ἄρα σημεῖον κέντρον ἐστὶ τοῦ ΑΒΓ κύκλου. Ὅπερ ἔδει ποιῆσαι.

ΠΟΡΙΣΜΑ.

Ἐκ δὴ τούτου φανερὸν, ὅτι ἐὰν ἐν κύκλῳ εὐθεῖά τις εὐθεῖάν τινα δίχα καὶ πρὸς ὀρθὰς τέμνῃ, ἐπὶ τῆς τεμνούσης ἐστὶ τὸ κέντρον τοῦ κύκλου.

demonstratione indirecta reprehendi posse, quae potius directam eo adhuc superare videtur, quod directa plerumque tantum evincat, rem aliquam ita esse, indirecta etiam rem *aliter esse non posse*, et quamvis etiam in hac propositione demonstrationem indirectam maxime convenire largiamur, (quippe eius pars prior est fere negativa, nempe: centrum circuli non esse potest nisi in recta e media basi ad angulos rectos basi erecta), id tamen Rob. Simson. non evicisse videtur, nullam esse *posse* directam huius propositionis demonstrationem. Quin collatis iis, quae I. 26. Cor. 5. et 6. dicta sunt, omnino directa nostrae propositionis demonstratio exhiberi posse videtur. Ducta nempe in circulo recta quacunque *AB*, quum rectae e centro ad *A* et *B* ductae aequales sint I. Def. 15. et 16.

rectae ΔB, communis autem ΔH, duae utrique $A\Delta$, ΔH duabus $H\Delta$, ΔB aequales sunt, utraque utrique, et basis HA basi HB est aequalis (I. Def. 15. et 16.), sunt enim ex centro H; angulus igitur $A\Delta H$ angulo $H\Delta B$ aequalis est (I. 8.). Quando autem recta in rectam insistens deinceps angulos aequales inter se facit, rectus uterque aequalium est (I. Def. 10.); rectus igitur est $H\Delta B$. Est autem et $Z\Delta B$ rectus; aequalis igitur est $Z\Delta B$ angulo $H\Delta B$, maior minori, quod fieri non potest (I. Ax. 9.). Igitur H non est centrum circuli $AB\Gamma$. Similiter autem ostendemus, neque aliud quoddam praeter Z.

Ergo punctum Z est centrum $AB\Gamma$ circuli. Quod oportebat facere.

COROLLARIUM.

Ex hoc evidens est, si in circulo recta quaedam rectam quandam bifariam et ad rectos secet, in secante esse centrum circuli.

triangulum his rectis et basi AB contentum aequicrurum, adeoque eius vertex i. e. centrum circuli necessario erit in recta $E\Delta\Gamma$, quae e media basi ad angulos rectos basi erigitur (I. 26. Cor. 6.). Quae cum circulo necessario occurrere debeat in duobus saltim punctis (I. Ax. 13.) occurrat ei in punctis E, Γ: et quum centrum circuli ab his punctis aequaliter abesse debeat (I. Def. 15. et 16.) situm illud erit necessario in media $E\Gamma$. (Hoc ipsum, nempe centrum circuli (postquam demonstratum fuit esse illud in recta $E\Gamma$) esse debere in media $E\Gamma$, in demonstratione textus graeci supponitur magis quam ostenditur. Expresse tamen id addidit Campanus, Coetsius, Boermannus, aliique.) Si tamen quis acrius insistere, et contendere velit, ita τὸ indirectum demonstrationis reiectum tan-

ΠΡΟΤΑΣΙΣ β'.

Ἐὰν κύκλου ἐπὶ τῆς περιφερείας ληφθῇ δύο τυχόντα σημεῖα, ἡ ἐπὶ τὰ αὐτὰ σημεῖα ἐπιζευγνυμένη εὐθεῖα ἐντὸς πεσεῖται τοῦ κύκλου.

Ἔστω κύκλος ὁ ΑΒΓ, καὶ ἐπὶ τῆς περιφερείας αὐτοῦ εἰλήφθω δύο τυχόντα σημεῖα τὰ Α, Β· λέγω ὅτι ἡ ἀπὸ τοῦ Α ἐπὶ τὸ Β ἐπιζευγνυμένη εὐθεῖα ἐντὸς πεσεῖται τοῦ κύκλου.

Μὴ γάρ, ἀλλ' εἰ δυνατὸν, πιπτέτω ἐκτὸς ὡς ἡ ΑΕΒ, καὶ εἰλήφθω τὸ κέντρον τοῦ ΑΒΓ κύκλου, καὶ ἔστω τὸ Δ, καὶ ἐπεζεύχθωσαν αἱ ΔΑ, ΔΒ, καὶ διήχθω ἡ ΔΖΕ.

Καὶ ἐπεὶ ἴση ἐστὶν ἡ ΔΑ τῇ ΔΒ, ἴση ἄρα καὶ γωνία ἡ ὑπὸ ΔΑΕ τῇ ὑπὸ ΔΒΕ· καὶ ἐπεὶ τριγώνου τοῦ ΔΑΕ μία πλευρὰ προςεκβέβληται ἡ ΑΕΒ, μείζων ἄρα ἡ ὑπὸ ΔΕΒ γωνία τῆς ὑπὸ ΔΑΕ. Ἴση δὲ ἡ ὑπὸ ΔΑΕ τῇ ὑπὸ ΔΒΕ· μείζων ἄρα ἡ ὑπὸ ΔΕΒ τῆς ὑπὸ ΔΒΕ. Ὑπὸ δὲ τὴν μείζονα γωνίαν ἡ μείζων πλευρὰ ὑποτείνει· μείζων ἄρα ἡ ΔΒ τῆς ΔΕ. Ἴση δὲ ἡ ΔΒ τῇ ΔΖ· μείζων ἄρα ἡ ΔΖ τῆς

tum esse ad I. 26. Cor. 6. nolim equidem pertinacius disputare, quamvis certum sit, *immediatam* certe *nostrae* propositionis demonstrationem esse directam. Poterat etiam res sine I. 26. Cor. 6. ita absolvi. Quum triangula, quae efficiuntur, si e centro circuli ducantur rectae ad duo quaecunque puncta *Α*, *Β* in circulo, et ad punctum *Δ*, quod ductam *ΑΒ* bisecat, sint aequalia, et nominatim angulos ad *Δ* habeant aequales (I. 8.), uterque angulorum ad *Δ*, i. e. angulorum, quem recta ex centro ad *Δ* ducta cum *ΑΒ* efficit, rectus erit (I. 13.), vel centrum circuli necessario positum erit, in recta per *Δ* perpendiculariter ad *ΑΒ* ducta: unde reliqua ut supra consequentur. Cf. Thom. Simpson. Elem. of Geom. Lond. 1800. III.

PROPOSITIO II. (Fig. 206.)

Si in circuli circumferentia sumantur duo quaelibet puncta, recta haec puncta coniungens cadet intra circulum.

Sit circulus $AB\Gamma$, et in circumferentia ipsius sumantur duo quaelibet puncta A, B; dico rectam a puncto A ad B ductam cadere intra circulum.

Non enim, sed si fieri potest, cadat extra ut AEB, et sumatur (III. 1.) centrum circuli $AB\Gamma$, et sit Δ, iunganturque ΔA, ΔB, et ducatur ΔZE.

Et quoniam ΔA aequalis est ΔB, aequalis igitur et angulus ΔAE angulo ΔBE (I. 5.); et quoniam trianguli ΔAE unum latus AEB producitur, maior igitur est angulus ΔEB angulo ΔAE (I. 16.). Aequalis autem ΔAE angulo ΔBE; maior igitur est ΔEB angulo ΔBE. Maiorem autem angulum maius latus subtendit (I. 18.); maior igitur est ΔB recta ΔE. Aequalis autem ΔB rectae ΔZ (I. Def. 15.);

Prop. 2. Cor. Siquis autem dicat, hanc demonstrationem analyticam potius esse, quam syntheticam, contra monuerim, quum centrum in quovis circulo esse debere, ex ipsa circuli definitione pateat, et analysis iam ostenderit, illud nuspiam esse posse, quam in perpendiculo ex Δ ad AB erecto, synthesin, quae ex hac analysi immediate fluit, et nihil sumit, quod non ante probatum fuerit fieri posse, hoc casu nova *ulteriore* demonstratione haud egere.

Praeter Cor. 1. in ipsis elementis exhibitum, addi adhuc potest hoc Cor. 2. In circulo non nisi unum centrum esse potest. Si enim praeter centrum Z fuerit aliud H, erit $H\Delta$ pariter ac $Z\Delta$ ad AB perpendicularis, quod fieri nequit I. 11.

ΔΕ, ἡ ἐλάττων τῆς μείζονος, ὅπερ ἐστὶν ἀδύνατον. Οὐκ ἄρα ἡ ὑπὸ τοῦ *Α* ἐπὶ τὸ *Β* ἐπιζευγνυμένη εὐθεῖα ἐκτὸς πεσεῖται τοῦ κύκλου. Ὁμοίως δὴ δείξομεν, ὅτι οὐδὲ ἐπ' αὐτῆς τῆς περιφερείας· ἐντὸς ἄρα πεσεῖται. Ἐὰν ἄρα κύκλου, καὶ τὰ ἑξῆς.

ΠΡΟΤΑΣΙΣ γ'.

Ἐὰν ἐν κύκλῳ εὐθεῖά τις διὰ τοῦ κέντρου εὐθεῖάν τινα μὴ διὰ τοῦ κέντρου δίχα τέμνῃ, καὶ πρὸς ὀρθὰς αὐτὴν τέμνει· καὶ ἐὰν πρὸς ὀρθὰς αὐτὴν τέμνῃ, καὶ δίχα αὐτὴν τέμνει.

Ἔστω κύκλος ὁ *ΑΒΓ*, καὶ ἐν αὐτῷ εὐθεῖά τις διὰ τοῦ κέντρου ἡ *ΓΔ* εὐθεῖάν τινα μὴ διὰ τοῦ κέντρου τὴν *ΑΒ* δίχα τεμνέτω κατὰ τὸ *Ζ* σημεῖον. λέγω ὅτι καὶ πρὸς ὀρθὰς αὐτὴν τέμνει.

Εἰλήφθω γὰρ τὸ κέντρον τοῦ *ΑΒΓ* κύκλου, καὶ ἔστω τὸ *Ε*, καὶ ἐπεζεύχθωσαν αἱ *ΕΑ*, *ΕΒ*.

Καὶ ἐπεὶ ἴση ἐστὶν ἡ *ΑΖ* τῇ *ΖΒ*, κοινὴ δὲ ἡ *ΖΕ*, δύο δὴ δυσὶν ἴσαι εἰσὶ, καὶ βάσις ἡ *ΕΑ* βάσει τῇ *ΕΒ* ἴση, γωνία ἄρα ἡ ὑπὸ *ΑΖΕ* γωνίᾳ τῇ ὑπὸ *ΕΖΒ* ἴση ἐστίν. Ὅταν δὲ εὐθεῖα ἐπ' εὐθεῖαν σταθεῖσα τὰς ἐφεξῆς γωνίας ἴσας ἀλλήλαις ποιῇ, ὀρθὴ ἑκατέρα τῶν ἴσων γωνιῶν ἐστιν· ὀρθὴ ἄρα ἐστὶν ἑκατέρα τῶν ὑπὸ *ΑΖΕ*, *ΒΖΕ*. Ἡ *ΓΔ* ἄρα διὰ τοῦ κέντρου οὖσα τὴν *ΑΒ* μὴ διὰ τοῦ κέντρου οὖσαν δίχα τέμνουσα, καὶ πρὸς ὀρθὰς αὐτὴν τέμνει.

Cor. 2. sin autem in ipsa *ΕΓ* praeter *Z* aliud punctum centrum esse posse statueris, recta *ΕΓ* in duobus punctis bisecabitur, quod fieri nequit I. Ax. 7. et 9.

PROPOSITIO II.

Obs. Generalius haec propositio ita exprimi et directe

maior igitur est ΔZ recta ΔE, minor maiore, quod fieri nequit. Itaque recta ab A ad B ducta non cadet extra circulum. Similiter ostendemus, neque in ipsam circumferentiam cadere; intus igitur cadet. Si igitur circuli etc.

PROPOSITIO III. (Fig. 208.)

Si in circulo recta aliqua per centrum ducta rectam aliquam non per centrum ductam bifariam secet, et ad angulos rectos ipsam secat; et si eam ad angulos rectos secet, et bifariam ipsam secat.

Sit circulus $AB\Gamma$, et in ipso recta aliqua $\Gamma\Delta$ per centrum ducta, rectam aliquam AB non per centrum ductam bifariam secet in puncto Z; dico et ad angulos rectos ipsam secare.

Sumatur enim centrum circuli $AB\Gamma$, et sit E, et iungantur EA, EB.

Et quoniam AZ aequalis est ZB, communis autem ZE, duae utique duabus aequales sunt, et basis EA basi EB aequalis; angulus igitur AZE angulo EZB aequalis est (I. 8.). Quando autem recta super rectam insistens angulos deinceps aequales inter se facit, rectus uterque aequalium angulorum est (I. Def. 10.); rectus igitur est uterque angulorum AZE, BZE. Ergo $\Gamma\Delta$ per centrum ducta rectam AB non per centrum ductam bifariam secans, et ad angulos rectos ipsam secat.

demonstrari poterit: si recta aliqua per duo puncta A, B fig. 207. in circuli circumferentia posita transeat, omnia huius rectae puncta inter A et B posita intra circulum: omnia autem puncta in recta producta sumta extra circulum erunt. Sit enim E punctum huius rectae quodcunque inter A et B, et

Ἀλλὰ δὴ καὶ ἡ ΓΔ τὴν ΑΒ πρὸς ὀρθὰς τεμνέτω· λέγω ὅτι καὶ δίχα αὐτὴν τέμνει, τοῦτ' ἔστιν, ὅτι ἴση ἐστὶν ἡ ΑΖ τῇ ΖΒ.

Τῶν γὰρ αὐτῶν κατασκευασθέντων, ἐπεὶ ἴση ἐστὶν ἡ ΕΑ τῇ ΕΒ, ἴση ἐστὶ καὶ γωνία ἡ ὑπὸ ΕΑΖ τῇ ὑπὸ ΕΒΖ. Ἔστι δὲ καὶ ὀρθὴ ἡ ὑπὸ ΑΖΕ ὀρθῇ τῇ ὑπὸ ΒΖΕ ἴση· δύο ἄρα τρίγωνά ἐστι τὰ ΕΑΖ, ΕΖΒ τὰς δύο γωνίας δυσὶ γωνίαις ἴσας ἔχοντα, καὶ μίαν πλευρὰν μιᾷ πλευρᾷ ἴσην, κοινὴν αὐτῶν τὴν ΕΖ, ὑποτείνουσαν ὑπὸ μίαν τῶν ἴσων γωνιῶν· καὶ τὰς λοιπὰς ἄρα πλευρὰς ταῖς λοιπαῖς πλευραῖς ἴσας ἕξει· ἴση ἄρα ἡ ΑΖ τῇ ΖΒ. Ἐὰν ἄρα ἐν κύκλῳ, καὶ τὰ ἑξῆς.

ΠΡΟΤΑΣΙΣ δ'.

Ἐὰν ἐν κύκλῳ δύο εὐθεῖαι τέμνωσιν ἀλλήλας, μὴ διὰ τοῦ κέντρου οὖσαι· οὐ τέμνουσιν ἀλλήλας δίχα.

Ἔστω κύκλος ὁ ΑΒΓΔ, καὶ ἐν αὐτῷ δύο εὐθεῖαι αἱ ΑΓ, ΒΔ τεμνέτωσαν ἀλλήλας κατὰ τὸ Ε σημεῖον, μὴ διὰ τοῦ κέντρου οὖσαι· λέγω ὅτι οὐ τέμνουσιν ἀλλήλας δίχα.

Εἰ γὰρ δυνατὸν, τεμνέτωσαν ἀλλήλας δίχα, ὥστε ἴσην εἶναι τὴν μὲν ΑΕ τῇ ΕΓ, τὴν δὲ ΒΕ τῇ ΕΔ·

occurrat ΔE circulo in puncto H, ductisque e centro Δ rectis ΔA, ΔB, ΔE erunt ΔA, ΔB aequales (I. Def. 15.) adeoque $\Delta AE = \Delta BA$ (I. 5.). At $\Delta EA > \Delta BA$ (I. 16.). Itaque etiam $\Delta EA > \Delta AE$, adeoque $\Delta A > \Delta E$ (I. 18.). Et quum $\Delta A = \Delta H$ (I. Def. 15.), erit etiam $\Delta H > \Delta E$, adeoque E intra circulum. Eodem modo si sumatur in recta AB producta punctum quodcunque Z, et ducatur recta ΔZ, quae circulo occurrat in Θ, erit ang. $\Delta ZB < \Delta BA$ (I. 16.) i. e. $< \Delta AZ$, adeoque (I.

Quodsi autem ΓΔ rectam AB ad angulos rectos secet; dico et bifariam ipsam secare, hoc est, aequalem esse AZ rectae ZB.

Iisdem enim constructis, quoniam aequalis est EA rectae EB (I. Def. 15.), aequalis est et angulus EAZ angulo EBZ (I. 5.). Est autem et angulus rectus AZE recto BZE aequalis; duo igitur triangula sunt EAZ, EZB duos angulos duobus angulis aequales habentia, et unum latus uni lateri aequale, commune ipsis EZ, subtendens unum aequalium angulorum; et reliqua igitur latera reliquis lateribus aequalia habebunt (I. 26.); aequalis igitur est AZ ipsi ZB. Si igitur in circulo etc.

PROPOSITIO IV. (Fig. 210.)

Si in circulo duae rectae sese secent, non per centrum ductae, sese non secabunt bifariam.

Sit circulus ΑΒΓΔ, et in ipso duae rectae ΑΓ, ΒΔ sese secent in E puncto, non per centrum ductae, dico eas sese non secare bifariam.

Si enim fieri potest, sese secent bifariam, ita ut AE quidem aequalis sit ΕΓ, et BE rectae ΕΔ; et

18.) $\Delta A<\Delta Z$, vel $\Delta\Theta<\Delta Z$, ac proinde punctum Z extra circulum. Cf. Clavius ad h. l. Quodsi recta per centrum transeat, res per se patet.

Cor. 1. Recta circulum in pluribus quam duobus punctis secare, vel generalius plura quam duo puncta cum circulo communia habere nequit; per tria itaque puncta in eadem recta posita circulus non potest transire, aut describi. Cf. I. 16. Cor.

καὶ εἰλήφθω τὸ κέντρον τοῦ $AB\Gamma\Delta$ κύκλου, καὶ ἔστω τὸ Z, καὶ ἐπεζεύχθω ἡ ZE.

Ἐπεὶ οὖν εὐθεῖά τις διὰ τοῦ κέντρου ἡ ZE εὐθεῖάν τινα μὴ διὰ τοῦ κέντρου τὴν $A\Gamma$ δίχα τέμνει, καὶ πρὸς ὀρθὰς αὐτὴν τεμεῖ· ὀρθὴ ἄρα ἐστὶν ἡ ὑπὸ ZEA. Πάλιν, ἐπεὶ εὐθεῖά τις ἡ ZE εὐθεῖάν τινα τὴν $B\Delta$ μὴ διὰ τοῦ κέντρου δίχα τέμνει, καὶ πρὸς ὀρθὰς αὐτὴν τέμνει· ὀρθὴ ἄρα ἡ ὑπὸ ZEB. Ἐδείχθη δὲ καὶ ἡ ὑπὸ ZEA ὀρθή· ἴση ἄρα ἡ ὑπὸ ZEA τῇ ὑπὸ ZEB, ἡ ἐλάττων τῇ μείζονι, ὅπερ ἐστὶν ἀδύνατον. Οὐκ ἄρα αἱ $A\Gamma$, $B\Delta$ τέμνουσιν ἀλλήλας δίχα. Ἐὰν ἄρα ἐν κύκλῳ, καὶ τὰ ἑξῆς.

ΠΡΟΤΑΣΙΣ έ.

Ἐὰν δύο κύκλοι τέμνωσιν ἀλλήλους, οὐκ ἔσται αὐτῶν τὸ αὐτὸ κέντρον.

Δύο γὰρ κύκλοι οἱ $AB\Gamma$, $\Gamma\Delta H$ τεμνέτωσαν ἀλλήλους κατὰ τὰ B, Γ σημεῖα· λέγω ὅτι οὐκ ἔσται αὐτῶν τὸ αὐτὸ κέντρον.

Εἰ γὰρ δυνατὸν, ἔστω τὸ E, καὶ ἐπεζεύχθω ἡ $E\Gamma$, καὶ διήχθω ἡ EZH ὡς ἔτυχεν.

Cor. 2. Circuli circumferentia est linea curva, i. e. ne minima quidem eius pars recta est.

Cor. 3. Recta, quae per punctum aliquod intra circulum ducitur, si opus est producta, circulum necessario in duobus punctis (I. Ax. 13.) nec pluribus secabit. (Haec quoque Corollaria e schedis Pfleidereri.)

PROPOSITIO III.

Obs. Haec propositio est conversa III. 1. Cor. 1. idemque pronunciat, quod I. 26. Cor. 1. et 2.

Cor. Si duo circuli (Fig. 209.) ex eodem centro *A* de-

sumatur centrum $AB\Gamma\Delta$ circuli (III. 1.), et sit Z, et iungatur ZE.

Quoniam igitur recta aliqua ZE per centrum rectam aliquam $A\Gamma$ non per centrum ductam bifariam secat, et ad angulos rectos ipsam secabit (III. 3.); rectus igitur est ZEA. Rursus, quoniam recta aliqua ZE rectam aliquam $B\Delta$ non per centrum ductam bifariam secat, et ad angulos rectos ipsam secat (III. 3.); rectus igitur est ZEB. Ostensus est autem et ZEA rectus; aequalis igitur ZEA angulo ZEB, minor maiori, quod fieri nequit. $A\Gamma$, $B\Delta$ igitur sese non secant bifariam. Si igitur in circulo etc.

PROPOSITIO V. (Fig. 211.)

Si duo circuli sese secent, non erit ipsorum idem centrum.

Duo enim circuli $AB\Gamma$, $\Gamma\Delta H$ sese secent in punctis B, Γ; dico non esse ipsorum idem centrum.

Si enim fieri potest, sit E, et iungatur $E\Gamma$, et ducatur EZH utcunque.

scripti sint, et recta aliqua $B\Gamma$ interiorem circulum in punctis $B\Gamma$, adeoque (III. 2. Cor. 3.) producta etiam exteriorem circulum in duobus punctis Δ, E secet, erunt eius segmenta $B\Delta$, ΓE inter utrumque circulum intercepta aequalia. Quodsi ΔE per centrum utriusque circuli transeat, adeoque ΔE diameter unius, $B\Gamma$ alterius circuli sit, patet, ob $\Delta A = AE$, et $BA = A\Gamma$ (I. Def. 15.), esse etiam $\Delta A - BA = AE - A\Gamma$ (I. Ax. 3.) i. e. $\Delta B = \Gamma E$. Sin autem ΔE non per centrum transeat, demittatur ex centro A in $B\Gamma$ perpendiculum AZ (I. 12.), eritque ex nostra propositione $\Delta Z = EZ$, et $BZ = \Gamma Z$, adeoque $\Delta Z - BZ = EZ - \Gamma Z$ (I. Ax. 3.) i. e. $\Delta B = E\Gamma$. Clavius ad h. l. Gilbert. p. 115.

Καὶ ἐπεὶ τὸ Ε σημεῖον κέντρον ἐστὶ τοῦ ΑΒΓ κύκλου, ἴση ἐστὶν ἡ ΕΓ τῇ ΕΖ. Πάλιν, ἐπεὶ τὸ Ε σημεῖον κέντρον ἐστὶ τοῦ ΓΔΗ κύκλου, ἴση ἐστὶν ἡ ΓΕ τῇ ΕΗ. Ἐδείχθη δὲ ἡ ΕΓ καὶ τῇ ΕΖ ἴση· καὶ ἡ ΖΕ ἄρα τῇ ΕΗ ἐστὶν ἴση, ἡ ἐλάσσων τῇ μείζονι, ὅπερ ἐστὶν ἀδύνατον. Οὐκ ἄρα τὸ Ε σημεῖον κέντρον ἐστὶ τῶν ΑΒΓ, ΓΔΗ κύκλων. Ἐὰν ἄρα δύο, καὶ τὰ ἑξῆς.

Π Ρ Ο Τ Α Σ Ι Σ ϛ'.

Ἐὰν δύο κύκλοι ἐφάπτονται ἀλλήλων ἐντὸς, οὐκ ἔσται αὐτῶν τὸ αὐτὸ κέντρον.

Δύο γὰρ κύκλοι οἱ ΑΒΓ, ΓΔΕ ἐφαπτέσθωσαν ἀλλήλων κατὰ τὸ Γ σημεῖον· λέγω ὅτι οὐκ ἔσται αὐτῶν τὸ αὐτὸ κέντρον.

Εἰ γὰρ δυνατὸν, ἔστω τὸ Ζ, καὶ ἐπεζεύχθω ἡ ΖΓ, καὶ διήχθω ὡς ἔτυχεν ἡ ΖΕΒ.

Ἐπεὶ οὖν τὸ Ζ σημεῖον κέντρον ἐστὶ τοῦ ΑΒΓ κύκλου, ἴση ἐστὶν ἡ ΖΓ τῇ ΒΖ. Πάλιν, ἐπεὶ τὸ Ζ σημεῖον κέντρον ἐστὶ τοῦ ΓΔΕ κύκλου, ἴση ἐστὶν ΖΓ τῇ ΖΕ. Ἐδείχθη δὲ καὶ ἡ ΖΓ τῇ ΖΒ ἴση· καὶ ἡ ΖΕ ἄρα τῇ ΖΒ ἐστὶν ἴση, ἡ ἐλάττων τῇ μείζονι, ὅπερ ἐστὶν ἀδύνατον. Οὐκ ἄρα τὸ Ζ σημεῖον κέντρον ἐστὶ τῶν ΑΒΓ, ΓΔΕ κύκλων. Ἐὰν ἄρα δύο, καὶ τὰ ἑξῆς.

PROPOSITIO IV.

Obs. Haec propositio ita intelligenda est: si non utraque per centrum transeat, nec utraque ab altera bisecabitur. Cf. Pfleiderer.

PROPOSITIO VI.

Obs. Demonstratio huius propositionis tacite sumere vi-

Et quoniam punctum E centrum est circuli $AB\Gamma$, $E\Gamma$ aequalis est EZ (I. Def. 15.). Rursus quoniam punctum E centrum est circuli $\Gamma\Delta H$, ΓE aequalis est EH (I. Def. 15.). Ostensa est autem et $E\Gamma$ aequalis EZ; et ZE igitur aequalis est EH, minor maiori, quod fieri nequit. Punctum igitur E non est centrum circulorum $AB\Gamma$, $\Gamma\Delta H$. Si igitur duo etc.

PROPOSITIO VI. (Fig. 212.)

Si duo circuli sese intra contingant, non erit ipsorum idem centrum.

Duo enim circuli $AB\Gamma$, $\Gamma\Delta E$ se contingant in puncto Γ; dico non esse ipsorum idem centrum.

Si enim fieri potest, sit Z, et iungatur $Z\Gamma$, et ducatur utcumque ZEB.

Quoniam igitur punctum Z centrum est circuli $AB\Gamma$, aequalis est $Z\Gamma$ rectae BZ (I. Def. 15.). Rursus, quoniam punctum Z centrum est circuli $\Gamma\Delta E$, aequalis est $Z\Gamma$ rectae ZE (I. Def. 15.). Ostensa est autem et $Z\Gamma$ ipsi ZB aequalis; et ZE igitur rectae ZB est aequalis, minor maiori, quod fieri nequit. Punctum igitur Z non est centrum circulorum $AB\Gamma$, $\Gamma\Delta E$. Si igitur duo etc.

detur, puncta E et B non posse coincidere, vel circulos se invicem in Γ intus contingentes in nullo alio puncto convenire posse. Quod quamvis verissimum sit, tamen ab Euclide infra demum III. 13. demonstratum est. Utraque autem propositio III. 5. et III. 6. iunctim et generalius ita demonstrari posse videntur: si duo circuli ex eodem centro descripti sunt, nullum punctum inter se commune habebunt. Quodsi enim punctum

ΠΡΟΤΑΣΙΣ ζ.

Ἐὰν κύκλου ἐπὶ τῆς διαμέτρου [1]) ληφθῇ τι σημεῖον ὃ μή ἐστι κέντρον τοῦ κύκλου, ἀπὸ δὲ τοῦ σημείου πρὸς τὸν κύκλον προςπίπτωσιν εὐθεῖαί τινες· μεγίστη μὲν ἔσται ἐφ' ἧς τὸ κέντρον, ἐλαχίστη δὲ ἡ λοιπή· τῶν δὲ ἄλλων, ἀεὶ ἡ ἔγγιον τῆς διὰ τοῦ κέντρου τῆς ἀπώτερον μείζων ἐστί· δύο δὲ μόνον ἴσαι ἀπὸ τοῦ αὐτοῦ σημείου προςπεσοῦνται πρὸς τὸν κύκλον, ἐφ' ἑκατέρα τῆς ἐλαχίστης.

Ἔστω κύκλος ὁ ΑΒΓΔ, διάμετρος δὲ αὐτοῦ ἔστω ἡ ΑΔ, καὶ ἐπὶ τῆς ΑΔ εἰλήφθω τι σημεῖον τὸ Ζ, ὃ μή ἐστι κέντρον τοῦ κύκλου, κέντρον δὲ τοῦ κύκλου ἔστω τὸ Ε, καὶ ἀπὸ τοῦ Ζ πρὸς τὸν ΑΒΓΔ κύκλον προςπιπτέτωσαν εὐθεῖαί τινες αἱ ΖΒ, ΖΓ, ΖΗ· λέγω ὅτι μεγίστη μέν ἐστιν ἡ ΖΑ, ἐλαχίστη δὲ ἡ ΖΔ· τῶν δὲ ἄλλων, ἡ μὲν ΖΒ τῆς ΖΓ μείζων, ἡ δὲ ΖΓ τῆς ΖΗ.

Ἐπεζεύχθωσαν γὰρ αἱ ΒΕ, ΓΕ, ΗΕ.

Καὶ ἐπεὶ παντὸς τριγώνου αἱ δύο πλευραὶ τῆς λοιπῆς μείζονές εἰσιν, αἱ ΕΒ, ΕΖ, ἄρα τῆς ΒΖ μείζονές εἰσιν. Ἴση δὲ ἡ ΑΕ τῇ ΒΕ, αἱ ἄρα ΒΕ, ΕΖ ἴσαι εἰσὶ τῇ ΑΖ· μείζων ἄρα ἡ ΑΖ τῆς ΒΖ. Πάλιν, ἐπεὶ ἴση ἐστὶν ἡ ΒΕ τῇ ΓΕ, κοινὴ δὲ ΖΕ, δύο δὴ αἱ ΒΕ, ΕΖ δυσὶ ταῖς ΓΕ, ΕΖ ἴσαι εἰσίν. [Ἀλλὰ καὶ γωνία ἡ ὑπὸ ΒΕΖ γωνίας τῆς ὑπὸ ΓΕΖ

1) Verba: ἐπὶ τῆς διαμέτρου, nisi otiosa indicare velis, nihil aliud significare possunt, quam ἐντὸς τοῦ κύκλου. Quodvis nempe punctum, quod in *ipsa* diametro haud saltim in puncto eius extremo situm est, est etiam intra circulum et vice versa.

aliquod ipsis commune sit, punctum istud in utroque circulo a centro communi aequaliter distabit. At vero omnia puncta

PROPOSITIO VII. (Fig. 213.)

Si in diametro circuli sumatur aliquod punctum, quod non sit centrum circuli, atque ab eo in circulum cadant rectae quaedam, maxima quidem erit ea, in qua centrum, minima vero reliqua; reliquarum autem, semper propinquior ei, quae per centrum remotiore maior est; binaeque tantum aequales ab eodem puncto cadent in circulum ex utraque parte minimae.

Sit circulus $AB\Gamma\Delta$, diameter autem ipsius sit $A\Delta$, et in ipsa $A\Delta$ sumatur aliquod punctum Z, quod non sit centrum circuli, centrum autem circuli sit E, et a Z in $AB\Gamma\Delta$ circulum cadant rectae quaedam ZB, $Z\Gamma$, ZH; dico maximam quidem esse ZA, minimam vero $Z\Delta$; reliquarum autem ZB quidem maiorem quam $Z\Gamma$; et $Z\Gamma$ quam ZH.

Iungantur enim BE, ΓE, HE.

Et quoniam omnis trianguli duo latera reliquo maiora sunt (I. 20.) erunt EB, EZ maiores, quam BZ. Est autem AE aequalis BE (I. Def. 15.); ergo BE, EZ aequales sunt ipsi AZ; maior igitur est AZ quam BZ. Rursus, quoniam BE aequalis est ΓE, communis autem ZE, duae BE; EZ duabus ΓE, EZ aequales sunt. Sed et angulus BEZ angulo ΓEZ

utriusque circuli a centro aequaliter distant ac punctum illud commune (I. Def. 15.). Quare omnia puncta communia erunt utrique circulo, neque iam duo, sed unus circulus descriptus erit, quod est contra hypothesin. Hinc consequitur, si duo circuli se invicem secent, vel contingant, vel, ut generalius enunciemus, punctum aliquod commune habeant, ipsorum idem centrum non esse. (Apollonii de Taction. quae super-

μείζων· βάσις ἄρα ἡ ΒΖ βάσεως τῆς ΓΖ μείζων ἐστίν. Διὰ τὰ αὐτὰ δὴ καὶ ἡ ΓΖ τῆς ΗΖ μείζων ἐστίν.

Πάλιν, ἐπεὶ αἱ ΗΖ, ΖΕ τῆς ΕΗ μείζονές εἰσιν, ἴση δὲ ἡ ΕΗ τῇ ΕΔ· αἱ ἄρα ΗΖ, ΖΕ τῆς ΕΔ μείζονές εἰσιν. Κοινὴ ἀφῃρήσθω ἡ ΕΖ· λοιπὴ ἄρα ἡ ΗΖ λοιπῆς τῆς ΖΔ μείζων ἐστίν. Μεγίστη μὲν ἄρα ἡ ΖΑ, ἐλαχίστη δὲ ἡ ΖΔ· μείζων δὲ ἡ μὲν ΖΒ τῆς ΖΓ, ἡ δὲ ΖΓ τῆς ΖΗ.

Λέγω ὅτι καὶ ἀπὸ τοῦ Ζ σημείου δύο μόνον ἴσαι προςπεσοῦνται πρὸς τὸν ΑΒΓΔ κύκλον, ἐφ' ἑκατέρᾳ τῆς ΖΔ ἐλαχίστης. Συνεστάτω γὰρ πρὸς τῇ ΕΖ εὐθείᾳ, καὶ τῷ πρὸς αὐτῇ σημείῳ τῷ Ε, τῇ ὑπὸ ΗΕΖ γωνίᾳ ἴση ἡ ὑπὸ ΖΕΘ, καὶ ἐπεζεύχθω ἡ ΖΘ. Ἐπεὶ οὖν ἴση ἐστὶν ἡ ΗΕ τῇ ΕΘ, κοινὴ δὲ ἡ ΕΖ, δύο δὴ αἱ ΗΕ, ΕΖ δυσὶ ταῖς ΘΕ, ΕΖ ἴσαι εἰσὶ, καὶ γωνία ἡ ὑπὸ ΗΕΖ γωνίᾳ τῇ ὑπὸ ΘΕΖ ἴση· βάσις ἄρα ἡ ΖΗ βάσει τῇ ΖΘ ἴση ἐστίν. Λέγω δὴ ὅτι τῇ ΖΗ ἄλλη ἴση οὐ προςπεσεῖται πρὸς τὸν κύκλον ἀπὸ τοῦ Ζ σημείου. Εἰ γὰρ δυνατὸν, προςπιπτέτω ἡ ΖΚ. Καὶ ἐπεὶ ἡ ΖΚ τῇ ΖΗ ἐστὶν ἴση, ἀλλὰ μὲν καὶ ἡ ΖΘ τῇ ΖΗ· καὶ ἡ ΖΚ ἄρα τῇ ΘΖ ἐστὶν ἴση, ἡ ἔγγιον τῆς διὰ τοῦ κέντρου τῇ ἀπώτερον ἴση, ὅπερ ἀδύνατον.

Ἢ καὶ οὕτως. Ἐπεζεύχθω ἡ ΕΚ. Καὶ ἐπεὶ ἴση ἐστὶν ἡ ΗΕ τῇ ΕΚ, κοινὴ δὲ ἡ ΕΖ, καὶ βάσις ἡ

sunt. Gothae 1795. Lemm. A. p. 39.) Austin. observat, propositionem III, 6. manifesto etiam locum habere, quum duo circuli se extra contingant, neque itaque restringendam fuisse ad eum casum, quo se intus contingant, et deinde Prop. 5. et 6. una demonstratione comprehendit. Quod tamen observationem illam attinet, iam Clavius monuit, Euclidem proposuisse

maior; basis igitur BZ basi ΓZ maior est (I. 24.). Ex eadem ratione et ΓZ maior est quam HZ.

Rursus quoniam HZ, ZE maiores sunt quam EH, aequalis autem EH ipsi $E\Delta$; erunt HZ, ZE maiores quam $E\Delta$. Communis auferatur EZ; reliqua igitur HZ reliqua $Z\Delta$ maior est. Maxima igitur $Z A$, minima vero $Z\Delta$; maior autem ZB quam $Z\Gamma$, et $Z\Gamma$ quam ZH.

Dico et a puncto Z duas tantum aequales cadere in circulum $AB\Gamma\Delta$, ex utraque parte minimae $Z\Delta$. Constituatur enim (I. 23.) ad rectam EZ, et ad punctum in ea E, angulo HEZ aequalis $ZE\Theta$, et iungatur $Z\Theta$. Quoniam igitur HE aequalis est $E\Theta$, communis autem EZ, duae HE, EZ duabus ΘE, EZ aequales sunt; et angulus HEZ angulo ΘEZ aequalis; basis igitur ZH basi $Z\Theta$ aequalis est (I. 4.). Dico autem ipsi ZH aliam aequalem non cadere in circulum a puncto Z. Si enim fieri potest, cadat ZK. Et quoniam ZK aequalis est ZH, sed et $Z\Theta$ ipsi ZH; et ZK igitur ipsi ΘZ est aequalis, videlicet propinquior ei quae per centrum remotiori, quod fieri nequit.

Vel et hoc modo. Iungatur EK. Et quoniam HE aequalis est EK, communis autem EZ, et basis ZH

hoc theorema de circulis duntaxat intus se contingentibus, quoniam circulorum extra se contingentium idem centrum esse non posse manifestum sit.

PROPOSITIO VII.

Obs. Duas, ex utraque parte minimae, aequales esse, Euclides ait, eas nempe, quae aequales angulos efficiunt cum

ΖΗ βάσει τῇ ΖΚ ἴσῃ· γωνία ἄρα ἡ ὑπὸ ΗΕΖ γωνίᾳ τῇ ὑπὸ ΚΕΖ ἴση ἐστίν. Ἀλλ' ἡ ὑπὸ ΗΕΖ τῇ ὑπὸ ΖΕΘ ἐστὶν ἴση· καὶ ἡ ὑπὸ ΖΕΘ ἄρα τῇ ὑπὸ ΚΕΖ ἐστὶν ἴση, ἡ ἐλάττων τῇ μείζονι, ὅπερ ἐστὶν ἀδύνατον. Οὐκ ἄρα ἀπὸ τοῦ Ζ σημείου ἑτέρα τις προςπεσεῖται πρὸς τὸν κύκλον ἴση τῇ ΗΖ· μία ἄρα μόνη. Ἐὰν ἄρα κύκλου, καὶ τὰ ἑξῆς.

ΠΡΟΤΑΣΙΣ ή.

Ἐὰν κύκλου ληφθῇ τι σημεῖον ἐκτὸς, ἀπὸ δὲ τοῦ σημείου πρὸς τὸν κύκλον διαχθῶσιν εὐθεῖαί τινες, ὧν μία μὲν διὰ τοῦ κέντρου, αἱ δὲ λοιπαὶ ὡς ἔτυχε· τῶν μὲν πρὸς τὴν κοίλην περιφέρειαν προςπιπτουσῶν εὐθειῶν μεγίστη μέν ἐστιν ἡ διὰ τοῦ κέντρου· τῶν δὲ ἄλλων, ἀεὶ ἡ ἔγγιον τῆς διὰ τοῦ κέντρου τῆς ἀπώτερον μείζων ἔσται· τῶν δὲ πρὸς τὴν κυρτὴν περιφέρειαν προςπιπτουσῶν εὐθειῶν ἐλαχίστη μέν ἐστιν ἡ μεταξὺ τοῦ τε σημείου καὶ τῆς διαμέτρου· τῶν δὲ ἄλλων, ἀεὶ ἡ ἔγγιον τῆς ἐλαχίστης τῆς ἀπώτερόν ἐστιν ἐλάττων. Δύο δὲ μόνον ἴσαι ἀπὸ τοῦ σημείου προςπεσοῦνται πρὸς τὸν κύκλον, ἐφ' ἑκατέρα τῆς ἐλαχίστης.

Ἔστω κύκλος ὁ ΑΒΓ, καὶ τοῦ ΑΒΓ εἰλήφθω τι σημεῖον ἐκτὸς τὸ Δ, καὶ ἀπ' αὐτοῦ διήχθωσαν εὐθεῖαί τινες πρὸς τὸν κύκλον [1]) αἱ ΔΑ, ΔΕ, ΔΖ, ΔΓ, ἔστω δὲ ἡ ΔΑ διὰ τοῦ κέντρου· λέγω ὅτι τῶν μὲν

1) Verba: πρὸς τὸν κύκλον, quas Peyrard. cum Cod. a. omittit, ex edd. Oxon. et Basil. restituimus.

minima. Nempe in △△ ΕΖΘ, ΕΖΗ est (I. 14.) angulus ΕΖΘ=ΕΖΗ, adeoque et ΔΖΘ=ΔΖΗ (I. 13.). Caeterum ex hac etiam propositione consequitur, quod iam III. 1. Cor. 2. deduximus, circulum non nisi unum centrum habere.

basi ZK aequalis; angulus igitur HEZ angulo KEZ aequalis est (I. 8.). Sed HEZ angulo $ZE\Theta$ est aequalis; et $ZE\Theta$ igitur angulo KEZ est aequalis, minor maiori, quod fieri non potest. Quare a puncto Z non cadet alia recta in circulum aequalis ipsi HZ; una igitur sola. Si igitur circuli etc.

PROPOSITIO VIII. (Fig. 214.)

Si extra circulum sumatur aliquod punctum, ab ipso autem puncto ad circulum ducantur rectae quaedam, quarum una per centrum, reliquae autem utcunque; earum quidem, quae ad concavam circumferentiam cadunt, rectarum maxima est quae per centrum; reliquarum autem, semper propinquior ei quae per centrum remotiore maior erit; earum vero, quae in in convexam circumferentiam cadunt, rectarum, minima est quae inter punctum et diametrum; reliquarum autem, semper propinquior minimae remotiore est minor. Binae autem tantum aequales a puncto cadent in circulum, ex utraque parte minimae.

Sit circulus $AB\Gamma$, et extra ipsum sumatur punctum aliquod Δ, et ab eo ducantur ad circulum rectae quaedam ΔA, ΔE, ΔZ, $\Delta\Gamma$, sit autem ΔA per centrum; dico earum quidem, quae in $AEZ\Gamma$ conca-

Cor. Nullum itaque intra circulum punctum est, praeter centrum, a quo plures, quam binae rectae aequales ad circumferentiam circuli duci possunt.

PROPOSITIO VIII.

Obs. 1. Quaenam circumferentiae pars concava, quaenam convexa sit, hic ut vulgo notum supponitur, et definitus

πρὸς τὴν ΔΕΖΓ κοίλην περιφέρειαν προςπιπτουσῶν εὐθειῶν μεγίστη μέν ἐστιν ἡ διὰ τοῦ κέντρου ἡ ΔΑ· ἀεὶ δὲ ἡ ἔγγιον τῆς διὰ τοῦ κέντρου τῆς ἀπώτερον μείζων ἔσται, ἡ μὲν ΔΕ τῆς ΔΖ, ἡ δὲ ΔΖ τῆς ΔΓ· τῶν δὲ πρὸς τὴν ΘΛΚΗ κυρτὴν περιφέρειαν προςπιπτουσῶν εὐθειῶν ἐλαχίστη μὲν ἡ ΔΗ, ἡ μεταξὺ τοῦ σημείου Δ καὶ τῆς διαμέτρου ΔΗ· ἀεὶ δὲ ἡ ἔγγιον τῆς ΔΗ ἐλαχίστης ἐλάττων ἐστὶ τῆς ἀπώτερον, ἡ μὲν ΔΚ τῆς ΔΛ, ἡ δὲ ΔΛ τῆς ΔΘ.

Εἰλήφθω γὰρ τὸ κέντρον τοῦ ΑΒΓ κύκλου, καὶ ἔστω τὸ Μ· καὶ ἐπεζεύχθωσαν αἱ ΜΕ, ΜΖ, ΜΓ, ΜΚ, ΜΛ, ΜΘ.

Καὶ ἐπεὶ ἴση ἐστὶν ἡ ΑΜ τῇ ΕΜ, κοινὴ προςκείσθω ἡ ΜΔ· ἡ ἄρα ΑΔ ἴση ἐστὶ ταῖς ΕΜ, ΜΔ. Αἱ δὲ ΕΜ, ΜΔ τῆς ΕΔ μείζονές εἰσι· καὶ ἡ ΑΔ ἄρα τῆς ΕΔ μείζων ἐστίν. Πάλιν, ἐπεὶ ἴση ἐστὶν ἡ ΕΜ τῇ ΖΜ, κοινὴ προςκείσθω ἡ ΜΔ, αἱ ΕΜ, ΜΔ ἄρα ταῖς ΖΜ, ΜΔ ἴσαι εἰσὶ, καὶ γωνία ἡ ὑπὸ ΕΜΔ γωνίας τῆς ὑπὸ ΖΜΔ μείζων ἐστίν. Βάσις ἄρα ἡ ΕΔ βάσεως τῆς ΖΔ μείζων ἐστίν. Ὁμοίως δὴ δείξομεν, ὅτι καὶ ἡ ΖΔ τῆς ΓΔ μείζων ἐστί· μεγίστη μὲν ἄρα ἡ ΔΑ, μείζων δὲ ἡ μὲν ΔΕ τῆς ΔΖ, ἡ δὲ ΔΖ τῆς ΔΓ.

Καὶ ἐπεὶ αἱ ΜΚ, ΚΔ τῆς ΜΔ μείζονές εἰσιν, ἴση δὲ ἡ ΜΗ τῇ ΜΚ, λοιπὴ ἄρα ἡ ΚΔ λοιπῆς τῆς ΗΔ μείζων ἐστίν· ὥςτε καὶ ἡ ΔΗ τῆς ΔΚ ἐλάσσων ἐστὶν, ἐλαχίστη ἄρα ἐστίν. Καὶ ἐπεὶ τριγώνου τοῦ ΜΛΔ ἐπὶ μιᾶς τῶν πλευρῶν τῆς ΜΔ, δύο εὐθεῖαι ἐντὸς συνεστάθησαν, αἱ ΜΚ, ΚΔ, αἱ ἄρα ΜΚ,

utriusque terminus demum post III. 17. exhiberi potest. Caeterum omnis mentio concavae aut convexae circumferentiae partis evitari poterat in hunc fere modum: Si e puncto aliquo

vam circumferentiam cadunt, rectarum maximam esse ΔA, quae per centrum; semper autem propinquior ei quae per centrum remotiore maior erit, nempe ΔE maior quam ΔZ, et ΔZ quam $\Delta \Gamma$; earum autem, quae in $\Theta \Lambda K H$ convexam circumferentiam cadunt, rectarum, minima quidem ΔH, quae inter punctum Δ et diametrum AH; semper autem propinquior ipsi ΔH minimae minor est remotiore, ΔK quidem minor quam $\Delta \Lambda$, et $\Delta \Lambda$ quam $\Delta \Theta$.

Sumatur enim centrum circuli $AB\Gamma$ (III. 1.), et sit M; et iungantur ME, MZ, $M\Gamma$, MK, $M\Lambda$, $M\Theta$.

Et quoniam aequalis est AM ipsi EM (I. Def. 15.), communis addatur $M\Delta$; ergo $A\Delta$ aequalis est ipsis EM, $M\Delta$. Sed EM, $M\Delta$ ipsa $E\Delta$ maiores sunt (I. 20.); et $A\Delta$ igitur ipsa $E\Delta$ maior est. Rursus, quoniam aequalis est EM ipsi ZM, communis addatur $M\Delta$; ergo EM, $M\Delta$ ipsis ZM, $M\Delta$ aequales sunt, et angulus $EM\Delta$ angulo $ZM\Delta$ maior est. Basis igitur $E\Delta$ basi $Z\Delta$ maior est (I. 24.). Similiter autem ostendemus, et $Z\Delta$ ipsa $\Gamma\Delta$ maiorem esse; maxima igitur est ΔA, maior vero ΔE quam ΔZ, et ΔZ quam $\Delta \Gamma$.

Et quoniam MK, $K\Delta$ maiores sunt quam $M\Delta$ (I. 20.), et MH aequalis MK, reliqua igitur $K\Delta$ reliqua $H\Delta$ maior est; quare et ΔH minor est quam ΔK; minima igitur est. Et quoniam super trianguli $M\Lambda\Delta$ uno latere $M\Delta$, duae rectae intus constituuntur; MK, $K\Delta$ igitur ipsis $M\Lambda$, $\Lambda\Delta$ minores sunt (I.

Δ extra circulum posito plures rectae in circulum ducantur, quarum una $M\Delta$ per centrum; ea, quae per centrum producta est, usquedum iterum cum circulo conveniat, nempe

$K\Delta$[1]) τῶν $M\Lambda$, $\Lambda\Delta$ ἐλάττονές εἰσιν· ἴση δὲ ἡ MK τῇ $M\Lambda$· λοιπὴ ἄρα ἡ ΔK λοιπῆς τῆς $\Delta\Lambda$ ἐλάττων ἐστίν. Ὁμοίως δὴ δείξομεν, ὅτι καὶ ἡ $\Delta\Lambda$ τῆς $\Delta\Theta$ ἐλάττων ἐστίν· ἐλαχίστη μὲν ἄρα ἡ ΔH, ἐλάττων δὲ ἡ μὲν ΔK τῆς $\Delta\Lambda$, ἡ δὲ $\Delta\Lambda$ τῆς $\Delta\Theta$.

Λέγω ὅτι καὶ δύο μόνον ἴσαι ἀπὸ τοῦ Δ σημείου προςπεσοῦνται[2]) πρὸς τὸν κύκλον, ἐφ' ἑκατέρᾳ τῆς ΔH ἐλαχίστης. Συνεστάτω πρὸς τῇ $M\Delta$ εὐθείᾳ, καὶ τῷ πρὸς αὐτῇ σημείῳ τῷ M, τῇ ὑπὸ $KM\Delta$ γωνίᾳ ἴση γωνία ἡ ὑπὸ ΔMB, καὶ ἐπεζεύχθω ἡ ΔB. Καὶ ἐπεὶ ἴση ἐστὶν ἡ MK τῇ MB, κοινὴ δὲ ἡ $M\Delta$, δύο δὴ αἱ KM, $M\Delta$, δυσὶ ταῖς BM, $M\Delta$ ἴσαι εἰσὶν, ἑκατέρα ἑκατέρᾳ, καὶ γωνία ἡ ὑπὸ $KM\Delta$ γωνίᾳ τῇ ὑπὸ $BM\Delta$ ἴση· βάσις ἄρα ἡ ΔK βάσει τῇ ΔB ἴση ἐστίν. Λέγω δὴ ὅτι τῇ ΔK εὐθείᾳ ἄλλη ἴση οὐ προςπεσεῖται πρὸς τὸν κύκλον ἀπὸ τοῦ Δ σημείου. Εἰ γὰρ δυνατὸν, προςπιπτέτω, καὶ ἔστω ἡ ΔN. Ἐπεὶ οὖν ἡ ΔK τῇ ΔN ἐστὶν ἴση, ἀλλ' ἡ ΔK τῇ ΔB

1) Pro: αἱ ἄρα MK, $K\Delta$ Peyrard. e Cod. a habet tantum ἄρα. Nos ea verba ex edd. Oxon. et Basil. restituimus, ut etiam Peyrard. in versione latina et gallica habet.

2) Lectio haec προςπεσοῦνται, quam e Cod. a. habet Peyrardus, praeferenda omnino videtur alteri συμπεσοῦνται, quam habent edd. Oxon. et Basil.

ΔA, erit omnium maxima, ea autem eius pars ΔH, quae ad punctum H inter A et centrum intermedium ducitur, omnium minima; reliquarum autem semper ea maior erit, ad cuius intersectionem cum circulo recta e centro M ducta angulum cum recta $M\Delta$ maiorem efficit, quam ea, ad cuius intersectionis punctum recta e centro ducta minorem cum $M\Delta$ angulum efficit, et ad utrasque rectae $M\Delta$ partes binae tantum aequales erunt.

Cor. Neque extra circulum igitur ullum punctum est,

21.); aequalis autem MK ipsi $MΛ$; reliqua igitur $ΔK$ reliqua $ΔΛ$ minor est. Similiter autem ostendemus et $ΔΛ$ minorem esse quam $ΔΘ$; minima igitur est $ΔH$, minor vero $ΔK$ quam $ΔΛ$, et $ΔΛ$ quam $ΔΘ$.

Dico et duas tantum aequales a puncto $Δ$ cadere in circulum, ex utraque parte ipsius $ΔH$ minimae. Constituatur ad $MΔ$ rectam, et ad punctum in ea M, ipsi $KMΔ$ angulo aequalis angulus $ΔMB$ (I. 23.), et iungatur $ΔB$. Et quoniam aequalis est MK ipsi MB, communis autem $MΔ$, duae KM, $MΔ$ duabus BM, $MΔ$ aequales sunt, utraque utrique, et angulus $KMΔ$ angulo $BMΔ$ aequalis; basis igitur $ΔK$ basi $ΔB$ aequalis est (I. 4.). Dico autem ipsi $ΔK$ rectae aliam aequalem non cadere in circulum a puncto $Δ$. Si enim fieri potest, cadat, et sit $ΔN$. Quoniam igitur $ΔK$ ipsi $ΔN$ est aequalis, sed $ΔK$ ipsi $ΔB$ est aequalis; et $ΔB$ igitur ipsi $ΔN$, propinquior minimae $ΔH$

a quo plures quam binae rectae aequales ad circumferentiam circuli duci possunt.

Obs. 2. Consideratis hac ratione in Prop. 7. 8. punctis, quae vel extra vel intra circulum posita sunt, necessario occurrunt etiam puncta, quae in ipsa circumferentia sita sunt. In his idem fere obtinet, quod in Prop. 8. et 7. Nempe, si e puncto aliquo in ipsa circuli circumferentia posito plures rectae in circulum ducantur, quarum una per centrum transeat, haec quidem omnium maxima erit; reliquarum autem ea, ad cuius intersectionem cum circulo ducta recta e centro maiorem angulum efficit cum ea, quae a dato puncto ad centrum ducta est, maior semper erit, quam ea, ad cuius intersectionem cum circulo ducta recta e centro minorem angulum efficit cum ea, quae a dato puncto ad centrum ducta est. Et e duabus puncti dati partibus binae tantum rectae aequales ad circulum duci possunt.

ἐστὶν ἴση· καὶ ἡ ΔΒ ἄρα τῇ ΔΝ ἐστὶν ἴση, ἡ ἔγγιον τῆς ΔΗ ἐλαχίστης τῇ ἀπώτερόν ἐστιν ἴση, ὅπερ ἀδύνατον ἐδείχθη.

Ἢ καὶ ἄλλως. Ἐπεζεύχθω ἡ ΜΝ. Καὶ ἐπεὶ ἴση ἐστὶν ἡ ΚΜ τῇ ΜΝ, κοινὴ δὲ ἡ ΜΔ, καὶ βάσις ἡ ΔΚ βάσει τῇ ΔΝ ἴση· γωνία ἄρα ἡ ἀπὸ ΚΜΔ γωνίᾳ τῇ ὑπὸ ΝΜΔ ἴση ἐστίν. Ἀλλ' ἡ ὑπὸ ΚΜΔ τῇ ὑπὸ ΒΜΔ ἐστὶν ἴση· καὶ ἡ ὑπὸ ΒΜΔ ἄρα τῇ ὑπὸ ΝΜΔ ἐστὶν ἴση, ἡ ἐλάττων τῇ μείζονι, ὅπερ ἐστὶν ἀδύνατον. Οὐκ ἄρα πλείους ἢ δύο ἴσαι πρὸς τὸν ΑΒΓ κύκλον ἀπὸ τοῦ Δ σημείου ἐφ' ἑκατέρᾳ τῆς ΔΗ ἐλαχίστης προςπεσοῦνται. Ἐὰν ἄρα κύκλου, καὶ τὰ ἑξῆς.

ΠΡΟΤΑΣΙΣ θ'.

Ἐὰν κύκλου ληφθῇ τι σημεῖον ἐντός, ἀπὸ δὲ τοῦ σημείου πρὸς τὸν κύκλον προςπίπτωσι πλείους ἢ δύο ἴσαι εὐθεῖαι, τὸ ληφθὲν σημεῖον κέντρον ἐστὶ τοῦ κύκλου.

Quod eodem modo demonstratur ac III. 8. Hanc propositionem septimae huius libri subiungit Commandinus, qui eam quoque demonstravit in commentario in propositionem octavam libri Archimedis de spiralibus, pariterque eam affert van Swinden Anfangsgründe der Meſskunde.

Cor. Nec in ipsa igitur circumferentia, adeoque generatim nusquam in eo plano, in quo circulus descriptus est, praeter centrum, datur punctum, e quo plures, quam binae rectae aequales ad circulum duci possunt. Binas autem in omnibus his propositionibus dicere maluimus, quam duas, quod ut Candalla monuit, sensus enunciati ita iustius exprimitur. Caeterum, quod modo de puncto in ipsa circuli circumferentia posito diximus, ad idem fere redit, quod infra

remotiore est aequalis, quod fieri non posse ostensum est.

Vel et aliter. Iungatur MN. Quoniam aequalis est KM ipsi MN, communis autem $M\Delta$, et basis ΔK basi ΔN aequalis; angulus igitur $KM\Delta$ angulo $NM\Delta$ aequalis est (I. 8.). Sed $KM\Delta$ ipsi $BM\Delta$ est aequalis; et $BM\Delta$ igitur ipsi $NM\Delta$ est aequalis, minor maiori, quod fieri nequit. Non igitur plures quam duae aequales in circulum $AB\Gamma$ a puncto Δ ex utraque parte minimae ΔH cadent. Si igitur extra circulum etc.

PROPOSITIO IX. (Fig. 215.)

Si intra circulum sumatur aliquod punctum, ab eo autem puncto in circulum cadant plures quam duae rectae aequales, sumptum punctum centrum est circuli.

III. 15. dicetur, nisi quod in III. 15. non de rectis tantum sermo est, quae ex eodem omnes puncto exeunt. Omnes tres propositiones, nempe III. 7. III. 8. eamque, quam Obs. 2. subiunximus, uno enunciato complectitur (quod facile fieri posse perspicuum est). Thom. Simpson. Elem. of Geometry Lond. 1800. p. 45. et Gilbert. p. 133. Quae porro Austin. de his propositionibus monet, dicemus ad Prop. 9.

Obs. 3. Facile patet, conversam quoque propositionum 7. 8. eiusque, quam Obs. 2. habuimus, locum habere. Nempe, si e puncto aliquo in circuli plano posito, quod non sit centrum, ducantur plures rectae ad circulum, sitque una omnium maxima, erit in hac circuli centrum: ea vero, quae omnium minima est, erit, si punctum illud intra circulum fuerit, in

Ἔστω κύκλος ὁ ΑΒΓ, ἐντὸς δὲ αὐτοῦ σημεῖον τὸ Δ, καὶ ἀπὸ τοῦ Δ πρὸς τὸν ΑΒΓ κύκλον προςπιπτέτωσαν πλείους ἢ δύο ἴσαι εὐθεῖαι, αἱ ΔΑ, ΔΒ, ΔΓ· λέγω ὅτι τὸ Δ σημεῖον κέντρον ἐστὶ τοῦ ΑΒΓ κύκλου.

Ἐπεζεύχθωσαν γὰρ αἱ ΑΒ, ΒΓ, καὶ τετμήσθωσαν δίχα κατὰ τὰ Ε, Ζ σημεῖα, καὶ ἐπιζευχθεῖσαι αἱ ΕΔ, ΖΔ διήχθωσαν ἐπὶ τὰ Κ, Η, Λ, Θ σημεῖα.

Ἐπεὶ οὖν ἐστὶν ἴση ἡ ΑΕ τῇ ΕΒ, κοινὴ δὲ ἡ ΕΔ· δύο δὴ αἱ ΑΕ, ΕΔ δυσὶ ταῖς ΒΕ, ΕΔ ἴσαι εἰσί· καὶ βάσις ἡ ΔΑ βάσει τῇ ΔΒ ἴση· γωνία ἄρα ἡ ὑπὸ ΑΕΔ γωνίᾳ τῇ ὑπὸ ΒΕΔ ἴση ἐστίν· ὀρθὴ ἄρα ἑκατέρα τῶν ὑπὸ ΑΕΔ, ΒΕΔ γωνιῶν· ἡ ΗΚ ἄρα τὴν ΑΒ δίχα τέμνουσα, καὶ πρὸς ὀρθὰς τέμνει. Καὶ ἐπεὶ, ἐὰν ἐν κύκλῳ τις εὐθεῖα εὐθεῖάν τινα δίχα τε καὶ πρὸς ὀρθὰς τέμνῃ, ἐπὶ τῆς τεμνούσης ἐστὶ τὸ κέντρον τοῦ κύκλου· ἐπὶ τῆς ΗΚ ἄρα ἐστὶ τὸ κέν-

directum iei, quae per centrum transit, ex parte puncti opposita; si vero punctum extra circulum fuerit, ea, quae omnium minima est, erit pars eius, quae per centrum transit, extra circulum sita (si punctum in ipsa circuli circumferentia fuerit, nulla dabitur omnium minima): omnibus porro casibus ea, quae maior est altera, circulum ita secabit, ut recta e centro ad punctum intersectionis maioris illius rectae et circuli ducta maiorem efficiat angulum cum recta e puncto ad centrum ducta, quam ea, quae e centro ad punctum intersectionis minoris cum circulo ducitur, efficit cum recta e puncto ad centrum ducta: denique binae rectae aequales e puncto ad circulum ductae puncta intersectionis cum circulo ita posita habebunt, ut rectae ad haec puncta e centro ductae aequales utrimque angulos efficiant cum ea, quae a puncto ad centrum ducitur. Quod facile sumto contrario evincitur. Conversam hanc, quatenus respicit III. 7., habet Clavius.

Sit circulus $AB\Gamma$, intra autem ipsum punctum Δ, et a Δ in circulum $AB\Gamma$ cadant plures quam duae rectae aequales ΔA, ΔB, $\Delta\Gamma$; dico punctum Δ centrum esse circuli $AB\Gamma$.

Iungantur enim AB, $B\Gamma$, et secentur bifariam in punctis E, Z (I. 10.), et iunctae $E\Delta$, $Z\Delta$ producantur ad K, H, Λ, Θ puncta.

Quoniam igitur AE est aequalis EB, communis autem $E\Delta$, duae AE, $E\Delta$ duabus BE, $E\Delta$ aequales sunt; et basis ΔA basi ΔB aequalis; angulus igitur $AE\Delta$ angulo $BE\Delta$ aequalis est (I. 8.); rectus igitur uterque angulorum $AE\Delta$, $BE\Delta$ (I. Def. 10.). HK igitur AB bifariam secans et ad angulos rectos ipsam secat. Et quoniam, si in circulo aliqua recta rectam aliquam bifariam et ad rectos angulos secet, centrum circuli est in secante (III. 1. Cor.); erit in HK cen-

PROPOSITIO IX.

Obs. Haec propositio facillime consequitur ex III. 7. Cor. vel generalius etiam, nulla positionis puncti intra circulum mentione facta, ope III. 8. Obs. 2. Cor. ita, ut nulla alia demonstratione opus foret. Atque ita Borellius rem expedit (Euclid. restitut. 1658. p. 72.). Caeterum debebat in demonstratione priore hic allata, si omnia iusto rigore persequi velis, distingui is casus, quo rectarum AB, $B\Gamma$ (Fig. 215.) alterutra per punctum Δ transit. Et, quum praeterea in hac demonstratione sumatur, quod apud Euclidem neque inter axiomata deprehendimus, nec alias demonstratum videmus (quo tamen etiam utitur in demonstratione priore Prop. 10.) duas rectas nonnisi unum punctum commune habere, suspicari forte liceat, spuriam esse, quae primo loco habetur, demonstrationem. Editorum nonnulli priorem, nonnulli posteriorem demonstrationem omittunt. Priorem omittunt Tacquet,

τρον τοῦ ΑΒΓ κύκλου. Διὰ τὰ αὐτὰ δὴ καὶ ἐπὶ τῆς ΘΛ ἐστὶ τὸ κέντρον τοῦ ΑΒΓ κύκλου. Καὶ οὐδὲν ἕτερον κοινὸν ἔχουσιν αἱ ΗΚ, ΘΛ εὐθεῖαι, ἢ τὸ Δ σημεῖον· τὸ Δ ἄρα σημεῖον κέντρον ἐστὶ τοῦ ΑΒΓ κύκλου. Ἐὰν ἄρα κύκλου, καὶ τὰ ἑξῆς.

ΑΛΛΩΣ.

Κύκλου γὰρ τοῦ ΑΒΓ εἰλήφθω τι σημεῖον ἐντὸς τὸ Δ, ἀπὸ δὲ τοῦ Δ πρὸς τὸν ΑΒΓ κύκλον προςπιπτέτωσαν πλείους ἢ δύο ἴσαι εὐθεῖαι, αἱ ΔΑ, ΔΒ, ΔΓ· λέγω ὅτι τὸ ληφθὲν σημεῖον τὸ Δ κέντρον ἐστὶ τοῦ ΑΒΓ κύκλου.

Μὴ γάρ, ἀλλ' εἰ δυνατόν, ἔστω τὸ Ε, καὶ ἐπιζευχθεῖσα ἡ ΔΕ διήχθω ἐπὶ τὰ Ζ, Η σημεῖα, ἡ ΖΗ ἄρα διάμετρός ἐστι τοῦ ΑΒΓ κύκλου. Ἐπεὶ οὖν κύκλου τοῦ ΑΒΓ ἐπὶ τῆς ΖΗ διαμέτρου εἴληπταί τι σημεῖον τὸ Δ, ὃ μή ἐστι κέντρον τοῦ κύκλου, μεγίστη μὲν ἔσται ἡ ΔΗ, μείζων δὲ ἡ μὲν ΔΓ τῆς ΔΒ, ἡ δὲ ΔΒ τῆς ΔΑ. Ἀλλὰ καὶ ἴση, ὅπερ ἐστὶν ἀδύνατον· οὐκ ἄρα τὸ Ε κέντρον ἐστὶ τοῦ ΑΒΓ

Rob. Simson., Playfair., posteriorem Campanus, Ambros. Rhodius, Orontius Fineus, Candalla, Giordano da Bitonto, Fournier, Hauff in Vers. German. Austin. monet, propositionem 9. adeo facile deduci e septima, ut credi vix possit, Euclidem id non animadvertisse. Recentiores quosdam geometras reapse in posteriore 9. demonstratione, quae priori omnino praeferenda videatur, usos esse 7. At quum Euclides ipse, ad quem nempe priorem demonstrationem 9. referendam putat, 7. neque hic, neque alibi unquam utatur, nec 8. ullus usus sit apud Euclidem, quum praeterea theoria circuli etiam sine 7. et 8. perfectus esse videatur, quoad rectas ad circulum ductas propositionibus III. 14. III. 15. III. 35. et III. 36.

trum circuli $AB\Gamma$. Ex eadem ratione et in $\Theta\Lambda$ est centrum circuli $AB\Gamma$. Et nullum aliud commune habent rectae HK, $\Theta\Lambda$ quam punctum Δ; circuli $AB\Gamma$ punctum igitur Δ centrum est. Si igitur circuli etc.

ALITER. (Fig. 216.)

Intra enim circulum $AB\Gamma$ sumatur aliquod punctum Δ, a Δ autem in $AB\Gamma$ circulum cadant plures quam duae rectae aequales, ΔA, ΔB, $\Delta\Gamma$; dico sumptum punctum Δ centrum esse circuli $AB\Gamma$.

Non enim, sed si fieri possit, sit E, et iuncta ΔE producatur in puncta Z, H; ergo ZH diameter est circuli $AB\Gamma$. Quoniam igitur in diametro ZH circuli $AB\Gamma$ sumptum est aliquod punctum Δ, quod non est centrum circuli, maxima quidem erit ΔH, maior vero $\Delta\Gamma$ quam ΔB, et ΔB quam ΔA (III. 7.). Sed et aequalis, quod fieri nequit; non est igitur E centrum circuli $AB\Gamma$. Similiter autem ostendemus,

7. et 8. serius saltim inventum eius auctoris videri, qui propositionis 9. demonstrationem posteriorem addiderit. Obiici quidem posse, in Theodosii Sphaericis adhiberi has propositiones, et similia nonnulla de sphaeris demonstrari, at quum Theodosium tribus fere seculis post Euclidem vixisse perhibeant, ab illo quippe ab auctoris elementorum aevo nimis alieno non addisci posse, quaenam ab initio huius operis forma fuerit. Quae quamvis satis speciose dicta sint, pro certis tamen et indubitatis sumi posse non videntur, quum nondum evictum sit, posteriorem Prop. 9. demonstrationem non esse Euclidis, et propositiones 7. et 8., si non ad demonstrandas propositiones sequentes, certe tamen ad pleniorem

κύκλου. Ὁμοίως δὴ δείξομεν, ὅτι οὐδὲ ἄλλο τι πλὴν τοῦ Δ· τὸ Δ ἄρα σημεῖον κέντρον ἐστὶ τοῦ ΑΒΓ κύκλου.

ΠΡΟΤΑΣΙΣ ι.

Κύκλος κύκλον οὐ τέμνει κατὰ πλείονα σημεῖα ἢ δύο.

Εἰ γὰρ δυνατὸν, κύκλος ὁ ΑΒΓ κύκλον τὸν ΔΕΖ τεμνέτω κατὰ πλείονα σημεῖα ἢ δύο, τὰ Β, Η, Θ [1]) καὶ ἐπιζευχθεῖσαι αἱ ΒΘ, ΒΗ δίχα τεμνέσθωσαν κατὰ τὰ Κ, Λ σημεῖα· καὶ ἀπὸ τῶν Κ, Λ ταῖς ΒΘ, ΒΗ πρὸς ὀρθὰς ἀχθεῖσαι αἱ ΚΓ, ΛΜ διήχθωσαν ἐπὶ τὰ Α, Ε σημεῖα.

Ἐπεὶ οὖν ἐν κύκλῳ τῷ ΑΒΓ εὐθεῖά τις ἡ ΑΓ εὐθεῖάν τινα τὴν ΒΘ δίχα καὶ πρὸς ὀρθὰς τέμνει, ἐπὶ τῆς ΑΓ ἄρα ἐστὶ τὸ κέντρον τοῦ ΑΒΓ κύκλου. Πάλιν, ἐπεὶ ἐν κύκλῳ τῷ αὐτῷ τῷ ΑΒΓ εὐθεῖά τις ἡ ΝΞ εὐθεῖάν τινα τὴν ΒΗ δίχα καὶ πρὸς ὀρθὰς τέμνει, ἐπὶ τῆς ΝΞ ἄρα τὸ κέντρον ἐστὶ τοῦ ΑΒΓ κύκλου. Ἐδείχθη δὲ καὶ ἐπὶ τῆς ΑΓ, καὶ κατ' οὐδὲν συμβάλλουσιν αἱ ΑΓ, ΝΞ εὐθεῖαι ἀλλήλαις

1) Editio Parisiensis, nulla exhibita Cod. auctoritate, ad exemplum tamen ed. Basil. ponit *B, H, Z, Θ.* At, quum ostendendum sit, ne tria quidem puncta duobus circulis posse esse communia, restituendam omnino putavimus lectionem ed. Oxon.

accuratioremque circuli theoriam omnino pertinere videantur, cuius rei exempla etiam infra ad Prop. 11. videbimus.

PROPOSITIO X.

Huius quoque propositionis, quae generalius adhuc ita exprimi, et eadem ratione demonstrari poterat: circulus cum alio circulo non plures quam duo puncta communia habere

neque aliud praeter Δ; ergo punctum Δ centrum est circuli $AB\Gamma$.

PROPOSITIO X. (Fig. 217.)

Circulus circulum non secat in pluribus punctis quam duobus.

Si enim fieri potest, circulus $AB\Gamma$ circulum ΔEZ secet in pluribus punctis quam duobus, B, H, Θ, et iunctae $B\Theta$, BH bifariam secentur in punctis K, Λ (I. 10.); et ab ipsis K, Λ ipsis $B\Theta$, BH ad rectos angulos ductae $K\Gamma$, ΛM (I. 11.) producantur in puncta A, E.

Quoniam igitur in circulo $AB\Gamma$ recta aliqua $A\Gamma$ rectam aliquam $B\Theta$ bifariam et ad rectos secat, in $A\Gamma$ erit centrum circuli $AB\Gamma$ (III. 1. Cor. 1.). Rursus, quoniam in eodem circulo $AB\Gamma$ recta aliqua $N\Xi$ rectam aliquam BH bifariam et ad rectos secat, in $N\Xi$ centrum est circuli $AB\Gamma$ (III. 1. Cor. 1.). Ostensum autem ipsum esse et in $A\Gamma$, et in nullo puncto conveniunt rectae $A\Gamma$, $N\Xi$ inter se praeterquam in

potest (in quo enunciato illud etiam continetur, circulos se invicem contingentes certe non plura quam duo puncta communia habere) in textu graeco duae sunt demonstrationes. In priore illud desiderari possit, quod non satis accurate demonstratum sit, rectas, quae in punctis bisectionis rectis ex hyp. utrique circulo inscriptis ad angulos rectos ducantur, sibi invicem in puncto aliquo et quidem unico occurrere, qui defectus tamen facile expleri potest ope I. Ax. 11. et I. Ax. 10. a et I. Ax. 12. Demonstratio posterior sumit sine ratione, punctum, quod pro centro unius circuli sumtum fuit, esse intra alterum circulum. Neque tamen necesse est hoc sumere,

ἢ κατὰ τὸ Ο· τὸ Ο ἄρα σημεῖον κέντρον ἐστὶ τοῦ ΑΒΓ κύκλου. Ὁμοίως δὴ δείξομεν, ὅτι καὶ τοῦ ΔΕΖ κύκλου κέντρον ἐστὶ τὸ Ο· δύο ἄρα κύκλων τεμνόντων ἀλλήλους, τῶν ΑΒΓ, ΔΕΖ, τὸ αὐτό ἐστι κέντρον τὸ Ο, ὅπερ ἐστὶν ἀδύνατον. Οὐκ ἄρα κύκλος, καὶ τὰ ἑξῆς.

ΑΛΛΩΣ.

Κύκλος γὰρ πάλιν ὁ ΑΒΓ κύκλον τὸν ΔΕΖ τεμνέτω κατὰ πλείονα σημεῖα ἢ δύο, τὰ Β, Η, Ζ, καὶ εἰλήφθω τὸ κέντρον τοῦ ΑΒΓ κύκλου τὸ Κ, καὶ ἐπεζεύχθωσαν αἱ ΚΒ, ΚΗ, ΚΖ.

Ἐπεὶ οὖν κύκλου τοῦ ΔΕΖ εἴληπταί τι σημεῖον ἐντὸς, τὸ Κ, καὶ ἀπὸ τοῦ Κ πρὸς τὸν ΔΕΖ κύκλον προςπεπτώκασι πλείους ἢ δύο εὐθεῖαι ἴσαι, αἱ ΚΒ, ΚΖ, ΚΗ· τὸ Κ ἄρα σημεῖον κέντρον ἐστὶ τοῦ ΔΕΖ κύκλου. Ἔστι δὲ καὶ τοῦ ΑΒΓ κύκλου κέντρον τὸ Κ· δύο ἄρα κύκλων τεμνόντων ἀλλήλους τὸ αὐτὸ κέντρον ἐστὶ τὸ Κ, ὅπερ ἀδύνατον. Οὐκ ἄρα κύκλος, καὶ τὰ ἑξῆς.

si praemissis propositionibus III. 7. III. 8. et ea, quae Obs. 2. ad III. 8. continetur, propositionem III. 9. generalius exprimas de puncto quocunque etiam non intra circulum posito. Atque ita propositiones III. 7. III. 8. et III. 8. Obs. 2. necessariae forent ad demonstrationem posteriorem III. propositionis 10. perficiendam. Etiam hic alii editores omittunt demonstrationem priorem v. c. Orontius Fineus, Borellius, Tacquet, Coëtsius, Giordano da Bitonto, Fournier, Rob. Simson., Playfair., alii posteriorem, v. c. Campanus, Candalla, Tartalea, Ambros. Rhodius, Hauff deutsche Uebersetz., Lorenz deutsche Uebersetz. 3te Ausg. 1809. Caeterum sequentia adhuc ex hac propositione et maxime ex demonstratione priore perficienda ante ut diximus, corollaria derivari possunt:

O; ergo O punctum centrum est circuli $AB\Gamma$. Similiter autem ostendemus, et circuli ΔEZ centrum esse O; duorum igitur circulorum sese secantium $AB\Gamma$, ΔEZ, idem erit centrum O, quod fieri nequit (III. 5.). Circulus igitur non etc.

ALITER. (Fig. 218.)

Circulus enim rursus $AB\Gamma$ circulum ΔEZ secet in pluribus punctis quam duobus, B, H, Z, et sumatur centrum circuli $AB\Gamma$, K, et iungantur KB, KH, KZ.

Quoniam igitur intra circulum ΔEZ sumptum est aliquod punctum K, et a K in circulum ΔEZ incidunt plures quam duae rectae aequales, KB, KZ, KH; ergo punctum K centrum est circuli ΔEZ (III. 9.). Est autem K et circuli $AB\Gamma$ centrum; duorum igitur circulorum sese secantium idem centrum est K, quod fieri nequit (III. 5.). Non igitur circulus etc.

Cor. 1. Per tria puncta non in eadem recta posita circulus describi potest, invento nempe illius centro eadem, qua prior demonstratio utitur, ratione, et tribus itaque punctis datis omnimode determinatur circulus, qui per ea transit.

Cor. 2. Recta, quae duo puncta, quibus duo circuli se secant, iungit, non per utriusque circuli centrum transit, vel non est utriusque circuli diameter. Quodsi enim esset diameter utriusque circuli, vel idem centrum esset utrique circulo, quod fieri nequit (III. 5.) vel recta haec in duobus punctis bisecaretur, quod pariter fieri non potest (I. Ax. 9.) Cf. Pfleiderer.

Cor. 3. Quae rectam puncta intersectionis circulorum se secantium iungentem, sive haec per centrum unius circuli

ΠΡΟΤΑΣΙΣ ιά.

Ἐὰν δύο κύκλοι ἐφάπτωνται ἀλλήλων ἐντὸς, καὶ ληφθῇ αὐτῶν τὰ κέντρα, ἡ ἐπὶ τὰ κέντρα αὐτῶν ἐπιζευγνυμένη εὐθεῖα ἐκβαλλομένη ἐπὶ τὴν συναφὴν πεσεῖται τῶν κύκλων.

Δύο γὰρ κύκλοι οἱ ΑΒΓ, ΑΔΕ ἐφαπτέσθωσαν [1]) ἀλλήλων ἐντὸς κατὰ τὸ Α σημεῖον, καὶ εἰλήφθω τοῦ μὲν ΑΒΓ κύκλου κέντρον τὸ Ζ, τοῦ δὲ ΑΔΕ τὸ Η· λέγω ὅτι ἡ ἀπὸ τοῦ Η ἐπὶ τὸ Ζ ἐπιζευγνυμένη εὐθεῖα ἐκβαλλομένη ἐπὶ τὸ Α σημεῖον πεσεῖται.

1) ἐφαπτέσθωσαν e Cod. a. ponit Peyrardus pro simplici ἁπτέσθωσαν, quod est in edd. Oxon. et Basil. Cf. quae diximus ad Def. 2. huius libri.

transeat, sive non, bifariam secat recta, eique ad angulos rectos insistit, per centra duorum circulorum transit, et vice versa. Cf. Pfleiderer.

Cor. 4. Distantia centrorum duorum circulorum, qui se intersecant, minor est summa radiorum eorum (I. 20.); et quod pariter ex I. 20. consequitur, si radii inaequales sint, distantia centrorum maior est differentia radiorum eorum; et is radius, qui altero maior est, minor est summa alterius radii et distantiae centrorum. Semper nempe triangulum effici debet inter utrumque centrum et punctum sectionis circulorum. Cf. Pfleiderer.

PROPOSITIO XI.

Obs. 1. In huius propositionis enunciatione distinctius dicendum erat, quo sensu vox ἐκβαλλομένη sumta sit. Illud nempe volebat auctor, ut e demonstratione utraque patet, rectam, quae centra utriusque circuli coniungit, productam *ad eam partem, ad quam est centrum circuli interioris*, in contactum, vel potius in illud ipsum punctum cadere, in quo duo circuli se contingere sumebantur. Hac demum ratione, accu-

PROPOSITIO XI. (Fig. 219.)

Si duo circuli sese intus contingant, et sumantur eorum centra, recta centra eorum coniungens producta in circulorum contactum cadet.

Duo enim circuli $AB\Gamma$, $A\Delta E$ sese contingant intus in puncto A, et sumatur circuli quidem $AB\Gamma$ centrum Z; circuli autem $A\Delta E$ centrum H; dico rectam ab H ad Z ductam, si producatur in punctum A cadere.

ratius sensu enunciati determinato, patet, cur in figura punctum H centrum nempe circuli minoris vel interioris sumtum sit ex ea parte puncti Z centri circuli maioris, vel alterum comprehendentis, e qua sunt puncta Δ, Θ, in quibus recta ZH circulos in demonstratione secare sumitur. Dixi, unum circulorum necessario alterum comprehendere, adeoque maiorem esse altero. Quamvis enim in iis, quae ad III. 3. Def. observata sunt, duos circulos intus se in puncto aliquo contingere diximus, si ea saltim puncta unius circuli, quae isti puncto proxima sunt, ex utraque parte posita sint intra alterum circulum (adeoque ea puncta alterius circuli, quae isti puncto proxima sunt, ex utraque parte posita sint extra alterum) ex iis tamen, quae hactenus demonstrata sunt, colligere iam licebit, unum eorum circulorum necessario integrum intra alterum positum esse. Quodsi enim imaginari velis, duos circulos intus se in puncto aliquo contingentes, quorum tamen neuter intra alterum comprehendatur, necessario is, cuius puncta puncto A proxima intra alterum posita sint, extra hunc exire, et deinde per aliud eius punctum, vel per idem punctum iterum intra circulum redire deberet. At, si sumere velis, posse esse (Fig. 220.) circulum $AB\Delta\Gamma$, qui alterum $AB\Gamma E$ intus contingat, et in B extra hunc exeat versus Δ, in Γ vero intra eum redeat, duo hi circuli plura

Μὴ γὰρ, ἀλλ' εἰ δυνατὸν, πιπτέτω ὡς ἡ ΖΗΘ, καὶ ἐπεζεύχθωσαν αἱ ΑΖ, ΑΗ.

Ἐπεὶ οὖν αἱ ΑΗ, ΗΖ τῆς ΖΑ τοῦτ' ἔστι τῆς ΖΘ, (ἴση γὰρ ἡ ΖΑ τῇ ΖΘ, ἀπὸ κέντρου γὰρ ἄμφω [1]) μείζονές εἰσι, κοινὴ ἀφῃρήσθω ἡ ΖΗ· λοιπὴ ἄρα ἡ ΑΗ λοιπῆς τῆς ΗΘ μείζων ἐστίν. Ἴση δὲ ἡ ΑΗ τῇ ΔΗ· καὶ ἡ ΗΔ ἄρα τῆς ΗΘ μείζων ἐστὶν, ἡ ἐλάττων τῆς μείζονος, ὅπερ ἐστὶν ἀδύνατον. Οὐκ ἄρα ἡ ἀπὸ τοῦ Ζ ἐπὶ τὸ Η ἐπιζευγνυμένη εὐθεῖα ἐκτὸς τῆς κατὰ τὸ Α συναφῆς πεσεῖται· ἐπ' αὐτὴν ἄρα. Ἐὰν ἄρα δύο κύκλοι καὶ τὰ ἑξῆς.

Α Λ Λ Ω Σ.

Ἀλλὰ δὲ πιπτέτω ὡς ἡ ΗΖΓ, καὶ ἐκβεβλήσθω ἐπ' εὐθείας ἡ ΗΖΓ ἐπὶ τὸ Θ σημεῖον, καὶ ἐπεζεύχθωσαν αἱ ΑΗ, ΑΖ.

1) Verba uncis inclusa, quae Peyrardus cum Cod. a. omittit, ex edd. Basil. et Oxon. restituimus.)

quam duo puncta communia habebunt, quod fieri nequit, ut in Obs. ad III. 10. monuimus. Sin autem imaginari velis circulum *ΑΒΔΒΑ* (Fig. 221.), qui alterum *ΑΒΕ* intus contingat, et tamen extra eum in puncto *Β* egrediatur, per idem punctum *Β* autem intra illum regrediatur, necessario ille nodiformis erit, et e duabus figuris vel gyris, una *ΑΒ*, altera *ΒΔ* undequaque clausis, et in puncto *Β* cohaerentibus constabit, in quarum altera v. g. in *ΑΒ* centrum circuli *Γ* positum erit. Ex centro *Γ* ducatur ad punctum aliquod *Ζ* alterius gyri recta *ΓΖ*, quae, quum necessario e gyro *ΑΒ* exire debeat, hunc secabit in puncto aliquo *Θ* (I. Ax. 13.), eruntque tam *ΓΘ* quam *ΓΖ* radii circuli, adeoque *ΓΘ*=*ΓΖ* (Def. I. 15.) pars itaque aequalis toti, quod est absurdum. Quum igitur circulus, qui alterum intus contingit, et cuius itaque

Non enim, sed si fieri potest, cadat ut $Z H \Theta$, et iungantur $A Z$, $A H$.

Quoniam igitur $A H$, $H Z$ recta $Z A$ (I. 20.), hoc est recta $Z \Theta$ maiores sunt (est enim $Z A$ aequalis $Z \Theta$, ambae quippe ex eodem centro), communis auferatur $Z H$; reliqua igitur $A H$ reliquâ $H \Theta$ maior est. Est autem $A H$ aequalis ΔH; $H \Delta$ igitur ipsa $H \Theta$ maior est, minor maiore, quod fieri nequit. Non igitur a Z ad H ducta recta extr contactum A cadet. Ergo in contactum cadet. Si igitur duo circuli etc.

ALITER.

Sed cadat ut $H Z \Gamma$, et producatur in directum $H \Gamma Z$ ad punctum Θ, et iungantur $A H$, $A Z$.

puncta contactui proxima intra hunc continentur, nulla sui parte extra hunc egredi vel eum secare possit, consequitur, illum circulum prorsus ab hoc comprehendi, vel integrum intra eum situm esse, adeoque minorem esse circulo comprehendente. Unde et radius circuli comprehensi minor erit radio circuli comprehendentis. (Vid. Obs. ad III. 1. Def. sub finem.) Et illum quidem, qui e duobus se invicem contingentibus circulis radium minorem habet, intra *contingere*, alterum, qui radium maiorem habet, *contingi* dicimus. His praemissis, quae ad omnes scrupulos penitus eximendos necessaria visa sunt, reliqua etiam plenius et accuratius ita expedientur. Si duo circuli $AB\Gamma$, $A\Delta E$ (Fig. 222.) se intus contingant in puncto A (adeoque ex III. 6. centra eorum diversa sint), recta, quae centra utriusque circuli coniungit producta ad eam partem, ad quam est centrum circuli interioris, in illud ipsum punctum A cadet, in quo duo illi circuli se contingunt. Sit enim H centrum circuli interioris

Ἐπεὶ οὖν αἱ AH, HZ μείζους εἰσὶ τῆς AZ, ἀλλὰ ἡ ZA ἴση ἐστὶ τῇ $Z\Gamma$, τοῦτ' ἔστι τῇ $Z\Theta$, κοινὴ ἀφῃρήσθω ἡ ZH· λοιπὴ ἄρα ἡ AH λοιπῆς τῆς $H\Theta$ μείζων ἐστὶν, τοῦτ' ἔστιν ἡ $H\Delta$ τῆς $H\Theta$, ἡ ἐλάττων τῆς μείζονος, ὅπερ ἐστὶν ἀδύνατον. Ὁμοίως, κἂν ἐκτὸς ᾖ τοῦ μικροῦ τὸ κέντρον τοῦ μείζονος κύκλου, δείξομεν τὸ αὐτὸ ἄτοπον.

ΠΡΟΤΑΣΙΣ ιβ'.

Ἐὰν δύο κύκλοι ἐφάπτωνται [1]) ἀλλήλων ἐκτὸς, ἡ ἐπὶ τὰ κέντρα αὐτῶν ἐπιζευγμένη εὐθεῖα διὰ τῆς ἐπαφῆς ἐλεύσεται.

1) ἐφάπτωνται e Cod. a. ponit Peyrardus pro simplici ἅπτωνται, quod est in edd. Oxon. et Basil. Cf. III. 11. Prop.

(minoris), Z centrum circuli exterioris vel maioris. Iam, si punctum contactus A non sit in recta ZH ultra H producta, erit aut in recta ZH ultra Z producta, aut extra rectam ZH. Sit 1) si fieri potest, punctum A in recta ZH ultra centrum circuli maioris Z producta, eritque $HA = HZ + ZA$, adeoque $HA > ZA$. At ex hypoth. Z est centrum circuli maioris, vel (vid. Obs. ad III. 1. Def.) est $ZA > HA$. Absurdum igitur est, esse simul $HA > ZA$. Sit 2) punctum A extra rectam ZH positum. Recta ZH ultra H producta necessario cum utroque circulo conveniet (I. Ax. 13.). Conveniet autem cum utroque circulo vel in puncto utrique communi, vel in duobus diversis punctis. Conveniat a) si fieri potest (Fig. 223.) in puncto Θ utrique circulo communi, ductisque ad punctum contactus A rectis HA, ZA, constituetur triangulum HAZ, in quo $AH + HZ > ZA$ (I. 20.) i. e. $> Z\Theta$ (I. Def. 15.), adeoque, demta communi ZH, $AH > H\Theta$. At etiam $AH = H\Theta$ (I. Def. 15.), quod est absurdum. Conveniat b) recta ZH cum circulo exteriore in puncto Θ (Fig. 219.) cum circulo interiore in puncto

Quoniam igitur AH, HZ maiores sunt ipsa AZ (I. 20.), sed ZA aequalis est $Z\Gamma$, hoc est ipsi $Z\Theta$, communis auferatur ZH; reliqua igitur AH reliqua $H\Theta$ maior est, hoc est $H\Delta$ ipsa $H\Theta$, minor maiore, quod fieri nequit. Similiter, et si extra circulum parvum sit centrum maioris circuli, ostendemus idem absurdum sequi.

PROPOSITIO XII. (Fig. 225.)

Si duo circuli sese extra contingant, recta centra ipsorum coniungens per contactum transibit.

Δ, et evincetur alterutra earum demonstrationum, quae sunt apud Euclidem, id fieri non posse. (Haec autem consequentia non valeret, nisi ante ostensum fuerit, circulos se intus contingentes non simul se invicem secare posse vel punctum Θ non intra circulum minorem esse posse.) Nequaquam igitur punctum A extra rectam ZH, nec in ipsa recta ZH ex ea huius rectae parte esse potest, qua ultra punctum Z producta est: itaque (quum centra Z, H intra suos quodque circulos, adeoque punctum A, in circumferentia quippe circulorum positum, nec in ipsa ZH inter haec puncta situm esse possit), erit necessario in recta ZH ultra H centrum circuli interioris producta, vel, quod eodem redit, puncta Z, H, A centra nempe et punctum contactus in eadem recta, et quidem eo, quo nominavimus, ordine posita erunt. Aliam casus 2. b. demonstrationem ex III. 7. derivatam habent Peletarius, Billingsley, Borellius, Henrion. Alia porro, quam Coëtsius habet, demonstratio, dubito an efficiat id, quod probandum erat.

Cor. Et quum recta ZH necessario ex *utraque* parte producta circulos secet (I. Ax. 13.), neutrum autem in pluribus quam duobus punctis secare possit (III. 2. Cor. 1.) ex ea parte, qua ultra H producitur, in *uno* tantum puncto A eos secare

Δύο γὰρ κύκλοι οἱ ΑΒΓ, ΑΔΕ ἐφαπτέσθωσαν ἀλλήλων ἐντὸς κατὰ τὸ Α σημεῖον, καὶ εἰλήφθω τοῦ μὲν ΑΒΓ κύκλου κέντρον, τὸ Ζ, τοῦ δὲ ΑΔΕ τὸ Η· λέγω ὅτι ἡ ἀπὸ τοῦ Ζ ἐπὶ τὸ Η ἐπιζευγνυμένη εὐθεῖα διὰ τῆς κατὰ τὸ Α ἐπαφῆς ἐλεύσεται.

Μὴ γάρ, ἀλλ' εἰ δυνατόν, ἐρχέσθω ὡς αἱ ΖΓΔΗ, καὶ ἐπεζεύχθωσαν αἱ ΖΑ, ΑΗ.

poterit. Quum igitur punctum contactus duorum circulorum intus se contingentium positum sit in recta centra eorum coniungente, qua ultra centrum circuli interioris *producta* circulis occurrit, illa autem occurrere circulis ex hac parte non nisi in uno puncto possit, circuli, qui se intus contingunt, non nisi in uno puncto se contingent. Et quum circuli, qui se intus in puncto aliquo contingunt, nec in alio puncto se secare possint, ut supra vidimus, generalius adhuc dici potest, eos non nisi unum punctum commune habere. (Est haec pars propositionis III. 13. facile ita stabilienda, quamvis generalius expressa).

Obs. 2. Ex hac propositione, adiectoque corollario immediate haec etiam eius conversa sequitur: si duo circuli se invicem intus contingunt, recta ex centro unius circuli ad punctum contactus ducta per centrum alterius quoque transit. (Est haec Pappi Lemm. V. ad Apollon. de Taction vel Collect. Mathem. L. VII. Prop. C. Habet eam quoque Coëtsius in Schol. ad III. 11.)

Obs. 3. Alia porro huius propositionis conversa locum habet: nempe, si duo circuli punctum aliquod *A* (Fig. 224.) commune habeant, sintque radii eorum ad punctum *A* vergentes in eadem recta, ex *eadem* parte puncti illius communis positi: circuli in puncto isto communi intus se contingent. Sint enim centra duorum circulorum *H*, *Z*, quae non coincident (III. 6. Obs.), sitque *Z* punctum a puncto *A* remotius. Ex puncto *Z* ad punctum aliquod *Δ* circuli radio *HA* descripti ducatur recta *ZΔ*, eritque haec recta minor recta *ZA* (III. 7. III. 8. et Obs. 2. ad III. 8.), adeoque ex Def. 15. punctum *Δ* situm

Duo enim circuli $AB\Gamma$, $A\Delta E$ sese contingant extra in puncto A, et sumatur circuli quidem $AB\Gamma$ centrum Z, circuli vero $A\Delta E$ centrum H; dico rectam a Z ad H ductam per contactum A transire.

Si enim non, cadat, si fieri potest, ut $Z\Gamma\Delta H$, et iungantur ZA, AH.

erit intra circulum centro Z, radio ZA descriptum. Idem demonstrabitur de puncto quocunque circuli radio HA descripti ex alterutra parte rectae Z, A sumto. Itaque duo isti circuli in puncto A se intus contingent (Obs. ad III. 3. nr. d.). (Est hoc Pappi Lemm. VI. in Apollon. de Taction. vel Collect. Mathem. L. VII. Prop. CI.)

Cor. Hinc patet ratio describendorum circulorum, qui se invicem intra contingant, et manifestum est, distantiam centrorum in iis aequalem esse differentia radiorum eorum, et vice versa.

PROPOSITIO XII.

Obs. 1. In circulis etiam, qui se extra contingunt (cf. Obs. ad III. 3. Def. nr. b. c.) simili plane ratione ac in propositione praecedente demonstrabitur, eos se invicem nusquam secare posse, vel utrumque integrum extra alterum positum esse. Deinde, si in puncto A se extra contingant, punctum A necessario positum erit in *ipsa* recta, quae centra utriusque circuli (quae quum uterque circulus integer extra alterum sit, certe diversa erunt) coniungit. Si enim punctum contactus A non positum sit in *ipsa* hac recta, erit vel in recta utrumque centrum iungente ultra alterutrum centrum producta, vel extra eam. Sit 1) si fieri potest (Fig. 226.) punctum A in recta, quae centrum Z unius circuli (primum vocabimus) ac centrum H alterius circuli (secundum appellabimus) coniungit, ultra secundum v. g. centrum H producta. At, quum uterque circulus integer extra alterum positus sit, recta ZH, antequam

Ἐπεὶ οὖν τὸ Ζ σημεῖον κέντρον ἐστὶ τοῦ ΑΒΓ κύκλου, ἴση ἐστὶν ἡ ΖΑ τῇ ΖΓ. Πάλιν, ἐπεὶ τὸ Η σημεῖον κέντρον ἐστὶ τοῦ ΑΔΕ κύκλου, ἴση ἐστὶν ἡ ΑΗ τῇ ΗΔ. Ἐδείχθη δὲ καὶ ἡ ΖΑ τῇ ΖΓ ἴση· αἱ ἄρα ΖΑ, ΑΗ ταῖς ΖΓ, ΔΗ ἴσαι εἰσίν· ὥςτε ὅλη ἡ ΖΗ τῶν ΖΑ, ΑΗ μείζων ἐστίν. Ἀλλὰ καὶ ἐλάττων, ὅπερ ἀδύνατον. Οὐκ ἄρα ἡ ἀπὸ τοῦ Ζ ἐπὶ τὸ Η ἐπιζευγνυμένη εὐθεῖα διὰ τῆς κατὰ τὸ Α ἐπαφῆς οὐκ ἐλεύσεται· δι᾽ αὐτῆς ἄρα. Ἐὰν ἄρα δύο κύκλοι καὶ τὰ ἑξῆς.

ΠΡΟΤΑΣΙΣ ιγ΄.

Κύκλος κύκλου οὐκ ἐφάπτεται κατὰ πλείονα σημεῖα ἢ καθ᾽ ἕν, ἐάν τε ἐντὸς ἐφάπτηται, ἐάν τε ἐκτός.

secundum circulum intrare possit, primum circulum secabit in puncto aliquo Γ (I. Ax. 13.), adeoque erit $Z\Gamma$ radius primi circuli. At ex hypothesi eadem recta ZH producta in A occurrit puncto utrique circulo communi, adeoque etiam ZA est radius primi circuli. Erit itaque $Z\Gamma = ZA$ (I. Def. 15.) pars toti, quod est absurdum. Punctum itaque A non situm esse potest in recta ZH ultra H producta. Eodemque modo ostenditur, non esse punctum contactus A in recta ZH ultra Z producta. Sit deinde 2) si fieri potest, punctum contactus A extra rectam ZH, rectaque ZH vel utrique circulo in eodem puncto Θ, vel uni quidem in puncto Γ, alteri in puncto Δ occurret. Occurrat 1) si fieri potest, utrique circulo (Fig. 227.) in puncto Θ, ductisque ad punctum contactus A rectis ZA, HA, constituetur triangulum ZAH, in quo $ZA + HA > ZH$ (I. 20.). At $ZA = Z\Theta$, et $HA = H\Theta$ (I. Def. 15.) Itaque $Z\Theta + H\Theta = ZA + HA$. i. e. $ZH = ZA + HA$ q. e. a. Occurrat deinde b) recta ZH (Fig. 225.) uni circulo in Γ, alteri in Δ, et ostendetur, ut apud Euclidem, etiam hoc fieri non posse. Quum igitur punctum contactus neque extra rectam ZH, neque

Quoniam igitur Z punctum centrum est circuli $AB\Gamma$, aequalis est ZA ipsi $Z\Gamma$ (I. Def. 15.). Rursus, quoniam H punctum centrum est circuli $A\Delta E$, aequalis est AH ipsi $H\Delta$ (I. Def. 15.). Ostensa est autem ZA ipsi $Z\Gamma$ aequalis; rectae igitur ZA, AH rectis $Z\Gamma$, ΔH aequales sunt; quare tota ZH ipsis ZA, AH maior est. Sed et minor (I. 20.), quod fieri nequit. Non igitur recta a Z ad H ducta per contactum A non transibit; per ipsum igitur. Si igitur duo circuli etc.

PROPOSITIO XIII. (Fig. 229.)

Circulus circulum non contingit in pluribus punctis quam in uno, sive intus contingat, sive extra.

in ipsa ultra alterutrum centrum producta, nec (ut ex I. 15. Def. patet) in alterutro punctorum Z, H situm esse possit, erit necessario inter puncta Z et H intermedium, vel, quod eodem redit, centra Z, H et punctum contactus A hoc ordine: Z, A, H se invicem subsequentur. Caeterum Campanus et Peletarius hanc propositionem cum praecedente simul uno eodemque enunciato efferunt, et casus 2. b. aliam adhuc ex III. 8. derivatam demonstrationem habent Peletarius, Billingsley, Borellius, Henrion.

Cor. 1. Et, quum recta ZH necessario ex *utraque* parte producta alterutrum circulum secet (I. Ax. 13.), neutrum autem in pluribus, quam duobus punctis secare possit (III. 2. Cor. 1.), inter puncta Z et H utrumque in *uno* tantum puncto A secare poterit. Circuli itaque se extra contingentes non nisi in uno puncto se contingent, et, quum nec in alio puncto se secare possint, unum tantum punctum commune habebunt. (Est haec pars altera III. 13. Prop. generalius expressa.)

Cor. 2. Si duo circuli punctum aliqod commune habeant, quod non sit in recta centra eorum iungente ipsa aut

Εἰ γὰρ δυνατὸν, κύκλος ὁ ΑΒΓΔ κύκλου τοῦ ΕΒΖΔ ἐφαπτέσθω 1) *πρότερον ἐντὸς κατὰ πλείονα σημεῖα ἢ ἕν, τὰ Β, Δ.*

Καὶ εἰλήφθω τοῦ μὲν ΑΒΔΓ κύκλου κέντρον, τὸ Η· τοῦ δὲ ΕΒΖΔ, τὸ Θ.

Ἡ ἄρα ἀπὸ τοῦ Η ἐπὶ τὸ Θ ἐπιζευγνυμένη εὐθεῖα ἐπὶ τὰ Β, Δ πεσεῖται. Πιπτέτω ὡς ἡ ΒΗΘΔ. Καὶ ἐπεὶ τὸ Η σημεῖον κέντρον ἐστὶ τοῦ ΑΒΔΓ κύκλου, ἴση ἐστὶν ἡ ΒΗ τῇ ΗΔ· μείζων ἄρα ἡ ΒΗ τῆς ΘΔ· πολλῷ ἄρα μείζων ἡ ΒΘ τῆς ΘΔ. Πάλιν, ἐπεὶ τὸ Θ σημεῖον κέντρον ἐστὶ τοῦ ΕΒΖΔ κύκλου, ἴση ἐστὶν ἡ ΒΘ τῇ ΘΔ. Ἐδείχθη δὲ αὐτῆς καὶ πολλῷ μείζων, ὅπερ ἀδύνατον· οὐκ ἄρα κύκλος κύκλου ἐφάπτεται ἐντὸς κατὰ πλείονα σημεῖα ἢ ἕν.

1) Hic quoque e Cod. a. Peyrard. ponit *ἐφαπτέσθω* pro simplici *ἁπτέσθω* edd. Oxon. et Basil. Caeterum figuram huic propositioni adiunximus, qualis fere est in editione Basileensi, textui Graeco melius respondentem, quam quae vulgo habetur.

producta, circuli hi in isto puncto se invicem secabunt. Si enim se invicem non secent, se contingent. Atqui contingere se non possunt (III. 11. vel III. 12.), ergo secabunt.

Cor. 3. Duo itaque circuli, in quibus distantia centrorum minor est summa radiorum, et si radii inaequales sint, maior differentia radiorum, se invicem secant. Tum nempe (I. 22.) e duobus radiis et recta, quae centrorum distantiam exprimit, triangulum constitui poterit, in quo itaque punctum, in quo radii se intersecant, non erit in recta centra iungente, unde res consequitur ex Cor. praecedente.

Cor. 4. Duo circuli, qui in duobus punctis sibi occurrunt, se invicem secant. Contingere enim se non possunt

Si enim fieri potest, circulus $AB\Delta\Gamma$ circulum $EBZ\Delta$ contingat primum intus in pluribus punctis quam in uno, in B, Δ.

Et sumatur ipsius quidem circuli $AB\Delta\Gamma$ centrum H (III. 1.); ipsius autem $EBZ\Delta$, centrum Θ.

Recta igitur ab H ducta ad Θ in puncta B, Δ cadet (III. 11.). Cadat ut $BH\Theta\Delta$. Et quoniam punctum H centrum est circuli $AB\Delta\Gamma$, aequalis est BH ipsi $H\Delta$ (I. Def. 15.); maior igitur BH ipsa $\Theta\Delta$; ergo multo maior $B\Theta$ ipsa $\Theta\Delta$. Rursus, quoniam punctum Θ centrum est circuli $EBZ\Delta$, aequalis est $B\Theta$ ipsi $\Theta\Delta$ (I. Def. 15.) Ostensa est autem ipsa et multo maior, quod fieri nequit; non igitur circulus circulum contingit intus in pluribus punctis quam in uno.

(Cor. ad Obs. 1. III. 11. et Cor. 1. ad Obs. 1. III. 12.). Cf. Pfleiderer.

Obs. 2. Ex hac propositione, adiectoque Cor. 1. immediate etiam haec eius conversa sequitur: si duo circuli se invicem extra contingunt, recta ex centro unius ad punctum contactus ducta, *si producatur ultra contactus punctum*, per centrum alterius quoque transit. (Est haec Pappi Lemm. III. in Apollon. de Taction. vel Coll. Math. L. VII. Pr. XCVIII.)

Obs. 3. Et huius propositionis alia quoque conversa locum habet. Nempe, si duo circuli punctum aliquod A commune habeant, sintque radii eorum ad hoc punctum vergentes in eadem recta, e *diversis* puncti illius communis partibus positi: circuli in puncto isto communi extra se contingent. Sit enim (Fig. 228.) unius circuli diameter AB ac centrum H, alterius diameter $A\Gamma$, centrumque Z. Quum igitur ex hyp. Z situm sit in diametro BA producta, erit (Obs. ad III. 2.) punctum Z extra circulum $A\Gamma$. Unde simili ratione, ac in Obs. 3. ad propositionem praecedentem ex III. 8. demonstratur, rectas

Λέγω δὴ ὅτι οὐδὲ ἐκτός. Εἰ γὰρ δυνατὸν, κύκλος ὁ ΑΓΚ κύκλου τοῦ ΑΒΔΓ ἐφαπτέσθω ἐκτὸς κατὰ πλείονα σημεῖα ἢ ἕν, τὰ Α, Γ, καὶ ἐπεζεύχθω ἡ ΑΓ.

Ἐπεὶ οὖν κύκλων τῶν ΑΒΔΓ, ΑΓΚ εἴληπται ἐπὶ τῆς περιφερείας ἑκατέρου δύο τυχόντα σημεῖα τὰ Α, Γ, ἡ ἐπὶ τὰ αὐτὰ σημεῖα ἐπιζευγνυμένη εὐθεῖα ἐντὸς ἑκατέρου πεσεῖται. Ἀλλὰ τοῦ μὲν ΑΒΔΓ ἐντὸς ἔπεσε, τοῦ δὲ ΑΓΚ ἐκτὸς, ὅπερ ἄτοπον· οὐκ ἄρα κύκλος κύκλου ἐφάπτεται ἐκτὸς κατὰ πλείονα σημεῖα ἢ ἕν. Ἐδείχθη δὲ, ὅτι οὐδὲ ἐντός. Κύκλος ἄρα καὶ τὰ ἑξῆς.

ΠΡΟΤΑΣΙΣ ιδʹ.

Ἐν κύκλῳ αἱ ἴσαι εὐθεῖαι ἴσον ἀπέχουσιν ἀπὸ τοῦ κέντρου, καὶ αἱ ἴσον ἀπέχουσαι ἀπὸ τοῦ κέντρου ἴσαι ἀλλήλαις εἰσίν.

Ἔστω κύκλος ὁ ΑΒΔΓ, καὶ ἐν αὐτῷ ἴσαι εὐθεῖαι ἔστωσαν αἱ ΑΒ, ΓΔ· λέγω ὅτι ἴσον ἀπέχουσιν ἀπὸ τοῦ κέντρου.

Εἰλήφθω γὰρ τὸ κέντρον τοῦ ΑΒΔΓ κύκλου, καὶ ἔστω τὸ Ε, καὶ ἀπὸ τοῦ Ε ἐπὶ τὰς ΑΒ, ΓΔ κάθετοι ἤχθωσαν αἱ ΕΖ, ΕΗ, καὶ ἐπεζεύχθωσαν αἱ ΑΕ, ΓΕ.

ex puncto *Z* ex utraque parte puncti *A* ductas ad puncta quaecunque circuli *AB* maiores esse recta *ZA*, adeoque puncta quaecunque circuli *AB* ex utraque parte puncti *A* sita esse extra circulum *AΓ*. Eodem prorsus modo ostendetur, puncta quaecunque circuli *AΓ* ex utraque parte puncti *A* sita esse extra circulum *AB*. Circuli itaque in puncto *A* extra se contingent (Obs. ad III. 3. Def. nr. c.). Est haec propositio Pappi

Dico etiam neque extra. Si enim fieri potest, circulus $A\Gamma K$ circulum $AB\Gamma\Delta$ contingat extra in pluribus punctis quam in uno, in A, Γ, et iungatur $A\Gamma$.

Quoniam igitur in circumferentiis circulorum $AB\Delta\Gamma$, $A\Gamma K$ sumpta sunt duo quaelibet puncta, A, Γ, recta haec puncta coniungens intra utrumque cadet (III. 2.). Eadem autem intra circulum quidem $AB\Delta\Gamma$ cadit, at extra circulum $A\Gamma K$ (III. Def. 3.), quod est absurdum. Non igitur circulus circulum contingit extra in pluribus punctis quam in uno. Ostensum est autem neque intus. Circulus igitur etc.

PROPOSITIO XIV. (Fig. 230.)

In circulo aequales rectae aequaliter distant a centro, et quae aequaliter distant a centro aequales inter se sunt.

Sit circulus $AB\Delta\Gamma$, et in eo aequales rectae sint AB, $\Gamma\Delta$; dico ipsas aequaliter distare a centro.

Sumatur enim centrum circuli $AB\Delta\Gamma$ (III. 1.), et sit E, et ab E ad AB, $\Gamma\Delta$ perpendiculares ducantur EZ, EH (I. 12.), et iungantur AE, ΓE.

Lemm. IV. in Apollon. de Taction. vel Collect. Mathem. L. VII. Prop. XCIX.)

Cor. Hinc patet ratio describendorum circulorum, qui se extra contingunt, et manifestum est, distantiam centrorum in illis aequalem esse summae radiorum, et vice versa.

PROPOSITIO XIII.

Huius propositionis demonstrationem nos quidem in Cor.

Ἐπεὶ οὖν εὐθεῖά τις διὰ τοῦ κέντρου ἡ ΕΖ εὐθεῖάν τινα μὴ διὰ τοῦ κέντρου τὴν ΑΒ πρὸς ὀρθὰς τέμνει, καὶ δίχα αὐτὴν τέμνει. Ἴση ἄρα ἡ ΑΖ τῇ ΒΖ· διπλῆ ἄρα ἡ ΑΒ τῆς ΑΖ. Διὰ τὰ αὐτὰ δὴ καὶ ἡ ΓΔ τῆς ΓΗ ἐστὶ διπλῆ, καί ἐστιν ἴση ἡ ΑΒ τῇ ΓΔ· ἴση ἄρα καὶ ἡ ΑΖ τῇ ΓΗ. Καὶ ἐπεὶ ἴση ἐστὶν ἡ ΔΕ τῇ ΕΓ, ἴσον καὶ τὸ ἀπὸ τῆς ΔΕ τῷ ἀπὸ τῆς ΕΓ. Ἀλλὰ τῷ μὲν ἀπὸ τῆς ΑΕ ἴσα τὰ ἀπὸ τῶν ΑΖ, ΖΕ, ὀρθὴ γὰρ ἡ πρὸς τῷ Ζ γωνία· τῷ δὲ ἀπὸ τῆς ΕΓ ἴσα τὰ ἀπὸ τῶν ΕΗ, ΗΓ, ὀρθὴ γὰρ ἡ πρὸς τῷ Η γωνία· τὰ ἄρα ἀπὸ τῶν ΑΖ, ΖΕ ἴσα ἐστὶ τοῖς ἀπὸ τῶν ΓΗ, ΗΕ, ὧν τὸ ἀπὸ τῆς ΑΖ ἴσον ἐστὶ τῷ ἀπὸ τῆς ΓΗ, ἴση γάρ ἐστιν ἡ ΑΖ τῇ ΓΗ· λοιπὸν ἄρα τὸ ἀπὸ τῆς ΖΕ λοιπῷ τῷ ἀπὸ τῆς ΕΗ ἴσον ἐστὶν, ἴση ἄρα ἡ ΖΕ τῇ ΕΗ. Ἐν δὲ κύκλῳ ἴσον ἀπέχειν ἀπὸ τοῦ κέντρου εὐθεῖαι λέγονται, ὅταν αἱ ἀπὸ τοῦ κέντρου ἐπ' αὐτὰς κάθετοι ἀγόμεναι ἴσαι ὦσιν· αἱ ἄρα ΑΒ, ΓΔ ἴσον ἀπέχουσιν ἀπὸ τοῦ κέντρου.

ad III. 11. Obs. 1. et III. 12. dedimus. In ea, quae in textu graeco est, nonnulla minus accurate posita esse videntur. Nempe in eius parte priore, in qua de circulis sermo est, qui se intra contingunt, ex III. 11. adstruitur, rectam, quae per centra duorum circulorum transeat, necessario, si duo contactus puncta sumere velis, per utrumque eorum transire, quod tamen fieri non possit. Verum enim vero in Prop. 11. illud tantum demonstravit Euclides, ut in Obs. 1. ad III. 11. vidimus, rectam ΘΗ, quae per centra utriusque circuli transit, *ultra centrum H minoris circuli* productam in punctum contactus *B* cadere, eamdem vero ultra centrum Θ maioris circuli productam in alterum, quod hypothetice sumitur, punctum con-

Quoniam itaque recta aliqua EZ per centrum ducta rectam aliquam AB non per centrum ductam ad rectos angulos secat, et bifariam ipsam secat (III. 3.). Igitur AZ aequalis est BZ; ideoque AB ipsius AZ dupla. Eadem ratione et $\Gamma\Delta$ ipsius ΓH dupla est, et est AB aequalis ipsi $\Gamma\Delta$; aequalis igitur et AZ ipsi ΓH. Et quoniam aequalis est AE ipsi $E\Gamma$, aequale est et quadratum ex AE quadrato ex $E\Gamma$. Sed quadrato ex AE aequalia sunt quadrata ex AZ, ZE (I. 47.), rectus enim ad Z angulus; quadrato vero ex $E\Gamma$ aequalia sunt quadrata ex EH, $H\Gamma$ (I. 47.), rectus enim ad H angulus; quadrata igitur ex AZ, ZE aequalia sunt quadratis ex ΓH, HE, e quibus quadratum ex AZ aequale est quadrato ex ΓH, aequalis enim est AZ ipsi ΓH; reliquum igitur quadratum ex ZE reliquo ex EH aequale est, aequalis igitur ZE ipsi EH. In circulo autem aequaliter distare a centro rectae dicuntur (III. Def. 4.), quando a centro ad ipsas perpendiculares ductae aequales sunt; ergo AB, $\Gamma\Delta$ aequaliter distant a centro.

tactus, siquidem alterum tale punctum locum habere possit, cadere debere, nequaquam fuit demonstratum. Deinde in parte posteriore, ubi de circulis agitur, qui se extra contingunt, ex III. Def. 3. sumitur, eorum utrumque integrum extra alterum situm esse, vel tales circulos se invicem non secare. At, quum lineae curvae cogitari possint, quae quamvis se in puncto aliquo extra contingant, non tamen ita comparatae sint, ut neutra alteram etiam ulterius productam secet, et obiicere quis possit, forte idem etiam in circulis obtinere posse, ad eximendum hunc scrupulum res accuratius evolvenda esse visa fuit, ut in Obs. 1. ad III. 11. et III. 12. fecimus. Robert. Simson. etiam partis prioris, in qua circuli

Ἀλλὰ δὴ αἱ ΑΒ, ΓΔ εὐθεῖαι ἴσον ἀπεχέτωσαν ἀπὸ τοῦ κέντρου, τουτ᾽ ἔστιν, ἴση ἔστω ἡ ΕΖ τῇ ΕΗ· λέγω ὅτι ἴση ἐστὶ καὶ ἡ ΑΒ τῇ ΓΔ.

Τῶν γὰρ αὐτῶν κατασκευασθέντων, ὁμοίως δὴ δείξομεν, ὅτι διπλῆ ἐστιν ἡ μὲν ΑΒ τῆς ΑΖ, ἡ δὲ ΓΔ τῆς ΓΗ· καὶ ἐπεὶ ἴση ἐστὶν ἡ ΑΕ τῇ ΓΕ, ἴσον ἐστὶ τὸ ἀπὸ τῆς ΑΕ τῷ ἀπὸ τῆς ΓΕ· ἀλλὰ τῷ μὲν ἀπὸ τῆς ΑΕ ἴσα ἐστὶ τὰ ἀπὸ τῶν ΕΖ, ΖΑ, τῷ δὲ ἀπὸ τῆς ΓΕ ἴσα τὰ ἀπὸ τῶν ΕΗ, ΗΓ, τὰ ἄρα ἀπὸ τῶν ΕΖ, ΖΑ ἴσα ἐστὶ τοῖς ἀπὸ τῶν ΕΗ, ΗΓ, ὧν τὸ ἀπὸ τῆς ΕΖ τῷ ἀπὸ τῆς ΕΗ ἐστὶν ἴσον, ἴση γὰρ ἡ ΕΖ τῇ ΕΗ· λοιπὸν ἄρα τὸ ἀπὸ τῆς ΑΖ λοιπῷ τῷ ἀπὸ τῆς ΓΗ ἴσον ἐστίν· ἴση ἄρα ἡ ΑΖ τῇ ΓΗ, καί ἐστι τῆς μὲν ΑΖ διπλῆ ἡ ΑΒ, τῆς δὲ ΓΗ διπλῆ ἡ ΓΔ, ἴση ἄρα ἡ ΑΒ τῇ ΓΔ. Ἐν κύκλῳ ἄρα καὶ τὰ ἑξῆς.

ΠΡΟΤΑΣΙΣ ιε.

Ἐν κύκλῳ μεγίστη μέν ἐστιν ἡ διάμετρος· τῶν δὲ ἄλλων, ἀεὶ ἡ ἔγγιον τοῦ κέντρου τῆς ἀπώτερον μείζων ἐστίν.

intus se contingere ponuntur, aliam habet demonstrationem, quae etiam est apud Campanum et Peletarium, et huc redit. „Intus se contingant, si fieri potest, duo circuli in duobus punctis *B*, *Δ*, ductaque *BΔ* intra utrumque circulum cadet (III. 2.); igitur in recta *ΑΜ*, quae rectam *BΔ* bifariam et ad angulos rectos secat, erit utriusque circuli centrum (III. 1. Cor. 1.), ergo *ΑΜ* producta in circulorum contactum cadet (III. 11.), sed in contactum non cadet, quod puncta *B*, *Δ* sunt extra rectam *ΑΜ*, quod est absurdum." — At vero, quum III. 11., apud Euclidem, ut ad eam monuimus, non distincte satis evoluta sit ex Euclidea eius demonstratione,

Sed vice versa aequaliter AB, $\Gamma\Delta$ distent a centro, hoc est, aequalis sit EZ ipsi EH; dico aequalem esse et AB ipsi $\Gamma\Delta$.

Etenim iisdem constructis, similiter ostendemus duplam esse AB ipsius AZ, et $\Gamma\Delta$ ipsius ΓH; et quoniam aequalis est AE ipsi ΓE, aequale est quadratum ex AE quadrato ex ΓE; sed quadrato ex AE aequalia sunt quadrata ex EZ, ZA (I. 47.), quadrato vero ex ΓE quadrata ex EH, $H\Gamma$; quadrata igitur ex EZ, ZA aequalia sunt quadratis ex EH, $H\Gamma$, e quibus quadratum ex EZ quadrato ex EH est aeaequale, aequalis enim EZ ipsi EH; reliquum igitur quadratum ex AZ reliquo ex ΓH est aequale; aequalis igitur AZ ipsi ΓH, et est AB dupla ipsius AZ, $\Gamma\Delta$ vero dupla ipsius ΓH. Aequalis igitur AB ipsi $\Gamma\Delta$. In circulo igitur etc.

PROPOSITIO XV. (Fig. 231.)

In circulo maxima quidem est diameter; aliarum vero, semper propinquior centro remotiore maior est.

quam etiam Simson. habet, non satis perspicue prodire videtur, praeter contactus punctum, in quod ex III. 11. recta AM incidit, nullum aliud vel in ipsa AM, vel extra illam contactus punctum esse posse. Eandem demonstrationem Austin. docet applicari posse, sive de circulis intus sive de circulis extra se contingentibus sermo sit, dummodo posteriore hoc casu III. 12. loco III. 11. adhibeatur, et, quod mirum videri possit, inde concludit, Prop. III. 12. spuriam esse, quum in simili casu etiam in III. 6. de circulis extra se contingentibus non sermo fuerit, et praeterea in III. 12 ἅπτωνται pro ἐφάπτωνται positum sit. Huic ultimae tamen rationi ipse dif-

Ἔστω κύκλος ὁ ΑΒΓΔ, διάμετρος δὲ αὐτοῦ ἔστω ἡ ΑΔ, κέντρον δὲ τὸ Ε, καὶ ἔγγιον μὲν τοῦ Ε κέντρου ἔστω ἡ ΒΓ, ἀπώτερον δὲ ἡ ΖΗ· λέγω ὅτι μεγίστη μέν ἐστιν ἡ ΑΔ, μείζων δὲ ἡ ΖΓ τῆς ΖΗ.

Ἤχθωσαν γὰρ ἀπὸ τοῦ Ε κέντρου ἐπὶ τὰς ΒΓ, ΖΗ κάθετοι αἱ ΕΘ, ΕΚ. Καὶ ἐπεὶ ἔγγιον μὲν του κέντρου ἐστὶν ἡ ΒΓ, ἀπώτερον δὲ ἡ ΖΗ, μείζων ἄρα ἡ ΕΚ τῆς ΕΘ. Κείσθω τῇ ΕΘ ἴση ἡ ΕΛ, καὶ διὰ τοῦ Λ τῇ ΕΚ πρὸς ὀρθὰς ἀχθεῖσα ἡ ΛΜ διήχθω ἐπὶ τὸ Ν, καὶ ἐπεζεύχθωσαν αἱ ΕΜ, ΕΝ, ΕΖ, ΕΗ.

Καὶ ἐπεὶ ἴση ἐστὶν ἡ ΕΘ τῇ ΕΛ, ἴση ἐστὶ καὶ ἡ ΒΓ τῇ ΜΝ. Πάλιν, ἐπεὶ ἴση ἐστὶν ἡ μὲν ΑΕ τῇ ΕΜ, ἡ δὲ ΕΔ τῇ ΕΝ, ἡ ἄρα ΑΔ ταῖς ΜΕ, ΕΝ ἴση ἐστίν. Ἀλλ' αἱ ΜΕ, ΕΝ τῆς ΜΝ μείζονές εἰσι, καὶ ἡ ΑΔ ἄρα τῆς ΜΝ μείζων ἐστίν. Ἴση δὲ ἡ ΜΝ τῇ ΒΓ, ἡ ΑΔ ἄρα τῆς ΒΓ μείζων ἐστὶν. Καὶ ἐπεὶ δύο αἱ ΜΕ, ΕΝ δυσὶ ταῖς ΖΕ, ΕΗ ἴσαι εἰσὶ, καὶ γωνία ἡ ὑπὸ ΜΕΝ, γωνίας τῆς ὑπὸ ΖΕΗ μεί-

fidere videtur, et Cod. a. habet omnino ἐφάπτωνται. Nec reliqua Austini argumenta sufficere nobis videntur. Alii quoque alias huius propositionis demonstrationes dederunt, e quibus ea, quam habet Giordano da Bitonto, similis fere est ei, quam in Obs. 3. ad III. 11. et ad III. 12. eius, quae ibi exhibetur, propositionis exhibuimus.

PROPOSITIO XIV.

Patet, veram adhuc esse propositionem, etiamsi rectae *ΑΒ*, *ΓΔ* ex eadem parte centri fuerint, vel si se invicem secent, aut ex uno eodemque circumferentiae puncto ductae sint.

PROPOSITIO XV.

Obs. Rob. Simson. monet, ad probandum, diametrum *ΑΔ* maiorem esse quacunque recta *ΒΓ* in circulo, nihil opus

Sit circulus $AB\Gamma\Delta$, diameter autem ipsius sit $A\Delta$, centrum vero E, et propinquior quidem centro E sit $B\Gamma$, remotior vero ZH; dico maximam esse $A\Delta$, maiorem vero $B\Gamma$ ipsa ZH.

Ducantur enim ab E centro ad $B\Gamma$, ZH perpendiculares $E\Theta$, EK. Et quoniam propinquior quidem centro est $B\Gamma$, remotior vero ZH, maior igitur EK ipsa $E\Theta$. Ponatur ipsi $E\Theta$ aequalis $E\Lambda$, et per Λ ipsi EK ad rectos ducta ΛM producatur ad N, et iungantur EM, EN, EZ, EH.

Et quoniam aequalis est $E\Theta$ ipsi $E\Lambda$, aequalis est et $B\Gamma$ ipsi MN (III. 14.). Rursus, quoniam aequalis est AE ipsi EM, et $E\Delta$ ipsi EN, ergo $A\Delta$ ipsis ME, EN aequalis est. Sed ME, EN ipsa MN maiores sunt (I. 20.), itaque $A\Delta$ ipsa MN maior est. Aequalis autem MN ipsi $B\Gamma$, ergo $A\Delta$ ipsa $B\Gamma$ maior est. Et quoniam duae ME, EN duabus ZE, EH aequales sunt, et angulus MEN angulo ZEH

esse linea MN aequali lineae $B\Gamma$, quum eadem demonstratio, quae ad MN applicatur, brevius immediate ad $B\Gamma$ applicari possit. In Euclidea tamen demonstratione recta MN rectae $B\Gamma$ aequalis et rectae ZH *parallela* ducta inservire potest, quo facilius ostendatur, esse angulum $MEN > ZEH$, quod nempe, ducta diametro $A\Delta$ parallela τῇ ZH, vel MN, ob $E\Lambda < EK$, puncta M, N diametro $A\Delta$ propiora sunt, quam puncta Z, H, quod ipsum tamen clarius exponi debebat. Caeterum hanc ipsam secundam partem, et *quae pariter valet*, eius conversam, nempe rectarum circulo inscriptarum, quae maior sit, esse etiam centro propiorem, pariter sine ope rectae MN, et anguli MEN modo simili ei, qua Euclides utitur in praecedente, et quam etiam adhibet Theodosius in Libr. I. Prop. 6. Sphaericorum in casu omnino simili ope III. 3. et

ζων ἐστί· βάσις ἄρα ἡ *MN* βάσεως τῆς *ZH* μείζων ἐστίν. Ἀλλὰ ἡ *MN* τῇ *BΓ* ἐδείχθη ἴση, καὶ ἡ *BΓ* τῆς *ZH* μείζων ἐστίν. Μεγίστη ἄρα ἡ *AΔ* διάμετρος, μείζων δὲ ἡ *BΓ* τῆς *ZH*. Ἐν κύκλῳ ἄρα καὶ τὰ ἑξῆς.

ΠΡΟΤΑΣΙΣ ις'.

Ἡ τῇ διαμέτρῳ τοῦ κύκλου πρὸς ὀρθὰς ἀπ' ἄκρας ἀγομένη ἐκτὸς πεσεῖται τοῦ κύκλου· καὶ εἰς τὸν μεταξὺ τόπον τῆς τε εὐθείας καὶ τῆς περιφερείας ἑτέρα εὐθεῖα οὐ παρεμπεσεῖται· καὶ ἡ μὲν τοῦ ἡμικυκλίου γωνία ἁπάσης ὀξείας γωνίας εὐθυγράμμου μείζων ἐστίν· ἡ δὲ λοιπὴ ἐλάττων.

Ἔστω κύκλος ὁ *ABΓ* περὶ κέντρον τὸ *Δ* καὶ διάμετρον τὴν *AB*· λέγω ὅτι ἡ ἀπὸ τοῦ *A* τῇ *AB* πρὸς ὀρθὰς ἀπ' ἄκρας ἀγομένη ἐκτὸς πεσεῖται τοῦ κύκλου.

Μὴ γὰρ, ἀλλ' εἰ δυνατὸν, πιπτέτω ἐντὸς, ὡς ἡ *AΓ*, καὶ ἐπεζεύχθω ἡ *ΔΓ*.

Ἐπεὶ ἴση ἐστὶν ἡ *ΔA* τῇ *ΔΓ*, ἴση ἐστὶ καὶ γωνία ἡ ὑπὸ *ΔAΓ* γωνία τῇ ὑπὸ *AΓΔ*. Ὀρθὴ δὲ ἡ ὑπὸ *ΔAΓ*, ὀρθὴ ἄρα καὶ ἡ ὑπὸ *AΓΔ*· αἱ ἄρα [1]) ὑπὸ

1) Peyrard. e Cod. a pro αἱ ἄρα ponit τριγώνου δὴ τοῦ *AΓΔ* αἱ δύο γωνίαι αἱ.

I. 47. demonstrari posse, Rob. Simson. observat, et ipse hanc demonstrationem exhibet. Conversa illa facile etiam ope partis primae et III. 14. demonstrabitur. Aliam partis secundae demonstrationem habet Campanus, in qua nihil opus est perpendiculis e centro ductis, dum integra ille triangula *MEN*, *ZEH* comparat. Denique observari potest, eas etiam rectas in circulo, quae ex eodem circumferentiae puncto exeunt, ita comparari posse. Cf. Prop. 8. Obs. 2.

maior; basis igitur MN basi ZH maior est (I. 24.). Sed MN ipsi $B\Gamma$ ostensa est aequalis, itaque $B\Gamma$ ipsa ZH maior est. Maxima igitur est diameter $A\Delta$, maior vero $B\Gamma$ ipsa ZH. In circulo igitur etc.

PROPOSITIO XVI. (Fig. 232.)

Recta diametro circuli ad rectos angulos ab extremitate ducta cadet extra circulum; et in locum, qui inter rectam et circumferentiam interiicitur altera recta non cadet; et semicirculi angulus quovis angulo acuto rectilineo maior est; reliquus vero minor.

Sit circulus $AB\Gamma$ circa centrum Δ et diametrum AB; dico rectam lineam, quae ab extremitate A ad AB ad rectos angulos ducitur extra circulum cadere.

Si enim non, cadat, si fieri potest, intus, ut $A\Gamma$, et iungatur $\Delta\Gamma$.

Quoniam aequalis est ΔA ipsi $\Delta\Gamma$, erit et angulus $\Delta A\Gamma$ angulo $A\Gamma\Delta$ aequalis (I. 5.). Rectus autem $\Delta A\Gamma$, rectus igitur et $A\Gamma\Delta$; itaque duo anguli $\Delta A\Gamma$,

Cor. Quodsi itaque in circulo, cuius radius magnitudine datus est, magnitudine data sit recta circulo inscripta (quae nunquam maior esse potest duplo circuli radio, vel, quod eodem redit, diametro circuli) distantia eius a centro magnitudine data erit, et vice versa. Est nempe $E\Delta q = ME q - M\Delta q = ME q - \left(\frac{MN}{2}\right)^2$, et $M\Delta q = \left(\frac{MN}{2}\right)^2 = ME q - E\Delta q$. Cf. Pfleiderer.

PROPOSITIO XVI.

Obs. Propositio haec (cuius etiam directa demonstratio

ΔΑΓ, ΑΓΔ δυσὶν ὀρθαῖς ἴσαι εἰσὶν, ὅπερ ἐστὶν ἀδύνατον. Οὐκ ἡ ἀπὸ τοῦ Α σημείου, τῇ ΒΑ πρὸς ὀρθὰς ἀγομένη ἐντὸς πεσεῖται τοῦ κύκλου. Ὁμοίως δὴ δείξομεν, ὅτι οὐδ' ἐπὶ τῆς περιφερείας· ἐκτὸς ἄρα πιπτέτω, ὡς ἡ ΑΕ.

Λέγω δὴ ὅτι εἰς τὸν μεταξὺ τόπον, τῆς τε ΑΕ εὐθείας καὶ τῆς ΓΘΑ περιφερείας, ἑτέρα εὐθεῖα οὐ παρεμπεσεῖται.

Εἰ γὰρ δυνατὸν, παρεμπιπτέτω ὡς ἡ ΖΑ, καὶ ἤχθω ἀπὸ τοῦ Δ σημείου ἐπὶ τὴν ΖΑ κάθετος ἡ ΔΗ. Καὶ ἐπεὶ ὀρθή ἐστιν ἡ ὑπὸ ΑΗΔ, ἐλάττων δὲ ὀρθῆς ἡ ὑπὸ ΔΑΗ· μείζων ἄρα ἡ ΑΔ τῆς ΔΗ. Ἴση δὲ ἡ ΑΔ τῇ ΔΘ· μείζων ἄρα ἡ ΔΘ τῆς ΔΗ, ἡ ἐλάττων τῆς μείζονος, ὅπερ ἐστὶν ἀδύνατον. Οὐκ ἄρα εἰς τὸν μεταξὺ τόπον, τῆς τε εὐθείας καὶ τῆς περιφερείας, ἑτέρα εὐθεῖα παρεμπεσεῖται.

Λέγω ὅτι καὶ ἡ μὲν τοῦ ἡμικυκλίου γωνία, ἡ περιεχομένη ὑπό τε τῆς ΒΑ εὐθείας καὶ τῆς ΓΘΑ περιφερείας, ἁπάσης ὀξείας γωνίας εὐθυγράμμου μείζων ἐστίν· ἡ δὲ λοιπὴ, ἡ περιεχομένη ὑπό τε τῆς ΓΘΑ περιφερείας καὶ τῆς ΑΕ εὐθείας, ἁπάσης γωνίας ὀξείας εὐθυγράμμου ἐλάττων ἐστίν.

Εἰ γάρ ἐστί τις γωνία εὐθύγραμμος, μείζων μὲν τῆς περιεχομένης ὑπό τε τῆς ΒΑ εὐθείας καὶ τῆς ΓΘΑ περιφερείας, ἐλάττων δὲ τῆς περιεχομένης ὑπό τε τῆς ΓΘΑ περιφερείας καὶ τῆς ΑΕ εὐθείας,

satis facilis exhibetur ab Orontio Fineo) ita exprimi potest: 1) recta, quae ab extremo diametri puncto diametro ad rectos angulos ducitur, tota extra circulum cadit. 2) Quae autem ab extremo diametri puncto oblique i. e. sub angulo quocunque acuto vel obtuso ad diametrum ducitur, circumferentiae iterum occurrit. 3) Angulus semicirculi, i. e. quem circumfe-

$A\Gamma\Delta$ duobus rectis aequales sunt, quod fieri nequit (I. 17.). Recta igitur a puncto A ipsi BA ad rectos angulos ducta non cadet intra circulum. Similiter ostendemus, neque in circumferentiam cadere; extra igitur cadet, ut AE.

Dico etiam in locum inter rectam AE et circumferentiam $\Gamma\Theta A$ alteram rectam non cadere.

Si enim fieri potest, cadat ut ZA, et ducatur a puncto Δ ad ZA perpendicularis ΔH.

Et quoniam rectus est angulus $AH\Delta$, minor autem recto ΔAH; erit $A\Delta$ maior ipsa ΔH (I. 19.). Aequalis autem est $A\Delta$ ipsi $\Delta\Theta$; maior igitur $\Delta\Theta$ ipsa ΔH, minor maiore, quod fieri nequit. In locum igitur inter rectam et circumferentiam altera recta non cadet.

Dico praeterea semicirculi augulum, comprehensum a recta BA et circumferentia $\Gamma\Theta A$, quovis angulo acuto rectilineo maiorem esse; reliquum vero comprehensum a circumferentia $\Gamma\Theta A$ et recta AE, quovis angulo acuto rectilineo minorem esse.

Si enim est aliquis angulus rectilineus, maior comprehenso a recta BA et circumferentia $\Gamma\Theta A$, minor vero comprehenso a circumferentia $\Gamma\Theta A$ et recta AE, in locum inter circumferentiam $\Gamma\Theta A$ et rectam AE

rentia cum diametro efficit, maior est quovis angulo rectilineo: reliquus vero angulus, ille nempe, quem circumferentia cum recta efficit, quae diametro a puncto eius extremo ad rectos angulos ducta est, et quem angulum contingentiae vocare solent, minor est quovis angulo acuto rectilineo. De hac tertia propositionis parte videbimus in excursu ad calcem huius

εἰς τὸν μεταξὺ τόπον τῆς τε ΓΘΑ περιφερείας καὶ τῆς ΑΕ εὐθείας εὐθεῖα παρεμπεσεῖται, ἥ τις ποιήσει μείζονα μὲν τῆς περιεχομένης ὑπό τε τῆς ΒΑ εὐθείας καὶ τῆς ΓΘΑ περιφερείας ὑπὸ εὐθειῶν περιεχομένην, ἐλάττονα δὲ τῆς περιεχομένης ὑπό τε τῆς ΓΘΑ περιφερείας καὶ τῆς ΑΕ εὐθείας. Οὐ παρεμπίπτει δέ· οὐκ ἄρα τῆς περιεχομένης γωνίας ὑπό τε τῆς ΒΑ εὐθείας καὶ τῆς ΓΘΑ περιφερείας ἔσται μείζων ὀξεῖα ὑπὸ εὐθειῶν περιεχομένη, οὐδὲ μὲν ἐλάττων τῆς περιεχομένης ὑπό τε τῆς ΓΘΑ περιφερείας καὶ τῆς ΑΕ εὐθείας. Ὅπερ ἔδει δεῖξαι.

ΠΟΡΙΣΜΑ.

Ἐκ δὴ τούτου φανερὸν, ὅτι ἡ τῇ διαμέτρῳ τοῦ κύκλου πρὸς ὀρθὰς ἀπ' ἄκρας ἀγομένη ἐφάπτεται τοῦ κύκλου· καὶ ὅτι εὐθεῖα κύκλου καθ' ἓν μόνον ἐφάπτεται σημεῖον. Ἐπειδήπερ καὶ ἡ κατὰ δύο αὐτῷ συμβάλλουσα ἐντὸς αὐτοῦ πίπτουσα ἐδείχθη.

ΠΡΟΤΑΣΙΣ ιζ.

Ἀπὸ τοῦ δοθέντος σημείου τοῦ δοθέντος κύκλου ἐφαπτομένην εὐθεῖαν γραμμὴν ἀγαγεῖν.

libri. E duabus reliquis propositionis partibus, praeter corollarium textus Graeci sequens adhuc a Rob. Simson. deducitur corollarium.

Cor. 2. Unica tantum recta linea circulum in eodem puncto contingere potest, nempe, quae radio circuli in puncto eius extremo perpendicularis est. Quae autem ei oblique insistit, circulo ad partes anguli acuti iterum occurrit. Praeterea patet, ex hac quoque propositione consequi, quod III. 2. Cor. 3. vidimus, circuli circumferentiam esse lineam curvam i. e. ne minimam quidem eius partem esse rectam.

recta cadet, quae faciet angulum a rectis comprehensum maiorem comprehenso a recta BA et circumferentia $\Gamma\Theta A$, minorem vero comprehenso a circumferentia $\Gamma\Theta A$ et recta AE. Non cadit autem; angulus igitur rectis comprehensus non erit maior angulo comprehenso a recta BA et circumferentia $\Gamma\Theta A$, neque minor comprehenso a circumferentia $\Gamma\Theta A$ et recta AE. Quod oportebat ostendere.

COROLLARIUM.

Ex hoc manifestum est rectam, quae ab extremitate diametri circuli ei ad rectos angulos ducitur, contingere circulum; et rectam circulum in unico contingere puncto. Quoniam recta in duobus punctis ipsi occurrens intra ipsum cadere ostensa est.

PROPOSITIO XVII. (Fig. 233.)

A dato puncto rectam lineam ducere, quae circulum datum contingat.

PROPOSITIO XVII.

Obs. 1. Duo, si rem exacte absolvere velis, casus distinguendi sunt, prout punctum datum vel extra circumferentiam dati circuli, vel in hac ipsa circumferentia datum est. (Intra datum circulum enim esse nequit, ut ex Defin. rectae contingentis patet.) Ultimum hunc casum, quo est in ipsa circumferentia, cuius solutio caeterum ex III. 16. Cor. 1. sponte fluit, addit Rob. Simson. Priore casu, quem solum habet Euclides, patet, rectam ΔZ, quae rectae EA ad angulos rectos ducta est, quum per punctum Δ intra circulum ΔZH

Ἔστω τὸ μὴν δοθὲν σημεῖον τὸ A, ὁ δὲ δοθεὶς κύκλος ὁ $B\Gamma\Delta$· δεῖ δὴ ἀπὸ τοῦ A σημείου τοῦ $B\Gamma\Delta$ κύκλου ἐφαπτομένην εὐθεῖαν γραμμὴν ἀγαγεῖν.

Εἰλήφθω γὰρ τὸ κέντρον τοῦ κύκλου τὸ E, καὶ ἐπεζεύχθω ἡ AE, καὶ κέντρῳ μὲν τῷ E διαστήματι δὲ τῷ EA κύκλος γεγράφθω ὁ AZH, καὶ ἀπὸ τοῦ Δ τῇ EA πρὸς ὀρθὰς ἤχθω ἡ ΔZ, καὶ ἐπεζεύχθωσαν αἱ EZ, AB· λέγω ὅτι ἀπὸ τοῦ A σημείου τοῦ $B\Gamma\Delta$ κύκλου ἐφαπτομένη ἦκται ἡ AB.

Ἐπεὶ γὰρ τὸ E κέντρον ἐστὶ τῶν $B\Gamma\Delta$, AZH κύκλων, ἴση ἄρα ἐστὶν ἡ μὲν EA τῇ EZ, ἡ δὲ $E\Delta$ τῇ EB· δύο δὴ αἱ AE, EB δυσὶ ταῖς ZE, $E\Delta$ ἴσαι εἰσὶ, καὶ γωνίαν κοινὴν περιέχουσι, τὴν πρὸς τῷ E·

transeat, cum hoc circulo in alio adhuc praeter Z puncto v. c. in H ex altera parte rectae EA convenire, adeoque etiam ex hac parte duci posse aliam, adhuc rectam $A\Theta$, quae circulum $B\Gamma\Delta$ contingat: duplex itaque semper hoc casu solutio locum habebit. Reducitur autem problema ad illud: construere triangulum rectangulum AEB, cuius hypotenusa AE positione et magnitudine, alter cathetus EB autem magnitudine dantur. Caeterum comparatis duobus triangulis AEB, $AE\Theta$, in quibus hypotenusa AE communis, recta $EB = E\Theta$, et anguli EBA, $E\Theta A$, quippe recti aequales sunt, patet, esse etiam rectas AB, $A\Theta$ aequales, pariterque aequales esse angulos EAB, $EA\Theta$, et AEB, $AE\Theta$. Duae igitur rectae, quae ex eodem puncto extra circulum sito ita ad circulum duci possunt, ut eum contingant, inter se aequales sunt. Et, quum aequales sint anguli $EA\Theta$, EAB, et $AE\Theta$, AEB, recta AE utrumque angulorum ΘAB, ΘEB bifariam dividit. Hinc porro nonnisi duae rectae ex eodem puncto extra circulum duci possunt, quae eum contingunt.

Obs. 2. Posteriore casu, si e puncto in ipsa circuli circumferentia dato ducenda est recta, quae circulum in hoc

Sit datum punctum A, datus vero circulus $B\Gamma\Delta$; oportet igitur a puncto A rectam lineam ducere, quae circulum $B\Gamma\Delta$ contingat.

Sumatur enim centrum circuli E (III. 1.), et iungatur AE, et centro quidem E intervallo vero EA circulus describatur AZH (Post. 3.), et a Δ ipsi EA ad rectos ducatur ΔZ (I. 11.), et iungantur EZ, AB; dico a puncto A ductam esse AB circulum $B\Gamma\Delta$ contingentem.

Quoniam enim E centrum est circulorum $B\Gamma\Delta$, AZH, aequalis est EA ipsi EZ, et $E\Delta$ ipsi EB; duae igitur AE, EB duabus ZE, $E\Delta$ aequales sunt, et angulum communem comprehendunt ad E; basis igi-

puncto contingat, ductae ad hoc punctum diametro erigi debet in eo ipso puncto recta ad angulos rectos (III. 16. Cor. 1.). Hinc consequitur, duos circulos, qui se in puncto aliquo A contingant, sive extra sive intra se contingant (Fig. 234. 235.) in hoc puncto ab eadem recta, quae diametris circulorum ad hoc punctum ductis (quae nempe in eadem recta positae erunt Obs. 2. ad III. 11. et Obs. 2. ad III. 12.) ad angulos rectos est, contingi, vel rectam, quae unum duorum circulorum in puncto aliquo A se contingentium in hoc ipso puncto A contingat, contingere in eo quoque alterum. Cf. Apollon. de Taction. Lemm. E. Cor. 7. 8.

Obs. 3. Quum ex Obs. 2. duo, eademque ratione infiniti circuli eandem rectam $B\Gamma$ in eodem puncto A contingere possint, patet, Problema describendi circuli, qui rectam positione datam $B\Gamma$ in dato in ipsa puncto A contingat, non esse determinatum, adeoque alias aliasque conditiones huic (pariterque simili problemati describendi circuli, qui datum circulum in dato in ipsius circumferentia puncto contingat) addi posse. Unde plura huc, vel etiam ad III. 11. aut III. 12. pertinentia problemata oriuntur, quae quum sint satis

βάσις ἄρα ἡ ΔΖ βάσει τῇ ΑΒ ἴση ἐστί· καὶ τὸ ΕΔΖ τρίγωνον τῷ ΕΒΑ τριγώνῳ ἴσον ἐστὶ, καὶ αἱ λοιπαὶ γωνίαι ταῖς λοιπαῖς γωνίαις· ἴση ἄρα ἡ ὑπὸ ΕΔΖ τῇ ὑπὸ ΕΒΑ. Ὀρθὴ δὲ ἡ ὑπὸ ΕΔΖ, ὀρθὴ ἄρα καὶ ἡ ὑπὸ ΕΒΑ. Καί ἐστιν ἡ ΕΒ ἐκ τοῦ κέντρου· ἡ δὲ τῇ διαμέτρῳ τοῦ κύκλου πρὸς ὀρθὰς ἀπ' ἄκρας ἀγομένη ἐφάπτεται τοῦ κύκλου· ἡ ΑΒ ἄρα ἐφάπτεται τοῦ ΒΓΔ κύκλου.

Ἀπὸ τοῦ ἄρα δοθέντος σημείου τοῦ Α τοῦ δοθέντος κύκλου τοῦ ΒΓΔ ἐφαπτομένη εὐθεῖα γραμμὴ ἦκται ἡ ΑΒ. Ὅπερ ἔδει ποιῆσαι.

ΠΡΟΤΑΣΙΣ ιή.

Ἐὰν κύκλου ἐφάπτηταί τις εὐθεῖα, ἀπὸ δὲ τοῦ κέντρου ἐπὶ τὴν ἁφὴν ἐπιζευχθῇ τις εὐθεῖα, ἡ ἐπιζευχθεῖσα κάθετος ἔσται ἐπὶ τὴν ἐφαπτομένην.

Κύκλου γὰρ τοῦ ΑΒΓ ἐφαπτέσθω τις εὐθεῖα ἡ ΔΕ κατὰ τὸ Γ σημεῖον, καὶ εἰλήφθω τὸ κέντρον τοῦ ΑΒΓ κύκλου τὸ Ζ, καὶ ἀπὸ τοῦ Ζ ἐπὶ τὸ Γ ἐπεζεύχθω ἡ ΖΓ· λέγω ὅτι ἡ ΖΓ κάθετός ἐστιν ἐπὶ τὴν ΔΕ.

facilia, tironibus solvenda proponi possunt v. c. 1) Describere circulum, qui rectam positione datam in dato in ipsa puncto contingat, et per aliud quoddam extra hanc rectam datum punctum transeat. 2) Describere circulum, qui datum circulum in dato in ipso puncto contingat, et per aliud quoddam extra vel intra hunc circulum datum punctum transeat. 3) Describere circulum, qui rectam positione datam in dato in ipsa puncto et simul datum circulum contingat. 4) Describere circulum, qui datum circulum in dato in ipso puncto, et simul rectam positione datam contingat. 5) Describere circulum, qui duos circulos datos, et quidem alterum in dato

tur ΔZ basi AB aequalis est (I. 4.); et triangulum $E\Delta Z$ triangulo EBA aequale est, et reliqui anguli reliquis angulis; aequalis igitur $E\Delta Z$ ipsi EBA. Rectus autem $E\Delta Z$; rectus igitur et EBA; et est EB ex centro; diametro autem circuli ad rectos ab extremitate ducta contingit circulum (III. 16. Cor. 1.); AB igitur contingit circulum $B\Gamma\Delta$.

A dato igitur puncto A datum circulum $B\Gamma\Delta$ contingens recta linea ducta est AB. Quod oportebat facere.

PROPOSITIO XVIII. (Fig. 237.)

Si circulum contingat aliqua recta, a centro autem ad contactum ducatur aliqua recta, ea perpendicularis erit ad contingentem.

Circulum enim $AB\Gamma$ contingat aliqua recta ΔE in puncto Γ, et sumatur Z centrum circuli $AB\Gamma$, et a Z ad Γ ducatur $Z\Gamma$; dico $Z\Gamma$ perpendicularem esse ad ΔE.

in ipso puncto contingat. 6) Describere circulum, qui duas rectas positione datas, quae sibi invicem occurrunt, et quidem alteram in dato in ea puncto contingat. 7) Describere circulum, qui duas rectas parallelas positione datas, et quidem alteram in dato in ipso puncto contingat, vel quod eodem redit: dato radio describere circulum, qui rectam positione datam in dato in ea puncto contingat. 8) Dato radio describere circulum, qui rectam positione datam contingat, et per datum extra eam punctum transeat. 9) Dato radio circulum describere, qui duas rectas positione datas, quae inter se conveniunt, contingat. 10) Dato radio circulum describere, qui

Εἰ γὰρ μὴ, ἤχθω ἀπὸ τοῦ Ζ ἐπὶ τὴν ΔΕ κάθετος ἡ ΖΗ.

Ἐπεὶ οὖν ἡ ὑπὸ ΖΗΓ γωνία ὀρθή ἐστιν, ὀξεῖα ἄρα ἐστὶν ἡ ὑπὸ ΖΓΗ· ὑπὸ δὲ τὴν μείζονα γωνίαν ἡ μείζων πλευρὰ ὑποτείνει, μείζων ἄρα ἡ ΖΓ τῆς ΖΗ. Ἴση δὲ ἡ ΖΓ τῇ ΖΒ· μείζων ἄρα ἡ ΖΒ[1] *τῆς ΖΗ, ἡ ἐλάττων τῆς μείζονος, ὅπερ ἐστὶν ἀδύνατον. Οὐκ ἄρα ἡ ΖΗ κάθετός ἐστιν ἐπὶ τὴν ΔΕ. Ὁμοίως δὴ δείξομεν, ὅτι οὐδ᾽ ἄλλη τις πλὴν τῆς ΖΓ· ἡ ΖΓ ἄρα κάθετός ἐστιν ἐπὶ τὴν ΔΕ. Ἐὰν ἄρα κύκλου, καὶ τὰ ἑξῆς.*

ΠΡΟΤΑΣΙΣ ιθ'.

Ἐὰν κύκλου ἐφάπτηταί τις εὐθεῖα, ἀπὸ δὲ τῆς ἁφῆς τῇ ἐφαπτομένῃ πρὸς ὀρθὰς εὐθεῖα γραμμὴ ἀχθῇ, ἐπὶ τῆς ἀχθείσης ἔσται τὸ κέντρον τοῦ κύκλου.

Κύκλου γὰρ τοῦ ΑΒΓ ἁπτέσθω[2] *τις εὐθεῖά ἡ ΔΕ κατὰ τὸ Γ σημεῖον, καὶ ἀπὸ τοῦ Γ τῇ ΔΕ πρὸς ὀρθὰς ἤχθω ἡ ΓΑ· λέγω ὅτι ἐπὶ τῆς ΑΓ ἐστὶ τὸ κέντρον τοῦ κύκλου.*

1) Peyrardus ex Cod. a habet *μείζων ἄρα καὶ ΖΒ*. Nos praetulimus lectionem ed. Oxon. Ed. Basil. habet *καὶ ἡ ΖΒ*.

2) Si vera sunt, quae e Rob. Simson. ad III. Def. 2. notavimus, legendum hic fuerit *ἐφαπτέσθω*.

circulum positione datum, et rectam positione datam contingat. 11) Dato radio circulum describere, qui circulum positione datum contingat, et per datum extra eum punctum transeat. 12) Dato radio circulum describere, qui duos datos circulos contingat. Denique 13) (quod iam ad III. 1. Cor. 1. pertinet: dato radio circulum describere, qui per duo data puncta transeat. Vid. Pappus in Praefat. libri VII. Collect.

Si enim non, ducatur a Z ad ΔE perpendicularis ZH (I. 12.).

Quoniam igitur angulus $ZH\Gamma$ est rectus, acutus erit $Z\Gamma H$ (I. 17.); maiorem autem angulum maius latus subtendit (I. 19.), maior igitur est $Z\Gamma$ quam ZH. Aequalis autem $Z\Gamma$ ipsi ZB; maior igitur ZB ipsa ZH; minor maiore, quod fieri non potest. Igitur ZH non est perpendicularis ad ΔE. Similiter ostendemus neque aliam quampiam praeter ipsam $Z\Gamma$; ergo $Z\Gamma$ perpendicularis est ad ΔE. Si igitur circulum etc.

PROPOSITIO XIX. (Fig. 240.)

Si circulum contingat aliqua recta, a contactu autem contingenti ad angulos rectos recta linea ducatur, in ducta erit centrum circuli.

Circulum enim $\Delta B\Gamma$ contingat aliqua recta ΔE in puncto Γ, et a Γ ipsi ΔE ad rectos angulos ducatur ΓA; dico in $A\Gamma$ esse centrum circuli.

Mathem. ad Taction. Apollonii, vel Apollon. de Taction. Goth. 1795. p. 18.

Obs. 4. Aliud haud inelegans problema, quod huc pertinet, affert Clavius e Cardano, quod ita habet: duobus circulis, quorum neuter alterum includit, datis, ducere rectam, quae utrumque contingat. Exempli causa figuram saltim uni casui adaptatam adponemus (Fig. 236.) e cuius adspectu solutio facile derivari poterit.

Obs. 5. Peletarius ad hunc locum sequens adhuc habet problema: Lineae rectae, quae circulum aliquem secet, aliam parallelam ducere, quae ipsum contingat, quod etiam generalius exprimi potest; rectae positione datae aliam parallelam

Μὴ γάρ, ἀλλ' εἰ δυνατόν, ἔστω τὸ Ζ, καὶ ἐπεζεύχθω ἡ ΓΖ.

Ἐπεὶ οὖν κύκλου τοῦ ΑΒΓ ἐφάπτεταί τις εὐθεῖα ἡ ΔΕ, ἀπὸ δὲ τοῦ κέντρου ἐπὶ τὴν ἁφὴν ἐπέζευκται ἡ ΖΓ, ἡ ΖΓ ἄρα κάθετός ἐστιν ἐπὶ τὴν ΔΕ· ὀρθὴ ἄρα ἐστὶν ἡ ὑπὸ ΖΓΕ. Ἔστι δὲ καὶ ἡ ὑπὸ ΑΓΕ ὀρθή· ἴση ἄρα ἐστὶν ἡ ὑπὸ ΖΓΕ τῇ ὑπὸ ΑΓΕ, ἡ ἐλάττων τῇ μείζονι, ὅπερ ἐστὶν ἀδύνατον. Οὐκ ἄρα τὸ Ζ κέντρον ἐστὶ τοῦ ΑΒΓ κύκλου. Ὁμοίως δὴ δείξομεν, ὅτι οὐδ' ἄλλό τι πλὴν ἐπὶ τῆς ΑΓ. Ἐὰν ἄρα κύκλου, καὶ τὰ ἑξῆς.

ΠΡΟΤΑΣΙΣ κ'.

Ἐν κύκλῳ, ἡ πρὸς τῷ κέντρῳ γωνία διπλασίων ἐστὶ τῆς πρὸς τῇ περιφερείᾳ, ὅταν τὴν αὐτὴν περιφέρειαν βάσιν ἔχωσιν αἱ γωνίαι.

ducere, quae circulum contingat, et facillime solvetur ducta e centro ad rectam positione datam perpendiculari, et e puncto, in quo illa circulo occurrit, parallela positione datae. Cf. Gilbert. p. 203.]

PROPOSITIO XVIII.

[Obs. 1. Poterat etiam haec propositio e III. Prop. 16., cuius conversa est, ita deduci. Si *ΓΕ* non sit rectae *ΓΖ* ad rectos angulos, *ΓΕ* secabit circulum ex III. 16. adeoque non continget in *Γ*, q. e. a. Orontius Finaeus simili ratione e parte tertia Prop. 16. III. hanc 18. deducere conatur.

Cor. 1. Duae rectae, quae per puncta extrema eiusdem diametri ductae circulum contingunt, parallelae sunt.

Cor. 2. Vicissim, si duae rectae (Fig. 238.) *ΑΓ*, *ΔΘ*, quae circulum in *Β*, *Ε* contingunt, parallelae fuerint, recta *ΒΕ*, quae contactus puncta coniungit, erit diameter. Si enim recta *ΒΕ* non sit diameter, erit centrum circuli extra eam

Non enim, sed si fieri potest, sit Z, et iungatur ΓZ.

Quoniam igitur circulum $AB\Gamma$ contingit aliqua recta ΔE, a centro autem ad contactum ducta est $Z\Gamma$, $Z\Gamma$ perpendicularis est ad ΔE (III. 18.); rectus igitur est $Z\Gamma E$. Est autem et $A\Gamma E$ rectus; aequalis igitur est $Z\Gamma E$ ipsi $A\Gamma E$, minor maiori, quod fieri non potest. Igitur Z non est centrum circuli $AB\Gamma$. Similiter ostendemus, neque aliud aliquod esse praeterquam in ipsa $A\Gamma$. Si igitur circulum etc.

PROPOSITIO XX. (Fig. 241.)

In circulo, angulus ad centrum duplus est anguli ad circumferentiam, quando eandem circumferentiam pro basi habent anguli.

v. c. in Z, ductisque ZB, ZE, erit $ZB\Gamma$ pariter ac $ZE\Theta$ rectus, adeoque ΓBE pariter ac ΘEB minor recto, igitur rectae $A\Gamma$, $\Delta\Theta$ non erunt parallelae (Ax. 11. vel I. 5. Post.) q. e. a.

Cor. 3. Si duae rectae circulum contingant, et recta, quae contactus puncta iungit, non sit diameter, contingentes cum hac recta obliquos angulos efficient, nec parallelae erunt.

Cor. 4. Vicissim, si duae rectae circulum contingentes non sint parallelae, recta, quae contactus puncta iungit, nequit esse diameter (Cor. 1.). Cf. Gilbert. die Geometrie nach le Gendre I. Th. p. 120. sq.

Obs. 2. Alia conversa propositionis III. 26. vel, si mavis, propositionis huius III. 18. haec est: recta, quae e centro circuli ad contingentem perpendicularis demittitur, per contactus punctum transit, et vice versa.

Obs. 3. Si eadem recta duos circulos in eodem puncto contingit, duo isti circuli in eodem puncto se contingent. Quae enim e centris circulorum ad punctum commune, in quo recta

Ἔστω κύκλος ὁ $ΑΒΓ$, καὶ πρὸς μὲν τῷ κέντρῳ αὐτοῦ γωνία ἔστω ἡ ὑπὸ $ΒΕΓ$, πρὸς δὲ τῇ περιφερείᾳ, ἡ ὑπὸ $ΒΑΓ$, ἐχέτωσαν δὲ τὴν αὐτὴν περιφέρειαν βάσιν τὴν $ΒΓ$· λέγω ὅτι διπλασίων ἐστὶν ἡ ὑπὸ $ΒΕΓ$ γωνία τῆς ὑπὸ $ΒΑΓ$.

Ἐπιζευχθεῖσα γὰρ ἡ $ΑΕ$ διήχθω ἐπὶ τὸ $Ζ$.

Ἐπεὶ οὖν ἴση ἐστὶν ἡ $ΕΑ$ τῇ $ΕΒ$, ἴση καὶ γωνία ἡ ὑπὸ $ΕΑΒ$ τῇ ὑπὸ $ΕΒΑ$· αἱ ἄρα ὑπὸ $ΕΑΒ$, $ΕΒΑ$ γωνίαι τῆς ὑπὸ $ΕΑΒ$ διπλάσιαί εἰσιν. Ἴση δὲ ἡ ὑπὸ $ΒΕΖ$ ταῖς ὑπὸ $ΕΑΒ$, $ΕΒΑ$· καὶ ἡ ὑπὸ $ΒΕΖ$ ἄρα τῆς ὑπὸ $ΕΑΒ$ ἐστὶ διπλῆ. Διὰ τὰ αὐτὰ δὴ καὶ ἡ ὑπὸ $ΖΕΓ$ τῆς ὑπὸ $ΕΑΓ$ ἐστὶ διπλῆ· ὅλη ἄρα ἡ ὑπὸ $ΒΕΓ$ ὅλης τῆς ὑπὸ $ΒΑΓ$ ἐστὶ διπλῆ.

utrumque contingit, ducuntur rectae ad hanc contingentem perpendiculares, adeoque in eadem recta sitae erunt, unde circuli se contingent (Obs. 2. ad III. 11. et Obs. 2. ad III. 12.).

Obs. 4. (Ex Clavio.) Duobus circulis ex eodem centro $Θ$ descriptis (Fig. 239.) erunt omnes rectae $ΑΓ$, $ΒΔ$ interiorem circulum contingentes et usque ad circumferentiam exterioris circuli productae inter se aequales, bifariamque in punctis contactus E, Z secabuntur. Ductae enim ex centro $ΘE$, $ΘZ$ ad $ΑΓ$, $ΒΔ$ perpendiculares erunt (III. 18.), itaque (III. Def. 4.) $ΑΓ$, $ΒΔ$ aequaliter a centro distant, quoniam $ΘE = ΘZ$. Itaque $ΑΓ = ΒΔ$ (III. 14.), et bifariam dividuntur a perpendicularibus $ΘE$, $ΘZ$ (III. 3.)

PROPOSITIO XIX.

Obs. Haec quoque propositio, vel ut conversa III. propositionis 16. considerari atque ex ea demonstrari potest, vel, ut est apud Euclidem, ut conversa III. propositionis 18. Candalla monente, ut exacte vera sit propositio, addi debet, rectam a contactu contingenti ad rectos angulos ductam secare debere circulum. Id nempe vult, esse debere hanc perpendi-

Sit circulus $AB\Gamma$, et ad centrum eius sit angulus $BE\Gamma$, ad circumferentiam vero $BA\Gamma$, habeant autem eandem circumferentiam $B\Gamma$ pro basi; dico duplum esse angulum $BE\Gamma$ anguli $BA\Gamma$.

Iuncta enim AE producatur ad Z.

Quoniam igitur aequalis est EA ipsi EB, aequalis est angulus EAB angulo EBA (I. 5.); anguli igitur EAB, EBA anguli EAB dupli sunt. Aequalis autem est BEZ angulis EAB, EBA (I. 32.); igitur BEZ ipsius EAB est duplus. Eadem ratione et $ZE\Gamma$ ipsius $EA\Gamma$ duplus est, totus igitur $BE\Gamma$ totius $BA\Gamma$ est duplus.

cularem ad easdem rectae contingentis partes, ad quas est circulus. Quum tamen illa utrimque produci possit, haud necessarium est id addere.

PROPOSITIO XX.

Austin. quidem monet, hanc propositionem latius patere, quam vulgo putent, et circumferentiam, cui anguli insistant, aeque maiorem semicirculo sumi posse ac minorem. Vult igitur angulos quoque gibbos i. e. qui duobus rectis maiores sunt, sub enunciato propositionis comprehendere. Ita nempe propositionem sequentem generalius sumi posse, nec nova id additamentum demonstratione egere. At, quamvis res per se vera sit, et hoc propositionis nostrae *consectarium* etiam a Candalla, Tartalea, Commandino, Clavio, Peletario aliisque exhibeatur, et a nonnullis eorum eadem ratione ac Austin. iubet, ad generaliorem Prop. 21. demonstrationem adhibeatur, valde tamen dubitamus, an Euclides de angulis gibbis in ipsa propositione comprehendendis cogitarit. Nec poterat facile ab angulis sensu consueto sumtis transire ad angulos gibbos, nisi per angulum duobus rectis aequalem, i. e. cuius crura in di-

Κεκλάσθω δὴ πάλιν, καὶ ἔστω ἑτέρα γωνία ἡ ὑπὸ ΒΔΓ, καὶ ἐπεζευχθεῖσα ἡ ΔΕ ἐκβεβλήσθω ἐπὶ τὸ Η. Ὁμοίως δὴ δείξομεν, ὅτι διπλῆ ἐστιν ἡ ὑπὸ ΗΕΓ γωνία τῆς ὑπὸ ΗΔΓ, ὧν ἡ ὑπὸ ΗΕΒ διπλῆ ἐστι τῆς ὑπὸ ΗΔΒ· λοιπὴ ἄρα ἡ ὑπὸ ΒΕΓ διπλῆ ἐστι τῆς ὑπὸ ΒΔΓ. Ἐν κύκλῳ ἄρα, καὶ τὰ ἑξῆς.

ΠΡΟΤΑΣΙΣ κά.

Ἐν κύκλῳ αἱ ἐν τῷ αὐτῷ τμήματι γωνίαι ἴσαι ἀλλήλαις εἰσίν.

tectum ad oppositas partes eiusdem verticis sita sunt: talem autem angulum non agnoscere videtur Euclides; vid. Def. 8. Illud tamen certum est, demonstrationem partis primae VI. 33. non permittere considerationem angulorum gibborum ex elementis excludere. Vide Pfleiderer. Thes. 1791. Thes. 7. Magis autem necessarium fuerit, monere, praetermissum esse ab Euclide eum casum, quo unum crurum anguli, cuius vertex in circumferentia positus est, per ipsum centrum circuli transit, quem casum nominatim habent Clavius, Giordano da Bitonto, Borellius, aliique. Clavius praeterea observat, tacite in demonstratione axiomatis loco sumi, si duae magnitudines duarum magnitudinum sint duplae, singulae singularum, fore quoque summam ex illis summae ex his duplum, vel: si totum totius, et ablatum ablati duplum sit, fore et reliquum reliqui duplum. Et hoc quidem Prop. V. 1. et V. 5. universaliter demonstrari, at hic de duplo ut per se notum sumi. Cf. quae ad finem Axiom. libri I. notavimus. Ipse deinde rem aliter sine hoc axiomate demonstrare docet.

PROPOSITIO XXI.

Obs. 1. Huius propositionis, quae etiam ita exprimi potest: anguli ad circumferentiam eidem segmento insistentes, aequales sunt, duo sunt casus, prout segmentum, in quo sunt anguli, de quibus quaeritur, vel maius, vel non maius est

Rursus inflectatur ad circumferentiam alter angulus $B\Delta\Gamma$, et iuncta ΔE producatur ad H. Similiter ostendemus duplum esse angulum $HE\Gamma$ anguli $H\Delta\Gamma$, quorum HEB duplus est anguli $H\Delta B$; reliquus igitur $BE\Gamma$ duplus est reliqui $B\Delta\Gamma$. In circulo igitur etc.

PROPOSITIO XXI. (Fig. 242.)

In circulo, qui in eodem segmento sunt anguli, sunt inter se aequales.

semicirculo. Demonstratio textus graeci priorem saltim casum complectitur. Posterioris demonstrationem dedere Commandinus, Clavius, Borellius, Giordano da Bitonto, Baermannus, Rob. Simson. aliique. Rob. Simsonis demonstratio simplicissima est. Ea sic habet: sit (Fig. 243.) Segmentum $BAE\Delta$ non maius semicirculo, et in ipso sint anguli $BA\Delta$, $BE\Delta$. Ducatur ad centrum Z recta AZ, et producatur ad Γ, iungaturque $E\Gamma$. Segmentum igitur $BAE\Gamma$ est maius semicirculo, adeoque ex casu I. est $BA\Gamma = BE\Gamma$. Eodem modo segmentum $\Gamma AE\Delta$ est maius semicirculo, adeoque $\Gamma A\Delta = \Gamma E\Delta$. Totus igitur angulus $BA\Delta$ toti $BE\Delta$ est aequalis. Plures alias demonstrationes habent Commandinus, Clavius, aliique. Et necessaria est omnino casus quoque posterioris mentio ad perfectam propositionis sequentis demonstrationem. Caeterum, ut ea, quae in praeparatione ad demonstrationem sumuntur, fieri possint, nempe ut centrum circuli inveniri possit ex III. 1., integer circulus datus esse supponitur. Quodsi enim segmentum tantum circuli datum foret, res demum per III. 25. effici posset. Et in textu quidem graeco integer circulus datus ponitur: ἔστω κύκλος. Nihil tamen impedit, etiam segmentum solum datum ponere: propositio enim III. 25. non a III. 21. pendet, et etiam ante hanc poni poterat.

Obs. 2. Vicissim, si super eadem recta $B\Delta$ (Fig. 244.) ad easdem eius partes constituti sint duo anguli aequales $BA\Delta$,

Ἔστω κύκλος ὁ ΑΒΓΔ, καὶ ἐν τῷ αὐτῷ τμήματι τῷ ΒΑΕΔ γωνίαι ἔστωσαν αἱ ὑπὸ ΒΑΔ, ΒΕΔ· λέγω ὅτι αἱ ὑπὸ ΒΑΔ, ΒΕΔ γωνίαι ἴσαι ἀλλήλαις εἰσίν.

Εἰλήφθω γὰρ τοῦ ΑΒΓΔ κύκλου τὸ κέντρον, καὶ ἔστω τὸ Ζ, καὶ ἐπεζεύχθωσαν αἱ ΒΖ, ΖΔ.

Καὶ ἐπεὶ ἡ μὲν ὑπὸ ΒΖΔ γωνία πρὸς τῷ κέντρῳ ἐστὶν, ἡ δὲ ὑπὸ ΒΑΔ πρὸς τῇ περιφερείᾳ, καὶ ἔχουσι τὴν αὐτὴν περιφέρειαν βάσιν, τὴν ΒΓΔ· ἡ ἄρα ὑπὸ ΒΖΔ γωνία διπλασίων ἐστὶ τῆς ὑπὸ ΒΑΔ. Διὰ τὰ αὐτὰ δὴ ἡ ὑπὸ ΒΖΔ καὶ τῆς ὑπὸ ΒΕΔ ἐστὶ διπλασίων· ἴση ἄρα ἡ ὑπὸ ΒΑΔ τῇ ὑπὸ ΒΕΔ. Ἐν κύκλῳ ἄρα, καὶ τὰ ἑξῆς.

ΠΡΟΤΑΣΙΣ κβ.

Τῶν ἐν τοῖς κύκλοις τετραπλεύρων αἱ ἀπεναντίον γωνίαι δυσὶν ὀρθαῖς ἴσαι εἰσίν.

BEΔ, circulus per puncta extrema rectae *B*, *Δ*, et per verticem unius anguli descriptus transibit etiam per verticem alterius anguli. Si enim fieri potest, circulus per puncta *B*, *A*, *Δ* descriptus (III. 10. Cor. 1.) non transeat per punctum *E*, quamvis sit *BEΔ*=*BAΔ*; erit itaque punctum *E* vel intra vel extra circulum *BAΔ*. Sit 1) intra circulum *BAΔ*, recta itaque *BE* producta secabit circulum in puncto aliquo *H* (III. 2. Cor. 3.), ductaque *HΔ*, erit, ex hac propositione, *BHΔ* =*BAΔ*. At ex hypoth. etiam *BEΔ*=*BAΔ*. Itaque *BHΔ*= *BEΔ*, quod fieri nequit I. 16. Eadem ratione 2) ostenditur punctum *E* neque extra circulum cadere: cadet itaque in ipsam circuli circumferentiam. Conversam hanc habent Clavius, Giordano da Bitonto, Borellius, Tacquet, aliique. Aliter, at haud satis accurate expressa ea legitur apud Gruson. Abhandl. der kön. Acad. der Wissenschaft. zu Berlin für 1814 —51. p. 55. §. 27.

Obs. 3. Hinc porro consequitur sequens Theorema, quod

Sit circulus $AB\Gamma\Delta$, et in eodem segmento $BAE\Delta$ anguli sint $BA\Delta$, $BE\Delta$; dico angulos $BA\Delta$, $BE\Delta$ esse inter se aequales.

Sumatur enim centrum circuli $AB\Gamma\Delta$ (III. 1.), et sit Z, et iungantur BZ, $Z\Delta$.

Et quoniam angulus $BZ\Delta$ est ad centrum, angulus vero $BA\Delta$ ad circumferentiam, et habent eandem circumferentiam $B\Gamma\Delta$ pro basi; angulus $BZ\Delta$ duplus est anguli $BA\Delta$ (III. 20.). Ex eadem ratione angulus etiam $BZ\Delta$ anguli $BE\Delta$ est duplus; aequalis igitur $BA\Delta$ ipsi $BE\Delta$. In circulo igitur etc.

PROPOSITIO XXII. (Fig. 246.)

Quadrilaterorum, quae in circulis sunt, anguli oppositi duobus rectis aequales sunt.

est apud Serenum de sectione cylindri Prop. 46. 47. Cf. Gilbert. Geom. I. Th. p. 172. Si fuerit (Fig. 245.) $A\Delta B$ segmentum quodcunque circuli atque in eo punctum Γ ita positum, ut sit recta $\Gamma A = \Gamma B$, et describatur centro Γ, radio ΓA circulus $A\Theta B$, qui itaque et per B transibit, erit summa crurum anguli cuiusvis $A\Delta B$ super AB, cuius vertex in segmento $A\Delta B$ positus est, aequalis rectae BE, quae obtinetur, si alterutrum crus producatur, dum cum circulo $A\Theta B$ conveniat. Quum enim sit, si $B\Gamma$ ad Z producatur, $\Gamma Z = \Gamma B = \Gamma A$ (I. Def. 15.) erit triangulum $ZA\Gamma$ aequicrurum, adeoque angulus $ZA\Gamma = AZ\Gamma$ (I. 5.). Et, quum ex nostra propositione sit $A\Delta B = A\Gamma B$, adeoque et $A\Delta E = A\Gamma Z$ (I. 13.) et $AE\Delta = AZ\Gamma$ (III. 21.), erit et $EA\Delta = ZA\Gamma$ (I. 32. Cor. 3.) $= AZ\Gamma = AE\Delta$, adeoque $\Delta A = \Delta E$ (I. 6.) et $\Delta A + \Delta B = \Delta E + \Delta B = BE$. Et, quum eodem modo sit $\Gamma A + \Gamma B = BZ$, at BZ, quippe diameter circuli $A\Theta B$ maior, quam BE (III. 15.), erit etiam $\Gamma A + \Gamma B > \Delta A + \Delta B$, i. e. inter omnia triangula super eadem

Ἔστω κύκλος ὁ ΑΒΓΔ, καὶ ἐν αὐτῷ τετράπλευρον ἔστω τὸ ΑΒΓΔ· λέγω ὅτι αἱ ἀπεναντίον αὐτοῦ γωνίαι δυσὶν ὀρθαῖς ἴσαι εἰσίν.

Ἐπεζεύχθωσαν αἱ ΑΓ, ΒΔ.

Ἐπεὶ οὖν παντὸς τριγώνου αἱ τρεῖς γωνίαι δυσὶν ὀρθαῖς ἴσαι εἰσὶν, τοῦ ΑΒΓ ἄρα τριγώνου αἱ τρεῖς γωνίαι αἱ ὑπὸ ΓΑΒ, ΑΒΓ, ΒΓΑ δυσὶν ὀρθαῖς ἴσαι εἰσίν. Ἴση δὲ ἡ μὲν ὑπὸ ΓΔΒ τῇ ὑπὸ ΒΑΓ, ἐν γὰρ τῷ αὐτῷ τμήματί εἰσι τῷ ΒΑΔΓ, ἡ δὲ ὑπὸ ΑΓΒ τῇ ὑπὸ ΑΔΒ, ἐν γὰρ τῷ αὐτῷ τμήματί εἰσι τῷ

basi *AB* constituta, et quorum angulus basi oppositus aequalis est, quae igitur in eodem circuli segmento constituuntur (Obs. 2.) triangulum aequicrurum maximam habet summam crurum, adeoque maximam laterum omnium summam: reliquorum vero crurum summa eo minor erit, quo magis *BE* a diametro distat (Obs. ad III. 15. sub finem.). Denique observari potest, si etiam *AΔ* producatur ad *Θ*, fore et $\Delta\Theta = \Delta B$, et $A\Theta = \Delta A + \Delta B$, adeoque $= BE$, et quum in triangulis $E\Delta\Theta$, $A\Delta B$ si $E\Delta = A\Delta$, $\Delta\Theta = \Delta B$, et anguli ad verticem aequales (I. 15.) erit et recta $E\Theta = AB$ (I. 4.).

PROPOSITIO XXII.

Obs. 1. Cor. 1. Si latus quodcunque quadrilateri in in circulo descripti extra circulum producatur, erit angulus externus aequalis angulo quadrilateri interno opposito. Habent hoc Cor. Clavius, Tacquet., alii.

Obs. 2. Cor. 2. In quadrilatero circulo inscripto summa duorum angulorum oppositorum aequalis est summae reliquorum duorum angulorum oppositorum, vel: si anguli quadrilateri circulo inscripti, initio a quovis eorum facto, ordine, quo se invicem insequuntur, numeris indicentur, erit summa angulorum primi et tertii aequalis summae angulorum secundi et quarti. Hinc consequitur, rhombum et rhomboidem circulo non inscribi posse.

Sit circulus $AB\Gamma\Delta$, et in ipso quadrilaterum $AB\Gamma\Delta$; dico angulos ipsius oppositos duobus rectis aequales esse.

Iungantur $A\Gamma$, $B\Delta$.

Quoniam igitur omnis trianguli tres anguli duobus rectis aequales sunt (I. 32.), trianguli $AB\Gamma$ tres anguli ΓAB, $AB\Gamma$, $B\Gamma A$ duobus rectis aequales sunt. Aequalis autem est $\Gamma\Delta B$ angulo $BA\Gamma$ (III. 21.), etenim in eodem sunt segmento $BA\Delta\Gamma$, et $A\Gamma B$ angulo $A\Delta B$ (III. 21.) etenim in eodem sunt segmento

Obs. 3. Ea, quae in Cor. 2. dicta sunt, generalius de figura quacunque, quae parem laterum numerum habet, et circulo inscripta est, valet: nempe, si anguli talis figurae, initio facto a quovis eorum, ordine numeris indicentur, erit summa angulorum numeris imparibus 1. 3. 5. etc. notatorum aequalis summae angulorum numeris paribus 2. 4. 6. etc. notatorum. Huius propositionis demonstratio pro quavis figura circulo inscripta $AB\Gamma\Delta EZH\Theta$ . . . quae parem habet laterum numerum, ita instrui potest: Sit (Fig. 247.) centrum circuli A, atque ex eo ducantur rectae OA, OB, $O\Gamma$, $O\Delta$ etc. quae efficient triangula OAB, $OB\Gamma$, $O\Gamma\Delta$ etc. quae singula erunt aequicrura (I. Def. 24.), adeoque in quolibet eorum anguli ad basin erunt aequales (I. 5.) i. e.

$$\begin{aligned}
\text{erit } OAB &= OBA\\
O\Gamma B &= OB\Gamma\\
O\Gamma\Delta &= O\Delta\Gamma\\
OE\Delta &= O\Delta E\\
OEZ &= OZE\\
OHZ &= OZH\\
OH\Theta &= O\Theta H\\
OA\Theta &= O\Theta A
\end{aligned}$$

unde, omnibus in unam summam collectis, erit $(OAB + OA\Theta) + (O\Gamma B + O\Gamma\Delta) + (OE\Delta + OEZ) + (OHZ + OH\Theta) = (OBA + OB\Gamma)$

ΑΔΓΒ· ὅλη ἄρα ἡ ὑπὸ ΑΔΓ ταῖς ὑπὸ ΒΑΓ, ΑΓΒ ἴση ἐστίν. Κοινὴ προςκείσθω ἡ ὑπὸ ΑΒΓ· αἱ ἄρα ὑπὸ ΑΒΓ, ΒΑΓ, ΑΓΒ ταῖς ὑπὸ ΑΒΓ, ΑΔΓ ἴσαι εἰσίν. Ἀλλ' αἱ ὑπὸ ΑΒΓ, ΒΑΓ, ΑΓΒ δυσὶν ὀρθαῖς ἴσαι εἰσί· καὶ αἱ ὑπὸ ΑΒΓ, ΑΔΓ ἄρα δυσὶν ὀρθαῖς ἴσαι εἰσιν. Ὁμοίως δὴ δείξομεν, ὅτι καὶ αἱ ὑπὸ ΒΑΔ, ΔΓΒ γωνίαι δυσὶν ὀρθαῖς ἴσαι εἰσίν. Τῶν ἄρα ἐν τοῖς κύκλοις, καὶ τὰ ἑξῆς.

ΠΡΟΤΑΣΙΣ κγ'.

Ἐπὶ τῆς αὐτῆς εὐθείας δύο τμήματα κύκλων ὅμοια, καὶ ἄνισα οὐ συσταθήσεται ἐπὶ τὰ αὐτὰ μέρη [1]).

1] Commandinus observat, in vetusto aliquo codice verba: ἐπὶ τὰ αὐτὰ μέρη deesse. In omnibus tamen editionibus illa habentur, nec Peyrardus codicum varietatem in iis notat.

$+(O\Delta\Gamma+O\Delta E)+(OZE+OZH)+(O\Theta H+O\Theta A)$ i. e. integri anguli $A+\Gamma+E+H=$ integris angulis $B+\Delta+Z+\Theta$. Et facile patet, idem ratiocinium continuari posse, quisquis in figura pari laterum numero circulo inscripta laterum numerus fuerit. Et simile erit ratiocinium, etiamsi integra figura inscripta sit segmento, quod non maius sit, quam semicirculus. Caeterum facillime etiam, quod Collega amicissimus Kauslei, quum hanc propositionem cum eo communicassem, monuit, generaliter etiam res ita demonstrabitur. Sit propositio nostra demonstrata pro figura eiusmodi quacunque, in qua numerus laterum $=2n$, ac vera etiam erit propositio pro figura, cuius laterum numerus $=2n+2$. Sit nempe (Fig. 248.) figura $AB\Gamma\Delta EZH\Theta$, cuius numerus laterum $=2n+2$, in circulo. Iam, si ducta recta $\Gamma\Theta$ tria quaecunque latera figurae $A\Theta$, AB, $B\Gamma$ a reliqua figura abscindantur, reliqua figurae latera $\Gamma\Delta$, ΔE, EZ, ZH, $H\Theta$ erant numero $2n-1$, quibus si addas latus $\Gamma\Theta$,

$A\Delta\Gamma B$. Totus igitur $A\Delta\Gamma$ angulis $BA\Gamma$, $A\Gamma B$ aequalis est. Communis addatur $AB\Gamma$; ergo $AB\Gamma$, $BA\Gamma$, $A\Gamma B$ angulis $AB\Gamma$, $A\Delta\Gamma$ aequales sunt. Sed $AB\Gamma$, $BA\Gamma$, $A\Gamma B$ duobus rectis aequales sunt; et $AB\Gamma$, $A\Delta\Gamma$ igitur duobus rectis aequales sunt. Similiter ostendemus, et angulos $BA\Delta$, $\Delta\Gamma B$ duobus rectis esse. In circulis igitur etc.

PROPOSITIO XXIII. (Fig. 251.)

Super eadem recta duo segmenta circulorum similia et inaequalia non constituentur ex eadem parte.

erit figura $\Gamma\Delta EZH\Theta$ circulo inscripta laterum numero $=2n$. Atqui ex hypothesi demonstratum est, in hac figura esse angulos $\Theta\Gamma\Delta + E + H = \Delta + Z + H\Theta\Gamma$. Praeterea in quadrilatero $AB\Gamma\Theta$ circulo inscripto est ex Obs. 2. $A + B\Gamma\Theta = B + \Gamma\Theta A$. Itaque $A + (B\Gamma\Theta + \Theta\Gamma\Delta) + E + H = B + (\Gamma\Theta A + H\Theta\Gamma) + \Delta + Z$ i. e. integri anguli $A + \Gamma + E + H =$ integris angulis $B + \Delta + Z + \Theta$.

Obs. 4. Propositio observatione praecedente allata totidem verbis quidem applicari nequit ad figuras circulo inscriptas, quae imparem habent laterum numerum. Prout enim, initio ab aliquo angulo facto, reliquos dextrorsum vel sinistrorsum numeres, alii aliique anguli in eandem summam convenient, unde e praecedente propositione verbotenus applicata contradictoria consequerentur. *Similis* tamen propositio etiam in talibus figuris $AB\Gamma\Delta E$ (Fig. 249.) locum habet, si recta e centro circuli O ad verticem anguli cuiuscunque E ducta, hunc in duos angulos $OE\Delta$, OEA dividamus, atque has integri anguli E partes separatim numeremus. Ita enim pariter summa angulorum numeris imparibus notatorum aequalis erit summae angulorum numeris paribus notatorum, quod eadem ratione demonstrabitur, ac in Obs. 3. ductis nempe radiis ad omnes an-

Εἰ γὰρ δυνατὸν, ἐπὶ τῆς αὐτῆς εὐθείας τῆς ΑΒ δύο τμήματα κύκλων ὅμοια καὶ ἄνισα συνεστάτω ἐπὶ τὰ αὐτὰ μέρη τὰ ΑΓΒ, ΑΔΒ, καὶ διήχθω ἡ ΑΓΔ, καὶ ἐπεζεύχθωσαν αἱ ΓΒ, ΔΒ.

Ἐπεὶ οὖν ὅμοιόν ἐστι τὸ ΑΓΒ τμῆμα τῷ ΑΔΒ τμήματι, ὅμοια δὲ τμήματα κύκλων ἐστὶ τὰ δεχόμενα γωνίας ἴσας· ἴση ἄρα ἐστὶν ἡ ὑπὸ ΑΓΒ γωνία τῇ ὑπὸ ΑΔΒ, ἡ ἐκτὸς τῇ ἐντὸς, ὅπερ ἐστὶν ἀδύνατον. Οὐκ ἄρα ἐπὶ τῆς αὐτῆς εὐθείας, καὶ τὰ ἑξῆς.

ΠΡΟΤΑΣΙΣ κδ'.

Τὰ ἐπὶ ἴσων εὐθειῶν ὅμοια τμήματα κύκλων ἴσα ἀλλήλοις ἐστίν.

Ἔστωσαν γὰρ ἐπὶ ἴσων εὐθειῶν τῆς ΑΒ, ΓΔ ὅμοια τμήματα κύκλων τὰ ΑΕΒ, ΓΖΔ· λέγω ὅτι ἴσον ἐστὶ τὸ ΑΕΒ τμῆμα τῷ ΓΖΔ τμήματι.

gulorum vertices. Neque tamen haec propositio ita enunciata semper valet, si integra figura inscripta sit segmento, quod minus sit semicirculo, sed tum levi aliqua mutatione opus erit quod hic monuisse sufficiat. Cf. l'Huilier de Relatione mutua Capacit. et Terminor. fig. §. 215. De figuris, quae angulos gibbos habent, neque in Obs. 3. neque in Obs. 4. sermo est: nec omnino huius generis figurae circulo inscriptae esse possunt, nisi forte e lateribus figurae alia alia secent.

Obs. 5. Propositio III. 22. vel, quod eodem redit, propositio, quam in Obs. 2. habuimus, valet etiam conversa. Nempe, si in quadrilatero duo anguli oppositi aequales fuerint duobus rectis, circulus per tres quadrilateri vertices transiens (qui semper describi potest, III. 10. Cor. 1.) transibit etiam per verticem quarti anguli. Id enim eodem modo demonstrabitur, ac in III. Prop. 21. Obs. 2. Nominatim igitur circa quadratum et rectangulum circulus describi potest.

Si enim fieri potest ad eandem rectam AB duo segmenta circulorum similia et inaequalia constituantur ex eadem parte $A\Gamma B$, $A\Delta B$, et ducatur $A\Gamma\Delta$, et iungantur ΓB, ΔB.

Quoniam igitur simile est segmentum $A\Gamma B$ segmento $A\Delta B$, similia autem segmenta circulorum sunt quae capiunt angulos aequales (III. Def. 11.); aequalis igitur est angulus $A\Gamma B$ angulo $A\Delta B$, exterior interiori, quod fieri nequit (I. 16.). Non igitur super eadem recta etc.

PROPOSITIO XXIV. (Fig. 252.)

Super aequalibus rectis similia circulorum segmenta aequalia inter se sunt.

Sint enim super aequalibus rectis AB, $\Gamma\Delta$ similia segmenta circulorum AEB, $\Gamma Z\Delta$; dico aequale esse segmentum AEB segmento $\Gamma Z\Delta$.

Obs. 6. At, quae in Obs. 3. et 4. continentur propositiones, nequeunt converti, i. e. si v. c. in figura aliqua, quae parem laterum numerum habet, sit summa angulorum imparium 1. 3. 5. etc. aequalis summae angulorum 2. 4. 6. etc. inde haud consequitur, circulum describi posse, qui per omnes figurae vertices transeat. Sunt potius innumeri casus, quibus id fieri nequit. Sit enim v. g. (Fig. 250.) in circulo Hexagonum $AB\Gamma\Delta EZ$, in quo itaque ex Obs. 3. erunt anguli $A + B\Gamma\Delta + E = AB\Gamma + \Delta + Z$. Producantur duo latera AB, $\Delta\Gamma$ lateri $B\Gamma$ contigua, donec rectae $\Theta\Pi$, quae parallela ducta est rectae $B\Gamma$, occurrant in punctis Θ, H, eritque (I. 29.) angul. $\binom{A\Theta\Pi}{\Theta} = AB\Gamma$, et $\binom{\Delta H\Theta}{H} = B\Gamma\Delta$, adeoque $A + H + E = \Theta + \Delta + Z$ i. e. figura $A\Theta H\Delta EZ$ ita comparata est, ut summa angulorum imparium aequalis sit summae angulorum parium, neque tamen circulus per vertices figurae $A\Theta H\Delta EZ$ transire

Ἐφαρμοζομένου γὰρ τοῦ ΑΕΒ τμήματος ἐπὶ τὸ ΓΖΔ, καὶ τιθεμένου τοῦ μὲν Α σημείου ἐπὶ τὸ Γ, τῆς δὲ ΑΒ εὐθείας ἐπὶ τὴν ΓΔ, ἐφαρμόσει καὶ τὸ Β σημεῖον ἐπὶ τὸ Δ σημεῖον, διὰ τὸ ἴσην εἶναι τὴν ΑΒ τῇ ΓΔ· τῆς δὲ ΑΒ ἐπὶ τὴν ΓΔ ἐφαρμοσάσης, ἐφαρμόσει καὶ τὸ ΑΕΒ τμῆμα ἐπὶ τὸ ΓΖΔ. Εἰ γὰρ ἡ ΑΒ εὐθεῖα ἐπὶ τὴν ΓΔ ἐφαρμόσει, τὸ δὲ ΑΕΒ τμῆμα ἐπὶ τὸ ΓΖΔ μὴ ἐφαρμόσει [1]), ἤτοι ἐντὸς αὐτοῦ πεσεῖται, ἢ ἐκτός, ἢ παραλλάξει ὡς τὸ ΓΘΗΔ, καὶ κύκλος κύκλον τέμνει κατὰ πλείονα σημεῖα ἢ δύο, τὰ Γ, Η, Δ, ὅπερ ἐστὶν ἀδύνατον. Οὐκ ἄρα ἐφαρμοζομένης τῆς ΑΒ εὐθείας ἐπὶ τὴν ΓΔ οὐκ ἐφαρμόσει καὶ τὸ ΑΕΒ τμῆμα ἐπὶ τὸ ΓΖΔ· ἐφαρμόσει ἄρα, καὶ ἴσον αὐτῷ ἔσται. Τὰ ἄρα ἐπὶ τῶν ἴσων εὐθειῶν, καὶ τὰ ἑξῆς.

ΠΡΟΤΑΣΙΣ κε΄.

Κύκλου τμήματος δοθέντος, προςαναγράψαι τὸν κύκλον οὗπέρ ἐστι τμῆμα.

Ἔστω τὸ δοθὲν τμῆμα κύκλου, τὸ ΑΒΓ· δεῖ δὴ προςαναγράψαι τὸν κύκλον οὗπέρ ἐστι τὸ ΑΒΓ τμῆμα.

1) Post verba: μὴ ἐφαρμόσει edd. Oxon. et Basil. habent: ἀλλὰ παραλλάξει, ὡς τὸ ΓΘΗΔ. Κύκλος δὲ κύκλον οὐ τέμνει κατὰ πλείονα σημεῖα ἢ δύο· ἀλλὰ καὶ τέμνει ὁ ΓΘΗΔ τὸν ΓΖΔ κατὰ πλείονα σημεῖα ἢ δύο, τὰ Γ, Η, Δ etc. cum qua lectione consentiunt omnes a Peyrardo collati codd. praeter codicem a, quem secutus Peyrardus ita legit, ut nos quoque expressimus. Verum etiam in hac lectione quam veriorem putamus, aliquid desiderari posse videtur, quo ostendatur, ex III. 23. unum segmentum circuli neque extra neque intra alterum cadere posse. Idem sentire videntur DeLambre et Prony in relatione ad Instit. Franc. facta.

potest. Circulus enim, qui per tria puncta *A*, *Z*, *E* transit, per haec puncta omnimode determinatus est (III. 10. Cor. 1.),

Congruente enim segmento AEB segmento $\Gamma Z\Delta$, et posito puncto A super Γ, recta vero AB super $\Gamma\Delta$, congruet et punctum B puncto Δ, propterea quod aequalis est AB ipsi $\Gamma\Delta$; ipsa autem AB ipsi $\Gamma\Delta$ congruente, congruet et segmentum AEB segmento $\Gamma Z\Delta$. Si enim AB recta ipsi $\Gamma\Delta$ congruat, segmentum autem AEB segmento $\Gamma Z\Delta$ non congruat, vel intra ipsum cadet, vel extra, vel pertransibit ut $\Gamma\Theta H\Delta$, et circulus circulum secabit in pluribus punctis quam duobus, in punctis Γ, H, Δ, quod fieri non potest (III. 10.). Non igitur congruente recta AB ipsi $\Gamma\Delta$ non congruet segmentum AEB segmento $\Gamma Z\Delta$. Congruet igitur, et aequale ipsi erit. Ergo super aequalibus etc.

PROPOSITIO XXV. (Fig. 253. a. b. c.)

Circuli segmento dato, describere circulum, cuius est segmentum.

Sit datum circuli segmentum $AB\Gamma$; oportet describere circulum, cuius $AB\Gamma$ est segmentum.

nec itaque alius esse potest, quam circulus $AZE\Delta\Gamma B$. At hic circulus rectas AB, $\Delta\Gamma$ secat alteram in punctis A, B, alteram in punctis Δ, Γ, neque igitur iterum eas secare potest in punctis Θ, H (III. 2. Cor. 1.) i. e. nequit transire per vertices Θ, H figurae $A\Theta H\Delta EZ$. Pariter res demonstrabitur de conversa eius, quam Obs. 4. habuimus.

PROPOSITIO XXIII.

Obs. 1. Quamvis verba: ἐπὶ τὰ αὐτὰ μέρη non omitti possint ob demonstrationem, verum tamen est, quod Campa-

Τετμήσθω γὰρ ἡ ΑΓ δίχα κατὰ τὸ Δ, καὶ ἤχθω ἀπὸ τοῦ Δ σημείου τῇ ΑΓ πρὸς ὀρθὰς ἡ ΔΒ, καὶ ἐπεζεύχθω ἡ ΑΒ· ἡ ὑπὸ ΑΒΔ ἄρα γωνία τῆς ὑπὸ ΒΑΔ ἤτοι μείζων ἐστὶν, ἢ ἴση, ἢ ἐλάττων.

Ἔστω πρότερον μείζων· καὶ συνεστάτω πρὸς τῇ ΒΑ εὐθείᾳ, καὶ τῷ πρὸς αὐτῇ σημείῳ τῷ Α, τῇ ὑπὸ ΑΒΔ γωνίᾳ ἴση ἡ ὑπὸ ΒΑΕ, καὶ διήχθω ἡ ΔΒ ἐπὶ τὸ Ε, καὶ ἐπεζεύχθω ἡ ΕΓ. Ἐπεὶ οὖν ἴση ἐστὶν ἡ ὑπὸ ΑΒΕ γωνία τῇ ὑπὸ ΒΑΕ, ἴση ἄρα ἐστὶ καὶ ἡ ΒΕ εὐθεῖα τῇ ΕΑ. Καὶ ἐπεὶ ἴση ἐστὶν ἡ ΑΔ τῇ ΔΓ, κοινὴ δὲ ἡ ΔΕ, δύο δὴ αἱ ΑΔ, ΔΕ δυσὶ ταῖς ΓΔ, ΔΕ ἴσαι εἰσὶν, ἑκατέρα ἑκατέρᾳ, καὶ γωνία ἡ ὑπὸ ΑΔΕ γωνίᾳ τῇ ὑπὸ ΓΔΕ ἐστὶν ἴση, ὀρθὴ γὰρ ἑκατέρα· καὶ βάσις ἄρα ἡ ΑΕ βάσει τῇ ΓΕ ἐστὶν ἴση. Ἀλλὰ ἡ ΑΕ τῇ ΕΒ ἐδείχθη ἴση· καὶ ἡ ΒΕ ἄρα τῇ ΓΕ ἐστὶν ἴση· αἱ τρεῖς ἄρα αἱ ΑΕ, ΕΒ, ΕΓ ἴσαι ἀλλήλαις εἰσίν· ὁ ἄρα κέντρῳ τῷ Ε, διαστήματι δὲ ἑνὶ τῶν ΑΕ, ΕΒ, ΕΓ, κύκλος γραφόμενος ἥξει καὶ διὰ τῶν λοιπῶν σημείων, καὶ ἔσται προσαναγεγραμμένος κύκλος. Κύκλου ἄρα τμήματος δοθέντος, προσαναγέγραπται ὁ κύκλος. Καὶ δῆλον ὡς τὸ ΑΒΓ τμῆμα ἔλαττόν ἐστιν ἡμικυκλίου, διὰ τὸ τὸ Ε κέντρον ἐκτὸς αὐτοῦ τυγχάνειν.

nus, Commandinus, Clavius, Peletarius, aliique monent, nec e diversis eiusdem rectae partibus esse posse duo segmenta similia et inaequalia, quod facile patet, si alterum eorum circa rectam communem circumvolutum ponatur, ita ut iam sint ex eadem rectae communis parte.

Obs. 2. Rob. Simson. monet, in Prop. 23. ostendendum esse, non posse ex eadem rectae *AB* parte constitui duo circuli segmenta similia et inaequalia, quorum alterum alterum secet (quoniam) non plura duobus punctis *A* et *B* communia

Secetur enim $A\Gamma$ bifariam in Δ (I. 10.); et ducatur a puncto Δ ipsi $A\Gamma$ ad rectos angulos ΔB (I. 11.); et iungatur AB. Ergo angulus $AB\Delta$ ipso $BA\Delta$ vel maior est, vel aequalis, vel minor.

Sit primum maior, et constituatur ad rectam BA; et ad punctum in ea A, angulo $AB\Delta$ aequalis angulus BAE (I. 23.), et producatur ΔB ad E, et iungatur $E\Gamma$. Et quoniam aequalis est angulus ABE ipsi BAE, aequalis est et recta BE rectae EA (I. 6.). Et quoniam aequalis est $A\Delta$ ipsi $\Delta\Gamma$, communis autem ΔE, duae $A\Delta$, ΔE duabus $\Gamma\Delta$, ΔE aequales sunt, utraque utrique, et angulus $A\Delta E$ angulo $\Gamma\Delta E$ est aequalis; rectus enim uterque; basis igitur AE basi ΓE est aequalis (I. 4.). Sed AE ipsi EB ostensa est aequalis; et BE igitur ipsi ΓE est aequalis; tres igitur AE, EB, $E\Gamma$ aequales inter se sunt; ergo circulus centro E, intervallo autem una ipsarum AE, EB, $E\Gamma$ descriptus transibit et per reliqua puncta, et erit descriptus circulus (III. 9.). Circuli igitur segmento dato, descriptus est circulus. Et manifestum est segmentum $AB\Gamma$ minus esse semicirculo, propterea quod centrum E extra ipsum cadit.

habere possunt III. 10.) ne postea demum ad Prop. 24. id demonstrare necesse sit. Caeterum Campanus in Prop. 25. paullo prolixius distinguit casus, quibus punctum Γ in uno crurum anguli $A\Delta B$, aut extra hunc angulum, aut intra eum situm est.

PROPOSITIO XXIV.

Obs. 1. Robert. Simson., postquam Prop. 25. ita ut Obs. 2. ad III. 25. diximus, demonstraverat, breviter iam ex-

'Ὁμοίως καὶ ἐὰν ἡ ὑπὸ ΑΒΔ γωνία ἴση ᾖ τῇ ὑπὸ ΒΑΔ, τῆς ΑΔ ἴσης γενομένης ἑκατέρᾳ τῶν ΒΔ, ΔΓ, αἱ τρεῖς ἄρα αἱ ΔΑ, ΔΒ, ΔΓ ἴσαι ἀλλήλαις ἔσονται, καὶ ἔσται τὸ Δ κέντρον τοῦ προσαναπεπληρωμένου κύκλου, καὶ δηλαδὴ ἔσται τὸ ΑΒΓ ἡμικύκλιον.

'Εὰν δὲ ἡ ὑπὸ ΑΒΔ ἐλάττων ᾖ τῆς ὑπὸ ΒΑΔ, καὶ συστησόμεθα πρὸς τῇ ΒΑ εὐθείᾳ, καὶ τῷ πρὸς αὐτῇ σημείῳ τῷ Α, τῇ ὑπὸ ΑΒΔ γωνίαν ἴσην, ἐντὸς τοῦ ΑΒΓ τμήματος πεσεῖται τὸ κέντρον ἐπὶ τῆς ΔΒ ὡς τὸ Ε, καὶ ἔσται δηλαδὴ τὸ ΑΒΓ τμῆμα μεῖζον ἡμικυκλίου.

Κύκλου ἄρα τμήματος δοθέντος, προσαναγέγραπται ὁ κύκλος, οὗπέρ ἐστι τὸ τμῆμα. "Οπερ ἔδει ποιῆσαι.

ΠΡΟΤΑΣΙΣ κϛ'.

'Εν τοῖς ἴσοις κύκλοις, αἱ ἴσαι γωνίαι ἐπὶ ἴσων περιφερειῶν βεβήκασιν, ἐάντε πρὸς τοῖς κέντροις ἐάντε πρὸς ταῖς περιφερείαις ὦσι βεβηκυῖαι.

"Εστωσαν γὰρ ἴσοι κύκλοι οἱ ΑΒΓ, ΔΕΖ καὶ ἐν αὐτοῖς, πρὸς μὲν τοῖς κέντροις ἴσαι γωνίαι ἔστωσαν, αἱ ὑπὸ ΒΗΓ, ΕΘΖ, πρὸς δὲ ταῖς περιφερείαις αἱ ὑπὸ ΒΑΓ, ΕΔΖ· λέγω ὅτι ἴση ἐστὶν ἡ ΒΚΓ περιφέρεια τῇ ΕΛΖ περιφερείᾳ.

pedit hanc 24., dum provocat saltim ad 23., ut ostendat, non posse non rectis ΑΒ, ΓΔ congruentibus etiam segmenta similia super iis posita congruere.

Obs. 2. Clavius monet, non solum segmentorum, sed nominatim etiam circumferentiarum, quae ipsorum termini sunt, aequalitatem consequi ex ostensa congruentia.

Obs. 3. Eodem observante, conversa quoque Prop. 23. et 24. locum habet. Nempe segmenta circulorum aequalia super aequalibus rectis, vel super eadem recta constituta si-

Similiter et si angulus $AB\Delta$ aequalis sit ipsi $BA\Delta$, ipsa $A\Delta$ aequali facta utrivis ipsarum $B\Delta$, $\Delta\Gamma$, tres ΔA, ΔB, $\Delta\Gamma$ aequales inter se erunt, et erit centrum Δ completi circuli et $AB\Gamma$ semicirculus.

Si autem $AB\Delta$ minor sit ipso $BA\Delta$, et si constituamus ad BA rectam, et ad punctum in ea A, ipsi $AB\Delta$ angulum aequalem (I. 23.); intra $AB\Gamma$ segmentum cadet centrum in ΔB, ut E, et erit $AB\Gamma$ segmentum maius semicirculo.

Segmento igitur circuli dato, descriptus est circulus, cuius est segmentum. Quod oportebat facere.

PROPOSITIO XXVI. (Fig. 254.)

In aequalibus circulis, aequales anguli aequalibus circumferentiis insistunt, sive ad centra, sive ad circumferentias insistant.

Sint enim aequales circuli $AB\Gamma$, ΔEZ; et in ipsis ad centra quidem aequales anguli sint $BH\Gamma$, $E\Theta Z$; ad circumferentias autem anguli $BA\Gamma$, $E\Delta Z$; dico aequalem esse $BK\Gamma$ circumferentiam circumferentiae $E\Lambda Z$.

milia erunt. Quum enim aequalia esse ponantur segmenta, et aequales bases habeant, basibus his congruentibus etiam segmenta congruent. Nequit enim unum alterum includere, quod aequalia sunt, nec unum alterum secare ex III. 10. Congruentibus autem segmentis crura angulorum ad idem eorum punctum ab extremis basis ducta congruent, adeoque hi anguli, et propterea omnes (III. 22.), qui in his segmentis sunt, anguli aequales, et segmenta similia erunt (III. Def. 11.).

Ἐπεζεύχθωσαν γὰρ αἱ ΒΓ, ΕΖ.

Καὶ ἐπεὶ ἴσοι εἰσὶν οἱ ΑΒΓ, ΔΕΖ κύκλοι, ἴσαι εἰσὶν αἱ ἐκ τῶν κέντρων· δύο δὴ αἱ ΒΗ, ΗΓ δυσὶν ταῖς ΕΘ, ΘΖ ἴσαι εἰσί· καὶ γωνία ἡ πρὸς τῷ Η γωνίᾳ τῇ πρὸς τῷ Θ ἴση ἐστί· βάσις ἄρα ἡ ΒΓ βάσει τῇ ΕΖ ἐστὶν ἴση. Καὶ ἐπεὶ ἴση ἐστὶ ἡ πρὸς τῷ Α γωνία τῇ πρὸς τῷ Δ, ὅμοιον ἄρα ἐστὶ τὸ ΒΑΓ τμῆμα τῷ ΕΔΖ τμήματι, καί ἐστιν ἐπὶ ἴσων εὐθειῶν τῶν ΒΓ, ΕΖ· τὰ δὲ ἐπὶ ἴσων εὐθειῶν ὅμοια τμή-

PROPOSITIO XXV.

Obs. Boermann., Rob. Simson. et Playfair eos casus, quibus segmentum datum non est semicirculus, coniunctim demonstrant. Quod ad additam observationem attinet, quibus casibus segmentum datum maius aut minus semicirculo, aut ei aequale sit, Austin. monet, eam ita positam esse, quasi ex demonstratione demum id detegatur. Campanus rem invertit, et monstrat, si segmentum minus fuerit semicirculo, fore angulum *ABΔ* maiorem angulo *BAΔ*; si semicirculus, fore hos angulos aequales; si maius semicirculo, fore *ABΔ* minorem angulo *BAΔ*, quod ipsum ut corollarium addit Billingsley. Caeterum Campanus, Peletarius, Billingsley, Tacquet, aliique problema ita etiam solvunt, ut duas quascunque chordas in segmento ducant, et eas rectis bisecent, quas ipsis ad angulos rectos erigunt: Orontius Fineus, Clavius, Billigsley, Barrov., Coetsius, Henrion hanc solutionem simpliciorem reddunt, dum duas chordas ita ducunt, ut unum circumferentiae punctum commune habeant. Austin. denique observat, in constructione problematis sumi, angulos, et latera trianguli dato segmento inscripti dari: hoc autem posito omitti posse hanc propositionem, utpote in generaliore IV. 5. comprehensam. Quod quamvis verum sit, in solutione nostri problematis ope IV. 5. facta addi tamen debet, circuli ita descripti partem ex III. 23. cum dato segmento coincidere.

PROPOSITIO XXVI.

Obs. Paullo distinctius procedit demonstratio, si duo

Iungantur enim $B\Gamma$, EZ.

Et quoniam aequales sunt circuli $AB\Gamma$, ΔEZ; aequales sunt, quae ex centris (III. Def. 1.); duae igitur BH; $H\Gamma$ duabus $E\Theta$, ΘZ aequales sunt; et angulus ad H angulo ad Θ aequalis est; basis igitur $B\Gamma$ basi EZ est aequalis (I. 4.). Et quoniam aequalis est angulus ad A angulo ad Δ, simile igitur est segmentum $BA\Gamma$ segmento $E\Delta Z$ (III. Def. 11.), et sunt super aequales rectas $B\Gamma$, EZ; quae autem su-

casus, prout anguli ad centrum vel ad peripheriam aequales ponuntur, separatim tractantur, quod fecere Campanus, Clavius, Peletarius, Coëtsius. Ostendendum nempe est, et ex uno supposito consequi alterum ope III. 20. Praeterea iure adhuc addit Clavius, demonstrationem eius casus, quo anguli ad peripheriam $BA\Gamma$, $E\Delta Z$ non sunt minores recto, adeoque, ut ex III. 25. consequitur, segmenta $BK\Gamma$, EAZ non minora semicirculo. Is casus nisi in III. 20. cum Austino angulos gibbos quoque comprehendere velis, ne manca sit demonstratio, si anguli $BA\Gamma$, $E\Delta Z$ obtusi fuerint ope III. 22. ad casum angulorum acutorum reduci debet: sin hi anguli recti fuerint, res ex I. Ax. 8. patet. Ante omnia autem monendum fuerit, angulos $BA\Gamma$, $E\Delta Z$ vel semicirculis insistere, vel segmentis, quae maiora vel minora sint semicirculis, prout ipsi recti, obtusi aut acuti fuerint ex conversa III. 31. quae ante hanc 26. poni potest. Denique Commandinus, Clavius aliique monent, has et tres sequentes propositiones etiam in uno eodemque circulo locum habere.

Cor. 1. Hinc etiam in aequalibus circulis circumferentiae, in quibus sunt anguli aequales, aequales erunt. Nempe, quum circumferentiae, quibus anguli aequales insistunt, aequales sint, aequalia etiam erunt reliqua circulorum segmenta (I. Ax.) i. e. circumferentiae, in quibus sunt anguli aequales.

Cor. 2. Cf. Clavium ad III. 27. vel Pappi Collect. Mathem. Comment. ad III. 52. Prop. Si in circulo fuerint duae rectae parallelae $A\Delta$, $B\Gamma$ (Fig. 255.) et punct earum ex-

ματα κύκλων ἴσα ἀλλήλοις ἐστίν· ἴσον ἄρα τὸ ΒΔΓ τμῆμα τῷ ΕΔΖ τμήματι. Ἔστι δὲ καὶ ὅλος ὁ ΑΒΓ κύκλος ὅλῳ τῷ ΔΕΖ κύκλῳ ἴσος, λοιπὸν ἄρα ΒΚΓ τμῆμα λοιπῷ ΕΔΖ ἴσον· ἡ ἄρα ΒΚΓ περιφέρειά ἐστιν ἴση τῇ ΕΔΖ περιφερείᾳ. Ἐὰν ἄρα τοῖς ἴσοις, καὶ τὰ ἑξῆς.

ΠΡΟΤΑΣΙΣ κζ.

Ἐν τοῖς ἴσοις κύκλοις αἱ ἐπὶ ἴσων περιφερειῶν βεβηκυῖαι γωνίαι ἴσαι ἀλλήλαις εἰσὶν, ἐάν τε πρὸς τοῖς κέντροις, ἐάν τε πρὸς ταῖς περιφερείαις ὦσι βεβηκυῖαι.

trema, quae ex eadem parte sunt, iungantur rectis *AB*, *ΓΔ*, erunt circumferentiae a parallelis interceptae *AB*, *ΓΔ* aequales. Ductis enim rectis *BΔ*, *ΓA*, erunt anguli *AΓB*, *ΓAΔ* aequales (I. 29.), adeoque aequales erunt circumferentiae, quibus insistunt (III. 26. Obs.).

Cor. 3. Vid. Clavius. Si in aequalibus circulis, vel in eodem circulo duo anguli inaequales fuerint (sive illi sint anguli ad centrum, sive ad peripheriam), arcus quoque, vel circumferentiae, quibus insistunt, inaequales erunt, nominatim ea circumferentia, cui maior angulus insistit, etiam ipsa maior erit. Et si unus istorum angulorum sit multiplum alterius anguli, arcus quoque, cui unus angulus insistit, idem multiplum eius arcus erit, cui alter angulus insistit. Hoc corollarium etiam de angulis gibbis i. e. duobus rectis maioribus, vel, si mavis de summa angulorum duobus rectis maiore vel iis aequali valet, dummodo pro arcu, cui insistunt, etiam eam circuli partem sumas, quae semicirculo vel aequalis vel maior est.

PROPOSITIO XXVII.

Obs. Est haec propositio conversa prioris. Ad pleniorem eius demonstrationem pariter ac in III. 26. separatim tra-

per aequales rectas similia sunt segmenta circulorum aequalia inter se sunt (III. 24.); aequale igitur segmentum $BA\Gamma$ segmento $E\Delta Z$. Est autem et totus $AB\Gamma$ circulus toti ΔEZ circulo aequalis; reliquum igitur $BK\Gamma$ segmentum reliquo $E\Delta Z$ aequale; ergo circumferentia $BK\Gamma$ aequalis est circumferentiae $E\Delta Z$. Si igitur in aequalibus etc.

PROPOSITIO XXVII. (Fig. 256.)

In aequalibus circulis anguli aequalibus circumferentiis insistentes aequales inter se sunt, sive ad centra, sive ad circumferentias insistant.

ctandi sunt casus, quibus circumferentiae, quae aequales ponuntur, non minores sunt semicirculo, quod simili ratione ope III. 22. fieri potest.

Cor. 1. E Clavio. Duae rectae $A\Delta$, $B\Gamma$ (Fig. 255.), quae inter se in circulo aliquo aequales arcus AB, $\Delta\Gamma$ intercipiunt, sunt parallelae. (Est haec convers. Cor. 2. III. 26. Prop.) Quum enim circumferentia AB sit aequalis circumferentiae $\Gamma\Delta$, erit (III. 27. coll. Obs. ad III. 26. sub finem) angulus $A\Gamma B = \Gamma A\Delta$, adeoque $A\Delta$, $B\Gamma$ parallelae (I. 28.).

Cor. 2. Et quum etiam circumferentiae $A\Delta\Gamma$, ΔAB aequales sint, aequales erunt anguli $AB\Gamma$, $\Delta\Gamma B$ (III. 27.), adeoque rectae AB, $\Gamma\Delta$, nisi hi anguli simul aequales sint duobus rectis, inter se convenient, ita, ut triangulum isosceles constituant (I. 6.), cuius vertex igitur situs erit in recta, quae e media basi $B\Gamma$ perpendicularis ad eam erigitur (I. 26. Cor. 4.) i. e. (III. 1. Cor. 1.) in diametro ad mediam basin $B\Gamma$ ducta.

Cor. 3. Pariter, si puncta istarum parallelarum e diversis partibus sita iungantur rectis $B\Delta$, $A\Gamma$, quae se necessario intersecant in puncto aliquo E, aequales erunt anguli $A\Gamma B$, $\Delta B\Gamma$, adeoque (I. 6.) aequales sunt rectae BE, ΓE,

Ἐν γὰρ ἴσοις κύκλοις τοῖς ΑΒΓ, ΔΕΖ ἐπὶ ἴσων περιφερειῶν τῶν ΒΓ, ΕΖ, πρὸς μὲν τοῖς Η, Θ κέντροις γωνίαι βεβηκέτωσαν αἱ ὑπὸ ΒΗΓ, ΕΘΖ, πρὸς δὲ ταῖς περιφερείαις αἱ ὑπὸ ΒΑΓ, ΕΔΖ· λέγω ὅτι ἡ μὲν ὑπὸ ΒΗΓ γωνία τῇ ὑπὸ ΕΘΖ ἐστὶν ἴση, ἡ δὲ ὑπὸ ΒΑΓ τῇ ὑπὸ ΕΔΖ.

Εἰ [1]) γὰρ ἄνισός ἐστιν ἡ ὑπὸ ΒΗΓ τῇ ὑπὸ ΕΘΖ, μία αὐτῶν μείζων ἔσται. Ἔστω μείζων ἡ ὑπὸ ΒΗΓ, καὶ συνεστάτω πρὸς τῇ ΒΗ εὐθείᾳ, καὶ τῷ πρὸς αὐτῇ σημείῳ τῷ Η, τῇ ὑπὸ ΕΘΖ γωνίᾳ ἴση ἡ ὑπὸ ΒΗΚ· αἱ δὲ ἴσαι γωνίαι ἐπὶ ἴσων περιφερειῶν βεβήκασιν, ὅταν πρὸς τοῖς κέντροις ὦσιν· ἴση ἄρα ἡ ΒΚ περιφέρεια τῇ ΕΖ περιφερείᾳ. Ἀλλ' ἡ ΕΖ τῇ ΒΓ ἐστὶν ἴση, καὶ ἡ ΒΚ ἄρα τῇ ΒΓ ἐστὶν ἴση, ἡ ἐλάττων τῇ μείζονι, ὅπερ ἐστὶν ἀδύνατον. Οὐκ ἄρα ἄνισός ἐστιν ἡ ὑπὸ ΒΗΓ γωνία τῇ ὑπὸ ΕΘΖ· ἴση ἄρα. Καί ἐστι τῆς μὲν ὑπὸ ΒΗΓ ἡμίσεια ἡ πρὸς τῷ Α, τῆς δὲ ὑπὸ ΕΘΖ ἡμίσεια ἡ πρὸς τῷ Δ· ἴση ἄρα καὶ ἡ πρὸς τῷ Α γωνία τῇ πρὸς τῷ Δ. Ἐν ἄρα τοῖς ἴσοις, καὶ τὰ ἑξῆς.

1) Ita cum Peyrardo ex Cod. a. omnino legendum esse videtur. Edd. Oxon. et Basil. cum omnibus reliquis a Peyrardo comparatis manuscriptis habent: *Εἰ μὲν οὖν ἡ ὑπὸ ΒΗΓ ἴση ἐστὶ τῇ ὑπὸ ΕΘΖ, φανερὸν, ὅτι καὶ ἡ ὑπὸ ΒΑΓ τῇ ὑπὸ ΕΔΖ ἴση ἐστίν· εἰ δὲ οὔ, μία αὐτῶν μείζων ἐστίν* etc. Quae tamen, quum ad finem demonstrationis denuo aequalitas angulorum *Α* et *Δ* ex aequalitate angulorum *ΒΗΓ*, *ΕΘΖ* deducatur, minus apta videntur.

atque ex eadem ratione rectae *ΑΕ* *ΔΕ*, vel punctum *Ε* quoque positum est in recta, quae e media basi *ΒΓ* perpendicularis ad eam erigitur (I. 26. Cor. 4.) i. e. (III. 1. Cor. 1.) in diametro ad mediam basin ducta. Haec Corollaria habet Gilbert. p. 127.

Cor. 4. E Clavio, qui ad Candanum de Subtilit. id re-

In aequalibus enim circulis $AB\Gamma$, ΔEZ, aequalibus circumferentiis $B\Gamma$, EZ ad centra H, Θ, anguli insistant $BH\Gamma$, $E\Theta Z$, ad circumferentias vero anguli $BA\Gamma$, $E\Delta Z$; dico angulum $BH\Gamma$ angulo $E\Theta Z$ esse aequalem, angulum vero $BA\Gamma$ angulo $E\Delta Z$.

Si enim inaequalis sit angulus $BH\Gamma$ angulo $E\Theta Z$, unus ipsorum maior erit. Sit maior $BH\Gamma$, et constituatur ad rectam BH, et ad punctum in ea H, angulo $E\Theta Z$ aequalis BHK (I. 23.); aequales autem anguli aequalibus circumferentiis insistunt, quando ad centra sunt (III. 26.); aequalis igitur circumferentia BK circumferentiae EZ. Sed EZ ipsi $B\Gamma$ aequalis est, et BK igitur ipsi $B\Gamma$ est aequalis (I. Ax. 1.), minor maiori, quod fieri non potest. Non igitur inaequalis est angulus $BH\Gamma$ angulo $E\Theta Z$; aequalis igitur. Et est ipsius quidem $BH\Gamma$ dimidius angulus ad A, ipsius vero $E\Theta Z$ dimidius angulus ad Δ (III. 20.); aequalis igitur et angulus ad A angulo ad Δ. In aequalibus igitur etc.

fert. Cf. Gilbert. p. 130. Si (Fig. 257.) in circulo ductis duabus diametris sese ad angulos rectos secantibus, altera earum $A\Gamma$ producatur, sintque quadrantes ex una parte illius in partes quotcunque aequales ΓZ, ZI, IB, et totidem $A\Theta$, ΘH, HB divisi, iunganturque rectae $Z\Theta$, IH etc. quae ex Cor. 1. parallelae erunt, atque ex puncto extremo B alterius diametri per punctum divisionis I ipsi ex una parte proximum recta ducatur IB, quae cum altera diametro conveniet in K: erit tota recta KA inter punctum concursus K et concavam peripheriam circuli omnibus parallelis IH, $Z\Theta$ etc. una cum diametro $A\Gamma$ simul sumtis, aequales. Nam quum, ob arcus aequales, rectae IH, $Z\Theta$, $A\Gamma$ i. e. IH, KA, et $Z\Theta$, $A\Gamma$ (Cor. 1.) et ex eadem ratione BI, HZ (adeoque IK, HA), HZ, $\Theta\Gamma$

ΠΡΟΤΑΣΙΣ κή.

Ἐν τοῖς ἴσοις κύκλοις αἱ ἴσαι εὐθεῖαι ἴσας περιφερείας ἀφαιροῦσι, τὴν μὲν μείζονα τῇ μείζονι, τὴν δὲ ἐλάττονα τῇ ἐλάττονι.

Ἔστωσαν ἴσοι κύκλοι οἱ ΑΒΓ, ΔΕΖ, καὶ ἐν αὐτοῖς ἴσαι εὐθεῖαι ἔστωσαν αἱ ΒΓ, ΕΖ, τὰς μὲν ΒΑΓ, ΕΔΖ περιφερείας μείζονας ἀφαιροῦσαι, τὰς δὲ ΒΗΓ, ΕΘΖ ἐλάττονας· λέγω ὅτι ἡ μὲν ΒΑΓ μείζων περιφέρεια ἴση ἐστὶ τῇ ΕΔΖ μείζονι περιφερείᾳ, ἡ δὲ ΒΗΓ ἐλάττων περιφέρεια τῇ ΕΘΖ ἐλάττονι.

Εἰλήφθω γὰρ τὰ κέντρα τῶν κύκλων, τὰ Κ, Λ, καὶ ἐπεζεύχθωσαν αἱ ΒΚ, ΚΓ, ΕΛ, ΛΖ.

(adeoque ΖΛ, ΘΓ) parallelae sint, erit ΙΗ=ΚΛ, et ΖΘ=ΛΓ (I. 34.) adeoque ΚΛ=ΚΛ+ΛΓ+ΓΛ=ΙΗ+ΖΘ+ΓΛ.

Cor. 5. Si (Fig. 258.) semicirculus ΑΔΕΗ (qui in Cor. praeced. in numerum parem partium aequalium quemcunque divisus fuerat) iam dividatur in numerum imparem partium aequalium quemcunque ΑΒ, ΒΓ, ΓΔ etc. et ducantur per puncta aequaliter a diametro distantia rectae ΒΘ, ΓΖ etc. quae inter se et cum diametro ΑΟΠ parallelae erunt (Cor. 1.), et ad extremitates eius harum parallelarum, quae a diametro ΑΗ maxime distat, ducantur e centro Ο radii ΟΔ, ΟΕ, summa rectarum βϑ, γι, ΔΕ, quas hi radii e parallelis intercipiunt, aequalis erit radio ΔΟ. Nam rectae ΔΟ, ΕΟ productae ad Μ, Ν, ob angulum ΜΟΝ=ΔΟΕ (I. 15.) arcum ΜΝ=ΔΕ abscindent (III. 26.). Ductis deinde per Δ, Γ rectis ΔΛ, ΓΚ etc. parallelis rectae ΕΜ, abscinduntur arcus ΜΛ, ΛΚ etc. aequales arcubus ΔΕ, ΔΓ etc. (III. 26. Cor. 2.) et, quum integer semicirculus ΜΑΕ aequalis sit semicirculo ΑΔΗ, adeoque tot arcus aequales inter se, et arcubus ΑΒ, ΒΓ etc. contineat, quot habet semicirculus ΑΔΗ, reliquus etiam arcus ΑΚ aequalis erit arcui ΒΓ, adeoque ducta ΒΑ parallela erit rectae ΓΚ.

PROPOSITIO XXVIII. (Fig. 260.)

In aequalibus circulis aequales rectae aequales circumferentias auferunt, maiorem quidem maiori, minorem vero minori.

Sint aequales circuli $AB\Gamma$, ΔEZ, et in ipsis aequales rectae $B\Gamma$, EZ 1), circumferentias quidem $BA\Gamma$, $E\Delta Z$ maiores auferentes, circumferentias vero $BH\Gamma$, $E\Theta Z$ minores; dico maiorem quidem $BA\Gamma$ aequalem esse maiori $E\Delta Z$, minorem vero $BH\Gamma$ minori $E\Theta Z$.

Sumantur enim centra circulorum, K, Λ, et iungantur BK, $K\Gamma$, $E\Lambda$, ΛZ.

1) In figuris et textu litteras reposuimus, quales sunt in edd. Oxon. et Basil. et in figura propositionis sequentis, quum Peyrardus nullam causam mutatarum litterarum afferat.

Pariter rectae ΓM, BA etc. inter se, et diametro ΔN parallelae erunt (Cor. 1.) Et quum $\Gamma\Delta$, AM sint arcus aequales, rectae ΓM, ΔA se intersecabunt in puncto aliquo δ sito in diametro, quae ad rectam AM, vel, quod eodem redit, ad rectam ei parallelam EN perpendicularis ducitur (Cor. 3.) i. e. ut facile patet, in diametro AOH. Eodem modo ostendetur, rectas ΓK, BA in puncto α eiusdem diametri convenire etc. Et quum sit $AO = B\vartheta$ (I. 34.) et $\alpha O = B\beta$ (I. 34.), erit $\beta\vartheta = A\alpha$. Eodem modo, quum sit $\alpha O = \Gamma\varepsilon$, at $\delta O = \Gamma\gamma$, erit $\alpha\delta = \gamma\varepsilon$. Denique est $\delta O = \Delta E$ (I. 34.): itaque $A\alpha + \alpha\delta + \delta O$ i. e. $AO = \beta\vartheta + \gamma\varepsilon + \Delta E$. Habet hanc propositionem Kraftius in Geom. Sublim. §. 92., qui eam La Hirio (Mém. de Math. 1692. p. 92.) tribuit. Cf. Gilbert. l. c. p. 131.

Cor. 6. Vid. Clavium, Boermannum, aliosque. Recta EZ (Fig. 259.), quae ex medio peripheriae alicuius ducitur circulum contingens, parallela est rectae lineae, quae peripheriam illam subtendit. Ducta enim e centro Δ ad con-

Καὶ ἐπεὶ ἴσοι κύκλοι εἰσὶν, ἴσαι εἰσὶ καὶ αἱ ἐκ τῶν κέντρων· δύο δὴ αἱ ΒΚ, ΚΓ δυσὶ ταῖς ΕΛ, ΛΖ ἴσαι εἰσὶ, καὶ βάσις ἡ ΒΓ βάσει τῇ ΕΖ ἴση· γωνία ἄρα ἡ ὑπὸ ΒΚΓ γωνίᾳ τῇ ὑπὸ ΕΛΖ ἴση ἐστιν. Αἱ δὲ ἴσαι γωνίαι ἐπὶ ἴσων περιφερειῶν βεβήκασιν, ὅταν πρὸς τοῖς κέντροις ὦσιν· ἴση ἄρα ἡ ΒΗΓ περιφέρεια τῇ ΕΘΖ περιφερείᾳ. Ἔστι δὲ καὶ ὅλος ὁ ΑΒΓ κύκλος ὅλῳ τῷ ΔΕΖ κύκλῳ ἴσος· καὶ λοιπὴ ἄρα ἡ ΒΑΓ περιφέρεια λοιπῇ τῇ ΕΔΖ περιφερείᾳ ἴση ἐστίν. Ἐν ἄρα τοῖς ἴσοις, καὶ τὰ ἑξῆς.

ΠΡΟΤΑΣΙΣ κθ'.

Ἐν τοῖς ἴσοις κύκλοις ὑπὸ τὰς ἴσας περιφερείας ἴσαι εὐθεῖαι ὑποτείνουσιν.

Ἔστωσαν ἴσοι κύκλοι οἱ ΑΒΓ, ΔΕΖ, καὶ ἐν αὐτοῖς ἴσαι περιφέρειαι ἀπειλήφθωσαν αἱ ΒΗΓ, ΕΘΖ, καὶ ἐπεζεύχθωσαν αἱ ΒΓ, ΕΖ εὐθεῖαι· λέγω ὅτι ἴση ἐστὶν ἡ ΒΓ εὐθεῖα τῇ ΕΖ.

Εἰλήφθω γὰρ τὰ κέντρα τῶν κύκλων, τὰ Κ, Λ, καὶ ἐπεζεύχθωσαν αἱ ΒΚ, ΚΓ, ΕΛ, ΛΖ.

tactum *Α* recta *ΔΑ* perpendicularis est ad tangentem (III. 18.). At ductis *ΔΒ*, *ΔΓ*, in triangulis *ΔΒΘ*, *ΔΓΘ* est *ΔΒ*=*ΔΓ*, et *ΔΘ* communis, et ob arcus *ΑΒ*, *ΑΓ* ex hyp. aequales, angulus *ΒΔΘ*=*ΓΔΘ* (III. 27.), itaque *ΒΘΔ*=*ΓΘΔ* (I. 4.), proinde uterque rectus est (I. 13.): itaque recta *ΕΖ* parallela erit rectae *ΒΓ* (I. 28.). Hinc simul patet, rectam, quae e centro circuli ducta arcum circuli bifariam secat, secare etiam rectam illi arcui subtensam bifariam et ad angulos rectos.

Cor. 7. Conversa quoque antecedentis corollarii facile demonstrabitur: nempe, si recta *ΕΖ*, quae ex medio peripheriae alicuius ducitur, parallela est rectae lineae, quae il-

Et quoniam aequales circuli sunt, aequales sunt et rectae ex centris ductae (III. Def. 1.); duae igitur BK, $K\Gamma$ duabus $E\Lambda$, ΛZ aequales sunt, et basis $B\Gamma$ basi EZ aequalis; angulus igitur $BK\Gamma$ angulo $E\Lambda Z$ aequalis est (I. 8.). Aequales autem anguli aequalibus circumferentiis insistunt, quando ad centra sunt (III. 26.); aequalis igitur $BH\Gamma$ circumferentia ipsi $E\Theta Z$ circumferentiae. Est autem et totus $AB\Gamma$ circulus toti ΔEZ circulo aequalis; igitur et reliqua circumferentia $BA\Gamma$ reliquae circumferentiae $E\Delta Z$ aequalis est. In aequalibus igitur etc.

PROPOSITIO XXIX. (Fig. 260.)

In aequalibus circulis aequales circumferentias aequales rectae subtendunt.

Sint aequales circuli $AB\Gamma$, ΔEZ, et in ipsis sumantur aequales circumferentiae $BH\Gamma$, $E\Theta Z$, et iungantur $B\Gamma$, EZ rectae; dico aequalem esse rectam $B\Gamma$ rectae EZ.

Sumantur enim centra circulorum, K, Λ, et iungantur BK, $K\Gamma$, $E\Lambda$, ΛZ.

lam lineam subtendit, EZ contingit circulum. Erit nempe angulus $B\Delta\Theta = \Gamma\Delta\Theta$ (III. 27.) $\Delta B\Theta = \Delta\Gamma\Theta$ (I. 5.), adeoque (I. 32.) $B\Theta\Delta = \Gamma\Theta\Delta =$ recto (I. 13.). Unde et $E\Lambda\Delta$ rectus erit (I. 29.) et $E\Lambda$ circulum continget (III. 17.).

Cor. 8. Si in aequalibus circulis, vel in eodem circulo duo arcus inaequales fuerint, erunt etiam anguli iis insistentes inaequales, sive illi fuerint anguli ad centrum sive ad peripheriam, nominatim, qui maioribus arcubus insistunt anguli, erunt maiores. Et, si unus istorum arcuum sit multiplum alterius, erit etiam angulus priori insistens idem multiplum

Καὶ ἐπεὶ ἴση ἐστὶν ἡ ΒΗΓ περιφέρεια τῇ ΕΘΖ περιφερείᾳ, ἴση ἐστὶ καὶ γωνία ἡ ὑπὸ ΒΚΓ τῇ ὑπὸ ΕΛΖ. Καὶ ἐπεὶ ἴσοι εἰσὶν οἱ ΑΒΓ, ΔΕΖ κύκλοι, ἴσαι εἰσὶ καὶ αἱ ἐκ τῶν κέντρων· δύο δὴ αἱ ΒΚ, ΚΓ δυσὶ ταῖς ΕΛ, ΛΖ ἴσαι εἰσὶ, καὶ γωνίας ἴσας περιέχουσι· βάσις ἄρα ἡ ΒΓ βάσει τῇ ΕΖ ἴση ἐστίν. Ἐν ἄρα τοῖς ἴσοις, καὶ τὰ ἑξῆς.

ΠΡΟΤΑΣΙΣ λ'.

Τὴν δοθεῖσαν περιφέρειαν δίχα τεμεῖν.

Ἔστω ἡ δοθεῖσα περιφέρεια ἡ ΑΔΒ, δεῖ δὴ τὴν ΑΔΒ περιφέρειαν δίχα τεμεῖν.

anguli alteri insistentis. Est haec conversa III. 26. Cor. 2. et pariter de angulis gibbis quoque valet.

PROPOSITIO XXVIII.

Obs. Ad pleniorem rei tractationem (Pfleiderero monente) praemittenda fuerint sequentia; Si in uno circulo recta *ΒΓ* per centrum transeat, in altero etiam ei aequali recta *ΕΖ* ipsi *ΒΓ* aequalis per centrum transibit. Nam si *ΕΖ* non per centrum transiret, ea, quae per centrum circuli *ΔΕΖ* transit, maior foret quam *ΕΖ* (III. 15.) i. e. maior quam *ΒΓ*. Eadem autem illi est aequalis (III. Def. 1.) q. e. a. Tum autem, quum circuli aequales sint, semicirculi etiam, quos diametri *ΒΓ*, *ΕΖ* auferunt (I. Def. 17.) aequales erunt. Sin autem *ΒΓ* non per centrum transeat, nec ea, quae illi aequalis est, *ΕΖ* per centrum transire potest: nam, si *ΒΓ* non per centrum transit, erit illa minor diametro circuli *ΑΒΓ* (III. 15.) i. e. (III. Def. 1.) minor diametro circuli *ΔΕΖ*, itaque et *ΕΖ* minor est diametro circuli *ΔΕΖ*, adeoque non per centrum circuli *ΔΕΖ* transit. Atque hinc deinde reliqua consequentur ut apud Euclidem.

Cor. 1. Et quum circumferentiae, quas aequales rectae

Et quoniam aequalis est circumferentia $BH\Gamma$ circumferentiae $E\Theta Z$, aequalis est et angulus $BK\Gamma$ angulo $E\Lambda Z$ (III. 27.). Et quoniam aequales sunt circuli $AB\Gamma$, ΔEZ, aequales sunt et rectae ex centris ductae; duae igitur BK, $K\Gamma$ duabus $E\Lambda$, ΛZ aequales sunt, et angulos aequales continent; basis igitur $B\Gamma$ basi EZ aequalis est. In aequalibus igitur etc.

PROPOSITIO XXX. (Fig. 268.)

Datam circumferentiam bifariam secare.

Sit data circumferentia $A\Delta B$; oportet circumferentiam $A\Delta B$ bifariam secare.

in aequalibus circulis vel in eodem circulo (cf. Obs. ad III. 26.) auferunt, sint aequales, anguli etiam, qui iis insistunt, sive ad centrum, sive ad peripheriam aequales erunt (III. 27.) adeoque segmenta erunt similia (III. Def. 11.). Cf. Pfleiderer.

Cor. 2. Si duo aequales circuli (Fig. 261.) se intersecent in A et B, arcus $A\Gamma B$, $A\Delta B$ erunt aequales, adeoque similis (III. 27. et III. Def. 11.).

Cor. 3. Si in aequalibus circulis aut in eodem circulo inaequales rectae constituantur, maior recta maiorem, minor minorem circumferentiam abscindet (I. 25. et III. 26. Cor. 3.), si nempe de segmentis loquamur, quae semicirculo minora sunt. In segmentis vero, quae semicirculo maiora sunt, contrarium valet, nempe minor recta maius segmentum subtendit. Cf. Clavius.

PROPOSITIO XXIX.

Obs. 1. Est haec conversa praecedentis. Et, siquidem circumferentia unius circuli sit semicirculus, erit (quum circumferentiae utrimque aequales sumtae sint, et circuli etiam aequales ponantur) etiam circumferentia, quae ex altero sumta est, semicirculus, adeoque rectae subtendentes diametri. Sin

Ἐπεζεύχθω ἡ *ΑΒ*, καὶ τετμήσθω δίχα κατὰ τὸ *Γ*, καὶ ἀπὸ τοῦ *Γ* σημείου τῇ *ΑΒ* εὐθείᾳ πρὸς ὀρθὰς ἤχθω ἡ *ΓΔ*, καὶ ἐπεζεύχθωσαν αἱ *ΑΔ*, *ΔΒ*.

Καὶ ἐπεὶ ἴση ἐστὶν ἡ *ΑΓ* τῇ *ΓΒ*, κοινὴ δὲ ἡ *ΓΔ*· δύο δὴ αἱ *ΑΓ*, *ΓΔ* δυσὶ ταῖς *ΒΓ*, *ΓΔ* ἴσαι εἰσίν. Καὶ γωνία ἡ ὑπὸ *ΑΓΔ* γωνίᾳ τῇ ὑπὸ *ΒΓΔ* ἴση, ὀρθὴ γὰρ ἑκατέρα· βάσις ἄρα ἡ *ΑΔ* βάσει τῇ *ΔΒ* ἴση ἐστίν. Αἱ δὲ ἴσαι εὐθεῖαι ἴσας περιφερείας ἀφαιροῦσι, τὴν μὲν μείζονα τῇ μείζονι, τὴν δὲ ἐλάττονα τῇ ἐλάττονι· καί ἐστιν ἑκατέρα τῶν *ΑΔ*, *ΔΒ* περιφερειῶν ἐλάττων ἡμικυκλίου· ἴση ἄρα ἡ *ΑΔ* περιφέρεια τῇ *ΔΒ* περιφερείᾳ.

autem aequales sint circumferentiae *BHΓ*, *EΘZ*, erunt, quum circuli aequales sint, etiam reliquae circumferentiae *BAΓ*, *EΔZ* aequales, et quum, ut Euclides ostendit, aequales sint anguli ad centrum, adeoque etiam anguli ad peripheriam; segmenta haec erunt similia (III. Def. 11.). Et haec propositio pariter valet, si aequales circumferentiae in eodem circulo sumtae sint. Hinc consequitur

Cor. 1. Rectae *ΔB*, *ΓΔ* (Fig. 255.) ita ductae ut III. 26. Cor. 2. aequales sunt.

Cor. 2. Si vero in aequalibus circulis, vel in eodem circulo inaequalia segmenta sumta fuerint, dum utrumque minus est semicirculo, recta, quae minori segmento subtenditur, minor est ea, quae maiori subtenditur; in segmentis contra, quae utrimque semicirculo maiora sunt, contrarium obtinet. E. Clavio.

Obs. 2. Idem Clavius et ante eum Commandinus sequentes adiiciunt propositiones, quas sufficiat hic subiungere:

A.

Circuli, e quibus aequales rectae auferunt similia segmenta, aequales sunt.

Iungatur AB, et secetur bifariam in Γ (I. 10.), et a puncto Γ rectae AB ad rectos angulos ducatur ΓB (I. 11.), et iungantur $A\Delta$, ΔB.

Et quoniam $A\Gamma$ aequalis est ΓB, communis autem $\Gamma\Delta$; duae igitur $A\Gamma$, $\Gamma\Delta$ duabus $B\Gamma$, $\Gamma\Delta$ aequales sunt. Et angulus $A\Gamma\Delta$ angulo $B\Gamma\Delta$ aequalis, rectus enim uterque; basis igitur $A\Delta$ basi ΔB aequalis est (I. 4.). Aequales autem rectae aequales circumferentias auferunt, maiorem quidem maiori, minorem vero minori (III. 28.); et est utraque ipsarum $A\Delta$, ΔB circumferentiarum minor semicirculo; igitur circumferentia $A\Delta$ circumferentiae ΔB aequalis erit.

B.

Ex circulis inaequalibus aequales rectae dissimiles circumferentias auferunt.

C.

Rectae, quae ex circulis inaequalibus similes circumferentias auferunt, inaequales sunt.

D.

Rectae, quae ex quibuscunque circulis circumferentias similes inaequales auferunt, inaequales sunt.

Obs. 3. Ope huius propositionis varia adhuc theoremata demonstrari possunt, e quibus sequentia huc referre visum fuit. 1) Si divisus sit circulus in sex partes aequales in A, B, Γ, Δ, E, Z (Fig. 266.) — fieri id posse, infra ex IV. 15. patebit — ducanturque ΓE, BZ, ponantur $A\Gamma$, AE, occurrentes rectae BZ in Θ, H, dico rectam BZ trifariam esse divisam. Nempe ob aequales circumferentias $A\Gamma$, ΓE, EA erunt et rectae $A\Gamma$, ΓE, EA aequales (III. 29.), adeoque erit triangulum $A\Gamma E$ aequilaterum, adeoque aequiangulum (I. 6. Cor.), et, quum arcus $B\Gamma$, EZ sint aequales, erit BZ parallela rectae ΓE (III. 27. Cor. 1.), adeoque anguli $A\Theta H$, $AH\Theta$ aequales angulis Γ, E (I. 29.), unde et triangulum $A\Theta H$ erit aequiangulum, adeoque (I. 6. Cor.) aequilaterum.

Ἡ ἄρα δοθεῖσα περιφέρεια δίχα τέτμηται κατὰ τὸ Δ σημεῖον. Ὅπερ ἔδει ποιῆσαι.

ΠΡΟΤΑΣΙΣ λά.

Ἐν κύκλῳ, ἡ μὲν ἐν τῷ ἡμικυκλίῳ γωνία ὀρθή ἐστιν· ἡ δὲ ἐν τῷ μείζονι τμήματι ἐλάττων ὀρθῆς· ἡ δὲ ἐν τῷ ἐλάττονι τμήματι μείζων ὀρθῆς. Καὶ ἔτι ἡ μὲν τοῦ μείζονος τμήματος γωνία μείζων ἐστὶν ὀρθῆς· ἡ δὲ τοῦ ἐλάττονος τμήματος γωνία ἐλάττων ὀρθῆς.

Et, quum sit angulus $AB\Theta = BA\Theta$ (I. 27.), erit $B\Theta = A\Theta$ (I. 6.) $= \Theta H$. Eodemque modo ostenditur, esse $ZH = H\Theta$: itaque recta BZ in punctis Θ, H trifariam divisa est. Est haec propositio Gregorii a St. Vincent. de Quadrat. Circu'. p. 169. Cf. Kraft. Geom. Sublim. p. 79. et Gilbert. p. 132. 2) Si duo aequales circuli se intersecent in A et B (Fig. 267, et ex uno intersectionum puncto A describatur circulus, qui utrumque reliquorum circulorum secet, unum in Δ, alterum in Γ, puncta B, Γ, Δ in eadem recta erunt. Ducantur enim rectae AB, ΔB, et ΔB secet circulum $A\Delta B$ in Z: et, quum angulus $AB\Delta$ sit in utroque circulorum aequalium, arcus $A\Delta$, AZ, quibus insistit, aequales erunt (III. 26.), adeoque etiam rectae $A\Delta$, AZ, quae hos arcus subtendunt, aequales erunt (III. 29.) i. e. punctum Z erit in circulo, centro A radio $A\Delta$ descripto: idem vero ex hypothesi est etiam in circulo $A\Delta B$, ergo erit in utroque circulo, i. a. cum puncto intersectionis Γ coincidet. Est haec Gregorii a St. Vinc. III. 1. p. 167. ubi plures casus speciatim expositi sunt. Cf. Gilbert. p. 158.

PROPOSITIO XXX.

Obs. Circumferentiarum $A\Delta$, ΔB esse, ut in demonstratione dicitur, utramque minorem semicirculo, inde patet, quod ex III. 1. Cor. 1. recta $\Gamma\Delta$, si opus est producta per centrum transit, adeoque ex altera parte rectae AB demum

Ergo data circumferentia bifariam secta est in puncto *Δ*. Quod oportebat facere.

PROPOSITIO XXXI. (Fig. 269.)

In circulo, angulus, qui in semicirculo, rectus est; qui vero in maiore segmento, minor recto; qui autem in minore segmento maior recto. Et insuper maioris segmenti angulus maior est recto; minoris vero segmenti angulus minor recto.

circulo iterum occurrit, et semicirculum subtendit, cuius itaque pars est circumferentia *AΔ* vel *BΔ*. Plura hinc deduci possunt consectaria:

Cor. 1. Recta, quae chordam circuli (ita vocant rectam circuli segmento subtensam) bifariam et ad angulos rectos secat, aut, quod eodem redit (III. I. Cor. 1.) diameter circuli per mediam chordam ducta, aut diameter, quae chordae ad angulos rectos ducitur, bifariam dividit utrumque segmentum, cui chorda illa subtenditur.

Cor. 2. Diameter, quae alterutrum arcum a chorda subtensum bifariam dividit, bifariam dividit quoque alterum, pariter ac chordam, atque huic est ad angulos rectos.

Cor. 3. Recta, quae duos chordae alicui oppositos arcus bifariam dividit, est diameter, quae chordam bisecat, ipseque ad angulos rectos insistit.

Cor. 4. Recta, quae chordam aliquam, et unum arcuum, cui illa subtenditur, bisecat, est diameter, quae chordae ad angulos rectos insistit, et oppositum quoque arcum bisecat.

Cor. 5. Idem valet de perpendiculo ex puncto arcus alicuius in oppositam ipsi chordam demisso.

Cor. 6. Repetita problematis applicatione arcus circuli quicunque in quatuor, octo, sedecim et generaliter $2n$ partes aequales dividitur. (Sunt haec omnia e schedis Pfleidereri.)

Ἔστω κύκλος ὁ ΑΒΓΔ, διάμετρος δὲ αὐτοῦ ἔστω ἡ ΒΓ, κέντρον δὲ τὸ Ε, καὶ ἐπεζεύχθωσαν αἱ ΒΑ, ΑΓ, ΑΔ, ΔΓ. Λέγω ὅτι ἡ μὲν ἐν τῷ ΒΑΓ ἡμικυκλίῳ γωνία ἡ ὑπὸ ΒΑΓ ὀρθή ἐστιν· ἡ δὲ ἐν τῷ ΑΒΓ μείζονι τοῦ ἡμικυκλίου τμήματι γωνία, ἡ ὑπὸ ΑΒΓ, ἐλάττων ὀρθῆς· ἡ δὲ ἐν τῷ ΑΔΓ ἐλάττονι τοῦ ἡμικυκλίου τμήματι γωνία ἡ ὑπὸ ΑΔΓ μείζων ἐστὶν ὀρθῆς.

Ἐπεζεύχθω ἡ ΑΕ, καὶ διήχθω ἡ ΒΑ ἐπὶ τὸ Ζ.

Καὶ ἐπεὶ ἴση ἐστὶν ἡ ΒΕ τῇ ΕΑ, ἴση ἐστὶ καὶ γωνία ἡ ὑπὸ ΑΒΕ τῇ ὑπὸ ΒΑΕ. Πάλιν, ἐπεὶ ἴση ἐστὶν ἡ ΓΕ τῇ ΕΑ, ἴση ἐστὶ καὶ ἡ ὑπὸ ΑΓΕ τῇ ὑπὸ ΓΑΕ· ὅλη ἄρα ἡ ὑπὸ ΒΑΓ δυσὶ ταῖς ὑπὸ ΑΒΓ, ΑΓΒ ἴση ἐστίν. Ἔστι δὲ καὶ ἡ ὑπὸ ΖΑΓ ἐκτὸς τοῦ ΑΒΓ τριγώνου δυσὶ ταῖς ὑπὸ ΑΒΓ, ΑΓΒ γωνίαις ἴση· ἴση ἄρα καὶ ἡ ὑπὸ ΒΑΓ γωνία τῇ ὑπὸ ΖΑΓ, ὀρθὴ ἄρα ἑκατέρα· ἡ ἄρα ἐν τῷ ΒΑΓ ἡμικυκλίῳ γωνία ἡ ὑπὸ ΒΑΓ ὀρθή ἐστιν.

PROPOSITIO XXXI.

Obs. 1. Circa ea, quae ad finem huius propositionis de angulo segmenti maioris aut minoris semicirculo dicuntur, eadem valent, quae in excursu ad hunc librum de segmento semicirculi ad Prop. 16. diximus, unde iidem etiam, qui ultimam propositionis 16. partem pro spuria habent: et idcirco omittunt, huius quoque ultimam partem ex pari ratione omittunt. Praeterea, quum in Prop. 31. doctrina de angulis in segmentis, quam Prop. 20. 21. Euclides exhibere coeperat, absolvatur, ad pleniorem autem Prop. 26. expositionem conversa Prop. 31. pertinere videatur, ut ad Prop. 26. monuimus, neque tamen Prop. 31. ante III. 22. ad quam illa recurrit, poni possit, verisimile fuerit, ab ipso auctore Prop. 31. forte statim post III. 22. positam fuisse, e quo ordine forte postea, quum III. 26. mutilata fuisset, mota, et ante III.

Sit circulus $AB\Gamma\Delta$, diameter autem ipsius sit $B\Gamma$, centrum vero E, et iungantur BA, $A\Gamma$, $A\Delta$, $\Delta\Gamma$; dico angulum $BA\Gamma$ in semicirculo $BA\Gamma$ rectum esse; angulum autem $AB\Gamma$ in segmento $AB\Gamma$ semicirculo maiore minorem recto; angulum vero $A\Delta\Gamma$ in segmento $A\Delta\Gamma$ semicirculo minore maiorem esse recto.

Iungatur AE, et producatur BA ad Z.

Et quoniam BE aequalis est EA, aequalis est et angulus ABE, angulo BAE (I. 5.). Rursus, quoniam ΓE aequalis est EA, aequalis est et $A\Gamma E$ angulo ΓAE (I. 5.); totus igitur $BA\Gamma$ duobus $AB\Gamma$, $A\Gamma B$ aequalis est. Est autem et angulus $ZA\Gamma$, extra triangulum $AB\Gamma$, duobus angulis $AB\Gamma$, $A\Gamma B$ aequalis (I. 32.); aequalis igitur et angulus $BA\Gamma$ angulo $ZA\Gamma$; rectus igitur uterque (I. Def. 10.); angulus igitur $BA\Gamma$ in semicirculo $BA\Gamma$ rectus est.

33. in qua nunc primum adhibetur, posita fuit. Ita de hac re iudicat Pfleiderer. in sched. mscpt. Cf. Thes. inaugur. 1791. Th. 2. sqq. Eam, quae secundo loco ponitur, demonstrationem omittit Rob. Simson., Austin. contra ex ea illud quoque deducit, quod angulus in maiore segmento minor recto, angulus autem in minore segmento maior sit recto. Idem iudicat, Corollarium vulgo additum non huc pertinere, sed ad I. 32., cui propositioni etiam nos illud, paullo generalius, ut Cor. 5. subiunximus. Et manifestum est, conversam quoque propositionis III. 31. locum habere. Nempe, si angulus aliquis ad peripheriam rectus sit, erit in semicirculo; si sit acutus, vel minor recto, erit in segmento maiore; si sit obtusus, vel maior recto, erit in segmento minore, quod facile, sumto contrario, demonstrabitur. Ita Clavius. Potest

Καὶ ἐπεὶ τοῦ ΑΒΓ τριγώνου δύο γωνίαι αἱ ὑπὸ ΑΒΓ, ΒΑΓ δύο ὀρθῶν ἐλάττονές εἰσιν, ὀρθὴ δὲ ἡ ὑπὸ ΒΑΓ· ἐλάττων ἄρα ὀρθῆς ἐστιν ἡ ὑπὸ ΑΒΓ γωνία, καί ἐστιν ἐν τῷ ΑΒΓ μείζονι τοῦ ἡμικυκλίου τμήματι.

Καὶ ἐπεὶ ἐν κύκλῳ τετράπλευρόν ἐστι τὸ ΑΒΓΔ, τῶν δὲ ἐν τοῖς κύκλοις τετραπλεύρων αἱ ἀπεναντίον γωνίαι δυσὶν ὀρθαῖς ἴσαι εἰσίν· αἱ ἄρα ὑπὸ ΑΒΓ, ΑΔΓ δυσὶν ὀρθαῖς ἴσαι εἰσίν. Καί ἐστιν ἡ ὑπὸ ΑΒΓ ἐλάττων ὀρθῆς· λοιπὴ ἄρα ἡ ὑπὸ ΑΔΓ γωνία μείζων ὀρθῆς ἐστι, καί ἐστιν ἐν τῷ ΑΔΓ ἐλάττονι τοῦ ἡμικυκλίου τμήματι.

Λέγω ὅτι καὶ ἡ μὲν τοῦ μείζονος τμήματος γωνία, ἡ περιεχομένη ὑπό τε τῆς ΑΒΓ περιφερείας καὶ τῆς ΑΓ εὐθείας, μείζων ἐστὶν ὀρθῆς· ἡ δὲ τοῦ ἐλάττονος τμήματος γωνία, ἡ περιεχομένη ὑπό τε τῆς ΑΔΓ περιφερείας καὶ τῆς ΑΓ εὐθείας, ἐλάττων ἐστὶν ὀρ-

autem etiam directe demonstrari. Idem Clavius aliique sequentia addunt corollaria.

Cor. 2. In triangulo rectangulo *ΒΑΓ* (Fig. 270.) si hypotenusa *ΒΓ* bisecetur in *Ε*, et centro *Ε* radio *ΕΒ*=*ΕΓ* describatur circulus, transibit ille per *Α* verticem anguli recti, vel, ut aliter dicamus; circulus super *ΒΓ* descriptus est locus verticum omnium triangulorum rectangulorum super *ΒΓ* descriptorum. Quum enim angulus *ΒΑΓ* rectus sit, erit angulus *ΑΒΓ* minor recto (I. 17. Cor. 1.), adeoque circulus radio *ΕΒ* descriptus cum recta *ΒΑ* iterum conveniet (III. 16. Cor. 2.). Et quidem convenire cum ea debet in puncto *Α*. Si enim non in *Α* conveniat, conveniet cum recta *ΒΑ* in puncto aliquo ab *Α* diverso v. c. in *Δ*, eritque angulus *ΒΔΓ* rectus, utpote in semicirculo situs (III. 31.). Idem vero etiam maior est angulo recto *ΒΑΓ* (I: 16.) q. e. a. Eodem modo ostenditur, circulum rectam *ΒΑ* non secare in puncto

Et quoniam trianguli $AB\Gamma$ duo anguli $AB\Gamma$, $BA\Gamma$ duobus rectis minores sunt (I. 17.); rectus autem $BA\Gamma$; minor igitur recto est angulus $AB\Gamma$, atque est in segmento $AB\Gamma$ semicirculo maiore.

Et quoniam $AB\Gamma\Delta$ est quadrilaterum in circulo, quadrilaterorum autem in circulis anguli oppositi duobus rectis aequales sunt (III. 22.), anguli $AB\Gamma$, $A\Delta\Gamma$ duobus rectis aequales sunt. Et $AB\Gamma$ minor est recto; reliquus igitur angulus $A\Delta\Gamma$ maior recto est, et est in segmento $A\Delta\Gamma$ semicirculo minore.

Dico praeterea maioris quidem segmenti angulum comprehensum ab $AB\Gamma$ circumferentia et $A\Gamma$ recta, maiorem esse recto; minoris vero segmenti angulum comprehensum ab $A\Delta\Gamma$ circumferentia et $A\Gamma$ recta, minorem esse recto. Et est hoc manifestum. Quo-

aliquo Z in recta BA ultra A producta. Secabit ergo in A.

Cor. 3. Facilior hinc emergit ratio solvendi problema, quod habetur in III. 17. Prop., descripto nempe super recta AE (Fig. 233.) circulo, qui, quum ex Cor. 2. transire debeat per puncta B, Θ in circulo dato $\Gamma B\Delta$, puncta haec assignabit, ad quae ex A rectae contingentes AB, $A\Theta$ duci possunt. Simili modo solvetur problema, quod habuimus in III. 17. Obs. 4. descripto super recta $A\alpha$ (Fig. 236.) semicirculo, qui punctum δ designabit. Pari ratione solvetur problema I. 47. Cor. 10.: describere quadratum, quod aequale sit differentiae duorum quadratorum.

Cor. 4. Quadrilaterum in circulo inscriptum, cuius duo latera opposita sunt parallela (Fig. 271.) parallelogrammum est rectangulum. E Clavio, et Pappi Collect. Mathem. in III. 52. Prop. cf. quae diximus ad III. 22. Obs. 2. et ad III. 22. Obs. 5. Quum enim ex hypoth. sint AB, $\Gamma\Delta$ parallelae,

θῆς. Καί ἐστιν αὐτόθεν φανερόν. Ἐπεὶ γὰρ ἡ ὑπὸ τῶν ΒΑ, ΑΓ εὐθειῶν περιεχομένη ὀρθὴ γωνία ἐστὶν, ἡ ἄρα ὑπὸ τῆς ΑΒΓ περιφερείας καὶ τῆς ΑΓ εὐθείας περιεχομένη μείζων ἐστὶν ὀρθῆς. Πάλιν, ἐπεὶ ἡ ὑπὸ τῶν ΑΓ, ΑΖ εὐθειῶν ὀρθή ἐστιν· ἡ ἄρα ὑπὸ τῆς ΓΑ εὐθείας καὶ τῆς ΑΓΔ περιφερείας περιεχομένη ἐλάττων ἐστὶν ὀρθῆς. Ἐν κύκλῳ ἄρα, καὶ τὰ ἑξῆς.

Α Λ Λ Ω Σ.

Ἀπόδειξις τοῦ ὀρθὴν εἶναι τὴν ὑπὸ ΒΑΓ. Ἐπεὶ διπλῆ ἐστιν ἡ ὑπὸ ΑΕΓ τῆς ὑπὸ ΒΑΕ, ἴση γὰρ

erunt (III. 26. Cor. 1.) arcus *ΒΕΓ*, *ΑΖΔ* aequales. Eodem modo ostenditur, aequales esse arcus *ΑΘΒ*, *ΔΠΓ*: erit itaque *ΑΒΓ* semicirculus, adeoque angulus *Β* rectus (III. 31.); eodemque modo res de reliquis angulis demonstrabitur.

Cor. 5. Si per centrum *Δ* circuli alicuius (Fig. 272. a. b. c.) circulus describatur, et per utriusque circuli centrum recta ducatur, quae posteriorem circulum secet in *Ζ*, si deinde ex puncto *Ζ* ducatur recta quaecunque, quae priorem circulum secet in *Β*, *Γ*: pars illius *ΒΓ* intra priorem circulum contenta a posteriore secabitur bifariam in puncto aliquo *Ε*. Clavius et Pappi Collect. Mathem. VII. 91. vel ad Inclin. L. II. ad Probl. 24. cf. Gilbert. p. 158. Ducta enim *ΔΕ*, erit angulus *ΔΕΖ* rectus (III. 31.) quippe in semicirculo constitutus, adeoque recta *ΒΓ* in *Ε* bifariam secatur (III. 3.).

Cor. 6. Si recta aliqua *ΒΑ* (Fig. 269.) in circulo non transeat per centrum, adeoque circulum in segmenta inaequalia secet (Obs. ad I. 17. 18. Def.) ducaturque diameter *ΒΓ*, iuncta *ΑΓ*, angulus *ΑΓΒ* in maiore segmento differet ab angulo recto (nempe minor eo erit) angulo *ΑΒΓ*, quem chorda *ΑΒ* cum diametro *ΒΓ* comprehendit. Et quum angulus in segmento ad oppositas partes rectae *ΑΒ* posito rectum angulum

niam enim angulus a BA, $A\Gamma$ rectis comprehensus rectus est, qui ab $AB\Gamma$ circumferentia et $A\Gamma$ recta comprehenditur, maior est recto. Rursus, quoniam angulus ab $A\Gamma$, AZ rectis comprehensus rectus est, qui a ΓA recta, et $A\Gamma\Delta$ circumferentia comprehenditur, minor est recto. In circulo igitur etc.

ALITER.

Demonstratur angulum $BA\Gamma$ rectum esse. Quoniam angulus $AE\Gamma$ duplus est anguli BAE, aequalis

eadem quantitate superet, qua angulus $B\Gamma A$ minor est recto (III. 22.), angulus in opposito isto segmento pariter differet ab angulo recto (maior eo erit) angulo $AB\Gamma$. Cf. Thom. Simpson. Elem. of Geom. Book III. Prop. 16.

Obs. 2. Aliter propositionis III. 31. pars prima ita efferri potest: Si duae rectae AB, $A\Gamma$ circulo inscriptae (Fig. 269.) atque ex eodem in circulo puncto A exeuntes rectum angulum efficiant, summa quadratorum earum aequale est quadrato diametri. Nempe, quum ex I. 47. summa quadratorum earum aequale sit quadrato hypothenusae $B\Gamma$, quod ita effertur, nihil aliud dicit, quam hypotenusam $B\Gamma$ esse simul diametrum circuli, sive $BA\Gamma$ esse semicirculum. Potest autem inde deduci generalior propositio, nempe: si duae rectae circulo inscriptae AE, $B\Delta$ (Fig. 273. a. b.) se invicem in puncto aliquo Γ, sive intra, sive extra circulum posito ita secent, ut angulum rectum comprehendant, erit summa quadratorum rectarum e puncto sectionis usque ad puncta, in quibus circulo occurrunt, aequalis quadrato diametri. Omisso eo casu, quo altera rectarum AE, $B\Delta$ per centrum transit, qui nihil difficultatis habet, ducantur rectae $A\Delta$, ΔE, EB, BA et diameter ΔZ, ac iungatur ΔZ, eritque (Fig. 273. a.) angul. ΔZA

δυσὶ ταῖς ἐντὸς καὶ ἀπεναντίον· ἔστι δὲ καὶ ἡ ὑπὸ ΔΕΒ διπλῆ τῆς ὑπὸ ΕΑΓ· αἱ ἄρα ὑπὸ ΔΕΒ, ΔΕΓ διπλασίονές εἰσι τῆς ὑπὸ ΒΑΓ. Ἀλλὰ αἱ ὑπὸ ΔΕΒ, ΔΕΓ δυσὶν ὀρθαῖς ἴσαι εἰσίν· ἡ ἄρα ὑπὸ ΒΑΓ ὀρθή ἐστιν. Ὅπερ ἔδει δεῖξαι.

ΠΟΡΙΣΜΑ.

Ἐκ δὴ τούτου φανερὸν, ὅτι ἐὰν ἡ μία γωνία τριγώνου ταῖς δυσὶν ἴση ᾖ, ὀρθή ἐστιν ἡ γωνία· διὰ τὸ καὶ τὴν ἐκείνης ἐφεξῆς 1) ταῖς αὐταῖς ἴσην εἶναι. Ὅταν δὲ ἐφεξῆς ἴσαι ὦσιν, ὀρθαί εἰσιν.

ΠΡΟΤΑΣΙΣ λβ'.

Ἐὰν κύκλου ἐφάπτηταί τις εὐθεῖα, ἀπὸ δὲ τῆς ἁφῆς εἰς τὸν κύκλον διαχθῇ τις εὐθεῖα τέμνουσα τὸν κύκλον, ἃς ποιεῖ γωνίας πρὸς τῇ ἐφαπτομένῃ ἴσαι ἔσονται ταῖς ἐν τοῖς ἐναλλὰξ τοῦ κύκλου τμήμασι γωνίαις.

1) Hanc lectionem ἐφεξῆς ex edd. Oxon. et Basil. restituimus. Peyrardus e Cod. a ponit τὴν ἐκείνης ἐκτός. At haec lectio ad sequens: ἐφεξῆς non quadrat, et praeterea esse debebat τὴν ἐκείνου ἐκτὸς, quum angulus exterior nunquam ad alium angulum, sed ad triangulum referatur.

$=AB\Gamma$ ex III. 22. Cor. 1. Et, quum angulus $A\Delta Z$, utpote rectus (III. 31.) aequalis sit angulo $A\Gamma B$ ex hypothesi quippe recto, erit reliquus angulus $\Delta AZ=\Gamma AB$ (I. 32.), adeoque arcus $\Delta Z=$ arcui EB (III. 26.), et recta $\Delta Z=$ rectae EB (III. 29.). Est autem in triangulo rectangulo $A\Delta Z$ ex I. 47. $A\Delta q+\Delta Zq=AZq$, itaque $A\Delta q+EBq=AZq$. At $A\Delta q=A\Gamma q+\Delta\Gamma q$ (I. 47.), et $EBq=E\Gamma q+B\Gamma q$: itaque $A\Gamma q+\Delta\Gamma q+E\Gamma q+B\Gamma q=AZq$. Et, quum etiam sit $\Delta Eq=\Delta\Gamma q+E\Gamma q$, et $ABq=A\Gamma q+B\Gamma q$, erit etiam $\Delta Eq+ABq=AZq$.

enim duobus interioribus et oppositis (I. 32.); est autem et angulus AEB duplus anguli $E\Delta\Gamma$; anguli igitur AEB, $AE\Gamma$ dupli sunt anguli $B\Delta\Gamma$. Sed anguli AEB, $AE\Gamma$ duobus rectis aequales sunt (I. 13.); ergo $B\Delta\Gamma$ rectus est. Quod oportebat ostendere.

COROLLARIUM.

Ex hoc manifestum est, si unus angulus trianguli duobus aequalis sit, rectum esse angulum, propterea quod eius angulus deinceps iisdem est aequalis. Quando autem ipsi deinceps sunt aequales, recti sunt (I. Def. 10.)

PROPOSITIO XXXII. (Fig. 274.)

Si aliqua recta circulum contingat, a contactu autem ducatur aliqua recta circulum secans, anguli, quos haec cum contingente facit, aequales erunt angulis in alternis circuli segmentis.

Casu itaque (Fig. 273. a.) utraque summa quadratorum laterum oppositorum quadranguli $AB E\Delta$ separatim sumta aequalis erit quadrato diametri, casu autem (Fig. 273. b.) eidem quadrato diametri aequalis erit tam summa quadratorum laterum oppositorum $A\Delta$, EB (quae interposita sunt iis, quae producta angulum rectum efficiunt), quam summa quadratorum diagonalium ΔE, AB. Praeterea, si ex centro Θ demittantur in ΔB, AE perpendiculares ΘH, ΘK, quae chordas ΔB, AE bisecabunt (III. 3.), ductaque $\Theta\Gamma$, erit (Fig. 273. a.) ΔBq$=\Delta\Gamma$q$+B\Gamma$q$+2\Delta\Gamma\times\Gamma B$ (II. 4.). At $\Delta\Gamma\times\Gamma B=\Delta Hq-H\Gamma$q (II. 5.), adeoque erit ΔBq$=\Delta\Gamma$q$+B\Gamma$q$+2\Delta H$q$-2H\Gamma$q. Eodemque modo AEq$=A\Gamma$q$+\Gamma E$q$+2EK$q$-2K\Gamma$q, adeoque ΔBq$+AE$q$=\Delta\Gamma$q$+A\Gamma$q$+B\Gamma$q$+\Gamma E$q$+2\Delta H$q$+2EK$q$-$ $(2H\Gamma$q$+2K\Gamma$q$)$, vel, ob $\Delta\Gamma$q$+A\Gamma$q$+B\Gamma$q$+\Gamma E$q$=AZ$q

Κύκλου γὰρ τοῦ ΑΒΓΔ ἐφαπτέσθω τις εὐθεῖα ἡ ΕΖ κατὰ τὸ Β σημεῖον, καὶ ἀπὸ τοῦ Β σημείου διήχθω τις εὐθεῖα εἰς τὸν ΑΒΓΔ κύκλον τέμνουσα αὐτὸν ἡ ΒΔ· λέγω ὅτι ἃς ποιεῖ γωνίας ἡ ΒΔ μετὰ τῆς ΕΖ ἐφαπτομένης ἴσαι ἔσονται ταῖς ἐν τοῖς ἐναλλὰξ τμήμασι τοῦ κύκλου γωνίαις, τουτέστιν, ὅτι ἡ μὲν ὑπὸ ΖΒΔ γωνία ἴση ἐστὶ τῇ ἐν τῷ ΒΑΔ τμήματι συνισταμένῃ γωνίᾳ, ἡ δὲ ὑπὸ ΔΒΕ γωνία ἴση ἐστὶ τῇ ἐν τῷ ΔΓΒ τμήματι συνισταμένῃ γωνίᾳ.

Ἤχθω γὰρ ἀπὸ τοῦ Β τῇ ΕΖ πρὸς ὀρθὰς ἡ ΒΑ, καὶ εἰλήφθω ἐπὶ τῆς ΒΔ περιφερείας τυχὸν σημεῖον τὸ Γ, καὶ ἐπεζεύχθωσαν αἱ ΑΔ, ΔΓ, ΓΒ.

Καὶ ἐπεὶ κύκλου τοῦ ΑΒΓΔ ἐφάπτεταί τις εὐθεῖα ΕΖ κατὰ τὸ Β, ἀπὸ δὲ τῆς ἁφῆς ἦκται τῇ ἐφαπτομένῃ πρὸς ὀρθὰς ἡ ΒΑ, ἐπὶ τῆς ΒΑ ἄρα τὸ κέντρον ἐστὶ τοῦ ΑΒΓΔ κύκλου 1)· ἡ ἄρα ὑπὸ ΑΔΒ γωνία ἐν ἡμικυκλίῳ οὖσα ὀρθή ἐστι· λοιπαὶ ἄρα αἱ ὑπὸ ΒΑΔ, ΑΒΔ μιᾷ ὀρθῇ ἴσαι εἰσίν. Ἐστὶ δε καὶ ἡ ὑπὸ ΑΒΖ ὀρθή· ἡ ἄρα ὑπὸ ΑΒΖ ἴση ἐστὶ ταῖς ὑπὸ ΒΑΔ, ΑΒΔ. Κοινὴ ἀφῃρήσθω ἡ ὑπὸ ΑΒΔ· λοιπὴ ἄρα ἡ ὑπὸ ΔΒΖ γωνία ἴση ἐστὶ τῇ ἐν τῷ ἐναλλὰξ τμήματι τοῦ κύκλου γωνίᾳ, τῇ ὑπὸ ΒΑΔ.

1) Peyrardus e Cod. a addit: *ἡ ΒΑ ἄρα διάμετρός ἐστι τοῦ ΑΒΓΔ κύκλου.* Edd. Oxon. et Basil. haec verba omittunt.

ex demonstrat. et $H\Gamma q + K\Gamma q = H\Gamma q + \Theta H q = \Theta\Gamma q$, erit $\Delta B q + AE q = AZ q + 2\Delta H q + 2EK q - 2\Theta\Gamma q = AZ q + 2\Delta H q + 2\Theta H q + 2EK q + 2\Theta K q - (2\Theta H q + 2\Theta K q) - 2\Theta\Gamma q = AZ q + 2\Delta\Theta q + 2\Theta A q - 4\Theta\Gamma q = AZ q + 1\Theta Z q - 4\Theta\Gamma q = 2AZ q - 4\Theta\Gamma q$. Unde efficitur $\Delta B q + AE q + 4\Theta\Gamma q = 2AZ q$ i. e. = summae quadratorum chordarum ΔB, AE, quae inter se angulum rectum efficiunt, si adiicias quadruplum quadratum rectae $\Theta\Gamma$ inter centrum et punctum intersectionis chordarum contentae, effi-

Circulum enim $AB\Gamma\Delta$ contingat aliqua recta EZ in puncto B, et a puncto B ducatur aliqua recta ΔB secans circulum $AB\Gamma\Delta$; dico, angulos, quos facit $B\Delta$ cum contingente EZ aequales esse angulis in alternis segmentis circuli, hoc est angulum quidem $ZB\Delta$ aequalem esse angulo in segmento $BA\Delta$ constituto, angulum vero ΔBE aequalem esse angulo in segmento $\Delta\Gamma B$ constituto.

Ducatur enim a B ipsi EZ ad rectos angulos BA (I. 11.), et sumatur in circumferentia $B\Delta$ quodlibet punctum Γ, et iungantur $A\Delta$, $\Delta\Gamma$, ΓB.

Et quoniam circulum $AB\Gamma\Delta$ contingit aliqua recta EZ in B, a contactu autem ducta est tangenti ad rectos angulos BA, in BA centrum est circuli $AB\Gamma\Delta$ (III. 19.); ergo angulus $A\Delta B$ in semicirculo constitutus rectus est (III. 31.); reliqui igitur $BA\Delta$, $AB\Delta$ uni recto aequales sunt (I. 32.). Est autem et ABZ rectus; ergo ABZ aequalis est ipsis $BA\Delta$, $AB\Delta$. Communis auferatur $AB\Delta$; reliquus igitur ΔBZ angulus aequalis est angulo $BA\Delta$ in alterno circuli segmento. Et quoniam in circulo quadrilaterum est

cietur duplum quadratum diametri. Et similiter in fig. 273. b. erit $\Delta B q = \Delta\Gamma q + B\Gamma q - 2\Delta\Gamma \times \Gamma B$ (II. 7.), at $\Delta\Gamma \times \Gamma B = H\Gamma q - \Delta H q$ (II. 6.), adeoque $\Delta B q = \Delta\Gamma q + B\Gamma q + 2\Delta H q - 2H\Gamma q$. Eodemque modo $AE q = A\Gamma q + \Gamma E q + 2EK q - 2K\Gamma q$, unde deinde reliqua eodem modo consequuntur ac in fig. 273. a. Denique observari potest, casu fig. 273. a. esse arcum $A\Lambda\Delta + BE = A\Lambda\Delta + \Delta Z =$ semicirculo, i. e. circumferentias $A\Lambda\Delta + BE$ simul semicirculum efficere, adeoque etiam reliquas sibi oppositas circumferentias $\Delta B + \Delta E$ simul aequales esse semicirculo, casu autem fig. 273. b. esse circumferentias $AZ\Delta - Z\Delta$ i. e. $AZ\Delta - BE =$ semicirculo, vel etiam circumferentias

Καὶ ἐπεὶ ἐν κύκλῳ τετράπλευρόν ἐστι τὸ ΑΒΓΔ, αἱ ἀπεναντίον αὐτοῦ γωνίαι δυσὶν ὀρθαῖς ἴσαι εἰσίν. Εἰσὶν δὲ καὶ αἱ ὑπὸ ΔΒΖ, ΔΒΕ δυσὶν ὀρθαῖς ἴσαι· αἱ ἄρα ὑπὸ ΔΒΖ, ΔΒΕ ταῖς ὑπὸ ΒΑΔ, ΒΓΔ ἴσαι εἰσὶν, ὧν ἡ ὑπὸ ΒΑΔ τῇ ὑπὸ ΔΒΖ ἐδείχθη ἴση· λοιπὴ ἄρα ἡ ὑπὸ ΔΒΕ τῇ ἐν τῷ ἐναλλὰξ τοῦ κύκλου τμήματι τῷ ΔΓΒ, τῇ ὑπὸ ΔΓΒ γωνίᾳ, ἐστὶν ἴση. Ἐὰν ἄρα κύκλου, καὶ τὰ ἑξῆς.

ΠΡΟΤΑΣΙΣ λγ'.

Ἐπὶ τῆς δοθείσης εὐθείας γράψαι τμῆμα κύκλου, δεχόμενον γωνίαν ἴσην τῇ δοθείσῃ γωνίᾳ εὐθυγράμμῳ.

ΑΒΔ+ΒΕ=ΑΒΔ+ΔΖ= semicirculo. Cf. Gregorii a St. Vincent. de Quadrat. Circuli L. III. Prop. 77. Carnot. de la Corrélat. des fig. de Géom. p. 98. sqq. et Géom. de position §. 132., ubi tamen falsa est, observante Pfleiderero, propositionis enunciatio; Gilbert. Geometrie p. 375. sqq. et van Swinden Anfangsgr. der Mefsk. p. 306. sqq.

PROPOSITIO XXXII.

Obs. 1. Distingui debent, ut Clavius, Borellius, Tacquet et Coëtsius monuerunt, duo casus, prout recta *BΔ* ipsa ad rectos angulos est rectae *EBZ*, aut non. Prior quoque nihil difficultatis habet.

Cor. 1. Angulus, quem recta circulum contingens cum recta secante circulum in puncto contactus prioris rectae efficit, dimidius est anguli ad centrum segmento circuli ad easdem partes sumto insistentis (III. 20.).

Cor. 2. Si recta ducatur, quae puncta contactus duarum rectarum circulum contingentium coniungit, recta haec iuncta angulos cum utraque contingente aequales efficiet. Quorum si uterque rectus sit, adeoque contingentes parallelae (I. 28.), recta iuncta erit diameter (III. 17. Cor. 2.): sin autem hi an-

ΑΒΓΔ, oppositi eius anguli duobus rectis aequales sunt (III. 22.). Sunt autem et ipsi *ΔΒΖ*, *ΔΒΕ* duobus rectis aequales (I. 13.); ipsi igitur *ΔΒΖ*, *ΔΒΕ* ipsis *ΒΑΔ*, *ΒΓΔ* aequales sunt, quorum *ΒΑΔ* ipsi *ΔΒΖ* ostensus est aequalis; reliquus igitur *ΔΒΕ* angulo *ΔΓΒ* in alterno circuli segmento *ΔΓΒ* aequalis est. Si igitur circulum etc.

PROPOSITIO XXXIII. (Fig. 275.)

Super data recta describere segmentum circuli, capiens angulum aequalem dato angulo rectilineo.

guli obliqui, adeoqui versus unam partem rectae iunctae minores duobus rectis fuerint, contingentes ex hac parte convenient (Ax. 11. vel Post. 5. I.), eruntque inter se aequales (I. 6.).

Cor. 3. In aequalibus circulis, aut in uno eodemque circulo, quae ad extremitates duarum chordarum ducuntur rectae circulos contingentes, aequales cum his chordis angulos efficiunt.

Cor. 4. Quum duo circuli, qui se in puncto aliquo contingunt, semper ab una eademque recta in hoc puncto contingantur (III. 17. Obs. 2.) patet, rectam, quae per hoc commune contactus punctum ita ducitur, ut utrumque circulum secet, arcus ab iis abscindere, qui angulos aequales capiunt, i. e. similia abscindere segmenta. Cf. Pappi Collect. Mathem. L. IV. Lemm. ad Prop. VIII. et L. VII. Prop. CII. et CVII. vel in Apollon. de Taction. Lemm. VII. et XI. et Gilbert. p. 162.

Obs. 2. Conversa quoque valet. Nempe, si recta aliqua circulo in aliquo punto occurrat, a puncto autem occursus ducatur alia recta circulum secans, sitque angulus, quem hae rectae inter se efficiunt, aequalis angulo in alterno circuli

Ἔστω ἡ δοθεῖσα εὐθεῖα ἡ *ΑΒ*, ἡ δὲ δοθεῖσα γωνία εὐθύγραμμος ἡ πρὸς τῷ *Γ*· δεῖ δὴ ἐπὶ τῆς δοθείσης εὐθείας τῆς *ΑΒ* γράψαι τμῆμα κύκλου, δεχόμενον γωνίαν ἴσην τῇ πρὸς τῷ *Γ*. Ἡ δὲ πρὸς τῷ *Γ* γωνία ἤτοι ὀξεῖά ἐστιν ἢ ὀρθὴ ἢ ἀμβλεῖα.

Ἔστω πρότερον ὀξεῖα, ὡς ἐπὶ πρώτης καταγραφῆς, καὶ συνεστάτω πρὸς τῇ *ΑΒ* εὐθείᾳ καὶ τῷ *Α* σημείῳ τῇ πρὸς τῷ *Γ* γωνίᾳ ἴση ἡ ὑπὸ *ΒΑΔ*· ὀξεῖα ἄρα ἐστὶ καὶ ἡ ὑπὸ *ΒΑΔ*. Καὶ ἤχθω τῇ *ΑΔ* ἀπὸ τοῦ *Α* σημείου πρὸς ὀρθὰς ἡ *ΑΕ*, καὶ τετμήσθω ἡ *ΑΒ* δίχα κατὰ τὸ *Ζ*, καὶ ἤχθω ἀπὸ τοῦ *Ζ* σημείου τῇ *ΑΒ* πρὸς ὀρθὰς ἡ *ΖΗ*, καὶ ἐπεζεύχθω ἡ *ΗΒ*. Καὶ ἐπεὶ ἴση ἐστὶν ἡ *ΑΖ* τῇ *ΖΒ*, κοινὴ δὲ ἡ *ΖΗ*, δύο δὴ αἱ *ΑΖ*, *ΖΗ* δυσὶ ταῖς *ΖΒ*, *ΖΗ* ἴσαι εἰσὶ, καὶ γωνία ἡ ὑπὸ *ΑΖΗ* γωνίᾳ τῇ ὑπὸ *ΒΖΗ* ἴση· βάσις ἄρα ἡ *ΑΗ* βάσει τῇ *ΗΒ* ἴση ἐστίν. Ὁ ἄρα κέντρῳ μὲν τῷ *Η*, διαστήματι δὲ τῷ *ΗΑ*, κύκλος γραφόμενος ἥξει καὶ διὰ τοῦ *Β*. Γεγράφθω, καὶ ἔστω ὁ *ΑΒΕ*, καὶ ἐπεζεύχθω ἡ *ΒΕ*. Ἐπεὶ οὖν ἀπ' ἄκρας τῆς *ΑΕ* διαμέτρου, ἀπὸ τοῦ *Α*, τῇ *ΑΕ* πρὸς ὀρθάς ἐστιν ἡ *ΑΔ*, ἡ *ΑΔ* ἄρα ἐφάπτεται τοῦ κύκλου. Ἐπεὶ οὖν κύκλου τοῦ *ΑΒΕ* ἐφάπτεταί τις εὐθεῖα ἡ *ΑΔ*, καὶ ἀπὸ τῆς κατὰ τὸ *Α* ἁφῆς εἰς τὸν *ΑΒΕ* κύκλον διῆκταί τις εὐθεῖα ἡ *ΑΒ*· ἡ ἄρα ὑπὸ *ΔΑΒ* γωνία ἴση ἐστὶ τῇ ἐν τῷ ἐναλλὰξ τμήματι γωνίᾳ τῇ ὑπὸ *ΑΕΒ*. Ἀλλ' ἡ ὑπὸ *ΔΑΒ* τῇ πρὸς τῷ *Γ* ἐστὶν

segmento, prior recta circulum in puncto occursus continget, quod facile demonstrabitur, sumto contrario. Hinc consequuntur

Cor. 1. Si recta aliqua circulo occurrat, et e puncto concursus ducatur alia recta circulum secans, sitque angulus, quem hae rectae inter se efficiunt, aequalis dimidio angulo

Sit data recta AB, datus autem angulus rectilineus ad Γ; oportet super data recta AB describere segmentum circuli, capiens angulum aequalem ei, qui est ad Γ. Est autem angulus ad Γ vel acutus, vel rectus, vel obtusus.

Sit primum acutus, ut in prima figura, et constituatur ad rectam AB et ad punctum A, angulo ad Γ aequalis ipse $BA\Delta$ (I. 23.); acutus igitur est et $BA\Delta$. Ducatur (I. 10.) ipsi $A\Delta$ ab puncto A ad rectos angulos recta AE, et secetur AB bifariam in Z, et ducatur a puncto Z ipsi AB ad rectos angulos recta ZH, et iungatur HB. Et quoniam aequalis est AZ ipsi ZB, communis autem ZH, duae AZ, ZH duabus ZB, ZH aequales sunt, et angulus AZH angulo BZH aequalis; basis igitur AH basi HB aequalis est (I. 4.). Ergo centro H, intervallo vero HA, circulus descriptus transibit et per B. Describatur, et sit ABE, et iungatur BE. Quoniam igitur ab extremitate A ipsius AE diametri ipsi AE ad rectos angulos est $A\Delta$, recta $A\Delta$ contingit circulum (III. 16). Quoniam igitur circulum ABE tangit aliqua recta $A\Delta$, et a contactu ad A in circulum ABE ducta est aliqua AB, angulus ΔAB aequalis est angulo AEB in alterno circuli segmento (III. 32.) Sed ΔAB angulo ad Γ est aequalis; angulus igitur ad Γ aequalis est angulo AEB. Super data igitur recta

ad centrum segmento circuli ad easdem partes sumto insistenti, prior recta circulum continget.

Cor. 2. Si duae rectae, quae circulo occurrunt, cum chorda, quae occursus puncta coniungit, aequales angulos ex eadem parte faciant, una autem earum circulum contingat, altera quoque eum continget.

ἴσῃ· καὶ ἡ πρὸς τῷ Γ ἄρα γωνία ἴση ἐστὶ τῇ ὑπὸ ΑΕΒ. Ἐπὶ τῆς δοθείσης ἄρα εὐθείας τῆς ΑΒ τμῆμα κύκλου γέγραπται τὸ ΑΕΒ, δεχόμενον γωνίαν τὴν ὑπὸ ΑΕΒ ἴσην τῇ δοθείσῃ τῇ πρὸς τῷ Γ.

Ἀλλὰ δὴ ὀρθὴ ἔστω ἡ πρὸς τῷ Γ· καὶ δέον ἔστω πάλιν ἐπὶ τῆς ΑΒ γράψαι τμῆμα κύκλου δεχόμενον γωνίαν ἴσην τῇ πρὸς τῷ Γ ὀρθῇ. Συνεστάτω γὰρ πάλιν τῇ πρὸς τῷ Γ ὀρθῇ γωνίᾳ ἴση ἡ ὑπὸ ΒΑΔ, ὡς ἔχει ἐπὶ τῆς δευτέρας καταγραφῆς, καὶ τετμήσθω ἡ ΑΒ δίχα κατὰ τὸ Ζ, καὶ κέντρῳ μὲν τῷ Ζ, διαστήματι δὲ ὁποτέρῳ τῶν ΖΑ, ΖΒ, κύκλος γεγράφθω ὁ ΑΕΒ. Ἐφάπτεται ἄρα ἡ ΑΔ εὐθεῖα τοῦ ΑΒΕ κύκλου, διὰ τὸ ὀρθὴν εἶναι τὴν πρὸς τῷ Α γωνίαν. Καὶ ἴση ἐστὶν ἡ μὲν ὑπὸ ΒΑΔ γωνία τῇ ἐν τῷ ΑΕΒ τμήματι, ὀρθὴ γὰρ καὶ αὐτὴ ἐν ἡμικυκλίῳ οὖσα. Ἀλλὰ καὶ ἡ ὑπὸ ΒΑΔ τῇ πρὸς τῷ Γ ἴση ἐστίν. Καὶ ἡ ἐν τῷ ΑΕΒ τμήματι ἄρα ἴση ἐστὶ τῇ πρὸς τῷ Γ· γέγραπται ἄρα πάλιν ἐπὶ τῆς ΑΒ τμῆμα κύκλου τὸ ΑΕΒ, δεχόμενον γωνίαν ἴσην τῇ πρὸς τῷ Γ.

Ἀλλὰ δὴ ἡ πρὸς τῷ Γ ἀμβλεῖα ἔστω, καὶ συνεστάτω αὐτῇ ἴση πρὸς τῇ ΑΒ εὐθείᾳ καὶ τῷ Α σημείῳ ἡ ὑπὸ ΒΑΔ, ὡς ἔχει ἐπὶ τῆς τρίτης καταγραφῆς, καὶ τῇ ΑΔ πρὸς ὀρθὰς ἤχθω ἡ ΑΕ, καὶ τετμήσθω πάλιν ἡ ΑΒ δίχα κατὰ τὸ Ζ, καὶ τῇ ΑΒ πρὸς

Cor. 3. In eodem circulo aut in circulis aequalibus si ad extremitates aequalium chordarum ducantur rectae, quae aequales cum illis ad easdem partes angulos efficiunt, atque una ductarum circulum, ad quem ducta est, contingat, continget etiam altera eum, ad quem ducta est, circulum.

Cor. 4. Si duo circuli in puncto aliquo conveniant, et recta per illud punctum commune ducta ab utroque segmenta similia abscindat (e diversis rectae partibus, siquidem illa cir-

AB segmentum circuli descriptum est *AEB*, capiens angulum *AEB* aequalem dato angulo ad *Γ*.

Sit deinde angulus ad *Γ* rectus; et oporteat rursus super *AB* describere segmentum circuli, capiens angulum aequalem angulo recto ad *Γ*. Constituatur rursus angulo ad *Γ* recto aequalis *BAΔ* (I. 23.) ut in secunda figura, et secetur *AB* bifariam in *Z* (I. 10.), et centro *Z*, intervallo vero alterutra ipsarum *AZ*, *ZB*, circulus describatur *AEB*; contingit igitur recta *AΔ* circulum *ABE*, quod rectus est angulus ad *A* (III. 16.). Et aequalis est angulus *BAΔ* angulo in segmento *AEB*, rectus enim et ipse est in semicirculo consistens (III. 31.). Sed *BAΔ* angulo ad *Γ* aequalis est; angulus igitur in segmento *AEB* aequalis est angulo ad *Γ*. Descriptum est igitur rursus super *AB* segmentum circuli *AEB*, capiens angulum aequalem angulo ad *Γ*.

Sit denique angulus ad *Γ* obtusus, et constituatur ipsi aequalis ad rectam *BA* et ad punctum *A* angulus *BAΔ* (I. 23.), ut in tertia figura, et rectae *AΔ* ad angulos rectos ducatur *AE* (I. 10.), et secetur rursus *AB* bifariam in *Z*, et ipsi *AB* ad angulos rectos du-

culos e diversis puncti communis partibus secet: ex eadem rectae parte autem, si illa circulos ex eadem puncti communis parte secet), circuli in hoc puncto se contingent. Quod demonstrabitur, ducta recta, quae unum horum circulorum in isto puncto contingat. Ea enim, ut facile patet, continget etiam alterum, hinc circuli se contingent (Obs. 3. ad III. 18.).

PROPOSITIO XXXIII.

Obs. Duo tantum, ut monet Rob. Simson. casus distin-

ὀρθὰς ἤχθω ἡ ZH, καὶ ἐπεζεύχθω ἡ HB. Καὶ ἐπεὶ πάλιν ἴση ἐστὶν ἡ AZ τῇ ZB, καὶ κοινὴ ἡ ZH, δύο δὴ αἱ AZ, ZH δυσὶ ταῖς BZ, ZH ἴσαι εἰσὶ, καὶ γωνία ἡ ὑπὸ AZH γωνίᾳ τῇ ὑπὸ BZH ἴση· βάσις ἄρα ἡ AH βάσει τῇ BH ἴση ἐστίν. Ὁ ἄρα κέντρῳ μὲν τῷ H, διαστήματι δὲ τῷ HA, κύκλος γραφόμενος ἥξει καὶ διὰ τοῦ B. Ἐργέσθω ὡς ὁ AEB. Καὶ ἐπεὶ τῇ AE διαμέτρῳ ἀπ' ἄκρας πρὸς ὀρθὰς ἦκται ἡ AΔ, ἡ AΔ ἄρα ἐφάπτεται τοῦ AEB κύκλου. Καὶ ἀπὸ τῆς κατὰ τὸ A ἐπαφῆς διῆκται ἡ AB· ἡ ἄρα ὑπὸ BAΔ γωνία ἴση ἐστὶ τῇ ἐν τῷ ἐναλλὰξ τοῦ κύκλου τμήματι τῷ AΘB συνισταμένῃ γωνίᾳ. Ἀλλὰ ἡ ὑπὸ BAΔ γωνία τῇ πρὸς τῷ Γ ἴση ἐστί· καὶ ἡ ἐν τῷ AΘB ἄρα τμήματι γωνία ἴση ἐστὶ τῇ πρὸς τῷ Γ. Ἐπὶ τῆς ἄρα δοθείσης εὐθείας τῆς AB γέγραπται τμῆμα κύκλου τὸ AΘB, δεχόμενον γωνίαν ἴσην τῇ πρὸς τῷ Γ. Ὅπερ ἔδει ποιῆσαι.

ΠΡΟΤΑΣΙΣ λδ'.

Ἀπὸ τοῦ δοθέντος κύκλου τμῆμα ἀφελεῖν, δεχόμενον γωνίαν ἴσην τῇ δοθείσῃ γωνίᾳ εὐθυγράμμῳ.

guendi sunt, prout angulus datus vel rectus fuerit, vel obliquus. Et, si rectus fuerit, sufficit cum Clavio et Rob. Simson. semicirculum super data recta describere. Ex his rationibus Rob. Simson. vulgarem demonstrationem ab imperito aliquo depravatam putat. Caeterum paullo diversam solutionem habent Campanus, Clavius, Peletarius, Borellius, qui nempe rectam *AB*, si angulus datus obliquus sit, non bisecare, nec perpendiculum super ea erigere iubent, sed ad *B* angulum *ABH*=*BAH* constituunt, quod, ut facile patet, eodem redit. In solutione Euclidea ostendendum erat, quod facile fieri potest, rectas *ZH*, *AE* necessario convenire. In-

catur ZH, et iungatur HB. Et quoniam rursus aequalis est AZ, ipsi ZB, et communis ZH, duae AZ ZH duabus BZ, ZH aequales sunt, et angulus AZH, angulo BZH aequalis; basis igitur AH basi BH aequalis est (I. 4.). Ergo circulus centro H, intervallo vero HA, descriptus transibit et per B. Transeat ut AEB. Et quoniam diametro AB ab extremitate ad rectos angulos ducta est $A\Delta$, ipsa $A\Delta$ contingit circulum AEB (III. 16.). Et a contactu ad A ducta est AB; ergo angulus $BA\Delta$ aequalis est angulo constituto in alterno circuli segmento $A\Theta B$. Sed angulus $BA\Delta$ angulo ad Γ aequalis est. Et angulus in segmento $A\Theta B$ aequalis est angulo ad Γ. Ergo super datam rectam AB descriptum est segmentum circuli $A\Theta B$, capiens angulum aequalem angulo ad Γ. Quod oportebat facere.

PROPOSITIO XXXIV. (Fig. 276.)

A dato circulo segmentum auferre, capiens angulum aequalem dato angulo rectilineo.

signis huius problematis usus est in solvendis quam plurimis problematibus v. c. in iis, in quibus trianguli alicuius describendi basis, et angulus basi oppositus dantur, vel ex datis derivari possunt. Tum enim, si aliud adhuc trianguli elementum cognitum fuerit vel generalius, si alia adhuc determinatio accesserit, quae cum istis coniuncta ad efficiendum triangulum sufficiat, facilis plerumque erit trianguli constructio. Exempla habentur in appendice ad Data Euclid. ed. a Schwab. Probl. 2. 5. 26. et in append. Version. German. Locor. Planor. Apollonii Probl. 1. 5. 15. Caeterum aliam so-

Ἔστω ὁ δοθεὶς κύκλος ὁ ΑΒΓ, ἡ δὲ δοθεῖσα γωνία εὐθύγραμμος ἡ πρὸς τῷ Δ· δεῖ δὴ ἀπὸ τοῦ ΑΒΓ κύκλου τμῆμα ἀφελεῖν, δεχόμενον γωνίαν ἴσην τῇ δοθείσῃ γωνίᾳ εὐθυγράμμῳ τῇ πρὸς τῷ Δ.

Ἤχθω τοῦ ΑΒΓ κύκλου ἐφαπτομένη ἡ ΕΖ κατὰ τὸ Β σημεῖον, καὶ συνεστάτω πρὸς τῇ ΕΖ εὐθείᾳ καὶ τῷ πρὸς αὐτῇ σημείῳ τῷ Β τῇ πρὸς τῷ Δ γωνίᾳ ἴση ἡ ὑπὸ ΖΒΓ.

Ἐπεὶ οὖν κύκλου τοῦ ΑΒΓ ἐφάπτεταί τις εὐθεῖα ἡ ΕΖ, καὶ ἀπὸ τῆς κατὰ τὸ Β ἐπαφῆς διῆκται ἡ ΒΓ· ἡ ὑπὸ ΖΒΓ ἄρα ἴση ἐστὶ τῇ ἐν τῷ ΒΑΓ ἐναλλὰξ τμήματι συνισταμένῃ γωνίᾳ. Ἀλλ' ἡ ὑπὸ ΖΒΓ τῇ πρὸς τῷ Δ ἐστὶν ἴση· καὶ ἡ ἐν τῷ ΒΑΓ ἄρα τμήματι ἴση ἐστὶ τῇ πρὸς τῷ Δ γωνίᾳ.

Ἀπὸ τοῦ δοθέντος ἄρα κύκλου τοῦ ΑΒΓ τμῆμα ἀφῄρηται τὸ ΒΑΓ, δεχόμενον γωνίαν ἴσην τῇ δοθείσῃ γωνίᾳ εὐθυγράμμῳ τῇ πρὸς τῷ Δ. Ὅπερ ἔδει ποιῆσαι.

ΠΡΟΤΑΣΙΣ λέ.

Ἐὰν ἐν κύκλῳ δύο εὐθεῖαι τέμνωσιν ἀλλήλας, τὸ ὑπὸ τῶν τῆς μιᾶς τμημάτων περιεχόμενον ὀρθογώνιον ἴσον ἐστὶ τῷ ὑπὸ τῶν τῆς ἑτέρας τμημάτων περιεχομένῳ ὀρθογωνίῳ.

lutionem huius problematis habet Thom. Simpson. Elem. of Geom. B. 5. Probl. XXII. innixam Cor. 6. ad III. 31.

PROPOSITIO XXXIV.

Obs. Huius quoque problematis is casus facilius expediri potest, quo angulus datus rectus est. Tum nempe nihil opus est recta contingente, sed quaevis circuli diameter propositum efficit. Alia etiam problematis solutio peti potest ex

Sit datus circulus $AB\Gamma$, datus vero angulus rectilineus ad Δ; oportet a circulo $AB\Gamma$ segmentum auferre, capiens angulum aequalem dato angulo rectilineo ad Δ.

Ducatur recta EZ circulum $AB\Gamma$ contingens ad punctum B (III. 17.), et constituatur ad rectam EZ et ad punctum in ea B angulus $ZB\Gamma$ aequalis angulo ad Δ (I. 23.).

Quoniam igitur circulum $AB\Gamma$ contingit aliqua recta EZ, et a contactu ad B ducta est $B\Gamma$; angulus $ZB\Gamma$ aequalis est angulo constituto in $BA\Gamma$ alterno segmento (III. 32.). Sed $ZB\Gamma$ angulo ad Δ aequalis est; angulus itaque in segmento $BA\Gamma$ aequalis est angulo ad Δ.

A dato igitur circulo $BA\Gamma$ segmentum ablatum est $BA\Gamma$, capiens angulum aequalem dato angulo rectilineo ad Δ. Quod oportebat facere.

PROPOSITIO XXXV. (Fig. 277.)

Si in circulo duae rectae sese secent, rectangulum contentum sub segmentis unius aequale est rectangulo sub alterius segmentis contento.

III. 20. Sufficiet nempe ad centrum circuli constituere angulum d p'um eius, qui datus est. Et, quum punctum B nullum determinatum in circulo dato locum obtineat, vel, quum infinite variari possit situs anguli ad centrum, qui duplus sit anguli dati, patet, novam addi posse determinationem, v. c. si quis iubeat, ut recta $B\Gamma$ parallela sit alii rectae datae.

PROPOSITIO XXXV.

Obs. 1. Distinctio casuum plenius ita erat instituenda.

Ἐν γὰρ τῷ κύκλῳ τῷ *ΑΒΓΔ* δύο εὐθεῖαι αἱ *ΑΓ*, *ΒΔ* τεμνέτωσαν ἀλλήλας κατὰ τὸ *Ε* σημεῖον· λέγω ὅτι τὸ ὑπὸ τῶν *ΑΕ*, *ΕΓ* περιεχόμενον ὀρθογώνιον ἴσον ἐστὶ τῷ ὑπὸ τῶν *ΔΕ*, *ΕΒ* περιεχομένῳ ὀρθογωνίῳ.

Εἰ μὲν οὖν αἱ *ΑΓ*, *ΒΔ* διὰ τοῦ κέντρου εἰσὶν, ὥςτε τὸ *Ε* κέντρον εἶναι τοῦ *ΑΒΓΔ* κύκλου· φανερὸν ὅτι, ἴσων οὐσῶν τῶν *ΑΕ*, *ΕΓ*, *ΔΕ*, *ΕΒ*, καὶ τὸ ὑπὸ τῶν *ΑΕ*, *ΕΓ* περιεχόμενον ὀρθογώνιον ἴσον ἐστὶ τῷ ὑπὸ τῶν *ΔΕ*, *ΕΒ* περιεχομένῳ ὀρθογωνίῳ.

Μὴ ἔστωσαν δὴ αἱ *ΑΓ*, *ΔΒ* διὰ τοῦ κέντρου, καὶ εἰλήφθω τὸ κέντρον τοῦ *ΑΒΓΔ* κύκλου, καὶ ἔστω τὸ *Ζ*, καὶ ἀπὸ τοῦ *Ζ* ἐπὶ τὰς *ΑΓ*, *ΔΒ* εὐθείας κάθετοι ἤχθωσαν αἱ *ΖΗ*, *ΖΘ*, καὶ ἐπεζεύχθωσαν αἱ *ΖΒ*, *ΖΓ*, *ΖΕ*.

Καὶ ἐπεὶ εὐθεῖά τις διὰ τοῦ κέντρου ἡ *ΖΗ* εὐθεῖάν τινα μὴ διὰ τοῦ κέντρου τὴν *ΑΓ* πρὸς ὀρθὰς τέμνει, καὶ δίχα αὐτὴν τέμνει, ἴση ἄρα ἡ *ΑΗ* τῇ *ΗΓ*. Ἐπεὶ οὖν εὐθεῖα ἡ *ΑΓ* τέτμηται εἰς μὲν ἴσα κατὰ τὸ *Η*, εἰς δὲ ἄνισα κατὰ τὸ *Ε*, τὸ ἄρα ὑπὸ τῶν *ΑΕ*, *ΕΓ* περιεχόμενον ὀρθογώνιον μετὰ τοῦ ἀπὸ τῆς *ΗΕ* τετραγώνου ἴσον ἐστὶ τῷ ἀπὸ τῆς *ΗΓ*. Προςκείσθω κοινὸν τὸ ἀπὸ τῆς *ΗΖ*· τὸ ἄρα ὑπὸ τῶν *ΑΕ*, *ΕΓ* μετὰ τῶν ἀπὸ τῶν *ΖΗ*, *ΗΕ* ἴσον ἐστὶ τοῖς ἀπὸ τῶν *ΓΗ*, *ΗΖ*. Ἀλλὰ τοῖς

Vel 1) utraque rectarum circulo inscriptarum per centrum transit, vel 2) alterutra tantum, vel 3) neutra. Casum 2. omissum esse a Theone sine dubio, queritur Rob. Simson, neque enim id ab Euclide factum videri, haberi enim eum casum 1. omnium facillimum, et in sequente propositione separatim demonstrare casum, quo recta per centrum transeat.

In circulo enim $AB\Gamma\Delta$ duae rectae $A\Gamma$, $B\Delta$ sese secent in puncto E; dico rectangulum sub AE, $E\Gamma$ contentum aequale esse rectangulo sub ΔE, EB contento.

Si igitur $A\Gamma$, $B\Delta$ per centrum transeant (Fig. 277. a.), ita ut E centrum sit circuli $AB\Gamma\Delta$; manifes um est aequalibus existentibus AE, $E\Gamma$, ΔE, EB, et ipsum sub AE, $E\Gamma$ contentum rectangulum aequa e esse rectangulo sub ΔE, EB contento.

Non autem transeant $A\Gamma$, ΔB per centrum (Fig. 277. b.), et sumatur centrum circuli $AB\Gamma\Delta$ (III. 1.), et sit Z, et a Z ad $A\Gamma$, ΔB rectas perpendiculares ducantur ZH, $Z\Theta$ (I. 12.); et iungantur ZB, $Z\Gamma$, ZE.

Et quoniam recta aliqua ZH per centrum rectam aliquam $A\Gamma$ non per centrum ductam ad rectos secat, et bifariam ipsam secat (III. 3.); aequalis igitur AH ipsi $H\Gamma$. Quoniam igitur $A\Gamma$ secta est in aequalia quidem in H, in inaequalia vero in E, rectangulum sub AE, $E\Gamma$ contentum cum quadrato ex HE aequale est quadrato ex $H\Gamma$ (II. 5.). Commune addatur quadratum ex HZ; rectangulum igitur sub AE, $E\Gamma$ cum quadratis ex ZH, HE aequale est quadratis ex ΓH, HZ. Sed quadratis ex EH, HZ est aequale

Et habet omnino eum casum Campanus, [qui eum deinde pariter ac Clavius, Henrion., Coëtsius, Playfair. et Rob. Simson. in duos casus particulares distinguit, prout] nempe ea, quae per centrum transit, alteram bifariam dividit aut non. Tertius denique casus ab iisdem facile reducitur ad secundum, ducta nempe diametro per punctum, in quo duae rectae, quae

μὲν ἀπὸ τῶν ΕΗ, ΗΖ ἴσον ἐστὶ τὸ ἀπὸ τῆς ΖΕ, τοῖς δὲ ἀπὸ τῶν ΓΗ, ΗΖ ἴσον ἐστὶ τὸ ἀπὸ τῆς ΖΓ· τὸ ἄρα ὑπὸ τῶν ΔΕ, ΕΓ μετὰ τοῦ ἀπὸ τῆς ΖΕ ἴσον ἐστὶ τῷ ἀπὸ τῆς ΖΓ. Ἴση δὲ ἡ ΖΓ τῇ ΖΒ. τὸ ἄρα ὑπὸ τῶν ΔΕ, ΕΓ μετὰ τοῦ ἀπὸ τῆς ΕΖ ἴσον ἐστὶ τῷ ἀπὸ τῆς ΖΒ. Διὰ τὰ αὐτὰ δὴ καὶ τὸ ὑπὸ τῶν ΔΕ, ΕΒ μετὰ τοῦ ἀπὸ τῆς ΖΕ ἴσον ἐστὶ τῷ ἀπὸ τῆς ΖΒ. Ἐδείχθη δὲ ὅτι καὶ τὸ ὑπὸ τῶν ΔΕ, ΕΓ μετὰ τοῦ ἀπὸ τῆς ΖΕ ἴσον ἐστὶ τῷ ἀπὸ τῆς ΖΒ· τὸ ἄρα ὑπὸ τῶν ΔΕ, ΕΓ μετὰ τοῦ ἀπὸ τῆς ΖΕ ἴσον ἐστὶ τῷ ὑπὸ τῶν ΔΕ, ΕΒ μετὰ τοῦ ἀπὸ τῆς ΖΕ. Κοινὸν ἀφῃρήσθω τὸ ἀπὸ τῆς ΖΕ· λοιπὸν ἄρα τὸ ὑπὸ τῶν ΔΕ, ΕΓ περιεχόμενον ὀρθογώνιον ἴσον ἐστὶ τῷ ὑπὸ τῶν ΔΕ, ΕΒ περιεχομένῳ ὀρθογωνίῳ. Ἐὰν ἄρα ἐν κύκλῳ, καὶ τὰ ἑξῆς.

ΠΡΟΤΑΣΙΣ λϛ'.

Ἐὰν κύκλου ληφθῇ τι σημεῖον ἐκτὸς, καὶ ἀπ' αὐτοῦ πρὸς τὸν κύκλον προσπίπτωσι δύο εὐθεῖαι, καὶ ἡ μὲν αὐτῶν τέμνῃ τὸν κύκλον, ἡ δὲ ἐφάπτηται·

non per centrum transeunt, se intersecant. Aliam huius propositionis demonstrationem vide apud Grüson.: Abhandl. der Königl. Gesellsch. der Wissensch. zu Berlin 1814—1815. p. 56. Generaliter, observante Pfleiderero, omnium casuum demonstrationes derivari possunt ex sequente propositione, quae vicissim ex nostra hac deduci potest: Si qua recta circulo inscripta in puncto aliquo secetur utcunque rectangulum eius partium, una cum quadrato rectae, quae e centro ad punctum sectionis ducitur, aequale est quadrato radii. Cf. Gilbert. p. 357. et 359. Alii aliam Prop. 35. et 36. enunciationem et demonstrationem e doctrina de triangulis similibus petunt v. c. Whiston.

quadratum ex ZE (I. 47.), quadratis vero ex ΓH, HZ aequale est quadratum ex $Z\Gamma$(I. 47.); rectangulum igitur sub AE, $E\Gamma$ cum quadrato ex ZE, aequale est quadrato $Z\Gamma$. Aequalis autem $Z\Gamma$ ipsi ZB, rectangulum igitur sub AE, $E\Gamma$ cum quadrato ex EZ aequale est quadrato ex ZB. Ex eadem ratione et rectangulum sub ΔE, EB cum quadrato ex ZE aequale est quadrato ex ZB. Ostensum est autem et rectangulum sub AE, $E\Gamma$ cum quadrato ex ZE aequale esse quadrato ex ZB; rectangulum igitur sub AE, $E\Gamma$ cum quadrato ex ZE aequale est rectangulo sub ΔE, EB cum quadrato ex ZE. Commune auferatur quadratum ex ZE; reliquum igitur sub AE, $E\Gamma$ contentum rectangulum aequale est rectangulo sub ΔE EBc ontento. Si igitur in circulo etc.

PROPOSITIO XXXVI. (Fig. 278.)

Si extra circulum sumatur aliquod punctum, et ab eó in circulum cadant duae rectae, et una quidem earum secet circulum, altera vero contingat; erit re-

apud Tacquet in III. 35. et Coëtsius. Vid. ad VI. 16. et. 17. Obs. 6. 7.

Cor. Si rectae quotcunque circulo inscriptae se in uno eodemque puncto intersecent, rectangula sub segmentis cuiusque earum inter se erunt aequalia.

Obs. 2. Clavio monente conversa quoque propositionis III. 35. valet, quod facile, descripto circulo per tria quaecunque puncta extrema quatuor illorum segmentorum, per absurdum demonstratur. Ea contra, quae in praecedente corollaria continetur, propositio generalior converti nequit. Contrarium asserit Gilbert. l. c. p. 365.

ἔσται τὸ ὑπὸ ὅλης τῆς τεμνούσης καὶ τῆς ἐκτὸς ἀπολαμβανομένης μεταξὺ τοῦ τε σημείου καὶ τῆς κυρτῆς περιφερείας περιεχόμενον ὀρθογώνιον ἴσον τῷ ἀπὸ τῆς ἐφαπτομένης τετραγώνῳ.

Κύκλου γὰρ τοῦ ΑΒΓ εἰλήφθω τι σημεῖον ἐκτὸς τὸ Δ, καὶ ἀπὸ τοῦ Δ πρὸς τὸν ΑΒΓ κύκλον προσπιπτέτωσαν δύο εὐθεῖαι αἱ ΔΓΑ, ΔΒ· καὶ ἡ μὲν ΔΓΑ τεμνέτω τὸν ΑΒΓ κύκλον, ἡ δὲ ΔΒ ἐφαπτέσθω· λέγω ὅτι τὸ ὑπὸ τῶν ΑΔ, ΔΓ περιεχόμενον ὀρθογώνιον ἴσον ἐστὶ τῷ ἀπὸ τῆς ΔΒ τετραγώνῳ. Ἡ ἄρα ΔΓΑ ἤτοι διὰ τοῦ κέντρου ἐστὶν, ἢ οὔ.

Ἔστω πρότερον διὰ τοῦ κέντρου, καὶ ἔστω τὸ Ζ κέντρον τοῦ ΑΒΓ κύκλου, καὶ ἐπεζεύχθω ἡ ΖΒ· ὀρθὴ ἄρα ἐστὶν ἡ ὑπὸ ΖΒΔ. Καὶ ἐπεὶ εὐθεῖα ἡ ΑΓ δίχα τέτμηται κατὰ τὸ Ζ, πρόσκειται δὲ αὐτῇ ἡ ΓΔ· τὸ ἄρα ὑπὸ τῶν ΑΔ, ΔΓ μετὰ τοῦ ἀπὸ τῆς ΖΓ ἴσον ἐστὶ τῷ ἀπὸ τῆς ΖΔ. Ἴση δὲ ΖΓ τῇ ΖΒ· τὸ ἄρα ὑπὸ τῶν ΑΔ, ΔΓ μετὰ τοῦ ἀπὸ τῆς ΖΒ ἴσον ἐστὶ τῷ ἀπὸ τῆς ΖΔ. Τῷ δὲ ἀπὸ τῆς ΖΔ ἴσα ἐστὶ τὰ ἀπὸ τῶν ΖΒ, ΒΔ, ὀρθὴ γὰρ ἡ ὑπὸ ΖΒΔ· τὸ ἄρα ὑπὸ τῶν ΑΔ, ΔΓ μετὰ τοῦ ἀπὸ τῆς ΖΒ ἴσον ἐστὶ τοῖς ἀπὸ τῶν ΖΒ, ΒΔ. Κοινὸν ἀφῃρήσθω τὸ ἀπὸ τῆς ΖΒ· λοιπὸν ἄρα τὸ ὑπὸ τῶν ΑΔ, ΔΓ ἴσον ἐστὶ τῷ ἀπὸ τῆς ΔΒ ἐφαπτομένης.

PROPOSITIO XXXVI.

Obs. 1. Ad generalem rei demonstrationem, observante Pfleiderero, adhiberi potest etiam haec propositio: si ad punctum aliquod extra circulum in recta circulum secante e centro ducatur recta, erit rectangulum ex integra secante et parte eius exteriore, una cum quadrato radii, aequale quadrato rectae e centro ad illud punctum ductae. Cf. Gilbert. p. 357. et 359.

ctangulum sub tota secante et exteriore segmento inter punctum et convexam circumferentiam contentum aequale quadrato ex contingente.

Extra circulum $AB\Gamma$ sumatur aliquod punctum Δ, et a Δ ad $AB\Gamma$ circulum cadant duae rectae $\Delta\Gamma A$, ΔB, et ipsa quidem $\Delta\Gamma A$ secet circulum $AB\Gamma$, ipsa vero ΔB contingat; dico rectangulum sub $A\Delta$, $\Delta\Gamma$ contentum aequale esse quadrato ex ΔB. Ipsa igitur $\Delta\Gamma A$ vel per centrum transit vel non.

Transeat primum per centrum (Fig. 278. a.), et sit Z centrum circuli $AB\Gamma$, et iungatur ZB; rectus igitur est $ZB\Delta$ (III. 18.). Et quoniam recta $A\Gamma$ bifariam secta est in Z, adiicitur vero ipsi $\Gamma\Delta$; rectangulum sub $A\Delta$, $\Delta\Gamma$ cum quadrato ex $Z\Gamma$ aequale est quadrato ex $Z\Delta$ (II. 6.). Aequalis autem $Z\Gamma$ ipsi ZB; rectangulum igitur sub $A\Delta$, $\Delta\Gamma$ cum quadrato ex ZB aequale est quadrato ex $Z\Delta$. Quadrato vero ex $Z\Delta$ aequalia sunt quadrata ex ZB, $B\Delta$ (I. 47.), rectus enim angulus $ZB\Delta$ (III. 18.); rectangulum igitur sub $A\Delta$, $\Delta\Gamma$ cum quadrato ex ZB aequale est quadratis ex ZB, $B\Delta$. Commune auferatur quadratum ex ZB, reliquum igitur rectangulum sub $A\Delta$, $\Delta\Gamma$ aequale est quadrato ex contingente ΔB.

Cor. 1. Si ex eodem puncto extra circulum ducantur plures rectae, quae circulum secant, rectangula sub unaquaque earum integra et parte eius exteriore inter se sunt aequalia. Quodvis enim eiusmodi rectangulum aequale est quadrato contingentis ex isto puncto ad circulum ductae. Cf. Clavius, Tacquet, Gilbert alii.

Cor. 2. Utramque propositionem III. 35. Cor. et III. 36.

Ἀλλὰ δὴ ἡ ΔΓΑ μὴ ἔστω διὰ τοῦ κέντρου τοῦ ΑΒΓ κύκλου, καὶ εἰλήφθω τὸ κέντρον τὸ Ε, καὶ ἀπὸ τοῦ Ε ἐπὶ τὴν ΑΓ κάθετος ἤχθω ἡ ΕΖ, καὶ ἐπεζεύχθωσαν αἱ ΕΒ, ΕΓ, ΕΔ· ὀρθὴ ἄρα ἐστὶν ἡ ὑπὸ ΕΖΔ. Καὶ ἐπεὶ εὐθεῖά τις διὰ τοῦ κέντρου ἡ ΕΖ εὐθεῖάν τινα μὴ διὰ τοῦ κέντρου τὴν ΑΓ πρὸς ὀρθὰς τέμνει, καὶ δίχα αὐτὴν τεμεῖ· ἡ ΑΖ ἄρα τῇ ΖΓ ἐστὶν ἴση. Καὶ ἐπεὶ εὐθεῖα ἡ ΑΓ τέτμηται δίχα κατὰ τὸ Ζ σημεῖον, πρόςκειται δὲ αὐτῇ ἡ ΓΔ· τὸ ἄρα ὑπὸ τῶν ΑΔ, ΔΓ μετὰ τοῦ ἀπὸ τῆς ΖΓ ἴσον ἐστὶ τῷ ἀπὸ τῆς ΖΔ. Κοινὸν προςκείσθω τὸ ἀπὸ τῆς ΖΕ· τὸ ἄρα ὑπὸ τῶν ΑΔ, ΔΓ μετὰ τῶν ἀπὸ τῶν ΓΖ, ΖΕ ἴσον ἐστὶ τοῖς ἀπὸ τῶν ΔΖ, ΖΕ. Ἀλλὰ τοῖς ἀπὸ τῶν ΓΖ, ΖΕ ἴσον τὸ ἀπὸ τῆς ΕΓ, ὀρθὴ γὰρ ἡ ὑπὸ ΕΖΓ γωνία· τοῖς δὲ ἀπὸ τῶν ΔΖ, ΖΕ ἴσον ἐστὶ τὸ ἀπὸ τῆς ΕΔ· τὸ ἄρα ὑπὸ τῶν ΑΔ, ΔΓ μετὰ τοῦ ἀπὸ τῆς ΕΓ ἴσον ἐστὶ τῷ ἀπὸ τῆς ΕΔ. Ἴση δὲ ἡ ΕΓ τῇ ΕΒ· τὸ ἄρα ὑπὸ τῶν ΑΔ, ΔΓ μετὰ τοῦ ἀπὸ τῆς ΕΒ ἴσον ἐστὶ τῷ ἀπὸ τῆς ΕΔ. Τῷ δὲ ἀπὸ τῆς ΕΔ ἴσα ἐστὶ τὰ ἀπὸ τῶν ΕΒ, ΒΔ, ὀρθὴ γὰρ ἡ ὑπὸ ΕΒΔ γωνία· τῷ ἄρα ὑπὸ τῶν ΑΔ, ΔΓ μετὰ τοῦ ἀπὸ τῆς ΕΒ ἴσον ἐστὶ τοῖς ἀπὸ τῶν ΕΒ, ΒΔ,

Cor. 1. uno enunciato comprehendere licet. Nempe, si e puncto aliquo sive intra sive extra circulum sito ad circulum ducantur plures rectae, quae eum secant, rectangula e partibus cuiusque earum inter punctum et circulum comprehensis erunt aequalia. Et potest ipsa etiam III. 36. sub hoc enunciato, vel sub Cor. 1. comprehendi: nempe, si recta iam non secet circulum, sed contingat, duo sectionis puncta in unum contactus punctum coincidunt, et rectangulum sub partibus inter punctum et circulum comprehensis abit in quadratum contingentis, quod observat Coëtsius ad III. 36. Schol. 2. Pariter, quae ad III. 35. Obs. 1. et III. 36. Obs. 1.

Sed $\Delta\Gamma A$ non transeat per centrum circuli $AB\Gamma$ (Fig. 278. b.), et sumatur centrum E, et ex E ad $A\Gamma$ perpendicularis ducatur EZ (I. 12.), et iungantur EB, $E\Gamma$, $E\Delta$; rectus igitur est $EZ\Delta$. Et quoniam recta aliqua EZ per centrum rectam aliquam $A\Gamma$ non per centrum ductam ad rectos angulos secat, et bifariam ipsam secabit (III. 3.); AZ igitur ipsi $Z\Gamma$ est aequalis. Et quoniam recta $A\Gamma$ secatur bifariam in puncto Z, adiicitur vero ipsi $\Gamma\Delta$; rectangulum sub $A\Delta$, $\Delta\Gamma$ cum quadrato ex $Z\Gamma$ aequale est quadrato ex $Z\Delta$ (II. 6.). Commune addatur quadratum ex ZE; rectangulum igitur sub $A\Delta$, $\Delta\Gamma$ cum quadratis ex ΔZ, $Z\Gamma$ aequale est quadratis ex ΔZ, ZE. Sed quadratis ex ΓZ, ZE aequale est quadratum ex $E\Gamma$ (I. 47.), rectus enim est angulus $EZ\Gamma$; quadratis autem ex ΔZ, ZE aequale est quadratum ex $E\Delta$ (I. 47.). Rectangulum igitur sub $A\Delta$, $\Delta\Gamma$ cum quadrato ex $E\Gamma$ aequale est quadrato ex $E\Delta$. Aequalis autem $E\Gamma$ ipsi EB; rectangulum igitur $A\Delta$, $\Delta\Gamma$ cum quadrato ex EB aequale est quadrato ex $E\Delta$. Quadrato autem ex $E\Delta$ aequalia sunt quadrata ex EB, $B\Delta$ (I. 47.), rectus enim angulus $EB\Delta$; rectangulum igitur sub $A\Delta$, $\Delta\Gamma$

continentur propositiones, uno enunciato comprehendi possunt. Cf. Gilbert. l. c.

Obs. 2. Si e puncto dato ductae sint duae tantum rectae, ita ut rectangula comprehensa sub totis, et sub segmentis puncto isti adiacentibus sint aequalia, poterit vicissim per quatuor puncta extrema reliquorum segmentorum circulis describi. Circulo nempe per tria horum punctorum descripto, ostendetur per absurdum, eum non posse non per quartum quoque transire. Sin autem e puncto dato plures duabus rectis exeant, Cor. 1. ita converti nequit. Contrarium habet Gilbert. l. c.

κοινὸν ἀφῃρήσθω τὸ ἀπὸ τῆς ΕΒ· λοιπὸν ἄρα τὸ ὑπὸ τῶν ΑΔ, ΔΓ ἴσον ἐστὶ τῷ ἀπὸ τῆς ΔΒ. Ἐὰν ἄρα κύκλου, καὶ τὰ ἑξῆς.

ΠΡΟΤΑΣΙΣ λζ.

Ἐὰν κυκλου ληφθῇ τι σημεῖον ἐκτὸς, ἀπὸ δὲ τοῦ σημείου πρὸς τὸν κύκλον προςπίπτωσι δύο εὐθεῖαι, καὶ ἡ μὲν αὐτῶν τέμνῃ τὸν κύκλον, ἡ δὲ προςπίπτῃ, ᾖ δὲ τὸ ὑπὸ τῆς ὅλης τῆς τεμνούσης καὶ τῆς ἐκτὸς ἀπολαμβανομένης μεταξὺ τοῦ τε σημείου καὶ τῆς κυρτῆς περιφερείας ἴσον τῷ ἀπὸ τῆς προςπιπτούσης· ἡ προςπίπτουσα ἐφάψεται τοῦ κύκλου.

Κύκλου γὰρ τοῦ ΑΒΓ εἰλήφθω τι σημεῖον ἐκτὸς τὸ Δ, καὶ ἀπὸ τοῦ Δ πρὸς τὸν ΑΒΓ κύκλον προςπιπτέτωσαν δύο εὐθεῖαι αἱ ΔΓΑ, ΔΒ, καὶ ἡ μὲν ΔΓΑ τεμνέτω τὸν κύκλον, ἡ δὲ ΔΒ προςπιπτέτω, ἔστω δὲ τὸ ὑπὸ τῶν ΑΔ, ΔΓ ἴσον τῷ ἀπὸ τῆς ΔΒ· λέγω ὅτι ἡ ΔΒ ἐφάπτεται τοῦ ΑΒΓ κύκλου.

Ἤχθω γὰρ τοῦ ΑΒΓ ἐφαπτομένη ἡ ΔΕ, καὶ εἰλήφθω τὸ κέντρον τοῦ ΑΒΓ κύκλου, καὶ ἔστω τὸ Ζ, καὶ ἐπεζεύχθωσαν αἱ ΖΕ, ΖΒ, ΖΔ· ἡ ἄρα ὑπὸ ΖΕΔ ὀρθή ἐστιν.

Obs. 3. Si in fig. 278. a rectam *ΔΑ* consideremus ut summam rectarum *ΖΔ*, et *ΖΒ*, rectam autem *ΔΓ* ut differentiam earum, propositio huius casus ita quoque enunciari potest; in omni triangulo rectangulo *ΔΒΖ* rectangulum ex hypotenusae *ΖΔ* et unius lateris *ΖΒ* summa ac differentia aequatur quadrato lateris alterius *ΔΒ*, quod consentit cum II. 4. Cor 4. Cf. Whiston. apud Tacquet. ad h. l.

Obs. 4. Pariter ea pars Cor. 1., qua una rectarum, quae circulum secant, per centrum transit, ita exprimi poterit: si (Fig. 279. a. b.) ab angulo *Ε* trianguli alicuius *ΕΑΔ*, cuius

cum quadrato ex EB aequale est quadratis ex EB, $B\Delta$. Commune auferatur quadratum ex EB; reliquum igitur rectangulum sub $A\Delta$, $\Delta\Gamma$ aequale est quadrato ex ΔB. Si igitur extra circulum etc.

PROPOSITIO XXXVII. (Fig. 280.)

Si extra circulum sumatur aliquod punctum, ex puncto autem in circulum cadant duae rectae, et una quidem earum secet circulum, altera vero in eum incidat, sit autem rectangulum sub tota secante et exteriore segmento inter punctum et convexam circumferentiam aequale quadrato ex incidente; incidens continget circulum.

Extra circulum $AB\Gamma$ sumatur aliquod punctum Δ, et ex Δ in circulum $AB\Gamma$ incidant duae rectae $\Delta\Gamma A$, ΔB, et ipsa quidem $\Delta\Gamma A$ secet circulum, ipsa vero ΔB in eum incidat, sit autem rectangulum sub $A\Delta$, $\Delta\Gamma$ aequale quadrato ex ΔB, dico ipsam ΔB contingere circulum $AB\Gamma$.

Ducatur enim rectae ΔE circulum $AB\Gamma$ contingens (III. 17.), et sumatur centrum circuli $AB\Gamma$ (III. 1.), et sit Z, et iungantur ZE, ZB, $Z\Delta$; angulus igitur $ZE\Delta$ rectus est (III. 18.).

latera $E\Delta$, $E\Gamma$ sunt inaequalia, demittatur in basin (si opus sit productam) perpendiculum EZ, erit rectangulum $\Theta\Delta \times \Delta H$ sub summa et differentia laterum $E\Delta$, $E\Gamma$ aequale rectangulo $\Gamma\Delta \times \Delta A$ sub summa et differentia rectarum $Z\Delta$, ZA inter perpendiculum et angulos basis interceptarum. Cf. Whiston. l. c. Haec ipsa propositio, eodem monente, casu, qui in figura priore sistitur, etiam ita exprimi potest: si ab angulo E trianguli $AE\Delta$ demittitur perpendicularis in basin $A\Delta$, eam dividens in duo segmenta AZ, ΔZ; erit rectangulum sub summa et differentia laterum $E\Delta$, EA aequale rectangulo sub basi $A\Delta$, et differentia segmentorum basis $\Gamma\Delta$

Καὶ ἐπεὶ ἡ ΔΕ ἐφάπτεται τοῦ ΑΒΓ κύκλου, τέμνει δὲ ἡ ΔΓΑ· τὸ ἄρα ὑπὸ τῶν ΑΔ, ΔΓ ἴσον ἐστὶ τῷ ἀπὸ τῆς ΔΕ. Ὑπόκειται δὲ [1] *τὸ ὑπὸ τῶν ΑΔ, ΔΓ ἴσον τῷ ἀπὸ τῆς ΔΒ· τὸ ἄρα ἀπὸ τῆς ΔΕ ἴσον ἐστὶ τῷ ἀπὸ τῆς ΔΒ· ἴση ἄρα ἡ ΔΕ τῇ ΔΒ. Ἔστι δὲ καὶ ἡ ΖΕ τῇ ΖΒ ἴση, δύο δὴ αἱ ΔΕ, ΕΖ δυσὶ ταῖς ΔΒ, ΒΖ ἴσαι εἰσὶ, καὶ βάσις αὐτῶν κοινὴ ἡ ΖΔ. Γωνία ἄρα ἡ ὑπὸ ΔΕΖ γωνίᾳ τῇ ὑπὸ ΔΒΖ ἐστὶν ἴση. Ὀρθὴ δὲ ἡ ὑπὸ ΔΕΖ· ὀρθὴ ἄρα καὶ ἡ ὑπὸ ΔΒΖ. Καί ἐστιν ἡ ΒΖ ἐκβαλλομένη διάμετρος, ἡ δὲ τῇ διαμέτρῳ τοῦ κύκλου πρὸς ὀρθὰς ἀπ' ἄκρας ἀγομένη ἐφάπτεται καὶ τοῦ κύκλου· ἡ ΔΒ ἄρα ἐφάπτεται* [2] *τοῦ ΑΒΓ κύκλου. Ὁμοίως δὲ δειχθήσεται κἂν τὸ κέντρον ἐπὶ τῆς ΑΓ τυγχάνῃ* [3]*. Ἐὰν ἄρα κύκλου καὶ τὰ ἑξῆς.*

1) Pro *ὑπόκειται δὲ* Peyrardus ex Cod. a minus accurate habet: *ἦν δὲ καὶ.*

2) Verba inter utrumque *ἐφάπτεται* e Cod. a iure addidit Peyrardus.

3) Verba: *ὁμοίως δὲ δειχθήσεται — τυγχάνῃ* Rob. Simson. ab editore quodam inscite addita esse putat.

PROPOSITIO XXXVII.

Obs. Est haec propositio conversa praecedentis. Campanus eam aliter duplici modo demonstrat, vel apagogice, dum sumit, ex eadem rectae *ΔZ* parte aliam contingentem ductam esse, vel directe, dum nempe rectangulum e segmen-

Et quoniam ΔE contingit circulum $AB\Gamma$, secat autem $\Delta\Gamma A$; rectangulum sub $A\Delta$, $\Delta\Gamma$ aequale est quadrato ex ΔE (III. 36.). Ponitur autem et rectangulum sub $A\Delta$, $\Delta\Gamma$ aequale quadrato ex ΔB; quadratum igitur ex ΔE aequale est quadrato ex ΔB, aequalis igitur ΔE lineae ΔB. Est autem et ZE ipsi ZB aequalis, duae igitur ΔE, EZ duabus ΔB, BZ aequales sunt, et basis ipsarum communis $Z\Delta$; angulus igitur ΔEZ angulo ΔBZ est aequalis (I. 8.) Rectus autem ΔEZ; rectus igitur et ΔBZ. Et est BZ producta diameter, quae vero diametro circuli ad rectos angulos ab extremitate ducitur contingit circulum (III. 16.); recta ΔB igitur contingit circulum $AB\Gamma$. Similiter autem ostendemus, et si centrum in $A\Gamma$ sit. Si igitur extra circulum etc.

tis eius rectae considerat, quae per centrum transit, et ope II. 6. ostendit, esse ΔBq$+BZ$q$=\Delta Z$q, adeoque (I. 48.) angulum ΔBZ rectum. Caeterum insignem propositiones 35—37. utilitatem, ut per omnem geometriam, ita maxime in doctrina de tactionibus habent.

Cor. Si e puncto aliquo extra circulum duae rectae aequales in circulum incidant, quarum una eum contingat, continget quoque altera. Denique ad hunc librum universe notamus, multa adhuc scitu haud iniucunda ei addi potuisse, maxime e libro tertio Gregorii a St. Vincent. de quadratura circuli, quae brevitatis studio hic omisimus.

EXCURSUS I.

AD

ELEMENTORUM

I. 29.

Diximus ad Propos. I. 29., in qua primum adhibetur axioma undecimum, vel postulatum quintum, multum inter Geometras non quidem de veritate huius axiomatis, at de eius evidentia disceptatum fuisse. Et axioma, quidem ipsum ita habet:

Si in duas rectas alia recta incidens angulos internos ad easdem sui partes duobus rectis minores faciat, rectae, in quas illa incidit, productae in infinitum inter se coincident (se invicem secabunt) ad eas partes, ad quas sunt anguli duobus rectis minores. Vel, ut aliter dicamus, ad has partes cum recta incidente triangulum efficient.

Ex hoc axiomate manifesto consequitur, duas rectas, quae ab una quadam recta ita secentur, ut anguli interni sint duobus rectis minores, etiam sectas a quavis alia recta in punctis duobus diversis cum illa angulos internos efficere duobus rectis minores. Quum enim ex isto axiomate rectae ab una aliqua recta ita sectae inter se conveniant, necessario cum alia quavis, a qua pariter in punctis duobus diversis secantur, triangulum efficient, unde ex I. 17. duo anguli interni simul minores erunt duobus rectis.

Caeterum facile patet, hoc axioma esse conversam propositionis I. 17.: et si, quod Peletarius vult, conversae propositionum, quarum veritas demonstrata est, ipsae etiam generatim verae essent, nec demonstratione egerent, nihil attineret ulterius quaerere. Id vero non ita se habere, sed conversas, nisi sua luce fulgeant, demonstratione semper stabiliri debere, diximus ad I. 6. et omnes logici monent. Iam hanc conversam propositionis I. 17. ex ea ipsa demonstrare quidem tentavit Castillon. (Mém. de l'Acad. de Berlin années 1788. 1789.) at manifesto irrito conatu. Ex eo nempe, quod ex I. 17. patet, *esse nonnunquam rectas*, quae ab aliqua recta ita sectae, ut anguli interni minores sint duobus rectis, concurrant, concludit, *omnes* rectas, quae ita secentur, necessario concurrere.

Neque vero cum Proclo, aliisque nonnullis dixerim, postulatum aut axioma non esse posse propositionem, cuius conversa (hic nempe I. 17.) inter theoremata demonstretur (*οὗ τὸ ἀντίστροφον ὡς ἀποδεικτὸν ἐν τοῖς θεωρήμασιν ἀναγέγραπται.*) Neque enim necesse es, ut conversa propositionis, quae per se patet, adeoque nulla demonstratione eget, etiam ipsa aeque clara sit. Unum videndum est, utrum assertum aliquod per se extra omnem dubitationem positum sit. Et de hoc quidem in axiomate 11. multi dubitavere. Unde factum est, ut varias excogitarent rationes, vel illud axioma (plerumque alio axiomate, quod ipsis evidentius videbatur, assumto, aut etiam parallelarum definitione mutata, aut alia ratione) demonstrandi, vel sine eius ope parallelarum theoriam adstruendi. Liceat nonnullam potissimorum, quae huc pertinent, et mihi innotuerunt, tentaminum breviter commemorare. In qua re gratus fateor eximie me adiutum fuisse opera viri doctissimi mihique amicissimi, Hauberi, Seminarii Schönthalensis professoris meritissimi, qui, quam dudum elaboravit, de theoria et historia parallelarum commentationem, quam propediem lucem publicam visuram esse spero, benevole mecum communicare, et, ut quae meis usibus inservire putarem, inde excerperem, permittere voluit. Et illi quidem conamina circa hanc rem facta ad certas quasdam classes referre visum fuit, consilio sane haud improbando: ego vero, quantum fieri possit, in iis certe, qui novam aliquam in hac re methodum proposuerunt: plerumque temporis rationem sequendam putavi, quo facilius pateat, quis primus aliquam demonstrandi viam tentarit, ita tamen, ut brevitatis studio subiungerem subinde eos, qui simili modo rem tractarunt. Neque vero omnia de hac re cogitata, quae infinita fere sunt, prolixe exponere consultum fuerit, sed potiora saltim, et maxime e libris minus obviis deprompta summatim afferre statui.

Primum itaque, Proclo referente, Ptolomaeus *) libellum singularem composuit *περὶ τοῦ τὰς ἀπ' ἐλαττόνων ἢ δύο ὀρθῶν ἐκβαλλομένας συμπίπτειν*, quo Axioma undecimum demonstrare conatus est. Eius demonstratio, quam Proclus exhibet, eo fere redit: si duae rectae parallelae ab alia recta secentur angulos internos, qui ex una parte secantis efficiantur, aut aequales esse duobus rectis, aut iis maiores aut minores. At, quod ex una parte secantis fiat, idem etiam ex altera parte, e qua rectae pariter parallelae sint, fieri debere. Unde, si ex una parte anguli interni sumantur duobus rectis maiores, maiores etiam ex altera parte fieri necesse esse; pariterque, si minores duobus rectis ex una parte fuerint, futuros etiam ex altera minores, quod utrumque absurdum sit (I. 13.). Nihil itaque restare, quam ut rectae parallelae, si ab alia quadam recta secentur, ex utraque sui parte angulos internos efficiant duobus rectis aequales. Atque ita demonstrata propositione I. 29. facile inde deducitur axioma 11. At iure in hac demonstratione, quidquid Ramus oggänniat, reprehenditur, sine causa sumi, angulos ex utraque parte rectae secantis eiusdem semper indolis esse debere, nempe vel ex utraque parte maiores recto, vel ex utraque parte minores, vel ex utraque parte duobus rectis aequales. Playfair. Elem. of Geometry p. 363. observat, niti hanc demonstrationem fundamento, ut aiunt, rationis sufficientis, nec vero esse rationem distincte expositam sumendi, quoad angulos idem ex utraque parte rectae secantis locum habere. Similem fere suppositionem invenimus etiam apud Ohmium (Kritische Beleucht. der Math. etc. 1819.),

*) Incertum est, an is Claudius Ptolomaeus fuerit, vixit tamen Proclus post Ptolemaeum Astronomum (Klügel. Conat. praecip. Theoriam Parallelar. demonstrandi Recens. Gott. 1763. p. IV.

qui praeterea sumit, rectas, quae se non secent, eandem positionem habere.

Ipse deinde Proclus rem ita expedire tentat, ut primum monstret, rectam, quae e duabus rectis parallelis unam secet, secare etiam alteram, unde postea facili negotio deducit axioma 11. In quo ita ille procedit, ut sumat cum Aristotele, duas rectas, quae ex uno eodemque puncto sub aliquo angulo exeant, si in infinitum producantur, discedere a se invicem ad distantiam data quavis maiorem. Inde porro efficit, posse itaque rectam, quae e duabus parallelis unam secet, ad distantiam produci maiorem ea, qua altera parallela ab ea distet, adeoque necessario etiam hanc alteram parallelam secare. Circa hanc demonstrationem Borellius (Euclid. restitut. p. 30.), Saccherius (Euclid. ab omni naevo vindicatus p. 31.), Klügel. (Conat. praecip. etc. p. IV. sq.) monent, Proclo, qui in reliquis Euclideam parallelarum notionem retineat, non tamen stabilem hanc notionem videri fuisse. In hac enim demonstratione tacite eum sumere, parallelas omnes aequale aut saltim finitum intervallum servare. Cf. Hoffmann. Crit. der Parallel. Theorie I. Th. p. 22. sq.

Aliter hanc rem aggressus est Arabs, aut ut alii volunt, Persa Nassireddinus, cuius nomine exstat Arabica Euclidis Elementorum Versio impressa Romae 1594. Is inter Propos. 28. et 29. libri primi, referente Wallisio (Opera Mathem. Vol. II. p. 669. sqq.) et brevius Kaestnero (Geschichte der Mathem. I. B. p. 375. sqq.), ita fere axioma 11. demonstrare conatur. Praemittit tria Lemmata.

Lemm. 1. a) Si quaelibet duae rectae, in eodem plano positae sint (Fig. 96.) AB, CD, in quas rectae EF, GH, IK etc. ita incidunt, ut earum singulae perpendiculares sint rectae CD, rectam autem AB ita secent, ut angulorum alter acutus sit, alter obtusus, omnes puta acuti ad partes BD, obtusi autem ad partes AC: dico, duas illas rectas AB, CD propius semper accedere versus partes BD (quamdiu se mutuo non secent) et remotius distare versus partes AC: item, perpendiculares illas decrescere versus BD (usque ad intersectionem) augeri vero versus AC, ita nempe, ut sit EF > GH, GH > IK etc.

b) Item, si singulae rectae in duas illas rectas incidentes perpendiculares sint earum alteri, atque inter se continuo crescant, prout propius ad unas partes duarum illarum rectarum assumantur, decrescant vero ad alteras partes: etiam illae duae rectae AB, CD remotius ab invicem abscedunt ex ea parte, ubi perpendiculares illae longiores fiunt, propius autem ex altera parte inter se accedunt, dum se mutuo intersecant. — Perpendicularium autem illarum quaelibet eam duarum rectarum, cui non sumebantur perpendiculares esse, secabit angulis duobus, altero acuto, altero obtuso, omnesque anguli illi acuti versus eas partes erunt, qua propius accedunt duae illae rectae, omnes autem obtusi versus partes contrarias. Suntque hae duae propositiones manifestae, atque a quibusdam geometris ita usurpantur, ut quae pro manifestis habendae sint. Non sine ratione Wallisius addit: „Esto. At, inquam, ecquis non facilius conceperit, ut clarum: duas rectas in eodem plano convergentes, tandem, si producantur, occursuras, quam hunc totum apparatum." His addiderim, ut pateat, in conditionibus nihil inesse, quod sibi ipsi contradicat, etiam in parte priore lemmatis illud ante omnia *demonstrandum* esse, si recta EF in rectas AB, CD incidens, perpendicularis sit ad CD, cum AB autem versus BD angulum acutum, adeoque versus AC obtusum efficiat, tum reliquas ad CD perpendiculares GH, IK etc., pariter cum AB ad easdem partes BD acutos, adeoque versus AC obtusos angulos efficere. Cf. etiam Saccherius l. c. p. 38. sq.) Kästner. l. c. Hoffmann, Crit. I. Th. p. 115. sqq.

Lemm. 2. „Si quaelibet duae rectae (Fig. 97.) AC, BD ab eiusdem rectae AB extremis et ad easdem partes ductae ipsi sint perpendiculares, atque inter se aequales, earumque extrema iungantur recta CD: erit uterque angulus ACD, BDC rectus, praeterea erit CD=AB. Nam, si v. g. ACD non sit rectus, erit vel acutus vel obtusus. Sit, si fieri potest, acutus: erit ex Lemm. I. AC > BD. At ex hyp.

etiam AC=BD. Similis erit demonstratio, si sumatur angulus ACD obtusus." (At vero ex Lemm 1. sumi etiam debet, ut valeat consequentia, si angulus ACD fuerit acutus, *simul etiam* BDC *obtusum esse*, quod simul locum habere tacite sumit, non probat Nassireddinus.) Esse autem CD= AB, si reliqua pro demonstratis sumseris, brevius ac Wallisio interprete est apud Nassireddinum demonstrabitur ita: ducta BC, quum sit BDC=BAC= recto, et BC communis, et BD=AC ex hyp. erit ex iis, quae ad I. 26. diximus, CD =AB.

Lemm. 3. In omni triangulo rectilineo tres anguli aequantur duobus rectis. Atque illud quidem, si duo priora lemmata concedantur, in triangulo BAC (Fig. 97.) ad AB rectangulo facillime probatur, erecta in B recta BD ad BA perpendiculari, sumtaque BD=AC, ubi ex Lemm. 2. figuram ABCD quatuor angulos rectos habere, et ex I. 4. triangula CAB, BDC aequalia prorsus esse, adeoque trianguli CAB pariter ac BDC angulos duobus rectis aequales esse efficitur. Facile deinde idem in triangulis obtusangulis et acutangulis ope trianguli rectanguli demonstratur.

His praemissis denique Nassireddinus ad axioma 11. demonstrandum accedit, cuius iterum tres casus distinguit, prout recta, quae duas alias secat, ita, ut duo anguli interni duobus rectis minores sint, cum altera earum angulum rectum aut obtusum, aut cum utraque acutum efficit. Duo casus postremo loco positi facile ex primo demonstrantur, quem breviter adhuc videbimus.

Quodsi itaque duae rectae AB, CD (Fig. 98.) ita ab aliqua recta EF secentur, ut ea alteri earum CD sit perpendicularis, et anguli interni DCE, BEC simul sumti sint minores duobus rectis, rectae AB, CD, si opus sit, productae, necessario concurrent. Ex puncto quocunque G rectae AB demittatur perpendiculum in EF, quod, quum BEC ex hyp. sit angulus acutus, ex parte huius anguli cadet, adeoque vel cum perpendiculo CD coincidet, quo facto constat, quod probandum erat, vel ultra CD versus F vel inter E et C cadet. Si cadat ultra CD versus F, constabit propositum ex Ax. 13. et I. 27. Si cadat inter E et C. v. c. in H (Fig. 99.), sumatur rectae HE duplum KE, triplum ME etc. usque dum perveniatur ad aliquod eius multiplum OE, quod maius sit, quam CE. Pariter in recta AB sumatur rectae GE duplum IE, triplum LE etc. usque dum habeatur eius aequemultiplex NE, quotuplex OE fuit rectae HE. Iam facile demonstratur, si ex I ad EF demittatur perpendicularis Ir (ita ut punctum r rectae EF incidat) punctum r idem fore ac punctum K, pariterque perpendicula a L . . . N in EF demissa in punctis M . . . . O cum ea convenire — quam demonstrationem a Nassireddino praetermissam esse sine causa queruntur Kaestnerus, deceptus forte versione ipsi oblata minus accurata, et qui eum sequitur, Hoffmann. Crit. I. Th. p. 123. Est enim haec demonstratio saltim in iis, quae Wallisius ex eo affert. Nempe, si ex E erigatur ad EF perpendiculum EP=GH, erit iuncta PG=EH, et HGP=EPG rectus (Lemm. 2.). Et, quia rectae EB, EF versus BF divergunt, erit perpendiculum Ir > GH (Lemm. 1.). Abscindatur rn=GH, et iungatur nG, eritque angulus HGn pariter ac rnG rectus, et Hr=Gn (Lemm. 2.). Et quum etiam HGP rectus sit, erunt nG, GP in directum (I. 14.). At quum in triangulis IGn=EGP sit GI=GE ex constr. et angulus IGn=EGP (I. 15.) et angulus InG (I. 14.) pariter ac GPE rectus erit (I. 26.) Gn=GP=HE=HK. At erat Gn=rH, itaque rH=HK, i. e. puncta r et K coincidunt. Similiter monstratur, perpendicula a L . . . N demissa in EF cum punctis M . . . . O coincidere. Quum igitur O sit ultra C positum, recta CD (quae cum ON convenire nequit I. 27.) erit intra triangulum EON, adeoque rectam EN secabit (Ax. 13.). Ingeniosam hanc demonstrationem esse, Wallisius ait, et certe, si lemmata concedantur, haud reprobanda erit. At de his dubia nostra supra expromsimus.

Clavius quanquam queratur (Euclid. Elem. Libr. XV. 1591.; primam Elementorum Editionem Clavius dederat 1574.) nunquam sibi copiam factam, Euclidem Arabicum legendi, habet tamen in sua editione Euclidis 1591. facta p. 50. sqq. demonstrationem axiomatis 11, quae cum ea, quam ex Nassireddino attulimus, multa habet communia. Alia tamen ille supponit principia quasi per se clara, aut levi aliqua illustratione egentia. Quorum est

1) Linea, cuius omnia puncta a recta linea, quae in eodem cum ea plano existit, aequaliter distat, recta est.

2) Si recta linea super aliam in transversum moveatur, constituens semper in suo extremo cum ea angulos rectos, describet alterum ipsius extremum quoque lineam rectam. (Pari scopo hanc propositionem adhibuere, et demonstrare conati sunt alii v. c. Hauf*) Leipz. Archiv für Mathem. X. Heft S. 179.). Pergit deinde Clavius:

3) Si ad rectam lineam duae perpendiculares rectae lineae erigantur inter se aequales, quarum extrema puncta per lineam rectam coniungantur, erit perpendicularis ex quovis puncto huius rectae ad priorem rectam demissa utrilibet priorum perpendicularium aequalis. Ex his deinde

4) deducit eam propositionem, qua Nassireddinus pro lemmate 2. usus erat, quam etiam alio adhuc modo demonstrare Clavius tentat, nempe ita, ut ostendat

5) Si in duas rectas lineas incidens faciat cum una earum angulum internum rectum, et cum altera ex eadem parte acutum, duas istas rectas minus semper inter se distare ad eas partes, ubi est angulus acutus, ex altera vero parte semper inter se magis distare. Atque hoc quidem, quoad rem ipsam nihil aliud est, quam Nassireddini Lemm. 1. e quo deinde

*) Idem etiam Archiv 9. Heft No. VI. alia indirecta ratione parallelarum theoriam exhibere voluit, de quo tentamine conferatur Hoffmann. Versuch einer neuen und gründl. Theorie der Parallelen, nebst einer Widerlegung des Hauffschen Versuchs, Offenbach 1801, et Hoffm. Crit. p. 27. sqq. Plura alia parallelarum theoriam stabiliendi tentamina a se facta repetit, novisque auget idem Hauff (Geometriae Fundamenta solida Gandae 1819., quorum editio secunda: Nova rectarum parallelarum theoria auct. C. Hauff prodiit Francofurti 1811), quae omnia tamen, ut verum fateamur, nutare nobis videntur. Nec tamen aliorum iudicium antevertendum putamus.

pariter id, quod tertio loco posuit Clavius, eodem fere modo atque apud Nassireddinum deducitur. Quocunque autem modo Clavii propositio 3. ostensa fuerit, ex ea deinde Clavius simili plane ratione, et magis forte dilucide, ac est apud Nassireddinum, axioma 11. adstruit. Hanc autem Clavii demonstrationem in iis, quae primo et secundo loco sumit, certiorem esse Euclideo axiomate vix puto quemquam sibi persuasurum esse. Cf. Giordano da Bitonto Euclid. restituto p. 63. sqq. Saccher. l. c. p. 33. sqq. Hoffmann. Crit. der Parall. Theor. I. Th. p. 12. sqq. Atque in eo etiam, quod quinto loco ponitur, et cuius demonstrationem tentavit Clavius, perpendiculis ex una duarum rectarum in alteram, et ex punctis, quibus haec illi rectae occurrant, vicissim in priorem demissis, multa desiderari circa eas harum parallelarum partes, quae duobus istorum perpendiculorum interceptae sint, monet Kaestnerus, ubi de Nassireddini Lemm. 1. agit (Geschichte der Mathem. I. B. p. 377.) cf. Hoffm. Crit. der Parall. Theorie p. 15. sqq. Et quamvis has lacunas aliqua ex parte expleverit Karsten. Math. theor. elem. et sublimior 1760. §. 9. nec ipse tamen demonstravit; perpendicula, quae ab una harum rectarum ad alteram ducantur, universim omnia una ex parte semper crescere, ex altera semper decrescere. Idem fere ipso auctore ingenue fatente censendum est de similibus Hoffmanni conaminibus (Versuch einer neuen und gründl. Theorie der Parallelen, 1801. cf. eiusd. Krit. der Parall. Theorie 1807. I. Th. p. 263. sq.) qui tamen primus directe demonstrationem, in qua pauca forte supplenda fuerint, dedit, qua ostenditur, ex uno crure cuiusvis anguli acuti in alterum perpendiculum demitti posse, quod sit quavis data maius. Borellius etiam (Euclid. restitut. Pis. 1658. p. 32. sqq.) Clavii axioma 2. retinet, tum vero, quod Euclidis definitionem parallelarum, qua rectae in infinitum productae nusquam concurrere dicuntur, valde remotam et incomprehensibilem parallelarum passionem continere putabat, aliam earum definitionem substituit, quas nempe dicit esse in eodem plano sitas rectas, ad quas eadem aliqua recta perpendicularis sit. Deinde ex eo, quod diximus, axiomate demonstrat, si una aliqua recta ad alias duas perpendiculares sit, reliquas etiam omnes, quae ad unam parallelarum perpendiculares sint, perpendiculares fore etiam ad alteram. Hinc deinde propositionem I. 29. et axiom. 11. reliquasque, quae inde pendent, propositiones deducit, satis tamen modeste iudicat, se, si non solidius, saltim facilius ac brevius passiones parallelarum demonstrasse. Et sane id, quod ex Clavio sumit, axioma vix satis tutum fuerit.

Italus deinde Vitale Giordano da Bitonto (Euclide restituto Rom. 1680.) pariter Euclidis parallelarum definitionem reprehendit, quod negativa tantum sit (quod ipsum praeter alios etiam Hauff. repetit), nec veram earum indolem exprimat, unde ita eas definit, esse rectas, quae in eodem plano ex utraque parte in infinitum productae nec ad se invicem accedant, nec recedant, quarum rectarum possibilitatem se postea ostensurum esse spondet. Ipsam deinde parallelarum theoriam sequentibus propositionibus adstruere conatur.

1) „Si duae rectae (Fig. 100.) CA, DB sub angulis aequalibus incidant in tertiam aliquam rectam AB, et sit AC = BD, erit etiam perpendiculum CE ex C in AB demissum aequale perpendiculo DF ex D in AB demisso. Contra vero, si sit $AC \gtrless BD$, erit et $CE \gtrless DF$."

2) „Si in figura quadrilatera (Fig. 97.) ABCD aequales rectae AC, BD sub aequalibus angulis rectae AB insistant, erunt etiam reliqui anguli C et D aequales." Atque hae quidem duae propositiones facillime demonstrantur ab auctore.

3) Recta, cuius puncta extrema per aliquam curvam transeunt, spatium cum ea comprehendit."

4) „Recta, quae per duo puncta alicuius curvae ducitur, ex parte eius concava transit."

5) Perpendicula, quae e punctis quibuscunque curvae alicuius in rectam quamcunque demittuntur, nequeunt omnia inter se esse aequalia. Iungantur enim ex parte cava curvae (Fig. 101.) duo puncta quaecunque A, C, recta AC, in quam ex puncto aliquo B curvae demittatur perpendicularis BD, ex

A erigatur ad AC perpendicularis AG, sumatur in recta DB producta punctum quodcunque F et fiat AG=DF iungaturque GF. Iam rectae AG, DF aut perpendiculares erunt ad GF aut non. Si perpendiculares sint, constat propositum, ob AG=DF>BF. Sin autem non sint perpendiculares, erunt certe ex 2. anguli G, F aequales: unde, quum AG>BF, erunt etiam ex 1. perpendicula ex A et B in GF demissa inaequalia, unde iterum constat propositum. Et quum punctum F pariter ac puncta A, C in curva pro lubitu sumi possint, patet omnino, innumeras rectas GF dari, de quibus valeat propositum. Ita saltim ille concludere debebat, ut monet Klügel, (Conat. praecip. p. XX.) non autem, ut apud Italum nostrum est, perpendicula in *rectam quamcunque* a curvae punctis demissa non posse omnia inter se esse aequalia.

6) „Si duae rectae aequales AB, CD (Fig. 102.) in eodem plano sitae alii rectae BD ad angulos rectos insistant, et ex puncto aliquo E iunctae AC demissum in BD perpendiculum EF aequale sit rectae AB, etiam alia quaecunque recta, ut GH ex puncto aliquo G ad BD perpendiculariter ducta aequalis erit recta AB. Nempe, quum ex 2. anguli BAC, et et DCA sint aequales, et ex eadem ratione etiam anguli BAC et FEA, pariterque anguli DCA et FEC aequales sint, aequales erunt anguli FEA, FEC (Ax. 1.), unde FEA, FEC recti erunt (Def. 10.), adeoque etiam anguli BAC, et DCA recti sunt. Deinde, si GH, AB non sint aequales, erit GH vel maior vel minor altera AB. Sit, si fieri potest, maior, et sit IH=AB, ducanturque AI, CI. Erit itaque angulus BAI minor recto, pariterque DCI minor quam DCA i. e. minor recto. At ex 2. HIA=BAI, et HIC=DCI, unde etiam uterque HIA, HIC minor recto, adeoque AIG, et CIG uterque maior recto (I. 13.), et angulus AIC maior duobus rectis, adeoque multo magis AIC+ACI maiores erunt duobus rectis, quod fieri nequit (I. 17.). Itaque GH nequit esse maior quam AB. Similiter ostenditur, nec minorem esse posse: erunt itaque AB, GH aequales."

7) „Si duae rectae aequales (Fig. 103.) AB, DC in eodem

plano sitae ad angulos rectos insistant alii rectae BC, et e punctis quibuscunque E ductae AD perpendicula EF demittantur in BC, erit quodvis eorum aequale rectae AB. Si enim unum horum perpendiculorum non aequale fuerit rectae AB, nullum ei aequale erit (6.), itaque aut omnia maiora, aut omnia minora erunt, quam AB, aut alia maiora, alia minora. Atqui 1) haec perpendicula non omnia maiora esse possunt quam AB. Quodsi enim foret, abscindatur in omnibus GI=AB, eritque linea per omnia ista puncta G ducta, curva concava versus E (4.), e cuius punctis G aequalia ad BC perpendicula demissa sunt, quod fieri nequit (5.). (Ita Giord. da Bitonto, ut iam monuimus, propositionem 5. non adeo universaliter demonstratam esse.) Simili ratione demonstratur 2) nec omnia perpendicula minora esse posse quam AB, nec 3) alia maiora, alia minora."

8) „Si in figura quadrilatera duo latera opposita aequalia sint, et uni reliquorum laterum ad angulos rectos insistant, erunt etiam duo reliqui anguli recti. Id ope 7. iam eodem fere modo demonstratur ac pars prior 6." Est haec propositio Nassired. Lemm. 2. et Clavii Prop. 4.

9) „Si duae rectae (Fig. 104. 105.) AB, CD in eodem plano sitae secentur ab alia quadam recta EF, quae iis ad angulos rectos insistat, illae in infinitum productae nunquam nec ad se invicem accedent, nec recedent i. e. e definitione, erunt rectae parallelae. Nempe ex rectae AB puncto quocunque G demissum perpendiculum GH semper aequale erit perpendiculo EF. Si enim non sint aequalia, erit alterutrum maius altero. Sit 1) si fieri potest (Fig. 104.), GH>EF, sumtoque HI= EF, erit angulus FEI rectus. At FEG pariter ex hypoth. rectus est, unde foret FEI=FEG, pars toti q. e. a. (Ax. 9.). 2) Similis est demonstratio (Fig. 105.), nec GH maiorem esse posse quam EF. Erunt itaque duo perpendicula aequalia."

10) „Si duae rectae AB, CD (Fig. 106.) sint inter se parallelae, recta FE, quae unam earum CD ad angulos rectos secat, secabit etiam alteram AB ad angulos rectos. Se-

cetur enim ad rectos angulos utraque rectarum parallelarum AB, CD alia recta HI. (Id ipsum autem hic noster illegitime sumere videtur. Ostenderat quidem (9.), rectas ab alia recta ad angulos rectos sectas esse parallelas, at iam sumit conversam; parallelas semper ita secari ab aliqua recta, quod fieri semper posse ostendendum erat.) Sumatur deinde HG = IE, et ducatur GE: erit (8.) IEG angulus rectus. At ex hyp. etiam IEF, recta igitur EF cum EG coincidet."

11) „Si sit angulus rectilineus acutus quicunque ABC (Fig. 107.) et e puncto D quocunque rectae BA quantumlibet productae demittatur perpendiculum DE ad CB quo magis punctum D in recta BA sumtum distat a B, eo magis etiam punctum E distabit a B. Nempe, si punctum F, e quo demittitur ad BC perpendiculum FG propius absit a B, quam D, necessario etiam erit BG<BE. Si enim neges, erit aut BG=BE, at tum foret angulus DGB, utpote rectus, aequalis angulo FGB, totum parti q. e. a. Aut BG>BE, adeoque punctum E in punctum aliquod rectae BG v. c. in H caderet, et rectae DH, FG se intersecarent in puncto aliquo I, ac foret IGH triangulum, in quo duo anguli G et H uterque rectus esset q. e. a. (I. 17.)." Notandum tamen est, verba: „*quanto* il punto preso in AB sarà più lontano dal punto B, *tanto* la perpendicolare segarà la retta CB nel punto più remoto dal punto B" involvere videri aliquam inter incrementa rectarum BD, BE rationem, quae tamen hic probari nequit.

12) „Si sit angulus rectilineus acutus quicunque ABC (Fig. 108.), et e puncto quocunque D unius e cruribus eius BC erigatur perpendiculum DE, illud, si opus sit, productum occurret alteri cruri BA. Sumatur enim in recta BA punctum quodcunque G, et ex eo demittatur ad BC perpendiculum GH, et punctum H vel cum puncto D coincidet, vel erit H in recta BD ultra D producta, vel in ipsa BD. Duobus prioribus casibus facile patet propositum. Tertio casu auctor noster rem inde patere putat, quod ex Prop. praecedente magis magisque a B remota perpendicula e punctis rectae BA in rectam BC demitti possint, quae, quum BD *finitam* tantum

habeat longitudinem, BA autem *in infinitum* produci possit, tandem ultra DE cadere necesse sit." Quam demonstrationem non sufficere, nec licere a maiore subinde distantia a B ad distantiam *data* BD maiorem concludere, vix est quod moneam.

13) „Rectae AB, CD (Fig. 109.), quae in eodem plano ab alia recta EF ita secantur, ut anguli alterni BGH, CHG fiant aequales, sunt parallelae. (Est haec apud Euclidem I. 27.) Bisecetur enim GH in I, et ex I demittantur ad AB, CD perpendicula IL, IK, erunt GI=IH ex constr. LGI=IHK (hyp.) L=K utpote recti ex hyp. unde et GIL=KIH (I. 26.) adeoque LIK erit recta (Conv. 1. Prop. I. 15.). Et quum sit ea ad AB et CD perpendicularis, hae duae rectae erunt parallelae (9.)."

14) „Pariter, si angulus externus aequalis sit interno ad easdem partes opposito, vel si duo interni aequales sint duobus rectis, parallelae erunt rectae, quae ita secantur." (Euclid. I. 28.)

15) „Si duae rectae parallelae secentur ab alia recta, erunt anguli alterni aequales etc." (Prop. I. 29.). Hanc iam simili constructione demonstrat ac 13., nisi quod ex I rectam uni parallelarum ad angulos rectos duci iubet, et ex 10. ostendit, eam etiam alteri parallelarum occurrere.

Sequuntur deinde Euclidis I. 30. et I. 31. adiecto corollario, per unum punctum extra aliquam rectam non nisi unam ei parallelam duci posse. Aliis deinde scholiis et corollariis Ax. 11. Euclidis demonstrat, atque etiam docet, rectam, quae e duabus parallelis unam secet, secare etiam alteram; porro: si duae rectae in eodem plano non sint parallelae, eas concurrere, et si non concurrant, esse parallelas, itaque omnes, quae non concurrant, nec ad se invicem accedere, nec recedere, additis ad finem rationibus, quare Euclidis definitio parallelarum pariter ac Ax. 11. et Clavii demonstratio ipsi imperfecta videatur.

Wallisius Operibus suis Mathematicis T. II. p. 665. sqq. Oxon. 1693. inseruit disceptationem geometricam de postulato quinto libri I. Elementorum. Atque ille quidem primum defendere conatur, iure Euclidem postulatum illud, aut, ut nos dicimus, axioma sumsisse. „Quod verum sit, ait, hoc effatum, nemo dubitat. Non autem gratis assumendum, sed probandum fuisse, contendunt aliqui, duplici saltim argumento, sed quorum neutrum me movet. Potest, inquiunt, demonstrari, ideoque debet, et non ut principium primum assumi, quasi foret indemonstrabile. Verum illi non satis attendunt, inter has communes notiones (tum ab Euclide, tum ab ipsis, qui hoc obiiciunt) recenseri, non modo eas, quae omnino demonstrari non *possunt*, sed quae saltim demonstratione non *indigent*. Ecquis enim non videt, axioma sextum: aequalium dupla inter se esse aequalia, demonstrari posse ex secundo propter aequalia aequalibus addita? Sed et qui hoc effatum demonstrari posse contendunt (saltim quos ego vidi) non illud praestant, nisi assumtis aliis, quae sunt hoc ipso nihil clariora. Vel igitur fatendum illis erit, hoc Euclidi concedendum, vel aliud quid huius loco, quod non sit maius clarum, praesumendum. Obiiciunt porro, utut hoc verum sit de *lineis rectis*, (nempe occursuras tandem esse, quae convergunt rectae) cum tamen id de *lineis universim* non sit verum (ut de curvis cum rectis, aut cum aliis curvis notum est) id de *rectis* probandum erit, quod non est de *lineis universaliter* verum. Sed et hic in eundem ipsi lapidem impingunt, dum assumunt (ne plura nominem) *quod duae rectae non comprehendunt spatium*, quod de *lineis universim* ne ipsi dixerint. Certum utique est, *duas curvas* aut etiam *unam* posse spatium comprehendere. Mihi certe res videtur tam clara, ut de ea nemo, qui rem sedate perpenderit, merito dubitet (magis quam *angulos rectos omnes esse inter se aequales*), si dicatur:

Duae rectae in eodem plano convergentes (si satis continuentur) tandem occurrent. Et quidem *ab ea parte, qua convergunt* (non ea qua divaricantur). Si porro quaeratur, quaenam censendae sint *convergentes?* eas dicimus

In quas recta incidens duos internos (ex eadem parte) angulos faciat minores duobus rectis. Quippe si AB magis inclinat ad CD, quam haec ab illa reclinat; hoc est, si AB magis vergit ad CD quam haec ab illa refugiat, merito dicantur invicem *convergentes;* nec video, quo charactere possit haec *convergentia* aptius describi, quam quod *illos angulos faciat minores duobus rectis.* Cum igitur luce sua sat clarum videatur, *sic convergentes rectas tandem coituras* (quod nemo sanus dubitabit) sitque hoc aptum *κριτήριον de rectis convergentibus* (quod *anguli* sic facti sint *minores duobus rectis*) non video, quin hoc Euclidi *postulanti* merito *concedatur.* Si phantasiam cuiuspiam turbet, quod (in eodem sermone) pro *convergentibus* inseruerit Euclides harum *definitionem:* poterit ipse se inde satis expedire, rem separatim considerando, prout hic proponitur. Ego certe haud difficilis concesserim. Quippe qui mente satis concipit, quid sit *rectum esse*, et quid *in directum procedere* (eorsum continuo tendens, ab ea, qua coeperat, directione nusquam devians, quod in curva non fit) non poterit dubitare, quin, si *rectae* sint, sintque *in eodem plano*, et *convergentes*, et in *directum* procedant (idem altera alterius punctum continuo respicientes eoque collimantes) non, inquam, dubitare poterit, quin si in *infinitum* (aut saltim quantum opus est) sic eorsum continuentur, occurrant tandem, utraque ad punctum illud, quo continuo collimabat, pertingens."

Addit deinde, cum tamen aliquot magni viri senserint, si non necesse, saltim aequum esse, ut demonstretur, ipsique id adgressi sint, inter quos refert Ptolemaeum, Proclum, Clavium, Thomam Oliver. Anglum, Arabem Anaritium quendam et Nassireddinum, se quoque suam symbolam conferre statuisse. Tum exhibita primum Nassireddini demonstratione, cuius potissima capita supra dedimus, addit, vidisse se in alio arab. mscpto duas alias huic non multum absimiles eiusdem postulati quinti demonstrationes. Hoc autem omnium commune esse, quod, dum Euclidi haud facile *postulandum* concesserint, *duas in eodem plano rectas convergentes, si pro-*

ducantur, tandem coituras,, assumant ipsi huius loco aliud aliquod, nedum plura, postulatum, unde illud operose demonstrent, quod non minus difficile concessu videatur. Quo confirmatior ipse factus sit, immerito sugillatum iri Euclidem propter hoc (non iniquum) postulatum. Suam deinde subiungit demonstrationem, quae ad haec lemmata redit:

1 et 2) „Si finita recta, in recta infinita iacens, in directum continuetur (vel quantum libet promoveri intelligatur) etiam continuata (vel promota) iacebit in eadem recta infinita.“ Quod motum rectae adhibeat, excusat Wallisius exemplo Euclidis, aliorumque geometrarum, qui motum circuli in definitione Sphaerae, et motum trianguli in definitione Coni, quin in postulato tertio libri primi elementorum pariter motum rectae, et saepius praeterea superpositionem figurarum sumant.

3) „Si finitae rectae, in recta infinita iacenti, insistat recta angulum cum ea faciens, facit haec cum recta illa infinita eundem angulum.“

4) „Si in recta infinita, finita recta iacens, in directum promoveatur, et huic insistens recta, non variato angulo, simul feratur: facit haec ad rectam illam infinitam eosdem (seu aequales) ubique angulos.“

5) „Si in duas rectas recta incidens angulos internos et ad easdem partes faciat minores duobus rectis: angulus externus (utrivis adiacens) opposito interno maior est.“

6) „Iisdem positis; si recta interiacens (Fig. 110.), ut AC, in directum promoveatur in situm $\alpha\gamma$ (ita ut punctum A iam cum C coincidat, et simul feratur AB (manente angulo BAC invariato) in situm $\alpha\beta$: dico, totam rectam $\alpha\beta$, hoc est AB promotam cadere extra CD.“

7) „Iisdem positis: dico (Fig. 111.) rectam $\alpha\beta$, hoc est AB promotam rectam CD prius secare, quam punctum α ad C perveniat.“

8) „*Tandem*, ait, praesumo (ex praesupposita rationum natura tanquam cognita, et figurarum similium definitione) ut communem notionem

Datae cuicunque figurae similem aliam cuiuscunque magnitudinis possibilem esse. Hoc enim (propter quantitates continuas in infinitum divisibiles pariter atque in infinitum augibiles) videtur ex ipsa quantitatis natura fluere; figuram scilicet quamlibet continue posse (retenta figurae specie) tum minui, tum augeri in infinitum. Atque hoc revera (utut inobservati, nec ipsi forsan animadvertentes) praesumunt omnes, et cum aliis Euclides ipse. Dum enim postulat *dato centro et intervallo circulum describere*, praesumit, circulum cuiuscunque magnitudinis, vel quocunque radio possibilem esse: quodque praesumit posse fieri, postulat te posse facere. Et quanquam non pariter aequum esset postulatum, cuivis figurae datae similem te posse (nondum edoctum) super data recta construere: possibile tamen esse, hoc fieri, de figura quacunque non minus praesumendum erit, quam de circulo. — Nec obstat praesumtioni huic nostrae, quod proportionalium definitio, et (quae hanc supponit) definitio similium figurarum nondum erat ab Euclide tradita (sed altera libro quinto, altera sexto post tradendae): poterat enim Euclides, si expedire visum esset, utramque libro primo praemisisse.

9) Ex his lemmatibus deinde facile demonstrat axioma Euclidis undecimum, „quod nempe, si ponuntur (Fig. 112.) anguli BAC+DCA<2 rectis, ex Lemm. 7. semper inveniri potest triangulum $\pi C\alpha$, cuius anguli ad basin iidem vel aequales sint anguli DCA, BAC, et huic triangulo $\pi C\alpha$ deinde aliud simile cogitari potest super recta CA. — Neque, ait Wallisius, hic obstat, quod super datam rectam triangulum constituere dato simile nondum docuerat Euclides: nam multa passim in παρασκευῇ ad demonstrationes theorematum (utut in problematum constructione secus sit) fieri posse praesumuntur et supponuntur facta, quae quomodo fiant geometrice, nondum traditur. — Cum igitur sit PCA triangulum, occurrunt invicem duae rectae CP, AP. Erit nempe, quum triangula PCA, $\pi C\alpha$ sint similia, PCA=$\pi C\alpha$=DCA, adeoque recta CP in ipsa CD producta iacet, pariterque PAC=$\pi\alpha C$=BAC, unde etiam AP in ipsa AB producta erit. Coëunt au-

tem AP, CP in puncto P, unde coëunt DC, BA in eodem puncto i. e. ad eas partes rectae AF, ubi sunt duo illi anguli duobus rectis minores. His addit Wallisius: tantum autem abest, ut Euclidem culpem, quod ipse id non demonstraverit, ut neque culpaverim, si plura adhuc indemonstrata postulasset, v. c. cum Archimede, lineam rectam omnium inter eadem puncta esse brevissimam, quo posito non opus fuisset I. 20. Sed Euclides id sibi propositum habuisse videtur, ut, quam paucissimis postulatis reliqua demonstraret firmissimis consequentiis. Unde factum est, ut sibi non raro facessat negotium ea probandi, quae nemo non gratis concesserit. Et quidem in omni probatione in quacunque materia praesumendum est aliquid. Nam, nisi ex praesumtis (seu praeconcessis, aut ante non probatis) nulla fit probatio. Haec autem *praesumenda* quamvis ab aliis scriptoribus, de rebus aliis non soleant diserte recenseri (quod ab Euclide factum est) talia tamen *tacite praesumunt* alii, utut inobservati. Sed et Euclides ipse in processu operis praeter haec diserte memorata (ut praecipua et magis notabilia) alia, sive ex *inspectione schematis*, sive *aliunde* manifesta passim praesumit, sed quae nemo foret negaturus. — Et quidem, si adhuc plura vel tacite *praesumserat*, vel disertim *postulaverat* (quae sua luce clara sint) non foret inde culpandus — sed laudandus, qui tam distincte, quid velit, exposuerit. Nempe *lineae* (non quaelibet, sed saltim) *rectae* (non quotlibet, sed) *duae* (non utcunque sitae, sed) *in eodem plano*, (nec sit utcunque, sed) *in quas recta incidens angulos internos et ad easdem partes faciat minores duobus rectis*, (nondum forte coëunt, sed) *si producantur* (non utcunque, sed) *in infinitum*, *tandem coibunt* (non quidem ad utrasque partes sic incidentis rectae, nec ad utrasvis indifferenter, sed) *ad eas partes*, *ubi sunt illi duo anguli minores duobus rectis*. Quod optimo consilio factum iudico. Atque haec in Euclidis vindicias sufficiant.“ Ita quidem Wallisius. Et, quidquid sit de eo, quod in Lemm. 8. sumitur: *datae cuiuscunque figurae similem aliam cuiuscunque magnitudinis possibilem esse*, et nominatim super quacunque recta data triangulum descriptum cogitari posse, quod simile sit triangulo dato, de qua suppositione disputari posse sane concedendum est, nescio tamen, an Klügelius (Conat. praecip. etc. p. XV.) haud iusto iniquius de hoc Wallisii conamine iudicet. Putat nempe, qui axioma 11. neget, non posse non postulatum Wallisii *sibi repugnans* dicere. Quin demonstraturum, nulla triangula, nisi aequalia, sibi esse posse similia. Etenim, qui axioma 11. neget, pugnaturum, cuiusque trianguli BAC (Fig. 113.) angulum externum CAD maiorem aut minorem esse summa duorum internorum oppositorum. Si enim in uno casu eum illis aequalem censeret, in omnibus idem ipsi fatendum fore, id itaque, cum contra hypothesin ipsius sit, haud concessurum. Itaque affirmaturum esse, triang. CAD maiorem aut minorem summam angulorum habere quam triang. BCD, itemque triang. AED (facto angulo EAD=CBD) maiorem vel minorem illam habere quam triang. ACD, ergo etiam quam triang. BCD. Ergo angulum AED maiorem aut minorem fore quam BCD; ergo triangula BCD et AED non fore similia, licet angulos duos singulos aequales habeant. Ita quidem Klügelius. At mihi haec argumentatio nihil probare videtur. Ille enim, quem Klügelius fingit, adversarius ex falsa sua aut certe non lum demonstrata hypothesi illud tantum adstruere poterit, *quae a se et Wallisio ponantur, simul vera esse non posse*, sibi ea, quae Wallisius postulet, haud certa videri (falsa esse nondum demonstavit). Nec mirum. Tacite enim in iis, quae Wallisius sumit, involvi 11. illud axioma, quod adversarius negat, nemo negaverit, quippe e suis suppositis, si iis non involutum esset, nec evolvere illud poterat Wallisius. Utra autem sententia, num Wallisii an adversarii vera sit, id inde pendebit, utra magis sua luce fulgeat, aut ex aliis indubitatis principiis derivari queat. Nec etiam omnia, quae ad figurarum similitudinem pertinent v. c. laterum proportionalitas hic in censum veniunt, sufficit Wallisio ponere, super quacunque recta construi posse figuram alteri datae aequiangulam, vel potius saltim construi posse triangulum alteri dato aequiangulum.

Cf. Saccherius p. 40. 41. sq. Tacquetus (Elementa Euclidea Geom. Plan. edita ab anno inde 1654, saepius, inter alia 1725. quam editionem hic citabimus p. 6) Euclidis parallelarum definitionem e pari ratione ac Proclus reprehendit, quod dentur lineae, quae in infinitum productae, licet ad se mutuo adpropinquent ad intervallum quovis dato minus, nunquam tamen concurrant; ac rectas lineas parallelas eas esse dicit, quae in eodem plano sitae, utrimque in infinitum protractae aequalibus semper intervallis distent, vel, ut post ea explicat, quorum omnia perpendicula ex una in alteram demissa sint aequalia. Eas generari dicit, si recta ad aliam perpendicularis ad hanc semper perpendiculariter moveatur: tunc enim alterum eius extremum describere (non tantum, ut Clavius ait, rectam, sed) parallelam ei, ad quam perpendiculariter movebatur. — At facile patet, demonstrari oportere, lineam, e cuius punctis quibuscunque demissa ad rectam aliquam perpendicula inter se aequalia sint, etiam ipsam rectam esse. Sumit deinde tria nova axiomata, quae quidem, concessa ipsius definitione, facile demonstrare poterat, adeoque demonstrare debebat, nempe p. 8., parallelas communi uti perpendiculo; et perpendicula bina ex parallelis aequales utrimque excipere partes; denique p. 27. inter crura cuiusvis anguli rectilinei duci posse rectam uni horum crurum parallelam et quavis data recta maiorem. Quae omnia sane haud ita comparata sunt, ut Euclidis ἀκρίβειαν ullo modo assequantur. Cf. Hoffm, Critik der Parallel. Theorie p. 210. sqq.

Wolfii demonstratio in Elem. Geom. quum ex eadem parallelarum definitione, a Posidonio iam, ut ad Def. 35. diximus, prolata, proficiscatur, neque etiam is demonstrare tentaverit, posse perpendicula ex una recta in alteram demissa omnia inter se esse aequalia, quum alii praeterea errores in eius argumentatione se facile prodant, v. c. quod sine demonstratione sumit, perpendiculum super una parallelarum erectum secare etiam alteram, nihil attinet, his diutius immorari. Idem circa alia etiam tentamina ex hac definitione parallelarum theoriam adstruendi monendum fuerit. Ita v. c.

La Caille (Leçons Elément. de Math. Edit. 1784. p. 261.) eandem parallelarum definitionem sumit, addit autem, quum duo puncta positionem rectae determinent, sufficere, si duo perpendicula sint aequalia. Hoc autem ad definitionem hanc defendendam haud sufficere quisque videt. Pariter Edmund. Scarburgh. (the English Euclide 1705.) retinet quidem Euclideam parallelarum definitionem, at pro axiomate sumit, parallelas eandem ubique distantiam habere, ubi eadem monenda videntur.

Similem defectum in eorum theoria locum habere, iam supra ad Def. 35. diximus, qui rectas parallelas eas esse dicunt, quae in eodem plano sitae ab alia recta ita secentur, ut anguli alterni fiant aequales, nempe probandum esse, id fieri, a quacunque recta secentur. Ex horum numero est potissimum Varignon. Elém. de Math. 1731., Bossut Traité Elem. de Géom. 1777. et multi eos secuti Galli, cum quibus etiam facit Austin. An Examinat. ot the first six Books of Euclids Elements Oxford. 1781. p. 113., quos itaque pariter hic pratermittimus. Ipse tamen Bossut postea Cours de Mathémat. T. II. 1800. ait, si rectae alicui aequalia perpendicula insistant, earumque extrema iungantur, has iunctas efficere unam rectam, ei, cui perpendicula insistunt, parallelam, de qua definitione vide, quae dicta sunt ad Def. 31.

Longe accuratius in ea re versatus est Hieron. Saccherius, edito Mediolani 1733. Euclide ab omni naevo vindicato. Et quamvis verum sit, quod Klügel. monet l. c. p. VI. VII. multis eum ambagibus uti, et in tam obscuris ac involutis ratiociniis facile errorem aliquem latere posse, et quamvis nec ipsum scopum penitus tetigisse fateamur, haud tamen inutile fuerit, laboribus viri paulisper immorari, eiusque demonstrandi rationem obiter saltim cognoscere, qui rem omnem diligentius, quam plerique reliquorum tractavit, et omnem lapidem movit, ut falsarum hypothesium absurditatem ostenderet, et ad certa omnia, quae huc pertinent, capita revocaret. Liceat itaque, quantum fieri potest brevissime, methodum eius indicare. Et primum quidem ostendit, quod etiam Giord. da Bitonto (quem Saccherius, quod mirum videri possit, haud legisse, aut aliunde nosse videtur) demonstrasse diximus, duas rectas aequales, quae eidem basi ad easdem partes insistant, angulosque aequales efficiant, et quorum extrema iungantur, angulos quoque, quos cum iuncta faciant, efficere aequales: nominatim itaque, si eidem basi duo aequalia perpendicula insistant, fore etiam, si eorum extrema iungantur, reliquorum angulorum vel utrumque rectum (quem ille casum hypothesin anguli recti vocat), vel utrumque obtusum (hypothesis anguli obtusi) vel utrumque acutum (hypothesis anguli acuti). Omnis deinde demonstratio eo redit, ut ostendat, hypothesin anguli obtusi pariter ac anguli acuti locum habere non posse, necessario itaque locum habere hypothesin anguli recti, vel, ut aliter dicamus, in figura quadrilatera, cuius duo latera opposita aequalia sint, atque ad basin perpendicularia, reliquos etiam angulos esse rectos, quod ipsum, ut supra vidimus, est Nassireddini Lemm. 2. et a Clavio quoque 4. a Giord. da Bitonto autem 8. loco positum fuit. Ac Euclideum axioma facile inde derivatur. Et hypothesin quidem anguli obtusi non consistere posse facile demonstrat, quum ea admissa veritas axiom. 11. Euclid., ex hoc autem veritas hypotheseos anguli recti consequeretur, antea autem ab ipso demonstratum fuerit, unam e tribus illis hypothesibus vel unico saltim casu admissam excludere utramque reliquarum. Hac itaque hypothesi suo telo iugulata, incipit, ut Saccherius ait, diuturnum auctoris proelium adversus hypothesin anguli acuti, quae sola adhuc renuit veritati axiomatis Euclidei. Et hic quidem multus est auctor noster in stabiliendis variis consectariis, quae admissa una aut altera hypothesi, et maxime hypothesi anguli acuti locum habere debeant et vice versa (v. c. prout in quolibet triangulo tres anguli simul aequales aut maiores aut minores sint duobus rectis, locum habere hypothesin anguli recti (Hyp. 1. vocabimus) aut anguli obtusi (Hyp. 2.) aut anguli acuti (Hyp. 3.); pariterque in quovis quadrilatero omnes angulos simul quatuor rectis aequales fore in Hyp. 1. aut maiores in Hyp.

2, aut minores in Hyp. 3.; et simili hypothesium diversitate angulum in semicirculo fore rectum, aut maiorem aut minorem recto etc. et vicissim). Adiectis deinde pluribus aliis Prop. XXIII. ostendit, duas rectas in eodem plano sitas vel commune habere perpendiculum, vel in alterutram eandem partem protractas semper magis ad se invicem accedere, nisi aliquando ad finitam distantiam una in alteram incidat. Deinde, postquam sumta Hyp. 3. magis ad se invicem ita accedere non posse ostendit, ut distantia earum semper maior sit data quadam longitudine, nihil relinqui putat, quam ut distantia earum quavis data minor sit, vel ut in infinito, ut aiunt, concurrant. Ita vero commune perpendiculum, et commune etiam segmentum habituras duas rectas in infinito concurrentes, quod quum fieri non possit, nec hypothesin tertiam locum habere posse. Solam itaque relinqui hyp. 1. quae cum Axiom. 11. arctissime cohaereat. Praeterea aliter etiam hyp. 3. destruere conatur, quod, ea sumta, linea aliqua curva simul maior ac minor esse debeat linea aliqua recta, quod tamen eum satis perspicue demonstrasse iure dubitatur. Unde concludit, hyp. 1. solam veram esse, adeoque Ax. 11. rite habere. Abuti tamen eum voce infiniti et concursus in infinito, merito iudicat Klügel., infinitum enim natura sua esse indeterminatum, et rectas, quas in infinito concurrere metaphorice dixeris, reapse haud concurrere, nec commune perpendiculum habere.

Notari omnino meretur, Lambertum quoque in meditationes circa parallelarum theoriam incidisse, iis admodum similes, quas e Saccherio attulimus, quamvis ipse Saccherii, quem ne legisse quidem videtur, nullam mentionem faciat. Fuerunt illae conscriptae 1766., at post mortem demum viri sagacissimi, cui forte ipsi non ex omni parte satisfecere, insertae a Bernoullio Lipsiensi Promtuario Mathemathico (Leipz. Magazin für Mathem. 2. St. 1786. p. 137. sqq. et 3. St. p. 325. sqq.) Lambertus post generalia circa ea, quae in parallelarum theoria adhuc desiderari possint, monita, nonnullas propositiones affert, quibus demonstratis Ax. 11. sponte fluere ostendit, variisque modis tentat, eas ita struere, ut vix quidquam in earum demonstratione desiderari posse censeri debeat. Deinde ipsam parallelarum theoriam aggreditur, pariterque tres hypotheses sumit, et de iis, quae inde consequantur, disquirit, prout nempe in figura quadrangula, cuius tres anguli recti sint, reliquus quartus vel et ipse rectus, vel maior, vel minor recto fuerit, quas hypotheses alio nomine ad eas ipsas redire, quas Saccherius habuit, facillime patet, cf. Lambert. l. c. §. 30. sqq. Lambertus tamen rem aliquanto brevius et magis dilucide, quam Saccherius expedit, pariterque hypothesin anguli obtusi facile refellit, ex qua nempe consequi docet, duas rectas spatium comprehendere; hypothesin autem anguli acuti pariter magis refractariam esse deprehendit, tandem tamen etiam hanc sibi ipsi contradicere, demonstrari posse putat. Quae ipsa tamen demonstratio nititur propositione sequenti: „Si in duas rectas in eodem plano sitas tertia aliqua incidat, quae cum altera earum angulum rectum, cum altera angulum efficiat recto minorem, ita ut a recto angulo quantum libet parvo differat, rectae istae ita sectae in infinitum productae se invicem secabunt. Hanc autem propositionem, quae ax. 11. partem specialem complectitur, in praecedentibus Lambertum haud ita evicisse, ut in elementis fas erat, iure monet Hindenburg. l. c. p. 365. Ea quoque demonstratio, quam exhibet Struve (Theorie der Parallellinien, Königsberg 1820.) eo redit, ut hypothesin Saccherii secundam et tertiam locum non habere posse asserere conetur. Neque tamen etiam apud hunc auctorem omnia satis evicta, nec ea simplicitate posita esse videntur, quae elementarem demonstrationem decet. Eadem fere ratione, ut nempe hypothesin anguli acuti pariter atque anguli obtusi locum habere non posse (quamvis ipse hac denominatione non utatur) ostendere studeat, rem absolvere se posse putat Duttenhofer (Versuch eines strengen Beweises der Theorie von Parallellinien 1813.) in quo tentamine eadem, quae in reliquis huc pertinentibus notavimus, desiderari adhuc videntur.

Praetereo hic Hausenii demonstrationem in Elem. Matheseos Lips. 1734. quum in ea aperte, etiam Klügelio iudice l. c. §. VI. sumatur, quod probandum erat. Satis concinne tamen Hausenius omnia ad eum casum reduxit, quo altera duarum rectarum, quae ab alia quadam recta secantur, huic ipsi ad angulos rectos insistit, altera cum ea angulum acutum efficit. Pariter nihil opus esse puto, omnia hac in re conamina v. c. ab Hanke., Behn., Malezieu., Cataldo., Pardies., König., Ebert., Voigt., Maas., Vieth., Lazar. Bendavid. (de quo conferantur inprimis Pfleiderer. Thes. inaugur. 1786. Thes. 1—5.) Kircher., Lüdicke, aliisque facta, quae vel Klügel. et Hoffmann. habent, vel e schedis Hauberianis aut aliunde mihi cognita sunt, hic afferre, quum vel nihil, quod ipsis proprium sit, aut prae reliquis emineat, habeant, vel manifestis etiam paralogismis innitantur.

Praeterire etiam liceat, quae Segner. (Vorl. üb. Rechenk. und Geom. 1767. V. Abschn.) Kästen. (Praelect. Mathes. theor. et element. 1760.) Lorenz. (Erster Cursus der reinen Mathem. 1804.) habent, qui sumunt aut demonstrare tentant, rectam, quae per punctum intra aliquem angulum situm ducatur, necessario alterutrum certe crus huius anguli secare, quum nec haec satis circumspecte evicta aut extra omnem dubitationem posita esse facile pateat.

Alia autem ratione Kaestner. (Anfangsgr. der Arithm. und Geom. 1758.) Segner. (Vorlesung. über Rechenk. und Geometrie 1767. IV. Abschn. §. 57. et Vorrede zu den 6 ersten Büchern der geometr. Anfangsgr. Euklids 1773.). Klügel. (Encyclop. 1782.), G. G. Schmidt. (Anfangsgr. der Mathem. 1797.) et recentissimis adhuc temporibus Herrmann. (Versuch einer einfachen Begründ. des 11. Euklid. Axioms. Frankf. 1813.) et Bürger. (vollständ. Theorie der Parallelen, Karlsruhe 1816.) hanc rem ita certe illustrare studuerunt, ut tutius deinde axioma 11. sumere liceat. Eorum argumentationes, quarum initia iam apud Wallisium deprehendimus, eo fere redeunt. Si duae rectae BA, DC (Fig. 114.) ab alia quadam AC ita secari ponantur, ut summa angulorum BAC, DCA minor sit duobus rectis, consequitur, angulum BAF maiorem esse angulo DCA. Quodsi igitur recta DC, manente angulo DCA, versus A promoveatur, manifestum est, ubi punctum C ad A pervenerit, rectam DC intra angulum BAF sitam fore v. c. in AG. Iam, si vice versa AG, manente angulo GAF =DCA, versus C regrediatur, patet, non statim totam ultra AB recessuram (ita enim angulus GAF non posset manere) sed primum inferiores saltim eius partes, quae rectae AC proximae sunt, ultra AB v. c. in eum situm, quo rectam *ce* videmus, perventuras, quum interea partes ab AC longius remotae, ut *de* adhuc cis AB positae sint. Et, quum recta quaevis ut AG vel *ed* in infinitum produci queat, semper, quemcunque recta ita promota situm habuerit, infinita eius puncta cis AB remanebunt, ut itaque hic rectae motus continuari possit, quamdiu libuerit, v. c. dum iterum ad CD regressa sit, nec unquam situm obtinere poterit, quo non aliqua eius puncta citra, alia ultra AB sita fuerint, unde et rectae AB, CD, si opus sit, productae se invicem secare censendae sunt. Atque haec quidem ad illustrandum axioma 11. quam maxime facere, quin huic scopo sufficere videri possint, perfectam tamen in iis demonstrationem contineri, perspicacissimi huius illustrationis auctores nec ipsi putarunt, nec aliis persuasum fuit. Maxime etiam analogia curvarum quarundam, quae asymptotas, ut vocant, habent rectas, a quibus non secantur, quamvis ab ipsis his rectis, si retento situ priori parallelo promoveantur, eas secari certum sit, praecipitare hac in re iudicium vetare videtur. Cf. Hoffm. Crit. der Parall. Theorie I. Th. p. 61. sq. 104. sq. 117. sq. Par fere ratio est eorum, qui, si in praecedente figura alter angulus v. c. BAC rectus, alter DCA acutus sit, ostendunt, ex CD maiora subinde perpendicula ad AC duci posse, quae ex AC pariter maiora segmenta puncto C adiacentia abscindant, unde deinde colligunt (quamvis fortasse haud accurate ostensum sit, segmenta illa data quavis recta tandem maiora esse, vel incrementa etiam segmentorum eadem semper aut maiora etiam fore), tandem aliquod horum perpendiculorum cum recta BA coincidere, aut etiam ultra eam cadere debere, quo praeter Clavium, eosque quos cum ipso nominavimus, pertinet le Gendre *) (Élem. de Géometr. 1794. et 1817.) de quo vide Gilberti monita (die Geometrie nach le Gendre, Simpson etc. 1798. p. 75. sqq.) et Franceschini (la Theoria delle parallele rigorosamente dimostrata in eius Opuscoli Mathemat. 1787. cf. Playfair. Elem. of Geom. p. 364.). Recentissime quoque similem viam ingressus est Metternich (Vollständ. Theorie der Parallelen 1815) sed haud meliore ac reliqui fortuna. Nam et ipsi haud contigit, ostendere, bases triangulorum, quae sumit, tandem quavis data maiores fore. Cf. Zeitschrift für Astron. 1816. II. B. S. 64. flg.

Eodem fere tempore, quo apud nos Kaestner., Segner., Karsten. aliique de parallelarum theoria laborarunt, in Anglia idem aggressus est Rob. Simson. Is nempe in latina Elementorum editione, quam publici iuris fecit 1756., professus primo est p. 345., axioma 11, inter communes sententias non ponendum videri, sed neque demonstrationem stricte loquendo admittere, explicatione autem quadam indigere, ut dilucidior fiat, atque hanc ipsam explicationem ita dedit, ut rectas, quae eidem rectae ad rectos angulos sint, aequidistantes quoque esse pronuntiaret, rectas autem, quae ab eodem puncto exeant, a se invicem magis et magis divaricare et divergere (quod idem fere Procli assertum est), atque inde axiomatis 11. veritatem ostendi posse putaret. Si enim (Fig. 115.) rectae DF, AB ab alia recta HE ita secentur, ut anguli interiores et ad easdem partes DFE, BEF simul minores sint duobus rectis, constitui posse angulum HFG aequalem BEF, unde demonstrari possit, rectas FG, AB eidem alicui rectae ad angulos rectos, adeoque inter se aequidistantes esse. Quum autem ex constr. FD cadat inter aequidistantes FG, AB, rectas FG, FD ex eodem puncto exeuntes necessario tandem magis inter se distare, quam aequidistantes FG, AB, adeo-

*) Idem in subsequentibus elementorum editionibus variis aliis modis rem tentavit, quorum qui ex functionum, ut aiunt, theoria desumti sunt, ut nihil aliud moneamus, ad elementa certe non pertinent, qui autem magis elementares sunt, nec ipsi auctori plane satisfacere videntur.

que FD tandem fore ad partes rectae AB contrarias ei, ad quas sit punctum F, adeoque tandem convenire rectae AB. In anglica deinde Elementorum editione, quae primum prodiit Glasg. 1762. accuratius adhuc rem demonstrare aggreditur hoc fere modo:

Def. 1. „Distantia puncti a recta est perpendiculum e puncto in rectam demissum."

Def. 2. „Recta ad aliam rectam propius accedere, aut ab ea recedere dicitur, prout distantiae punctorum prioris rectae a posteriore decrescant semper aut crescant: aequidistantes autem dicuntur duae rectae, si puncta unius ab altera eandem semper distantiam teneant."

Axioma. „Fieri nequit, ut recta aliqua primum propius ad aliam rectam accedat, deinde iterum ab ea recedat, antequam eam secuerit; pariter recta nequit primum recedere ab alia recta, deinde propius ei accedere; nec recta primum alii rectae aequidistans esse, deinde ei propius accedere, aut magis ab ea recedere potest; recta enim eandem semper servat directionem." Hinc facile demonstrat

Prop. 1. „Si duae rectae (Fig. 116.) AC, BD aequales inter se alii cuidam rectae AB ad angulos rectos insistant, et a puncto quocunque F iunctae CD demittantur ad AB perpendiculum, erunt EF, AC, BD aequales. Quodsi enim non ita esset, recta CD accederet primo, deinde recederet a recta AB, quod fieri nequit." Est haec propositio Clavii 3. et 7. Giord. da Bitonto.

Prop. 2. „Si eidem rectae ex eadem parte ad aequales angulos constituantur duae rectae aequales, earumque extrema iungantur, iuncta haec pariter rectos angulos efficiet cum istis, quarum extrema iungit." Facile patet, esse id ipsum Lemma 2. Nassireddini, vel Clavii Prop. 4. vel Saccheii Hyp. 1. Hinc deducitur in parallelogrammo, cuius tres anguli recti sint, quartum etiam rectum fore.

Prop. 3. „Si duae rectae angulum (acutum) comprehendant, in utravis earum punctum inveniri potest, a quo perpendiculum in alteram demissum maius sit data quavis recta."

Prop. 4. „Si duae rectae ab alia recta ad easdem partes sub angulis aequalibus, altero interno, altero extremo, secentur, erit etiam aliqua recta, quae eas ad angulos rectos secet."

Prop. 5. Haec eadem est cum Euclidis axiomate 11. et simili fere modo ac in ed. Simsonis latina demonstratur.

Appaiet, Simsonis demonstrationem aliqua ex parte convenire cum Claviana. Et maxime etiam axioma a Simsone sumtum iisdem fere dubiis obnoxium est, ac Clavii lemma 2. Conf. Hoffmanni Critik der Parallelen Theorie p. 74. sq. Austin. (l. c. p. 11.) quoque monet, eadem fere, quae contra Euclidis axioma 11. Proclus observaverit, valere quoque contra hoc axioma Roberti Simson. (Haud multum a theoria Rob. Simsonis differre videtur demonstratio prior Mülleri, Ausführl. und evidente Theorie der Parallelen. Nürnb. 1819. Demonstratio eius posterior paralogismo laborare videtur. Nec ea, quae in appendice adiecta est, demonstratio omnia exhaurit.) Alius Anglus, Thom. Simpson. (Elem. of Geometry, quorum editionem quintam Lond. 1800. editam inspicere mihi licuit), ita in hac re versatur, ut primum doceat, distantiam puncti alicuius a recta esse perpendiculum ab hoc puncto in rectam demissum, deinde sequens axioma praemittat.

„Si duo puncta alicuius rectae inaequaliter ab alia recta in eodem plano posita distent, hae rectae in infinitum productae ex ea parte concurrent, qua minus distant." Hinc porro facile deducit, duas rectas, quae non concurrant, (vel quae ex Euclidis mente parallelae sint) eandem semper inter se distantiam habere, vel, omnia perpendicula ab una ad alteram demissa esse aequalia, adeoque per unum idemque punctum non posse plures una recta alicui rectae parallelas duci, et rectas, quae eidem rectae parallelae sint, parallelas esse inter se, unde deinde reliqua et nominatim Prop. I. 29. facile consequuntur. Et fatendum omnino est, concesso axiomate, reliqua inde rite derivari. Quamvis autem Playfair.

(Elem. of Geom. p. 369.) hanc demonstrationem omnium simplicissimam atque elegantissimam esse iudicet, alii tamen nec hoc axioma multum ab Euclideo differre iudicarunt. Playfair. ipse pro axiomate sumit, eidem rectae per idem punctum unam tantum parallelam duci posse.

Verum mittamus haec, et quaedam adhuc demonstrationum genera consideremus, quibus nostra aetate parallelarum theoriam stabilire nonnulli tentarunt. Et primum quidem eorum est, qui ex accuratiore theoria situs rem expediri posse putavere. Kaestnerus inter primos fuisse videtur, qui ita indicaret in adiecto Klügelii dissertationi de parallelis, quam saepius laudavimus, epistolio, ubi ita ait: „habituros nos aliquando veram parallelarum theoriam vix speraverim, nisi diligentiùs exculta theoria situs.“ Qua in re haud consentientem habet Pfleiderer. (Thes. inaugur. 1782. Th. I.) Karstenius deinde primum in Progr. inaugurali Halae 1778. edito rem maxime eo deducere studuit, ut ostenderet, duas rectas in eodem plano positas, quae cum tertia aliqua secante aequales efficiant angulos exteriorem et interiorem oppositum ad easdem partes, etiam cum alia quacunque ipsas secante angulos modo denominatos aequales efficere. Id quod inde adstruere tentat, quod, assumto contrario, eaedem illae duae rectae in plano, in quo ductae sunt, simul habiturae essent positionem eandem, ac diversam, seu non eandem (forte rectius similem ac dissimilem.) (Ita certe accuratius Proclus ad I. 30. dicit: καὶ γάρ ἐστιν ὁμοιότης θέσεως ἡ παραλληλότης.) Hac autem argumentandi ratione haud acquieturum fuisse Euclidem, iudicat Pfleiderer. l. c. Thes. 13. maxime si conferantur eius propositiones 7. 8. 9. 10. 11. libri V. et VI. 21. Ulterius deinde Karstenius rem explicavit, edito Halae 1786. libro (Mathem. Abhandlungen S. 130—145.) Theoria eius a Pfleiderer. (Thes. inaugur. 1786. Th. 6.) ad haec capita reducta sistitur:

1) „Rectae, quae se mutuo secant, seu non parallelae sunt, habent directionem, vel positionem, diversam, non eandem“ (§. 20.).

2) „Duae rectae, quae a duobus punctis protenduntur secundum eandem directionem, seu quae in eodem plano eandem habent positionem, se mutuo non secant (§. 22. Cor. 2.) adeoque parallelae sunt“ (§. 28.).

3) „Duae rectae in eodem plano, quae cum eadem tertia ipsas secante efficiunt angulum exteriorem aequalem interiori opposito ad easdem partes, eandem in plano habent positionem vel directionem“ (§. 23.).

4) „Quae autem non efficiunt angulum exteriorem aequalem interiori opposito ad easdem partes, eandem in plano non habent positionem vel directionem, sed diversam“ (§. 25.).

5) „Duae rectae, quae in eodem plano eandem habent positionem, vel iuxta eandem directionem protenduntur, sectae ab eadem tertia efficiunt angulum exteriorem aequalem interiori opposito ad easdem partes“ (§. 25. Cor. 1. §. 29. Cor. 2.).

6) „Contra, quae eandem positionem vel directionem non habent, cum tertia ipsas secante non efficiunt angulum exteriorem aequalem interiori opposito ad easdem partes“ (§. 25. Cor. 3. §. 30.).

7) „Rectae, quae se invicem secant, cum eadem tertia ipsas secante faciunt angulum exteriorem maiorem interiore opposito ad eas partes, ad quas concurrunt (§. 26.), adeoque angulos interiores ad has partes minores duobus rectis“ His stabilitis, Pfleiderer. iudicat, reliqua brevius, quam a Karstenio factum sit, expediri posse, at Thes. 8. addit: „in praemissis, earumque demonstrationibus scrupulos movere non inanes videtur 1) conceptus identitatis directionis duarum rectarum in eodem plano praemissus theoriae parallelarum; 2) identitas situs seu positionis in eodem plano attributa duabus rectis diversis, contra notiones communes modi, quo rectae in plano positio dari intelligitur (§. 18. 22); 3) axiomata tacite supposita in demonstrationibus Prop. 3. 4. (§ 23. 25.): duarum rectarum, quae ab eiusdem tertiae situ in plano aliquo ad easdem partes divergant angulis aequalibus, eandem

esse positionem in plano; et rectam, quae positione vel directione differat ab una duarum rectarum eandem in plano positionem habentium, pariter cum altera non habere positionem eandem: quae, si geometrice enuncientur, ultimo resolvuntur prius quidem in I. 28. Euclidis, posterius in propositionem: non posse eidem rectae per idem punctum duci plures una parallelas."

Huc etiam pertinet Hindenburg. qui in Promtuario Lipsiensi (Leipz. Magazin der Natürl. Math. und Oekon. 1781. p. 145—168 et 342—371.) et brevius, at, ut ipse dicit, accuratius postea in eodem Promtuario (1786. III. St. p. 367—389.) parallelarum theoriam exposuit. Haec theoria eo maxime nititur, ut ostendatur, rectas, quae eidem tertiae parallelae sint, parallelas esse inter se. Quod quidem casu I. nullo negotio evincitur, si nempe illa tertia, inter duas, cum quibus comparatur, intermedia sit. Casu II. autem, quo illa extra utramque reliquarum posita est, demonstrationem ita instruit auctor, ut dicat, rectas, quae parallelae sint alicui tertiae extra ipsas positae, necessario aut

1) omnes inter se parallelas esse, aut

2) nullam earum parallelam esse uni e reliquis, aut

3) aliquas quidem inter se parallelas esse, alias non.

Iam vero id, quod secundo et tertio loco positum erat, excludere studet, ut itaque primus saltim casus reliquus sit. Nempe tertium quidem casum haud obtinere posse putat: omnes enim rectas, quae alicui tertiae parallelae sint, eo ipso determinatum situm habere: id vero fieri non posse, si earum aliae inter se parallelae esse possint, aliae non. Itaque aut omnes inter se parallelas, aut omnes non parallelas fore. At nec secundum casum locum habere posse, eo enim sumto consequi inde manifesto contradictoria. Quodsi enim sumatur (Fig. 116.), tam AB quam CD parallelas esse rectae EF extra ipsas positae, easque ex hypothesi hic facta inter se parallelas esse non posse, necessario sequi, ut per punctum aliquod I rectae AB duci possit recta GH rectae CD parallela (I. 31. quae ex controverso Ax. 11. non pendet.) Ita tam GH quam

EF parallelas fore rectae CD inter ipsas positae, adeoque ex casu I. parllelas fore inter se. Quum vero etiam CD parallela ponatur rectae EF, ex hypothesi nunc sumta, GH, CD nequire inter se parallelas esse, quod contradicat ei, quod ante sumtum fuerat. Et in hac argumentatione ad casum secundum facta fateor nihil me videre, quod iure reprehendi possit. Ipse autem Hindenburg. aliam adhuc huius casus demonstrationem addit, recta CD circa immotam EF circumvoluta, quam ipse priore adhuc certiorem esse putat, quae vero meo iudicio pluribus adhuc dubiis obnoxia fuerit. Quidquid sit, mihi cardo rei non in hoc secundo casu, sed in tertio, quem ante secundum leviter tantum perstringere visum fuit auctori, versari videtur. Neque enim illud ipsum: rectas, quae eidem tertiae parallelae sint, determinatum situm habere, satis clare expositum est, neque etiam, si id concedatur, inde fluere videtur, non posse harum ita determinatarum rectarum alias inter *se* parallelas, alias non parallelas esse. Cf. Pfleiderer. Thes. inaug. 1782. Th. 14. et Hoffm. Crit. I. St. p. 230. Pariter ex ratione situs theoriam parallelarum derivat Schwab. (Tentamen novae parallelarum theoriae, notione situs fundatae Stuttg. 1801.) et aliquanto brevius in alio libello (Commentatio in primum Elementorum Euclidis librum Stuttg. 1814.). Est nempe ei situs certus modus, quo plura coëxistunt (§. 18. libelli modo citati): angulus planus rectilineus autem diversitas situs duarum rectarum in plano concurrentium §. 26.: rectae autem parallelae sunt, si eundem situm habent, vel si situs unius idem est ac situs alterius §. 27. (Distinguit nempe inter situm et positionem vel directionem.) Duo tandem adiungit axiomata, quorum prius est: si duae rectae habent eundem situm inter se, habebunt situm aeque diversum a situ rectae tertiae. Posterius; si duae rectae habent situm aeque diversum a situ rectae tertiae, habebunt situm eundem inter se. Hinc facile deducuntur propositiones I. 29. I. 28. I. 27. I. 30. ac deinde axioma 11. Denique adstruitur, duas rectas parallelas nec inter se concurrere, et vice versa: si duae rectae ex neutra parte concurrant, esse eas parallelas: denique, rectas parallelas esse aequidistantes, et lineam, quae ab alia recta aequidistet, etiam ipsam rectam esse. Quae omnia satis inter se cohaerere, et e suppositis rite deduci nemo negaverit. At scrupulus restat in ista idea *identitatis* situs *duarum* aut *plurium* rectarum, nec facile concipitur, qua ratione lineae *diversae eundem* situm habere dicantur. Praeterea axiomata praemissa, si usitatis in geometria terminis exprimantur, nihil aliud esse videntur, quam ipsae propositiones I. 29. et I. 28. Cf. Hoffmanns. Crit. I. Th. p. 198. sq. Notandum denique Vermehren. (Versuch die Lehre von parallelen und konvergenten Linien aus einfachen Begriffen vollständig herzuleiten Güstr. 1816.) ex iisdem fere principiis procedere. Minus tamen exacta videtur eius demonstratio. Sumit enim ut axiomata 1) rectas, quae versus aliquam tertiam eandem directionem habeant, habere eandem directionem inter se, i. e. si consueto more rem exprimas: quae eidem tertiae parallelae sint, parallelas esse inter se, (quod certe Hindenburg. demonstrandum esse putaverat, et quod solum omnino sufficit reliquis demonstrandis). 2) Si duae rectae habeant eandem directionem inter se, et una ad tertiam aliquam inclinetur, inclinari ad eam etiam alteram (i. e. rectam, quae unam e duabus parallelis secet, secare etiam alteram, quod pariter solum sufficiebat, at probandum erat). Ohmius etiam, de quo supra, quum de Ptolomaeo sermo esset, diximus, aliqua ex parte huc pertinet. Alterum iam restat genus eorum, qui superficiem planam infinitam, cruribus anguli in infinitum productis interiacentem characterem magnitudinis anguli constituerent (aut pro mensura anguli sumerent), quo pertinet Bertrand. (Développement nouveau de la partie élém. des Mathém. Vol. I. Préf. p. 21. et Vol. II. P. I. Ch. I. §§. 4. et 12—24.) et Schulz. (Entdeckte Theorie der Parallelen 1784. ac denuo in alio libro: Darstellung der vollkommenen Evidenz und Schärfe seiner Theorie der Parallelen, Königsb. 1786.), quibus adiungi potest Crelle (über Parallelen-Theorieen und das System in der Geometrie, Berlin 1786.) et Lacroix (Elémens de Géom. 1803.). Theoriae Bertrandi et Schulzii Epitomen et Epicrisin ab Hindenburgio, et ex parte a Kaestnero factam continet Promptuarium Lipsiense (Leipz. Magazin für reine u. angew. Mathem. 1786. 3. St. p. 392. sqq.) cum quo conferri meretur Karsten. (Mathem. Abhandl. Nr. 11. §. 52—76.). De Crelle videantur Annales Heidelbergenses (Heidelb. Jahrb. der Literat. 1818. Nr. 54.) de Lacroix Hoffm. Crit. I. Th. p. 81. sq. Schulzium etiam contra varias eius theoriae oppositas obiectiones defendere studuit Gensichen. (Bestätigung der Schulzischen Theorie der Parallelen, und Widerlegung der Bendavidschen Abhandl. über die Parallellinien, Königsb. 1786.). Olim etiam, quod notat Pfleiderer. (Thes. inaugur. 1784. Thes. 6. 7.) fuere, qui angulum pronunciarent esse spatium indefinitum, quod cruribus anguli interiacet, nectendis tamen inde consequentiis penitus abstinuerunt e. g. Schott. in Cursu Mathem. L. I. C. III. Art. II. §. 2. Lamy Elém. de Géom. L. II. Sect. I. Def. 1. Müller. Vorber. zur Geom. C. IV. §. 13. Et Ramus iam Scholar. Math. 1599. p. 145. totam geometriam locis omnibus angulum aut superficiem aut corpus facere dixerat. Cf. etiam Proclus ad I. Def. 8. At hanc rationem nominatim etiam, nec illegitime, ex eadem causa, ob quam longitudinis crurum ratio in ea non haberi debet, reprehenderunt Orontius Fineus Geom. L. I. C. IV. §. 1. Malcr. Geometrie u. Markscheidek. C. I. §. 50. Bossut. Traité Elém. de Géom. Not. génér. §. 9. Quidquid sit, ii omnes, quos hac ratione theoriam parallelarum tractasse diximus, in eo consentiunt, ut spatium inter duas parallelas infinite productas contentum pro nihilo aut infinite parvo habendum putent, si comparetur cum spatio inter duo alicuius anguli crura infinite producta contento. Quod ita se efficere posse putant, ut dicant, angulum quemcunque pluribus vicibus iuxta se ipsum poni posse, ita, ut tandem omne infinitum spatium circa aliquod punctum in plano positum expleat aut superet; spatium contra intra duas parallelas contentum si totidem, quot angulus ille, vicibus iuxta se ponatur, semper tamen ad utramque sui partem infinitum patium haud expletum relinquere, unde patere putant hoc inter parallelas contentum spatium pro nihilo habendum esse comparatum cum spatio angulari inter crura infinite producta. His positis deinde axioma 11. Euclidis ita adstruunt, „Quodsi duae rectae (Fig. 117.) AB, CD ab alia recta EF ita secentur, ut anguli interni BGH, DHG simul sumti minores sint duobus rectis, AB, CD productae tandem concurrent. Facile enim patet, angulum DHF maiorem esse angulo BGH, unde, si angulus FHI fiat aequalis angulo BGH, recta HI intra angulum DHF cadet, et parallela erit rectae BG. Iam cum spatium angulare inter crura DH, HI infinite producta contentum ex praecedente infinities maius esse debeat spatio inter parallelas HI, GB infinite productas contento, manifestum est, spatium illud angulare non concludi posse intra terminos huius a parallelis comprehensi spatii i. e. rectam HD necessario tandem limites rectae GB praetergressuram esse, seu duas has rectas inter se concurrere.“ Contra hanc demonstrandi rationem multa praeclare monuerunt Hindenburg. (Allgem. Litter. Zeit. 1785. Nr. 54. et Leipz. Magazin 1786. 3. St. p. 392. sqq.) Karsten. (Mathematische Abhandlungen Nr. II. §. 52—76.) Pfleiderer. (Thes. inaugur. 1784. Thes. 6—18. et Thesaur. inauguralis 1786. Thes. 9. 10.) et Eichler. (de Theoria parallelarum Schulziana Lips. 1786.). Haec monita eo potissimum redeunt: conceptum superficiei angularis non indefinitae sed reapse infinitae haud satis clarum esse, et obstare, quo minus demonstrationes illi innixae possint esse aeque evidentes et apodicticae, ac ulla Euclidea, neque enim spatia infinita dari et construi posse; principia geometrica, quae tantum de quantitatibus finitis valeant, nominatim principium congruentiae ad demonstranda theoremata de spatiis angularibus infinitis non aeque clare et tuto applicari posse; spatia evanescentia et nihilo aequiparanda, si non absolute, tamen relative ad alia nec per se accurate sumi posse, nec unquam demonstrationem rigorosam, sed aliquam tantum ad verum approximationem admittere; aliis evidentibus geometriae principiis v. c. axiomati I. 9. „totum sua parte maius esse“ manifesto vim fieri, et e geometria elementari terminos etiam infinite magni et parvi esse proscribendos.

Longis his disquisitionibus finem tandem faciemus, adiectis duobus recentioribus tentaminibus, quibus rem, et alteri certe novis plane ac hactenus intentatis cuniculis (quod vix fieri posse videbatur) aggressi sunt duo viri doctissimi, Wachter. et Thibaut. Wachter nempe, postquam (Zeitschr. fur Astron. 1816. P. II. p. 64. sqq.) theoriam parallelarum a Metternich. editam diiudicaverat, eiusque lacunas ostenderat, simul novam methodum breviter indicavit. Postea edito libello singulari (Demonstratio Axiom. Geom. in Euclideis undecimi Gedani 1817.) ex iisdem progressus principiis, alia tamen via ad scopum pervenire conatus est. Nempe priore loco (Zeitschr. für Astron. l. c. p. 76. sq.) ostendit, si duae rectae ab aliqua tertia ita secentur, ut altera earum secanti sit perpendicularis, has rectas, si fieri possit, ut ipse inter se non conveniant, propius semper alteram ad alteram accessuras esse, ita ut una asymptota alterius fieri debeat. His autem sumtis manifestam contradictionem inesse ostendere studuit. Deinde in libello postea edito, re ulterius explicata, ostendere annititur, vel nondum stabilita parallelarum theoria demonstrari posse, per quatuor puncta in spatio proutlibet data (addendum tamen: dum non plura duobus punctis sint in eadem recta, nec plura tribus in eodem plano) superficiem sphaericam, et, quod inde consequatur, per tria puncta in dato plano, modo non in una eademque recta iaceant, circulum describi posse. Tum axioma Euclideum ita demonstrari posse docet. Data quaevis recta AB (Fig. 118.) in punctis A, B terminata in C bifariam secetur, et ex puncto C recta CD rectae AB ad perpendiculum ducatur. E punctis A, B ducantur in eodem plano cum AB et CD rectae AE, BF, datae AB ad quemvis angulum recto minorem insistentes (ita nempe, ut sit angulus CAE=CBF). Ex puncto C aliae rectae CG, CH illis AE, BF ad perpendiculum normentur, quae hasce in punctis G, H secent. Producantur CG, CH usque ad I, K, ita, ut sit CI=2CG, CK=2CH, quo facto tribus punctis C, I, K circulus circumscribi potest, cuius centrum, ut quidem ex constructione perspicitur, in recta CD ipsius punctum intersectionis cum recta AG vel BH efficit." Ita quidem ille non necessitatem tantum intersectionis istarum rectarum, sed constructionem exhibere tentat, qua ipsum intersectionis punctum inveniatur. Et illud certum videtur, siquidem sine parallelarum theoria probari possit, posse per tria quaecunque puncta non in eadem recta sita circulum describi, nihil iam difficultatis superfuturum. At, ut verum fateamur, quae Wachterus attulit, quamvis ingeniosa sint, valde tamen dubitamus, an in elementis ita proponere liceat: quin in ipsa etiam demonstratione multa adhuc subobscure dicta videntur, quae subinde quidem promittit auctor se ad summam evidentiam adducturum, aut asserit, facillime ea demonstrari. Antequam autem se ea fide liberarit, nostrum de argumentatione ista iudicium suspendere liceat.

Thibaut. autem in libro, cui titulum fecit: Grundriſs der reinen Mathematik, Gött. 1818. in eo cum Wachtero convenit, ut earum propositionum, quae ex parallelarum theoria consequuntur, aliquam immediate adstruere tentet, et deinde ordine inverso ab huius demonstratione ad parallelarum theoriam procedat. Ita nimirum ratiocinatur ad I. 32. immediate demonstrandam. Sit (Fig. 119.) triangulum quodcunque ABC, et sumto in latere CA ultra A producto puncto quocunque b' recta Ab' circa A convertatur, usquedum punctum b' in punctum β' rectae AB cadat. Deinde recta Aβ' in recta AB promoveatur, usquedum punctum A cum puncto B coincidat, et β' in b'' cadat. Denuo recta Bb'' circa B convertatur, dum b'' in punctum β'' rectae BC cadat, et iam recta Bβ'' in recta BC descendat, dum punctum B cum puncto C coincidat, et β'' in b''' cadat. Denique recta Cb''' circa C convertatur, dum b''' in punctum β''' rectae CA cadat. Quo facto patere ait, rectam Ab' conversam fuisse tribus vicibus, atque tribus his gyrationibus, dum iterum cum recta CA, in qua primum posita erat, coincideret, angulos tres externos trianguli descripsisse. At, cum iisdem gyrationibus recta Ab' in rectam CA, in qua primum posita erat, iterum redierit (poterat nempe Cβ''' adhuc in CA promoveri, ita ut C cum A et β''' cum b' coincideret), adeoque omnes angulos, qui circa unum punctum A esse possunt, i. e. quatuor rectos emensa sit, patere, omnes angulos externos trianguli cuiuscunque aequales esse quatuor rectis. Quum vero anguli externi trianguli cum angulis internis simul sumti aequales sint sex rectis (I. 15. Cor.) anguli interni soli aequales erunt duobus rectis. Atque hinc Ax. 11. facile deduci potest. Et haec quidem satis speciose. Liceat tamen observare, dum recta $A\beta'$ in AB promoveatur, ita ut punctum A cum puncto B coincidat, rectam Ab', angulo β'Ab' invariato, in situm Bd pervenire, ita, ut Bd sit parallela rectae Ab' vel CA (I. 28.). Iam vero, quum recta $B\beta''$ in BC promovetur, usquedum B cum C coincidat, recta Bd invariato angulo $dB\beta''$ simul descendet, et ut certi simus, rectam Ab' facta adhuc tertia gyratione ac C nec plus, nec minus iis angulis absolvisse, qui circa unum punctum sunt, demonstrari oportebit, rectam Bd, postquam ad C descenderat, in ipsam rectam CA *cadere*. Quod tum demum certum erit, si demonstratum ante fuerit, angulum $dB\beta''$ aequalem esse angulo β'''Cb' i. e. si I. 29. ante demonstrata fuerit. At I. 29. pendet ex Ax. 11: itaque haud vicissim Ax. 11. ex Thibautii demonstratione propositionis I. 32. derivari poterit.

Caeterum alios etiam, quamvis aliis rationibus, at hactenus non feliciori successu tentasse I. 32. immediate adstruere, et exinde parallelarum theoriam demonstrare, supra iam diximus, quo pertinent Hauff. (Geom. Fundam. solida Gandae 1819.) et le Gendre. Et de hoc quidem, praeter ea, quae supra diximus, cf. Biblioth. Univers. Oct. 1819., ubi auctor anonymus partes le Gendre. suscepit, eumque contra Iohn. Leslie, qui in Elém. of Geom. Edinb. 1817. ipsum reprehenderat, et contra alium geometram Anglum, nescio an satis feliciter, defendere tentavit.

Excussis iam tot et tam variis hac in re conaminibus, in quibus omnibus aliquid adhuc desiderari posse fassi sumus, iniqui tamen fuerimus, si negare velimus, eorum auctores multa subtiliter admodum rimatos esse, et magna perspicaciae atque acuminis specimina dedisse, et miram quaestionis simplicitatem, quae vix permittat, ut ea in simpliciora adhuc resolvi et quasi extenuari possit, maxime in causa esse, cur rem acu tangere nondum contigerit. Neque tamen haec ipsa molimina prorsus inutilia fuisse censenda sunt. Multa enim vel ipsi illi novae alicuius parallelarum theoriae conditores, vel ii etiam, quos nacti sunt, adversarii ingeniose observarunt, quibus doctrina mathematica augeretur; et limitibus certae ac omnibus numeris absolutae scientiae accuratius, ac ante factum, definitis, quam modeste de nostris viribus iudicandum sit, hoc etiam exemplo comprobatum est. Caeterum eam axiomatis controversi *illustrationem*, quam post Wallisium Kaestnerus aliique dederunt, tironibus sufficere posse confidimus.

EXCURSUS II.

AD

ELEMENTORUM

I. 47.

1) Quamvis, quae una aliqua ratione certa esse demonstratum est, multiplicato demonstrationum numero nequeant certiora fieri, unde etiam plures eiusdem theorematis demonstrationes, ne nimii fiamus, plerumque afferre noluimus, in hoc tamen celebratissimo theoremate ab ista regula paululum discedere, et ex iis, quae maxime notatu digna a variis Mathematicis circa eius demonstrationem excogitata esse vidimus, nonnulla certe maxime simplicia seligere, et breviter huc conferre visum fuit. Pleniorem variorum hoc problema demonstrandi conanimum historiam dederunt, ipsasque potiores demonstrationes exhibuerunt Scherz. in Dissertat. de Theoremate Pythagorico Argentor. 1743 et Ietze. pariter in Dissertat. Academ. Praeside Lang. edita Halae Magdeb. 1752, quos secuti sunt Hoffmann.: der Pythagor. Lehrs. mit 32 theils bekannten, theils neuen Beweisen Mainz 1819, et Müller: System. Zusammenstell. der wichtigen bisher bekannten Beweise des Pythag. Lehrsatzes u. s. w. Nürnberg 1819. Et Scherz. quidem et Müller. historiam theorematis ab antiquissimis inde temporibus repetunt, Ietze. et Hoffmann. varias, quae quadrata cathetorum, vel hypotenusae inter se habere possunt, positiones distinguunt, atque inde varias his casibus accommodatas demonstrationes derivant. Praeter Euclidis itaque demonstrationem, quam primam vocabimus, veritas theorematis etiam adstrui poterit, ut sequitur.

2) Sit (Fig. 120.) triangulum ABC ad B rectangulum, et constituantur super cathetis AB, BC quadrata ABGF, BCDE, et producantur rectae DE, FG, donec in L — pariterque rectae EC, GA, donec in K conveniant, quod necessario fiet (I. 29. Cor. 5.), eruntque ex Constr. EK, GL, pariterque EL, KG parallelae, adeoque GKEL parallelogrammum in E rectangulum, et quum sit EK=AD (I. 34.) =AB+BC, pariterque LE=FC (I. 34.) =FB+BC=AB+BC, erit EK=LE, adeoque GLEK quadratum (I. 29. I. 34. I. Def. 30.). Iam, si sumatur EH=KC=AB (unde erit LH=CE=BC), pariterque sumatur LI=KC=AB (unde erit IG=CE=BC), et ducantur rectae AI, CH, IH; erit AIHC quadratum hypotenusae. Nam, quum EH=KC (ex Constr.), EC=CB (ex Constr.) =AK (I. 34.) et angulus HEC=AKC ex constr.; erit (I. 4.) triangulum HEC=CKA, et nominatim HC=CA, et angulus CHE=ACK, et HCE=CAK. At, quum CHE+HCE= recto (I. 32.), erit etiam ACK+HCE= recto, unde ACH erit rectus (I. 13. Cor. 2.). Eodem modo ostenditur, esse triangulum HLI=CEH=AKC=IGA=CBA, et HI=HC=AC=AI, et angulum HIA rectum, pariter ac IAC, IHC. Erit itaque AIHC quadratum hypotenusae AC (Def. 30.) Et est hoc quadratum, additis quatuor triangulis rectangulis CKA, HEC, ILH, AGI aequale quadrato GLEK. Pariter autem quadrata ABGF, BCDE, additis duobus rectangulis ABCK, BFLD aequalia sunt quadrato GLEK. Adeoque, quum triangula CKA, HEC, ILH, AGI simul aequalia sint rectangulis ABCK, BFLD, erunt quadrata ABGF, BCDE simul sumta aequalia quadrato AIHC. Ad hoc ipsum fere redit demonstratio Henrici Boad, in geometria Londini 1733. edita, ut refert Klügel, (Mathemat. Wörterb. Artik.: Pythagor. Lehrs. III. Th. p. 932. sqq.) et ea, quam habet Thom. Simpson. Elem. of Géom. p. 33. pariterque ea, quam dedit Winkler. Institut. Mathem. Physic. Geom. §. 363. Scherz. Demonstr. 5. et 6., Müller. Demonstr. 1. et Demonstr. 5. apud Develey Elem. de Géom. L. IV. Ch. III. §. 41. Denique patet quadrato hypotenusae ex altera

parte rectae AC constituto, eandem demonstrationem locum habere. Cf. Schmid. Elem. der Form und Gröfse p. 344. Similem demonstrationem ad varias positiones, quae quadrata in Theor. Pythagor. habere possunt, applicat Hoffm. l. c. Dem. 9—16.

3) Sit triangulum (Fig. 121.) ABC ad B rectangulum, et constituantur ut ante super cathetis quadrata ABGF, BCDE, et producantur rectae GF, ED, donec in L conveniant (I. 29. Cor. 5.) ductaque LB cum hypotenusa conveniat in M, eique parallelae agantur rectae AI, CH, quae rectis EL, GL occurrant in punctis H, I, denique iungatur HI. Iam, quum parallelae sint AB, GF (I. 28.) i. e. AB, IL, pariterque ex Construct. AI, BL, erit AIBL parallelogrammum (Def. 36.), adeoque rectae parallelae AI, BL aequales erunt (I. 34.). Eodem modo ostenditur, etiam CH, BL aequales ac parallelas esse. Unde AI, CH aequales (I. Ax. 1.) et parallelae (I. 30.) erunt. Hinc etiam AC, HI aequales ac parallelae sunt (I. 33.). Praeterea, quum BD = BC (I. Def. 30.), pariterque DL = BF (I. 34.) = AB, et angulus BDL, utpote rectus (I. 13.) aequalis sit angulo ABC, erit etiam (I. 4.) BL = AC, et BLD = BAM. Unde, quum sit BL = AI = CH, et BL = AC = IH, erunt AI, CH, AC, IH inter se aequales. Denique, quum sit LBD = BAI (I. 29.) et, uti modo vidimus, BLD = BAM, erit LBD + BLD = BAI + BAM = IAM: at LBD + BLD = angulo recto (I. 32.), adeoque IMA erit rectus, unde omnes anguli parallelogrammi ACHI erunt recti (I. 34. Cor. 10.), adeoque, quum etiam latera aequalia sint, ACHI erit quadratum hypotenusae (I. Def. 30.). Est autem quadratum ABGF = parallelogrammo ABIL (I. 35.) = rectangulo AIMN (I. 35.), pariterque quadratum BCDE = parallelogrammo BCLH (I. 35.) = rectangulo CHMN (I. 35.). Itaque quadrata ABGF, BCDE cathetorum simul sumta aequalia erunt rectangulis AMIN, CHMN simul i. e. quadrato hypotenusae. Cf. Müller., qui l. c. Dem. 7. hanc demonstrationem, quam ex Clavio repetit, omnium hactenus cognitarum simplicissimam et praestantissimum iudicat. No-

tandum est, simili constructione ac demonstratione theorema longe generalius exhiberi posse. Nempe, si super duobus lateribus AB, BC trianguli cuiuscunque constituantur parallelogramma quaecunque ABGF, BCDE, et producantur rectae GF, ED, donec in L conveniant, iunctaque LB cum tertio latere ipso vel producto in M conveniat, et rectae LB parallelae ducantur AI, CH, quae rectis GL, EL in punctis, I, H occurrant, denique iungatur IH: erit ACHI parallelogrammum, quod, si punctum M in ipsam AC cadat, summae parallelogrammorum ABGF, BCDE sin in AC productam cadat, differentiae earum aequale erit. Huius propositionis partem potissimam habet Pappus Collect. Mathem. IV. 1. cf. Castillon. Mem. de l'Acad. de Berlin. 1766. p. 345. Clavius p. 88. Gilbert. die Geometrie nach le Gendre etc. p. 298. Klügel. Encyclop. II. Th. Müller. l. c. p. 79.

4) Multum cum praecedente similitudinis habet sequens demonstratio, nisi quod quadratum hypotenusae ex opposita parte describitur. Constructis (Fig. 122.) super AB, BC, AC quadratis ABGF, BCDE, ACKM producantur MA, KC, usquedum rectis EL, GL in H, I occurrant, et, quum angulus ACK rectus sit (I. Def. 30.) rectus erit ACH (I. 13.). at rectus est etiam BCE (I. Def. 30.), unde, si dematur communis BCH, erit ACB=HCE (I. Ax. 3.). Et, quum praeterea BC=CE, et angulus ABC, utpote rectus, = recto CEH (I. Def. 30.), triangulum ABC aequale est triangulo HEC (I. 26.), et nominatim HC=AC=CK. Eodem modo ostenditur, triangulum ABC aequale esse triangulo AGI, et nominatim esse AI=AC=AM. Ducta deinde BL, erit, ob BD=BC, DL=BF=AB, et angulum BDL=ABC, etiam triangulum BDL=CBA (I. 4.), et angulus BLD=BAC=CHE, itaque LB parallela erit rectae HC (I. 28.), adeoque, si LB producatur, dum secet rectas AC, MK in N, O, erit LB perpendicularis ad AC, MK (I. 29.). Et ob AI=AM, rectangulum AMNO, aequale erit parallelogrammo ABIL (I. 36.) = quadrato ABGF (I. 35.), pariterque rectangulum KCNO aequale parallelogrammo BCLH (I. 36.) = quadrato BCDE (I.

35.) Itaque quadratum ACKM=ABGF+BCDE simul. Hanc demonstrationem habet Scherz., estque apud ipsum nr. XI. Eadem etiam utitur Thom. Simpson. Elem. of Geom. p. 31. Müller. Dem. 14.

5) Pariter cum praecedente §. 3. similitudinem habet, et satis facilis est ea, quae sequitur, demonstratio. Constructis, ut ante (Fig. 123.) quadratis ABGF, BCDE, erigantur in A, C, rectae AI, CH ad AC perpendiculares, et producantur, usquedum cum rectis GF, DE ipsis, aut productis in I, H conveniant, quod necessario fiet (I. 29. Cor. 3.), et iungatur HI, eritque angulus GAB=IAC, quia uterque rectus est, unde, demto communi IAB, erit angulus GAI=BAC (I. Ax. 3.), et, quum etiam angulus AGI=ABC, et AG=AB (I. Def. 30.), erit (I. 26.) AI=AC. Eodem modo ostendetur, esse CH=AC, unde etiam AI=CH (I. Ax. 1.), et, quum praeterea AI parallela sit rectae CH (I. 28.), erunt etiam HI, AC aequales et parallelae (I. 34.) et ACIH erit quadratum hypotenusae (I. 30.). Et quum triangulum ABI, et quadratum ABGF in eadem basi, et in iisdem parallelis sint, erit quadratum ABGF duplum trianguli ABI (I. 41.): eadem ratione, si per B ducatur recta NBM parallela rectae AI, erit rectangulum AIMN duplum trianguli ABI (I. 41.), unde quadratum ABGF aequale est rectangulo AIMN (I. Ax. 6.). Simili modo ostenditur, esse quadratum BCDE aequale duplo triangulo BHC i. e. rectangulo NMHC. Totum itaque quadratum ACIH aequale est duobus quadratis ABGF, BCDE simul. Hanc demonstrationem habent Clavius (Euclid. Elem. 1591. p. 85.), Sturmius (Mathes. enucleat. p. 32.), Coëtsius (Euclid. Elem. 6. libri prior. 1692. p. 140.), Scherzius l. c. demonstr. III., Ietze l. c. demonstr. XIII., Müller demonstr. 5., Hoffmann. demonstr. 5. Sturmius observat, triangula AGI, HCE ita considerari posse, quasi triangulum ABC circa punctum A vel C conversum in situm pervenisset, quem habent haec triangula.

6) Clavius ibid. et ex eo Ietze l. c. Dem. II., et Müller. Dem. 6. afferunt adhuc hanc demonstrationem. Constructis,

ut ante (Fig. 124.) quadratis ABGF, BCDE, et figura ACIH, quae eodem modo demonstratur esse quadratum hypotenusae AC, ducatur per G recta GKML, parallela rectae AC, quae rectis AI, CF, CH occurrat in punctis K, M, L, pariterque per E recta EQPON parallela rectae AC, quae cum rectis AI, AB, BC, CH in punctis N, O, P, Q conveniat, et ostendetur, ut nr. 5. esse triangula AGI, ABC aequalia, et nominatim GI=BC, vel ob BC=CE, etiam GI=CE. Et, quum praeterea ex constructione GK, EQ, rectae AC parallelae sint, erunt parallelae inter se (I. 30.), et pariter ac AC cum AI, CH rectos angulos efficient (I. 29.). Et, quum pariter rectae GI, EC parallelae sint, erit angulus IGK=CEQ (I. 29. Cor. 5.). Denique anguli ad K et Q recti sunt, erit itaque (I. 26.) triangulum GKI=EQC, et nominatim IK=CQ. Et quum etiam IH=AC (I. 34.), erit rectangulum IKHL=ACNQ (I. 34. Cor. 21.). Est autem ACNQ=ACOE (I. 35.)=BCDE (I. 35.). Itaque quadratum ABGF= parallelogrammo AGMC (I. 35.)=rectangulo ACKL (I. 35.) Itaque quadrata BCDE, ABGF simul aequalia sunt rectangulis IKHL, ACKL simul i. e. quadrato ACHI.

7) Aliam demonstrationem admodum concinnam habet Müller. l. c. Dem. 15. Cf. eiusdem mathem. kritische Bearbeit. des ersten Buchs der Elemente, et Tempelhof. Geometrie für Soldaten etc. Constructis (Fig. 125.) super lateribus trianguli ABC in B rectanguli quadratis BCDE, ABFG, ACMK, constituatur super MK triangulum MIK ita, ut MI=BC et KI=AB, unde ob MK=AC, erit triangulum MIK= triangulo CBA (I. 8.), eidemque triangulo CBA, ducta recta FD, aequale erit triangulum DBF (I. 8.). Porro ducatur recta GB, quae efficiet angulum GBA semirectum (I. 5. et I. 32.), adeoque (Obs. ad I. 15.) in directum erit cum ducta BE, quae angulum DBE ex iisdem rationibus semirectum efficit. Denique ducatur recta BI. Iam, ut breviter dicamus, omnis demonstratio eo redit, ut ostendatur, utrumque quadrilaterorum BAMI, IKCB aequale esse alterutri quadrilaterorum GFDE, GACE, quod, quum tria latera, quae aequalia sunt lateribus

trianguli ABC, et anguli, quos illa latera comprehendunt, utrimque eodem ordine aequalia sint, adeoque figurae congruant, facillime probatur. Ablatis deinde a duobus quadrilateris BAMI, IKCB triangulis MIK, CBA, pariterque a duobus quadrilateris GFDE, GACE, triangulis DBF, CBA relinquetur quadratum ACKM aequale quadratis BAGF, BCDE simul.

8) Aliam demonstrationem ab Euclidea haud multum diversam, nisi quod hic integra parallelogramma adhibentur, ubi Euclides usus fuit saltim triangulis, quae dimidia erant horum parallelogrammorum, habet Scherz. l. c. Dem. XII. Müller. Dem. 13. Constructis nempe (Fig. 126.) quadratis ABFG', BCDE, ACKM, ducantur EH, GL parallelae rectae AC, BO parallela rectae AM, KI parallela rectae BC, eritque iuncta MI parallela rectae AB. Quum enim ex Constr. BCKI sit parallelogrammum, erit KI=BC, et quum KI parallela sit rectae BC ex Constr. et MK parallela rectae AC (I. 27.) erit angulus MKI=ACB (I. 29. Cor. 5.): est autem etiam MK=AC (I. Def. 30.), quare (I. 4.) angulus KMI=CAB. Quum vero etiam sint AMK, PAC aequales, ut recti, aequales erunt (I. Ax. 3.) PAB, AMI, adeoque AB, MI erunt parallelae (I. 28.). Est autem quadratum ABGF= parallelogrammo ACGL (I. 35.). Parallelogrammum ACGL autem = parallelogrammo ABMI (I. 34. Cor. 21.), est enim GA=AB, AC=AM, et angulus GAC=BAM; denique ABMI =rectangulo AMNO (I. 35.), adeoque quadratum ABGF= rectangulo AMNO. Eodem modo ostenditur, esse quadratum BCDE aequale rectangulo CNOK, quare quadrata ABFG, BCDE simul aequalia erunt quadrato ACKM.

9) Aliam satis simplicem theorematis nostri demonstrationem habet Ietze., quae apud ipsum est octava, et ita habet. Construantur (Fig. 127.) super lateribus AB, BC trianguli in B rectanguli, versus partem hypothenusae AC, quadrata BCDE, ABFG, et producatur FG ad M, donec fiat GM= BC, ducaturque AM. Erit itaque, quum AG=AB (I. Def. 30.), GM=BC ex Constr. et angulus AGM, utpote rectus,

=ABC, et (I. 4.) AM=AC, et MAG=BAC, adeoque, addito communi CAG (I. Ax. 2.) MAC=GAB= recto. Ducatur iam MK parallela rectae AC, et CK parallela rectae AM (I. 31.), eruntque MK=AC=AM=CK (I. 34.) et anguli figurae AMCK omnes recti (I. 34. Cor. 10.), unde ACMK erit quadratum hypotenusae. Conveniet autem DE, si opus est, producta, cum recta FG in O (I. 29. Cor. 3.), iungatur OK, eruntque DO, OK in directum. Nam, quum parallelae sint rectae EC, GF (I. 28.), erit DOF=DEC (I. 29.) = recto (I. Def. 30.). At sumtum fuit GM=BC=OF, adeoque erit OM=FG=AB, et ostensa fuit MK=AC, et angulus AMK rectus =AMG+MAG, unde, demto communi AMG, erit OMK=MAG=BAC: itaque (I. 4.) triangulum MOK=ABC, et nominatim angulus MOK=ABC= recto, et OK=BC. At, quum DOF, ut vidimus, rectus sit, DO, OK erunt in directum (Obs. ad I. 15.). Ducatur BO, et producatur, dum cum recta MK conveniat in P; et quum sit OK aequalis et parallela rectae BC, erit etiam BO parallela rectae CK (I. 33.), adeoque BO erit perpendicularis ad AC, MK (I. 29.). His praemissis, erit quadratum BCDE = parallelogrammo BCOK (I. 35.) = rectangulo NCKP (I. 35.): eodemque modo quadratum ABGF = parallelogrammo AMBO (I. 35.) = rectangulo AMNP (I. 35.), adeoque quadrata BCDE, ABGF aequalia rectangulis NCKP, AMNP simul, i. e. quadrato ACMK.

10) Constructis omnibus, ut ad Nr. 5. eodem modo, ut ad Nr. 5. (Fig. 128.) ostendetur, esse ACHI quadratum hypotenusae AC, et triangulum AGI esse aequale triangulo ABC. Pariterque, ob AC=CH, CB=CE (I. Def. 30.) et angulos ad B, E rectos, erit (I. 4.) triangulum ABC=HEC, unde, addito communi BLC, erit triangulum ACL=HEC+BLC i. e. =BCDE+HLD. Est autem, ob HE=AB=GF, et DE=BC=GI, etiam (I. Ax. 3.) HD=IF, et quum praeterea sit angulus FIK=GAI (I. 32.) =BAC=LHD, et anguli ad F et D recti sint, erit (I. 26.) triangulum IFK=HLD. Itaque triangulum ACL = quadrato BCDE addito

triangulo IFK. Denique, quum sit HC=AC, angulus HCK =CHE (I. 29.) =BAC, et angulus CHK rectus, adeoque =ACH, erit triangulum CHK = triangulo ACL, adeoque, demto communi BCL, HLBK=△ABC=△AGI. Itaque △ACL+HLBK+ABKI=BCDE+IFK+AGI+ABKI i. e. quadratum ACHI = quadratis BCDE, ABFG simul. Hanc demonstrationem habet Gregorius a St. Vincentio in opere geometrico de circuli quadratura L. I. P. II. Prop. XLIII. p. 30. Convenit cum ea, quam Schooten Andreae ab Oudtshorn. tribuit. Cf. Scherz. l. c. Dem. 10. Müller. Dem. 9.

11) Construatur (Fig. 129.) super BC quadratum BCDE, sumtaque DF=AB, constituatur super DF quadratum FDGI, quod (ob DF=AB) aequale erit quadrato ex AB (I. 46. Cor.), eruntque (ob angulos rectos BDE, FDG) ED, DG in directum (I. 14.). Deinde ducatur recta AI, eritque, ob DF= BA (ex constr.), si auferatur communis BF, AF=BD=BC. Et, quum sit FI=FD=AB, erit (I. 4.) AI=AC, et angulus FAI=ACB, adeoque FAI+FAC=ACB+FAC= angulo recto (I. 32.). Si deinde per C ducatur CH parallela rectae AI, quae cum recta EG conveniat in H, et iungatur HI, erit ACHI quadratum hypotenusae. Nam, quum ex constr. sit CH parallela rectae AI, et CAI=FAI+FAC= angulo recto, erit ACH rectus (I. 29.), adeoque ACH=BCE (I. Def. 30.), vel, demto communi BCH, erit ACB=HCE (I. Ax. 3.). Et quum praeterea sit CB=CE (I. Def. 30.) et ABC=CED (I Def. 30.), erit (I. 26.) CH=CA=AI, et triangulum CEH= CBA. Quum itaque CH, AI sint aequales et parallelae, erunt etiam AC, HI aequales et parallelae (I. 33.), adeoque etiam angulorum AIH, CHI uterque rectus est (I. 29.) et ACHI quadratum hypotenusae AC. Hoc autem quadratum aequale est quadratis FG, BE simul. Habet enim cum iis communia spatia IFKH, CBK, et triangulum ABC ostensum fuit aequale esse triangulo HEC, pariterque triangulum AFI aequale erit triangulo HGI (I. 4.) ob AI=HI, IF=IG, et angulos AHI, FIG rectos, adeoque, demto communi FIH, angulum

AIF=HIG. Hanc demonstrationem, quam ad Schootenium refert, habet etiam Christ. Sturmius Math. enuncl. p. 31, et Develey. Elem. de Géom. L. IV. Ch. III. No. 42. Dem. 4.

12) Reliquis constructis et demonstratis ut nr. 10. ducatur (Fig. 130.) per H recta HM parallela rectae BD (quo itaque angulus HMK rectus efficitur) et per L recta OLN parallela rectae BC, et ostendetur, ut No. 10. esse triangulum AGI=ABC, pariterque triangulum IFK=HLD=LOH (I. 34.). Praeterea autem est LDEN=LBMO (I. 43.) et triangulum CNL=KMH (I. 26.): est enim HM=BD (I. 34.) =DE (I. Def. 30.) =LN (I. 34.), angulus M=N (I. Def. 30.), et angulus KHM=EHC (quia, addito communi MHC, utrimque rectus prodit) =NLC (I. 29.). Totum igitur quadratum ex AC= quadratis ex AB, BC simul. Hanc demonstrationem habet Coëtsius p. 158. sqq.

Caeterum, omissis pluribus aliis demonstrationibus, quae habentur apud Coëtsium, Scherzium, Ietzium, qui viginti tres habet, Hoffmannum, qui triginta duas exhibet, Müllerum, aliosque, addimus adhuc nonnullas alias, quae, quamvis nitantur propositionibus ab Euclide posthac demum demonstrandis, vitio tamen logico, quod circulum in demonstrando vocant, minime laborant, quod nempe eae, quibus nostrae hae innituntur, propositiones non vice versa ope theorematis Pythagorici, aut aliorum ab eo pendentium theorematum, sed ita potius demonstrari possunt, ut, si quis velit, eá ante I. 47. ponere possit. Huc pertinet

13) Haud inelegans demonstratio Coëtsii p. 148. sqq. et Sturmii in Mathesi enuncleata p. 183., quam etiam habet Scherz. Dem. 7., Müller. Dem. 3., et Ietze. Dem. XV., qui eandem etiam prolatam dicit ab Hombergero Franco in Dissertatione de Magistro Matheseos. Witemberg. 1701. Praeside Feuerlein. edita. Ea huc fere redit. Triangulum rectangulum ABC aut aequicrurum erit, aut non. Sit 1) aequicrurum, et constructis (Fig. 131.) quadratis BG, BE, ducantur diametri AF, CD, et iungantur FD, eritque ACFD quadratum hy-

potenusae. Nempe △△ABC, ABF, CBD, FBD aequalia sunt (I. 4.), adeoque AC=AF=CD=FD, et ob angulos aequales et semirectos (I. 32. Cor. 7.) BAC=BCA=BCD=BDC=BDF=BFD=BFA=BAF, anguli FAC, ACD, CDF, DFA recti sunt, et figura ACDF est quadratum (I. Def. 30.). Et, quum triangula ABC, ABF, CBD, BFD aequalia sint, quodvis eorum quarta pars est quadrati ACFD. At triangulum ABF est pars dimidia quadrati AG (I. 34.), et triangulum CBD pars dimidia quadrati BE vel quadrati AG: itaque quadrata AG, BE simul aequantur quadrato ACFD. (Hinc, ut hoc obiter notemus, deducitur, in quovis triangulo, rectangulo isosceli quadratum hypotenusae quadruplum esse trianguli propositi.). Sit vero 2) (Fig. 132.) triangulum ABC ad B rectangulum non aequicrurum, sed AB>BC, et a) facile demonstrabitur, quadratum hypotenusae superare triangulum ABC quater sumtum quadrato, quod fit a differentia reliquorum laterum, seu, quod idem est, quadratum hypotenusae esse aequale triangulo proposito quater sumto, una cum quadrato differentiae reliquorum laterum. Nempe, constructis quadratis BG, BE, producantur rectae AG, EC, donec in K conveniant, deinde, constructo super AC quadrato ACHI, ducatur ILN parallela rectae CK (I. 31.) et HNM parallela rectae GK, eritque angulus IAL+KAC utpote rectus (I. Def. 30.) =KCA+KAC (I. 32.), adeoque IAL=KCA, et, ob angulos L, K rectos, et AI=AC, est triangulum IAL =ACK (I. 26.). Eodem modo ostendetur, aequalia esse omnia triangula ACK, IAL, HIN, CHM, CAB. Praeterea, quum sit KL=AL—AK=CK—AK=AB—BC, et eodem modo LN=NM=KM=AB—BC, et anguli K, L, N, M, recti, erit KLMN quadratum differentiae AB—BC, adeoque quadratum ACHI = triangulo ABC quater sumto, una cum quadrato differentiae laterum AB, BC, vel, quod eodem redit, quadratum ACHI aequale est duplo rectangulo sub AB, BC una cum quadrato differentiae horum laterum. Iam vero b) ex II. 7. sumere licet, quadratum differentiae laterum AB, BC aequale esse quadratis ex AB, BC, demto duplo rectangulo sub AB, BC. Itaque quadratum ACHI aequale erit quadratis ex AB, BC.

Aliae adhuc demonstrationes nituntur doctrina de proportionibus et figurarum similitudine, quam pariter certum est, sine ope theorematis Pythagoraei adstrui et posse et solere. Huc pertinet

14) Sequens demonstratio. Constructo (Fig. 133.) super hypotenusa AC trianguli ABC ad B rectanguli quadrato ACMK, ducatur BNO parallela rectae CK, eritque BN perpendicularis ad AC (I. 29.), itaque similia erunt triangula ABC, ANB, BNC (VI. 8.) unde erit AC : AB = AB : AN (VI. Def. 1.) adeoque quadratum ex AB = rectangulo ex AC, *AN* (VI. 17.) i. e. rectangulo *ANOM*: pariterque *AC*: *BC* = *BC* : *CN* (VI. Def. 1.), adeoque quadratum ex *BC* = rectangulo ex *AC*, *CN* (VI. 17.) i. e. rectangulo *CNOK*. Quadrata igitur ex *AB*, *BC* simul aequalia erunt rectangulis *AO*, *NK* simul i. e. quadrato ex *AC*.

Haec demonstratio est apud Scherzium XIV., et Coëtsius ea utitur in scholio ad VI. 17. Eandem demonstrationem habet Develey. Elém. de Géom. L. IV. Ch. III. Th. 9. Muller. Dem. 16. Hoffmann. Dem. 26. Caeterum eodem ea redit, quo illa, quam a Grusonio exhibitam esse diximus in I. 41. Cor. 6., nisi quod Grusonius rem sine consideratione proportionum ac figurarum similium expedit.

15) Paullo aliter similis demonstratio ita sisti poterit. Triangulum *ABN* (Fig. 133.) erit ad triangulum *ABC*, ut *AB*q ad *AC*q (VI. 19.), et triangulum *BNC* ad triangulum *ABC*, ut *BC*q ad *AC*q (VI. 19.). Hinc $\triangle ABN + \triangle BNC : \triangle ABC = ABq + BCq : ACq$ (V. 24.). Atqui $\triangle ABN + \triangle BNC = \triangle ABC$, itaque $ABq + BCq = ACq$ (V. Def. 5.). Hanc demonstrationem habet Bézout. Elém. de Géom. Hoffmann. Dem. 27.

16) Brevior adhuc erit sequens demonstratio. Quum ex VI. 31. in triangulo rectilineo figura quaecunque rectilinea super hypotenusa descripta aequalis sit duabus similibus et similiter descriptis figuris super cathetis, nominatim idem

valet de quadratis, quippe quae sunt figurae rectilineae similes (VI. Def. 1.). Haec demonstratio ultimo loco habetur apud Scherzium l. c et Ietze. l. c. et apud Coëtsium in scholio 2. ad VI. 31.

17) Finem his demonstrationibus faciat sequens, quae est apud Ietzium 20., et quam ille ad Ioann. Ioachim. Langium Mathes. Prof. Halensem refert. Sit (Fig. 154.) triangulum ad *B* rectangulum, super hypotenusa *AC* construatur quadratum *ACHI* (I. 46.), et centro *C* radio *CA* describatur semicirculus *LAM*, eritque $LB=LC-BC=AC-BC$, et $BM=CM+BC=AC+BC$. Sumta deinde $CE=BC$ (I. 3.) construatur super *CE* quadratum *CEFD*, quod itaque aequale erit quadrato ex *BC*, eritque $DH=CH-CD=AC-BC$, pariterque $AE=AC-CE=AC-BC$. Producatur *EF*, dum cum recta *IH* conveniat in *G*, eritque $GI=AE$ (I. 34.) $=AC-BC=DH$. Denique producantur *AI* et *EG* ad *N* et *K* ita, ut $IN=GK=GH=CE=BC$, et iungatur *NK*, eritque *IGNK* rectangulum (I. 33. et 34.), idque = rectangulo *FGHD* (I. 34. Cor. 21.) quia $FG=IG$, et $GK=GH$. Quadratum igitur *ACHI* aequale est quadrato *EFDC* simul cum rectangulis *AEGI*, *FDGH* i. e. quadrato ex *BC* una cum rectangulo *AENK*. Hoc ipsum rectangulum autem continetur sub rectis $AE=AC-BC$, et $AN=AI+IN=AC+BC$; itaque quadratum hypotenusae *AC* aequale est quadrato unius catheti *BC*, una cum rectangulo, quod continetur sub summa huius catheti et hypotenusae $(AC+BC)$, et sub differentia earum $(AC-BC)$. At, ductis rectis *AL*, *AM* angulus in semicirculo rectus erit (III. 31. quae non pendet a I. 47.), adeoque (VI. 8.) erit $LB:BA=BA:BM$, i. e. $AC-BC:BA=BA:AC+BC$, ac proinde (VI. 17.) $BAq=(AC-BC)\times(AC+BC)$. Itaque quadratum hypotenusae aequale est quadratis ex *BC* et *AB* simul.

Cor. Ex hac observatione, quod nempe in triangulo rectangulo ABC semper sit $AC-BC:BA=BA:AC+BC$ facile deduci possunt, quod Langius ad finem dissertationis Ietzii notat, regulae pro inveniendis numeris integris, quorum quadrata (numeri quadrati) ita comparata sint, ut duo simul aequalia sint tertio. Posito nempe $AC-BC=a$, $BA=b$, erit $a:b=b:\frac{b^2}{a}$, adeoque $AC+BC=\frac{b^2}{a}$, unde $(AC+BC)+(AC-BC)=2AC=a+\frac{b^2}{a}=\frac{a^2+b^2}{a}$, adeoque $AC=\frac{a^2+b^2}{2a}$, $(AC+BC)-(AC-BC)=2BC=\frac{b^2}{a}-a=\frac{b^2-a^2}{a}$, adeoque $BC=\frac{b^2-a^2}{2a}$. Tres igitur rectae AB, BC, AC, vel numeri iis analogi esse poterunt hi: b, $\frac{b^2-a^2}{2a}$, $\frac{b^2+a^2}{2a}$, dummodo duo ultimi sint numeri integri, vel, si omnes per $2a$ multiplicentur: $2ab$, b^2-a^2, b^2+a^2, qui cum sumtis a et b numeris integris quibuscunque omnes sint numeri integri, efficient, quod erat propositum. Hanc ipsam regulam supra ad I. 48. attulimus. Ex ea etiam derivari possunt reliquae duae, quae ad Pythagoram et Platonem referuntur. Nempe in regula a Pythagora allata numerus, qui hypotenusam exprimit, unitate semper excedit numerum alterius catheti. Quodsi itaque ponas $b^2+a^2-2ab=1$, erit $(b-a)^2=1$, adeoque etiam $b-a=1$, vel $b=a+1$. Iam, si hoc sumas, erunt tres numeri $2ab=2a^2+2a$; $b^2-a^2=2a+1$; $b^2+a^2=2a^2+2a+1$ eadem forma comprehensi, quae supra exhibita fuit. Pariter in regula a Platone data numerus, qui hypotenusam exprimit, binario semper excedit numerum alterius catheti. Quodsi ponas $b^2+a^2-(b^2-a^2)=2$, vel $2a^2=2$, adeoque $a^2=1$, et $a=1$, erit $2ab=2b$; et $b^2-a^2=b^2-1$. et $b^2+a^2=b^2+1$, quae ipsa est regula Platonis. Denique patet, quod Langius observat, multas alias speciales regulas hac generaliore contineri, v. c. si quis velit, ut numerus hypotenusae numerum alterius catheti quaternario superet, erit $b^2+a^2-2ab=4$, adeoque $b-a=2$, vel $b=a+2$, et numeri $2ab=2a^2+4a$; $b^2-a^2=4a+4$; $b^2+a^2=2a^2+4a+4$. Vel generalius, si ponatur $b^2+a^2-2ab=m^2$, adeoque $b-a=m$, vel $b=a+m$, erit $2ab=2a^2+2am$; $b^2-a^2=2am+m^2$; $b^2+a^2=2a^2+2am+m^2$. Conferri hic meretur Müller. system. Darstell. der wichtigst. bisher. Beweise des pythagor. Lehrsatzes, mit einer ausführlichen Theorie der Zahlen-Dreyecke. Nürnb. 1819.

EXCURSUS. III.

AD

ELEMENTORUM

I. 47. 48. II. 12. 13.

1) Prout in triangulo aliquo angulus aliquis rectus, aut obtusus, aut acutus fuerit, quadratum lateris huic angulo oppositi fore aequale, aut maius, aut minus, quam summa quadratorum duorum reliquorum laterum eiusdem trianguli, et vice versa vidimus ad I. 47. II. 12. 13. Pariter autem angulorum trianguli, laterumque ipsis oppositorum mutua aliqua relatio e sequentibus patebit, quibus praeterea nonnullae propositionum istarum adplicationes continentur. Brevitatis caussa ad initium statim monemus, omnia, quae in hoc excursu sequuntur, ad nr. usque 23. desumta esse e Pfleidereri Schol. saepius citatis 220—245.

2) Si recta a vertice trianguli ad punctum, quo basis bifariam secatur, ducta aequalis est semissi basis, angulus ad verticem est rectus, quod facile deducitur e I. 32. contra angulus ad verticem obtusus vel acutus erit, prout recta ab eo ad punctum, quo basis bisecatur, ducta semisse basis est minor aut maior, quod consequitur ex I. 18. I. 32. I. 13.

3) Et vice versa, si angulus ad verticem trianguli rectus est, recta ab eo ad punctum ducta, quo bifariam secatur basis, aequalis est semissi basis; si ille angulus obtusus fuerit, haec recta minor erit semisse basis; denique, si ille angulus acutus fuerit, haec recta maior erit semisse basis, quod apagogice facile demonstratur.

4) Quae e vertice trianguli aequicruri ad punctum, quo bifariam secatur basis, ducitur recta, ad angulos rectos basi insistit (I. 8. vel Obs. ad I. 10.). Quae autem a trianguli non aequicruri vertice ad punctum bisectionis basis agitur recta, oblique in basin incidit, ita ut angulum obtusum cum ea efficiat ad partes cruris maioris, acutum ad partem cruris minoris (I. 25. I. 13.).

5) In triangulo igitur non aequicruro, cuius anguli ad basin ambo sunt acuti, perpendiculum ab vertice in basin demissum hanc in inaequalia secat, sic, ut maius segmentum adiaceat cruri maiori, minus minori (nr. 4. et Cor. I. 17.). Idem etiam consequitur ex I. 47.

6) In quocunque triangulo non aequicruro differentia quadratorum crurum aequalis est duplo rectangulo sub basi et sub eius segmento duobus intercepto punctis, quorum uno bifariam secatur basis, altero in ipsam incidit perpendiculum ex vertice trianguli super eam demissum.

Sint (Figg. 177. 178. 179.) triangula non aequicrura, nominatim sit $AC > AB$, sintque eorum bases bifariam sectae in puncto G.

a) Si (Fig. 177.) rectus est angulus B, qui cruri maiori opponitur; est $AC\,q = AB\,q + BC\,q$ (I. 47.) $= AB\,q + 2GB \times BC$ (II. 2. Cor. 1.).

b) Si (Fig. 178.) angulus ABC est obtusus, et AD perpendicularis ad BC: est $AC\,q = AB\,q + BC\,q + 2BD \times BC$ (II 12.) $= AB\,q + 2GB \times BC + 2BD \times BC$ (II. 2. Cor. 1.) $= AB\,q + 2GD \times BC$ (II. 1.).

c) Si (Fig. 179.) angulus ABC est acutus, et AD perpendicularis ad BC: est $AC\,q + 2DB \times BC = AB\,q + BC\,q$ (II. 13.) $= AB\,q + 2GB \times BC$ (II. 2. Cor. 1. $= AB\,q + 2GD \times BC + 2DB \times BC$ (II. 1.), itaque $AC\,q = AB\,q + 2GD \times BC$. Proinde in triangulo rectangulo $AC\,q - AB\,q = 2GB \times BC$, in triangulis obliquangulis $AC\,q - AB\,q = 2GD \times BC$.

Aliter ita: cum angulus C, qui lateri $AB < AC$ opponitur, acutus sit (I. 28. I. 17.), generatim (Obs. 1. ad II. 13.) est $AC\,q + BC\,q = AB\,q + 2BC \times CD$, seu (II. 2. Cor. 1. et II. 1.)

$AC q + 2BC \times CG = AB q + 2BC \times CD$, igitur $AC q = AB q + 2BC \times GD$, et $AC q - AB q = 2BC \times GD$. Huc redeunt demonstrationes Whistoni p. 61. sq. Gilberti p. 295.

7) Duobus casibus posterioribus nr. praeced. sunt

$AC q = CD q + AD q$; $AB q = BD q + AD q$,

unde $AC q - AB q = CD - BD q$. Porro sunt

$CD q - BD q = (CD + BD) \times (CD - BD)$ (II. 5. Cor. 10.),

et casu anguli obtusi $CD + BD = 2GD$, $CD - BD = BC$,

casu autem anguli acuti $CD + BD = BC$, $CD - BD = 2GD$.

Quare utroque casu $CD q - BD q = 2BC \times GD$. Utrumque assertum $AC q - AB q = CD q - BD q = 2BC \times GD$ complectuntur, et posterius ex priore alterutro modo hic indicato inferunt Pappi Lemma 2. vel 1. in Apollonii Locor. Plan. L. II. (Collect. Math. fol. 232. b. sq.), Apollonius von Pergen ebene Oerter p. 13. sq. 27. sq. 208. sq. ac Gilbert. die Geometrie nach le Gendre, Simpson u. s. w. I. Th. Halle 1798. p. 304. sq.). Lemma Pappi de triangulo universim enunciatur. Schema ei adiunctum non nisi casum anguli acuti exhibet, demonstratio tamen aeque ad casum anguli obtusi pertinet. Ac II. Prop. 1. Apollonii, quae posteriore huius lemmatis parte nititur, eam non solum ad hos casus, sed etiam ad casum anguli recti extensam requirit.

8) Cuiusvis trianguli quadrata duorum crurum simul dupla sunt quadratorum dimidiae basis ac rectae ab vertice trianguli ductae ad punctum, quo basis bifariam secatur.

Triangulorum ABC (Fig. 177—180.) bases BC bifariam in puncto G secentur, et ab verticibus A ad puncta G ducantur rectae AG.

a) Cum in triangulo aequicruro (Fig. 180.) recta AG sit basi perpendicularis (Obs. ad I. 10.), ideoque sit $AC q = AB q = GC q + AG q = GB q + AG q$ (I. 47.) est $AC q + AB q = 2(GB q + AG q)$.

Sint, ut (Fig. 177—179.) triangulorum ABC crura inaequalia, nempe $AC > AB$. Cum in his recta AG oblique in basin BC incidat (nr. 4.): sit α) ipsum crus minus AB basi BC perpendiculare: tum $AC q = AG q + GC q + 2CG \times GB$ (nr.

4. et II. 12.) =AGq+GBq+2GBq, ob CG=GB (constr.); itaque ACq+ABq=AGq+ABq+GBq+2GBq=2AGq+2GBq, ob ABq+GBq=AGq (I. 47.). Aliter ita: ACq=ABq+BCq (I. 47.) =ABq+4GBq (Constr. et II. 4. Cor. 2.), quare ACq+ABq=2ABq+4GBq=2(ABq+GBq)+2GBq=2AGq+2GBq (I. 47.). β) Si etiam crus minus AB basi BC oblique insistat, ex vertice A demittatur in basin BC perpendiculum AD, quod ad partes anguli acuti AGB cadet (nr. 4.). Tunc cum angulus AGC sit obtusus, AGB acutus, sunt ACq=AGq+CGq+2CG×GD (II. 12.) =AGq+GBq+2GB×GD, ob CG=GB (Constr.) at ABq=AGq+GBq−2GB×GD (II. 13. et Obs. 1. ad II. 13.). Quare ACq+ABq=2(AGq+GBq).

Aliter ita: ACq=ADq+CDq (I. 47.)
ABq=ADq+BDq
igitur ACq+ABq=2ADq+CDq+BDq
=2ADq+2GDq+2GBq (II. 9. aut II. 10.)
=2AGq+2GBq (I. 47.).

9) Propositionem nr. praeced. traditam exhibent Pappi lemma 4. vel 6. in Apollonii Locor. Planor. Lib. II. Collect. Mathem. fol. 234. b. sq.; Apollonius von Pergen ebene Oert. p. 15. 29. 254. sq.; Serenus de Coni sectione Prop. 16. p. 46. sq.; Clavius Euclid. Elem. Francof. 1607. p. 208. sq.; Gregorius a St. Vincentio p. 28. sq.; Franc. a Schooten. Exercitat. Mathem. libr. V. Lugd. Bat. 1657. Prop. Geom. Prop. 18. p. 62. sq.; Viviani de locis solidis libr. III. Prop. 6. p. 34. sq.: Whiston. p. 62. ; Playfair. p. 65. sq.; van Swinden. p. 78.; Gilbert. p. 307. sq.; Thom. Simpson. Elem. of Geom. Lond. 1800. p. 37. Et Simpson. quidem facile adhuc inde et ex I. 34. Cor. 1. deducit sequens theorema: si e puncto aliquo intra rectangulum ducantur rectae ad quatuor eius angulos, summa quadratorum duarum rectarum ad duos oppositos angulos ductarum aequalis est summae quadratorum duarum reliquarum rectarum. Idem theorema van Swinden. Anfangsgr. der Mefsk. Iena 1797. p. 74. ex I. 47. et I. 34. deducit. Pappus ac Whiston. casum

nr. b. β. solum, hic priori, ille posteriori methodo demonstratum sistunt, propositum autem generatim enunciant, quod et supponit Apollonii libr. II. Prop. 5., cui apud Pappum illud inservit. Clavius ac Franc. a Schooten. omnes recensent ac demonstrant casus: ille casum nr. b. α. modo posteriori, hic priori; alterum nr. b. β. uterque modo posteriori. Gregorius casu nr. a. omisso casum nr. b. α. adstruit methodo priori: et casum nr. b. β. in duos dividit, quorum priorem, ubi nempe triangulum est rectangulum, pariter modo priori, alterum posteriori stabilit. Serenus, Viviani, Gilbert. hic exposito, illi strictim indicato et ad I. 47. remisso casu nr. a. duos casus nr. b. una demonstratione complectuntur; Viviani quidem ac Gilbert. priori modo iuxta Obs. 1. ad II. 13., cui hic et alteram casus nr. b. β. demonstrationem subiungit, Serenus autem sequenti methodo simili priori nr. b. β. Cum ob AC$>$AB (supp.) sit (Fig. 181—183.) angulus AGC obtusus, AGB acutus (nr. 4.): ad huius partes cadit perpendiculum BF ex puncto B in rectam AG demissum, quicunque sint anguli ABC, BAG; et perpendiculum CK ex puncto C in eandem AG demissum in ipsam ultra AG productam incidit ad partes anguli CGK deinceps positi obtuso AGC (I. 17. Cor. 5.): atque ob GC$=$GB (Constr.) et angulos K$=$BFG (Constr.), CGK$=$BGF (I. 15.), est GK$=$GF (I. 26.). Proinde AC q $=$AG q$+$GC q$+$2AG$\times$GK (II. 12.) $=$AG q$+$GB q$+$2AG$\times$GF. AB q$=$AG q$+$GB q$-$2AG$\times$GF (Obs. 1. ad II. 13.), et AC q$+$AB q$=$2(AG q$+$GB q). Textui Sereni praeter figuras trianguli aequicruri et acutanguli adiuncta est tertia angulum ABC sistens obtusum: eo itaque saltim modo extensam supponens propositionem II. 13. qui Obs. 1. a. ad II. 13. indicatur: quod tamen ad propositum universim evincendum haud sufficit.

10) Casum propositionis praecedentis (Fig. 180.), quo AB$=$AC,

adeoque AC q$+$AB q seu 2AB q$=$2(AG q$+$GB q)

et AB q$=$AG q$+$GB q,

etiam exprimit assertum: trianguli isoscelis quadratum cruris aequari quadrato rectae ab vertice trianguli ductae ad punctum bisectionis basis et rectangulo sub segmentis basis, in quae puncto illo dividitur, simul. Quod asseitum perstat, quodcunque basis punctum M loco puncti bisectionis G accipiatur. Etenim

$$AB\,q = AG\,q + GB\,q \quad (I.\ 47.)$$
$$= AG\,q + GM\,q + BM \times MC \quad (II.\ 5.)$$
$$= AM\,q + BM \times MC \quad (I.\ 47.).$$

Sed, si (Fig. 184.) punctum M sumitur in basi BC producta:

$$\text{fit } AB\,q = AG\,q + GB\,q \quad (I.\ 47.)$$
$$= AG\,q + GM\,q - BM \times MC \quad (II.\ 6.)$$
$$= AM\,q - BM \times MC \quad (I.\ 47.)$$
$$\text{seu } AB\,q + BM \times MC = AM\,q.$$

Trianguli igitur isoscelis quadratum cruris excedit quadratum rectae ab vertice trianguli ad punctum quodcunque ipsius basis ductae, rectangulo sub segmentis basis, quae punctum hoc dirimit: sed quadratum rectae ab vertice trianguli ad quodlibet basis continuatae punctum ductae excedit quadratum cruris, rectangulo sub rectis, quae pariter puncto illi et extremis basis interiacent.

Generatim differentia quadratorum cruris trianguli isoscelis, et rectae ab vertice eius ductae ad punctum quodcunque basis ipsius, vel productae, aequalis est rectangulo sub rectis, quae puncto illi et extremis basis interiacent.

Lemma hoc Rob. Simson. praemittit propositioni 76. datorum (p. 107 sq.). Priorem eius partem demonstrationi primae eiusdem propositionis apud ipsos 67., ex veteri Scholiaste subiungit Claud. Hardy. (p. 121. sq.); in nota annectit Dav. Gregorius (p. 503). Eandem propositionem tradit Gilbert. (p. 351. 357.) et Gruson. eam pro novo affert l. c. supra in I. 41. Cor. 4. §. 21.

11) Quodsi autem ab trianguli non aequicruri ABC vertice A ducitur AM recta (Fig. 185. 186.) ad punctum quodcunque M basis BC, ab puncto bisectionis eius G diversum; bifariam vero in L secatur AM, et iungitur GL recta: quadrata crurum trianguli simul excedunt quadratum rectae AM

et quadruplum quadratum rectae GL, duplo rectangulo sub segmentis BM et MC. Et si ad basis productae (Fig. 187. 188.) punctum quodcunque M ab vertice A recta AM agitur, pariterque in L bifariam secatur, ac recta GL iungitur: quadratum rectae AM et quadruplum rectae GL quadratum simul excedunt summam quadratorum crurum trianguli duplo sub BM et MC rectangulo. Nempe ducta AG recta, sunt

AC q + AB q = 2AG q + 2GB q (nr. 8.)
= 2AG q + 2GM q + 2BM × MC si M in ipsa basi situm est
= 4AL q + 4GL q + 2BM × MC (nr. 8.)
= AM q + 4GL q + 2BM × MC (II. 4. Cor. 2.)
vel = 2AG q + 2GM q − 2BM × MC si M in producta basi fuerit,
= 4AL q + 4GL q − 2BM × MC (nr. 8.)
= AM q + 4GL q − 2MB × MC (II. 4. Cor. 2.).

12) Eadem constructio applicatur ad triangulum aequicruum (vid. Fig. 180. 184.). Tum vero, ob angulum AGM rectum (Obs. ad I. 10.) est GL = AL = ML (nr. 3.); 2GL = AM; 4GL q = AM q (II. 4. Cor. 2.). Unde ex praeced. si punctum M in ipsa basi fuerit,

erit AC q + AB q seu 2AB q = 2AM q + 2MB × MC
AB q = AM q + BM × MC

si vero punctum M sit in basi producta, erit

AC q + AB q seu 2AB q = 2AM q − 2BM × MC
et AB q = AM q − BM × MC

conformiter nr. 10.

13) Si in trianguli aequicruri alterutrum crus perpendicularis demittitur ex vertice oppositi anguli ad basin; rectangulum sub hoc crure et sub eius segmento, quod basi et perpendiculo interiacet, dimidium est quadrati basis (Pappi Theor. 1. subiunctum. Prop. XXV. lib. V. Collect. mathem. fol. 89.).

Ob angulos ad basin BC trianguli aequicruri ABC (Fig. 189—191 acutos (I. 5. I. 32.) ad partes anguli C cadit perpendiculum BD in crus AC demissum ex vertice B anguli oppositi ad basin (I. 17. Cor. 5.): idemque cum altero crure BA coincidit (Fig. 189.), si trianguli ad verticem A angulus est rectus; intra triangulum in crus ipsum CA cadit (Fig. 190.), si angulus A est acutus; extra triangulum in productum crus CA incidit (Fig. 191.), si trianguli ad verticem angulus BAC est obtusus (I. 17. Cor. 5.).

Primo casu est $BC\,q = AB\,q + AC\,q$ (I. 47.) $= 2CA\,q$, ideoque

$$CA\,q = \tfrac{1}{2}BC\,q.$$

Secundo casu est $BC\,q + 2CA \times AD = AB\,q + AC\,q$ (II. 13.)

$$= 2CA\,q = 2CA \times AD + 2AC \times CD \text{ (II. 2.)}$$

igitur $BC\,q = 2AC \times CD$

et rectang. $AC \times CD = \tfrac{1}{2}BC\,q$.

Tertio casu est $BC\,q = AB\,q + AC\,q + 2CA \times AD$ (II. 12.)

$$= 2(AC\,q + CA \times AD) = 2AC \times CD \text{ (II. 3.)},$$ itaque

rectang. $ACD = \tfrac{1}{2}BC\,q$.

Ita Pappus apud Commandinum. Succinctius et generatim ob angulum C acutum est omnibus casibus

$$AB_q + 2AC \times CD = BC_q + AC_q \text{ (Obs. 1. ad II. 13.)}$$

et ob $AB = AC$, $2AC \times CD = BC\,q$

rectang. $AC \times CD = \tfrac{1}{2}BC\,q$.

14) Sit 1) ABCD parallelogrammum rectangulum (Fig. 192.), cuius iungantur diagonales AC, BD, erit

$$AZ\,q = AB\,q + BC\,q \text{ (I. 47.)}$$

$$BD\,q = \left.\begin{matrix} AB\,q \\ CD\,q \end{matrix}\right) + DA\,q$$

ideoque $AC\,q + BD\,q = AB\,q + BC\,q + CD\,q + DA\,q$

$$= 2(AB\,q + BC\,q).$$

Posterius immediate etiam inde consequitur, quod parallelogrammi rectanguli diagonales invicem sunt aequales (I. 34. Cor. 17.).

2) Sit (Fig. 193.) ABCD parallelogrammum obliquangulum, cuius igitur duo anguli, qui eidem lateri e. gr. AB adiacent, et qui (I. 29.) simul valent duos rectos, sunt unus DAB acutus, alter CBA obtusus. Ductis eius diagonalibus AC, BD (quarum prior, quae vertices angulorum acutorum parallelogrammi iungit, seu obtusis eius angulis opponitur,

altrea maior est (I. 34. Cor. 17.): in latus parallelogrammi quodlibet AB, si parallelogrammum est aequilaterum, et in laterum contiguorum maius AB, si parallelogrammum non est aequilaterum, ab extremis D, C lateris oppositi CD demittantur perpendicula DE, CF: quorum prius, ob angulum

$DBA \overline{\overline{<}} DAB$ (Supp. et I. 5. I. 18.) ideoque acutum (I. 17. Cor. 1.), pariterque (Supp.) acutum DAB intra triangulum ABD, alterum ob angulum CBA obtusum, extra triangulum ABC cadit (I. 17. Cor. 5.), ita ut sit BF=AE (I. 26.), ob BC=AD (I. 34.) atque angulos CBF=DAF (I. 29.) et F= AED rectos (Constr.).

Igitur $AC\,q = AB\,q + BC\,q + 2AB \times BF$ (II. 12.)

$BD\,q = AB\,q + AD^2 - 2AB \times AE$ (Obs. 1. a. ad II. 13.)

$= CD\,q + AD\,q - 2AB \times BF$ (I. 34. et Dem.)

atque $AC\,q + BD\,q = AB\,q + BC\,q + CD\,q + AD\,q = 2(AB\,q + BC\,q)$. Proinde in omni parallelogiammo quadiata diagonalium aequalia sunt quadratis laterum simul, seu dupla sunt quadratorum duorum laterum contiguorum.

Et eo, qui hic traditur, modo (simpliciter tamen pro BD q in subsidium vocata II. 13. nec indicata lateris AB, in quod perpendicula deducuntur determinatione, quae demum, ad quaecunque triangula iuxta Obs. 1. b. extensa propositione II. 13. superflua fit) propositum de parallelogrammis demonstrant Lagny (sur une proposition de géometrie élémentaire Mém. de l'Ac. des Sc. de Paris. Ann. 1707. Amst. p. 412. sq.) Baermannus p. 55.

15) Idem Gregorius a S. Vincentio p. 33.; Viviani de locis solidis L. III. p. 110. sq.; Gilbert. p. 313. inferunt ex propositione demonstrata nr. 8. Nempe cum diagonales parallelogrammi ABCD se mutuo bifariam secent (I. 34. Cor. 1.), sunt $AB\,q + BC\,q = 2GB\,q + 2GA\,q$

$CD\,q + DA\,q = 2GD\,q + 2GA\,q$ (nr. 8.)

$= 2GB\,q + 2GA\,q$.

Quare $AB\,q + BC\,q + CD\,q + DA\,q = 4GB\,q + 4GA\,q = BD\,q + AC\,q$ (II. 4. Cor. 2.).

16) Vicissim propositum de triangulis ex propositione nr. 14. de parallelogrammis demonstrata potest deduci. Trianguli enim cuiuscunque ABD (Fig. 192. 193.) basi BD bifariam in puncto G secta; tum ab trianguli vertice A ad punctum G ducta AG recta, eaque continuata, donec sit GC=GA, et ab extremis B, D basis ad punctum C ductis BC, DC rectis: ob GB=GD, GA=GC (Constr.) et angulum AGB=CGD (I. 15.); sunt (I. 4.) AB=CD, et angulus CAB =ACD, igitur rectae AB, CD parallelae (I. 27.), et aequales (Dem.). Proinde (I. 33.) quadrilaterum ABCD est parallelogrammum. Cf. I. 34. Cor. 8. Et hinc 2(ABq+ADq)= ACq+BDq (nr. 14.) =4AGq+4GBq (Constr. et II. 4. Cor. 2.) ideoque ABq+ADq=2AGq+2GBq.

17) Cum parallelogrammi utraque diagonalis alteram secet bifariam (I. 34. Cor. 1.) et vicissim quadrilaterum, cuius ambae diagonales se mutuo bifariam secant, sit parallelogrammum (nr. 16. vel I. 34. Cor. 8.); sequitur: quadrilateri non parallelogrammi, seu trapezii ambas diagonales se mutuo bifariam non secare.

1. Bifariam in E secet (Fig. 194. 195.) trapezii ABCD diagonalis BD ipsa, vel producta, alteram AC; ipsa autem BD bifariam secta sit in puncto F. Erunt

$$\left.\begin{aligned} AB\,q + BC\,q &= 2AE\,q + 2BE\,q \\ CD\,q + DA\,q &= 2AE\,q + 2DE\,q \end{aligned}\right\} \text{(nr. 8. sq. 15.)}$$

igitur $AB\,q + BC\,q + CD\,q + DA\,q = 4AE\,q + 2BE\,q + 2DE\,q$.

Sed $BE\,q + DE\,q \quad 2DF\,q + 2EF\,q$ (II. 9. 10.).

Quare $AB\,q + BC\,q + CD\,q + DA\,q = 4AE\,q + 4DF\,q + 4EF\,q$

$= AC\,q + BD\,q + 4EF\,q$ (II. 4. Cor. 2.)

2. Neutra trapezii ABCD diagonalis (Fig. 196. 197.) ipsa, vel producta alteram secet bifariam; seu ab puncto, in quo diagonales AC, BD se mutuo secant, diversa sint puncta E, F, quibus bifariam secantur ipsae AC, BD; rectae igitur BE, DE triangulum constituant super diagonali BD, intra quod cadit EF recta. Tum rursus

$$\left.\begin{array}{l} AB\,q + BC\,q = 2AE\,q + BE\,q \\ CD\,q + DA\,q = 2AE\,q + 2DE\,q \end{array}\right\} \text{(nr. 8. sq. 15.)}.$$

Quare $AB\,q + BC\,q + CD\,q + DA\,q = 4AE\,q + 2(BE\,q + DE\,q)$.

Sed pariter $BE\,q + DE\,q = 2BF\,q + 2EF\,q$ (nr. 8. sq. 15.)

Etiamnunc itaque $AB\,q + BC\,q + CD\,q + DA\,q$

$= 4AE\,q + 4BF\,q + 4EF\,q$

$= AC\,q + BD\,q + 4EF\,q$ (II. 4. Cor. 2.).

In quovis igitur trapezio, seu quadrilatero non parallelogrammo quadrata laterum simul aequalia sunt quadratis diagonalium et quadruplo quadrato rectae interceptae punctis, quibus diagonales bifariam secantur.

18) Theorema hoc, quod singularem proprietatem omnium quadrilaterorum notatu maxime dignam complecti iure praedicat, et nusquam adhuc neque prolatum, neque demonstratum esse profitetur Leonh. Eulerus in dissertatione inscripta: Variae demonstrationes geometricae ac Novis Comment. Acad. Scient. Petrop. Tom. I. ad annum 1747. et 1748. (Petrop. 1750.) inserta, ipse (§. 25. sqq. p. 63. sqq.) ab parallelogrammorum proprietate nr. 14. sq. ostensa sic fere deducit: circa trapezii ABCD (Fig. 198.) latera contigua AB et AD, BC et CD compleantur parallelogramma ABKD, BCDL, et praeter trapezii ac parallelogrammorum diagonales AC, BD, AK, CL, ducantur rectae AL, CK. Ita erunt anguli CDB $=$ DBL, KDB $=$ DBA (I. 29.). Quare (I. 4.) CK $=$ AL, et angulus CKD $=$ LAB. Sed et angulus DKA $=$ BAK (I. 29.). Igitur angulus CKA $=$ LAK, ideoque (I. 27.) CK, AL sunt parallelae. Quare, cum et aequales sint (Demonstr.) ALKC pariter est parallelogrammum (I. 33.). Igitur

$$\left.\begin{array}{l} 2(BC\,q + CD\,q) = BD\,q + CL\,q \\ CL\,q + AK\,q = 2(AC\,q + CK\,q) \end{array}\right\} \text{(nr. 14. sq.)}.$$

Unde $2(BC\,q + CD\,q) + AK\,q = BD\,q + 2(AC\,q + CK\,q)$.

Sed et $2(AB\,q + AD\,q) = BD\,q + AK\,q$ (nr. 14. sq.).

Ergo $2(AB\,q + AD\,q) + 2(BC\,q + CD\,q) = 2BD\,q + 2(AC\,q + CK\,q)$.

$$AB\,q + BC\,q + CD\,q + DA\,q = BD\,q + AC\,q + CK\,q$$

h. e. summa quadratorum laterum trapezii excedit summam quadratorum diagonalium eius quadrato rectae CK, qua trapezii ABCD et parallelogrammi ABKD tria puncta D, A, B communia habentium, puncta diversa C, K iunguntur, atque ut ait Eulerus (§. 26. p. 65.) discrimen trapezii a parallelogrammo exponitur.

Porro per punctum F, in quo parallelogrammi ABKD diagonales AK, BD se mutuo secant, idque bifariam (I. 34. Cor. 1.), per quod proinde etiam transit altera parallelogrammi BCDL diagonalis CL (I. 34. Cor. 1.) rectis AC, CK parallelae agantur FM, FE, itaque describatur parallelogrammum FMCE, cuius latera EC=FM, EF=CM (I. 34.). Cum, ob AF=FK (I. 34. Cor. 1.) et angulos FAE=KFM, AFE=FKM (I. 29.), etiam sint (I. 26.) AE=FM, EF=MK: erunt AE=EC (h. e. AC bifariam in E secabitur) et CM=MK=EF, adeoque CK=2EF CK q=4EF q (II. 4. Cor. 2.) et AB q +BC q+CD q+AD q=BD q+AC q+4EF q.

Eiusdem propositionis, ab Eulero sine subiuncta demonstratione cum ipso communicatae demonstrationem analytico trigonometricam eodem in T. Commentar. Petrop. p. 131. sq. dedit Kraftius. Demonstrationem Euleri etiam exponunt Wucherer. Einige geometr. Saetze. Progr. 1780. §. 30. ff. Kleine Schriften Carlsruhe 1799. S. 133. f. ac Gilbert. p. 314. sq.

19) In quadrilateris igitur summa quadratorum laterum vel adaequat (nempe in parallelogrammis nr. 14. sq.) vel excedit (nimirum in non parallelogrammis nr. 17. sq.) summam quadratorum diagonalium: nunquam ea est minor; seu nullum exhiberi potest quadrilaterum, in quo summa quadratorum laterum minor sit, quam summa quadratorum diagonalium (Euler. l. c. p. 65.).

20) In trapezio, cuius duo latera opposita sunt parallela, latera haec inaequalia sunt (Append. ad I. 34. nr. 3.) et neutra diagonalis alteram secat bifariam (Append. ad I. 34. nr. 5.). At, quae in trapezio, cuius duo latera parallela sunt, iisdem lateribus per punctum bisectionis unius diagonalis parallela agitur recta, bifariam quoque secat alteram diagonalem (Append. ad I. 34. nr. 6.); ipsaque recta, punctis, quibus

diagonales bifariam secantur, intercepta, est semidifferentia laterum parallelorum trapezii (Append ad I. 34. nr. 7.): unde consequitur, in trapezio, cuius latera sunt parallela, quadrata laterum simul aequalia esse quadratis diagonalium, et quadrato differentiae laterum parallelorum. Sint enim (Fig. 199.) in trapezio ABCD parallela latera AB, CD, et $AB > CD$. Bifariam in E secetur altera eius diagonalis AC et per punctum E agatur lateribus AB, CD parallela EF, diagonalem BD secans in puncto F, eritque $EF = \frac{AB - CD}{2}$ (Append. ad I. 34. nr. 7.), ideoque $2EF = AB - CD$, $4EF\,q = (AB - CD)\,q$ (II. 4. Cor. 2.): itaque (nr. 18. sq.) $AB\,q + BC\,q + CD\,q + DA\,q = AC\,q + BD\,q + (AB - CD)\,q$.

21) Ob $AB\,q + CD\,q = 2AB \times CD + (AB - CD)\,q$ (II. 7.) porro fit $BC\,q + DA\,q + 2AB \times CD + (AB - CD)\,q$

$= AC\,q + BD\,q + (AB - CD)\,q$ (nr. 20.)

vel $BC\,q + DA\,q + 2AB \times CD = AC\,q + BD\,q$,

h. e. in trapezio, cuius duo latera sunt parallela, quadrata diagonalium simul aequalia sunt quadratis laterum nonparallelorum, et duplo sub lateribus parallelis rectangulo.

22) Trapezii ABCD (Fig. 200.) latera AB, CD sint parallela, atque altera duo AD, BC sint aequalia: et sit $AB > CD$. Per C ducta lateri AD parallela CN; sunt (I. 34.) $AN = CD$, $CN = AD = CB$. Itaque angulus $CBN = CNB$ (I. 5.) $= DAB$ (I. 29.). Et hinc ob $BC = AD$, $AB = AB$, est $AC = BD$ (I. 4.): et $2AC\,q = 2BC\,q + 2AB \times CD$ (nr. 21.) vel $AC\,q = BC\,q + AB \times CD$. Trapezii igitur, cuius duo latera sunt parallela, et altera duo aequalia, diagonales invicem sunt aequales, et cuiuslibet diagonalis quadratum aequale est rectangulo sub lateribus parallelis trapezii et quadrato unius laterum nonparallelorum simul. Caeterum ob triangulum BNC isosceles, et $AN = CD$ (Demonstr.) immediate etiam ex parte posteriori propositionis 10. consequitur, esse

$AC\,q = BC\,q + 2CD \times AB$.

23) Pariter propositum nr. 21. potest ad partem posteriorem nr. 11. reduci. In trapezio enim ABCD (Fig. 201.) cu-

ius latera AB, CD sunt parallela, et AB>CD, per punctum C ducta CN lateri AD parallela: fit ANCD parallelogrammum, cuius igitur latera AN=CD, CN =AD (I. 34.), ac diagonales AC, DN se mutuo bifariam secant in L (I. 34. Cor. 1.). Per punctum L agatur alteri trapezii ABCD diagonali BD parallela LG, et per punctum G, ubi haec lateri AB occurrit, recta GI parallela rectae DN. Erunt (I. 34.) GL=DI, GI=DL. Quare ob DL=NL (Dem.), etiam GI=NL. Praeterea sunt anguli IGB=LNG, IBG=LGN (I. 29.), ideoque (I. 26.) BG=GN, BI=GL. Sed et DI=GL (Dem.). Ergo BD=2GL. Trianguli igitur BNC basin BN bifariam dividit punctum G: et ad basis huius BN productae punctum A ab trianguli vertice C ducta est AC recta, quae pariter bifariam dividitur puncto L: proinde est (nr. 11.) AC q+4GL q=BC q +CN q+2NA×AB.

Sed et 2GL=BD, CN=DA, NA=CD (Dem.). Ergo

AC q+BD q=BC q+DA q+2CD×AB.

24) Quae nr. 17. 18. de trapeziis dicta sunt, possunt sequentem in modum ad figuras rectilineas plurium laterum adplicari. Sit v. c. (Fig. 202.) ABCDEFGH figura rectilinea octo lateribus comprehensa, in qua ducantur primo a quovis angulo figurae diagonales ad angulum qui secundus ab ipso est, nempe AC, BD, CE, DF etc. (has diagonales primi ordinis vocabimus); pariterque ducantur a quovis angulo figurae diagonales ad tangulum, qui tertius ab ipso est, nempe AD, BE, CF, DG etc. (quas diagonales secundi ordinis vocabimus), et efficient singulae hae diagonales secundi ordinis cum ternis lateribus figurae propositae trapezia, quorum diagonales eaedem erunt, ac diagonales figurae, quas primi ordinis diximus. Quodsi igitur singulae hae diagonales primi ordinis bisecentur in punctis a, b, c, d etc. et iungantur ab, bc, cd, de etc.

erit ex nr. 17. 18. in trapezio ABCD

AB q+BC q+CD q+DA q=AC q+BD q+4bc q

Pariter in trapezio BCDE erit

BC q+CD q+DE q+EB q=BD q+CE q+4cd q

in trapezio CDEF

$$CD\,q + DE\,q + EF\,q + FC\,q = CE\,q + DF\,q + 4de\,q$$

in trapezio DEFG

$$DE\,q + EF\,q + FG\,q + GD\,q = DF\,q + EG\,q + 4ef\,q$$

in trapezio EFGH

$$EF\,q + FG\,q + GH\,q + HE\,q = EG\,q + FH\,q + 4fg\,q$$

in trapezio FGHA

$$FG\,q + GH\,q + HA\,q + AF\,q = FH\,q + GA\,q + 4gh\,q$$

in trapezio GHAB

$$GH\,q + HA\,q + AB\,q + BG\,q = GA\,q + HB\,q + 4ha\,q$$

denique in trapezio HABC

$$HA\,q + AB\,q + BC\,q + CH\,q = HB\,q + AC\,q + 4ab\,q$$

Quodsi itaque omnia in unam summam colligamus, erit

$$\begin{aligned} &3(AB\,q + BC\,q + CD\,q + DE\,q + EF\,q + FG\,q + GH\,q + HA\,q) \\ &+ AD\,q + BE\,q + CF\,q + DG\,q + EH\,q + FA\,q + GB\,q + HC\,q \\ &= 2(AC\,q + BD\,q + CE\,q + DF\,q + EG\,q + FH\,q + GA\,q + HB\,q) \\ &+ 4(ab\,q + bc\,q + cd\,q + de\,q + ef\,q + fg\,q + gh\,q + ha\,q) \end{aligned}$$

i. e. erit triplex summa quadratorum laterum figurae, si ei addas summam quadratorum diagonalium secundi ordinis, aequalis duplici summae quadratorum diagonalium primi ordinis, si ei adiicias quadruplicem summam quadratorum earum rectarum, quae puncta proxima bisectionis diagonalium primi ordinis coniungunt. Et facile patet, etiam in figuris plurium laterum, quotcunque ea fuerint, eandem valere demonstrationem. Caeterum, quum diagonales secundi ordinis primum in Pentagonis locum habeant (in quibus ipsis tamen coincidunt cum diagonalibus primi ordinis) etiam hoc propositum, saltim si verba sensu proprio ac solito sumantur, incipiendo tantum a Pentagonis valebit, sensu tamen improprio illud etiam ad ipsa trapezia, quin ad triangula adeo adplicare possis, dum nempe in illis pro diagonalibus secundi ordinis ipsa trapezii ABCD latera sumas, diagonales primi ordinis autem *quatuor* nempe AC, BD, CA, DB in computum ducas, pariterque rectas, quae earum bisectionis puncta iungunt (quarum proprie una tantum est) quatuor (unam nempe quater repetitam a prima diagonali ad secundam, a secunda ad tertiam, a tertia ad quartam, et a quarta denuo ad primam) numeres: in triangulis autem diagonales secundi ordinis nullae sunt, diagonales primi ordinis autem cum lateribus trianguli coincidunt.

25) Quodsi polygonum sit regulare v. c. octogonum regulare (Fig. 203.), erunt non tantum omnia latera polygoni inter se aequalia, verum etiam omnes diagonales primi ordinis, ut facile ex I. 4. patet, pariterque omnes diagonales secundi ordinis, et omnes rectae, quae duo proxima puncta bisectionis diagonalium primi ordinis coniungunt. Quare tum in omnibus polygonis $3AB\,q + AD\,q = 2AC\,q + 4ab\,q$.

26) Hoc casu, si nempe polygonum sit regulare, AD, diagonalis secundi ordinis aequalis est $AB + 2ab$ nempe lateri polygoni et duplo rectae, quae duo proxima puncta bisectionis diagonalium primi ordinis coniungit. Quum enim (I. 4.) triangula ABH, BAC, CBD etc. sint aequalia, et nominatim sit $HB = AC = BD$ etc. et $ABH = CBD = CDB$ etc. erit triang. $HAC = HBC$ (I. 8.) et nominatim $AHC = BCH$. Quum vero etiam $HAB = ABC$ (Hyp.) erit $AHC + HAB = BCH + ABC$, adeoque, quum omnes anguli quadrilateri $ABHC$ sint quatuor rectis aequales (I. 32. Cor. 12.) erunt $AHC + HAB$ aequales duobus rectis, adeoque AB et HC parallelae (I. 29.): eodemque modo ostenditur, esse BC, AD parallelas. Et, quum in trapezio $ABCD$ recta bc bisecet (Hyp.) utramque diagonalem AC, BD, erit $bc = \frac{AD - BC}{2}$ (nr. 7. Append. ad I. 34.), vel $2bc = AD - BC$, vel $AD = BC + 2bc = AB + 2ab$.

27) Quum nr. 25. sit $3AB\,q + AD\,q = 2.AC\,q + 4ab\,q$, et $AD = AB + 2ab$ adeoque $AD\,q = AB\,q + 4AB.ab + 4ab\,q$ (II. 4.) erit $4AB\,q + 4AB.ab + 4ab\,q = 2AC\,q + 4ab\,q$, vel $4AB\,q + 4AB \times ab = 2AC\,q$, vel $2AB\,q + 2AB \times ab = AC\,q$ vel $AB\,q + 2AB \times ab = AC\,q - AB\,q$, vel $AB \times (AB + 2ab) = AC\,q - AB\,q$, vel $AB \times AD = AC\,q - AB\,q$. In polygono regulari quocunque igitur rectangulum contentum inter latus polygoni et diagonalem secundi ordinis aequale erit excessui, quo quadratum diagonalis primi ordinis superat quadratum lateris polygoni.

Caeterum ea, quae nr. 25—27. de polygono regulari diximus, etiam in quovis trapezio *ABCD* locum habent, cuius tria latera *AB*, *BC*, *CD* aequalia sunt, et quod etiam diagonales *AC*, *BD* aequales habet. In eo quippe semper *AD*, *BC* parallelae erunt (I. 29.), quum in triangulis aequalibus (I. 8.) *ABC*, *BCD*, anguli *ABC*, *BCD*, pariterque in triangulis aequalibus (I. 8.) *BAD*, *CDA* anguli *BAD*, *CDA* sint aequales, adeoque $ABC+BAD=BCD+CDA=2$ rectis (I. 32. Cor. 12.). Unde ex nr. 22. erit $3AB\text{q}+AD\text{q}=2AC\text{q}+(AD-BC)\text{q}$, vel (nr. 7. Append. ad I. 34.) $3AB\text{q}+AD\text{q}=2AC\text{q}+4ab\text{q}$, unde consequitur, ut supra, esse $AB\times AD=AC\text{q}-AB\text{q}$.

28) Quae nr. 24. de relatione mutua quadratorum laterum figurae alicuius, et quadratorum diagonalium primi et secundi ordinis dicta sunt, porro in poligonis, quorum numerus laterum maior est, generalius adhuc exprimi possunt, in computum vocatis etiam quadratis diagonalium tertii, quarti et aliorum superiorum ordinum. Et, si quis tentare, et loco trapeziorum *ABCD*, *BCDE* etc. (Fig. 202.) iam pentagona *ABCDE*, *BCDEF* etc. considerare, et ad haec dicta nr. 24. adplicare velit, facile regulam generalem analogam ei, quam nr. 24. habuimus, satis simplicem locum habere, deprehendet. Nos tamen haec talia, quamvis haud infructuosa esse videantur, quum elementorum fines excedere fere videantur, aut certe, ne nimis longi simus, consulto praetermittimus.

EXCURSUS IV.

AD

ELEMENTORUM

III. 16.

Diximus ad III. 16. tertiam eius partem in textu graeco affirmare, angulum semicirculi (i. e. ut volunt, angulum, quem circumferentia circuli cum diametro efficiat) maiorem esse quovis angulo acuto rectilineo; angulum contra, quem circumferentia cum recta, diametro in puncto eius extremo ad angulos rectos ducta efficiat (quem angulum contingentiae vel contactus vocant) minorem esse quovis angulo acuto rectilineo.

Iam super hac tertia Prop. III. 16. parte magnae apud nonnullos Euclidis interpretes lites ortae sunt, quarum brevem commemorationem, quamvis non admodum magni momenti esse videantur, noluimus tamen hoc loco praetermittere. Et constat, praecipuos huius disceptationis coryphaeos Peletarium fuisse ac Clavium, quorum ille quidem primus in editis ab, ipso Euclidis Elementis monuit, angulum illum contactus quem vocant, re vera non esse angulum, nec omnino quantitatem. Namque ita saltim geometriam sibi ipsi constare, et multa paradoxa, et sibi ipsis repugnantia, quae e contraria opinione nascerentur, declinari posse putavit. Paradoxa autem illa, quorum partem iam Campanus, Cardanus, aliique observaverant, erant fere eiusmodi:

1) Euclidem docere X. 1.: si a maiore duarum magnitudinum auferatur maius quam dimidium, et a residuo ma-

ius quam dimidium, et id semper fiat, relinqui tandem magnitudinem, quae minor sit minore duarum, quae primo exhibitae erant, magnitudinum. Atqui, si is, quem circumferentiam cum contingente efficere dicant, angulum, vere pro angulo habere velis, isque ex propositione hac III. 16. minor sit quovis angulo acuto rectilineo, consequens esse, angulum acutum rectilineum, quamvis ei semper plus quam dimidium detrahas, partem tamen relinquere angulo illo contactus maiorem, quod cum X. Prop. 1. conciliari nequeat. Idem fere aliter, ut Cardanus habeat (libro de subtilitate), ita exprimi posse: aliquam quantitatem (angulum contactus) posse continue, atque adeo infinite augeri, alteram autem (angulum aliquem acutum) infinite minui, et tamen augmentum illius, quantumcunque sit, minus semper fore huius decremento.

2) Si angulus circumferentiae (quem circumferentia cum diametro efficiat) maior sit quovis angulo acuto rectilineo, posse transiri a minori (angulo acuto) ad maius (angulum rectum), vel contra per omnia media, neque tamen transiri per aequale (nempe per angulum aequalem angulo semicirculi), quod Campanus moneat. His aliisque difficultatibus se expedire se posse putat Peletarius, si asserat, angulum illum, quem dicunt, contactus re vera non esse angulum, nec omnino quantitatem; rectam, quae circulum contingat, in puncto contactus potius cum circumferentia coincidere, non ad eam inclinari, quod ipsum tamen ad naturam anguli pertineat, qui in *sectione* consistat, non in *contactu*; angulum autem semicirculi omnino rectum esse, vel recto rectilineo aequalem; circulos autem se contingentes, sive extra, sive intra id fiat, angulum non efficere.

Clavius autem se paradoxa illa, quae e Cardano et Campano afferantur, nec negare nec reformidare testatur, eam vero, quam inter III. Prop. 16. et X. 1. intercedere dicat Peletarius discrepantiam, aut contradictionem potius neminem anxium reddere debere, non enim veram esse illam discrepantiam, Euclidem quippe X. Prop. 1. de quantitatibus tantum *homogeneis* loqui, angulos autem rectilineos non eiusdem generis esse ac angulum contactus, quamvis etiam hic veri nominis quantitas sit, quod inde pateat, quod et ipse non quidem per lineam rectam, at per arcus maioris circuli in infinitum dividi possit.

Caeterum Euclidem, si angulum contactus nihilum prorsus, et angulum semicirculi angulo recto aequalem esse putasset, non tantopere desudaturum fuisse ut demonstraret, angulum contactus esse minorem quovis angulo acuto rectilineo, angulum vero semicirculi maiorem.

Haec praecipua fere erant, de quibus Peletarium inter ac Clavium, edita etiam a Peletario Apologia, cui iterum respondit Clavius, variis hinc inde argumentis disputabantur. Quamvis autem postea plerique summi geometrae quoad partem potissimam in Peletarii sententiam abierint, cum quo hodie etiam tantum non omnes faciunt, ut nempe angulum illum contactus non esse veri nominis angulum affirment, negari tamen nequit, post Peletarium demum rem omnem a viris sagacissimis perfecte expositam ac dilucidatam fuisse. Et Vieta quidem (Varior. cap. XIII.) primus fuisse videtur, qui tertiam illam partem propositionis III. 16. spuriam, et a Proclo aliove additam iudicaret, et Peletarii sententiam firmioribus rationibus stabiliret, quas postea adoriri tentavit Ioannes Camillus Gloriosus Neapolitanus (Dec. II. Exercitat. Mathem.). Galilaeus contra in epistola ad Gloriosum missa (Dec. III. Exercitat. Mathem.) dubia Gloriosi refellere sategit, eique adstipulatur etiam Vincentius Viviani. Cf. Carlieri Elementi Piani e Solidi d'Euclide Firenze 1769. P. I. p. 148. Galilaeus maxime angulum illum contactus, quem dicunt, et a circumferentia circuli rectaque contingente effici volunt, non esse veri nominis angulum, quin ne quantitatem quidem, ita potissimum ostendere studet, ut circuli circumferentiam comparet cum perimetro figurae regularis illi inscriptae. Rectam AB (Fig. 281.), quae ad latus CD alicuius polygoni ita applicetur, ut illud non secet, sed cum eo coincidat, nullum certe cum hoc latere angulum efficere ait, quem demum constituat cum latere proxime sequente DE, tandem autem esse rationem circumferentiae circuli comparatae cum recta eum contingente, quae lateris *CD* cum recta *AB*; angulo hic non locum esse. Et, quod alii obiiciant, posse tamen locum inter circumferentiam circuli rectaeque illum contingentis per arcus maioris circuli in infinitum dividi, nihil ad rem facere. Idem enim obtinere circa perimetros similium poligonorum (Fig. 282.) his circulis inscriptorum *BIOS* . . . *BCDF* . . . quorum latera *BI*, *BC* coincidant, adeoque cum recta *AE* circulos in *B* contingente unum eundemque angulum *IBE*, vel *CBE* efficiant. Nempe in his quoque perimetrum polygoni maioris locum quidem inter contingentem *BE* et perimetrum polygoni minoris interceptum pertransire ac dividere, ipsum autem angulum *IBE* non secare aut dividere. Iam si cogitare velis polygonum laterum numero infinitorum maiori circulo inscriptum, ita ut angulus *CBE* infinite parvus evadat, semper tamen minori circulo polygonum totidem laterum ac in priore polygono sunt, inscriptum cogitari posse, quod habiturum sit angulum *IBE* aequalem angulo *CBE*, nunquam itaque talem angulum dividi a recta *CB*, quodsi autem dividi non possit, non esse quantitatem, si quantitas non sit, non esse veri nominis angulum, sed aequivoce ita dictum. Viviani praeterea illud maxime urget, ex ipsa Euclidis anguli plani definitione (I. 18. Def.), qua dicat, angulum planum esse duarum linearum in plano se tangentium, et *non in directum iacentium* mutuam inclinationem, satis apparere, illi sermonem tantum esse de angulis, qui a lineis rectis efficiantur: in his solis enim evenire posse, ut una alteri in directum iaceat, quoad angulos igitur, quos Proclus L. II. ad Def. 8. aliique curvilineos aut mixtilineos vel corniformes, aut quos alios effingant, prorsus superfluam futuram fuisse Euclidis illam determinationem. Accedere, quod nullibi ille ex professo, ut dicunt, theorema aliquod aut problema de angulis istiusmodi proponat, unde cum Vieta (Oper. Mathem. p. 386.) suspicari licere, fuisse eorum mentionem in libro tertio factam ab alio quodam adsutam. Ab eodem forte etiam mutatam fuisse (I. Def. 8.), quae primum ita habuerit: angulus est mutua inclinatio duarum rectarum in eodem plano positarum, quae quum in eodem puncto sibi occurrant, non tamen in directum iacent. Si quis vero haec neget, et (I. Def. 8.) Euclideam esse affirmet, circumferentiam tamen circuli, cuius diversae partes aliam aliamque versus rectam contingentem inclinationem habeant, non dici posse certum aliquem angulum cum ea efficere, atque ex his pariter ac ex allatis a Galilaeo rationibus consequi, angulum illum contactus, quem dicant, non esse veri nominis angulum aut quantitatem. Idem fere, quamvis e rationibus paullo diversis dilucide explicatum sistit (nempe diverticulum illud contingentiae, ut vocat, non esse angulum, et circulum efficere cum tangente non unicam sed infinitas inclinationes) Borellius in Euclide restituto. Aliter paullo, at, ut mihi videtur, minus feliciter rem aggressus erat Tacquet., qui affirmat, nullum angulum esse quantitatem, sed modum tantum quantitatis. Esse enim angulum linearum inclinationem, inclinationem autem non magis esse quantitatem ac curvitatem aut inflexionem et fractionem. Atque ita ille omnes scopulos evitare posse putat, quod (X. 1.), quae de quantitatibus tantum agat, non applicari possit ad non-quantitates. At nescio, an non in alios graviores incidat, dum aequalitatem adeo aut inaequalitatem angulis abiudicandum esse, nec nisi sensu improprio pro similitudine ac dissimilitudine de iis praedicari censet.

Caeterum eadem fere ac Tacqueti opinio fuisse videtur Gregorii a St. Vincentio, qui in opere suo, Geometr. Quadraturae circuli p. 871. angulos tam rectilineos, quam curvos et mixtos ad quantitatem tantum *spectare*, nec ipsos *esse* quantitatem dixit, sed tantum aliquid ad quantitatem pertinens. Nisi enim hoc sumatur, putat, necessario consequi, omnes angulos contactus a maioribus, minoribusque circulis factos esse aequales, adeoque totum esse aequale parti. Hanc Gregorii opinionem contra Vincentii Leotaud., qui in cyclometria ab ipso edita cum Clavio fere in hac re consentiebat, obiectiones defendere studuit Aynsoom. Expositio ac dilucidatio Geometr. Quadrat. Circuli Gregorii a St. Vincent. 1656.

Longe autem copiosissime, et perspicue pariter ac subtiliter in causa hac versatus est Wallisius, in cuius Oper. Mathem. Tom. II. 1693. p. 605—664. peculiaris est tractatus de angulo contactus et semicirculi editus ante iam 1656., cum nova, quae 1685. ei accesserat, defensione prelo iam repetitus. Is nempe ante omnia monet, ex Euclidis definitione I. 8. *angulum planum esse mutuam κλίσιν seu inclinationem duarum rectarum in plano se tangentium, et non in directum positarum* rem diiudicandam esse. Quamvis igitur non requiratur, ut lineae (quod Peletarius voluerat) productae se invicem *secent*, id certe requiri, ut lineae, quae angulum constituunt, mutuo erga se *inclinentur*. Ideo, si quae lineae concurrant, nec tamen inclinentur, quod ipsum fiat, quum circumferentia a recta aliqua contingatur, eas nullum inter se angulum constituere. Angulum praeterea iudicari non nisi ex ea linearum concurrentium inclinatione, quam sortiantur in ipso concursus puncto. Denique verba: (μὴ) ἐπ' εὐθείας κειμένων aliter, ac vulgo sumuntur, explicare studet. Putat nempe, ea significare non lineas tantummodo rectas continuatas, sive duo segmenta contigua eiusdem rectae (sic enim continuatam peripheriam in singulis sui punctis angulum formare dicendam fuisse, quod tamen nec Euclides nec alius quisquam affirmet), sed per *lineas in directum positas* eas intelligi, quae se mutuo continuare dici possint, ut exinde una linea fiat. Et quamvis admodum dubitemus, an haec ultima verborum ἐπ' εὐθείας κειμένων explicatio, quam caeterum iam Clavius ad I. Def. 8. proposuerat, probari, et cum usu loquendi conciliari possit, caetera tamen pleraque, quae Wallisius habet, ita comparata sunt, ut facile omnium assensum extorquere debeant. Nempe angulum, quem contactus vocant, cum Peletario nullum esse statuit, quod recta circulum contingens ad circumferentiam in contactus puncto non inclinetur, sed super ipsam ἀκλινῶς iaceat, vel cum ipsa coincidat, angulum autem semicirculi rectum esse affirmat, et simul Clavio ad ea, quae Peletario opposuerat, et postea Leotaudo quoque respondet. Omnia huc referre longum fuerit. Summa huc fere redit. Verum quidem esse, nonnisi magnitudines eiusdem generis inter se comparari posse, at angulos curvilineos et mixtilineos (ubi nempe pro directione curvae in puncto contactus semper sumitur recta curvam in hoc puncto contingens) tam inter se, quam cum rectilineis eiusdem generis esse, quod variis modis, maxime quod unus multiplicatus alterum superare possit, demonstrari queat. Itaque necesse esse e rationibus a Peletario allatis angulum contactus pro nullo, angulum autem semicirculi pro angulo recto habere. Multa praeterea ingeniose excogitata ad stabiliendam suam sententiam adiicit. Et sane post ea, quae Peletarius, Galilaei., Viviani. et Wallisius, quibus nostra aetate praecipue adhuc accesserunt Karsten. in libro inscripto: Mathem. Abhandl. Halle 1786., ubi p. 396—422. de hac re fusius disputat, et se prorsus cum Wallisio consentire fatetur, et Gilbert: die Geometrie nach le Gendre p. 122. sqq. ad rem diiudicandam contulere, nihil prorsus superesse videtur, de quo ulla ratione ambigi possit. Res omnino eo fere redit. Curvae quaecunque, quum earum partes aliae alio diriguntur, non dici possunt *integrae* certam aliquam directionem, vel constantem erga aliam lineam, nominatim erga rectam aliquam, inclinationem habere. Proprie loquendo igitur non sermo esse potest de angulo, quem curva aliqua integra cum alia curva, aut cum linea recta efficiat, sed tantum de angulo, quem elementa eius in puncto contactus cum illis factura essent, siquidem eam, quam ibi habent, directionem ulterius prosequi possent. At haec elementorum curvae directio, ut ipsum directionis vocabulum indicat, coincidit cum directione rectae curvam in hoc puncto contingentis i. e. cum ipsa hac recta contingente. Curva igitur, vel potius curvae elementum in ipso contactus puncto cum recta contingente, cum qua in hoc puncto coincidit, nullum angulum efficit, cum ea autem recta, quae ad rectam contingentem perpendicularis est, curva, aut potius curvae elementum contactus puncto proximum etiam ipsum angulum rectum efficere dicendum erit, siquidem angulum appellare velis inclinationem *elementi infinite parvi* ad rectam contingenti perpendicularem. Itaque pars tertia III. Prop. 16., ut in Elementis legitur, nihil prorsus continet, quod non etiam in parte secunda contineatur, et poterat illa, sive ab Euclide sit, sive, quod multi, nominatim Rob. Simson. putant, ab alio quodam addita fuerit, egregie omitti, quod etiam factum videmus tum ab antiquioribus, tum a recentioribus nonnullis, nominatim a Giordano da Bitonto, Borellio, Coëtsio, Playfairo, Roberto Simson. et nobis fortasse excusatione opus fuerit, quod rei, quae simulac rite evoluta fuerit, nihil difficultatis habere potest, tam diu immorati simus: noluimus tamen hanc causam intactam relinquere, vel, quod ad historiam geometriae pertinere videbatur, vel quod, ut monet Karstenius (mathem. Abhandl. p. 108. sqq.) subinde adhuc sunt, qui in sublimioribus quoque Matheseos partibus doctrina de angulo contactus male intellecta abutuntur ad falsas suas de infinite parvi natura notiones tuendas ac fulciendas.

BONNAE,

EX OFFICINA BÜSCHLERIANA

APUD ANTONIUM HACKERUM.

T. I.

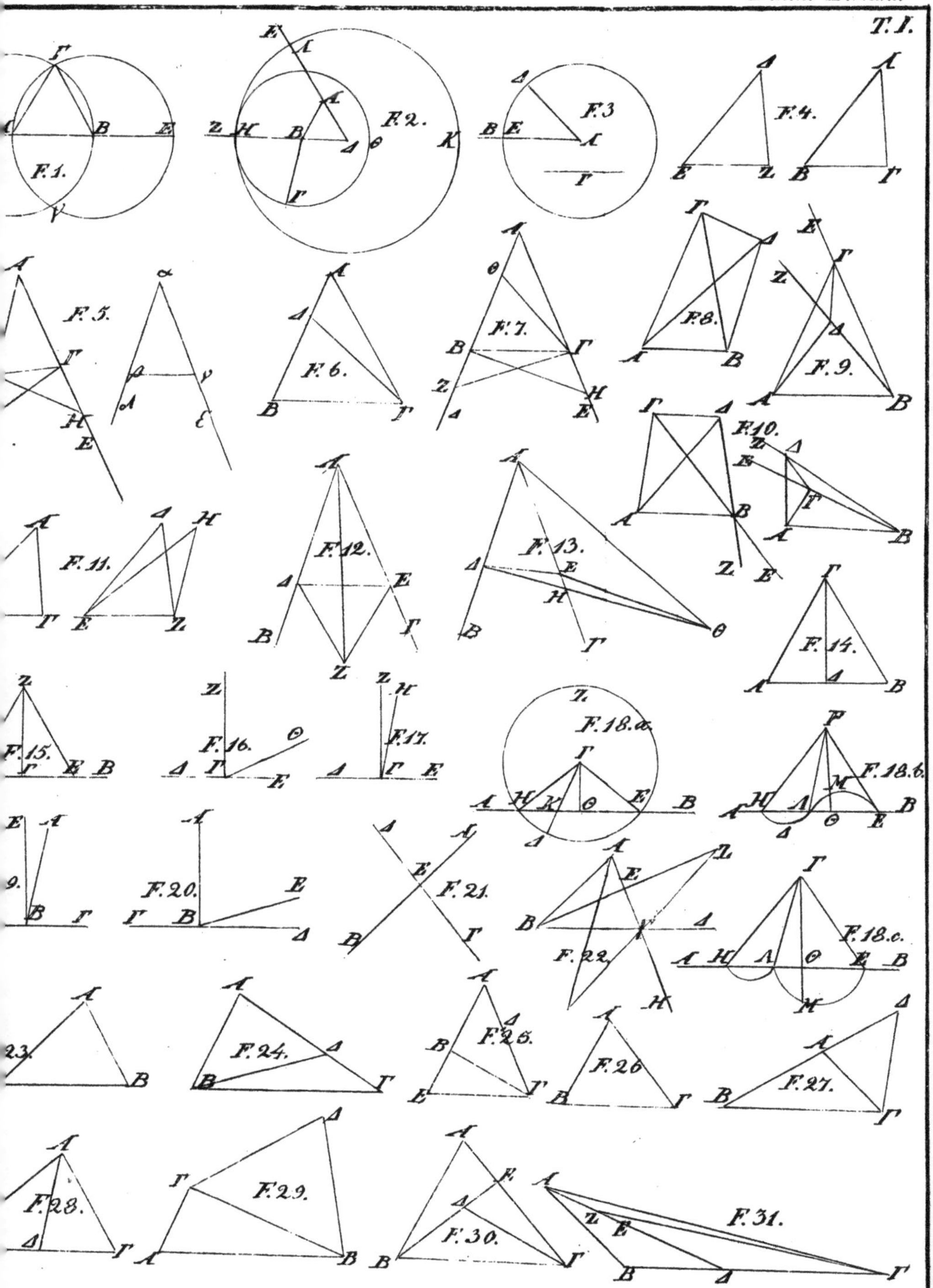
F.1.
F.2.
F.3
F.4.
F.5.
F.6.
F.7.
F.8.
F.9.
F.10.
F.11.
F.12.
F.13.
F.14.
F.15.
F.16.
F.17.
F.18.a.
F.18.b.
F.18.c.
F.20.
F.21.
F.22.
F.24.
F.25.
F.26
F.27.
F.28.
F.29.
F.30.
F.31.

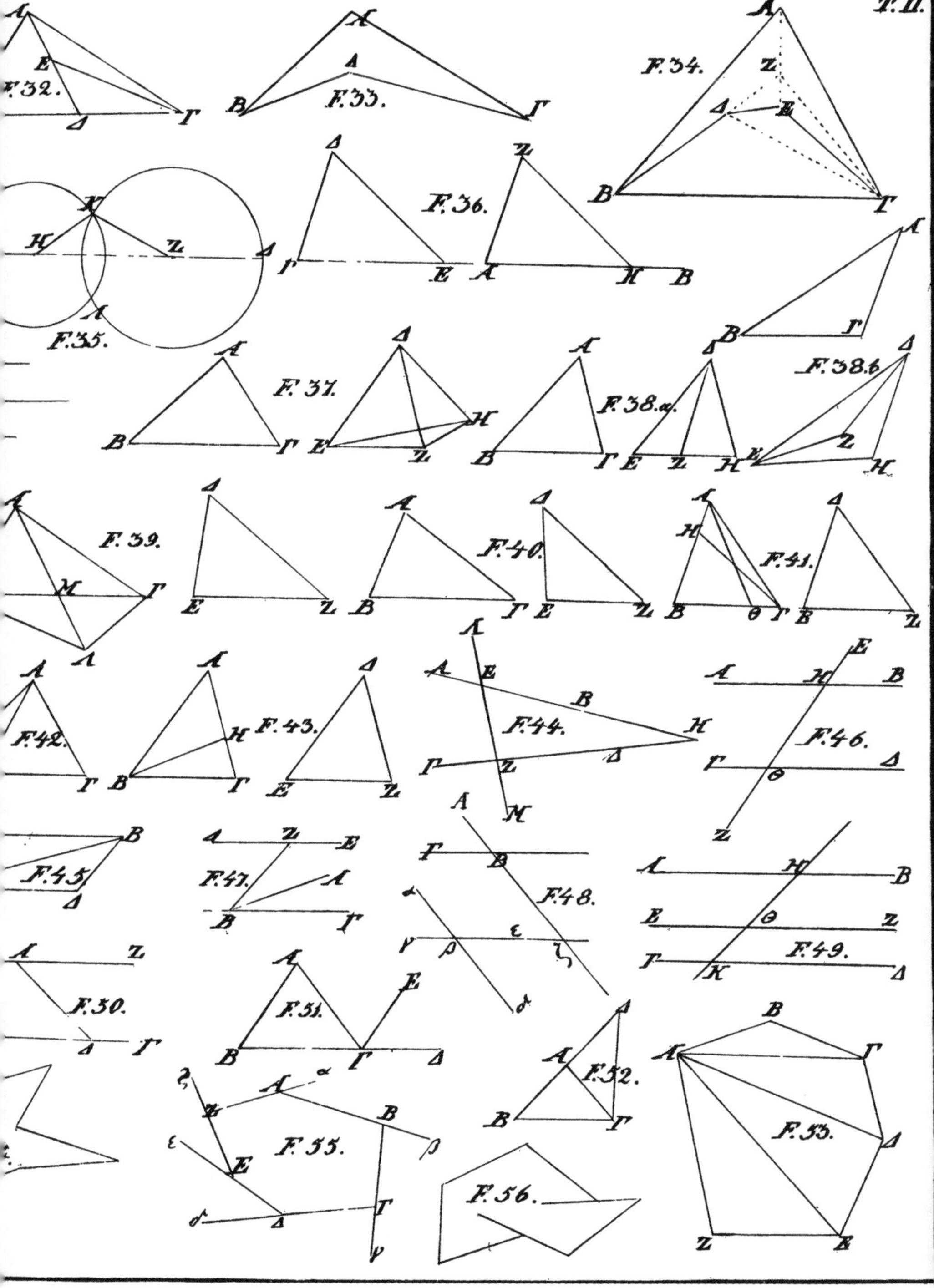
F.32.
F.33.
F.34.
F.35.
F.36.
F.37.
F.38.a.
F.38.b.
F.39.
F.40.
F.41.
F.42.
F.43.
F.44.
F.45.
F.46.
F.47.
F.48.
F.49.
F.50.
F.51.
F.52.
F.53.
F.55.
F.56.

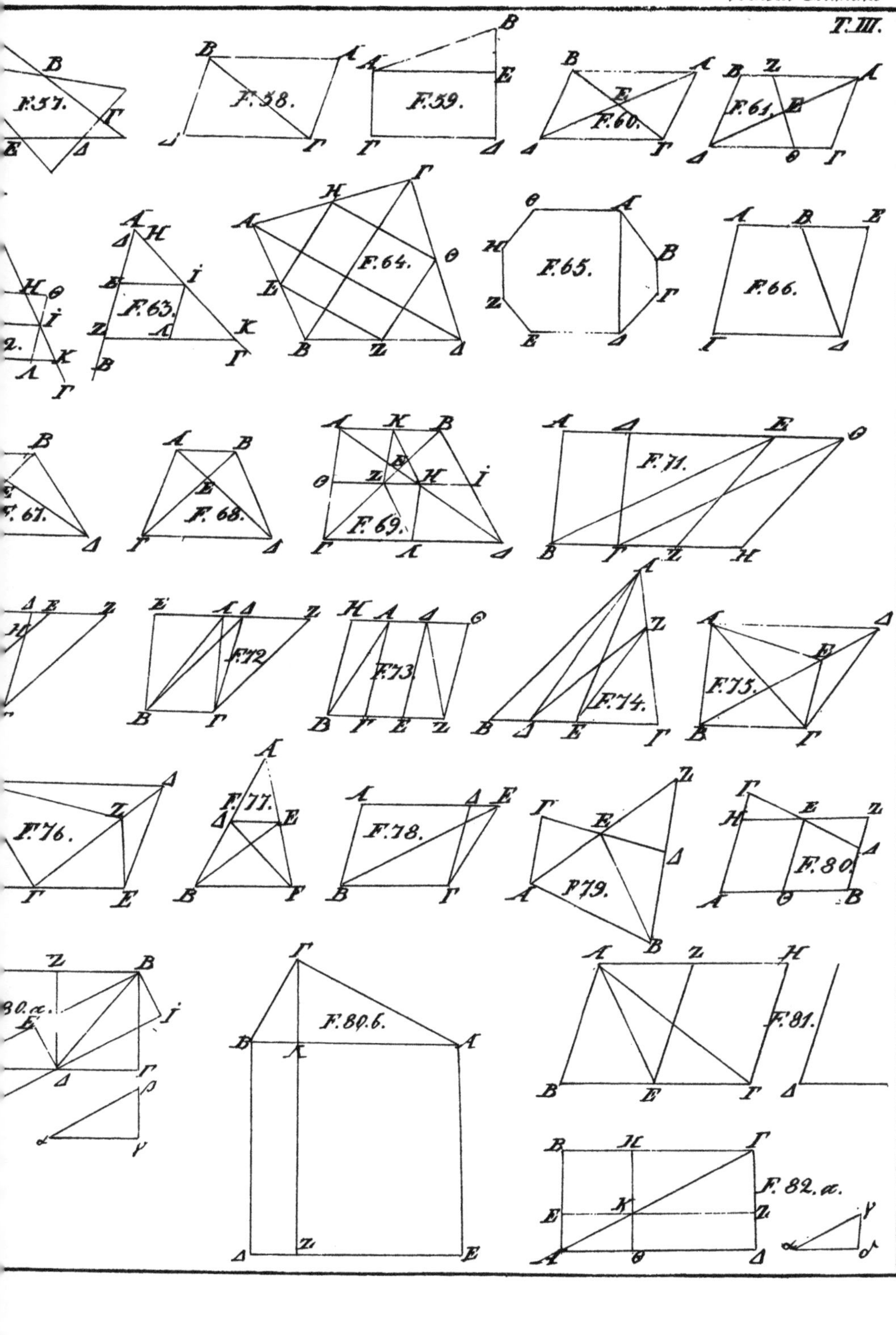
T. III.
F. 57.
F. 58.
F. 59.
F. 60.
F. 61.
F. 63.
F. 64.
F. 65.
F. 66.
F. 67.
F. 68.
F. 69.
F. 71.
F. 72.
F. 73.
F. 74.
F. 75.
F. 76.
F. 77.
F. 78.
F. 79.
F. 80.
80. α.
F. 80. 6.
F. 81.
F. 82. α.

.T.IV.

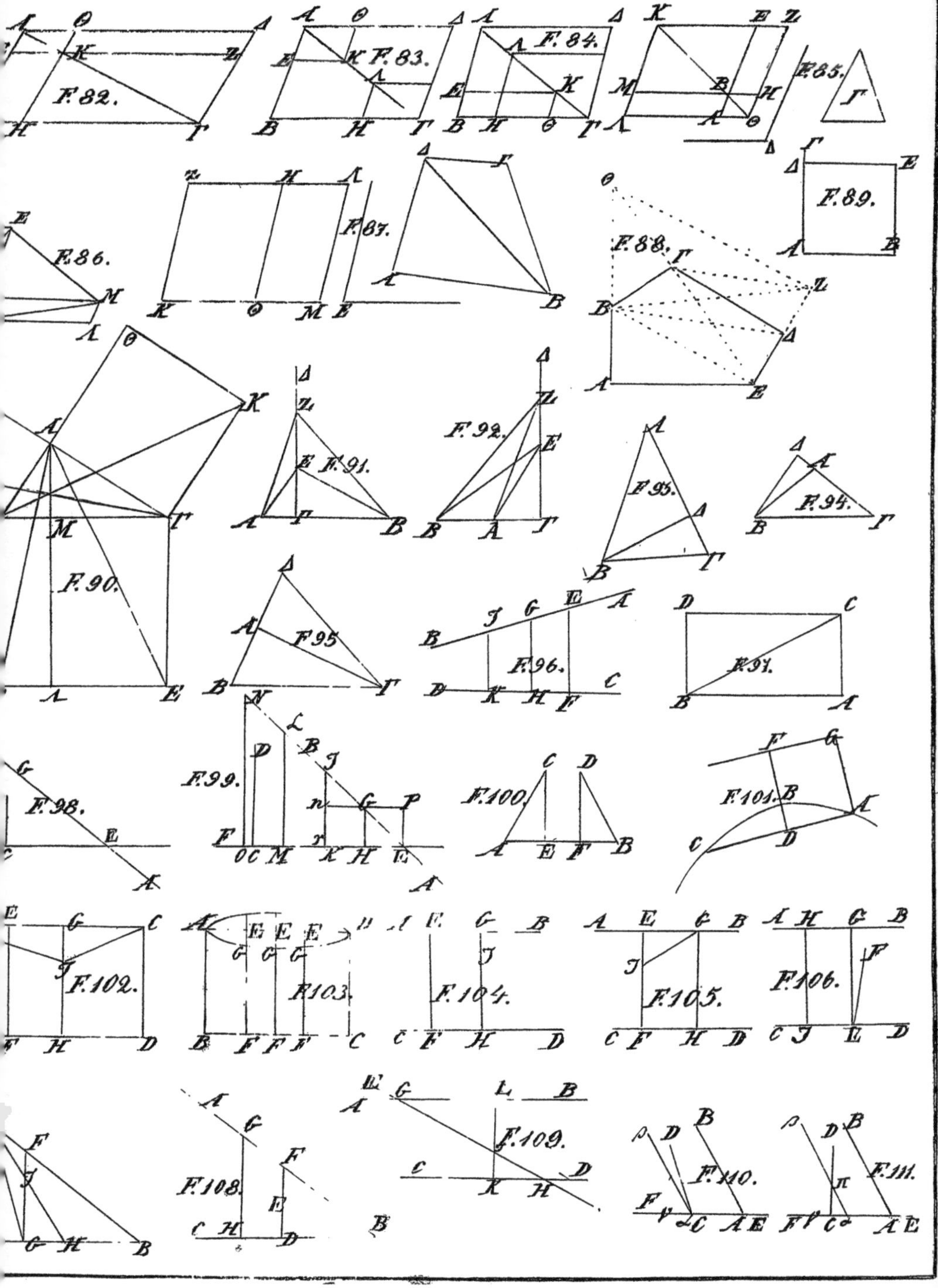
F.82.
F.83.
F.84.
F.85.
F.86.
F.87.
F.88.
F.89.
F.90.
F.91.
F.92.
F.93.
F.94.
F.95
F.96.
F.97.
F.98.
F.99.
F.100.
F.101.
F.102.
F.103.
F.104.
F.105.
F.106.
F.108.
F.109.
F.110.
F.111.

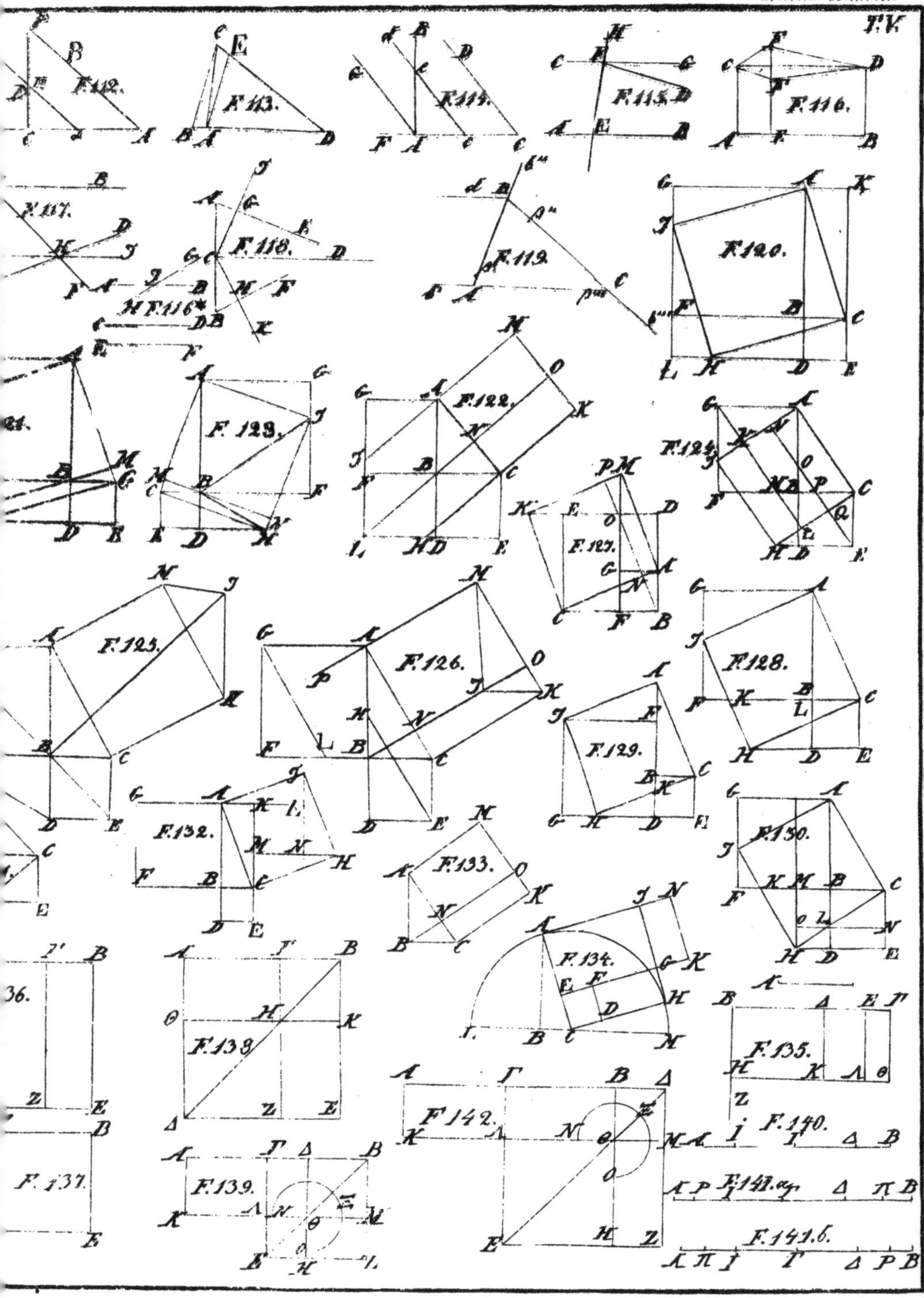

T.VII

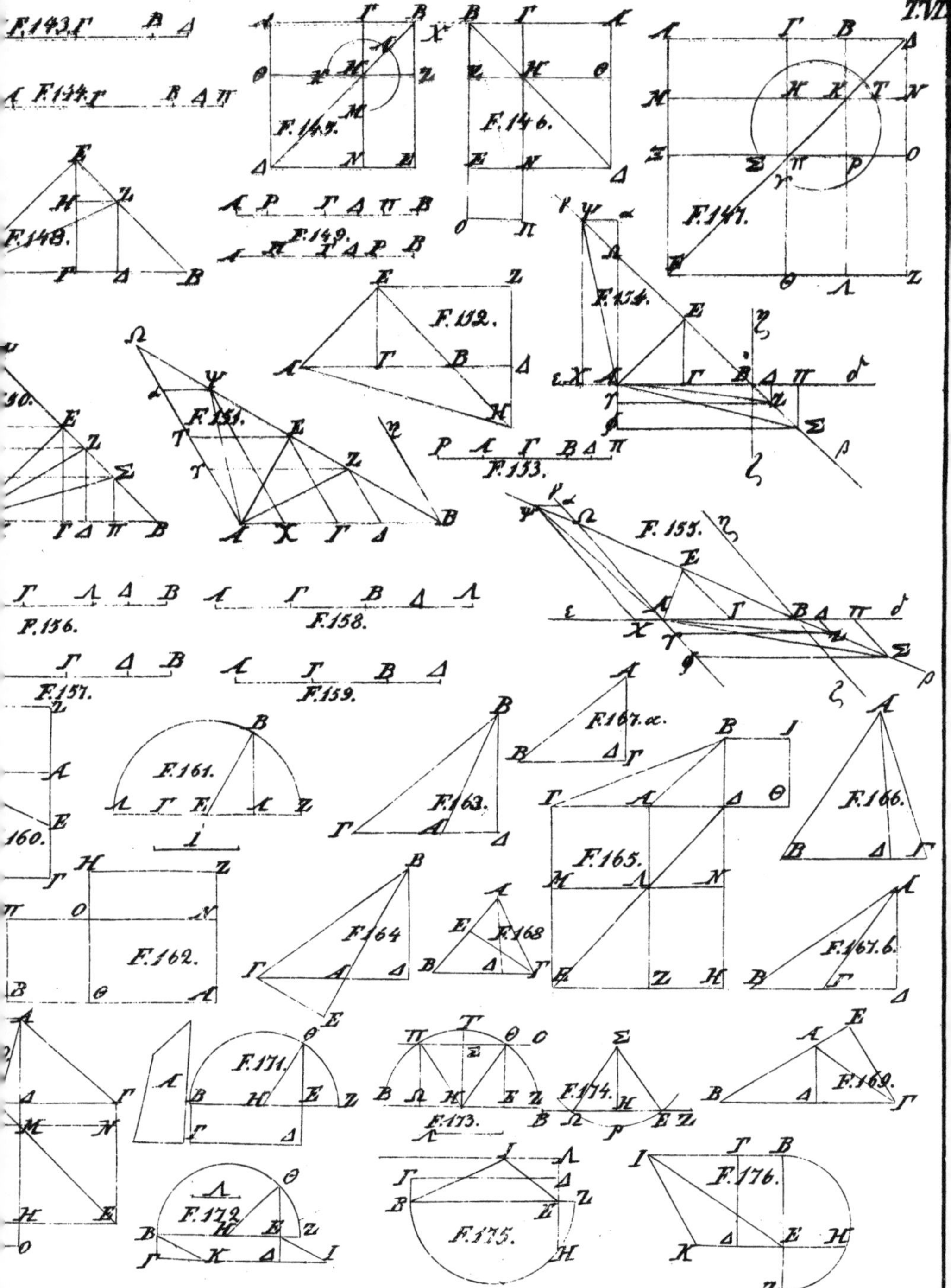

T. VII.

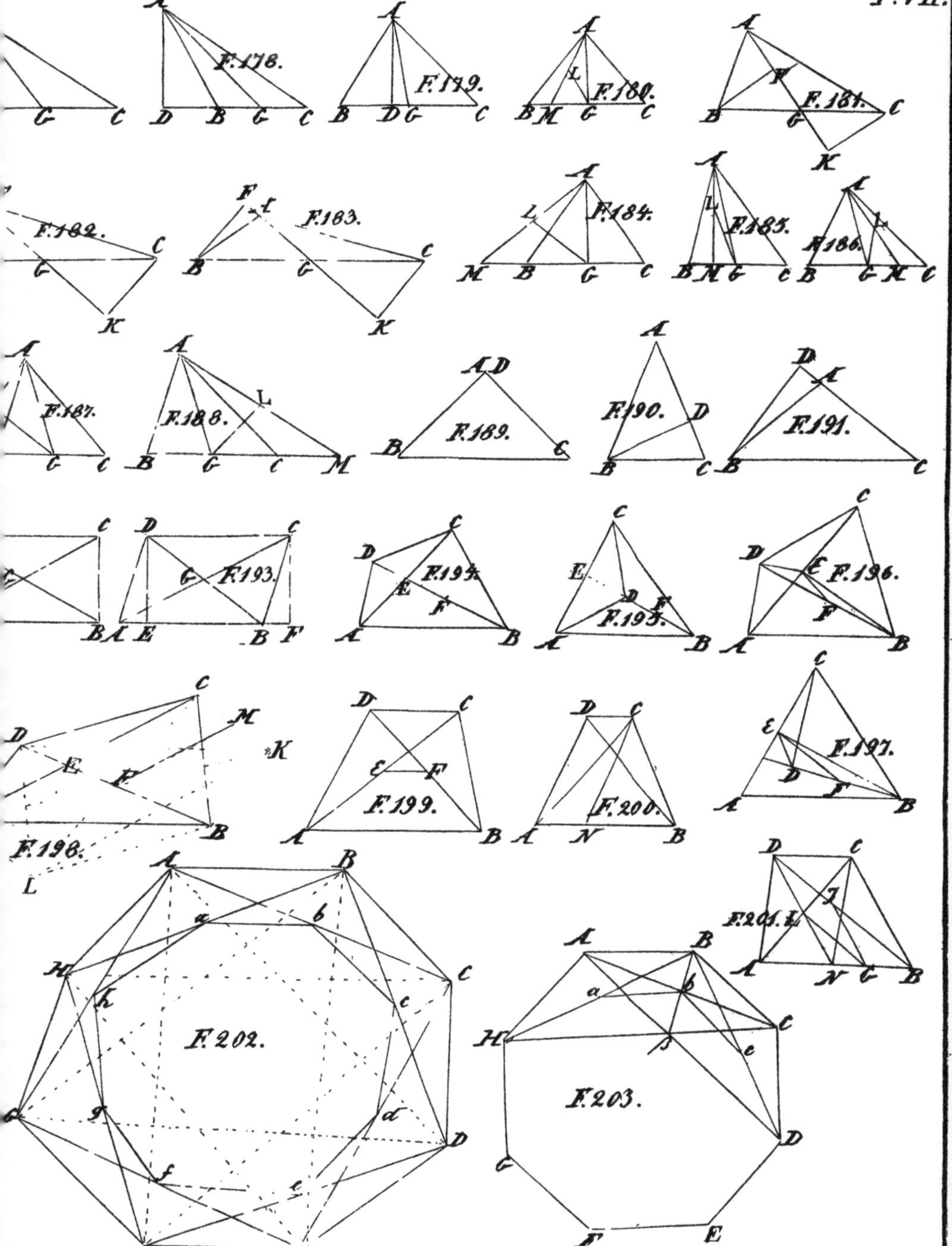
F. 178.
F. 179.
F. 180.
F. 181.
F. 182.
F. 183.
F. 184.
F. 185.
F. 186.
F. 187.
F. 188.
F. 189.
F. 190.
F. 191.
F. 193.
F. 194.
F. 195.
F. 196.
F. 197.
F. 198.
F. 199.
F. 200.
F. 201.
F. 202.
F. 203.

T. VIII.

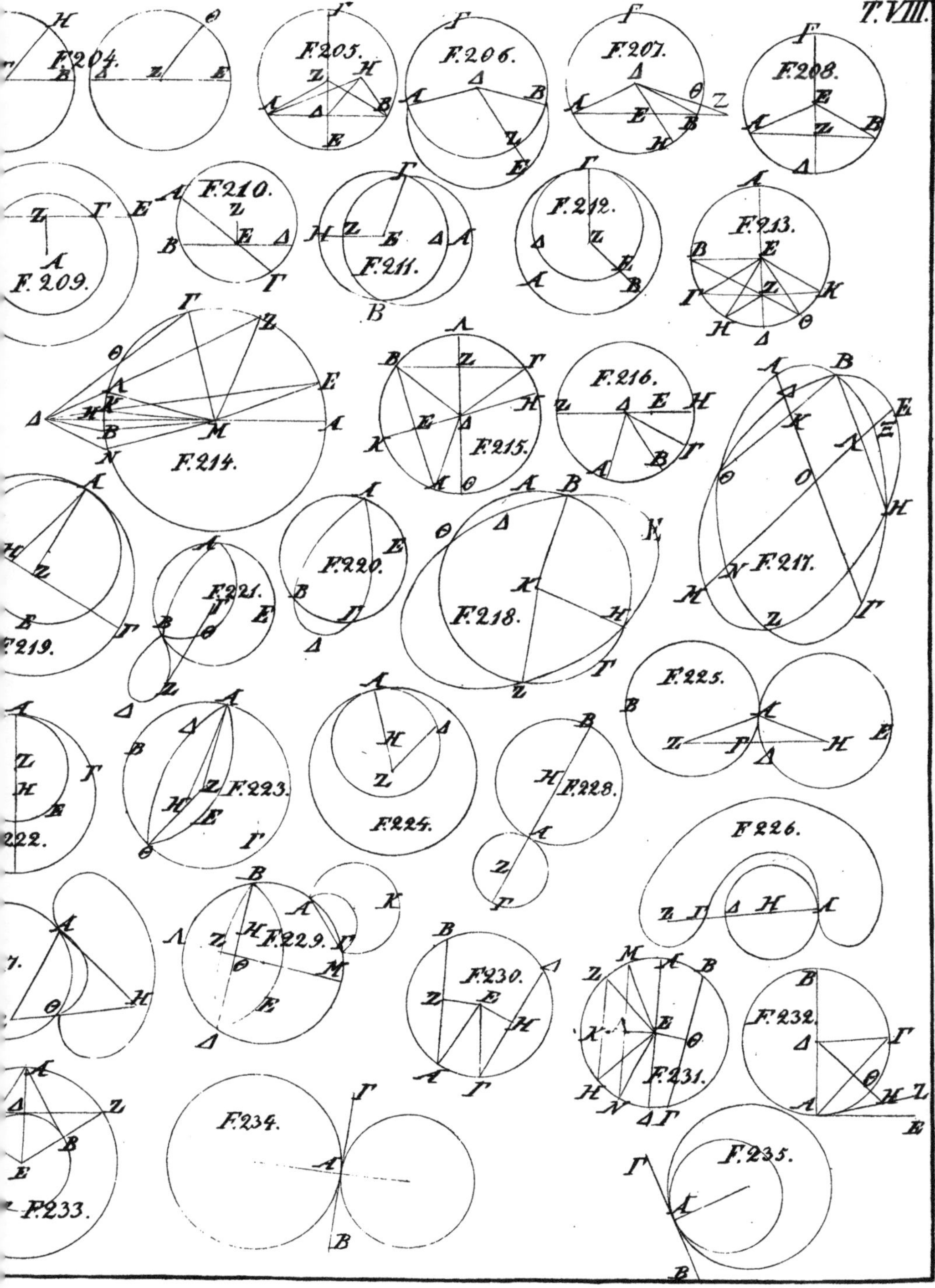
F.204.
F.205.
F.206.
F.207.
F.208.
F.209.
F.210.
F.211.
F.212.
F.213.
F.214.
F.215.
F.216.
F.217.
F.218.
F.219.
F.220.
F.221.
F.222.
F.223.
F.224.
F.225.
F.226.
F.228.
F.229.
F.230.
F.231.
F.232.
F.233.
F.234.
F.235.

T.IX.

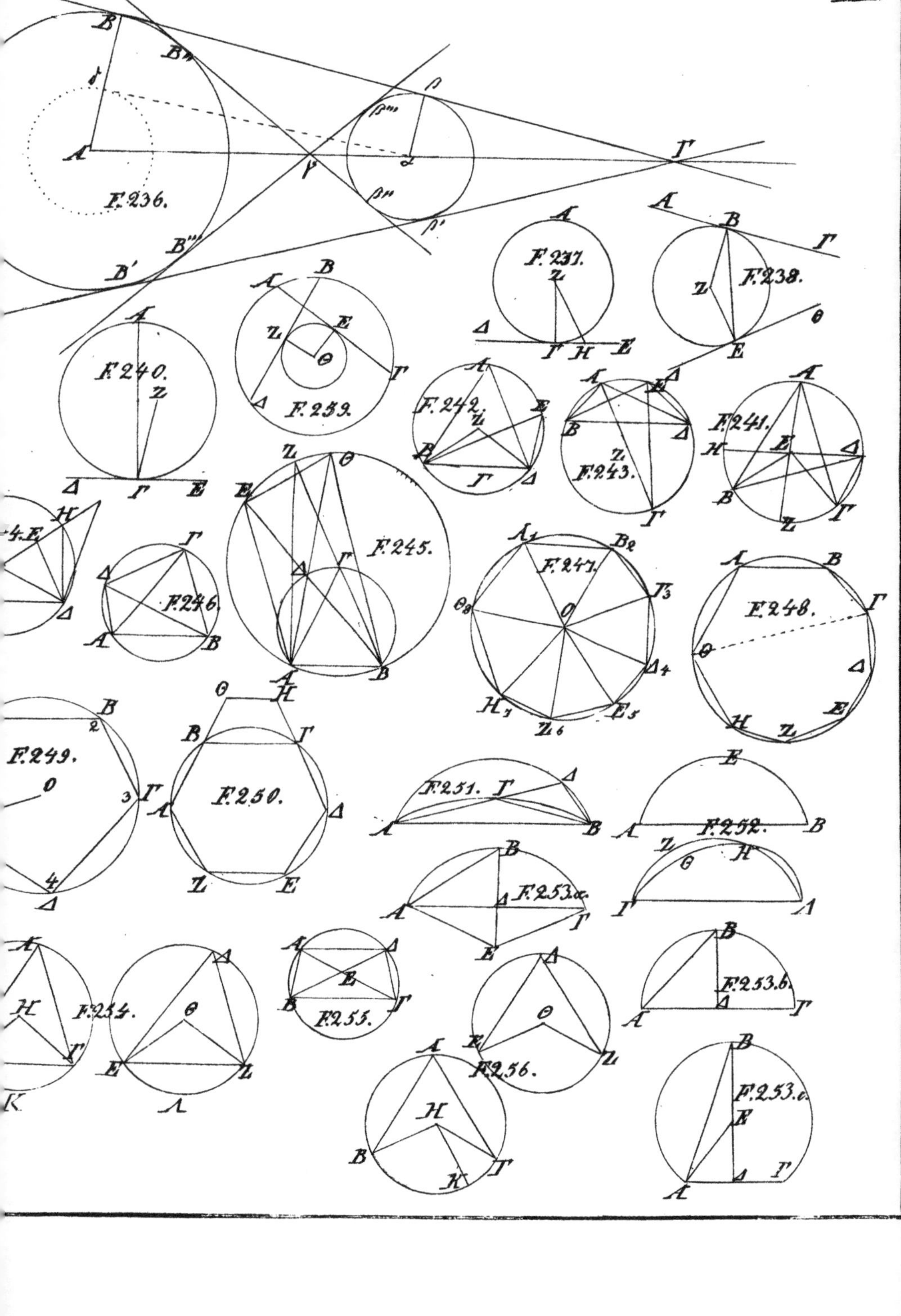
F.236.
F.237.
F.238.
F.239.
F.240.
F.241.
F.242.
F.243.
F.245.
F.246.
F.247.
F.248.
F.249.
F.250.
F.251.
F.252.
F.253.a.
F.253.b.
F.253.c.
F.254.
F.255.
F.256.

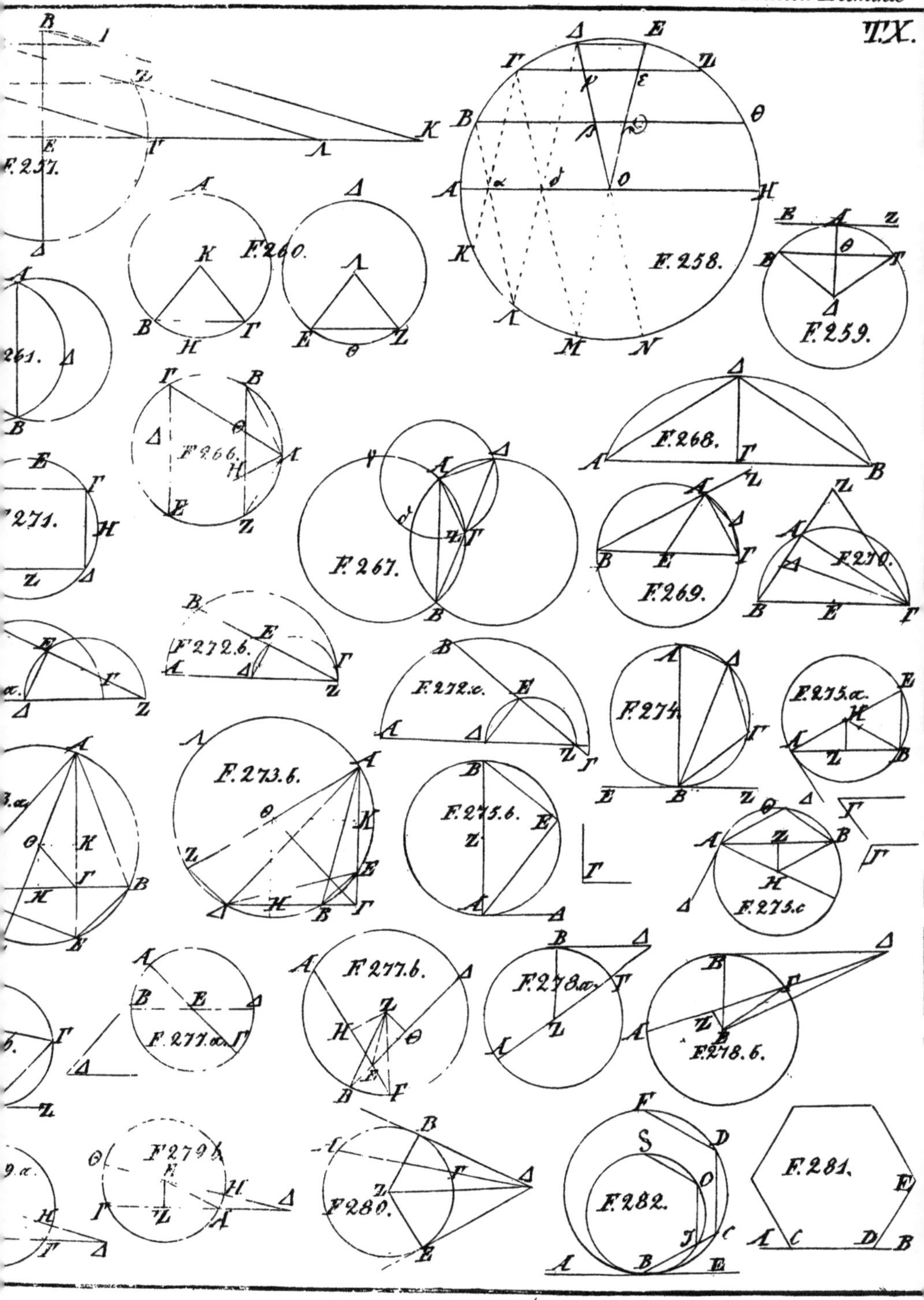
F.257.
F.258.
F.259.
F.260.
261.
F.266.
F.267.
F.268.
F.269.
F.270.
271.
F.272.b.
F.272.a.
F.273.b.
F.274.
F.275.a.
F.275.b.
F.275.c
F.277.a.
F.277.b.
F.278.a.
F.278.b.
F.279.b.
F.280.
F.281.
F.282.

Bei Fragen zur Produktsicherheit wenden Sie sich bitte an:
If you have any questions regarding product safety,
please contact:

Walter de Gruyter GmbH
Genthiner Straße 13
10785 Berlin
productsafety@degruyterbrill.com